アマルフィ海岸のテリトーリオ

大地と結ばれた海洋都市群の空間構造

陣内秀信・稲益祐太 編著

鹿島出版会

Amalfi

Un piede sulla vigna,
un piede nella barca.

はじめに

アマルフィに調査に行くと言うと、多くの人たちに羨ましがられる。それほど日本でもこの海洋都市の知名度が上がり、美しい景観のイメージを抱く人びとが増えている。

法政大学陣内研究室としてアマルフィ調査を開始したのが1998年。すでに四半世紀以上の歳月が過ぎたことになる。そもそも私がアマルフィを研究対象に選んだのには、いくつかの明確な理由があった。まず、ヴェネツィア研究からスタートした自分にとって、同じく四大海洋都市のひとつで異なる立地条件をもつアマルフィは、格好の比較対象だった。加えて陣内研究室では、80年代末からイスラーム世界の都市調査を重ねていたため、その影響を強く受けたアマルフィに強い関心をもったのだ。そして何よりも、海を望む斜面に高密な迷宮空間を築き上げたアマルフィの都市そのものに魅せられたことが大きい。

私たちはアマルフィ海岸研究の第一弾として、1998〜2003年の6年間、アマルフィの旧市街の調査を実施した。今こそ人気が急上昇しオーバーツーリズムの様相を見せるが、私たちが調査に通った頃は、幸いまだ住民中心の暮らしが持続し、日常的な素顔のアマルフィの姿を観察することができた。その意味で、大きな変容が生まれる前のアマルフィに関する貴重な記録を残せたと思える。

少し間を置き、第二弾として2010〜2017年の8年間、今度はアマルフィ海岸全体に対象を広げ、かつての海洋共和国として共通のアイデンティティをもつ、海と大地を結ぶ大きなテリトーリオ全体を調査することにした。それはイタリア社会において、〈都市〉から〈テリトーリオ〉へと人びとが関心を拡大させていく興味深い変化を感じてのことであり、同時に綺羅星のごとく存在する小都市の魅力や田園風景の豊かさに惹かれてのことだった。

都市の高密空間のみならず、田園に点在する農家や教会などの建築群、周辺に広がるレモン、オリーブ、ブドウなどの農地や山林、海と山を結ぶ小道、美しい海岸線などが生むランドスケープが重要テーマとなった。そこで大きな貢献をしてくれたのが長年、日伊の都市・テリトーリオ研究を一緒に進めてきたイタリア人研究者、マッテオ・ダリオ・パオルッチ（Matteo Dario Paolucci）氏である。史料を駆使してアマルフィ海岸の風景の変遷を解析してもらえた。

そもそも私たちのアマルフィ旧市街、続くアマルフィ海岸全体の研究は、アマルフィ文化歴史センターとの共同作業が生んだ成果だといえる。まずその所長（初期は事務局長）のジュゼッペ・コバルト（Giuseppe Cobalto）氏からつねに絶大なる支援・協力を得られたのが大きかった。そして、このセンターの名誉所長でもあるアマルフィの偉大な歴史家、ジュゼッペ・ガルガーノ（Giuseppe Gargano）氏からは、この都市と地域の歴史について、いくつかの重要な著作、折々のレクチュア、さらにはご一緒した現地調査のなかでの解説を通じて、膨大な情報を提供いただけたのである。特に、私たちが２０１９年に刊行した報告書（本書巻末参照）のなかにアマルフィ海岸の町々についてガルガーノ氏が執筆された論考群の内容が、本書後半の随所に反映されている。コバルト氏、ガルガーノ氏には心より感謝したい。

フィールド調査での膨大な数の建物、外部空間の実測、その図化の仕事を担ったのは多くの学生諸君である。アマルフィ海岸のような魅力的な場所での実測調査は建築を学ぶ者にとって貴重な経験だ。調査の隊長として一連の作業を取りまとめる大役をいつも担ってきたのが本書の共編者、稲益祐太氏である。南イタリア都市の研究を専門とする彼の奮闘があってこそ、本書の刊行を実現できた。

近年、政治状況の悪化、オーバーツーリズムの弊害、海外渡航を躊躇させる円安状態のなか、このような海外でのフィールド調査をベースに置く研究そのものが難しくなっている。それだけに、よき時期に情熱を傾けて実施できた私たちのアマルフィ海岸の研究成果は、今後も大きな価値をもち続けてくれるものと期待している。

編者を代表して、陣内秀信

1 海から見たアマルフィ海岸

(上) V字谷に発達した海洋都市アマルフィ
(下) 崖上の斜面に農地と住居が混在するプライアーノ

山からの視点　2

（上）ポントーネからアマルフィを望む
（下）背後の高所から見下ろすポジターノ

3 広場と迷宮

(上) ドゥオモ広場／アマルフィ
(下) 立体的な迷宮空間／アマルフィ

アラブ・イスラーム文化の影響

4

（上）サン・サルヴァトーレ・デ・ビレクト教会／アトラーニ
（下左）キオストロ・モレスコの中庭／ラヴェッロ
（下右）天国の回廊／アマルフィ

5 テラスやベランダからの海への眺望

（上）東斜面にある住宅／アマルフィ
（下）斜面に建つ住宅／ポジターノ

6,7 ルーラル・ランドスケープ

(上) 東側の段々畑群／マイオーリ
(下左) センティエーロ(山道)／コンカ・デイ・マリーニ
(下右) 同／ポントーネ

（上）ラヴェッロの対岸に農地と共存し広がる旧市街／スカーラ
（下）中山間部に分散する集落群／トラモンティ

8 アマルフィ海岸の人びと

（上）ベランダやテラス越しの女性の空中会話／アマルフィ
（下）漁師町での男達のくつろぎのひととき／チェターラ

目次

［凡例］
・本書で取り上げた建物や外部空間の情報は、調査時点あるいは執筆時点のものであり、現在の状況とは異なる可能性がある。
・調査した建物の所有者などの個人名は伏せ、イニシャルで表記した。

アマルフィ海岸のテリトーリオ

大地と結ばれた海洋都市群の空間構造

Vietri
sul Mare

第Ⅰ部
アマルフィ海岸

アマルフィは中世から海洋都市として名を馳せたが、
その周辺の海岸の町との密接な結びつきが
繁栄と魅力をもたらした。その空間構造と歴史、
地域にもたらした資産を概観する。

Costiera Amalfitana

第1章 アマルフィ海岸の都市とテリトーリオの空間構造

イタリアの都市のなかで、中世前期から海洋都市として名を馳せ、オリエント、特にイスラーム世界の高度な文化を吸収してエキゾチックな華やかさをもつアマルフィの人気が高まっている。太陽に溢れ、いかにも南イタリアらしい輝きに満ちたこの海の町は、過去の栄光と美しい風景とで、訪ねる人びとを魅了する。

筆者（陣内）は長年教鞭をとった法政大学の研究室で、１９９８年から２００３年まで毎夏、学生たちとこの町を調査し、海に開いた谷あいの斜面に独特の迷宮空間ができ上がったプロセスを解明してきた。コンパクトに築き上げられた都市全体を丸ごと実測することを目標に、市門、中世の造船所、大聖堂前の広場、市場広場、中心街路沿いの商店群、V字谷地形の東西両斜面にセットバックしながら築き上げられた高密住居群、地区の小さな教会など、学生たちが頑張って毎年、実測を重ね、図化し、空間の構成原理を解明するという作業を行ったのだ。人びとの暮らし方と結びつけて空間のあり方を理解する「空間人類学」の視点もつねに意識してきた。その成果はいくつかの刊行物にまとまっている。*

アマルフィの個性溢れる都市空間は、いくら調べても興味が尽きない。だが、この地に調査で通い続けている間に、周辺の小さな町々の面白さに魅せられることがしばしばあった。海洋

アマルフィ海岸を見る

* 陣内秀信『イタリア海洋都市の精神』「第3章　斜面の迷宮・アマルフィ」講談社、２００８、*Amalfi Caratteri dell'edilizia residenziale nel contesto urbanistico dei centri marittimi mediterranei*, Amalfi, 2011

都市アマルフィの繁栄も、じつはこうしたテリトーリオ（地域／領域）との密接な結びつきのもとで実現し得たという歴史にますます興味が湧いてきた。アマルフィ海岸の世界遺産に登録されているエリア全体を視野に入れ、アマルフィ海洋共和国の輝かしい歴史を共有する都市群のすべてを調査したいという野心にも駆られてきた。

そもそも、われわれがアマルフィの旧市街（チェントロ・ストリコ）を調査する前、これほど魅力的な素材なのに、教会などの一部のモニュメントを除くと、住宅群、町並み、都市空間の実測を含む調査といったものは、イタリアの大学の建築学部も含め、じつは誰もまったく行っていなかった。それもあって、われわれの新たな視点からの研究企画の提案（1998年）を、アマルフィ文化歴史センターの方々が大歓迎し、最大限の協力をしてくれるようになったのだ。

1998年から毎夏、6年にわたってアマルフィ調査に通っている間にも、この都市の人気は鰻昇りの状況となり、ヴェネツィアやフィレンツェと並び、オーバーツーリズムが問題視されるようにまでなった。観光客はブランド化したアマルフィに、そしてポジターノという華やかなリゾート地に殺到する。ところが、周辺の海辺に、あるいは山の上に点在するやはり歴史のある小さい町々は、魅力をたくさんもつにもかかわらず知られていない。訪ねる人も多くない。同じテリトーリオのなかでのこうしたギャップがより目立つようになっていた。地元の人たちもこれを何とかしたいと考え始めていた。

都市アマルフィを解明できた以上は、次に取り組むべき課題は、研究上の完全な処女地で、膨大な歴史と文化の蓄積が眠り、隠れているアマルフィ海岸全体に点在する町や村を一つひとつ調べることだ、と確信をもつに至った。アマルフィ海岸のテリトーリオ全体に秘められたポテンシャルを描き出してみたい、と考えたのだ。アマルフィ文化歴史センターの所長を務めるジュゼッペ・コバルト氏、歴史家で本書の共同執筆者でもあるジュゼッペ・ガルガーノ氏は願ってもない、とわれわれの提案を全力で応援してくれた。

こうして、2010年から2017年にかけて、アマルフィの町の外側にむしろ目を向け、

調査の様子

迷宮空間

この海洋共和国を構成していたまわりの小さな町、村の調査を続けた。海沿いの町として、アトラーニ、ミノーリ、マイオーリ、ポジターノ、丘の上の町として、ラヴェッロ、スカーラ、トラモンティなど、綺羅星のごとく素敵な町が点在し、役割を分担しながら、あるいはお互い競い合いながら、強力な海洋都市のネットワークを形づくっていたことがわかった。12〜13世紀のビザンツ、そしてむしろアラブ・イスラームの高度な文化から影響を強く受けた中世のアーチ、ヴォールトがアマルフィ海岸の広い範囲に今も残っていて、東方との交流が強かったことを裏付ける。さらには、アマルフィ海洋都市の盛期より遅れて繁栄を迎えるが、やはり海との繋がりをもって活躍した歴史をもつヴィエトリ・スル・マーレ、コンカ・デイ・マリーニをも研究対象に加えた。どちらも地形的には、海を望むが高台に立地し、やや特殊な位置付けとなる。

＊

調べれば調べるほど、このアマルフィ海岸全体にわたって、海洋都市の時代の繁栄、栄光を物語る12〜13世紀の建築の遺構、要素が数多く存在していることに驚かされる。しかも、それは海岸沿いのアトラーニなどの港町のみか、内陸部の高いところに位置するラヴェッロ、スカーラ、ポントーネといった小さな町や村にむしろそれがたくさんあるのだ。内陸部に住み、そこを拠点としながら、海洋交易で活躍した有力家が数多くいたことを物語る。

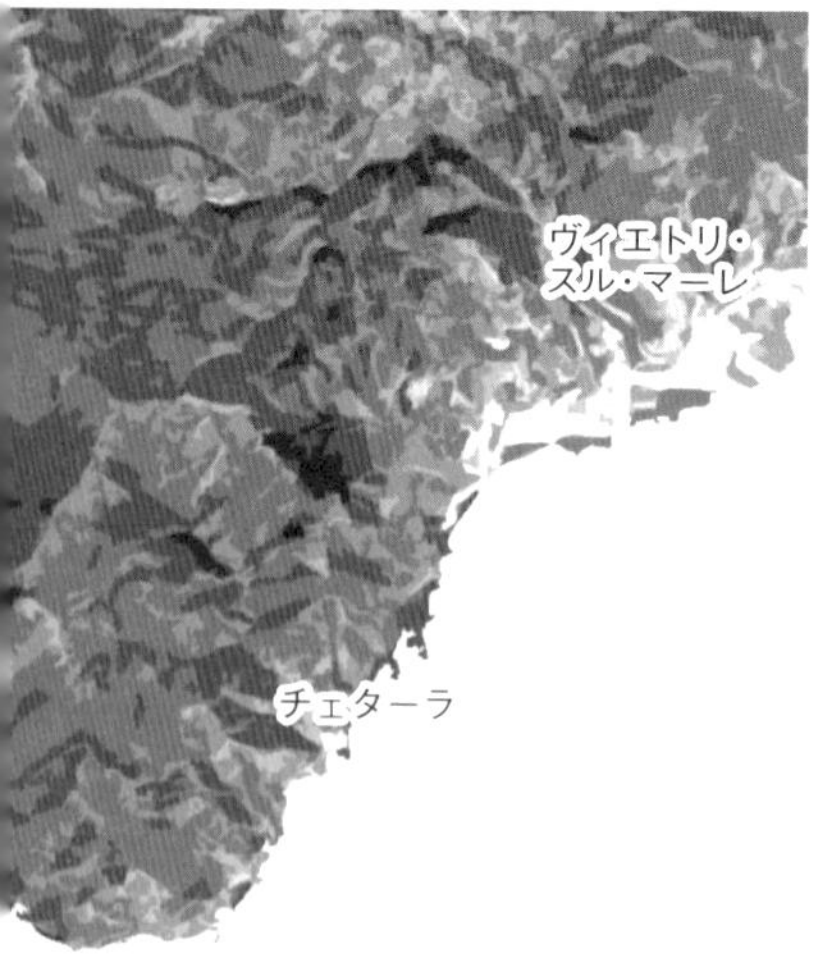

アマルフィ共和国の全体においては、〈内陸部＝山間丘陵部の町々とその周辺の田園〉と〈海岸沿いの港町群〉とが、役割を分担しながら有機的かつ密接に繋がり、全体として共和国の高いポテンシャルを築き上げていたことがよく理解できる。中世には、アマルフィ海岸の各町の住民たちも、すべて「アマルフィ人」と呼ばれ、共通の文化的アイデンティティをもったのである。

海洋都市としてのアマルフィの役割は、14世紀にはピサ、そしてジェノヴァに奪われ、アマルフィは歴史の舞台から完全に消えてしまったかに思えた。だが、アマルフィの都市空間を調査していて、この都市は中世で発展がストップしたのではなく、17～18世紀に多くの建築が増改築され、立派な様相を獲得してきたことに驚かされた。しかも、後にわれわれは、アマルフィに限らずこの海岸一体で、渓谷の地形を生かし、水のエネルギーによる水車を活用して製紙業を中心とする様々な産業が興り、それが新たな富みをもたらしたことがわかってきた。しかも、こうした水車を活用した産業ゾーンがアマルフィ海岸に存在するいくつもの渓谷ごとに発達した点が注目される。ここで再び、テリトーリオのポテンシャリティが高められたのである。

アマルフィの発展は、こうしてつねに水と結びついていたのが面白い。まずは、中世には海洋都市として水と結びついて繁栄した。その交易活動の恩恵として、中国からアラブ世界に伝わった紙の製法がアマルフィにもたらされ、今度は、水を用いた紙の産業でこの都市は繁栄を再び迎えたのである。アマルフィは個性豊

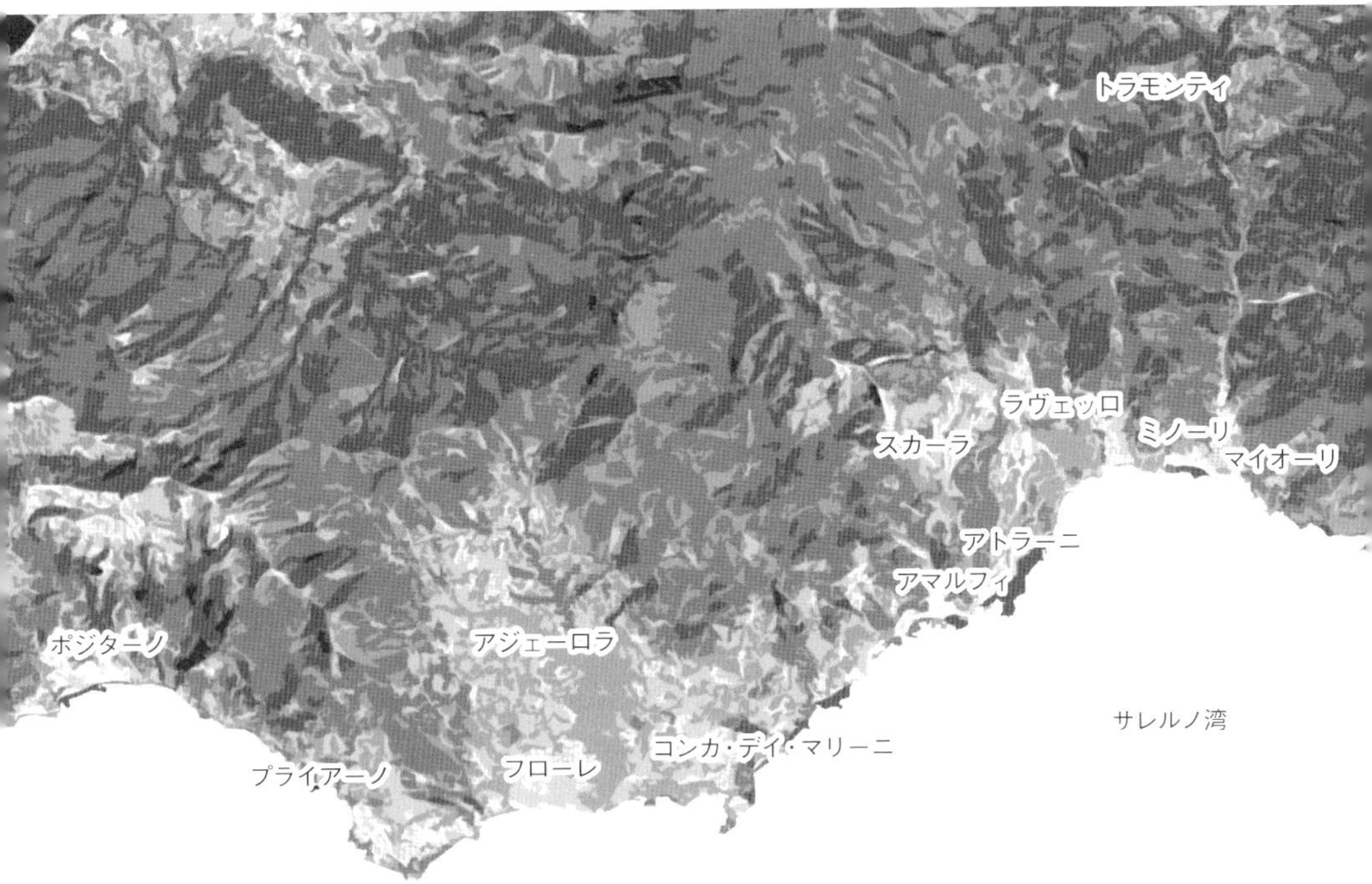

アマルフィ海岸の都市

かな「水の都市」を、テリトーリオの結びつきをもとにして、歴史のなかで2回築き上げたことになる。

また、中世海洋都市として輝く歴史で培われた海洋民、そして国際人としての遺伝子が後の時代にも受け継がれた点に注目すべきである。アンジュー家の支配に入った後、むしろ13世紀後半に都市としての発展をみせたコンカ・デイ・マリーニは海洋交易で繁栄したというし、船持ち、船乗りの家系が19世紀まで多かった。内陸の丘上にありながら、海洋都市国家の時代、地中海交易で財をなしたラヴェッロは、アマルフィ公国衰退後の14世紀、富裕層がナポリに移住して海洋交易で活躍したという。アラゴン宮廷に重用され、あるいは15世紀最強の銀行家として成功を収める家族もいた。より内陸の中山間部トラモンティの出身で、ナポリで学び資格を得て、15～16世紀に公証人としてアマルフィ公国全体で活躍する人たちが多くいたことが知られる。さらにポジターノの場合は、ずっと遅く18世紀にブルボン家のナポリ王国の重要な商業港となり、交易で繁栄を迎えたというのだ。このようにアマルフィ海岸では、中世に培われた海洋都市の精神が広く18～19世紀まで存続してきた。

こうして、アマルフィ海岸を丁寧に観察すると、そのテリトーリオ全体に、輝く歴史の足跡と記憶がまんべんなく見出せる。特に、内陸部にはその蓄積が驚くほど隠れている。ところが、近代の発展は、自動車道路が建設された海岸沿いの都市群にばかりに及び、本来はポテンシャルがみなぎっていた内陸部の町や村は取り残され、過疎化し、活力を失った。

だが時代は巡り、最近では幸い、その奥深くに数多く眠っている歴史、文化の資産を再評価する動きが強まり、地域全体のバランスを取り戻す必要が認識され始めている。イタリアでは70年代後半から「テリトーリオ」（地域／領域）という言葉が積極的に使われるようになった。華やかな都市だけ見ていたのでは、もはや時代遅れだ。歴史のなかで都市と一体となって発展し相互に支え合ってきた周辺の田園、農村、小都市も一緒に考え、その有機的な繋がりを再び復権させようという考え方だ。われわれも、アマルフィ文化歴史センターの協力のもと、その主

アマルフィ文化歴史センター所長・ジュゼッペ・コバルト（Giuseppe Cobalto）氏（左）と、このセンターの主要メンバーである歴史家・ジュゼッペ・ガルガーノ（Giuseppe Gargano）氏

要メンバーでアマルフィ共和国全体の歴史に精通し、どんな町のことにも詳しいジュゼッペ・ガルガーノ氏と一緒に、こうした調査研究に力を入れて取り組んできた。

＊

アマルフィ海岸のテリトーリオのあり方を語るのに、まずは、その全体に歴史的に積み上げられたポテンシャリティを見ることから始めたい。ローマ時代に都市はなかったが、いくつかの古代のヴィッラ、中世初期の居住地（都市核、集落）が確認できる。内部の崖、山の途中の戦略上重要な場所に、中世に防御の塔がいくつも建設され、海沿いには、中世16世紀以後、イスラーム勢力、オスマン帝国の攻撃から守るべく一連の防御の塔がつくられた。何よりもアマルフィ海岸のテリトーリオの豊かさを物語るのは、数多くの12～13世紀のオリエント（ビザンツ、および特にアラブ・イスラーム世界）の影響をもつアーチの存在である。われわれはその存在を徹底的に観察し、記録した。アマルフィ、アトラーニばかりか、ラヴェッロ、スカーラ、ポントーネにたくさんのこうした遺構が存在することが確かめられた。アラブ式風呂も、アマルフィ、ラヴェッロ（2か所）に加え、スカーラにも発見されている。

アマルフィの旧市街においては、海の門や造船所に始まり、十字架のバジリカ、サンタンドレア大聖堂とその鐘塔、天国の回廊、いくつかの修道院など、多くの中世のモニュメンタルな建築に、アラブ・イスラームの影響をもつアーチがみられる。だが同時に、住宅に関しても、ガルガーノ氏との共同調査で、古い時代の地中海建築らしく中庭を囲む形式の上流階級のドムス（12～13世紀）が少なくとも4か所確認できた。どれも、ビザンツ、アラブ・イスラームの影響をもつアーチを残している（だが、後の時代には、こうした中庭型の住宅は建てられなくなり、谷の側に大きな開口部をもつ形式の住宅が斜面に建ち並ぶようになった）。

こうした海洋都市ならではの東方世界との交流を示す12～13世紀の建築遺構は、アマルフィだけではなく、じつはアマルフィ海岸の他の都市群にも広くみられるのである。まず東隣のア

アトラーニ、海を望む旧市街

コンカ・デイ・マリーニ、岬に聳える見張りの塔

トラーニのウンベルト1世広場に面し、総督通りの上に被さってつくられたサン・サルヴァトーレ・デ・ビレクトの内部空間を飾る装飾性に富むアーチ群は、アラブ・イスラーム文化そのものといえる。

また、内陸部の高所に形成されたラヴェッロに、むしろアマルフィ以上に重要で美しいアラブ・イスラーム様式の建築遺構が多く残されているのは驚きである。ラヴェッロの人びとが、アマルフィ人同様、早くから外の世界に繰り出し、交易圏を広げていたことが容易に想像される。実際、プーリア地方の海洋都市、バーリの旧市街に、11世紀につくられたラヴェッロ商人たちのためのロマネスク様式の小さな教会が存在する。ちなみに、アマルフィ人の教会と呼ばれるものも、同じプーリア地方の港町モノーポリに存在し、南イタリアのプーリア地方にある東方と密接に繋がった海洋都市には、アマルフィ海岸の人たちの足跡が強く刻まれているのである。

ラヴェッロには、アラブ・イスラーム文化の影響を受けた多彩な建築の遺構が存在する。まず、その最高峰のヴィッラ・ルーフォロには、エントランスのドーム、有名な中庭、アラブ式風呂など、あらゆるところに12～13世紀の美しいアラブ・イスラーム様式の建築要素がみられる。一方、海を見晴らす条件のよい東の高台に、その立地を生かして建設された、イスラームの様式をもつ大きな貴族の邸宅が2つある。パラッツォ・カルーソでは、発掘調査でアラブ式風呂の跡がみつかったという。パラッツォ・コンファローネでは、12世紀の中庭を囲む美しいイスラーム様式のアーチが見事に受け継がれている。いずれも現在、眺望のよい5つ星ホテルとなっている。ラヴェッロの都市内部を丁寧に観察すると、随所に、12～13世紀のアラブ・イスラームの影響を受けたアーチ、そしてアマルフィ海岸に特徴的な尖頭交差ヴォールトをもつ建物がみつかる。この時代に華やかな都市文化が開花していた様子が想像できる。

谷の向こう側にある、ラヴェッロ以上に古い歴史を誇るスカーラにも、やはり条件のよい高台エッジに貴族の邸宅パラッツォ・マンジ・ダメーリオがあり、アラブ・イスラームの影響を受けた足の長い尖頭状のアーチが巡る立派な中庭をもつ。

スカーラに帰属する村であるポントーネにも、じつは同じようなアーチで囲われた中庭が司教館に残っている。周囲の部屋の天井は、どれもアマルフィ海岸に特徴的な尖頭交差ヴォールトをもち、やはり12～13世紀のものだとわかる。この司教館と教会の間の道にかかるヴォールトもまた、同じ時期の尖頭交差ヴォールトである。ポントーネの人気のレストランに転用されている建物も、同じヴォールトやアーチをもつ中世の邸宅である。ポントーネでは、他文化との交流を示すもうひとつの見所がある。サンテウスターキオ教会の廃墟の姿は、シチリアのアラブ・ノルマン様式で有名なモンレアーレ大聖堂を思い起こさせる。高台エッジに立ち上がる後陣全体を、アラブ様式の影響の強いアーチの組み合わせで飾る。その舞台装置的な演出は見事である。

最後に、アマルフィ海岸のいくつもの渓谷ゾーンにまたがって、第二の「水の都市」をつくりあげていた時代の様子を、今も残る多くの水車の遺構を観察しながら想像しておきたい。

2013年の夏、マッテオ・ダリオ・パオルッチ氏と稲益祐太が前出のガルガーノ氏の案内で、いくつかの渓谷ゾーンを訪ねた際に集めたデータをもとに、ここで簡単に報告する。

まずアマルフィでは、「水車の谷」と呼ばれる長く続くエリアの最上流部からチェントロ・ストリコの北の外側にかけて、13もの水車の遺構が存在する。最も上流部の水車のさらに上には、製鉄所の跡もある。フローレの比較的海に近い谷には、3つの水車がある。上流から水を用水路で引いて高所から落とすことで水の大きなエネルギーを活用する進んだ水車技術もここにみることができる。ミノーリには、4つの水車の跡が確認できる。アトラーニでも、谷のやや上流部にひとつ、水車の遺構がある。水車とテリトーリオの関係についての詳細な考察は今後の課題としたい。

この章の結びとして、アマルフィ海岸における海と山を結ぶテリトーリオの構造を簡単にまとめてみたい。海側には、小さな入江を生かし、港町がいくつも発達した。城壁で防御しながら、やがて海洋都市として東方貿易で活躍し、オリエントから膨大な富みをもたらし、同時に、高度なオリエント文化の影響を強く受けた。漁業もつねに重要であるが、防御を考え、やや高台のエリアに漁師は居住地をつくり、農業と兼ねたようである。

一方、内陸部の高所にも早くから都市が発達し、アマルフィと同様、海との関係をもち、オリエントとの交流を深め、その文化的な影響は深く及んだ。内陸部の町や村の周辺には田園、山林が広がり、農業、牧畜業、林業が営まれ、海沿いの都市の経済と暮らしを支えた。造船には山林の木材が必要であり、また、急な斜面に造成されるレモンやブドウの段々畑では、その支柱の木材を大量に必要とした。こうして海と山（内陸部）とは密接に結びついていた。中世から始まった渓谷での水車を用いた製紙工場は、後の時代、特に17～19世紀には大規模に発達し、その渓谷の奥深くまで製紙工場、その他の産業施設がつくられ、再び新たな「水の都市」の様相がみられたのである。

アマルフィの人びとは「ひとつの足はブドウ畑に、もうひとつの足は船に置く」という言い方があるように、アマルフィ海岸の人びとにとって、海と山（内陸部）の間の関係は強く、その両者の日々の生活のなかに存在した濃密な関係性が、この地域の豊かさを生み出してきたことは間違いない。

そして、内陸の丘の上、中山間部にある町や村と海の町との間には、地形を利用しつつ、「センティエーロ」と呼ばれる小さな山道が網目のように巡り、人びとの日常の移動ルートとして使われていた。たとえば、アマルフィとその背後の高地にある、スカーラに属する集落、ポントーネを結ぶこうした道として、今でも8本の主要な軸があり、様々な枝道も数えるなら14本にも上るという。われわれもポントーネ調査の後、アマルフィまでその一本の山道を下ったことがある。今日、この地域に蓄積されたポテンシャリティは、アマルフィ海岸の文化的アイデンティティを再構築するためにも、文化的な性格をもつ新しいツーリズムを促進するためにも、大きな資産なのである。

アマルフィ海岸のワイン産地として知られるトラモンティ、ラヴェッロ、フローレはいずれも内陸の高地に位置する。トラモンティのチーズ、カチョカヴァッロなど、畜産品も人気を集める。アマルフィのエノガストロノミア（ワイン＋食文化）の視点からしても、海と陸のそれぞれの豊かさを結ぶ発想が今、重要な戦略にもなってきている。アマルフィ周辺では、地産地消の考え方に基づくその土地固有の食文化を探求するスピリットがますます醸成されつつある。同時にまた、中世に起源をもつレモン、オリーブ、ブドウを栽培する段々状の農地が生む景観がまた、アマルフィ海岸が誇る重要な文化資源となっているのだ。

第2章　海洋都市国家の興亡の歴史

アマルフィ共和国、後のアマルフィ公国は、9~11世紀にわたり自分たちが選ぶ代表者あるいは元首によって統治された中世の独立した国家だった。ヴェネツィア、ピサ、ジェノヴァとともに、最も有名な海洋共和国のひとつで、イタリア海軍旗にも他の3都市と並んでその紋章が組み合わされる。当時アマルフィ公国の領域だったエリアが、現在アマルフィ海岸と呼ばれ、世界遺産に選定されている。

アマルフィ海岸におけるそれぞれの都市の起源に関しては、いまだ正確にはわかっていないことが多い。しかし、風光明媚なこの地だけに、ローマ時代には別荘地として人が住み着いており、いくつかの町では別荘跡が発見されている。しかし、紀元1世紀に起こったヴェスヴィオ火山の噴火により、そのほとんどが地面の下に埋まってしまった。

その後、人びとが定住する集落が現れるまでは数世紀の時間が流れる。6世紀末、北イタリアを奪取したゲルマン系のロンゴバルド人の南進に備えて、ビザンツ帝国は各地に要塞（カストゥルム）を築き始めた。守備隊を駐屯させ、必要により住民も防衛に参加する体制が組まれた。

7世紀までのアマルフィは、ビザンツ帝国の影響下にあるナポリ公国に組み込まれていた。自由をもたず、こうした従属関係にあったことが幸いにもある期間、東地中海に広がるビザンツ領の諸地域と活発に交易することを可能とし、アマルフィは南イタリアとレヴァント（東地中海沿岸地方）の間の交易の最大の中心となった。アマルフィ人の知性、航海術の高い能力、交易

イタリア海軍旗。
左下がアマルフィ共和国の旗

四大海洋都市レガッタでのパレード*

への才覚がおおいに発揮され、その都市は急速に発展した。

　しかし、南下しベネヴェント公国をつくっていたロンゴバルドは、アマルフィが従属するナポリを征服することはできなかったが、アマルフィの海洋での能力と交易の富を最大限利用するために、ビザンツ帝国から切り離そうと画策した。ティレニア海を舞台に、ナポリ王国、ロンゴバルド、イスラーム勢力の間で、領土獲得を巡って激しい闘いが続き、アマルフィの艦隊がしばしば活躍した。

　こうして力をつけたアマルフィは８３９年９月１日、ナポリ王国からの独立を宣言し、統治者を毎年、アマルフィの貴族階級の人たちが選ぶ独立した共和国となり、海岸周辺の小さな町や村をその支配下に置いた。隣の力のある都市アトラーニとも一体となり、その領土は、東はチェターラ、西はポジターノまでの海岸域全体と、カプリ島およびスタビアの領地をも含んでいた。ラッターリ山地の連邦に取り囲まれ、ラヴェッロ、スカーラ、トラモンティといった戦略上重要な城塞となる内陸の町がアマルフィを背後から守るかたちをとった。近隣の高所に点在する小さな町々を訪ねると、中世の古い城塞や建造物を今も見ることができる。こうして海から山間に広がる地域が一体となって、アマルフィは海洋都市としての繁栄を実現できたのだ。その後、９５４年に元首（duca、ドゥーカ、ときにヴェネツィアと同様、総督doge、ドージェ、と呼ばれた）を選出するかたちをとって「アマルフィ公国」と称するようになり、１０７３年まで完全な独立国家として君臨した。

　海外でのアマルフィ人の活動は目覚ましく、９世紀末、エルサレムに富裕なアマルフィ出身の商人マウロ・コミテによって、ベネディクト派のサンタ・マリア・ラディーナ修道院とともに病院が聖ヨハネに捧げて建設された。こうして病院の教団がエルサレムに創設され、それが宗教と軍事の団体の性格をもち、聖ヨハネ騎士修道会となり、マルタ騎士団として今も残る。この修道院のまわりには、アマルフィ人のコミュニティが形成され、フォンダコ、店舗や工房、住宅群、教会がつくられたことが知られている。

　ビザンツ帝国の首都、コンスタンティノープルにも、10世紀に他のイタリア海洋都市に先駆けてアマルフィ人の居住区が設けられ、通商交易を積極的に推し進めた。アマルフィ共和国（公国）は１００

0年頃、大きな商業中心となり、南イタリアとビザンツ世界、アラブ世界の間の重要な交流の拠点となった。こうして、ヴェネツィア、ピサ、ジェノヴァより早く、アマルフィは繁栄を獲得し、東地中海の豊かな港町からやってきた外国人たちも眼を見張るほど、富の集まる都市になった。エジプトやシリアから運ばれる世界各地の商品の集積地として、活気に溢れていた。バクダードから来た商人であり旅行家でもあるイブン・ハウカルは、アマルフィを気高く裕福な都市だと称えた。

この10世紀末から11世紀初めにかけてが、アマルフィが最も勢力を拡大した時期だった。しかし、隣国サレルノ公国の艦隊との戦いにより、指導者たちが次々に命を落とし、１０７３年に完全独立国としてのアマルフィ公国は終わった。

指導者の不在はアマルフィにとって、サレルノによる侵略の危険にさらされることを意味する。そのため、南イタリアに進出していたノルマン人に保護を申し出た。ノルマン人は１０７６年にサレルノを包囲して制圧し、アマルフィは侵略の脅威から解放されたが、結果としてノルマンの統治下に置かれることになった。当時、ノルマン人は南イタリアのプーリア地方を支配していたが、そのプーリア公がアマルフィ公を兼ねることになり、アマルフィ公国はその影響下で存続した。反乱が二度起こるなど不安定な時期が続いた後、ノルマン人のシチリア王国の王、ルッジェーロ２世が１１３１年、アマルフィを威嚇し、武装解除と都市の明け渡しを迫った。この都市の人びとには抵抗する気概もないまま、ルッジェーロ２世の支配下に入り、シチリア王国に併合されることになった。こうして公国としての自治権を失い、政治的に厳しい状況でありながらも、アマルフィは自らの法律で領土を統治することはでき、海洋都市として、交易活動を13世紀いっぱいは持続できたようである。

だが、海洋都市として台頭してきたピサの脅威が大きかった。独立を失いノルマン支配下に入って間もない１１３５年、ピサの艦隊がアマルフィ海岸の町を目指して南下してきた。このとき、アマルフィの軍隊はアヴェルサに駐屯中で町は無防備であり、スカーラ、マイオーリ、ミノーリが襲撃を受けるも、急いで駆けつけ、何とかピサ軍を退けることができた。しかし、１１３７年に再びピサは攻撃を仕掛けてきた。まずはマイオーリが標的となり、その後ラヴェッロ、アトラーニ、スカーラが徹底的に略奪・破壊された。アマルフィは抵抗する余力がなく、膨大な賠償金を払って略奪を逃れる道を選択した。この二度にわたるピサの侵略の被害は甚大で、アマルフィの経済力は衰退に向った。

地中海交易の主役の座をピサに明け渡し、アマルフィの輝かしい共和国繁栄の時代は比較的短命のうちに終わった。南イタリアの政治状況をそのまま反映し、他の地域とともに、ここでも外国勢力による支配の歴史が始まった。1131年のノルマン支配からホウエンシュタウフェン家（1194〜1266年）、フランスのアンジュー家（1266年〜13世紀末）、その後はスペインのアラゴン家がアマルフィを支配した。この間、コンスタンティノープルにおいても、後発のヴェネツィアやピサ、ジェノヴァといった海洋都市の陰に隠れてしまい、存在感は薄れていった。その一方、12世紀後半以降は、他の地中海東海岸地方の都市やイタリア南部の都市、そしてシチリアとの関係が密になっていった。

政治史としてはこのようにアマルフィ公国の衰退が語られるが、アマルフィ海岸の他の町々も含めて観察してみると、13世紀につくられた立派な建築、空間などが多いのに気づく。そもそも守護聖人、聖アンドレアの聖骸がコンスタンティノープルからアマルフィの大聖堂に運ばれたのも1208年であり、鐘塔は1180年に着工され、1276年に竣工、「天国の回廊」も1266年に着工、2年後に竣工した。アマルフィ、トラーニ、スカーラ、トラモンティなどのアラブ・イスラーム様式のアーチ群、尖頭交差ヴォールトをもつ独特の建築群も12〜13世紀に建設されたものだ。今日見るアマルフィらしさはむしろこの時期につくられたといえよう。独立国ではなくなったが、どの町でも市政を司る施設が設けられ、市長や行政・裁判の重要な役職は市民によって選出されていたという。

しかし、1343年11月24日にアマルフィ海岸を襲った、ティレニア海での地震が引き起こした津波による大被害は、この地にとって壊滅的な出来事だった。

その後、ある程度の交易・商業活動が持続したとはいえ、全体として低迷状態にあったアマルフィ海岸の町々だったが、17〜18世紀頃から内部の渓谷ゾーンに川の水力を利用して水車を稼働させる製紙業や製粉業が興隆し、経済的な繁栄をみた。また、斜面の段々畑でのレモン栽培が活発になり、海外へ輸出するようにもなった。17〜18世紀、さらには町によっては19世紀の特徴的なパヴィリオン・

ヴォールトをもつ立派な住宅がアマルフィ海岸の随所にみられることにも注目したい。

新たな産業だけでなく、グランドツアーによる再発見もアマルフィの再興を大きく後押しした。グランドツアーとは、古代の建造物や遺跡からルネサンス建築などの文化遺産を巡る18世紀に流行した知的体験旅行である。イギリスをはじめアルプス以北の国々から、若き作家、画家、建築家が修行の旅に、また富裕な上級階級の子弟が教育、自己形成のために続々とイタリアの地にやって来た。彼らの大きな目的地はローマのフォロ・ロマーノやポンペイ、エルコラーノといった18世紀に発掘が始まった古代遺跡など、古典文化に直に触れられる場所だったが、さらに南のギリシア都市の遺跡、ペストゥムにまで足を伸ばすなどするうちに、アマルフィ海岸のビザンツやイスラームの中世文化にも出会うことになったのだ。頂部が黄色と緑のマヨルカ焼きタイルで飾られた鐘塔や、中庭の尖頭アーチをずらして重ねた「天国の回廊」などは、アラブ・イスラームの建築文化の影響を色濃く残している。さらに19世紀にアラブ・ノルマン様式でファサードを再建した大聖堂によって、異国情緒はいっそう増し、当時の人びとを魅了した。こうしてアマルフィはエリートのための観光、リゾート地へと発展していった。

今や、複雑な海岸線と断崖絶壁の斜面、そしてそこに重なるようにして建つ家々がつくり出す都市景観の美しさは世界中に知れわたり、多くの人びとが訪ねる憧れの観光地になった。ナポリから出るフェリーに乗って、刻々と姿を変える海岸線を飽きることなく眺めるなか、険しい谷の間に姿を現す高密な町を目の前にして、その美しさに感嘆の声を上げる人は少なくない。1997年にユネスコ世界文化遺産に登録されて以来、さらに観光客は増えている。アマルフィ海岸のビーチはどこも人で溢れ、昼間は海水浴を楽しみ、夜は海岸線沿いのプロムナードをのんびり散歩するなど、ゆったりと休暇を過ごしている。

しかし、アマルフィの見識ある人たちは、より創造的な文化都市を目指し、それにふさわしい観光のあり方を模索している。豊かな自然の恵みを発見し、アマルフィ海岸の随所に隠された歴史、文化の足跡を多角的に掘り起こすことが求められているのだ。

アマルフィ西側高台からドゥオモ方面を眺める

ポジターノ海に向かう高密な斜面建築群

第3章 アマルフィ海岸の地域資産とテリトーリオ

第1節 地勢

アマルフィ海岸都市の立地条件

アマルフィ海岸はティレニア海、サレルノ湾に面する30キロメートルにもおよぶ海岸線の一帯を指し、複雑に入り組んだ断崖絶壁からなる特異な地形とそこに築かれた中世の迫力満点の町並み、そしてわずかな土地を開墾してつくり上げたレモンやブドウなどの段々畑による農業景観が融合した文化的景観は、1997年にユネスコの世界文化遺産に登録された。東端であるヴィエトリ・スル・マーレから西端のポジターノまでの間で、急角度で海に落ち込むラッターリ山地がところどころで断ち切られ、V字谷の底部には川が流れている。アマルフィ海岸の多くの町はその谷筋に形成されており、山の上にも集落が点在している。

谷底が狭いV字谷地形の町

アマルフィ海岸はリアス海岸であるが、渓谷は溺れ谷とならず、下流部の平地に都市を形成することができた。底の部分が狭いV字谷地形に町が形成されたアマルフィはムリーニ谷の、アトラーニはドラゴーネ谷の河口に位置しており、小さな入江の奥にある。入江は良好な港であり、現在は波の穏やかなビーチとして知られている。

やがて川は暗渠化して道路に変えられ、今では都市の中心を貫く主要道となっている。川底の幅が狭く、両岸はすぐに迫り上が

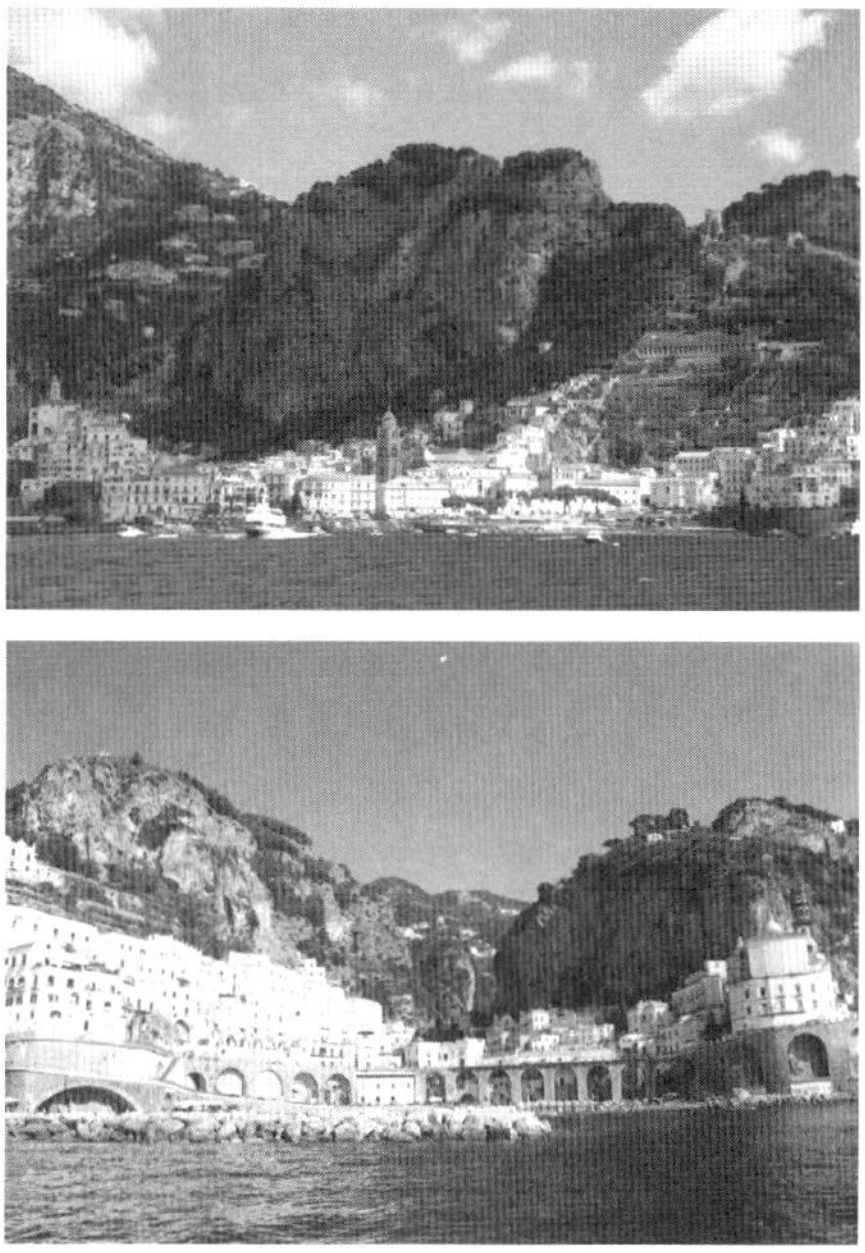

海から見たアマルフィ（上）とアトラーニ（下）

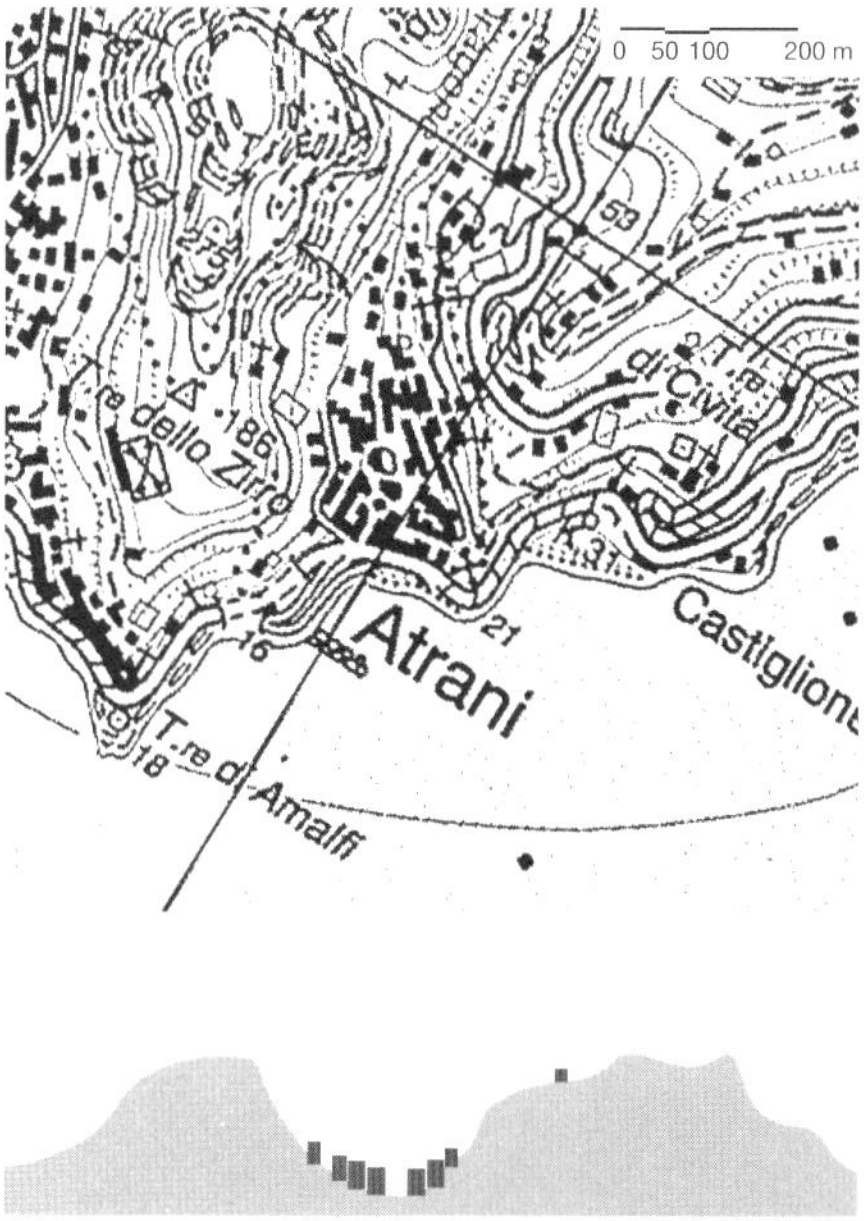

同、アトラーニ

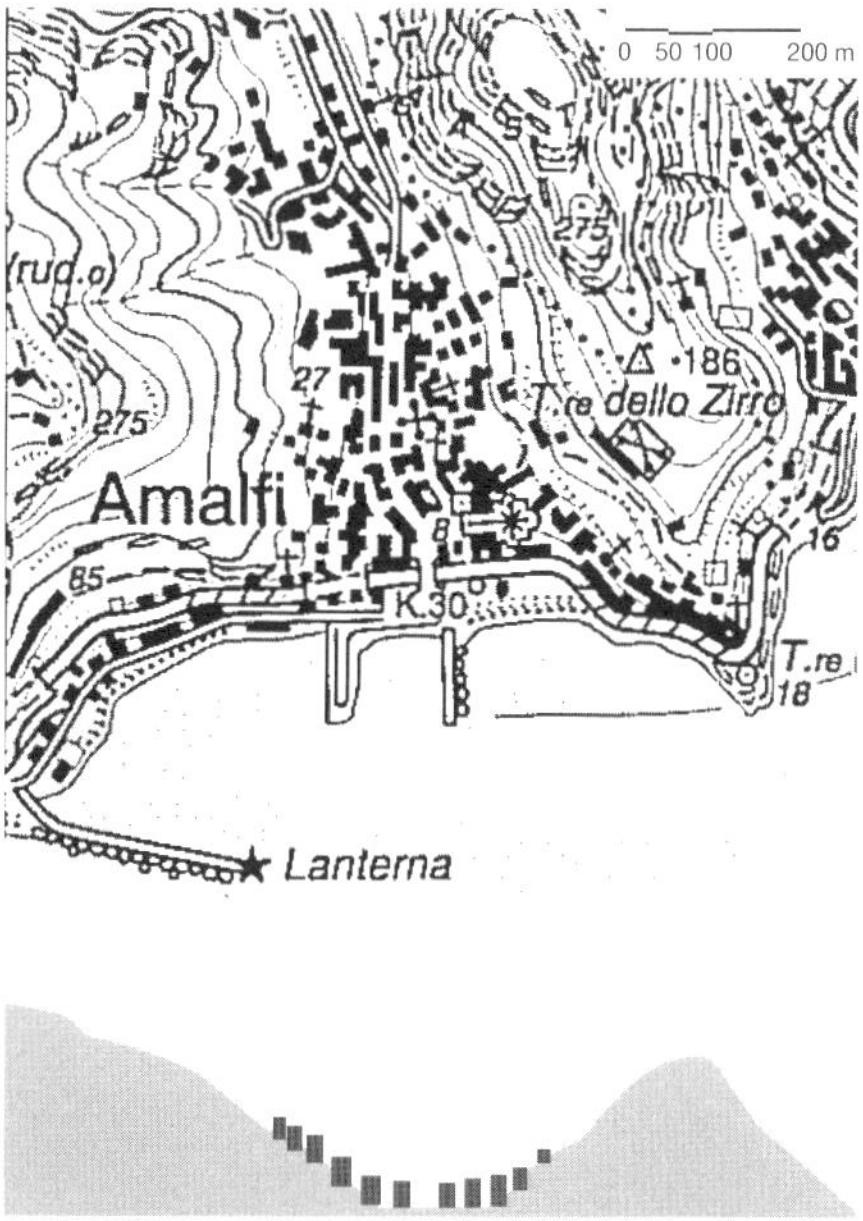

アマルフィの地形図（上）*と都市断面概略図（下）

っているため、主要道から分かれる道は階段状のものが多い。主要道に直交する階段以外の街路は、基本的に等高線に沿って走っており、曲がりくねっていて先が見通せない。両側の斜面地は階段状に造成された段々畑となっており、アマルフィ海岸の特産品であるレモンなどの柑橘類やブドウが栽培されている。

谷底が広いV字谷地形の町

マイオーリとミノーリも谷底に川が流れるV字谷の河口部に形成された町であるが、谷底の低地部が広く、そこに建物が密集し

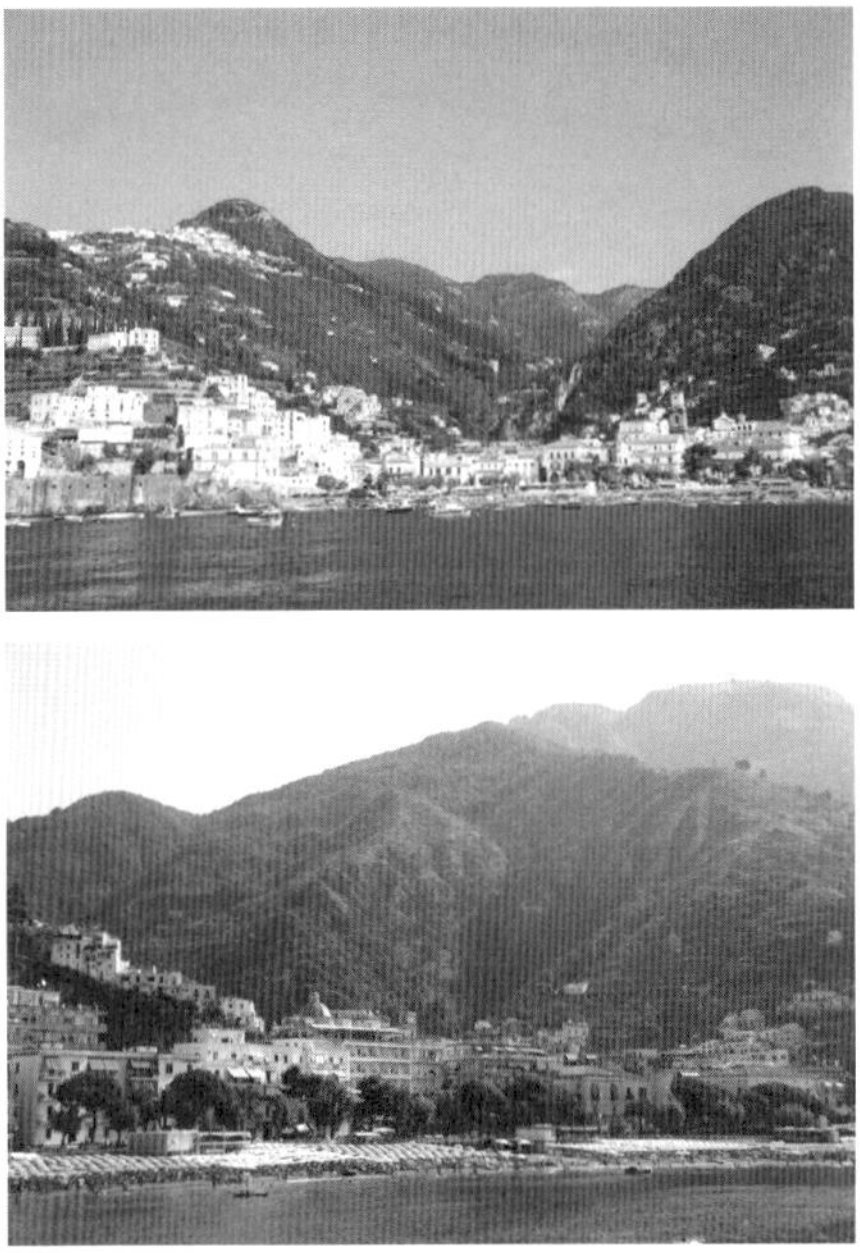

海から見たミノーリ（上）とマイオーリ（下）

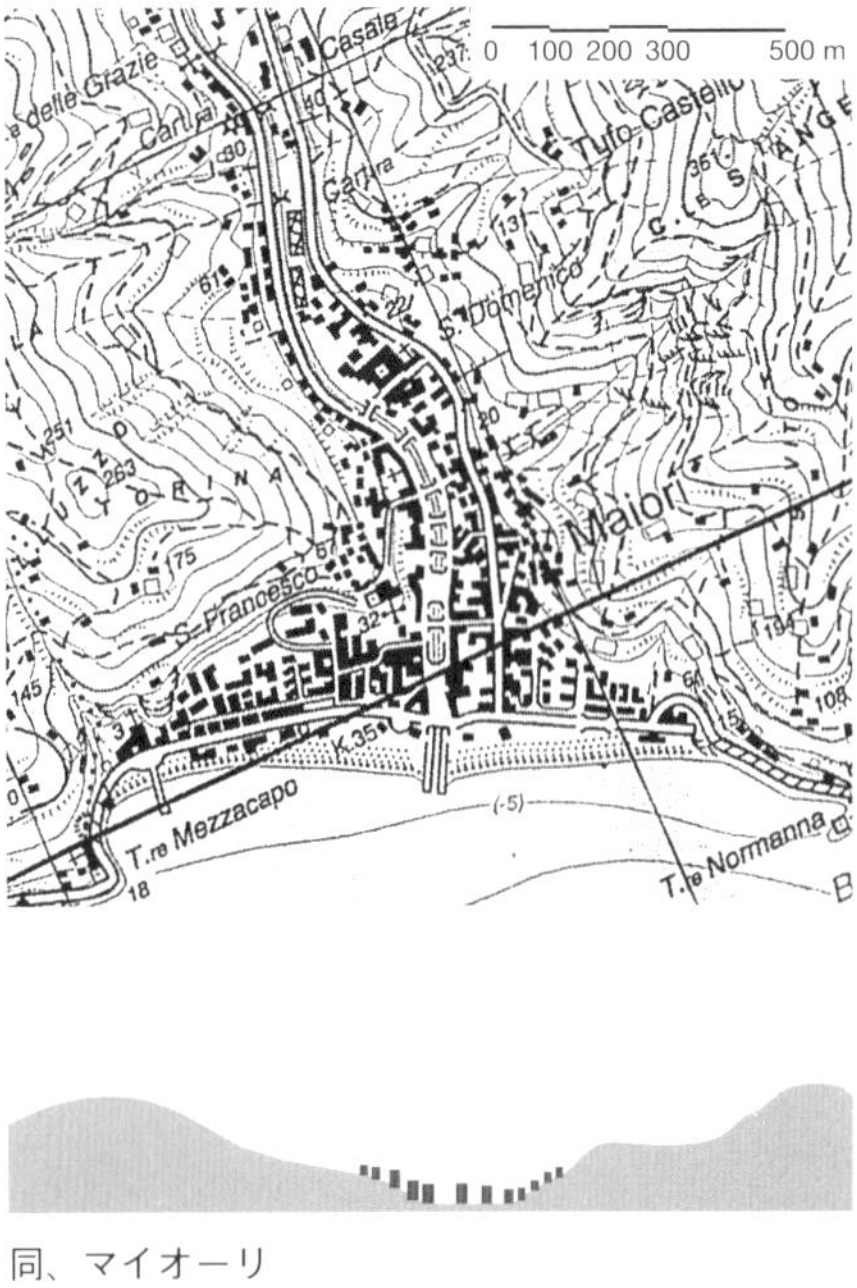

同、マイオーリ

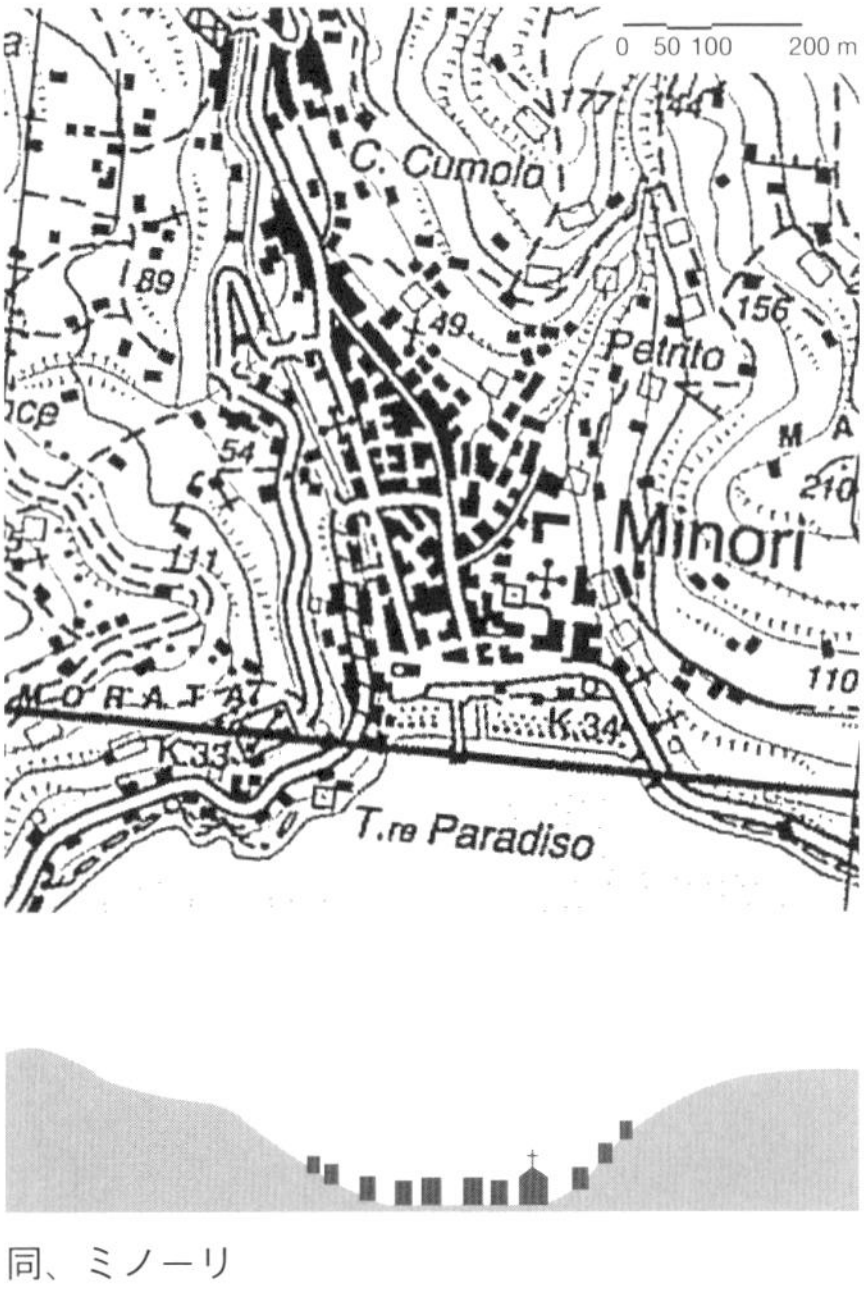

同、ミノーリ

ラヴェッロ（上）から見たスカーラ（下）

海から見たポジターノ（上）、高台のラヴェッロ（下）

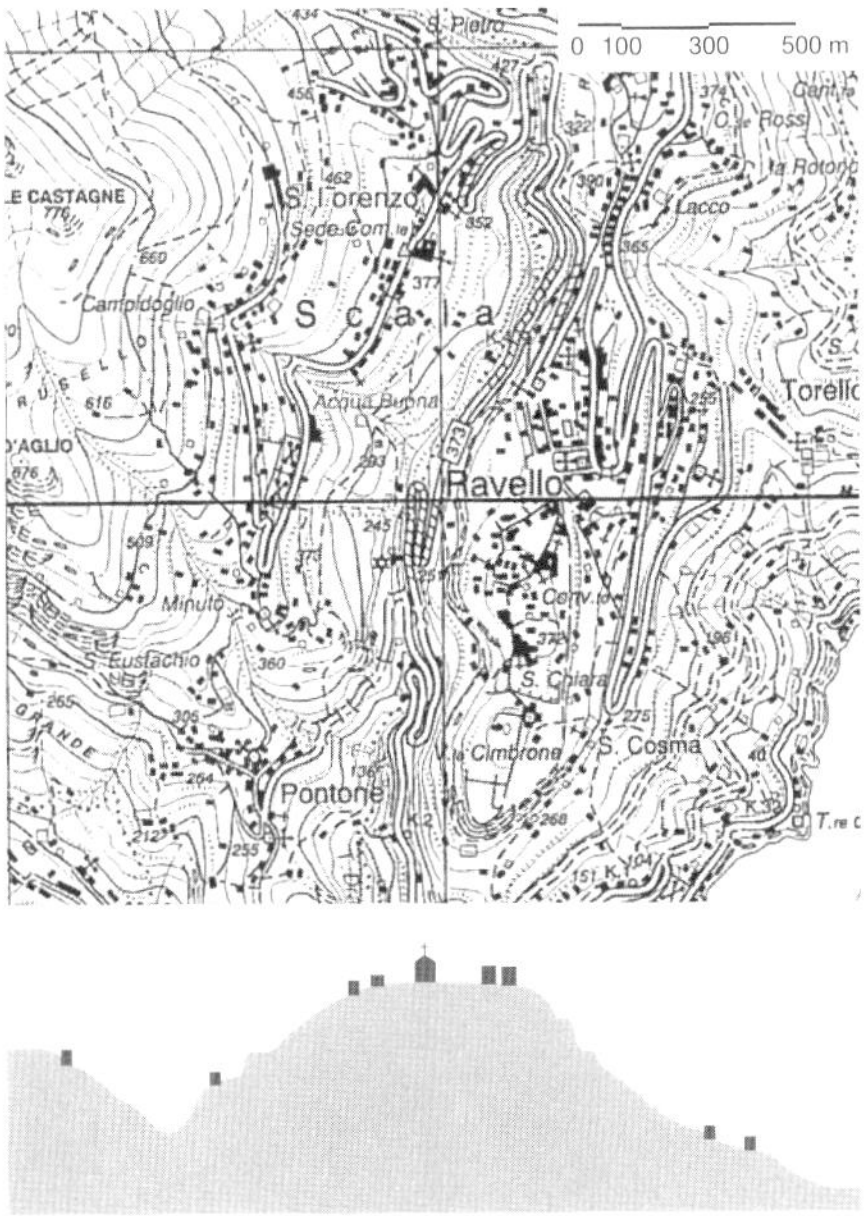

同、ラヴェッロとスカーラ

同、ポジターノ

ている。マイオーリのトラモンティ川は一部開渠となっているが、基本的には道路の下を流れており、河口部には砂浜が弓状に広がっている。ミノーリの町なかを流れる川は現在暗渠となっており、自動車道路の下を流れている。現在は暗渠の通りが、かつては川に並行して走る通りが町を貫く主要道であったと考えられる。

アマルフィやアトラーニと比べると斜面地に建つ建物は比較的少ないが、それでもいくつかの古い建物群をみることができる。

谷と丘にまたがる町

ポジターノも河谷に形成された町ではあるが、傾斜の急な西側斜面の下を流れる川は小さく、水量も少ない。谷は深くて狭く、谷底の平地部はわずかである。川は傾斜の急な西側斜面の下を沿うようにして流れている。市街地は急な傾斜で切り立っている西側の斜面地に広がっており、家々は張り付くようにして建っている。西側斜面地の海に突き出している丘の部分では、等高線に沿って幾重にも道が巡っている。ところどころでその間を海に向かって下る急な階段が繋いでいる。

台地の上の町

山頂や山腹にも町が形成されているが、ほとんどが家屋の点在した集落としての様相を呈している。ラヴェッロとスカーラは、ドラゴーネ谷を挟んだ2つの小高い台地の上にそれぞれ形成された町である。台地の上の平らな部分が市街地となっており、斜面にはあまり建物は広がっていない。しかし、家屋は谷地の町ほどには密集しておらず、さらに市街地だけでなく、市域も海に接していないという点で海岸沿いにありながら、前述の町とは異なる立地環境にある。

第2節　都市の構成と建築遺構

コムーネとフラツィオーネ

イタリアの行政区画のなかで基礎自治体であるコムーネの数は、現在7896（2024年1月現在）である。日本とは異なり、人口規模や都市的要件による市町村のような区別はない。そして一般的に中心市街地は、イタリア統一以前に建設された市壁によって囲まれている旧市街（チェントロ・ストリコ）である。一方で、その郊外にも居住地として、コムーネに附属したフラツィオーネと呼ばれる村落がいくつかある。

アマルフィ海岸は斜面地が多く可住面積が少ないため、比較的平坦な土地が広がる河口部に建物が密集した中心市街地が形成されている。これは、アマルフィやマイオーリなどの海岸沿いでみられる都市形態であり、一戸建ての住宅が点在する斜面地のフラツィオーネとは大きく異なる。

海岸沿いの都市ヴィエトリ・スル・マーレは市域内に川が流れており、河口部分にはフラツィオーネが形成されているが、中心市街地はそれを見下ろす崖の上に立地している。また、川の上流や内陸の斜面地でもフラツィオーネが形成されており、いずれも中心市街地と変わらないほどの規模と建物の密集がみられる。斜面地のプライアーノとそのフラツィオーネであるヴェッティカ・マッジョーレは、まるで映し鏡のように岬を挟んで東西それぞれの斜面に住宅が分散している。

一方、高台の斜面地に形成されたコムーネは、規模や建物の密集具合の面からでは、中心市街地とフラツィオーネの間にあまり大差がない。台地の上のスカーラは、位置的に中央にあるチェントロ地区とフラツィオーネの間には明快な境界はなく、尾根沿いにほぼ連続しているようにみえる。内陸にかなり入ったところにあるトラモンティは、山間地にフラツィオーネが点在するコムーネである。

古代ローマ時代の建築遺構

アマルフィ海岸における居住の始まりについては、正確にはわかっていないが、少なくとも古代ローマ時代には遡ることができる。ミノーリ、アマルフィ、ポジターノの３つの町からはアウグストゥス帝時代のものと思われる貴族のヴィッラ（別荘）が発掘されている。この時代はラッターリ山脈の険しい道を通行するよりも、サレルノ湾を航行するほうが容易であったために、いずれも海沿いの町に立地していると推察される。なかでも南側に砂浜が広がっている谷地の河口付近を選んで別荘を構えているのは、水の確保のためであろう。

ミノーリでは１９３２年に町の中心から発見されて発掘調査が行われ、現在は野外博物館となっている遺跡がある。三方向を山で囲まれ、開けた南側には砂浜が広がっている河口部のわずかな土地を活用するため、ヴィッラは2層で建てざるを得なかった。ただ、山から流れ出る水脈が豊富にあったので、谷を流れる川の水を生活用水として利用するだけでなく、水道管を巡らせて列柱廊で囲まれた中庭のなかの池や噴水に引きこまれていた。

アマルフィでは町の中心を通るピエトロ・カプアーノ通り沿いの商店の地下からヴィッラにあった浴場の一部が発見された。また、ポジターノでも美しいフレスコ画で飾られた素晴らしいヴィッラが町の中心にある大聖堂の地下からみつかり、調査を終え一般公開されている。これら古代ローマ時代の別荘は、79年に起きたヴェスヴィオ火山噴火後の豪雨による土石流で破壊され、地面の下に埋もれていたのである。

また、内陸部の町トラモンティからも田園の邸宅が発見されている。しかし、これら古代ローマ時代の住居と後にアマルフィ共和国となる中世の居住地との間には断絶がある。中世には住居跡は廃墟となっており、教会付属の墓地の一部として使われるようになっていた。

アラブ文化の伝播

地中海交易における東方との繋がりは、建築文化にも影響を及ぼした。10世紀にはコンスタンティノープルにアマルフィ共和国の居住区が設けられ、そのなかには教会や修道院も建設されていたことがわかっている。一方、11世紀後半にコンスタンティノープルで鋳造されたブロンズの扉が運ばれてきて、アマルフィの大聖堂やアトラーニのサン・サルヴァトーレ・デ・ビレクト教会の正面に据え付けられている。

建築そのものにも大きな影響がみて取れる。1276年に完成したアマルフィ大聖堂の鐘塔の頂部は、マヨルカ焼きタイルの交差アーチが並ぶ小塔で飾られている。また、同時期に上層市民の墓地として建てられた「天国の回廊」の、対になる2本の柱によって支えられる尖頭アーチが交差する回廊も、シチリア島のシチリア・ノルマン様式や北アフリカなどのアラブ・イスラームの建築様式の影響とみることができる。交差アーチはアマルフィだけでなく、台地の上の町でもみられる。スカーラにあるサンテウスタキオ教会（13世紀建造）の遺構やラヴェッロのサン・ジョヴァンニ・デル・トーロ教会（975年創設、13世紀に再建）の後陣の外壁にも、同じような交差アーチで飾られている。また、アトラーニのサン・サルヴァトーレ・デ・ビレクト教会の内部には、ポルティコの一部であったと考えられる、連続交差する三葉形アーチがみつかった。

同様の装飾様式は、宗教建築以外にもみられる。13世紀創建のラヴェッロのヴィッラ・ルーフォロでは、邸宅の中庭に面して複曲線の多弁アーチが交錯した列柱廊が巡っている。また、入口となる塔状の門には、傘状リブのペンデンティヴ・ドームが架かっている。この傘状リブのドームは、ヴィッラ・ルーフォロだけでなく、アマルフィとスカーラの貴族の邸宅につくられたアラブ風の浴場の建物にもみられる。これら12～13世紀の教会や邸宅を建てたのが、地中海を舞台にして交易を行っていた商人貴族であることから、彼らによってシチリアやスペイン、北アフリカのイスラーム建築の装飾様式が持ち込まれたと考えられる。

こうした海洋都市としての国際性を物語る建築が、港のある中心都市のアマルフィだけでなく、台地の上の町にも分布しているのは、外国との取引を行う商人がいたことを示している。ラヴェッロやスカーラは羊毛の染色業で栄え、シチリアやプーリア地方へ販路を伸ばしており、主要都市には居住区が置かれていた。実際、プーリア地方の港町バーリには、すでに述べたようにラヴェッロ商人たちの教会としてヴァッリサ教会が今でも旧市街の入口付近に建っており、海洋都市としてのアマルフィ海岸がもつ国際性は海辺の町だけに限られたものではないことを示している。

都市防衛施設

都市の発展に伴い、カストゥルムと呼ばれる防衛機能を備えた要塞も建設されるようになった。正確な建設年代は判明していないが、9世紀にはアマルフィの西側の高台にプロウィンキアリス要塞が築かれていたと考えられている。海からの襲撃に備えて高台から見張るだけでなく、壁で囲続された要塞は有事の際の避難施設としてアマルフィ市民を守る役割を果たしていた。そのほかにも、アマルフィの東側の高台にサン・フェリーチェ要塞、マイオーリにはサンタンジェロ要塞とサン・ニコラ・デ・トーロ・プラーノ要塞があった。1137年にピサ共和国の攻撃によってサンタンジェロ要塞は破壊され、1204年に既存のサン・ミケーレ・アルカンジェロ教会を拡張したサンタ・マリア・ア・マーレ教会が建設された。さらに内陸の町ラヴェッロにはフラッタ要塞、トラモンティにはモンタルト要塞、スカーラにはスカラエ・マイオリス要塞とスカレラエ要塞が、1131年のノルマン人ルッジェーロ2世による征圧時には存在していた。

また、11世紀中葉から12世紀末にかけてのノルマン人支配期には、防御のための市壁の整備が始められた。それは都市を囲続するというよりも、天然の防御壁である険しい断崖絶壁の間を埋めるようにして建設された断続的な市壁であった。マイオーリは円筒状の堡塁を数か所に据えた狭間胸壁のある市壁を町の海側に巡らせ、その外側には濠が囲んでいた。しかし、その市壁も強力な艦隊をもつピサ共和国による1135年、そして1137年の二度にわたる攻撃で破壊され、ラヴェッロやスカーラとともに町は壊滅的な被害を受けた。海洋都市国家の中心的存在であったアマルフィも、海上からの襲撃に備えて海岸沿いに壁を建設した。しかし、前述のガルガーノ氏によると、市壁は1343年11月25日のティレニア海沖合の地震による津波で破壊され、その後も1395年、1451年、1454年と幾度も大時化《しけ》による被害を受けた。1480年にはいったんすべて取り壊して再建され、1520年には再び補修が施された。それほどまでに、海側の防備を重要視していたと考えられる。実際、ミノーリは18世紀初頭の都市図のなかで、町の海側を市壁が覆っている様子が描かれており、近代直前まで市壁で囲繞されていたことがわかる。高台の町スカーラも、海側の斜面に塔を備えた市壁を建設していたほどである。

さらに、13世紀のアンジュー家による支配期には市壁だけでなく、海岸沿いに円筒状の監視塔が建てられ、海岸部の防備がよりいっそう固められた。敵の襲来をみつけると、狼煙を上げて隣の塔へと次々に知らせ、海岸部全域に伝達されていった。16世紀のスペイン属領時代になると、厚い外壁によって構築され、屋上には大砲を構えるための狭間が設けられた多角形平面の塔が建設された。なかには、アンジュー家による支配の時代に建設された円筒状の塔に、矩形の増築部分で補強されたものもみられる。これらの塔は一般には「サラセン人の塔」と呼ばれているが、イスラーム教徒を意味するサラセン人によって建てられたのではなく、特に15世紀に小アジアで誕生し、地中海世界に版図を広げつつあったオスマン帝国や海賊による襲撃、略奪に対する監視を目的としていた。そのため、スペイン属領時代のほうが建設数は多く、海岸沿いに建つ塔の間隔を狭めるようにして配置されている。

その後、役目を終えた塔は放棄され、崩壊するままに任されていたが、一部は現在、修復されている。ポジターノのフォルニッロ塔はイタリア未来派の芸術家ジルベール・クラヴェルが修復・改造を施した住居となり、今は休暇用の貸し部屋として利用されている。また、アマルフィのトッレ・サラチェーナやマイオーリのトッレ・ノルマンナはレストランに転用されている。

第3節　産業

製紙業の興隆と衰退

地中海交易で伝播してきた外国文化に、紙とその製造技術がある。製造過程で水車の稼働は欠かせず、その動力にアマルフィ海岸では険しい渓谷を流れる川の水が用いられてきた。

紀元前２世紀に中国で発明された紙は、シルクロードを介して７～８世紀にサマルカンド、バグダッドへと伝わり、10世紀にはカイロ、フェズなどイスラーム教徒が居住する北アフリカ地域へと広がっていった。そして、１１００年にはヨーロッパで初めて、イスラーム教徒支配下にあったスペインのシャティヴァに製紙工場がつくられた。アマルフィもこうした地域との交易が盛んであったこともあり、１２２１年頃には紙の輸入が始まっていたと考えられている。綿のぼろ布から製造された紙は、羊皮紙に比べて安価であったため、公証人文書だけでなく、商用での利用でも急速に普及していった。次第に製品としての紙だけでなく、その製造技術も伝わり、１２７６年にキリスト教世界のヨーロッパで初めての水車による製紙工場が中部イタリアのマルケ州ファブリアーノに誕生し、そしてすぐ後にアマルフィにも製紙工場ができたことがわかっている。また、１２８９年の史料では木綿のぼろ布から製造した「綿の紙」について言及した箇所があり、さらに海岸近くにあったと思われる布の売買をする「木綿の広場」で、商人たちが紙の製造のために木綿を購入したことが記されている。

カトリック教会が住民の出生や死亡、宗教行事などを記録するよう各教区へ義務付けるなかで、従来使用されていた羊皮紙に代わる繊細な装飾が施されたアマルフィの紙は高い評価を得るようになり、需要は次第に高まっていった。15世紀には、アマルフィの優れた紙を用いるためにわざわざナポリで著書を出版する外国人もいるほどの評判であった。製紙業は18世紀に最盛期を迎え、アマルフィだけに留まらず、海岸沿いのミノーリやマイオーリ、さらにラヴェッロやトラモンティにも製紙工場が立地していた。1861年にはアマルフィ海岸全体で38軒の工場があり、270人がそこで働いていた。原料の輸入や製品の輸出には海路が用いられ、かつて東方との交易で繁栄した海洋都市としての優位性が発揮されていた。

しかし、その時期をピークに衰退へと向かい、近代の機械化による大量生産に対応できず、伝統的な材料の使用と製造方法による生産コストや、自動車輸送の困難さに伴う流通コストの高さがネックとなり、市場でのシェアは大幅に減少していった。さらに、1954年の洪水は致命的な打撃となり、ほとんどの工場が廃業、もしくは移転を余儀なくされた。20世紀初頭には15軒あったアマルフィの製紙工場も、1970年には3軒にまで減少していった。

上流の製紙工場

アマルフィでは14世紀から16世紀の間に紙の需要が増すにつれて、多くの製紙工場が整備された。製造の過程で紙の原料である布を叩解するために木の落とし槌を駆動させる動力が必要であったが、多くの渓谷があるアマルフィ海岸では、川の水を使った水車で動力を得ていた。実際、1380年の史料から既存の水車小屋が製紙工場に転用されていったことが確かめられるように、谷の低地を流れる川に近いところに工場が立地していた。この水車小屋は、もともと毛織物工場として羊毛を縮絨してフェルト化する際、木槌で打ちつけるために用いられていたもので、それを製紙工場に転用したと思われる。アマルフィには現在も遺構が残っており、さらに記録の上でも製紙工場であったことが判明しているものは13軒あって、そのすべてがかつての市門、オスピタリス門から出た北側の市街地外に立地している。

これらは川沿いに建っているが、19世紀初頭に描かれた絵画や20世紀初頭の写真を見ても、川面で水車が回っている姿は見受けられない。現在は博物館「紙のミュージアム」となっている

アマルフィの谷の奥にあった製紙工場跡

ミラノ家の製紙工場やその他の工場の遺構、および19世紀の図面史料を見ると、水車は川のなかではなく建物内部にあり、水車を動かす水力は用水路を使って建物のなかにまで引き入れた川の水によるものであることがわかる。その水で水車を回し、オルゴールのように回転する軸部のシリンダーの表面に取り付けられた突起が木の落とし槌を跳ね上げ、落下する力で下の水盤に入れたぼろ布を叩き解きほぐした。叩解された布の繊維が混じった水は大きな石の漉き船に溜められ、そこで木枠の簀桁を使って漉く。そして、漉き上げた紙をフェルトで挟んで重ねていき、上から圧力をかけて水分を絞り取ってから、それを1枚ずつ剥がして乾燥させるという方法で製造されていた。

水車を動かし、紙漉きの水盤に水を溜めるために引かれた用水路は、建物の脇の川からではなく、緩やかな勾配を保ちながら上流から引いてきている。それをいったん建物の外に設けた貯水槽に溜めて、堰板を開くことで水車を稼働させる水力を得ていたのである。アマルフィ海岸の谷は急峻であり、川の流れが速くてすぐに海に流れ込んでしまい、普段は水深が浅い。特に雨の少ない夏季は水量も少なくなる。そのため川に水車を設置するには不向きであった。そこで、自然の流れよりも水量を人工的にコントロールする方法で製造できるよう、水路を使った水車小屋がつくられた。この水路を引き込む水車小屋のなかに、独特の形式をもつものがアマルフィ海岸のなかでいくつかみられる。それは水路が建物よりも高い位置を通り、屋上にある円筒状の取水塔から垂直に水を落下させることによって水車を動かす力を得る仕組みの水車小屋である。

アマルフィとポジターノの中間にある小さな町フローレに、河口から湾の奥まで非常に狭く、細長いフィヨルド状の谷がある。その谷にある2軒の製紙工場のうち、河口付近にあるヴィヴィアーニ製紙工場は、この円塔状の取水塔をもつ5階建ての製紙工場である。L字型平面で、長辺側は2階建て、短辺側は5階建てで、短辺側の建物のほうが上流側にある。そして、岩壁に沿って用水路をつくり、上流から用水を引いている。この製紙工場は、L字短辺側の4層目に製粉所、5層目に小麦の倉庫を併設しており、水はまず4層目の製粉所に落とされて、挽臼を回すために使われた。谷底には川が流れ、わずかな川岸に建つ建物の背後には険しい崖が切り立っており、貯水槽を設けるスペースがない。

そこで、用水はいったん建物の外に排出されて、L字の交差部の建物の屋上に設けられた貯水槽に溜められ、そこから叩解機のある1階の製紙工場に送られていたのである。

さらに上流の斜面には、取水塔をもつ水車小屋が2軒近接して立地している。高い位置にある水車小屋は、崖に沿って延びる水路を流れてきた用水を取水塔から取り込み、1階から外へ排出する。その水は再び用水路を通り、低い位置にあるもうひとつの水車小屋の取水塔へ流れていく。そして、この水車小屋で利用された後、さらに用水路を流れて水道橋で川を横断し、前述のヴィヴィアーニ製紙工場の取水塔へと進んでいく。このように、上流から引いてきた用水は1か所の工場が占有するのではなく、いくつもの水車小屋、製紙工場で共用されるのが一般的であったようだ。

ポジターノにもこの形式の製粉用の水車小屋の遺構が2軒確認できる。いずれも町のなかでは比較的高いところに建っており、川が流れる谷底からはたいぶ離れているが、川の上流から水を引いてくる水路の存在によって、水車を稼働させることができていた。

市街地の製粉工場

前述のとおり、水車は製紙業だけでなく、日常食であるパンをつくるために用いる小麦の製粉にも使われていた。15世紀には、水車小屋のなかったナポリでは人口の増加によって小麦粉の需要が増し、それに伴いアマルフィ海岸の町は製粉業が盛んになった。さらに16世紀には、自ら製粉した小麦粉を使ったパスタの製造が主要な産業のひとつとなっていった。しかし、製造の過程で天日に当てて干す必要があることから、木々の多い川の上流は不向きであった。そのため、製粉業は川の水量が比較的多く、川が流れている旧市街の町なかで発展した。もともと、河口部で発展した町は川の氾濫を考慮して、低地には住居ではなく、工房や商店が取り囲む広場があり、こうした広場や河口の砂浜はパスタを乾燥させる格好の場所として利用された。アマルフィでは工房や商店があるフェッラーリ広場やメインストリートで、ミノーリでは浜辺でパスタを干している古写真をみることができる。

しかしその一方で、急な斜面が多いアマルフィ海岸では耕作が可能な面積は非常に小さく、原料である小麦の調達は他の地域からの輸入に頼らざるを得なかった。実際、1790年の文書には、プーリア地方から長く困難な海路を進み、ミノーリに小麦を運んできたことが記されている。19世紀初頭には生産量が増大し、1811年の史料によると、石臼の数に関してはアマルフィには大きいものが17個で小さいもので9個、アトラーニで大が8個で小が2個、ミノーリで大が8個で小が17個、マイオーリでは合計で15個あったことがわかっている。しかし19世紀後半になると産業革命の影響を受け、動力となる用水が確保できる河谷という地形のメリットを、輸送面でのデメリットが上回り、製紙業と同様に次第に衰退していった。

製鉄所と発電所

アマルフィのカンネート川を製紙工場が点在する一帯からさらに上流へ進むと、15世紀の製鉄工場の遺構をみることができる。この製鉄工場は、1461年にアラゴン家のフェルディナンド王が、アマルフィ公のアントニオ・ピッコローミニのもとへ嫁いだ娘のマリアに贈ったものである。水路を使って取り込んだ川の水を落下させることによって風を生じさせ、空気を炉内に送り込んで温度を上げて鉄鉱石を真っ赤な塊鉄にした。さらにその水を使い、製紙工場と同じ要領で水車を回して木槌を動かし、熱い塊鉄を叩く鍛造の作業を行っていた。そのほかにも、19世紀前半につくられた水力発電所がカンネート川の川岸に建てられている。

羊毛業

中世に東地中海や小アジアとの交易のなかで、イタリアの市場に香辛料や大理石の輸入とともに運ばれてきたものに織物があった。しかし次第に、アマルフィ人は羊毛の加工技術を体得し、輸出産業のひとつとなっていった。羊毛織物産業は主に高台の町スカーラで行われ、特にポントーネ地区は洗浄を行う場所であった。10世紀初頭には、アマルフィ海岸の他の都市に先駆けてスカーラのダッフリット家、サッソ家、トラーラ家、ボニート家、コッポラ家、スピナ家、デ・パンド家、サンネッラ家などの貴族が毛織物の生産と販売を行い、大きな富を得ていた。さらに、プーリア州のトラーニやバルレッタ、テルモリ、フォッジア、シチリア島のメッシーナやパレルモなど各地に拠点を構え、商取引を行うようになっていった。

プーリア州からガレー船を使ってアマルフィに運ばれてきた未加工の羊毛は、ロバを使って山の上のポントーネに集められた。そしてサン・ジョヴァンニ・バッティスタ教会前の広場で、洗浄、埃や塵の除去、加工、そして乾燥の作業が行われた。広場に置かれた大きな桶のなかに羊毛を入れ、水に浸してから強く打ち、シャボンソウか動物の尿を使って洗った。その後、熱湯を入れた別の桶に移して汚れを落とし、陰干しをして乾燥させた。このように羊毛の加工には大量の水が必要であり、さらに縮絨の工程では水車が使われ、水は欠かせないものであった。高台にあるスカーラには川は流れていないが、アマルフィとアトラーニに流れる川の水源地であり、山腹からの湧水があった。それを水路で運び、羊毛の洗浄や縮絨、さらには灌漑用水として段々畑に供給していた。サン・ジョヴァンニ・バッティスタ教会前の広場にも泉がある。また、サン・ジョヴァンニ・バッティスタ教会の側面には、洗浄の際に汚れた水を、渓谷を下ってアマルフィを流れる川に流すための水路の一部が残っている。縮絨や紡績、染色などは別のところで行われたようで、その工場の遺構が町の中心地区にある。

同業者組合の教会

ヨーロッパでの羊毛の織物業は専業化によって発展を遂げ、生産や販売のためにギルド（職業組合）が形成されていったことはよく知られている。ポントーネでも羊毛洗浄業職人によるコンフラテルニタ（信心会）が形成された。彼らのために建設されたサン・ジョヴァンニ・バッティスタ教会は、創建時期が11世紀中頃に遡るともいわれ、キリスト教としての祭事だけでなく、このコンフラテルニタの職業組合としての活動のためにも用いられていた。また、教会前の建物もコンフラテルニタの建物であり、この広場周辺はスカーラでの羊毛産業の重要な拠点のひとつであったことが明らかである。

レモン栽培

レモンはアマルフィ海岸の特産品のひとつであるが、その歴史は10世紀に遡る。サンティッシマ・トリニタ・ディ・カーヴァ・デ・ティッレーニ修道院の財産目録のなかに、レモン畑付きのブドウ園と記載されている。しかし、ポンペイ遺跡のなかで、柑橘類を描いたフレスコ画が見つかっていることから、この地にも1世紀頃からレモンの木が生息していたのではないかと推測されている。それでも海洋都市時代のアマルフィ海岸は交易が主な活動で、ブドウ畑やオリーブ畑のほかには耕作地は少なく、柑橘類の果物は輸入に頼っていた。それが13世紀になると、海洋都市としての地位が低下する一方、柑橘系果物の需要が増し、アマルフィ海岸でも栽培されるようになっていった。灌漑用水路と段々畑によって果樹畑がつくられ、15～16世紀には大きく発展した。そして、19世紀にはイギリスや北アメリカへの輸出を始め、帆船から蒸気船への変化にともない、出荷量も増した。19世紀末には最盛期を迎え、アマルフィ海岸は可能な限り段々畑に変えられていった。なかでもマイオーリは、アマルフィ海岸で最もレモン畑の面積が広い都市であった。第一次世界大戦後は新たな生産地の台頭により一時の活況は失われたが、近年レモンの皮を使用するリキュール「リモンチェッロ」が世界的に知られるようになったことで、再びアマルフィ海岸のレモンが注目されるようになっている。

石灰製造

石灰を使ってつくられるモルタルやコンクリートは、古代ローマ時代から石造建築に欠かせない建築材料である。その石灰をアマルフィ海岸では古くから製造していた。ナポリ周辺の土壌は凝灰岩質であるが、ラッターリ山脈の南側は石灰岩質になっている。そのため、この地で製造された石灰はナポリなどへ運ばれ、アンジュー家支配の時代の塔などの主要な都市施設の建設に用いられたという。

石灰を製造するために石灰石を熱する窯は、町から離れた海岸沿いや山のなかにつくられた。山のなかにある石灰窯は、斜面を掘ったところへ円錐状に石を積み上げてつくっていた。今でもアマルフィの山奥でいくつかの遺構をみることができる。

漁業

海沿いの町では、かつては漁業が行われていた。アマルフィでも細々ではあるが、小型の船を出す漁師はいるが、チェターラは現在でも漁業と水産加工業が主要産業になっている。かつては、10か月も漁に出る遠洋マグロ漁業を行う漁船もあったが、今はイワシ漁が有名である。チェターラの近くで捕れたイワシでつくる魚醤「コラトゥーラ colatura」は名産品で、スローフードの認証を受けており、さらに2021年にはDOP（原産地名称保護制度）の認証も受けた。

新鮮なカタクチイワシの頭と内蔵を取り除いて樽に敷き詰め、シチリア島のトラーパニで造られた塩と交互に重ねていき、いっぱいになるまで入れる。そして蓋をして、最低3年は熟成させて完成する。魚醤を熟成させるための樽の材料は、スカーラなどの山の上の町で栽培されているクリの木が使われているのである。かつては自家用で、クリスマスシーズンに楽しむためにつくられていただけで、隣町の人でさえもよく知らなかったという。それが今ではコラトゥーラを目当てに、この小さな町を訪れる美食家もいるほどだ。

漁船が浮かぶチェターラの港

熟成中のコラトゥーラ

リゾートファッション

今や世界的な観光地となったアマルフィ海岸であるが、そのなかでもポジターノは屈指のリゾート地として名を馳せている。カラフルな家々がへばり付いている崖の下には砂浜が広がっており、夏になると人びとはビーチタオルを抱えて太陽を浴びながら海水浴を楽しんでいる。１９５０年代前半に小説家ジョン・スタインベックが雑誌に紹介したことがきっかけで、有名人の避暑地として注目を浴びるようになり、現在のようなビーチリゾートが一般的になっていたのである。そのときに誕生したのが「ポジターノ・スタイル」と呼ばれるリゾートファッションである。水着の上に羽織るリネンのシャツやワンピースは人びとを魅了し、レースやかぎ針編みで飾られたものは瞬く間に人気となっていた。また、坂や階段を上り下りしやすいように、ヒールのない革のサンダルを職人たちが手づくりし、スワロフスキークリスタルをあしらって足下もきれいに飾った。現在でもポジターノの中心部には、狭い路地の両側にリネンの洋服を売る店や店先で職人が釘打ちの音を響かせているサンダル屋が軒を連ねる。

ワイン

海岸沿いの斜面地では段々畑でレモンが栽培されているが、中山間地のトラモンティにはブドウ畑が広がっている。19世紀に世界中を襲った害虫フィロキセラ（ブドウネアブラムシ）の被害を逃れた数少ない地であり、樹齢２００年以上のブドウの木が生き続けている。カンパーニア地方の伝統的な品種であるピエディロッソやファランギーナ、ビアンコレッラなどでつくられるワインは、ＤＯＰの認証を受けている。さらに近年では、トラモンティの在来種であるティントーレやペペッラでもワインづくりをしているという。地元のワイナリーで話を聞くと、生産量を増やして販路を拡大するよりも、地元のレストランやワイン専門店に卸し、在来種を守

店先で革のサンダルをつくる

リネンのリゾート服を売るブティック

りながらよりよいものをつくっていきたいと語っており、伝統を通じてテリトーリオの価値を受け継いでいこうとする姿を見ることができた。

畜産業

アマルフィ海岸は19世紀半ばにソレントからサレルノまで結ぶ国道１６３号が整備され、馬車や車両の交通は劇的に改善した。これにより、アマルフィ海岸の町は孤立した状態から抜け出した。しかし、ラッターリ山脈の中山間地であるトラモンティやアジェーロラといった町にナポリと繋がる幹線道路が開通するのはもっと後のことで、陸の孤島のような状況が続いていた。そのため、人びとは自給自足に近い生活を営み、ジャガイモやトマトなど冬を越すための保存食となる農作物を栽培するだけでなく、豚や牛、ニワトリなどの畜産も行っていた。

乳牛から採ったミルクを使ってつくるフレッシュチーズはフィオル・デ・ラッテ（Fior di latte）と呼ばれるモッツァレッラチーズであり、トラモンティが発祥と言われている。ナポリのピッツァ・マルゲリータでは、水牛（ブーファラ）の乳を用いたモッツァレッラチーズのピッツァのほうが高級であるが、本来はフィオル・ディ・ラッテを載せるべきと町の人は口を揃えて言う。また、熟成させるチーズ、カチョカヴァッロもこの地域ではよくつくられている。

チーズ製造の過程で出る乳清（ホエイ）を餌にする豚を飼育してサラミもつくっており、地元の肉屋などでは「Ｋｍ０」（キロメトロ・ゼロ）の看板を掲げている。

海洋都市として発展したアマルフィ海岸は12世紀までは国際都市国家として栄華を極めたが、その後は工業と農業の地域へと転換していった。そこでは、テリトーリオの環境と資源を活用しながら様々な産業が形成されてきた。そして現在、そこに価値を見出した生産者たちが新たな時代をつくっている。

吊り下げられているカチョカヴァッロ

トラモンティのブドウ畑

Vietri
sul Mare

第II部
アマルフィ

アマルフィの個性溢れる都市空間は、モニュメントを除き
じつは誰もまったく調査してこなかった。海に開いた斜面に
独特の迷宮空間ができあがったプロセスを、
詳細な実測調査をもとに解明する。

Polvica
Tramonti
Quisisana
Gragnano
Castello
Pimonte
Ponteprimario
Scala
Ravello
Minori
Maiori
Moiano
Atrani
Amalfi
Erchie
Pianillo
Positano
Nocelle
Agerola
Conca
dei Marini
Furore
Praiano
Amalfi

第１章　アマルフィの全体像

第１節　アマルフィの歴史と風土

アマルフィの成り立ち

まずは、アマルフィ海岸の中心、アマルフィからスタートしよう。

イタリア各地では、ローマ帝国の崩壊後の5世紀から7世紀にかけて、北からやってくる異民族の侵入の危険を避けて、それまで平野部の都市に居住していた人びとが安全な地を求めて移動した。背後に山が迫り、海に開く渓谷の地のアマルフィも、その目的にとって格好の場所だった。ゲルマン系の異民族は、船を使って海から攻めるすべをもたないから、背後を断崖で守られたアマルフィはまさに天然の要塞であった。アマルフィにやってきた人びとは、その渓谷の地形を生かしながら、とりわけ防御のしやすい高台から都市の形成を開始した。従って、アマルフィの都市を分析するには、地形と道路、そして古い居住地の核となった教会の位置との関係に注目することがまず重要である。

谷の中央には、もともと川（現在のメインストリートにあたる）が流れており、中

海から眺めるアマルフィ全貌

世の早い段階ではその川沿いの低地には人びとは住めなかった。むしろ、居住地は東、そして西の斜面の高い位置から広がった。実際、古い時期に創建された教会はどれも高台につくられていることが注目される。第Ⅰ部で紹介した地元の歴史家G・ガルガーノ氏によれば、5～6世紀の間に、まずは東の高台にカストゥルムと呼ばれるアマルフィで最も古い居住核ができた。そこが防御上も衛生上も最も守りやすい場所であったのだ。同時にそれは、東隣の町、アトラーニへと結ばれる古い道路に沿った重要な場所でもあった。この高台のカストゥルムの西端にあたる位置（現在のドゥオモの北側）に、6世紀には、初期キリスト教時代の小さな教会が建てられた。ほぼその位置に、9世紀に三廊式の構成をとる「十字架のバジリカ」、続いて10世紀末には、現在のドゥオモ（大聖堂）であるサンタンドレア教会がつくられ、アマルフィの宗教の中心が形成された。それが、後のドゥオモ広場、さらには低地全体への発展と繋がることになった。

川の西側においても、まずは斜面のかなり高い位置に教会がつくられ、周囲にコミュニティを形成した。

海洋都市国家としての歴史

谷状の特殊な地形をもつアマルフィは、陸側への展開に制約があるなか、早くから海洋交易をベースに発展していき、8世紀頃にはすでに、港に近接した市壁内（現在のフェッラーリ広場の位置）に商業・生産活動が集中したコミュニティを形成した。7世紀までビザンツ帝国の影響下にあるナポリ公国に組み込まれていたこの町は、9世紀前半にその支配を脱却して独立し、アマルフィ共和国を建国して海岸周辺の小都市をその支配下に置くまでになった。

鐘塔と海を望む

この町の発展で特に重要だったのが、羅針盤を使用した独自の航海術による地中海貿易であり、アラブの諸都市やビザンツ帝国の首都、コンスタンティノープルとの通商交易によって、10～11世紀頃にアマルフィは早くも繁栄の時期を迎える。イタリアが誇る中世の四大海洋都市（アマルフィ、ヴェネツィア、ピサ、ジェノヴァ）のなかでも、アマルフィが最初に発展し、東地中海の豊かな港町からやってきた外国人たちも目を見張るほど裕福な都市となった。

その頃のアマルフィは地中海貿易によるイスラーム文化との交流が活発で、文化的にも大きな影響を受けており、当時の中世建築が現在も随所に残っている。特に、12世紀後半から建設が始まるドゥオモの隣に建つ鐘塔は、ロマネスクながらもイスラーム文化からの強い影響を受けた様式で建てられており、現在も当時とほぼ同じ姿をみせている。また、黄色と緑のマヨルカ焼きのタイルで飾られた頂部やその下に巡るアーチの造形に、イスラーム世界との結びつきが表れている。ドゥオモの北側裏手に13世紀後半に建設された「天国の回廊」は、アラブの地上の楽園そのものの雰囲気を漂わせる。また、海洋都市アマルフィの繁栄を支えた税関、アルセナーレ（造船所）、フォンダコ（商館）などの主要施設が港周辺にあったことが史料から知られている。

中世以降のアマルフィ

しかし、輝かしい共和国としての繁栄の時代は比較的短命のうちに終わり、南イタリアのほかの地域とともに外国勢力による支配の歴史が始まった。１１３１年にはノルマンの支配を受け、直後の１１３５年と37年には、海洋都市のライバルとして登場したピサの艦隊による攻撃で大きな被害を受けた。12世紀

ベランダのアーチ越しに見える眺望

の後半にはフランスのアンジュー家、その後はスペインのアラゴン家に支配された。それらの支配者の館は現在も部分的に跡が残されている。さらに追い討ちをかけるように、1343年、ティレニア海での地震が引き起こした大きな津波が町を襲った。中世アマルフィの海岸側の部分は海中に水没したといわれている。

長らく歴史の表舞台からは姿を消したアマルフィだが、18世紀にこの町は再び繁栄の時期を迎えた。渓谷の上流域に水車を利用した製紙産業を中心とする数多くの工場ができたことやグランド・ツアーの広がりによる来訪者の増加などが、経済の発展を促したのである。19世紀、陽光に満ちた風光明媚な海岸の風景とビザンツ、イスラームのエキゾチックな建物の魅力によって、アマルフィは旅情溢れる場所としてヨーロッパの人びとの心を惹きつけた。このように、時代とともに変容をみせたアマルフィであるが、今なお中世の建物の遺構がこれほどたくさん残っている町は、イタリアといえどもそう多くはない。現在では、アマルフィの町を中心とするこの海岸全体が世界文化遺産に登録され、夏場になると、世界中から大勢の観光客がこの地を訪れる。

斜面都市アマルフィ

アマルフィの都市空間は、背後に険しい崖が迫る渓谷の限られた土地に高密に築き上げられた。ドゥオモ広場から北側に伸びるメインストリートを軸に、東西ともに広がる斜面地には、住宅が斜面に重なり合うように密度高く配置され、同時に、高台の見晴らしのよい場所に修道院や立派な邸宅など、有力者たちの建物が立地する。

東側斜面にある教会が所有するレモン畑

建物が密集しているので街路は薄暗く狭い印象を受けるが、高台の邸宅はもちろんのこと、斜面の中腹にある一般の住宅からも、ベランダやテラスに立てば見事な眺望が開ける。谷のV字形構造をとる特殊な地形のアマルフィだけに、計画的な都市形成はなされないものの、斜面地にフィットした合理的な街路のヒエラルキーを生み出し、その空間的な文脈のなかで各住宅がそれぞれに工夫を凝らし、傾斜を巧みに利用して、眺望や採光を獲得しているのである。結果として、それぞれの建物が独自の特徴をもち、それらが折り重なり、背後の崖と相まって迫力のある都市景観を生み出している。このようなヴァナキュラーな空間のなかに潜む秩序を読み取るのが、立体迷宮都市、アマルフィ研究の醍醐味なのだ。

船に乗って海側からアマルフィを眺めると、これらの地形的特徴がより顕著に現れる。高くそびえる崖の下部には建物がびっしりとへばり付き、ところどころにレモン畑が広がっている。かつて港であった海岸線沿いは現在では海水浴場や小型ボートの停留所として賑わいをみせ、その奥の鐘塔が景観にアクセントを添える。海からの視点は、外部勢力からの侵入が絶えなかった中世において、アマルフィの地形が天然の防壁として機能し、都市の発展の重要な要素であったことを示してくれる。

海からの視点もいいが、大切なのは海そのものの存在である。海洋国家としての歴史は先に述べたとおりであるが、高台のベランダやテラスから眺める海への眺望は、手前にそびえるドゥオモや鐘塔と同じく住民たちのアイデンティティとなる。そしてまた、いささか狭苦しい斜面都市にとって、開かれた海岸沿いは都市環境を整える要素となる。

傾斜地としての特徴をうまく生かした、建物ごとのアプローチの多様性も興味深い。ひとつの建物内で異なるアプローチの方法をとることによって公私の空間を切り分ける様子を詳しく記述していきたい。このように、アマルフィの人びとは、扱いにくい谷間の斜面という地形の要素を、巧みに消化している。階段だらけの坂道を現在も使いこなし、自分たちの生活ペースを大事にしているのである。

第2節　アマルフィを構成する5つのエリア

アマルフィは、外の世界と繋がる港町だけに、古い時代から様々な都市機能が発達し、ひとつのコンパクトな市街地を形成している。都市を形態のハード面だけでなく、機能・活動というソフトな面からみていくのに、港町は格好の研究対象となる。まずは、機能の配置の観点からみたアマルフィの都市の構成を簡単に述べていきたい。海洋都市アマルフィは、おおまかに次の5つのエリアに分けて考えられる。

第一に、市壁の外側、海沿いに展開する「港エリア」があり、中世のアマルフィ全盛期には交易と結びついた様々な施設が存在した。現在では華やかなリゾート地、観光地となったアマルフィだけに、海辺のこのエリアは雰囲気を大きく変えているが、随所に残る遺構を手掛かりに、地中海の交易に活躍した当時の姿を復元的に想像してみたい。

第二に、ドゥオモを中心とする「公共エリア」があり、宗教的な機能に加え、共和制時代のパラッツォ・ドゥカーレをはじめとする各時代に都市を支配した世俗権力の館、上流階級の集まる施設などがつくられた。そして、交易によりもたらされたイスラーム文化からの影響を色濃く反映するドゥオモやその鐘塔など、いかにもアマルフィらしい象徴的な建築が目を奪う。

第三に、港と結びつきながら古くからの商業と生産活動の中心として発展したフェッラーリ広場、そしてドゥオモ広場から谷底を南北に伸びるメインストリート沿いに広がる「商業エリア」がある。谷底を流れるカンネート川に蓋をして中心軸としての街路（現在のジェノヴァ通り〜カプアーノ通り）が生まれてからは、このメインストリートが活気ある商業空間として形成された。メインストリートに沿って何層にも重なる建築群を分析することは、高密に形成されたアマルフィの特徴を知るうえで重要だ。

第四に、その周辺に大きく広がる「住宅エリア」がある。これは都市の軸をなす谷底のメインストリートの背後、東西の斜面に高層・高密度に展開している。これらのエリアは地形を考え等高線に沿って緩やかに上る、海と内陸を結ぶ重要な通りと、それに直交し、最大傾斜の方向に設けられた階段状の坂道とが巧みに組み合わさり、立体的な迷宮状の都市空間を形づくっている。これが隠れた秩序のひとつなのだ。こうした住宅エリアは東と西の海を望む高台の絶壁にも大きく広がっている。

このような住宅地は教区（コントラーダ）に分かれ、それぞれに教区教会があり、カンポと呼ばれる小さな広場が接することもある。ちなみに、イタリア語の教区はパロッキアparocchiaだが、中世に形成された宗教的かつ世俗的単位を表す地区をコントラーダcontradaと呼ぶ。

最後に、谷の奥の、北の城門を出たあたりに、川の流れを活用した製紙産業を発展させた産業エリアがある。ヴァッレ・デイ・ムリーニ（水車の谷）地区と呼ばれ、今も水車のある産業遺産としての製紙工場の跡が多くみられる。18世紀前半頃から大きな発展をみせたこの地区は、産業用の水車や煙突が自然と一体化した独特の景観を生み、観光化が始まったアマルフィにとって、風光明媚な海岸線の美しさとは一味異なる山間のビューポイントともなり、とりわけアルプス以北から来る画家などの心を掴んだ。よって、アマルフィの近代化を語るうえでも重要な地区なのである。

こうして様々な活動、機能を担ったエリアがともに関係性を保ちつつ、海に開いた渓谷の地形と結びつきながら都市に適切に配置され、港町アマルフィの全体を構成してきたのだ。

以上のような機能からみたエリア分けを踏まえて、実測調査の成果をもとに具体的に空間のあり方を分析・考察した地区を中心に取り上げながら、アマルフィにおける都市の空間構造の特徴について論じていこう。

アマルフィにおける５つのエリア

第3節　街路からみる都市構造――「人間のための都市」

アマルフィでは、東西両側の山の中腹へ向かう斜面に、地形の変化を読みながら街路網を巡らし、奥へ奥へと重なるように住宅地が展開している。

そもそもこのような斜面都市では、高台部分での建設にはまず街路の形成が不可欠であり、街路が都市の発展を規定する重要な骨格となったといえる。まずは、都市の空間構成を理解する方法のひとつとして、地形と街路網の関係と各街路の性質を分析していきたい。とりわけ谷底に発展したメインストリート沿いの商業エリアと、その東西の斜面に発展した住宅エリアの空間構成をみていくうえで、この視点は有効となる。

ところで、アマルフィに中世都市のイメージが受け継がれているとはいえ、その町の構造や景観が時代とともに大きく変化したことも見逃せない。まず、アマルフィの渓谷を真っ直ぐ奥へ、北に伸びる主要道路（ジェノヴァ通り～ピエトロ・カプアーノ通り）がもとは川だったという事実が注目される。

この川は現在のドゥオモ広場を真二つに分けるように流れ、海に注いでいたが、アンジュー家の支配下に入った13世紀末に、衛生上の理由と都市開発のため、川に蓋がされ、道路が建設された。今も、谷からの綺麗な水が道路の下をごうごうと流れる。中世の段階で大規模な土木工事によって都市のインフラ（基盤）整備を実現したことに驚かされる。川に蓋がされる前は、東西両側の高台を通る道がメインストリートだったが、この工事を契機に商業空間が発展し、メインストリートとなっていったと思われる。

街路における4つのカテゴリー

このことをふまえて、現在のアマルフィ旧市街（チェントロ・ストリコ）の街路を、次の4つのカテゴリーに分類すると、川の暗渠化＝中心商業軸の形成とともに確定したこの都市の空間的ヒエラルキーが浮かび上がる。この方法は、アラブ都市をはじめ、複雑系の都市空間を読み解くうえでの常套手段である。

第1カテゴリーの道は、南北に伸びる、かつて川であった現在のメインストリートである。今は賑やかな商店街になっていて、1階には店舗がずらりと並ぶ。上階は住宅にあてられているが、この道路から直接アプローチをとることは意図的に避けられている。よそ者が大勢訪れる国際都市において、住民の暮らしのセキュリティを保証するための知恵が働いていたのだ。

第2カテゴリーの道は、川に蓋がされる以前のメインストリートである。現在のメインストリートの山側の、東西の高台を通る。教区教会をはじめとする重要な建物の多くがこの道沿いにあり、今でも人の往来が多い。等高線に沿って緩やかに町の内陸部へと上っていくかたちをとる。重要な道であるにもかかわらず、折れ曲がりながら進み、見通しがきかない。このような道の複雑な形状は、地中海都市によくみられる手法であり、よそ者が入りにくい構造になっている。

メインストリートのすぐ東の裏手を並行して通り抜けるスッポルティコ・ルーアの道筋も、川の暗渠化の前から存在したと考えられ、このカテゴリーに位置付けられる。また、絶壁の上を地形に沿って東と西に長く伸びる2つの道は、ともに隣町へと続く唯一の陸路であり、古くから存在した重要な街路であることから、これらも第2カテゴリーに含まれる。

第3カテゴリーの道は、第1、2カテゴリーの道から枝分かれしている道で、住宅地内部を細かく結ぶ役割をもつ。等高線に対して垂直に、最大傾斜の方向に上るものが多く、急な階段となる。西側エリアでは、すぐ背後に山が迫っているため、階段を上り詰めた道が行き止まりとなることが多い。

第4カテゴリーの道は、数世帯共用の袋小路であり、主に東側エリアに分布する。山が迫り斜面が急で、宅地化が奥へ展開できずに高層化した西側地区に対し、東側地区は、比較的なだらかな斜面が懐深く続くため、住宅は階段を上りながら奥へ奥へと建設された。斜面を生かしながら共有の空地や庭をとっているところが多く、共有の袋小路もみられる。

アマルフィでは、以上のどのカテゴリーの道においても、随所で上に建物がかぶさり、トンネル状の道路（スッポルティコ）を生み、この町の大きな特徴となっている。特に、第1カテゴリーの主要道路から分岐して第2カテゴリーと繋がる、階段状の第3カテゴリーの道のほとんどは、その入口をトンネル状にすることで、よそ者には入りにくい心理的な効果を生み、〈公と私〉あるいは〈商業空間と住空間〉を分節する装置になっている。しかも、第1カテゴリーの表の街路に面する上階の住宅へは、人通りの多いメインストリートからはアプローチせず、脇の静かな階段（第3カテゴリー）からのみアプローチをとるという、公私の空間を巧みに分ける発想が生きている。車にとってのわかりやすさ、見通しを重視してつくられた近代都市の空間とは真逆の発想で生まれ

第２カテゴリー。以前のメインストリート、折れ曲がる道が多い

第４カテゴリー。数世帯で共用する袋小路

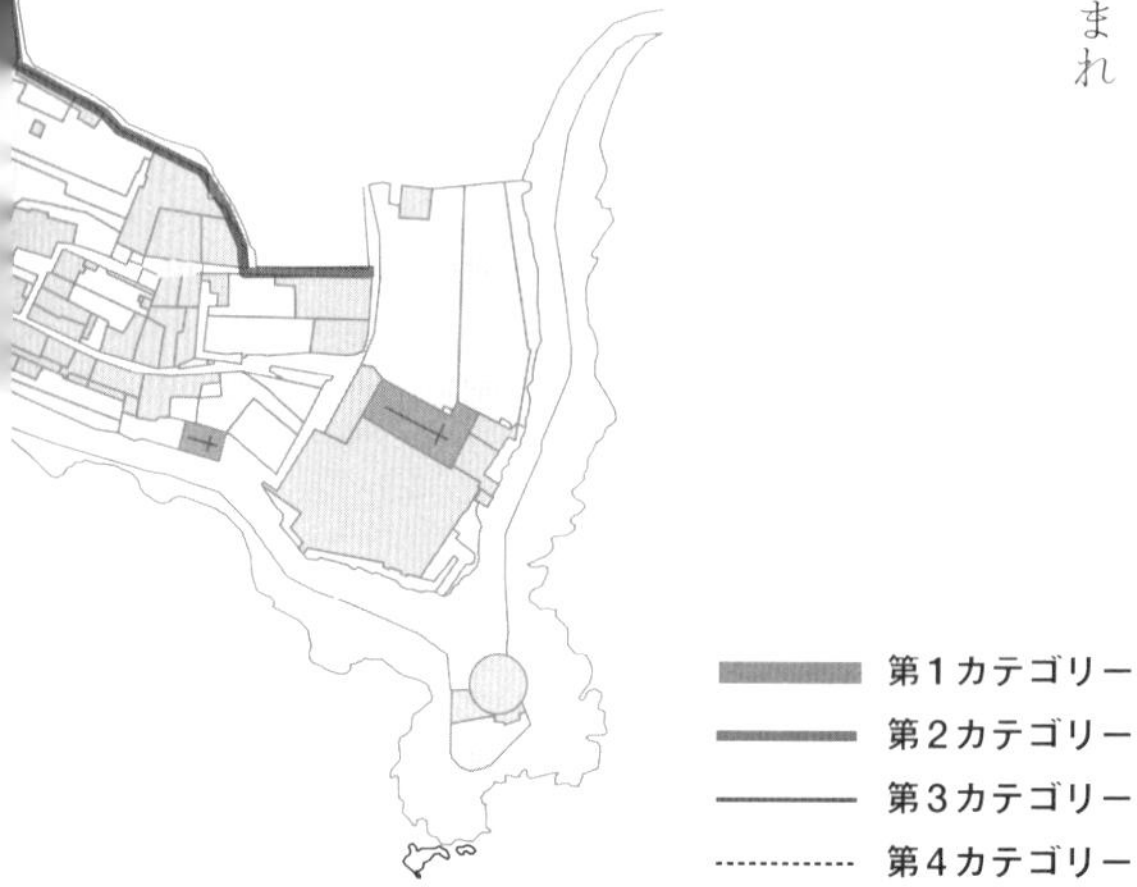

第1カテゴリー。現在のメインストリート

第3カテゴリー。住宅を結ぶ階段状の道

街路のカテゴリー

た「人間のための都市」なのである。

ちなみに、公共道路の上に建物がかぶさり、空間を分節するこのトンネルの形式は、アラブ・イスラーム世界、イタリアの中南部など、地中海的性格の強い地域に広く普及した手法であり、中世における公と私を調整するセンスをもった都市性の高さを示す指標といえる。アルプス以北にはあまり存在しない。

なお、階段の多い街路はバリアフリーの時代には失格の烙印を押されそうだが、ロバなどが物資を運んだ時代には、不便さは感じられず、むしろ上流階級の邸宅が上のほうに建設される傾向が強かったことを思い起こしたい。

街路からみるアマルフィの形成過程

次に、街路の特徴を時代ごとに、もう少し詳しく記述していこう。

アマルフィの都市構造の変化を大きく分けるとするならば、①川の暗渠化前、②川の暗渠化後、③近代化による幹線道路の建設後、と3段階に分けることができる。それらの時代ごとに街路の位置付けを、復元的に追っていきたい。

①　川の暗渠化前

第1カテゴリーの主要道路沿いは現在では建物が並ぶが、かつては谷の川筋にあたり、開発にとっては条件が悪く、周辺に建物は存在しなかったと思われる。しかし、東側に関しては、スッポルティコ・ルーアの自然発生的な形状から、中世の早い段階にこの道筋が決まっていた可能性が高い。このことから考えると、暗渠化以前から、川沿いの東側にはドゥオモ広場から道がずっと続いており、現在のスッポルティコ・ルーアに繋がっていたのではないかと推測される。

また、暗渠になる前の川には、東側と西側の第2カテゴリーの通りどうしを結ぶ橋が4本かかっていたことが文献史料から確認されている。そして、橋からは、それぞれの教区の教会へと続く街路が続いていた。川と平行に走る東西の第2カテゴリーの街路は、メインストリートがまだ暗渠にされていなかったこの時代には、アマルフィを南北に貫いて海と内陸を結ぶ重要な道であった。

先にも述べたように東西の街路は、ともに重要な建物が接し、人の行き来も多かったことが想像されるにもかかわらず、何度もクランクしている。そのことから、時代ごとの発展段階と対応する都市域のエッジにあたっていた可能性も考えられる。さらには、谷底のメインストリートが川筋に沿ってほぼ直線的に形成されたのに対して、この街路は自然発生的で変化に富んでいる。見通しがきかず、防御にも適していた、こうした道の複雑な形状は、地中海都市によくみられる特徴である。

②　川の暗渠化後

川に蓋をして道がつくられ都市構造に軸が生まれると、その道に沿って商業用の建物の建設が開始され、生活上のメインストリートとしての性質を強めていく。しかし、東側と西側の建物が非対称であること、間口もそれぞれ不均一であることからみても、計画的に建設されたのではなく、あくまで自然発生的に建設されたものと考えられる。建物ごとの発展もそれぞれの事情に合わせ行われたものと思われ、そういった状況のなか、第2カテゴリーの道と結ばれる階段状の坂道（第3カテゴリー）が整備されたと推測される。川の暗渠化によって4本の橋は必要なくなったものの、各教区とメインストリートを結ぶ重要な第3カテゴリーの階段状の街路として、東と西にほぼ対応した道がもとの橋の位置から分岐して伸びている。

また、平行する東と西の街路も、現在でもこの道に沿った店舗が営業していること、教区教会が接していることなどから、生活道路として人の往来は多かったと考えられる。

③　幹線道路の建設後

交易都市としての13世紀までの繁栄の後、時代の変化や外国勢力の支配などによりアマルフィは徐々に衰退していった。しかし18世紀になると、ヨーロッパ各地で起こった歴史的都市を再評価する動き、あるいは川の上流域で水車を利用した数多くの工場の建設が、この町に再び繁栄をもたらした。

こういった近代化の流れのなかで19世紀前半、車のためのアマルフィ海岸の各都市を結ぶ幹線道路（マッテオ・カメラ通り〜クリストフォロ・コロンボ通り）が建設されることとなる。これによりアマルフィの海岸線は変化するものの、地形に沿って旧市街の外の海側に幹線道路を通したことにより、車が生活のなかで重要な交通手段となった現在においても、中世から続く旧市街の街路ヒエラルキーは受け継がれることとなったのである。もちろん、中世からの街路がクランクしていたり階段状になっていたりして、車の進入が妨げられていることも、街路ヒエラルキーの本質的な位置付けが変化しなかった要因のひとつである。とはいえ、今までは船での往来が一般的であったアマルフィにとって、幹線道路の開通は、外部の人びとの行き来を頻繁にさせた。

また、同じ時期に、高密化によりいささか行き詰まりをみせる旧市街に対して、西側の市壁の外側に海岸線と平行してプロムナードを設けることにより、中世からの都市構造を壊すことなく都市環境の整備を行ってきた。外敵の侵入の心配がなくなった近代においては、幹線道路やプロムナードといった、海に開かれた低地部分での開発が可能となり、それらの道に沿ってホテルや店舗が建設されるようになって、町はさらなる発展を遂げることとなる。現在のアマルフィ市民にとって、市壁の外の海沿いに広がる開放感に満ちた近代空間は欠かせない存在で、夕食前後の時間帯の散歩（パッセジャータ）の最高の舞台となり、また、毎週開催され人びとの暮らしを支える定期市の場所をも提供する。

海辺の風景（1829年）*

第2章 各地区を語る

第1節 港エリア——海岸線とポルタ・デッラ・マリーナ

数々の遺構が残る港エリア

様々な国からの貿易船が訪れ、多彩な文化が交流する。かつて、海洋都市国家として繁栄したアマルフィにとって、港を中心とする地区は、そのような国際色豊かな活気に満ちた場所であったはずだ。しかし、1343年の大規模な津波で海辺の施設の多くが破壊され、かつての姿を知ることは容易ではない。だが、G・ガルガーノ氏らの文献史料による研究に加え、1970〜83年に行われた水中考古学の調査によって海中に多くの遺構が発見され、謎に満ちた、失われたアマルフィの姿が徐々に解明されてきた。

そのなかで、現在も残る港と結びついた施設の遺構としては、アルセナーレ（造船所）とフォンダコ（商館）、そしてポルタ・デッラ・マリーナ（海の門）が見出される。アルセナーレとフォンダコの存在は交易ネットワークで結ばれたヴェネツィア、ピサ、ジェノヴァなど地中海の交易都市に共通する都市施設として必要不可欠なものだ。

19世紀に描かれた港の風景*

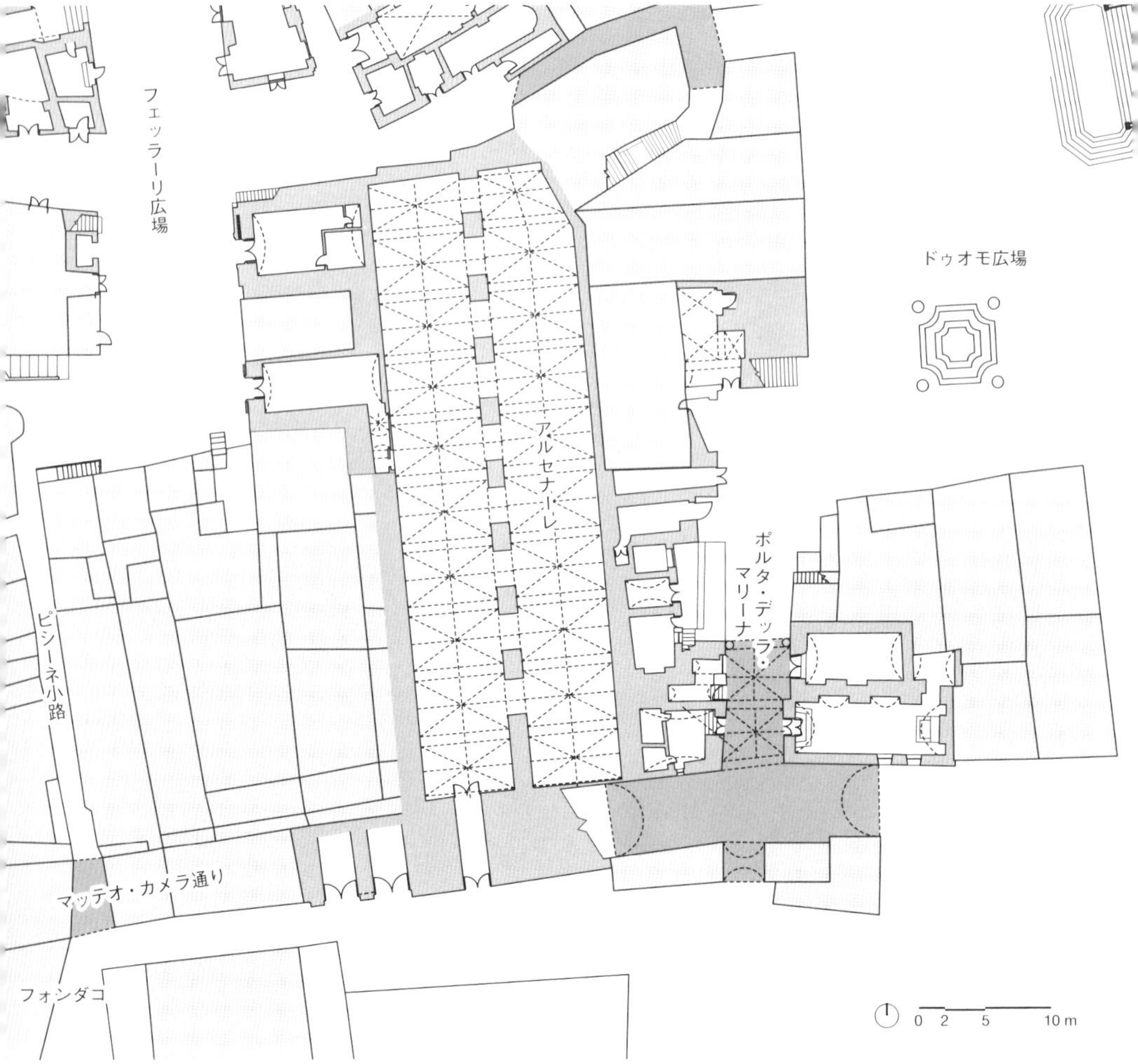

アルセナーレとポッタ・デッラ・マリーナの周辺

漁業が盛んな頃の港*

観光化される前の海岸の様子*

また、工房や店舗の集中するドゥオモ広場やフェッラーリ広場と港を繋げるポルタ・デッラ・マリーナやヴィーコロ・ピシーネが重要な動線であったことは容易に想像できる。

アルセナーレ

アルセナーレとは海洋都市には不可欠な造船所のことで、11世紀中頃に創建された巨大な建物であり、1240年にフェデリコ2世によって再構成されたことが知られている。石の支柱群から尖頭アーチが立ち上がり、大空間にはたくさんの尖頭交差ヴォールトがかかっているが、今に伝わるこれらのヴォールトは1240年のものと考えられる。現在残っている構造体は40メートルの長さに及ぶが、本来はその倍の長さをもっていたという。アルセナーレの建物は市壁から浜辺へ大きく外へ突き出していたため、1343年の地震が引き起こした津波で、その半分が破壊されたと伝えられる。

現在、この巨大な歴史的構造物は、海洋都市の歴史を展示する博物館であると同時に、講演会、シンポジウムの会場としてよく使用される。同時に、この建物の上におそらく早い段階から屋上広場が人工的につくられ、うまく利用されている。そこへのアプローチはトンネルをくぐり、さらに階段を上るため、広場の利用者はまわりを囲む建物の住人に限られ、落ち着いた雰囲気の場所となっている。名門のP家など、裕福な家族の邸宅がここに入口を設けている。この広場では周囲の子どもたちが無邪気に遊ぶかたわら、主婦が洗濯物を干す光景を何度となく見かけた。だが夏の間は、住民に加え観光客をも対象にしたコンサートが星空の下、この広場で催される。ボリュームを上げた音楽の演奏にクレームをつけるどころか、周辺の住民たちは特権的にそれを楽しんでいるのが羨ましい。

描かれたアルセナーレ*

アルセナーレ

アルセナーレ内部の
尖頭交差ヴォールト

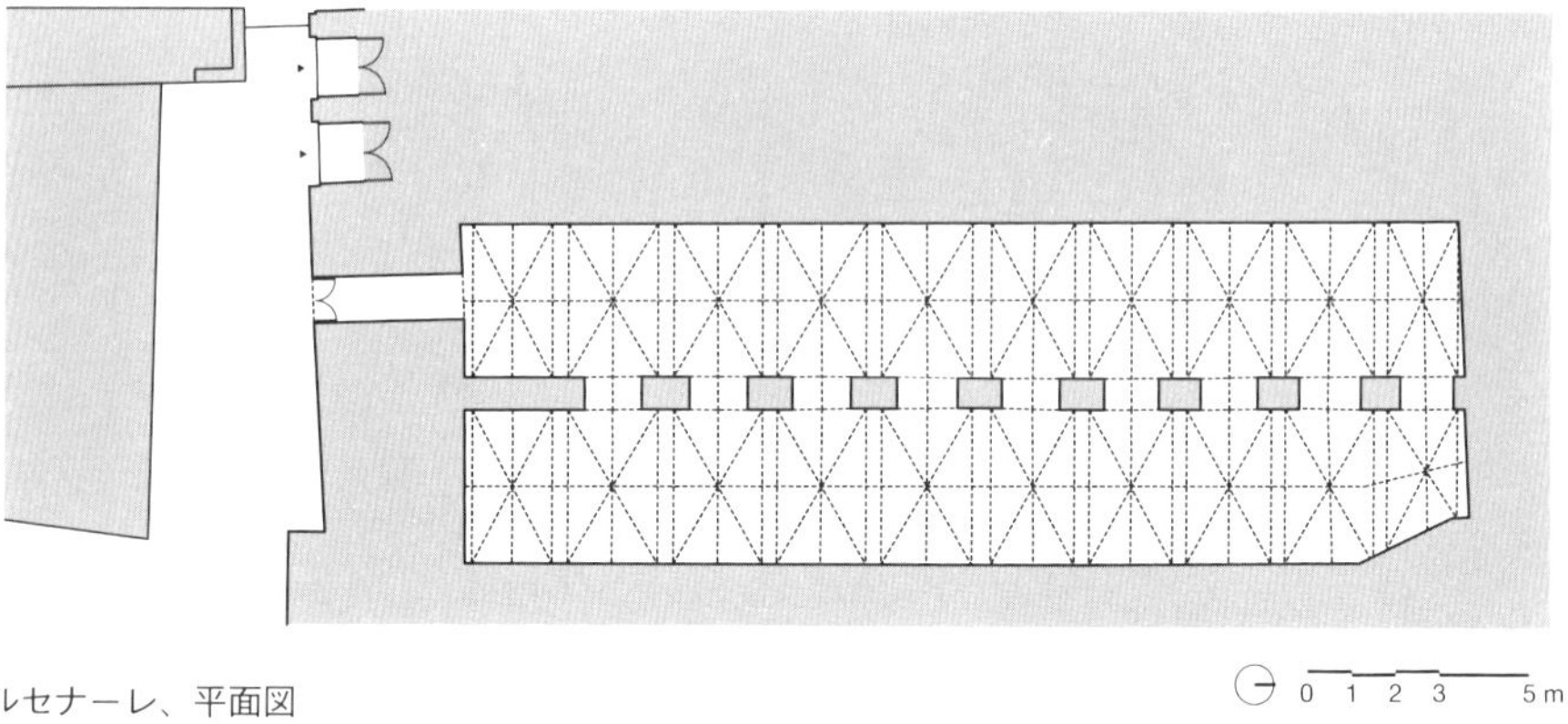

アルセナーレ、平面図

裕福な家族の
邸宅などが入口を
設ける屋上広場
0 1 2 3 5m

アルセナーレ、断面図

フォンダコ

アルセナーレの前面の海に開いたあたりには、重要な港の施設がいくつもあった。なかでも地中海世界らしい要素として、商品を管理するとともに、外国人の商人が宿泊するフォンダコと呼ばれる商館が存在した。フォンダコという言葉は、アラビア語のフンドゥクに由来する。アラブ・イスラーム世界の都市はまさに交易に生きる商業都市だった。各地から集まる商人にとってのビジネスセンターであり、宿泊所としてのフンドゥク、あるいはハーン（ペルシア語ではキャラバンサライ）が重要な役割を担った。それに由来する施設フォンダコが、ヴェネツィアやナポリをはじめ、イタリアの各地の港につくられたのである。交易ネットワークで結ばれた地中海世界に共通する建築要素といえる。

アマルフィでは、港からの搬入の便を考え、市壁外の、アルセナーレのすぐ西あたりにフォンダコが集中した。現在、観光客用の土産物屋や旅行代理店などが入っている古い建物が、フォンダコの遺構であると考えられる。中世後期のものと思えるヴォールト天井が連続的にかかった巨大で重厚な建物だ。

アルセナーレ周辺には、倉庫もたくさん存在した。また、港に欠かせないものとして税関があったが、現在は失われている。今日では、かつての市壁の外の海側には、アマルフィ海岸の広域を結ぶ近代の大きな道路がつくられ、大型観光バスが絶え間なく発着し、賑わいをみせている。

ポルタ・デッラ・マリーナ

この海洋都市に設けられた中世の市門の貴重な遺構として、ポルタ・デッラ・マリーナ（海の門）が今日に受け継がれている。この市門は１１７９年につくられたポルタ・デ・サンダラに遡るもので、いつの時代においても最も重要な門であった。古くはポルタ・デ・サンダラを通って、賑わいに満ちたプラテア・カルツラリオルム（靴屋の広場）に入り込んだ。右手奥には、堂々たるドゥオモの姿が目に

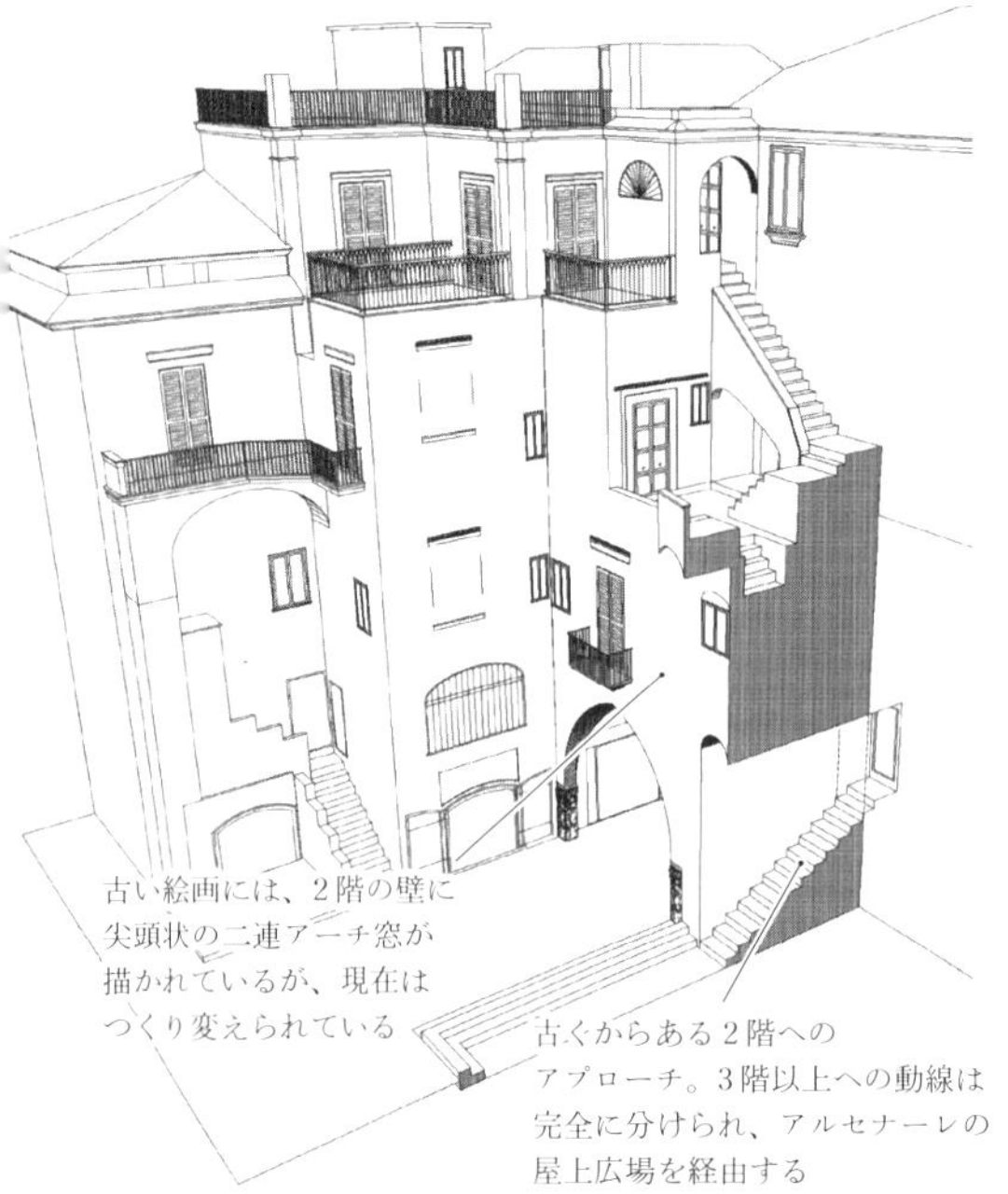
古い絵画には、2階の壁に
尖頭状の二連アーチ窓が
描かれているが、現在は
つくり変えられている
古くからある2階への
アプローチ。3階以上への動線は
完全に分けられ、アルセナーレの
屋上広場を経由する

ポルタ・デッラ・マリーナ、広場側俯瞰図

HOTEL
FONTANA

広場側から見たポルタ・デッラ・マリーナ。
残された尖頭アーチが見える

ポルタ・デッラ・マリーナ、平面図

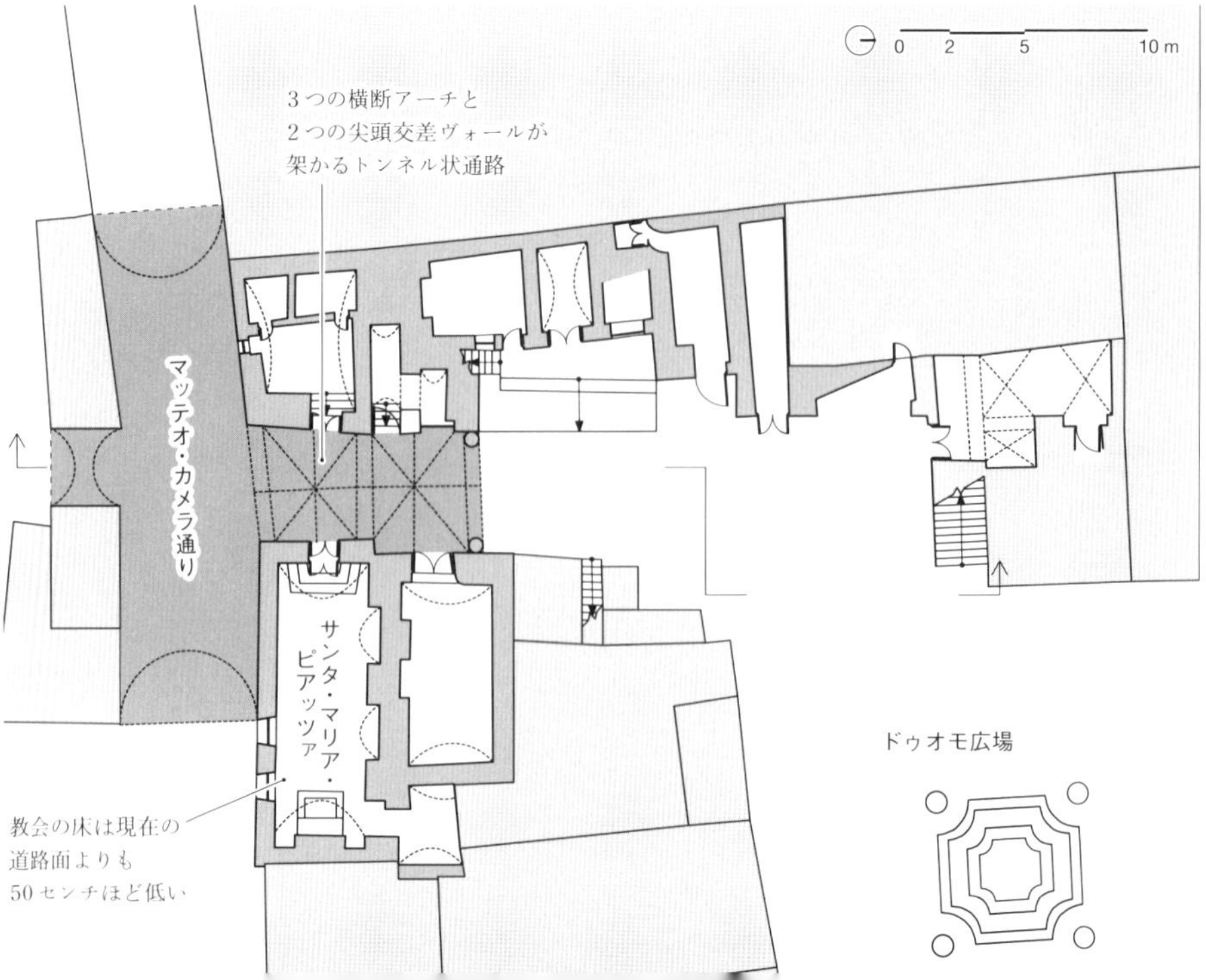
0
2
5
10 m
3つの横断アーチと
2つの尖頭交差ヴォールトが
架かるトンネル状通路
マッテオ・カメラ通り
サンタ・マリア・ピアッツァ
教会の床は現在の
道路面よりも
50センチほど低い
ドゥオモ広場

飛び込んだはずだ。

この場所は、中世の前半にはまだ上流から流れてきていたカントーネ川を挟んで、2つの広場に分かれていた。13世紀末に川に蓋がされ、2つの広場が合体してドゥオモ広場となる前の、小さな広場だった。プラテア・カルツラリオルムは、その名から古い時代には靴屋の活動が盛んだったことがわかる。

市門のまわりには、活気がある海洋都市らしく、商業や職人の生産活動が集まっていたことが想像できる。この市門は、外洋に開かれた海洋都市アマルフィのまさに玄関としての役割を果たしていた。

アマルフィで唯一、中世の市門の構造を残すこの門を実測し、そこから作成した平面図と断面図、さらに透視図をもとに、その建築的な構成を詳しくみてみる。市門中央のトンネル状の通路部分は、尖頭状の3つの横断アーチと2つの手の込んだ尖頭交差ヴォールトの構造をよく留め、12〜13世紀の建造であることを物語る。ただし、海側では近代の道路（マッテオ・カメラ通り）が通り、それをまたぐように建設された近代初期の大きな4階建ての建物（上3層は住宅）のために、オリジナルの中世の外観は失われている。逆に市門の内側、つまり広場側には、大きな尖頭アーチが残されている。

市門に入り、尖頭交差ヴォールトが架かった通路のすぐ右手（東側）に、サンタ・マリア・ピアッツァという教会がある。ルネサンス時代につくられたもので、別名「安全な港のサンタ・マリア教会」とも呼ばれ、海の町アマルフィらしく、今なお漁師と船乗りのための教会になっている。トンネル・ヴォールトが架かる単純な内部空間をもち、床は現在の道路面よりも50センチほど低い。時代とともに、道路面が上がっていったことがわかる。このようにアマルフィの最も重要な市門の一角に、海で働く人びとを守る教会が組み込まれていることは興味深いことだ

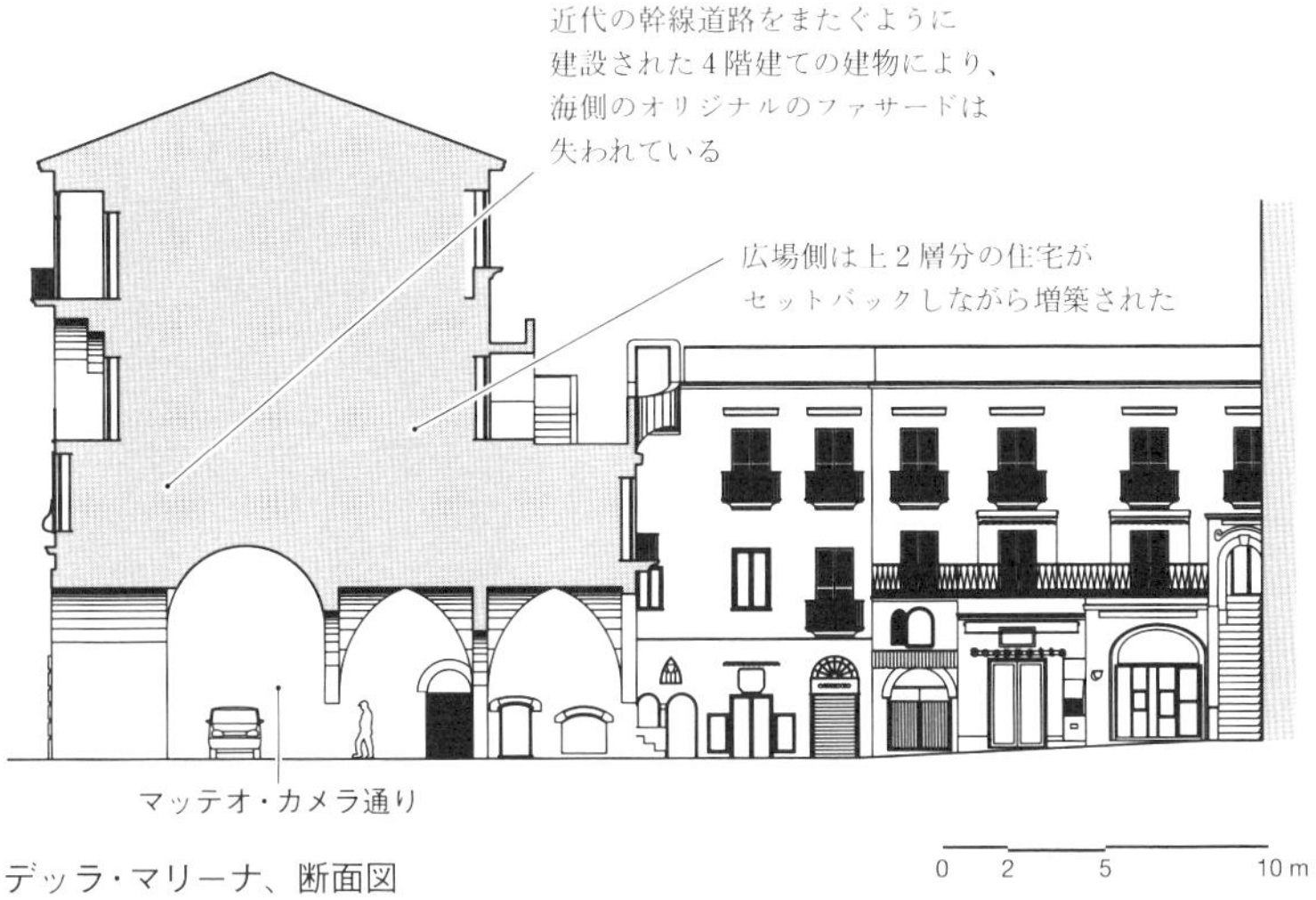
近代の幹線道路をまたぐように
建設された4階建ての建物により、
海側のオリジナルのファサードは
失われている
広場側は上2層分の住宅が
セットバックしながら増築された
マッテオ・カメラ通り
0　2　5　10 m

ポルタ・デッラ・マリーナ、断面図

が、さらにこの上の2階には、1264年に靴屋の組合の教会としてサンタ・マリア・デ・サンダラという小さな教会がすでにつくられていた。高密な都市アマルフィらしく、この市門の建物は、上下にこれらの教会を取り込むばかりか、1階にいくつもの店舗や倉庫が存在していたことが知られ、早くからかなりの複合化の様相をみせたと考えられる。現状でも、街路に面する1階には、肉屋や本屋をはじめ、内部に古いヴォールト天井を残す店舗がいくつも並んでおり（いずれも床面は現在の道路面よりも50センチほど低い）、この市門の建設当初からの様相をほぼ受け継いでいるものと思われる。

古い絵画をみると、市門の裏手（広場側）の2階の壁にも、尖頭状の二連アーチ窓があったことがわかるが、現在ではつくり変えられていて存在しない。現状では、その上に2層分の住宅がセットバックしながら増築され、市門の建築複合体は4階建てとなっている。古くからある2階へのアプローチは、大アーチの右脇の階段からとられているが、その上に増築された2層分の住宅への動線は完全に分けられ、先にみたアルセナーレの屋上広場から外階段を折れ曲がりながら上ってアプローチするように工夫されている。すなわち、古い構造をそのまま残しながら、機能的にもまったく新たに上に加えるかたちで2層分の住宅が増築されたことになる。これほど市門が複合的な機能を併せもつというのは、地中海世界のなかでも珍しいだろう。

また、市門横の建物は、貴族の館として知られている。かつては3階建てだった建物で、貴族は最上階の3層目に住み、2層目は使用人の住居として、1層目は馬小屋・家畜小屋として使われていた。2層目は現在、ブティックとして使われているが、その室内には尖頭アーチや交差ヴォールトの架かった天井があり、中世からの建物であることをよく示している。1層目はいずれも街路から少し下り、天井も低い。ここは居室というよりも、やはり家畜小屋というのがうなずける。

第２節　公共エリア——ドゥオモ広場とフェッラーリ広場

ドゥオモ広場と宗教複合体

最大の象徴的な市門であるポルタ・デッラ・マリーナ（海の門）だが、ほかのイタリア都市のように、そこから街路が真っ直ぐ伸びるわけではない。アラブの代表的な都市、アレッポなどと同様、鉤形に折れ曲がって中に入る。すると突然、目の前に、華やかなドゥオモ広場が現れ、その奥の高台にそびえたつ大聖堂とその前の大階段の壮麗な姿に圧倒される。コンパクトな空間だが、イタリア都市のなかでも、圧巻の広場のひとつといえよう。

南イタリアの都市では、教会は絶対的な力をもってきただけに、この大聖堂を中心に宗教施設が複合化し、裏の山に向かう斜面にまで広い聖なるゾーンが形成されている。この山裾から谷底にあたるドゥオモ広場にかけて、現地での実測をもとに作成した図に目を向けながら、この宗教エリアがいかに広大な敷地を使って優れた環境を特権的に実現してきたかをみていきたい。

この宗教複合体が形成されたプロセスをたどりながら述べていく。まず、今のドゥオモの左隣（北側）に、9世紀に「十字架のバジリカ」と呼ばれる教会ができ、それを追いかけるように、10世紀には、聖アンドレアを祀ったカテドラーレ（司教座大聖堂）がつくられた。これがアマルフィのドゥオモである。

このドゥオモの隣にある鐘塔は、１１８０年頃からロマネスクながらアラブ・イスラームの強い影響を受けた様式で建設が始まり、今も当時とほぼ同じ姿をみせている。黄色と緑のマヨルカ焼きのタイルで飾られた頂部やその下に巡るアーチの造形に、イスラーム世界との結びつきが表れている。

アマルフィの象徴たるドゥオモ広場そのものも、歴史のなかで大きな景観の変化をみせた。広場から堂々と上がる57段の大階段がつくられたのは１７２８年であり、バロック的な空間演出を考えてのことだった。今の階段の下にあたる場所に、13世紀にはアラブ式の公衆浴場が、後の14世紀終わりには5軒の店舗があったことが知られている。古い時代には、人びとは高台のドゥオモに入るのに、鐘塔の裏を回り込むようにして横からアプローチしていた。

アラブ的なアーチを織り上げた現在のファサードはじつはオリジナルではなく、19世紀後半の再構成で実現したネオ・イスラームのものだということは案外知られていない。18世紀に入ってから当時先端のバロック様式に改装されていたファサードが地震で被災した際、その修復・再構成にあたって、アマルフィの文化的アイデンティティとしてアラブ・イスラームの建築様式が意図的に選択されたというのだから興味深い。広場の噴水はもとは大階段のすぐ下の軸線上にあったが、使い勝手を考え、19世紀末に今の脇の位置に移動した。こうしていくつもの段階を経て、現在のドゥオモ広場の景観が形成されてきたのであり、すべて中世の海洋都市の時代にできたと早合点してはいけない。

ドゥオモの北側には、１２６４年、訪れる人びとを魅了するユニークな「天国の回廊」がつくられた。もともとアマルフィの有力者たちの墓地としてつくられたもので、ここにはアラブの中庭空間と相通ずる、まさに地上の天国というべき静かな落ち着きが感じられる。回廊の四面を飾る尖頭アーチをずらして重ね、網目状に構成されたイスラーム建築独特の手法は、ヤシの生い茂るオアシスの雰囲気を生み出しているようにみえる。

その背後には、大司教の館がそびえる。11世紀にこの場所につくられた司教館を受け継ぐもので、最近の修復で内部のフレスコ画も見事に甦

ドゥオモ広場

天国の回廊

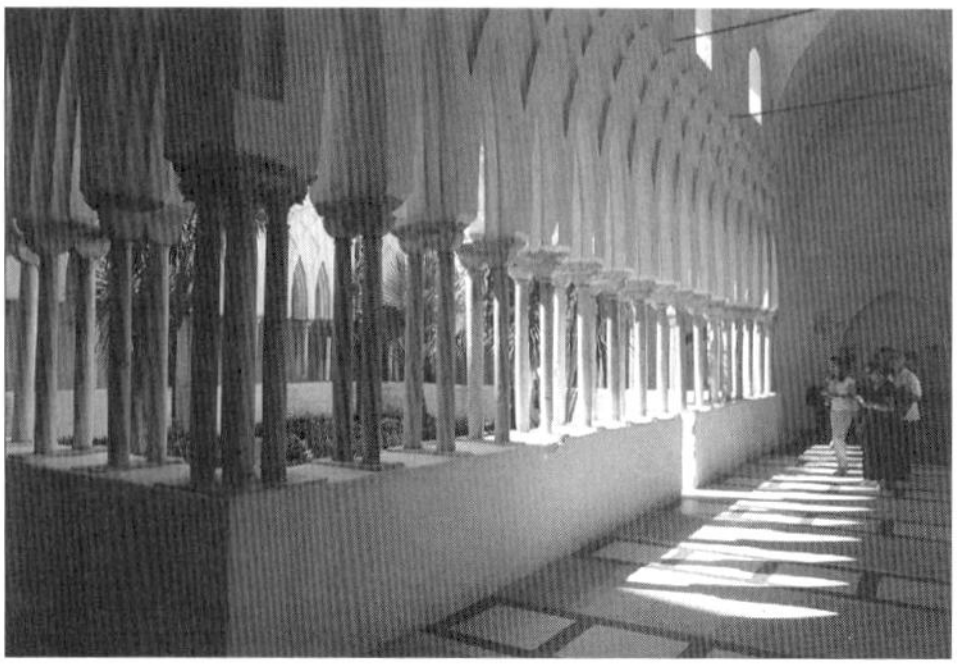

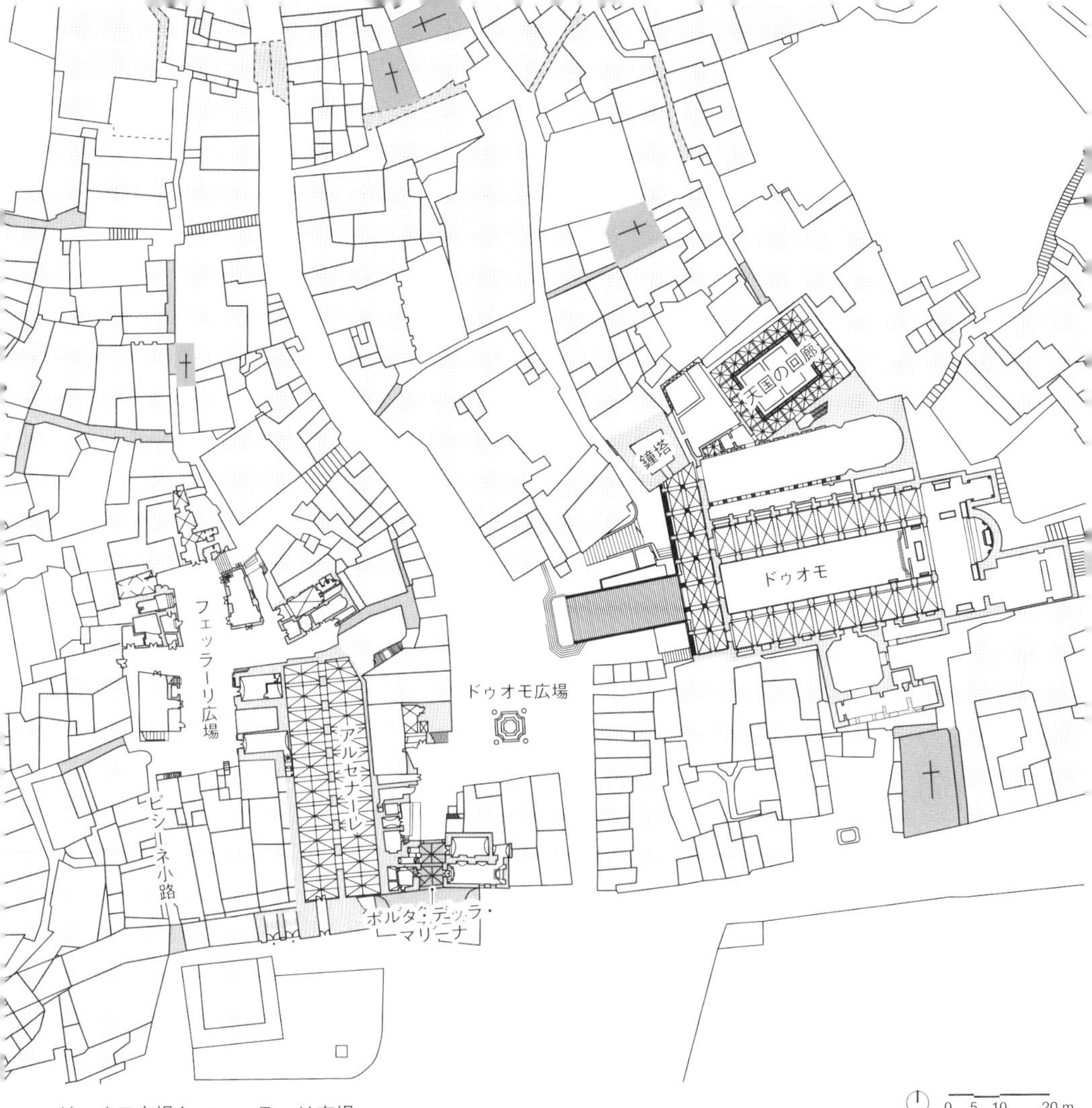

ドゥオモ広場とフェッラーリ広場

賑わいをみせていた 19 世紀末のドゥオモ広場*

18 世紀のドゥオモ広場*

った。この建物の上階から、「天国の回廊」の全体を見下ろせる。そして、大司教の館の背後には、斜面に教会所有の緑豊かなレモン畑が広がり、いくつもの段状に造成された土地に、枝もたわわにレモンの実がなっている。高密に建て込んだ町の背後に、このような広大な果樹園が中世以降、ゆったりと存在してきたのである。こうして都市の心臓部分に宗教

広場の発展過程

1
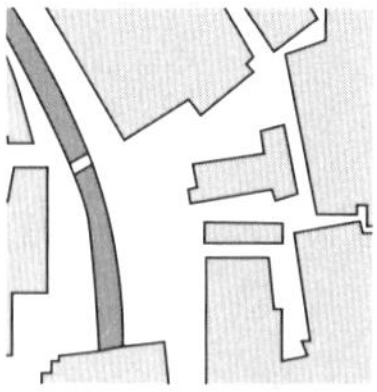
カンネート川がアマルフィを東西に分断していた頃。2つのブロックにはそれぞれメインストリートが存在。市壁の外に交易の場が発展していたため、プラテア・カルツラリオルム（靴屋の広場）と呼ばれる小さな職人のための広場にすぎなかった

2
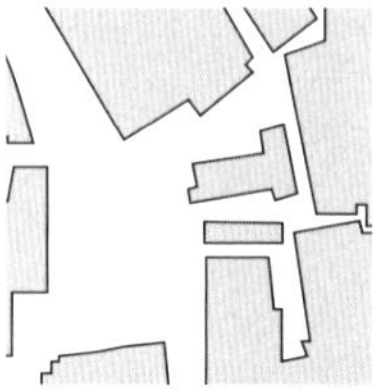
13世紀末にアンジュー家の支配のもと、都市開発と衛生上の理由で川が暗渠化され、現在のメインストリートやドゥオモ広場が姿を現した。14世紀の地震が引き起こした津波の被害で商業の場が安全な市壁の内側にある広場に移っていった

3
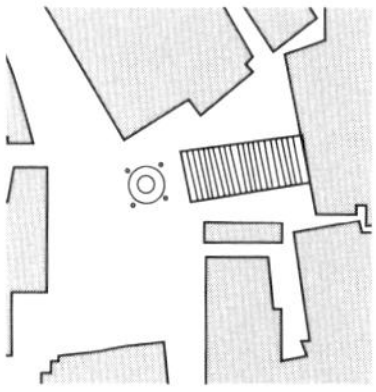
18世紀に入りドゥオモのファサードをバロック式にした際に、大階段がつき、その下の軸線上に噴水がつくられた

4
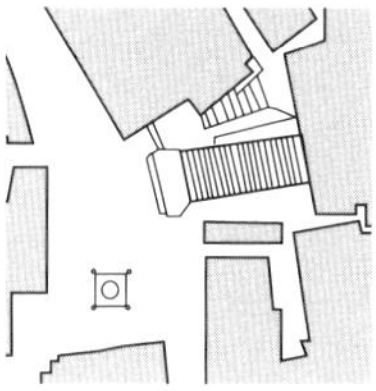
1861年には崩壊したファサードをアラブ的な現在のものに再編成し、噴水を現在の位置まで移動させた

ドゥオモ広場とフェッラーリ広場、断面図

権力が所有する不動産が大きく広がるというのも、南イタリアならではの特徴といえよう。

さらに、その上の山裾の高台には、眺望のよさを生かし、立派な邸宅がいくつか建っている。そのベランダからは、アマルフィ全体の眺望が開ける。大聖堂のドームと鐘塔がここでもひときわ目立ち、その先に真っ青な海が広がる。

フェッラーリ広場――商業・生産活動の中心

中世のアマルフィの港に近い市壁内の低地には、商業・生産活動が集中する広場、プラテアがいくつも存在し、店舗や職人の工房が取り囲んでいた。そのなかでも古い広場のひとつは、フェッラーリ広場（現在はドージ広場とも呼ばれる）であり、文献史料にはPlatea Fabrorum（またはFerrario-rum）として登場する。その名のとおり、鍛冶職人の活動などがみられた。アルセナーレの背後に位置し、その生産活動とも関係していたと思われる。しかも、この広場だけが、今なお中世の平面形態をそのまま受け継いでいる。

現状の500分の1の地図（市役所提供）をベースとし、実測した店舗の1階平面図を加えて作成した広場の平面図と、この広場およびその延長上の道路を東西方向に横断して作成した断面図（北から南をみる）をみながら、広場の構成を説明したい。

広場の南西角から、海（南）に向かって道幅の狭いピシーネ小路が真っ直ぐ伸びているが、これは中世以来、港と広場を結ぶ重要なルートだっ

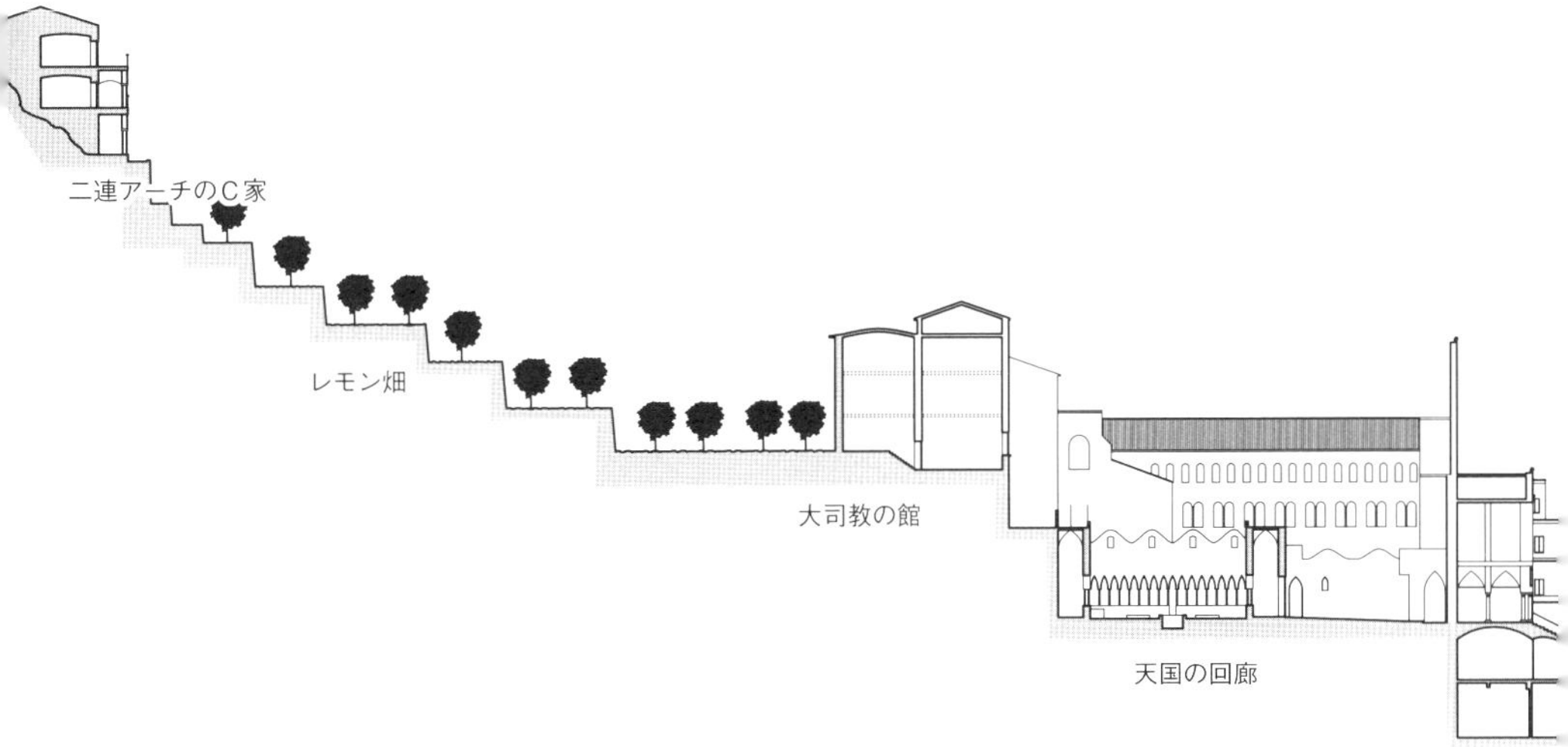

た。その小路が港エリアに出るところは、アルセナーレの西側のフォンダコが集まるゾーンにあたっていた（56ページ広域図参照）。従って、このルートは、港エリアとその背後の商業エリアを結ぶ重要な動線だったのである。現在もなお、この道が広場に差しかかるあたりの西側には、大きなアーチのあるベランダをもった中世後期の住宅建築がみられる。

この広場は、2つの建築群が島状に孤立して存在するなど、かなり複雑な平面形態を示す。その起源が古く、多様な機能をもちながら、いくつもの段階を経て形成されたことを物語っている。実際、この広場には古い時代に創建された教会が4つ存在していた（フェッラーリ広場、平面図のa、b、c、d）。現在では、ほとんどその姿は失われているが、広場の東側にある2つの店舗（レストランと土産物屋）のなかにみられる大小の半円形の壁体は、この位置に存在したはずのサンタントニオ・アベーテ教会（a、1342年）の後陣（アプス）の遺構ではないかと思われる。そして、広場の北側にある店舗（d、修復再生され2001年にオープンしたカフェ）のなかに教会の遺構と考えられる構造体を確認することができる。尖頭交差ヴォールトが架かっていること、黒色の石の古い舗装の跡が残されていることから13世紀頃のものと推測できる。そして、店舗の名前も「アプス・バー BAR L'ABSIDE」とされており、経営者もこの建物の歴史をよく知っていた。

このフェッラーリ広場を囲む建物には、中世後期の建築要素を残すものが多い。そのいずれもが、1階が店舗、上階が住宅という構成をみせており、こうした形式が中世から確立していたことがわかる。特に現在1階が土産物屋（元八百屋）として使われている広場東側に位置する建物

フェッラーリ広場

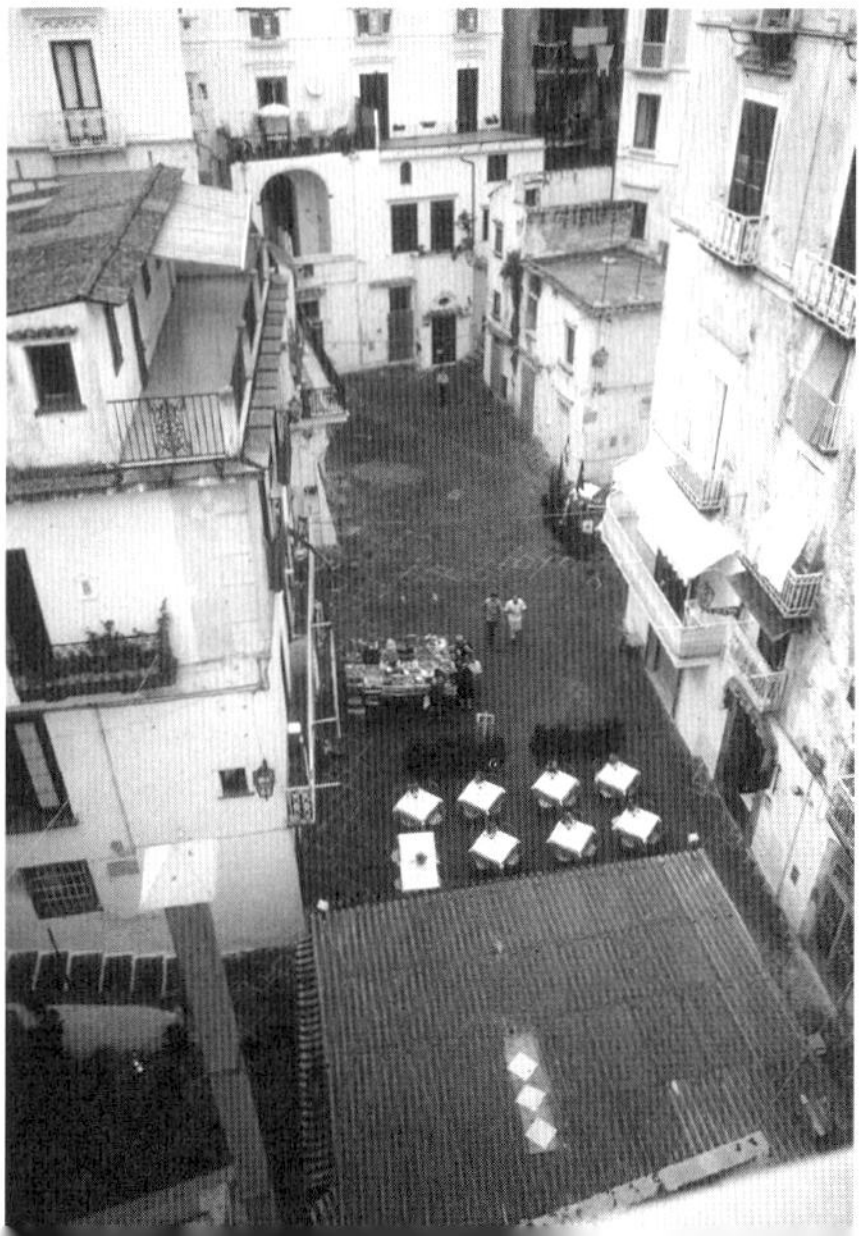

20世紀初めのフェッラーリ広場。パスタを干す様子*

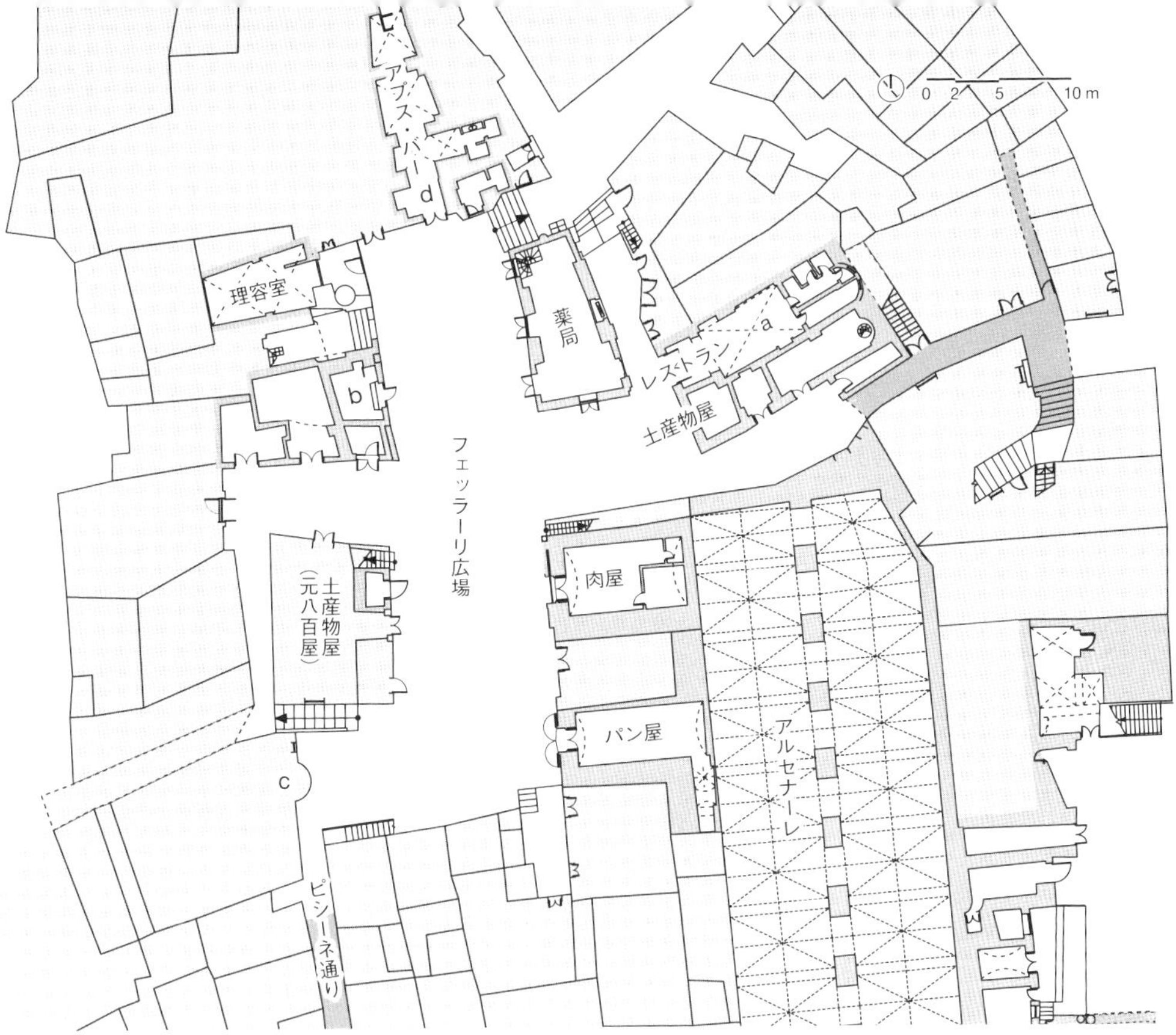

フェッラーリ広場、平面図

a, b, c, d：教会跡

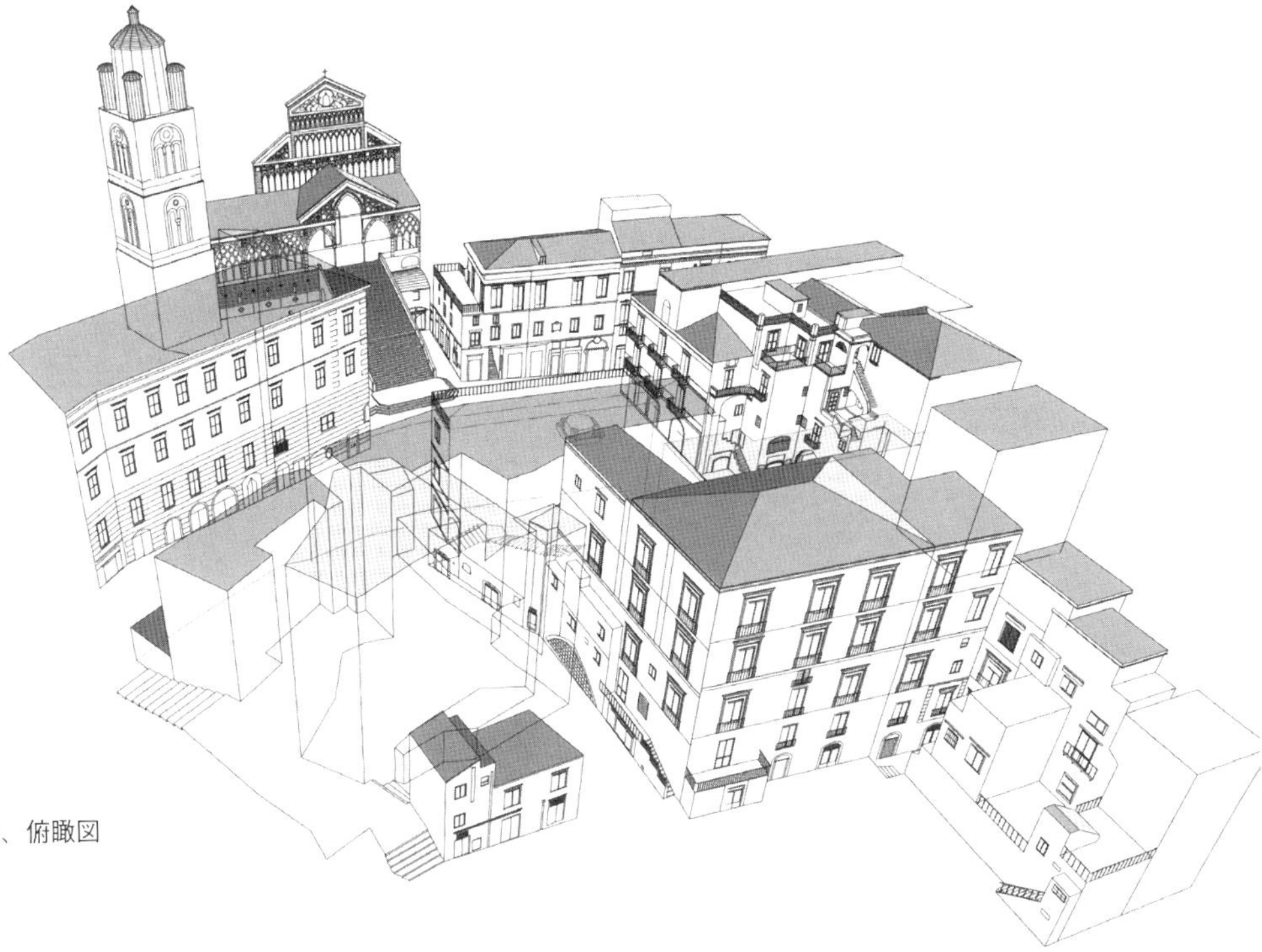

同、俯瞰図

は、中世の塔状住宅の遺構として興味深い。ちなみにこの中世都市を特徴付ける塔状住宅はトスカーナをはじめ中部イタリアに多いが、アマルフィ海岸でもこの例に加え、スカーラ、ポントーネに今も残されている。

広場の北東に、独立するかたちで建っている古い建物が格好よくリノベーションされ、2002年、美しいインテリアをもつエレガントな薬局としてオープンした。設計は地元の建築家が担い、地下1階、地上2階の建物で、1階はもともと3つの小さな店に分かれていたのを統合して生まれた。3層を垂直に結ぶ動線は、現代的ならせん階段を挿入して

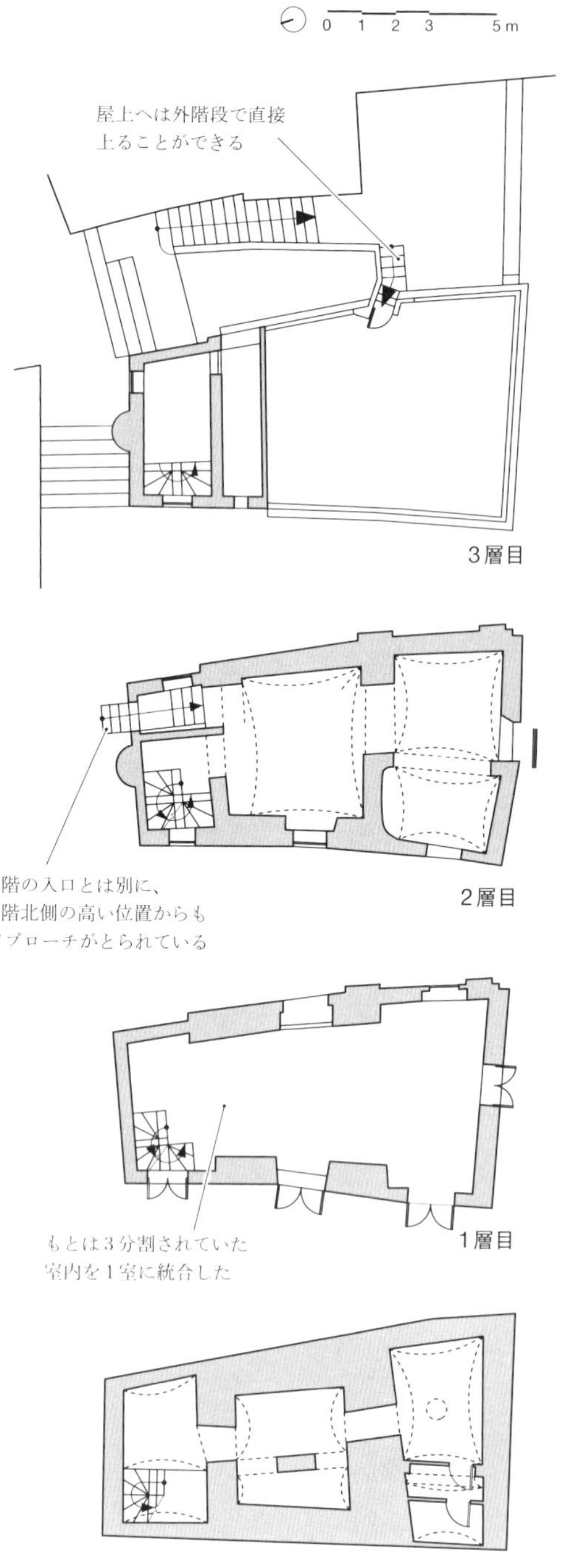
0 1 2 3 5m
屋上へは外階段で直接
上ることができる
3層目
1階の入口とは別に、
2階北側の高い位置からも
アプローチがとられている
2層目
もとは3分割されていた
室内を1室に統合した
1層目
地階
薬局、平面図

古い建物のリノベーションで登場した薬局

実現し、2階への外からのアプローチが、北側の高い位置から別個にとられているほか、屋上にも、外階段で直接上ることができる。その屋外空間を使用できるのは、この建物の所有者に限られている。

広場の北側には、この薬局より少し早い2001年に、やはりリノベーションによって、インターネット・ポイントと洒落たバールが登場し、活気を生んでいる。この広場へは、段差もあり道幅も狭いため、物理的に車が進入できないようになっている。ここは、車社会から切り離された歩行者社会が生きる落ち着いた広場である。地元の人間が経営する生鮮食料品の店、パン屋、クリーニング店、理容店、肉屋などが揃った、観光客があまり入り込まない住民の日常生活を支える広場なのだ。

近年、この広場は急速に魅力を高めている。あまり有効に使われていなかった古い店や倉庫がリノベーションで甦り、また広場を利用してのコンサートも行われるようになって、活気が戻りつつある。しかも、観光客よりも地元住民が集まる、コミュニティの生活に根付いた場として機能しているのが嬉しい。

フェッラーリ広場

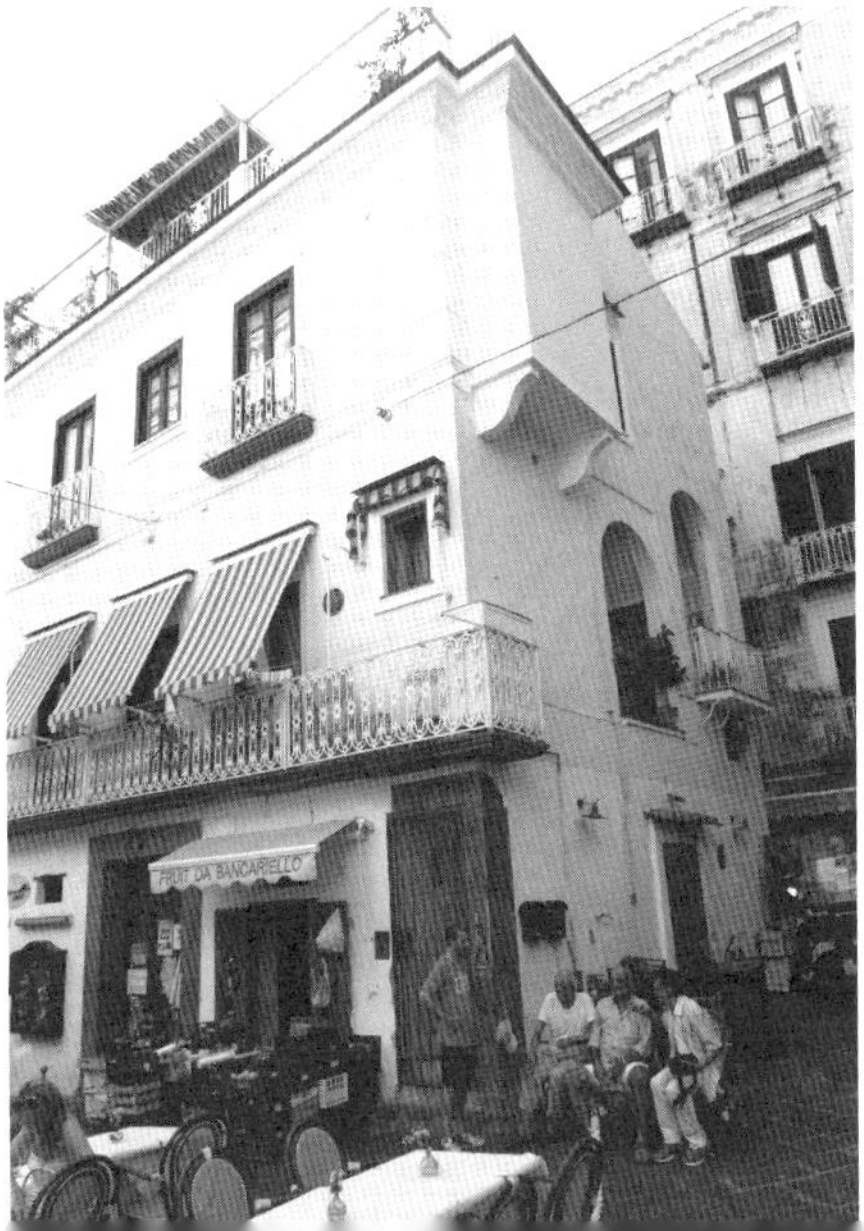

広場でくつろぐ人たち

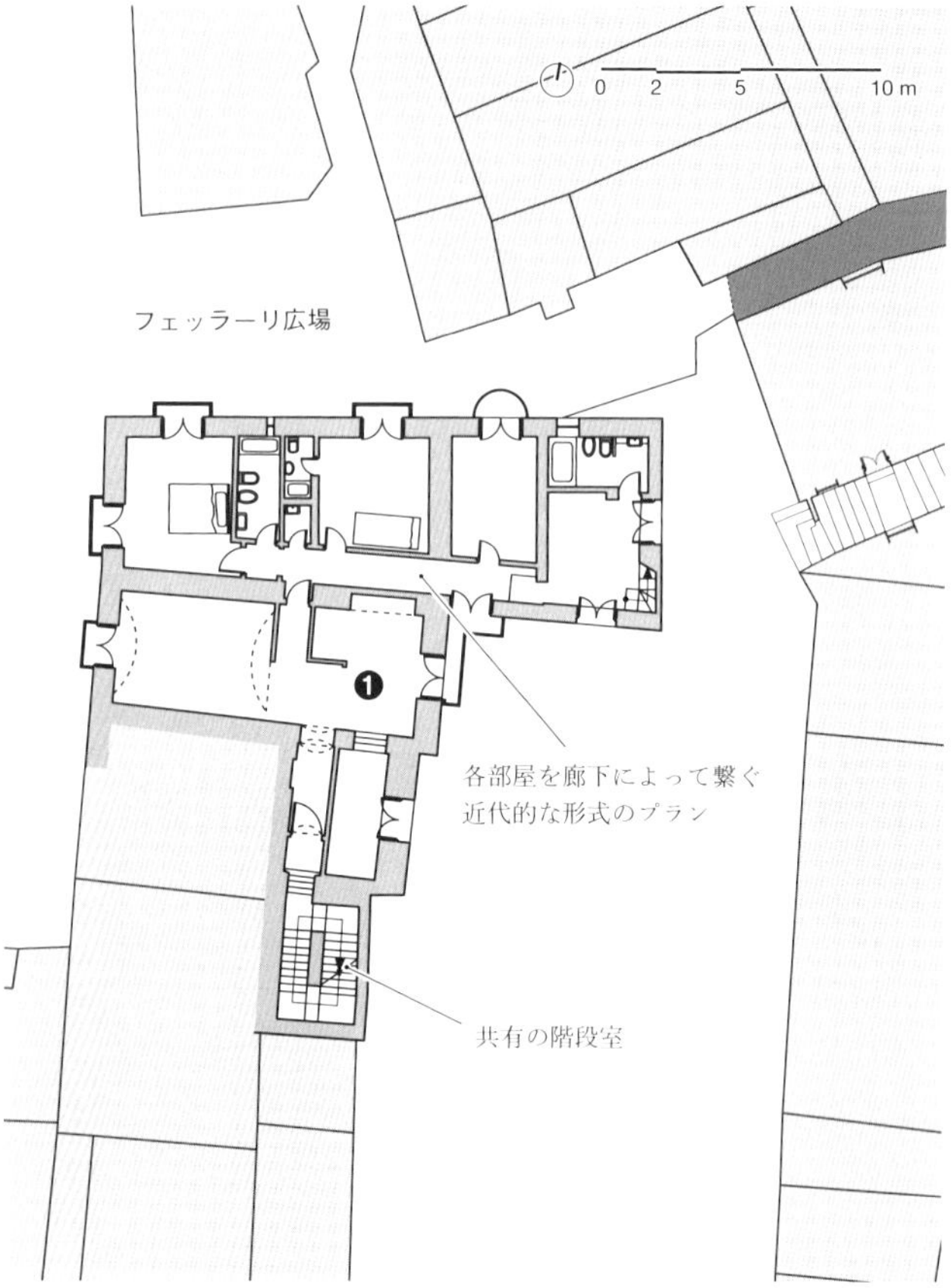

パラッツォ・ピッコローミニ、平面図

パラッツォ・ピッコローミニ

フェッラーリ広場（ドージ広場）に面する、かつて統治者の館であったパラッツォ・ピッコローミニには、いくつかの裕福な家族が住む。それらの住宅への入口は、フェッラーリ広場からとらず、アルセナーレ上部につくられた外来者には入りにくいセミ・パブリックな広場の側にある。アマルフィでは、住宅へのアプローチを往来の多い表側にはとらないように徹底して工夫しているのが興味深い。アラブ・イスラーム世界の都市とも共通する知恵といえる。

ここでは、数家族が共有の階段室を使う。現在の階段室は18世紀頃に再構成されたものにみえるが、その基本の形態はさらに遡るものと推測される。アマルフィでは比較的珍しいこうした階段室型のアプローチは、かつてこの建物がパラッツォとして建てられたことを暗示していよう。

❶ 薬局経営のS家／3層目

同じ階段室で結ばれたこのパラッツォの3層目には、フェッラーリ広場に2003年にオープンしたエレガントな薬局を経営する家族が住む。主人はピエモンテ州のクーネオ、夫人はラヴェッロの出身で、1970年代にアマルフィに移り住んだという。取得したこの住宅を1990年にリノベーションし、美しく快適な住空間にした。機能的な動線を考え、各部屋を廊下によって繋ぐ近代的な形式のプランをみせるのが特徴である。

現在は鉄筋コンクリートで補強されたフラットな天井であるが、かつては木の梁の天井であった。アマルフィでは、社会階層にかかわらずほとんどの室内にはヴォールトが架かるが、質の高い住宅のいくつかに、木の梁によるフラットな天井が用いられているのが注目される。いずれも17～18世紀のものと思われる。

❷名門P家／4、5層目

この建物で居住条件の最もよい4、5層目は、アマルフィの名門、P家の所有である。5層目には、ポルタ・デッラ・マリーナのすぐ脇にオフィスを構える有力な弁護士の家族が住む。港の手前にあり、海への美しい眺望をもち、アマルフィの景観を家の中から満喫できる。しばしば、親戚や友人を招き、海を見晴らしながら屋上テラスも活用してホームパーティを楽しむ。現代のアマルフィらしい贅沢なライフスタイルである。

この住宅は、海の側ばかりか、フェッラーリ広場、さらにはアルセナーレの上の広場にも面し、素晴らしい眺望を三方向に楽しめる。ドゥオモのファサード、鐘塔の姿も手にとるように見える。

このような裕福な家族のもつ大きな住まいにおいても、アマルフィの住宅の特徴であるワンフロアに一家族という形式をとっていることが興味深い。下の階には、この家の主人の妹夫妻が、やはりワンフロアを使って住んでいる。

❶薬局経営のS家
❷名門P家（妹夫妻の家）

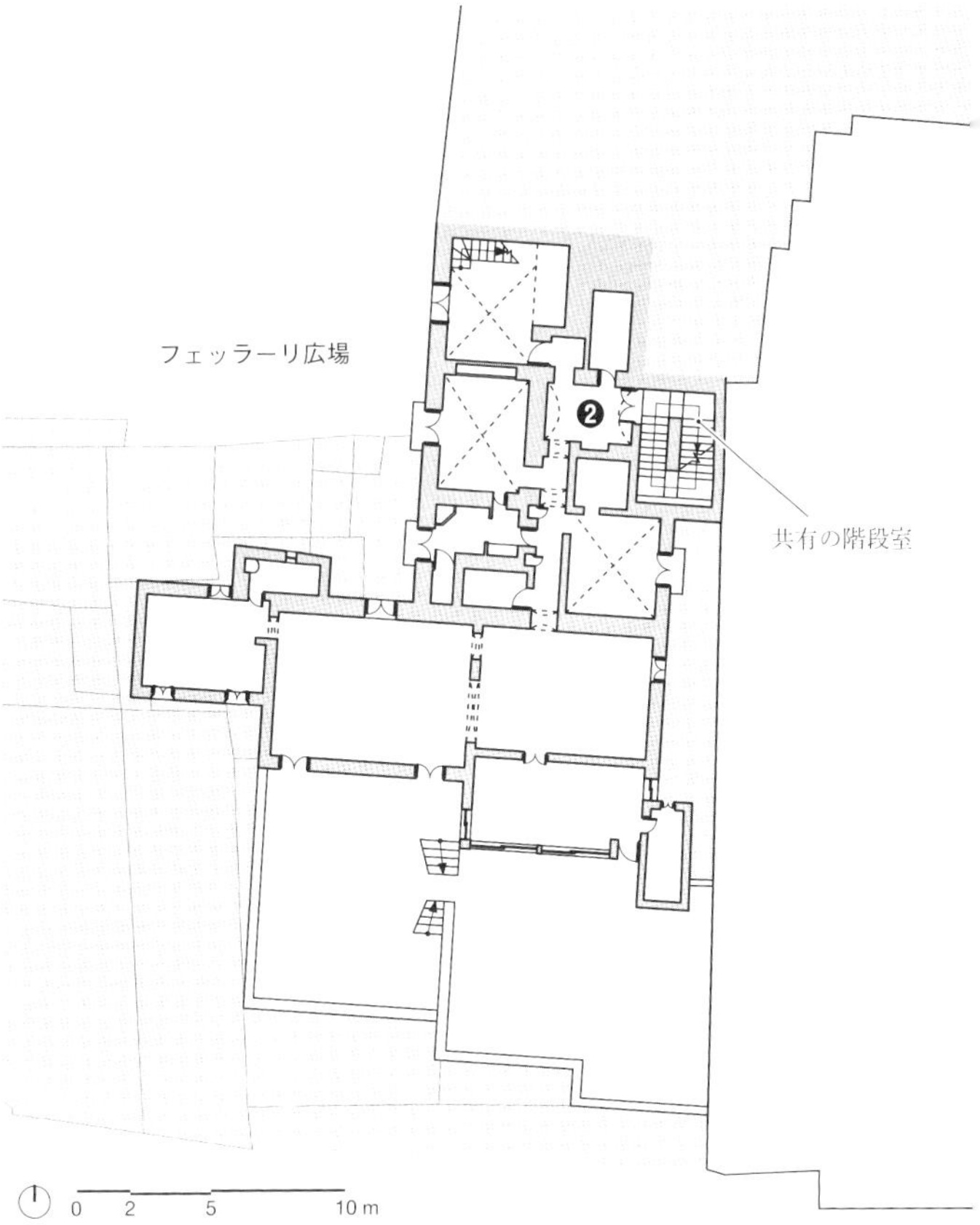

4層目

第3節　商業エリア――メインストリート沿いの空間

ドゥオモ広場から続き、谷底の部分を南北に貫くメインストリートは、現在も生活と観光の両方の要素をもった商業ゾーンとしての賑わいをみせる。メインストリート沿いの1階にぎっしり並んだワンルームからなる小さな店の様子はアラブ・イスラーム都市のスークのようだが、商業に特化したそれとは異なり、上階には住宅が幾重にも重なることで迫力ある街路空間を形成している。

13世紀末に谷底に流れていた川に蓋をしたことで発展したメインストリートは、幅4～7メートルほどで、傾斜2～4度の緩やかな勾配をもつ。微妙に曲がりながら海に近い部分で道幅が広がっている形状は、川の流れを反映していることを物語る。また、ここに川の流れがみえていた頃は、人の流れは西側の少し高台を抜ける通りと、東側の内部の高台を折れながら進む通りにあったと思われ、川を暗渠化して新たな街路が生まれてから、この軸に沿って様々な段階を経て、有機的に商業空間が発展したと考えられる。

さらに、ここで注目されるのは、現在のメインストリートのなかほど（ドゥオモ広場から150メートルほどの地点）から、その東側の裏手をほぼ平行に北に向かって伸びるトンネル状の通路、スッポルティコ・ルーアの存在だ。素朴なヴォールト天井と緩やかにうねる壁面は白く塗られ、ヴァナキュラーな地中海都市らしい空間の特徴を示しており、その自然形成的な形状は、中世の早い段階でこの道筋が決まっていたことがうかがわれる。このことから考えると、もともと川に蓋がされる以前、川沿いの東側にはドゥオモ広場から片側に道がずっと続いており、現在のスッポルティコ・ルーアに接続していたのではないかと推測される。

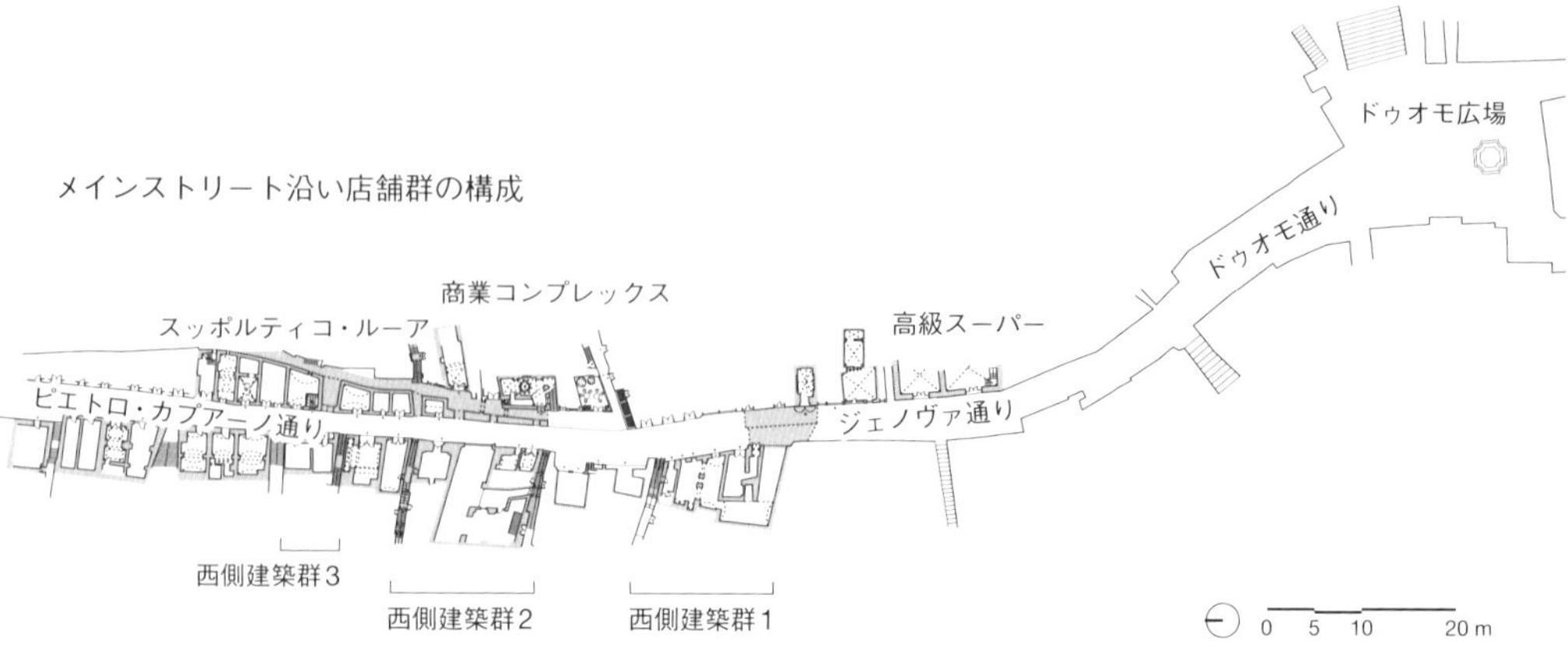

メインストリート沿い店舗群の構成

この東側には、12～13世紀の有力家のドムス（邸宅）に加え、13世紀のアラブ式浴場があることが注目される。また、特別な機能をもったと想像される大規模な中世の建物がほかに3つもある。しかもわれわれの調査中の2000年頃、建設工事の最中に、地下からローマ時代のヴィッラの立派なテルメ（浴場）がみつかり、発掘調査がなされた。これらの事実は、東側に早くから都市的な機能が発展したことを裏付け、道が存在していたことを暗示している。いずれにしても西側に比べ、東側のほうが斜面が緩やかで、その分、川に沿って道をとったり、施設を配置することが可能だったと思われる。

公と私を分けるアプローチ

次に、様々な段階を経て形成された現在のメインストリート沿いの両側の建物を観察すると、下の階ほど古く、上に向かって新しい様式で増築していった過程がよくわかる。1階の店舗には中世の古いヴォールト天井を残すものが多い点でも、このことがいえるであろう。1階と2階の間には主に倉庫として利用される、階高が低い中2階がところどころとられるが、2階より上はイスラーム都市のスークと異なり、住宅にあてられる。ここで注目されるのが、1階の店舗が表通りから直接アプローチをとっているのに対して、住宅への入口はそこから枝分かれする階段状の脇道からとっている点だ。このように、公的な〈商業空間〉と私的な〈住空間〉を分ける傾向は、ほかの地中海都市に相通じる。

しかも、こうした住宅群へのアプローチの階段のとり方そのものにも、賑やかな商業空間と静かな住空間とを隔てるための工夫がみられる。住宅地への階段状の坂道は、統一感のある街路空間のなかに巧みに隠され、目に付きにくい存在となっている。まず、東側では、前述のスッポルティコ・ルーアから何本かの階段が分岐するが、奥にあるため表通りからは見えない。一方、西側では、メインストリートから西側高台の旧メインストリート

メインストリートから
横に入る階段

メインストリートの入口あたり

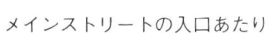

へ上る階段状の坂道が、おおむね20メートルほどの間隔で立ち上がるが、どれも入口の上に建物がかぶさり、アーチ状のトンネルになっているため、道沿いの壁面が途切れず、その存在は目立たない。心理的にも、観光客などの外来者にとっては、やや入りにくくなっている。これもまた、複雑なアマルフィの都市空間に潜むよく考えられた秩序のひとつといえよう。

（1）西側の商業地区群

ここで、メインストリート、ピエトロ（P）・カプアーノ通り沿いの建築群に関する連続立面図、および内部に入り実測できた店舗と住宅の空間構成を詳細に分析しながら、この街路の都市空間がいかなるプロセスを経て形成されたかを考察してみたい。

複雑に積層するアマルフィの都市空間だが、長い歴史の経験をふまえて、機能的にもうまく組み立てられている。1層目の店舗にはメインストリートから直接アプローチするが、上層の住宅へのアプローチ方法には、立地条件に合わせながら、いくつかのパターンが歴史的に生み出されてきた。まず、傾斜が急で宅地造成が可能なエリアが少ない西側の建築群をみよう。そのなかでも、1階から上階まで異なる様式をもち、建築の発展過程をよく物語る3つの例に注目してみた。それぞれの階へのアクセス、動線のとり方の工夫が興味深い。

西側建築群1

西側建築群1の1層目には、もともとはアラブのスークのように間口の狭い店舗群が連なっていたが、現在はいくつかの間口を統合したレストランがあるなど、変化も大きい。中2階の形式をとる2層目は、1層目の間口を踏襲しながら、天井高の低いバカンス用賃貸住宅Aや倉庫Bになっている（78ページ上図）。この層の住宅は、横の階段状の坂道を

西側建築群1、3層目右手の住戸には持ち送りのあるベランダがついている

少し上ったところに入口をとっている。パブリック空間としてのメインストリートからこの階段への入口には、アーチが架かり、よそ者には心理的に入りにくい効果を生んでいるのが注目される。セミ・パブリックな空間が生まれている。

3層目は、2層目と同じように間口を細かく分割しているが、向かって右側の未調査の一角は、この地方独特の緩やかな二連アーチ（14〜15世紀頃）が架かるベランダをもち、持ち送りによって少し街路に張り出す。完全な住宅として使われているのは、この3層目より上である。3層目は、横の階段をさらに上ったところに入口を設け、数家族で共有する内部の階段を経て、それぞれの住戸に入る形式をとる。これが、セミ・プライベートな空間といえる。そのプライベートな住戸のうちのひとつが実測できたCの住戸で、街路側か

Cの住戸（3層目）と1層目の平面図

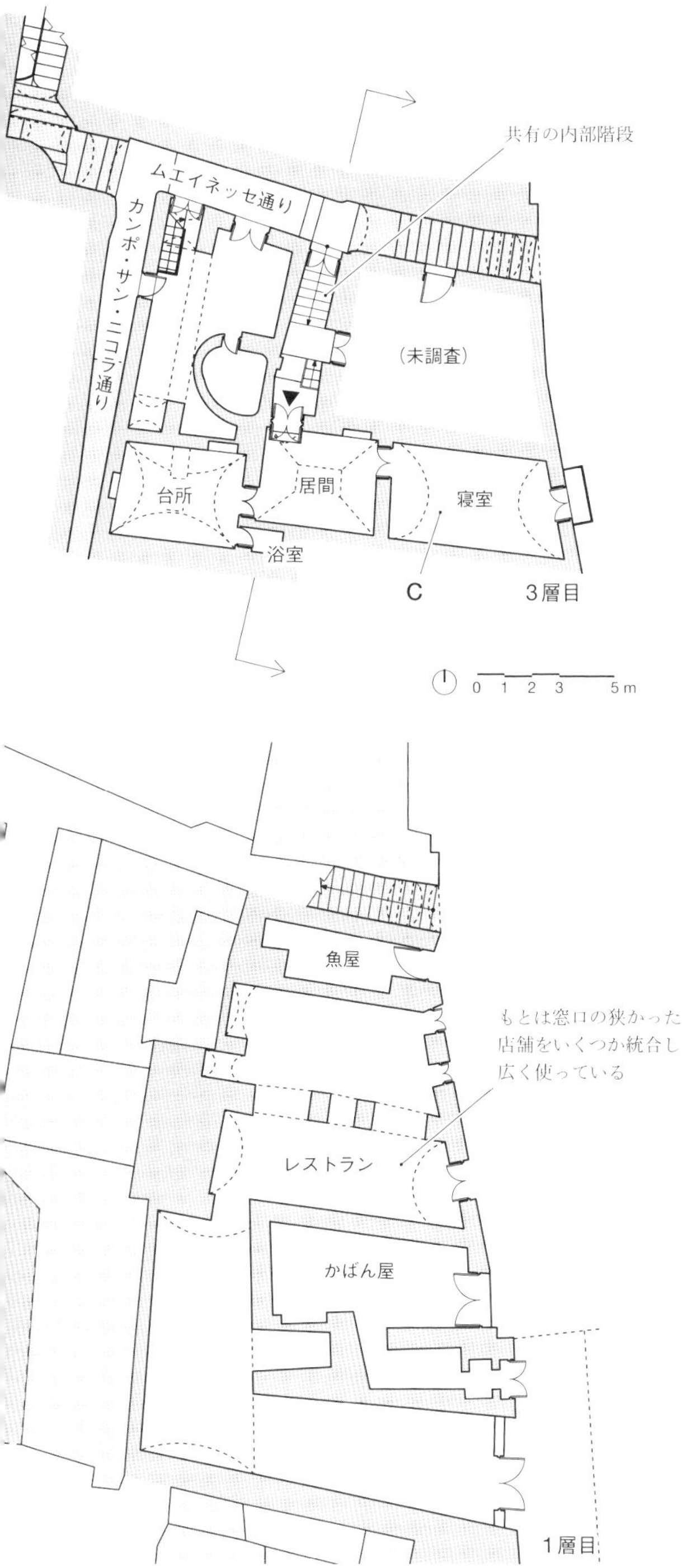

Cの住戸、断面図

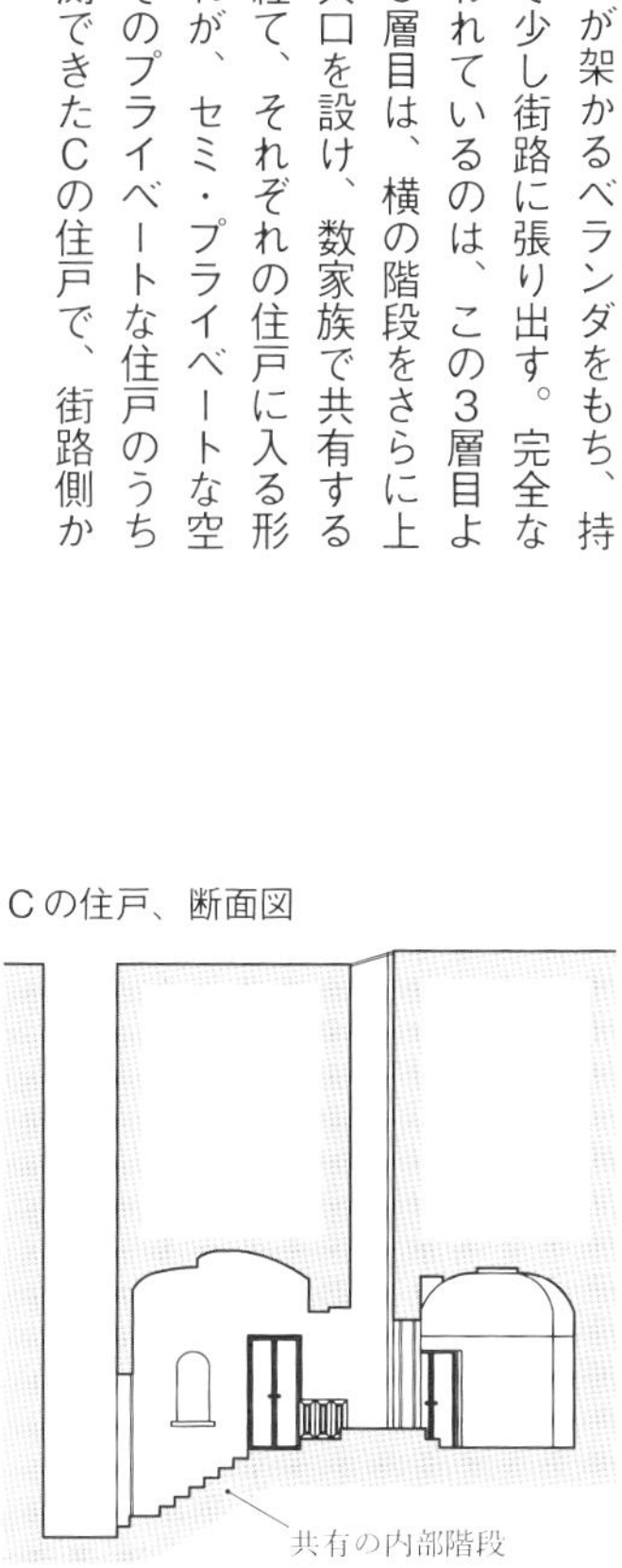

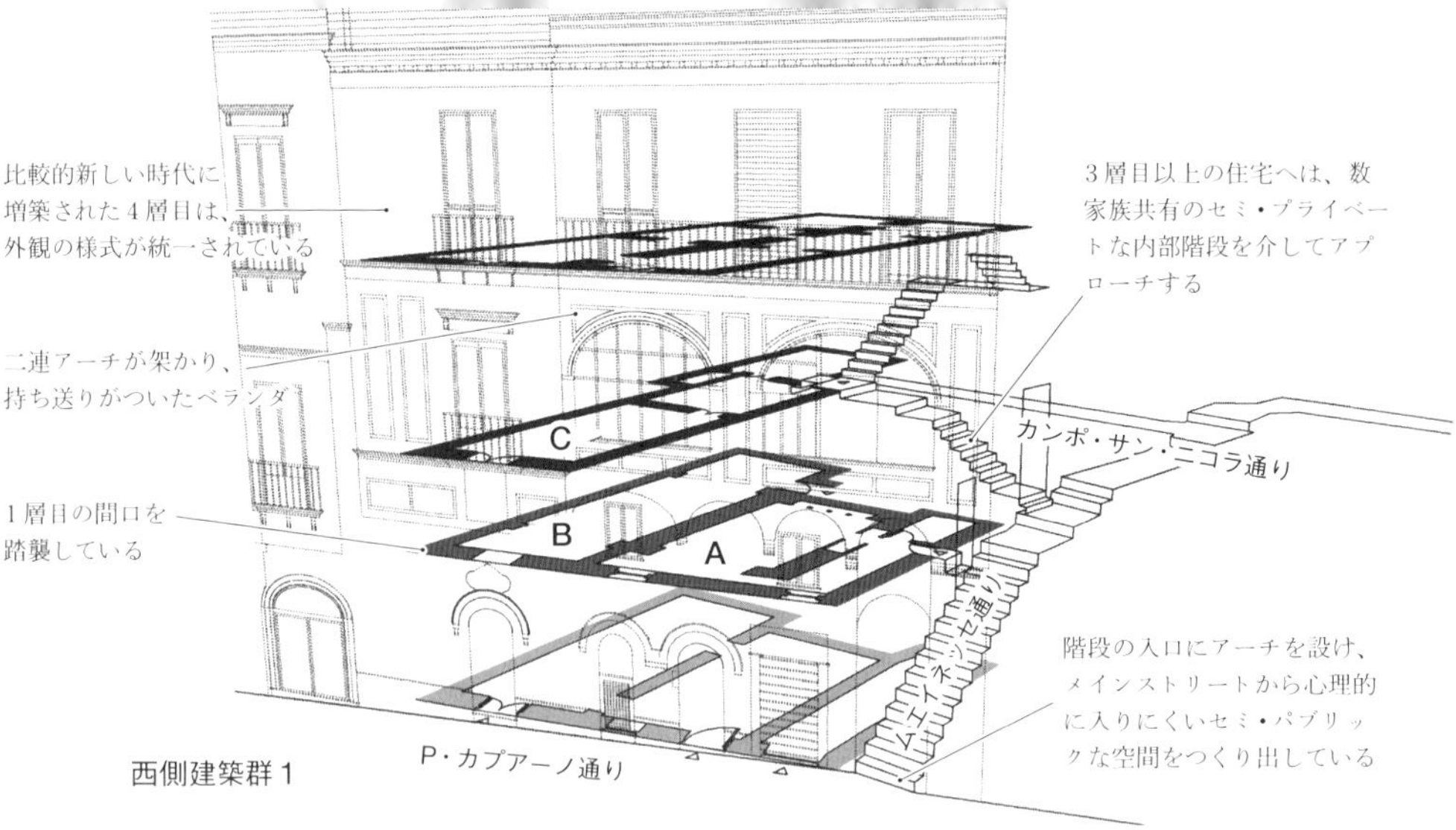
比較的新しい時代に増築された４層目は、外観の様式が統一されている
二連アーチが架かり、持ち送りがついたベランダ
１層目の間口を踏襲している
３層目以上の住宅へは、数家族共有のセミ・プライベートな内部階段を介してアプローチする
カンポ・サン・ニコラ通り
C
B
A
階段の入口にアーチを設け、メインストリートから心理的に入りにくいセミ・パブリックな空間をつくり出している
P・カプアーノ通り
西側建築群１

ら寝室、居間、台所という奥行き3室の、18世紀アマルフィにおける典型的な構成をとる。アマルフィでは、街路に面する住環境のよい場所に、寝室をとる傾向が顕著にみられる。そして、4層目は、18～19世紀に増築されたもので、外観の様式が同一であることから、内部も一体として使っているものと思われる。この4層目へは、建物内部にとられた前述の共有空間にある階段を上って入る。こうして、パブリック→セミ・パブリック→セミ・プライベート→プライベートの段階構成が工夫されているのだ。

西側建築群2

西側建築群2は、傾斜が急な西側には珍しく、1層目に奥行きのある土産物屋Aがある。その平面と対応した2層目のA′と3層目の一部も土産物屋の経営者の所有であり、現在は物置として使用されている。アマルフィでは、同じ建物内において幾層にもわたって所有するのは珍しいが、近年になって徐々に買い足していったという。その際に1層目と2層目を繋ぐ内部階段がつくられたが、基本的には脇の階段状の坂道から2層目にアプローチする構成である。ドアを開けると共有空間が設

西側建築群３、１層目の電気屋

DA FLORIO
ELETTRODOMESTICI

西側建築群２、パグリエルタ坂から入る２層目の中庭

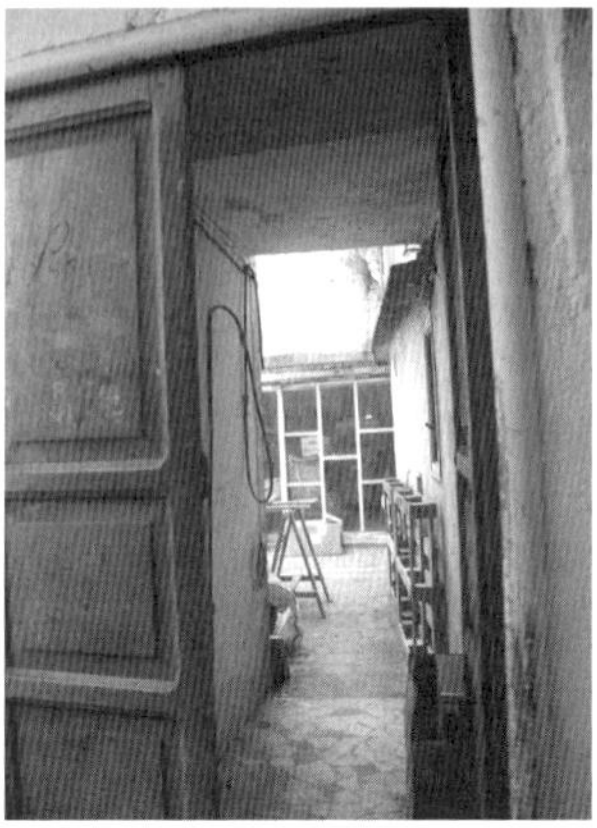

西側建築群２、メインストリートから上る細い階段

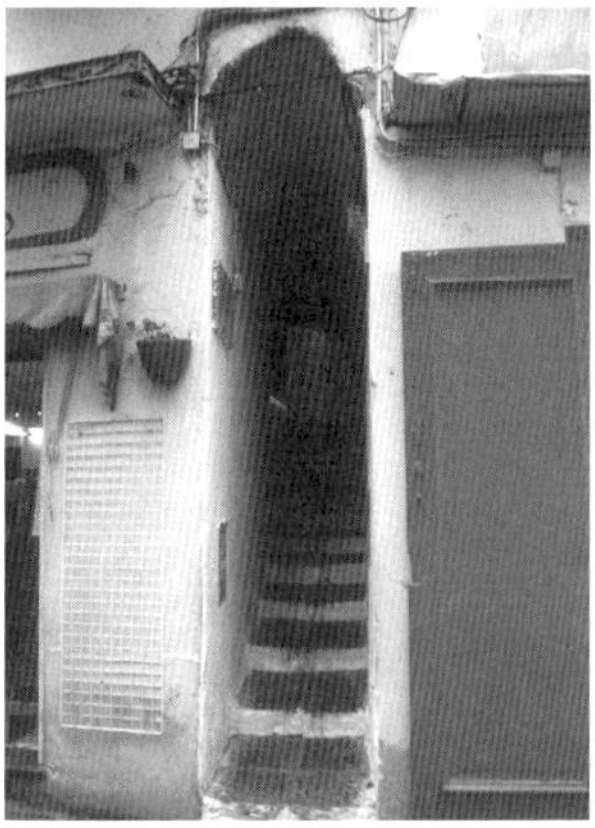

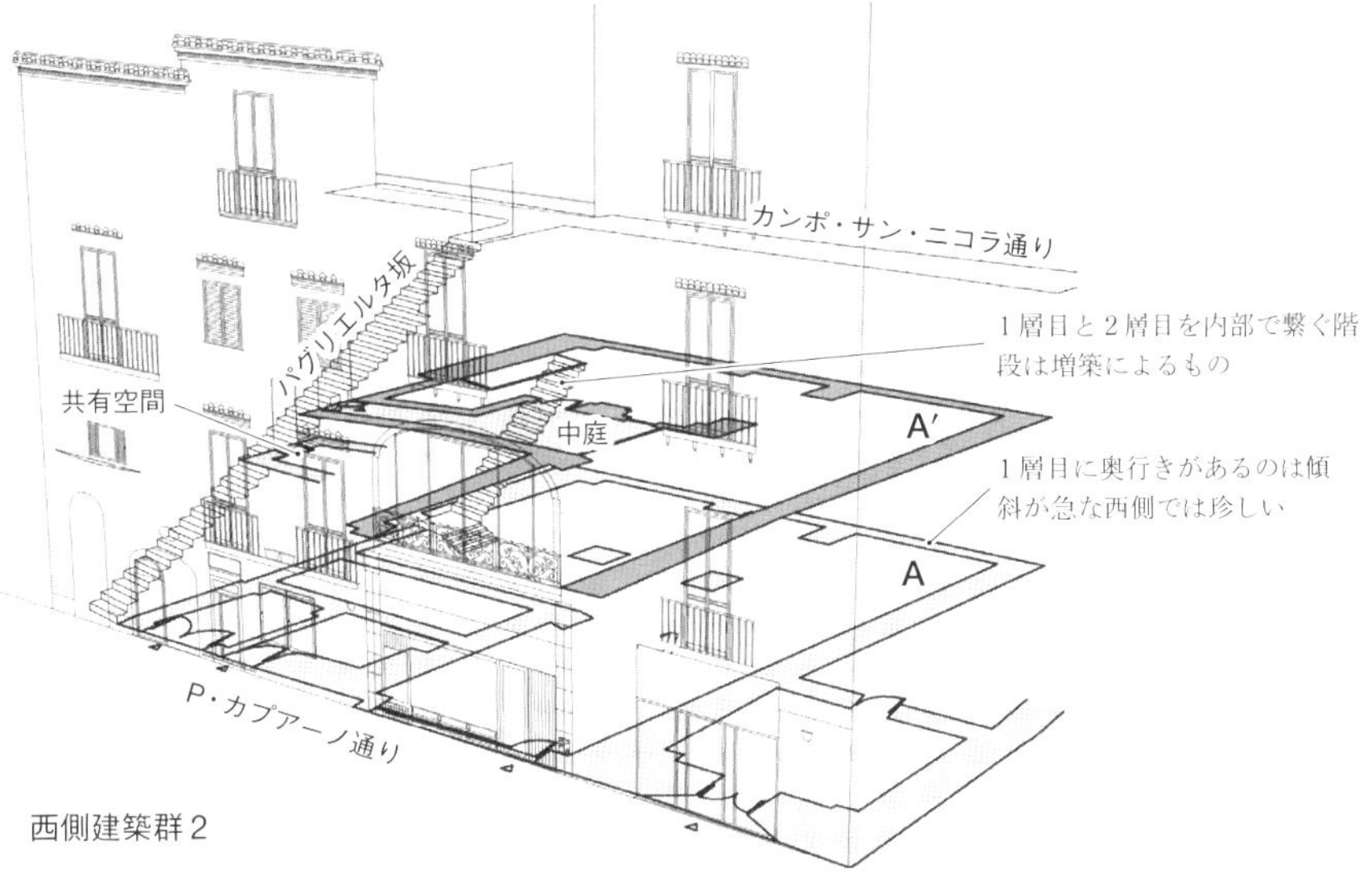

西側建築群2

けられ、上下階への階段から各住戸へと入る。さらに脇の階段を数段上ると、前述の土産物屋所有の2層目となる。ここで注目されるのは、中庭の存在だ。

かつては2層目A′の部分もいくつかに分割されており、中庭を介してそれぞれに入っていたのではないかと思われる。いずれにしても、脇の階段からアプローチするという基本は変わらない。

西側建築群3

西側建築群3の1層目の電気屋兼おもちゃ屋Aの天井には、中世のものと思える古いトンネル・ヴォールトが残っている。背後に崖が迫っているため、奥行き方向には1室しかとれないので、ほぼ同じ間口のユニット2つが、後に内部で統合された店舗となっている。ここでは前の事例とは異なり、メインストリートから上る階段が斜面の上を通る旧メインストリートまで抜けていないが、2層目Bはやはり階段の途中に入口をとっている。この層も斜面の形状に合わせ奥行き2室型になっている。建築群1の事例とよく似て、この階には二連の緩やかなアーチをもつベランダがついている。3層目はその階段の行き止まり

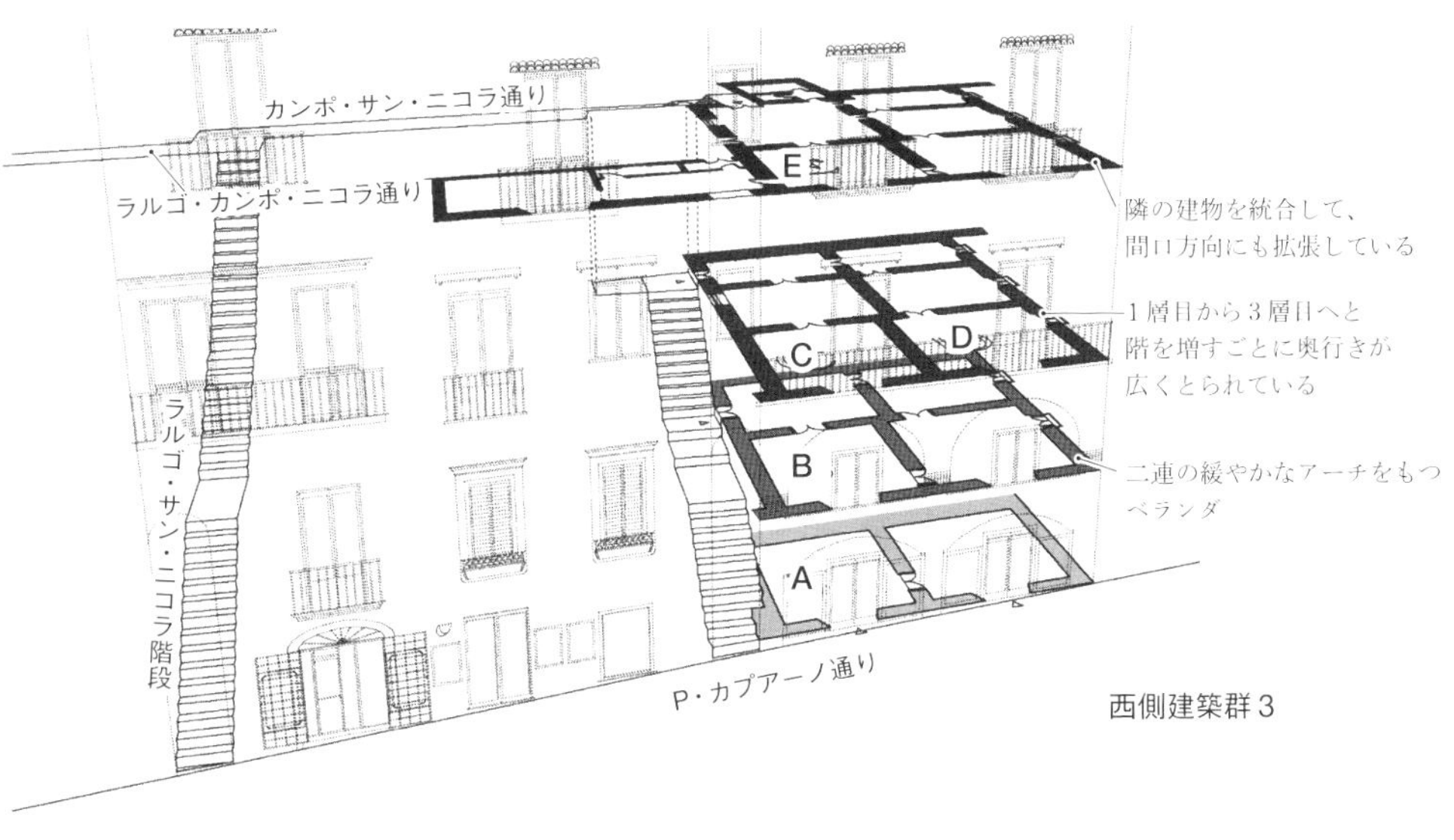

西側建築群3

に入口を設け、先の例と同様、共有の内部階段を経て、それぞれの住戸C・Dに入る。トンネル状になった階段の行き止まりというと鬱陶しくなりがちだが、上部は吹き抜けており、空が見える。この層まで上がると、奥行き方向に3室とることができる。

その上の4層目に行くには、この階段を使わない。ひとつ南側（海側）の階段（ラルゴ・サン・ニコラ階段）で旧メインストリート（カンポ・サン・ニコラ通り）まで上がり、その通りから少し階段を上って入る。この住宅Eは様式からみて18世紀のものと思われ、基本的に2列型の構成をとる堂々たる邸宅である。内側には、旧メインストリート沿いの地下水路から水を引いて空中庭園を生み出し、メインストリート側では、隣の建物まで統合して4室分にまで間口を拡張している。窓からは、この街路沿いの賑やかな眺望が開ける。この邸宅は、後に上の旧メインストリートからアプローチする際に再度訪ねる。

西側建築群の構成原理

以上の3つの例を中心に、この西側の並びの建築群を観察することによって、次のことが読み取れる。まず1層目の店舗群は、どれも間口が狭く中世の古いヴォールト天井を残すものが多いことから、古い時代のシステムを受け継いでいると考えられる。地形の関係で奥行き方向に1室しかとれず、背後の崖を掘って拡張する例もあった。その上に中2階をとり、倉庫か変則的な住居があてられる。3層目まで上がると、奥行きもだいぶ大きくなるので3室を配置できるようになり、天井高も高くなる。

なお、2層目あるいは3層目（中2階をもつ場合）には、この地方独特の緩やかなアーチ（14〜15世紀）をもつベランダをみることができる。4層目（中2階がなければ3層目も）では、そのほとんどが似たような単純な構成となり、アマルフィらしい様式的特徴は薄れる。しかしじつは、内部には18世紀頃の立派な邸宅がつくられていることが多い。奥行きだけでなく、間口方向にもたっぷりと空間を広げ、奥行き3室で、2列、さらには3列、4列の構成まで現れる。外観も同じ様式で統一されている。比較的新しい時代、眺望もあり住み心地のよい上の階に、富裕層のための大きな住まいが増築されたのである。こうして連続立面図を丁寧に観察することで、アマルフィの発展が建築的に読み取れるのが面白い。そして富裕な家族でも2層にわたって住むことは稀である。そのため、ファサードの統合原理は働かず、時代とともに上に増築されたプロセスがそのまま形状に表れ、それぞれの階が違う様式をみせるのが普通となる。

西側建築群3、カンポ・サン・ニコラ通りから住宅E（129ページ❹G家）へ入る階段

西側建築群3、ラルゴ・サン・ニコラ階段

(2) 東側の商業地区群

東側の建築群に目を移すと、西側との大きな違いとして、背後を通るスッポルティコ・ルーアというトンネル状の空間の存在がある。石灰で塗られた白い壁面が緩やかに曲線を描いて伸びる、まさに地中海的性格をもったヴァナキュラー空間だ。メインストリート（P・カプアーノ通り）とスッポルティコ・ルーアの間には店舗が建ち並んでいるが、その奥行きはスッポルティコ・ルーアとの関係に左右される。メインストリートとスッポルティコ・ルーアの間は約4・5～9メートルで、約7・5メートルを超えると奥行き2室となり、それ以下のところでは奥行き1室にしている。1層目の商店だけでなく、2層目より上の住宅についても同じことがいえる。また、1層目の間口の大きさや構造壁の位置は上階にまで影響していることが、実測調査から確認できる。しかし、最上階では下の構造体に縛られず、自由に配置できる部分もある。

1階レベルではスッポルティコ・ルーアとの関わり方によって、壁面と開口部の関係や店舗の外観にも、多様な変化が表れている。一方、2層目以上はほとんどが同じ外観をもち、様式的特徴は少ないが、どれもそれなりの規模をもつ。ただし、斜面を活用して部屋を奥まで広げられた西側とは逆に、街路に沿って間口方向に部屋数を増やす傾向がみられる。また、西側に比べ東側は2階建てが多く、屋上にしばしばテラスが設けられているのも特徴である。しかし後述するように発展過程が多様だったため、内部の空間構成は西側に比べずっと複雑な様相を示す。

スッポルティコ・ルーア

特別な機能をもつ中世建築、高級スーパー

メインストリートの東側には、12～13世紀の古い邸宅ドムスに加え、特別な機能をもったと想像される大規模な中世の建物が分布する。この立派な建物もそのひとつで、ドゥオモから100メートルぐらい北に位置する（74ページ構成図参照）。堂々たる交差ヴォールトの架かる大きな空間は圧巻だ。現在は見事に修復・再構成され、高級スーパーとして使用されている。地上2階＋地下1階の3層で、その規模は、中世のものでありながら、この町並みのなかではアンバランスな印象を与えるほどに大きく、普通の店舗ではなかったことを感じさせる。かつて、何に使われていたかを示す史料はないが、規模が大きく構造もしっかりしていることから、商館などの特別な役割をもつ公的施設だった可能性が大きい。

商業コンプレックス

スッポルティコ・ルーアの山側に立地しており、トンネルの下からアプローチする。12～13世紀の典型的な尖頭交差ヴォールトの架かる入口の美しい空間を通り、奥へ進むと、やはり中世の帆状ヴォールトの架かる部屋がいくつも連なって複合的空間を形づくっている。全体が明らかに中世の空間を受け継いでいる。近年、本格的な修復・再構成で大規模な商業コンプレックスとして甦り、現代的なセンスのインテリアの雰囲気が人を惹きつけている。天井高の大きな単層構成で、その内部にはスポーツ用品店、精肉店、ワイン店など様々な店舗が並び、奥には中庭もある。

この堂々たる建物も、先に述べた高級スーパーと同様、その構造や規模からみて、かつてはただの店舗ではなく、特別な役割をもつ公的施設だった可能性が高い。これら大規模な中世の建物が並ぶことから、前述のように、川が暗渠化する前から東側の川沿いには道があったということが想像できる。

東側建築群1

東側の建築の発展過程をよく物語る3つの事例をみていこう。東側建築群1は、トンネル状のスッポルティコ・ルーアの南側入口部分にあたる。スッポルティコ・ルーアに入ってすぐの1階に、13世紀のアラブ式浴場の貴重な遺構が残っている（A…現在は土産物屋）。その床面は、地面レベルより数段分低くなっ

高級スーパーの外観

高級スーパーに架かる交差ヴォールト

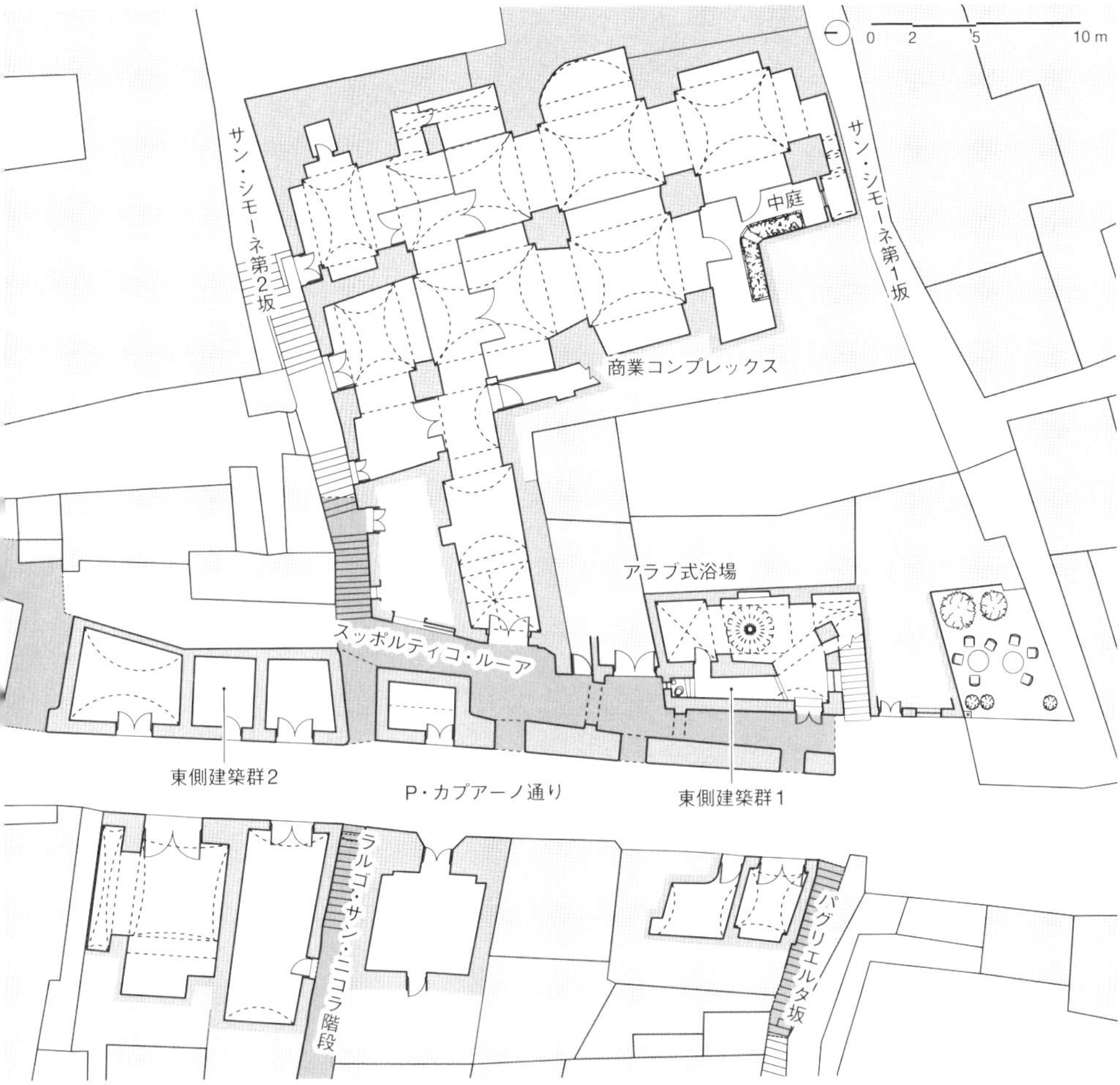

スッポルティコ・ルーア周辺、平面図

商業コンプレックスの内部に架かる帆状ヴォールト

ている。アマルフィにはアラブ人のコミュニティそのものは存在しなかったが、アラブ文化から受けた影響は大きかった。この浴場は公共的なものではなく、個人のドムスに属する私的なものだった。レモン絞り器のようなドームを中央にもつ複合建築の全体像を、図をもとにみていく。

このもとドムスの建物は時代とともに内部で分割され、現在はアラブ式浴場の遺構Aとスッポルティコ・ルーアの上に広がる2層目の美容室B、さらにその上の3、4層目にそれぞれひとつずつ住宅C、Dがある。もともとドムスが一体化した建物であったことから、スッポルティコ・ルーアの入口の手前から立ち上がる階段で、4層目までどの階にもアプローチでき、さらには屋上にも出られる。

2層目の美容院Bは、50年ほど前までは住宅だったという。だが、メインストリートの東側の建物では、唯一ここだけが天井高が低く、中2階のような扱いになっている。それは、1層目にあるアラブ式浴場のドームの上部が床上にまで飛び出し、その部分が数段高くなって、通常の住宅として利用しづらいこととと関係しているのだろう。3層目の住宅Cには入ってすぐ左側に、古代の円柱の転用材が飾られ、かつて裕福な家族が住んでいたことを想像させる。

その上の4層目には、老婦人がひとりで暮らしている（住宅D）。100年以上前はこの住戸を分割して3家族が住んでおり、アプローチはそれぞれテラスからとり、そこに設けられたトイレやテラスにあった台所を3家族

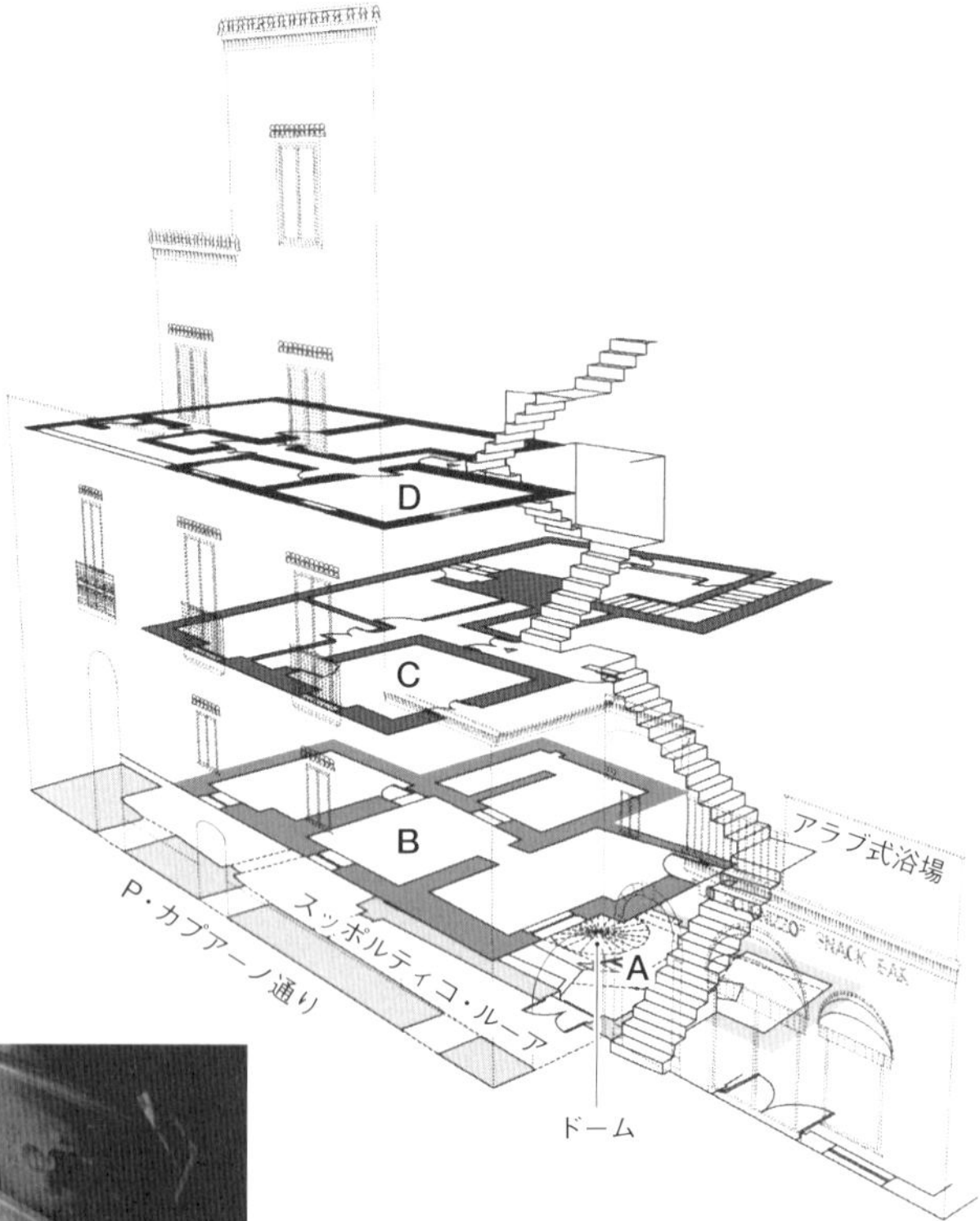

東側建築群1

アラブ式浴場跡のドーム

で共用していたという。かつてのテラスの外壁面は現在の廊下の山側の面にあたる。

婦人は1940年頃から住んでおり、子どもが多く生まれたので、約50年前にひとつの大きな住戸に改装した。さらに、その4層目の高い位置に、中世のものと思われるトイレの跡がメインストリート側に向かって残っているのが目を引く。この建物がつくられ始めたのは、川の暗渠化以前に遡るのではないかと推測される。

東側建築群2

東側建築群2の1層目にある4つの店舗は、いずれも間口が狭く奥行きの浅い1室からなる。すぐ裏のほぼ同じレベルに、緩やかに曲がったスッポルティコ・ルーアが通るが、店舗はそちらには完全に背を向けている。1層目南端の仕立て屋は、規模は小さいものの、古く典型的なトンネル・ヴォールトが架かる。天井の高さを生かし、木の床を張ってつくられた中2階が設けられ、梯子で上り下りする収納空間として使われている。職人のボッテーガ（工房＋店舗）の典型的なつくり方をみてとれる。

2層目のバカンス用賃貸住宅Aは、下を通るスッポルティコ・ルーアの上にトンネル・ヴォールトを架けて、かぶさるかたちでつくられている。構造壁の位置は1、2層目でほぼ上下に対応するが、スッポルティコ・ルーアがやや曲線となるため、微妙に調整している。2層目にとられた4戸の住宅へは、スッ

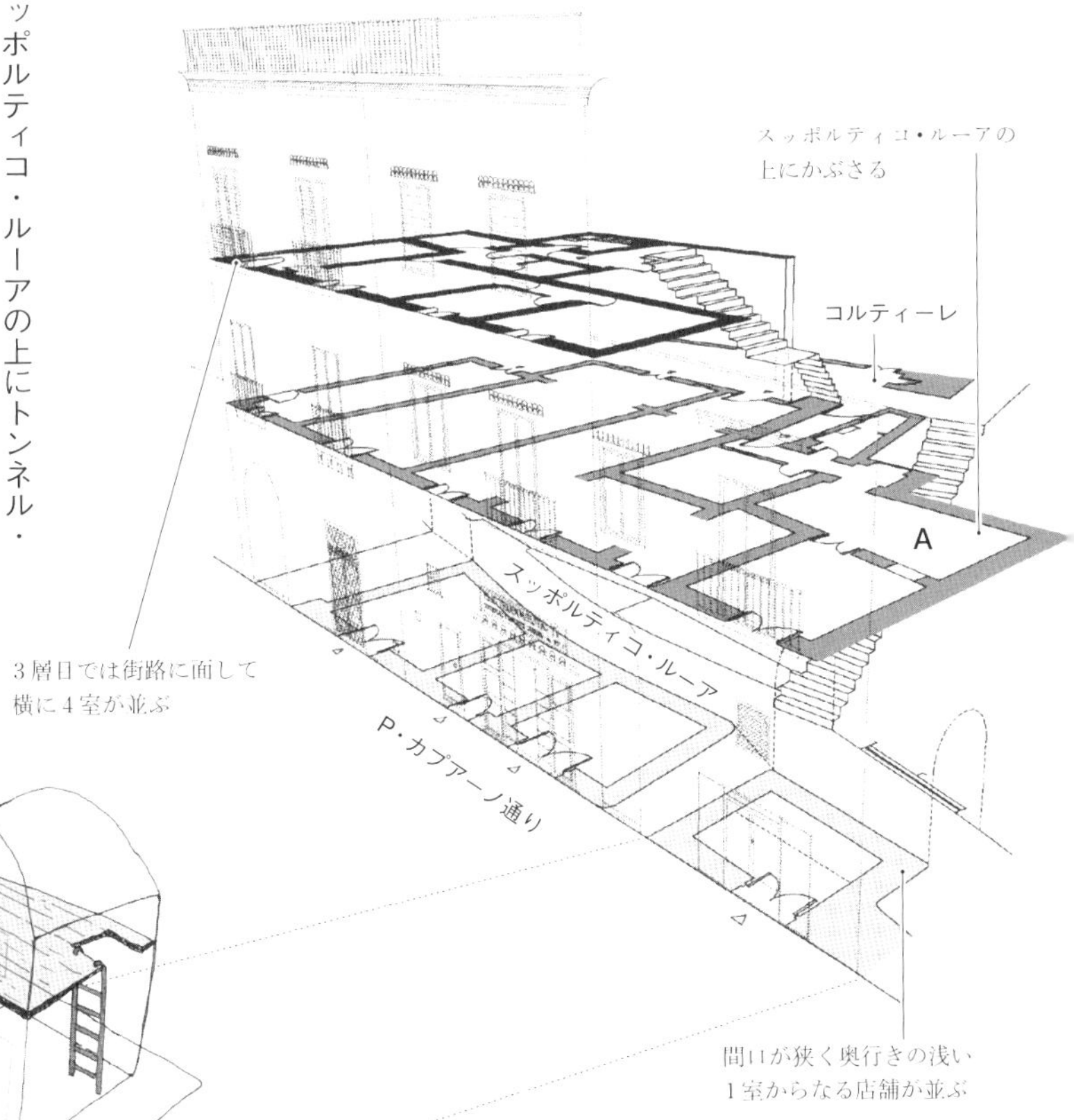
スッポルティコ・ルーアの上にかぶさる
コルティーレ
A
スッポルティコ・ルーア
3層目では街路に面して横に4室が並ぶ
P・カプアーノ通り
間口が狭く奥行きの浅い1室からなる店舗が並ぶ
東側建築群2

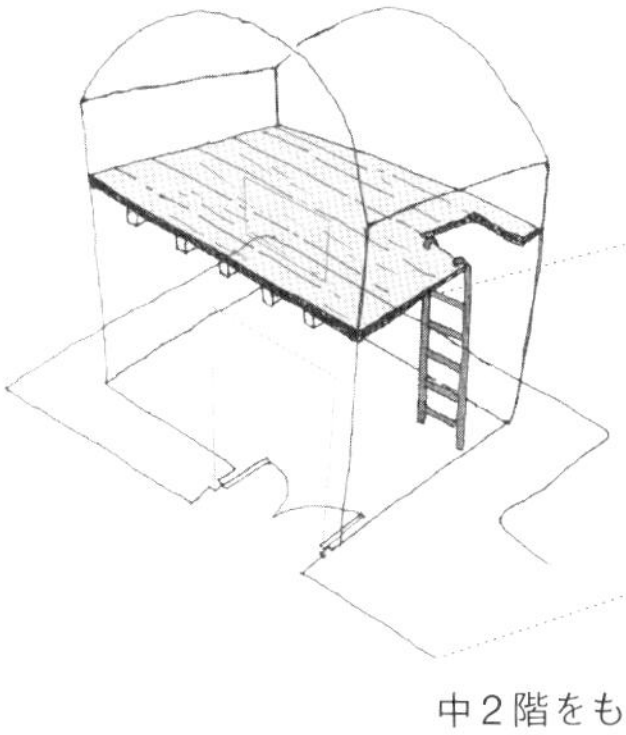
中2階をもつ店舗（仕立て屋）

東側建築群２、周辺平面図

ポルティコ・ルーアから階段状の坂を奥へ上り、裏手のコルティーレ（囲われた共有の空地）に回り込んでそこから入る。3層目に唯一とられた大きな住宅には、その小広場からさらに階段を上ってたどり着く。

アマルフィでは、このように階段を巧みに使い、垂直方向に重なり合う住宅への動線をとっている。ここでは、住宅は上層へ行くに従って間口を広げ、3層目では街路に面して4室が並んでいる。斜面を活用して、上層へ行くほど奥へ部屋を伸ばした西側の建築群とは違って、街路に面して横へ長く伸びるかたちをとる。

コルティーレに面した山側には、各層に間口が均等に3分割された5階からなる建物がある。4、5階には付柱とコーニス（軒蛇腹）で壁面が飾られている。1階（2層目）には1列2室の部屋が並んでおり、現在そこは寄木細工の工房として利用されている。トンネル・ヴォールトと帆状ヴォールトが架かっていて、その奥には小さな中庭がある。

この中庭には、使われずに扉も外れたような部屋が面している。そのうちのひとつの部屋に入ると、さらに奥にある階段で下の階に行くことができる。いくつもの部屋が繋がった巨大な地下空間が広がっているのに驚かさ

スッポルティコ・ルーアから
階段を上ったところにある
コルティーレ

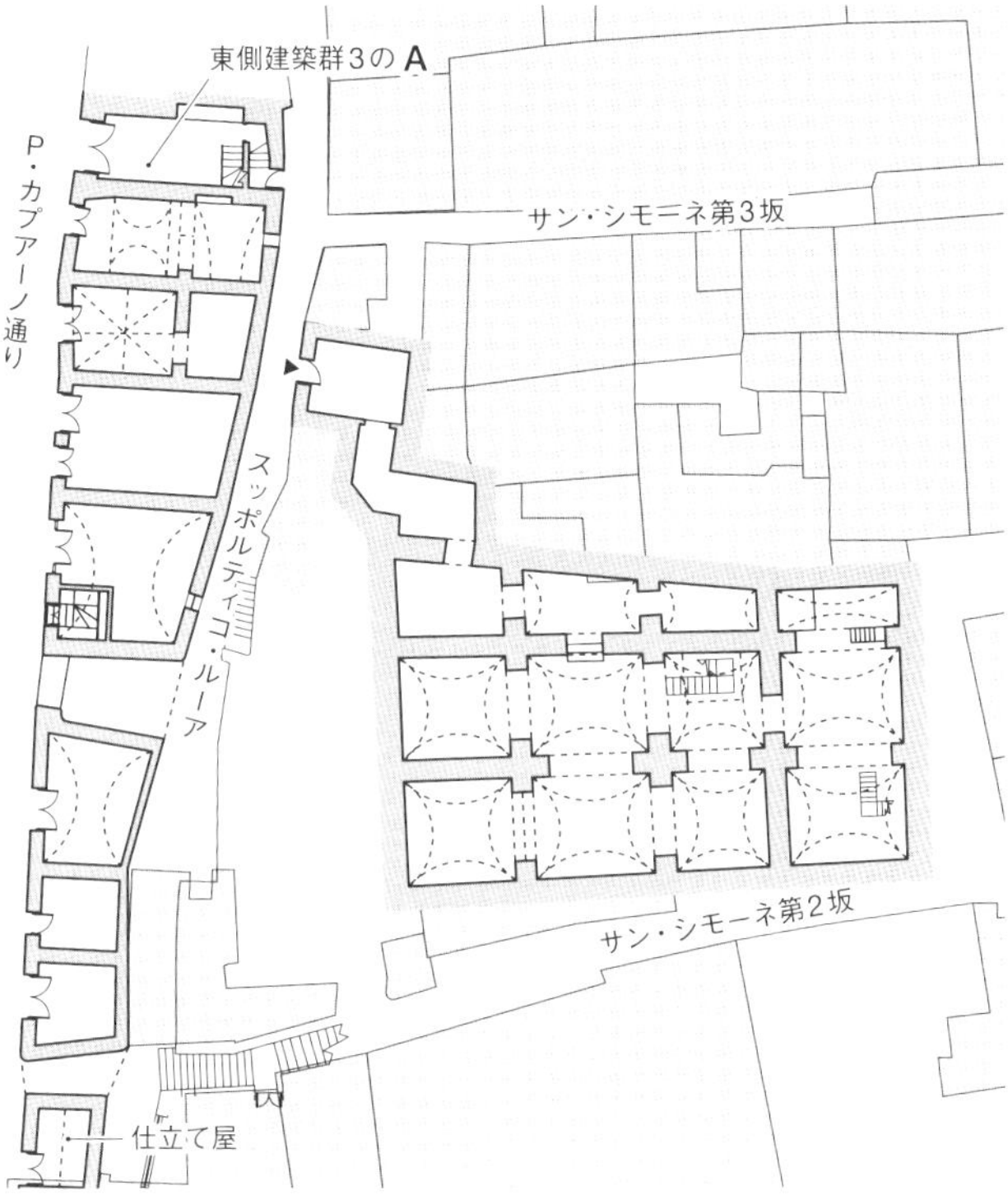

東側建築群２、スッポルティコ・ルーアから入る１層目の倉庫

屋上テラスから
背後の建物を見上げる

メインストリート側立面

れる。ちょうど寄木細工の工房とその前のコルティーレの真下の位置にあたるのである。各部屋には帆状ヴォールトが架かっており、かまどの跡も残っている。

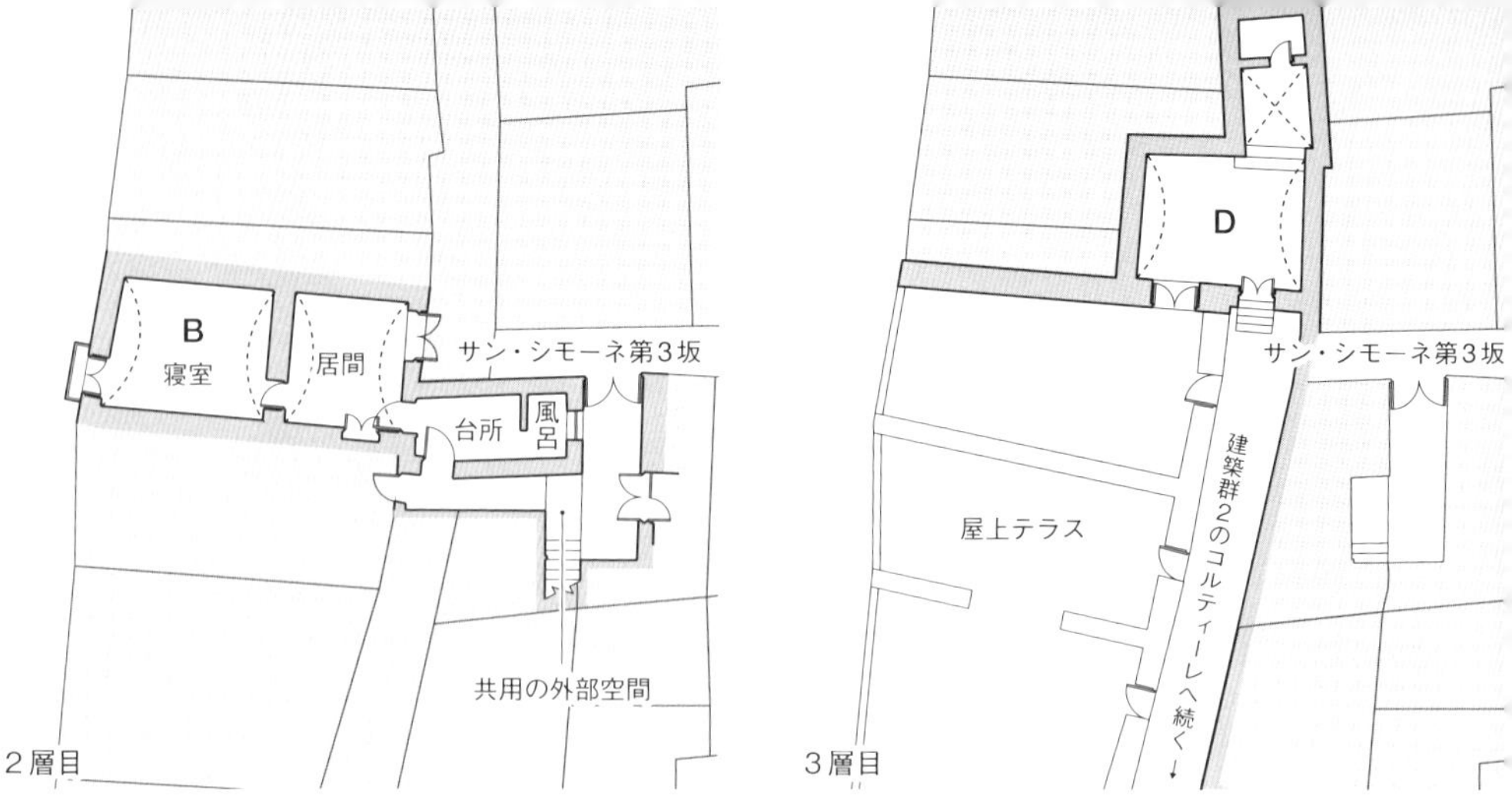

東側建築群3、周辺平面図

東側建築群3

東側建築群3では、1層目の3つの店舗は間口が狭いが、奥行き方向に2室構成をとっている。すべてに地下室がとられているが、湿気のために、現在使われていないものもある。メインストリート沿いに並ぶ店舗のうち、少し高いところを通るスッポルティコ・ルーア側からも入れるのはAの店舗（現在美容室）のみで、現状ではスッポルティコ・ルーアに商業的な賑わいは乏しい。2層目は、まずBの住宅へは、スッポルティコ・ルーアの途中

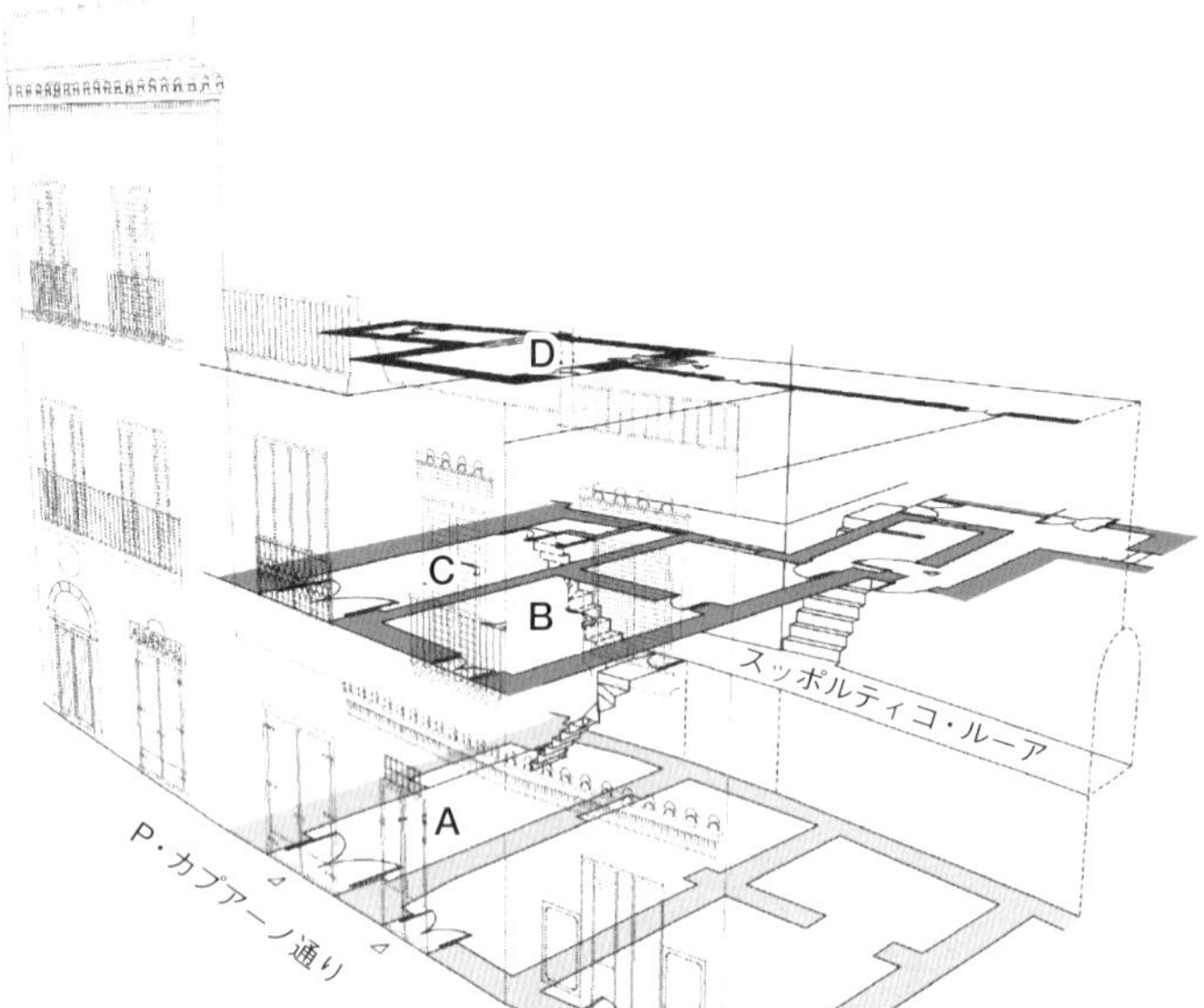

東側建築群3

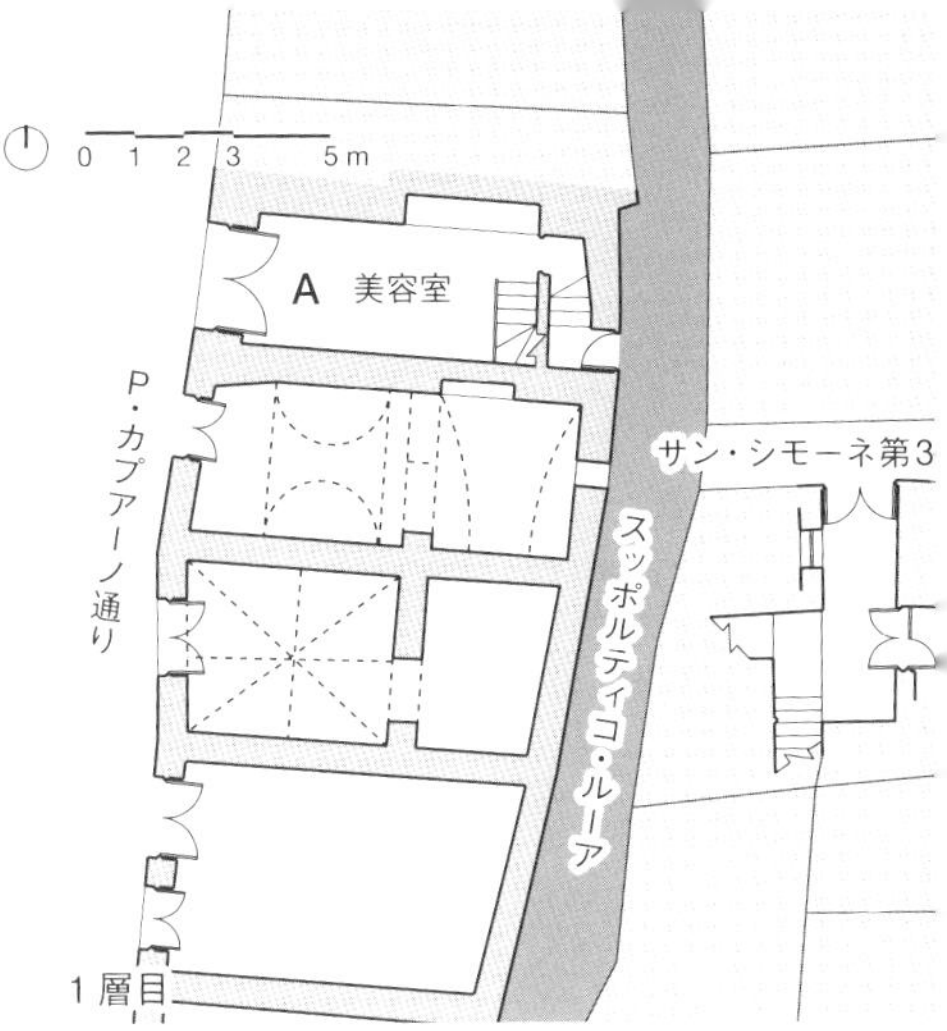

から脇へ少し階段（サン・シモーネ第3坂）を上り、数家族で共用している外部空間を経て入る。構造的には、1層目の間口と奥行きを受け継いでいる。Cは、Aの美容室の奥にある内部階段からアプローチする部屋で、従業員の休憩用の空間として使われている。

3層目には、寄木細工の工房がある前述のコルティーレからさらに少し進んだところにある階段を上ってアプローチする。街路側に並ぶ屋上テラスの脇を通る通路を経て、奥の住宅Dにいたる。この3層目の通路は下の層のスッポルティコ・ルーアとは上下に重ならないが、住宅部分の構造壁は1層目のものに対応している。

店の正面はメインストリートのP・カプアーノ通りに向いている

メインストリートのすぐ裏手にある曲がりくねったトンネル状のスッポルティコ・ルーア

東側建築群の形成過程

アマルフィにおいて、建物の増改築によって積み重なっていく歴史的過程は複雑である。ここではさらに、東側の建築群の形成・発展過程を川の暗渠化、トンネル状のスッポルティコ・ルーアの形成などとの関係を考えながら推測してみたい。

これまでみた3つの区画を中心に比較しながら、東側の建築群の形成過程を分析・考察すると、それぞれに対応した発展過程の3つのタイプが想定できると考えられる（90ページの図）。この図は、タイプごとに、斜面と川からなる開発前の状態から、高密に形成された現在の段階にいたるまでの発展の過程を推測し、図式的に示したものである。

タイプ①

川の暗渠化以前に、すでにスッポルティコ・ルーアができ、その上の2層目にも建築群がつくられていたタイプ。このような段階があったことは、川に蓋がされる以前の上流の様子を示す古い風景画のなかに同じような形態がみられることからも推測できる（次頁左上）。やがて川に蓋がされると、そこを軸に商業空間ができていった。

すでに存在していた建築物と川の間に距離がある場所では、店舗が張り出された（タイプ①下段）。その屋上はテラスとして利用されていたであろう。次に、外部空間としてのテラスの上に、2層目の部屋が増築された。

こうした過程を裏付ける痕跡がある。東側建築群2の2層目の南端の住戸Aには、下のスッポルティコ・ルーアの壁面をそのまま上に延ばした位置にあり、その壁にかつての窓の跡が今もはっきりと残っているのである。

もうひとつ、建築物が川に面しており、2層目の上にまず3層目が増築されたケースが想定できる（タイプ①上段）。そして、それぞれがさらに発展し、現状のようになったと考えられる。メインストリート側に屋上テラスを設けている例も多い。

このタイプ①の上の段の例にあたるのが、東側建築群1である。有力家のドムスであったこの建物は、中世から複数の階をもっていたと考えられる。早い段階から川に面してトンネル状のスッポルティコ・ルーアができ、

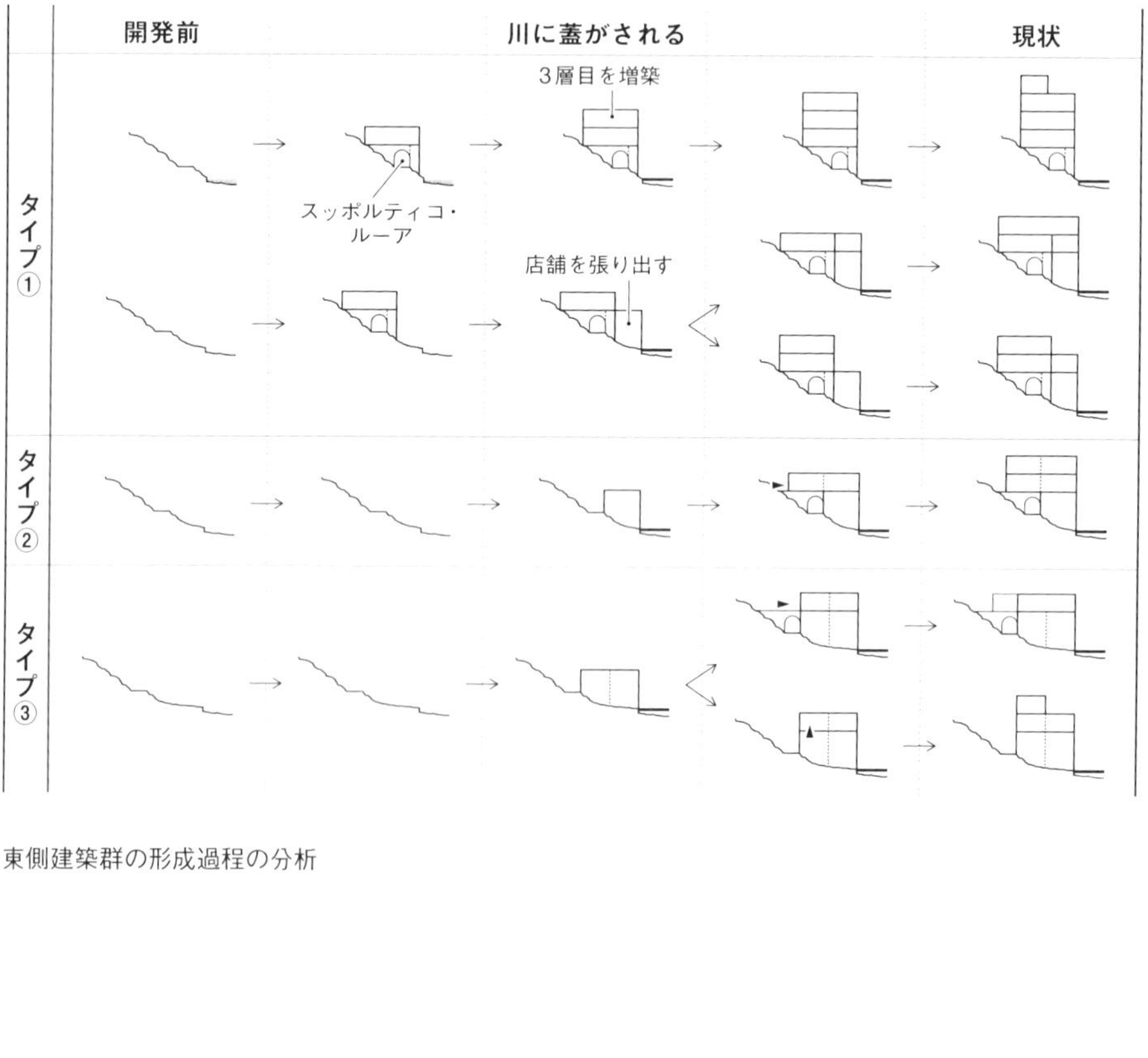

東側建築群の形成過程の分析

その上に2層目が載るかたちをとったと想像されるのである。

タイプ②

川に蓋がされてから形成が開始されたタイプである。新たに生まれた通りに沿って、まず1層の店舗が建ち並んだ。次に2層目がつくられる際に、アマルフィにおける標準的部屋数である2室分の空間を確保するために、1層目の店舗の上だけでなく、山側の奥へと拡張する必要があった。そこで、店舗の裏を通る古くからの道の上にヴォールトが架けられ、トンネル状のスッポルティコ・ルーアが生まれた。さらに、次の段階として3層目ができた。2、3層目には少し斜面を上った背後からアプローチするかたちをとる。

ヴァッレ・ディ・ムリーニ地区の様子を示す風景画*

暗渠になっているメインストリート

スッポルティコ・ルーアの入口とメインストリート（タイプ②）

タイプ③

やはり、川に蓋がされてから形成が開始されたタイプ。新たに生まれた通りに沿って、まず1層目の店舗が建ち並んだ。ここでは、スッポルティコ・ルーアとメインストリートの間が広く、奥行き2室の店舗がつくられた。次に、その上に2層目が増築された。その層へは、裏側の高い位置からアプローチすることが選ばれた。そこで、店舗の裏を通る古い道にヴォールトを架けて、スッポルティコ化し、その上にも部屋を載せ、一部三層化して、居住空間を広げた。

このように、スッポルティコとなった古い道筋と川（後のメインストリート）との関係によって、上述の3タイプのいずれかの過程をたどりながら、東側の建築群は形成されてきたと考えられるのだ。アマルフィの複雑で魅力的な空間を探っていると、それがいかに生まれたのか、謎解きにチャレンジしたくなる。

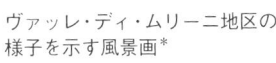

第４節　住宅エリア（１）――海岸沿い絶壁の住宅群

海岸線沿いの絶壁にへばり付くように建つ東西それぞれの住宅群をみていきたい。現在の絶壁沿いには、地形に合わせて19世紀前半に建設された幹線道路（マッテオ・カメラ通り～クリストフォロ・コロンボ通り）が通り、海への眺望を得られるホテル群が多く並ぶが、ここで注目されるのは、幹線道路より数十メートル程高台に上がった古い街路に形成された住宅群である。

アマルフィでは、広場から出発して東、あるいは西の高台に上ると、どちらにも高台の等高線に沿うように設けられた街路がある。これらの街路はともに、南北に展開する谷に沿って発展したアマルフィにおいて唯一東西に長く伸びるもので、それぞれ東隣のアトラーニ、西隣のコンカ・デイ・マリーニと続く重要な陸路となり、中世からその道筋を確認することができる。よってその周辺の住宅群を実測調査することは、アマルフィの歴史を追ううえでも重要な意味をもつのである。

また、街路を核に絶壁の高台にぎっしりと建設された住宅群は地形を利用しながらも、ときに天然の防壁となり、まさに斜面都市アマルフィならではの独特の形成、発展を色濃く反映する場所でもある。さらには、19世紀に建設された幹線道路や海岸沿いのプロムナードによって周辺はさらなる発展をみせる。アマルフィの近代化を語るには興味深い地区だ。

海岸沿いのプロムナード

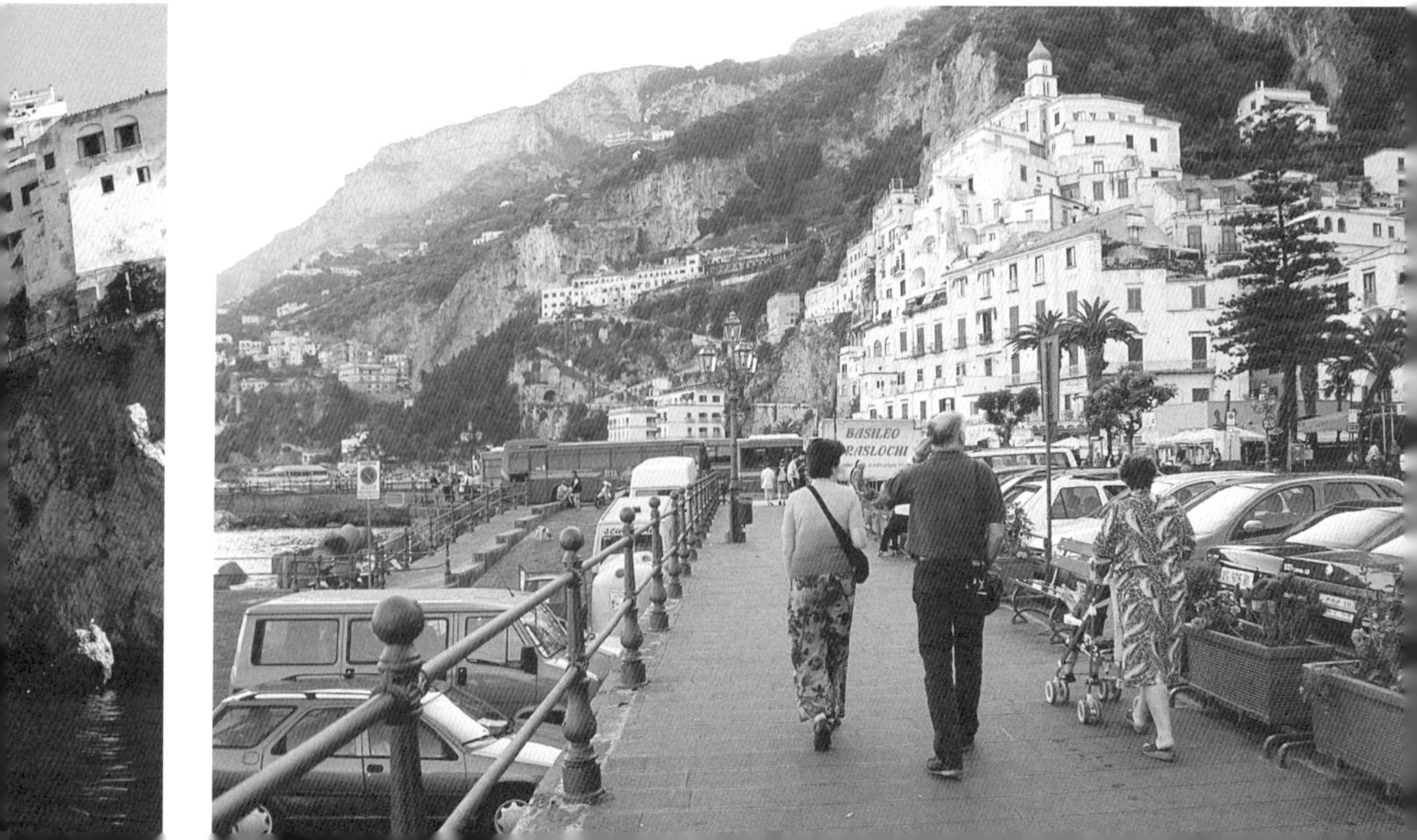

隣町へと続く2本の街路
(グレー部分は中世における市街地の想像復元図)

隣町へと続く街路沿いの建築群

アルセナーレ(中央部分)の上を走る幹線道路

東側絶壁の住宅密集群とその下の幹線道路

（1）西側の絶壁周辺

フェッラーリ広場（ドージ広場）から西に伸びるトンネル状のヴァリエンドラ通りを緩やかに上ると、階段が二方向に分岐するところへ出る。左手に続く階段は、西側に伸びる重要な街路で、絶壁の高台に立地するサン・ビアジォ教会へと通じる。そちらに折れず、真っ直ぐ狭いトンネル状の階段を上り詰めると、柱廊の巡るアトリウムを中心とした、12世紀末に建てられたビザンツ様式の興味深い建築複合体がある（66ページ断面図参照）。知らずにこの特異な雰囲気の空間に彷徨い込むと、一体、もとはどんな建築としてつくられたものなのか、興味を惹く。迷宮都市アマルフィに隠された価値ある建築スポットのひとつだ。

そもそも、アマルフィの南西部の高台は、ギリシア人コミュニティの地区としてアマルフィ発展の初期から形成された歴史をもち、サン・ビアジォ教会の背後には、ギリシア人コミュニティの核となるサン・ニコラ・デイ・グレーチ教会があった。サン・ニコラ教会は、現在では教会としての姿は留めていないものの、その周辺は複雑な道の形態や建築の集合の仕方からみても、中世の古いかたちを残している。

この建築複合体も、それらコミュニティに属する有力家のドムス（邸宅）としてつくられたものと考えられる。都市の喧騒から離れた、よそ者の入りにくい安全な高台の奥に、狭くて暗いトンネル状の階段でアプローチするというかたちで、初期の重要な邸宅がつくられたことが注目される。このドムスは、アトリウムを中心として一体化した空間構成をもち、かつては有力家が建物全体を所有していた。その建物全体の中に数多くの居住単位が受け継がれていることをみると、かつても、血縁関係にある多くの家族ユニットがその中に住んでいたのであろうと想像される。だが、時代の変遷とともに分割されて所有者が増え、現在のコンドミニアムのような集合住宅になったと思われる。まずこのアトリウムを中心とした建築複合体についてみていく。

ビザンツ様式のアトリウム

空まで吹き抜ける中央部のアトリウムの1層目には4本の柱が巡り、その上にはビザンツのアーチが連なる。アトリウムを見上げると、2、3層目に、やはりビザンツの特徴ある細い柱がある。しかも、アトリウムのまわりを巡る1層目から3層目の階段および通路部分（ギャラリー）の天井には、ビザンツの小さな交差ヴォールトが連続して残っていることから、3層目までは確実に12世紀末のオリジナルと考えられる。集合形式は、4層目も同じであり、そこまで当初の建物という可能性もある。

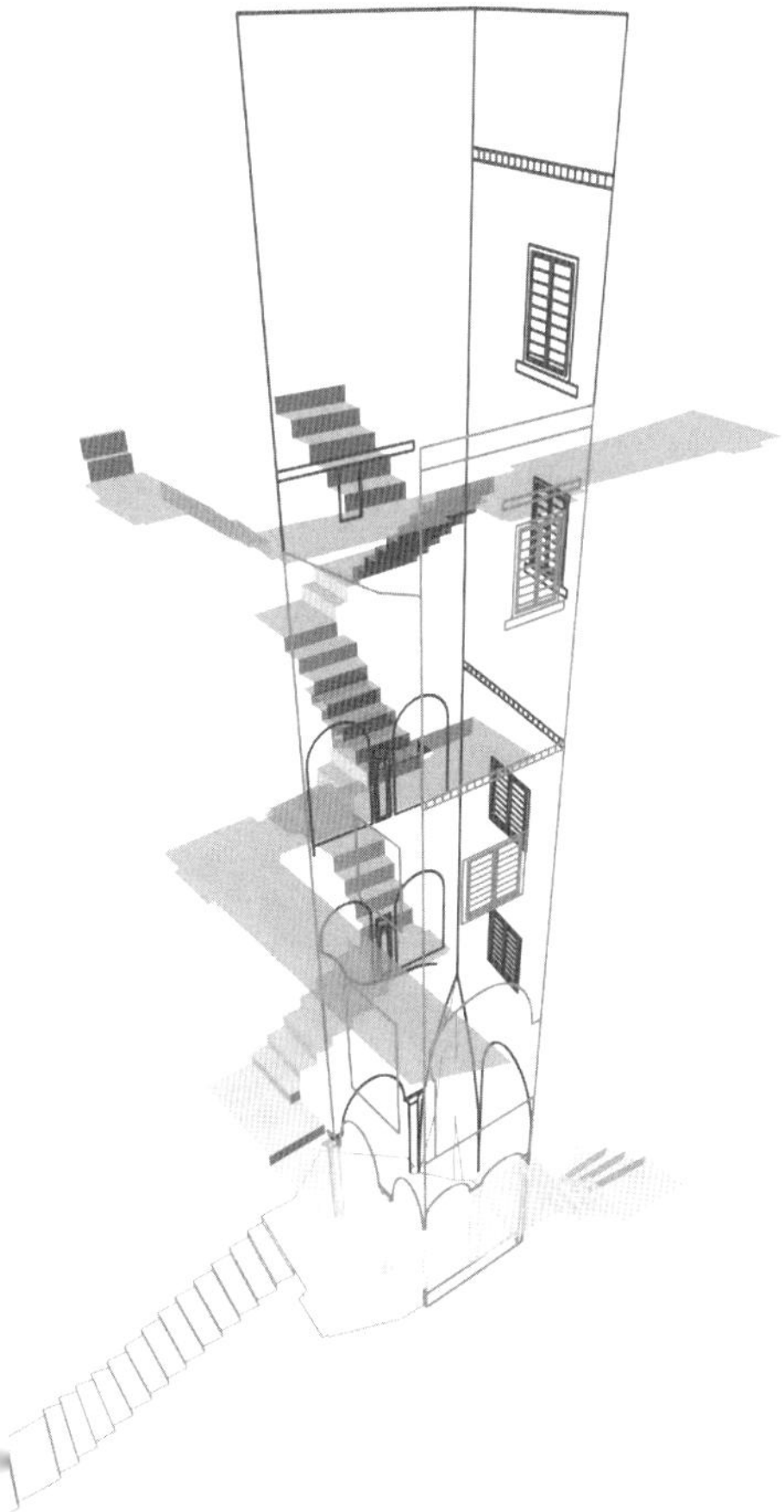

ビザンツ様式のアトリウム、立体図

この複合体は、町の西側の奥まった位置に崖にへばり付きながら高層に形成されたが、東側（谷側）の外に向けて開口部をたっぷり設けており、3層目以上に位置する住宅については、雄大なパノラマが開ける。かつては周囲の建物はもっと低かったであろうから、2層目の住宅からも眺めが十分楽しめたと考えられる。奥まった場所に位置しながらも眺望を確保できる構成には、高密に発展したアマルフィならではの工夫がみられるのだ。

❶眺望に恵まれたM家／4層目

ビザンツ建築複合体の4層目に位置し、アトリウムを巡る階段状のギャラリーによってアプローチする。中に入るとまずパヴィリオン・ヴォールト（17〜18世紀）の架かった居間があり、脇に小さな台所用の小部屋がつく。居間の奥には同じ形状のヴォールトが架かる寝室がとられ、その外側に設けられた屋根付きのベランダからは海・山並み・ドゥオモ・鐘楼・家並みがすべて望める眺望が開ける。この階は、中世のヴォールトがないので、後の時代の増築かもしれないが、住居タイプとしては、ドムスを形づくっていた個々の居住ユニットの典型である1列で奥行き2室のコンパクトな構成を示している。親子からなるそれぞれの家族ユニットには適切な大きさだ

❺3層目のE家

向かった窓の
おかげで明るい

谷側に向かい

4層目

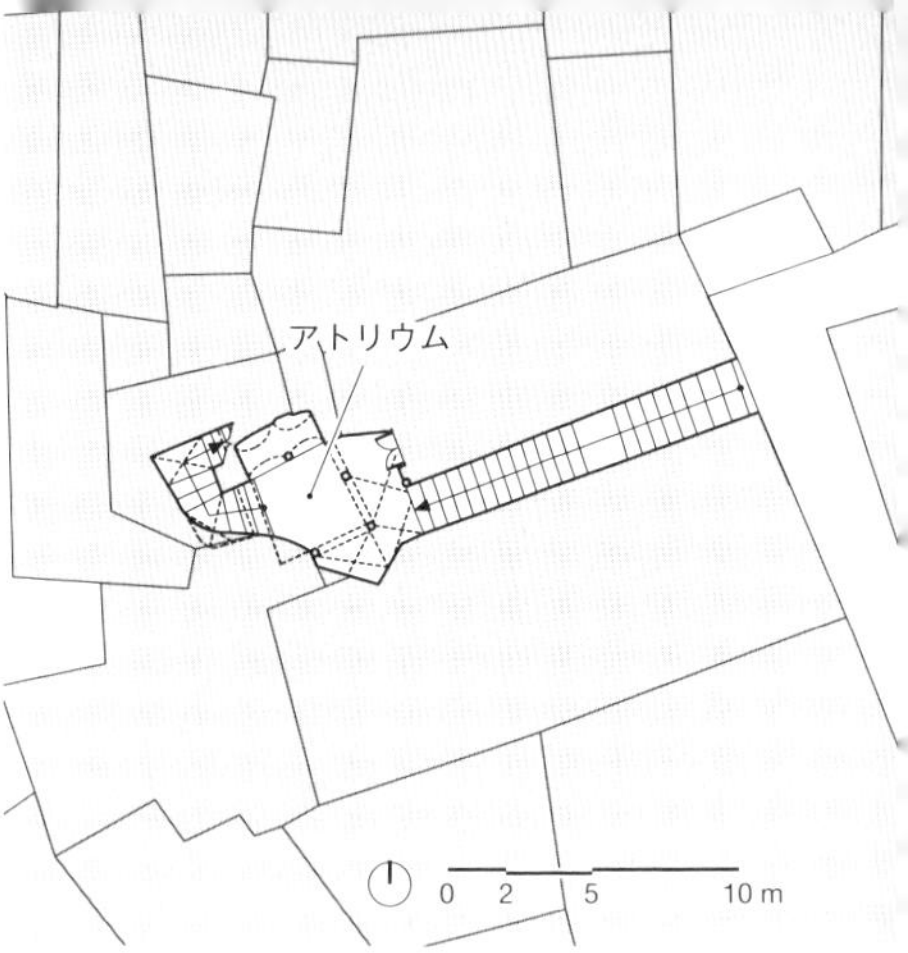

ビザンツ様式のアトリウム、平面図

ったと考えられる。

この家族では、斜め下、3層目の部分に位置する住戸を購入し、そこも快適な住居として使えるように近年、リノベーションを行った。その主要部分は貸しているが、もとの屋根裏部屋だった部分を独立した部屋にして、本来の自分の家から入れるように壁に開口部を新たに設けて連結した。そこには60センチほどの段差があり、数段の階段を上がる。

❷アトリウムに開くM家／4層目

同じくビザンツ建築複合体の4層目に位置しているが、裏で隣家と接しているため、眺望の期待できる谷側には開けず、居間と寝室に中央のアトリウムに向かって開く窓があるのみである。外の景色を楽しむことはできないが、アトリウムに2部屋が面しているので、太陽が差し込む窓が2か所に取られている。そのため、前述の住戸のように奥に向かって部屋が2列並ぶのに対して、部屋全体が明るい印象を受ける。シャンデリアや絵画で華やかに飾られた室内には気品のある老婦人がひとりで暮らしているが、すぐ下の階に住む娘や孫がしばしば遊びに来るという。

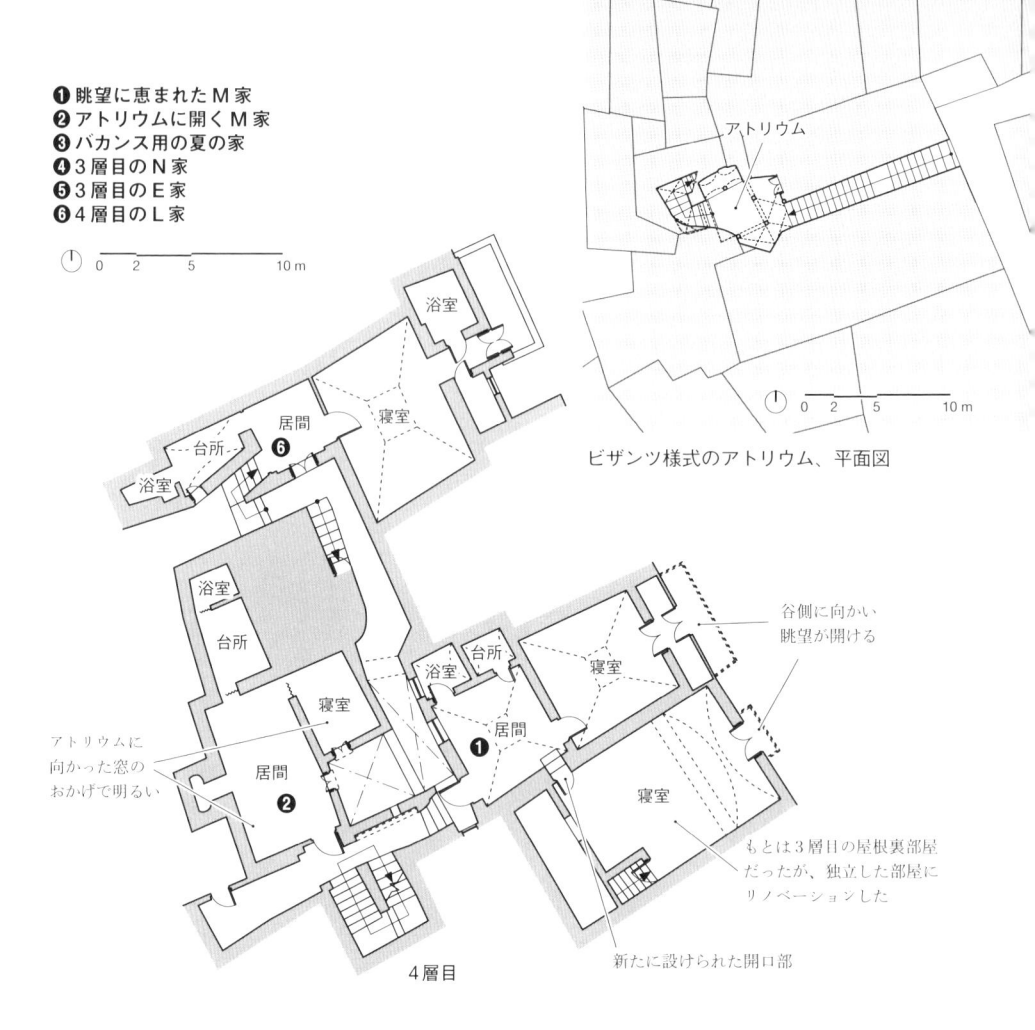

❸ バカンス用の夏の家／2層目

2層目に位置し、エントランスが間仕切りで仕切られているが、構造壁は4層目の眺望に恵まれたM家とほぼ対応している。部屋の配列も❶のM家の住戸と同様、手前に居間、奥に寝室という1列2室の構成がとられる。まさに、かつてのドムスを形づくっていた典型的な居住ユニットのひとつといえる。

この住戸はアマルフィにバカンスで訪れる人のための長期滞在用の賃貸住居として使用されている。長期滞在型のバカンスが定着しているイタリアでは、一般的な住居を数週間借りるというスタイルも広まっており、アマルフィでも、夏の間だけの賃貸住居を少なからず確認することができる。

❹❺❻ 3層目のN家とE家、4層目のL家

この建物は後の時代に増築・拡張され、3層目、4層目には、アトリウムを囲むギャラリーからさらに先に通路が伸びている。かつてのドムスを形づくっていた居室はすべてアトリウムに面するはずであり、その先に配された住居は、隣の建物の上に後の時代に増築されたものと思われる。建物自体の内部、あるいは外部に専用の階段を新規に設けることが不可能な高密な一角に、隣接する元ドムスの建物の3層目のギャラリーから通路を奥に伸ばしてアプローチをとることで、その上部に新たな家族が住むための住居をつくり出せたのである。

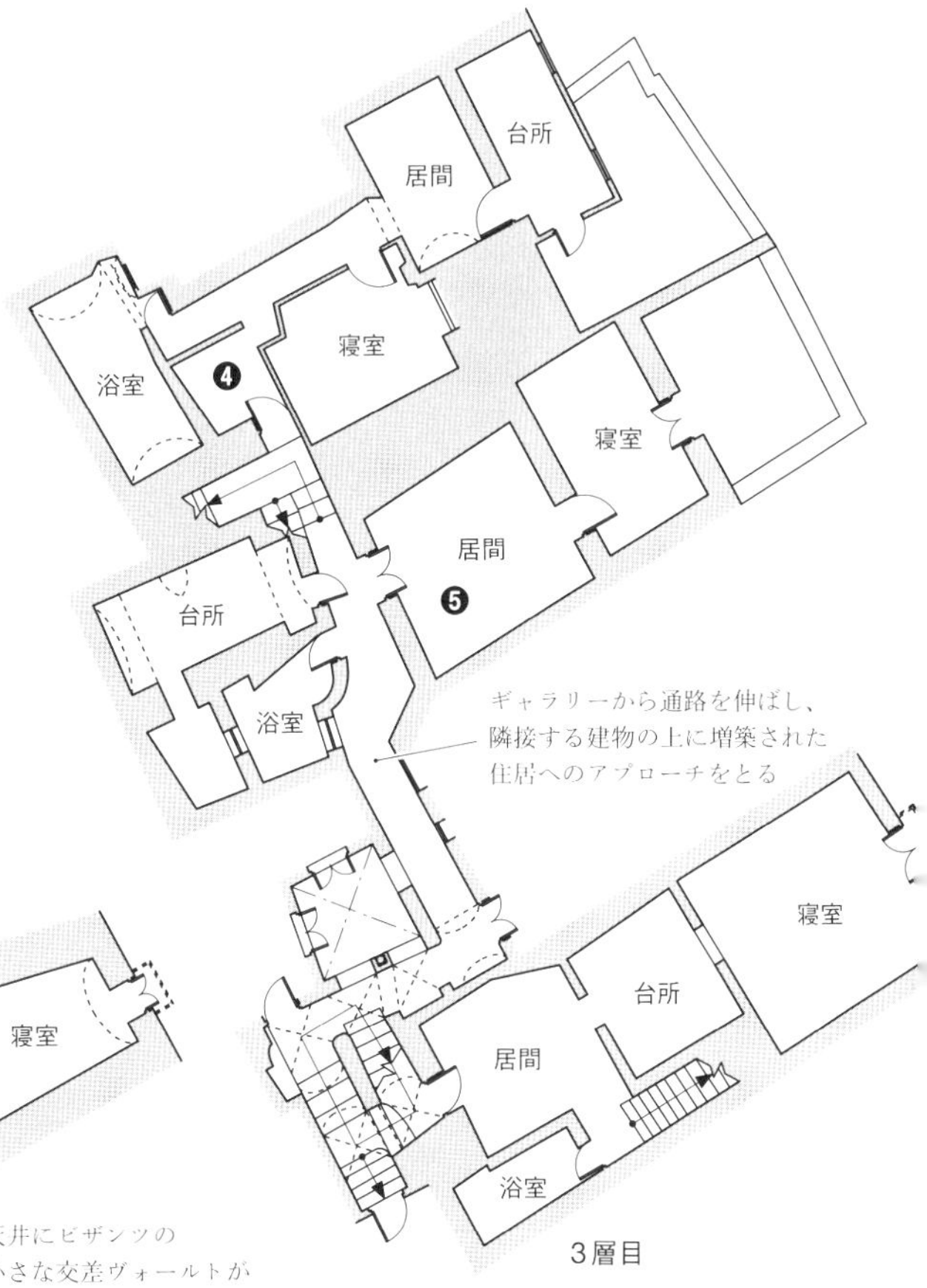

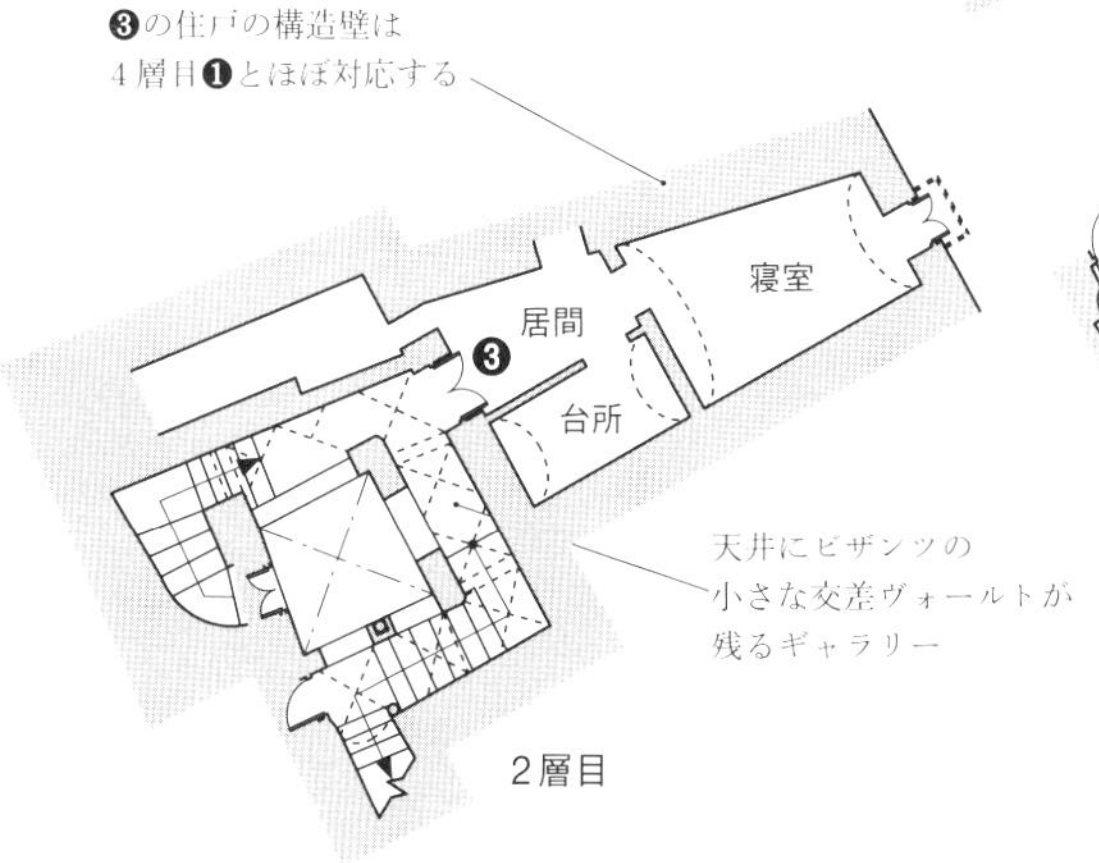

ビザンツ様式のアトリウム、平面図

サン・ニコラ・デイ・グレーチ教会

ヴァリエンドラ通りの突き当たりの分岐点から、左手側に、サン・ビアジョ教会へと続く階段が伸びる。地形に沿いながら緩やかに上る途中には、街路に沿って高層の住宅群へのアプローチが多く存在することから、この周辺が、かつては2つあった教会の教区として高密なコミュニティを形成していたことが想像できる。

サン・ニコラ・デイ・グレーチ坂を上りきった高台部分には、上部に住宅が重なってトンネル状になった場所があり、各住戸へのアプローチ用の入口がいくつもある。そのうちのひとつ、北西に向かって上る階段は、サン・ニコラ・デイ・グレーチ教会へと続く細い街路である。そもそも、サン・ニコラ・デイ・グレーチ教会はギリシア人のコミュニティ空間として中世の古い時期に創建された重要な建物で、名称にGreci（ギリシア人）として記してあることから、その結びつきがわかる。また、西側に接するサン・ビアジョ教会よりも古いこと、次項で述べる密集住宅群の住所にS. Nicolaの名称が付けられていることからも、この教会のかつての重要性がわかる。

サン・ニコラ・デイ・グレーチ教会はサン・ビアジョ教会に隣接して存在したと思われるが、遺構からその場所を特定するのは難しい。

サン・ビアジョ教会

トンネルを抜けて少し進むと、鉄格子状の扉で隔てられた外部階段がある。鍵を開けてもらい階段を数十段上り、さらに折り返して上りきったかなりの高台に、先にも述べたサン・ビアジョ教会がある。まず、教会本体の前に設けられたエントランスの空間に入る。ほかの地区の教会と比べても比較的ゆったりと取られており、人が集まるコミュニティ空間ともなりうるのである。

そもそも、咽喉の守り神聖ビアジョに捧げられ創建されたこの教会は、コンフラテルニタ（信心会）と呼ばれるメンバーシップ制の教会としてアマルフィの都市において重要な役割を果たしてきた。現在のメンバーは60～70人で、様々な地区に分散しているという。この教会の鍵を開けてくれた管理人の男性はフェッラーリ広場に面した立派な住宅に住む。

この教会で定期的にミサを行っていたのは1990年頃までであった。しかし、現在も管理人がメンテナンスを継続して行っているため、教会内部は立派なものだ。特に、1779年にバロック様式に改修したという礼拝堂は、調度品にいたるまで綺麗に維持されており、管理人の意識の高さがうかがえる。また、祭壇の右側には聖ビアジョ、左側には聖ニコラの像が祀られている。

ここで、礼拝堂の北西部分にある小部屋に注目したい。飾り気がなく薄暗いこの部屋には、質素な歴史的トイレが設けられている。

海から眺めた西側絶壁の建築群
最も高い位置にはサン・ビアジョ教会

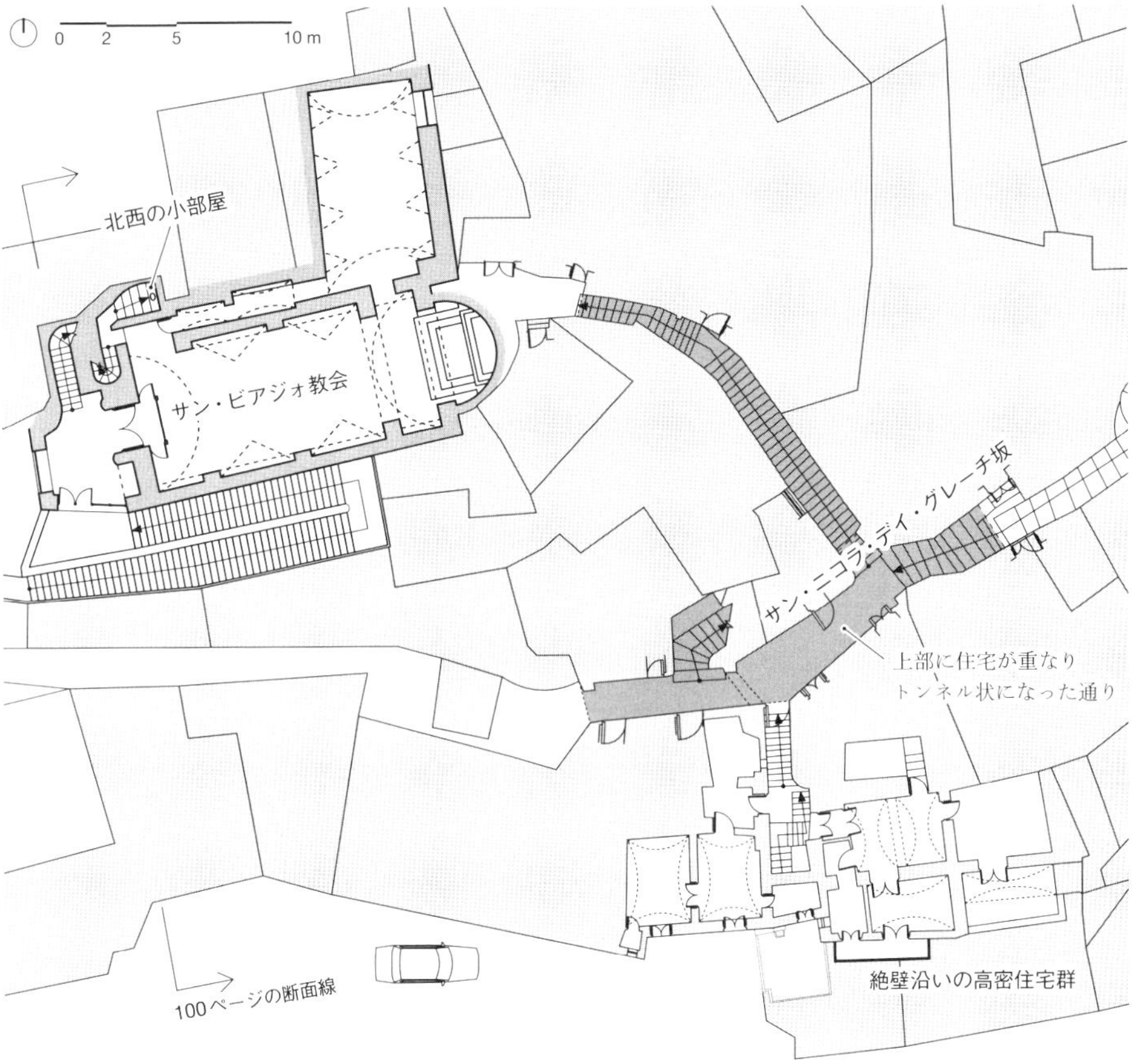

サン・ビアジォ教会、周辺図

石の便座に穴が空いているだけの単純なものだ。こうしたトイレは古くはローマ時代の広場、市場、公衆浴場などの公共性の高い場所に設置されたが、教会内部に付属した古いトイレというのは案外珍しい。様々な地区の人びとが集まるこの教会が、アマルフィのなかでも高い公共性をもち、重要なコミュニティ拠点として位置付けられていたことがうかがい知れる。ちなみに、同じような古いトイレが、コンカ・デイ・マリーニの田園の邸宅の一角に確認できた。

エントランスに戻り、崖側に伸びる階段を上ると、この教会の屋上に出て、さらにはその上の鐘塔に上ることができる。アマルフィでも屈指の高さを誇るこの西側斜面の鐘塔か

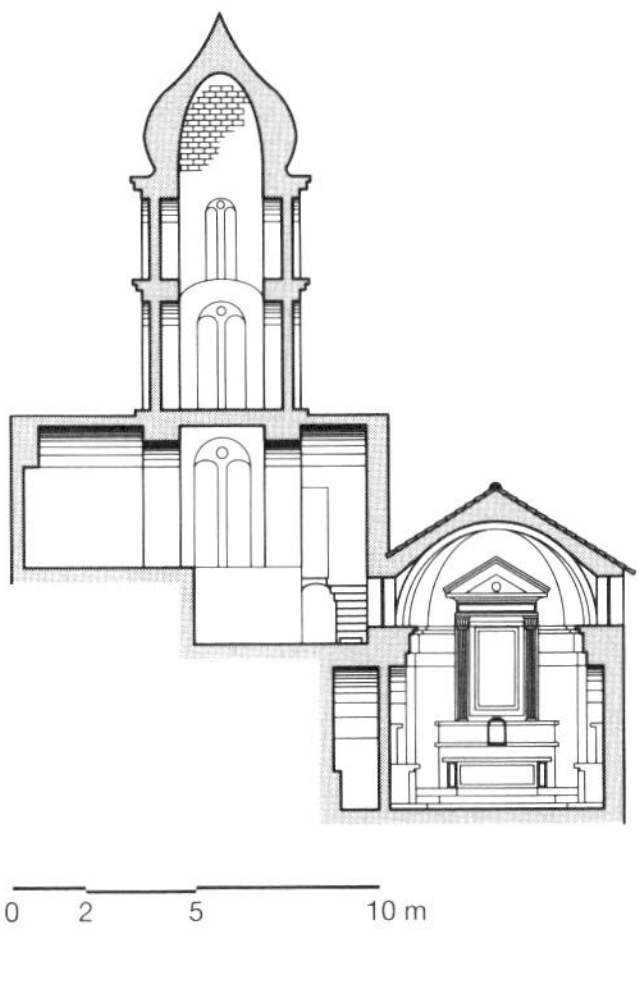

サン・ビアジォ教会、断面図

らは、谷の東側斜面の大聖堂を中心とする家並みが、さらにその右手には華やかなビーチ、海へと続く見事な構図の眺望が目の前に広がる。逆に海からアマルフィを眺めたときに印象に残る立派なビザンツ様式の惣花形ドームをもつこの鐘塔は、今なおれっきとした現役である。信心会のメンバーの男性が亡くなると鐘が6回、女性が亡くなると5回鳴らされる。このような歴史的な建造物がしっかりと残り、なおかつ生活に密着しながら機能し続けているのである。

　次に、サン・ビアジョ教会とその周辺を断面図で見ながら、西側絶壁建築群の形成過程を考えてみたい。崖の高台には周囲を見下ろすようにサン・ビアジョ教会が立地し、その下には隣町コンカ・デイ・マリーニへと続く街路（サン・ニコラ・デイ・グレーチ坂）が通っている。この道の重要性は前述したとおりだが、絶壁が天然の防壁として機能しているのがよくわかり、外敵の侵入が多い中世に、この道を核に住宅が発展していった理由が理解できる。

　街路に接して岩壁にへばり付くように建っている3層の住宅群の下には、19世紀に建設された幹線道路（マッテオ・カーメラ通り）が突き抜ける。3層の住宅群の下、石張りで装飾

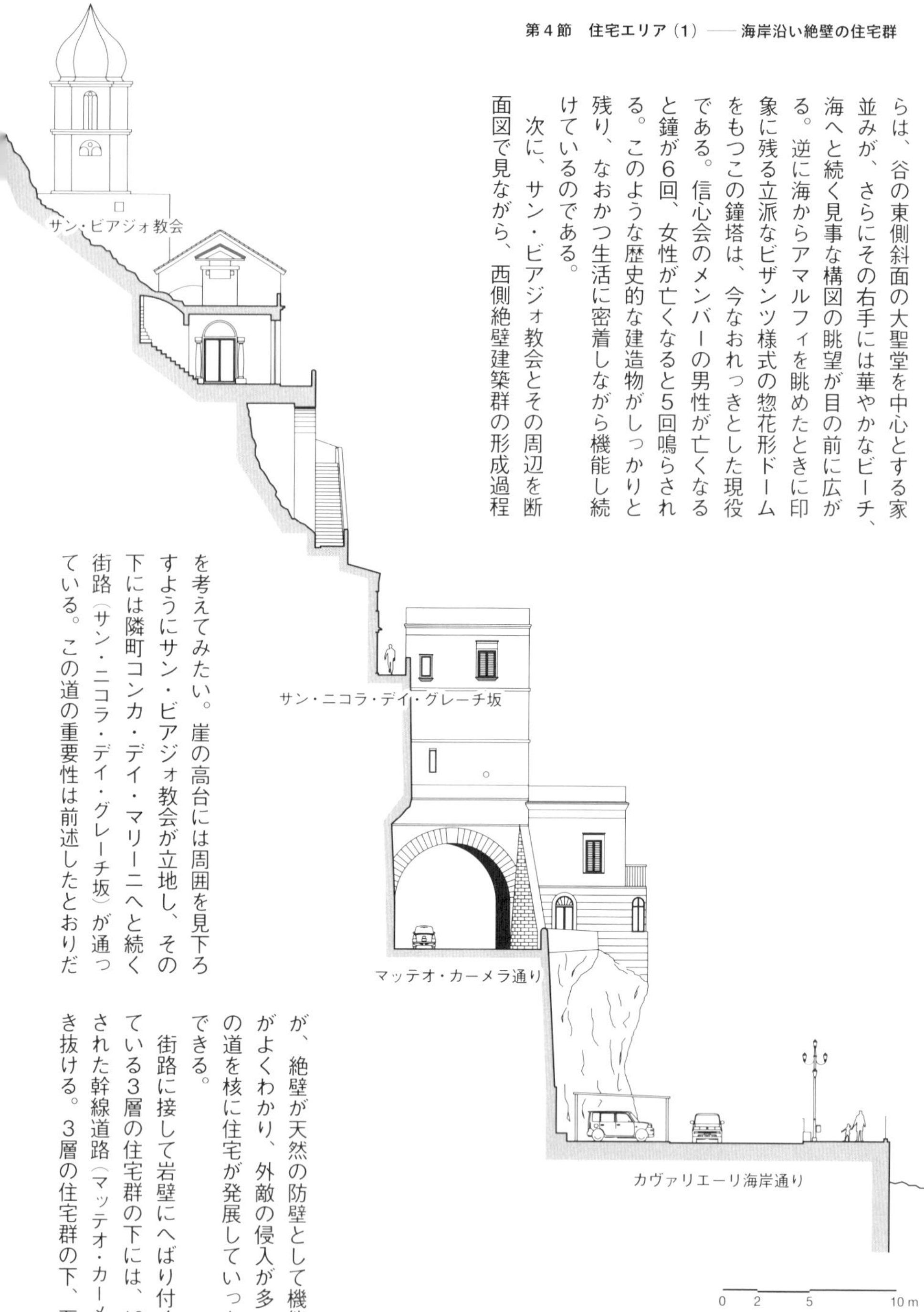

サン・ビアジョ教会周辺、断面図

された2層の住宅はアプローチを幹線道路からとっていることから、19世紀以降に建設された建物であることがわかる。さらにその下、同じく19世紀に整備された海岸沿いのプロムナード（カヴァリエーリ海岸通り）は駐車場や散歩（パッセジャータ）の道筋として使われ、プロムナードに面した岩盤に沿ってホテルや店舗が並ぶ。

このように、近代に新しい道路がつくられることにより、さらなる発展を示す例は、後述する東側の絶壁周辺でもみられるのである。また、こういった近代の開発が中世から続く旧市街を壊すことなく、時代の連続性を受け継いでいることが断面図からもわかる。

絶壁沿いの高密住宅群

アマルフィを海の側から見るときに、西側の絶壁に重なりながらへばり付くように建つ住居群が強烈な印象を与える。その一角の内側に入る機会を得た。西側高台を通る主要道のトンネル部分に沿って並ぶ各住戸のアプローチのひとつに入ってみる。木製の扉を開けて中に入り、3住戸が接するトンネル状の共有階段を下りる。絶壁に位置するために45度はありそうな急な階段を下りきると、小さな共有テラスが設けられている。階段は狭く薄暗いのに対して、海に開かれた共有テラスは光に溢れ、水平線が広がる眺望は開放感を与えてくれる。

おそらくこの開放的なテラスは、防御が不要になった頃に設けられたと想像される。平和な時代になれば、海に直接面するこうした立地は俄然有利なものへと転じたに違いない。

❶ 2列奥2室のB家

共有テラスに接した1層目東側にこの家がある。中に入るとエントランス、奥の居間へと続く。ともにトンネル・ヴォールトが架かり、古くから存在していたことを伝える。奥に2室が並ぶものの、崖にへばり付くように立地しているため、前述のドムスのように奥に向かって部屋を伸ばすことができない。部屋の奥行きは狭いが、その代わりに崖と平行に展開する。その結果、2列に並んだ住戸形式となる。この形式は後に述べる2つの住戸にも共通していえることである。それにより、2部屋に海への眺望が開ける窓を設けることが可能となり、開放的な住環境が得られるのである。背後には崖が迫っているため、この住戸も狭い住居スペースを巧みに利用して住んでいるが、そういった厳しい条件のなかでもアーチで飾られた海を望むテラスが寝室に面して設けられているのが興味深い。

共有テラス西側に、階段で1層分下ると、この家族が所有するアネックスがあり、物置として利用されている。平面が不整形であること、天井の形状が歪んでいることから、後の時代に掘削して増築されたものと思われる。

❷ B家の上のC家

B家の上階に位置するC家には、夫婦とひとりの子どもが住んでいる。部屋のプランは間仕切りにより若干の変化があるものの、構造壁はB家の住戸のそれと対応しており、基本的には同じ住戸タイプといえる。奥の寝室の天井はフラットであるが、ヴォールトが落ちてしまい、改修した結果とのこと。その部屋には、下の層と同じくアーチをもつテラスが前面に設けられている。

また、浴室は崖に向かって奥に伸びる小部屋であるが、後の時代に掘られたものと思われる。アマルフィでは、生活様式が変わった近代以降に崖を掘って居住スペースを拡張する例を、ほかの地区でも多く確認することができる。中世からの姿を今に残すアマルフィ

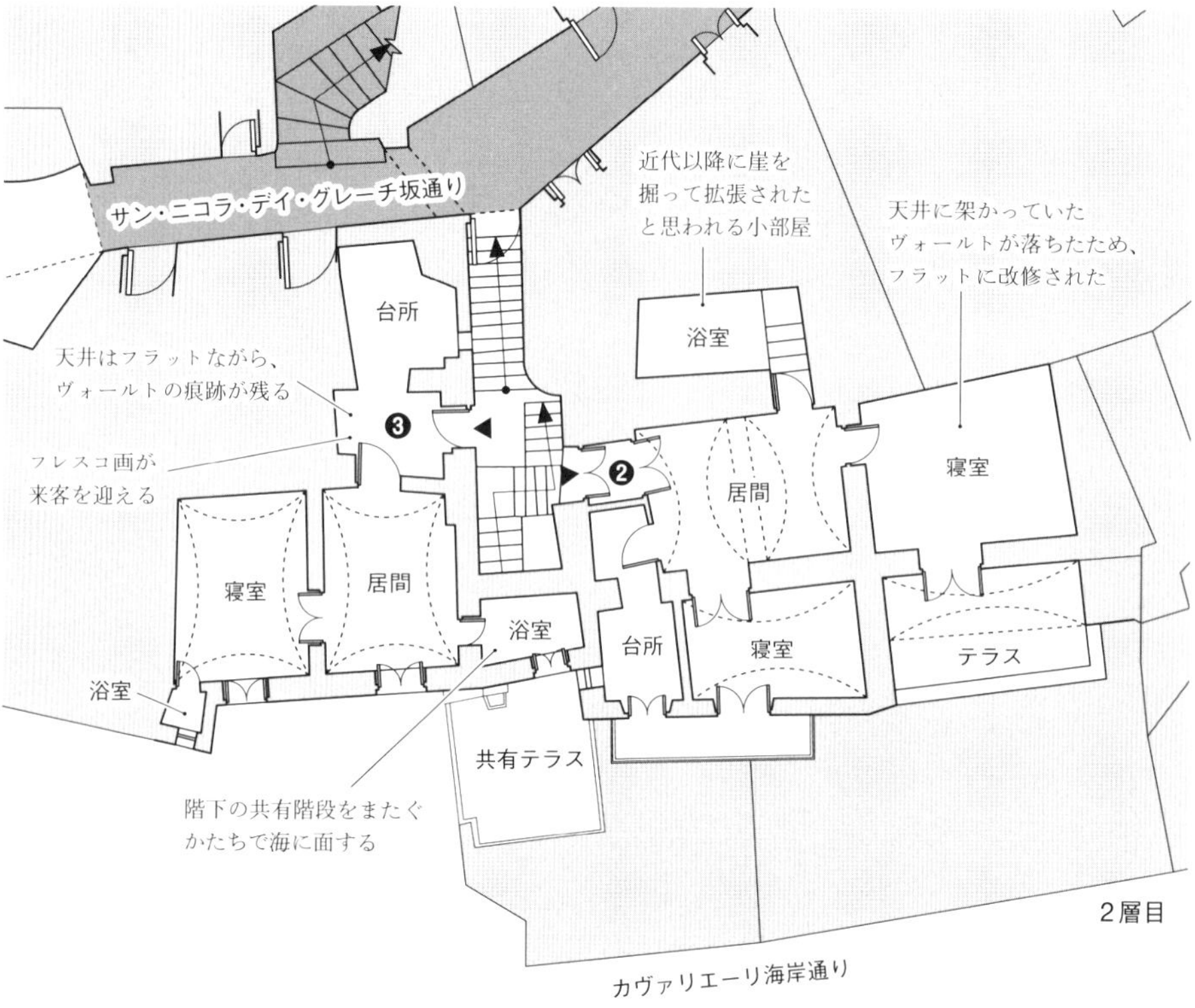
サン・ニコラ・デイ・グレーチ坂通り
近代以降に崖を
掘って拡張された
と思われる小部屋
天井に架かっていた
ヴォールトが落ちたため、
フラットに改修された
台所
浴室
天井はフラットながら、
ヴォールトの痕跡が残る
❸
❷
フレスコ画が
来客を迎える
居間
寝室
寝室
居間
浴室
台所
寝室
テラス
浴室
共有テラス
階下の共有階段をまたぐ
かたちで海に面する
2層目
カヴァリエーリ海岸通り

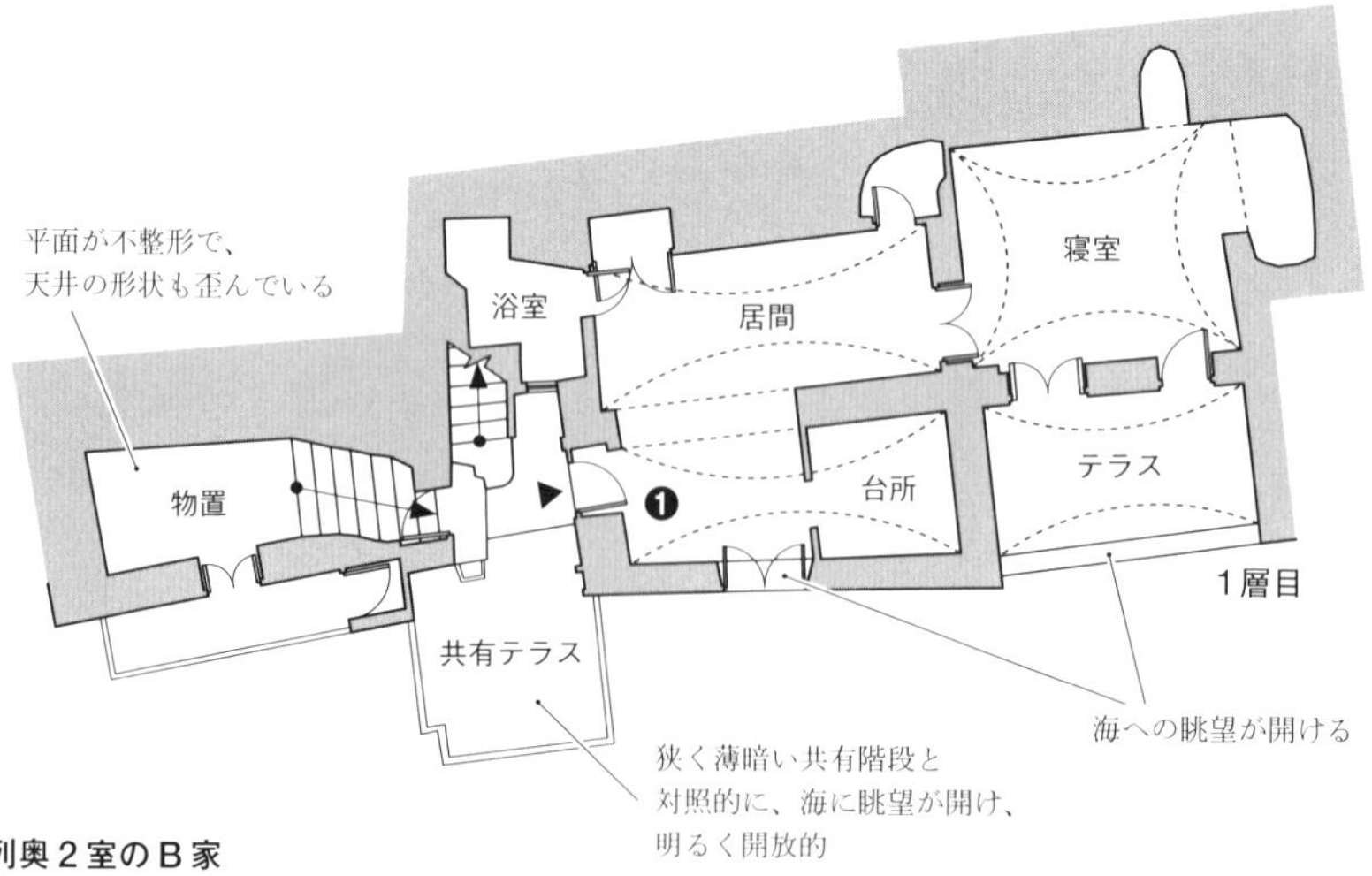
平面が不整形で、
天井の形状も歪んでいる
浴室
居間
寝室
物置
❶
台所
テラス
1層目
共有テラス
海への眺望が開ける
狭く薄暗い共有階段と
対照的に、海に眺望が開け、
明るく開放的
0　1　2　3　5 m

❶２列奥２室のＢ家
❷Ｂ家の上のＣ家
❸海側３室のＢ家

西側の絶壁沿いの高密住宅群、平面図

西側の絶壁沿いの高密住宅群、立面図

であるが、その理由のひとつに、崖を掘ることで外観に付加することなくスペースを拡張できるという斜面都市の特徴があるのかもしれない。

❸ 海側3室のB家

前の2つの住戸と異なり、奥に伸びるが、海側にも3室が並ぶ。中に入ったエントランス部分では、正面のフレスコ画が来客を迎える。現在はフラットな天井であるが、ヴォールトの痕跡が残ることから、補強のために改修したものと思われる。

中世の帆状ヴォールトが架かる居間の東隣には、小さな浴室が共有階段をまたぐかたちで海に面する。アマルフィは古い時代から高密化が進み、前述のドムスの奥に長く伸びた住戸タイプのように日の当たらない部屋が多くあるが、共有部分にまでまたがったこの住戸のように、空間が許す限り外に開いて住環境をよくしようとする工夫が随所にみられる。

同じく帆状ヴォールトが架かった寝室の脇にも小さなトイレが設けられている。この部屋にも、小さいながらも窓があり、もちろんちゃんと海を望める。

（1）東側の絶壁周辺

古い歴史をもつアトラーニに続く道

次に、より早い時期から形成を開始した東側の絶壁周辺に目を移そう。

すでに述べたように、5～6世紀の間に、まず防御上最も守りやすい東の高台にカストゥルムと呼ばれるアマルフィで最古の居住核ができた。同時にそこは、アマルフィ同様、やはり早い時期から都市の形成を開始することになる東隣の町、アトラーニへと結ばれる古い道路が通る重要な場所でもあった。広域の移動にはもっぱら船が使われたとはいえ、陸上にも、ローカルな人びとが往来に使う狭い道路が形成されていたのである。今そのルートをたどってアトラーニまで行ってみると、あちこちで道幅が極端に狭くなり、また折れ曲がっていて、古い時代の道路であるのがわかる。

この高台のカストゥルムの西側にあたる位置に、9世紀に十字架のバジリカが、続いて10世紀に現在のカテドラーレがつくられ、アマルフィの宗教の中心が形成された。それが、後のドゥオモ広場、さらには低地全体への発展と繋がることになった。

このアマルフィとアトラーニを結ぶ道沿いには歴史的に重要な建築物がいくつも残されている。共和制時代の支配者の館であったパラッツォ・ドゥカーレ（1033年）や市壁の一部でありサラセンの塔があるロッカ・ディ・サンタ・ソフィア、そして11～13世紀にかけて建設された有力者の邸宅などがある。この地域でアマルフィの歴史性を物語る遺構をいくつか実測した。それらをみていこう。

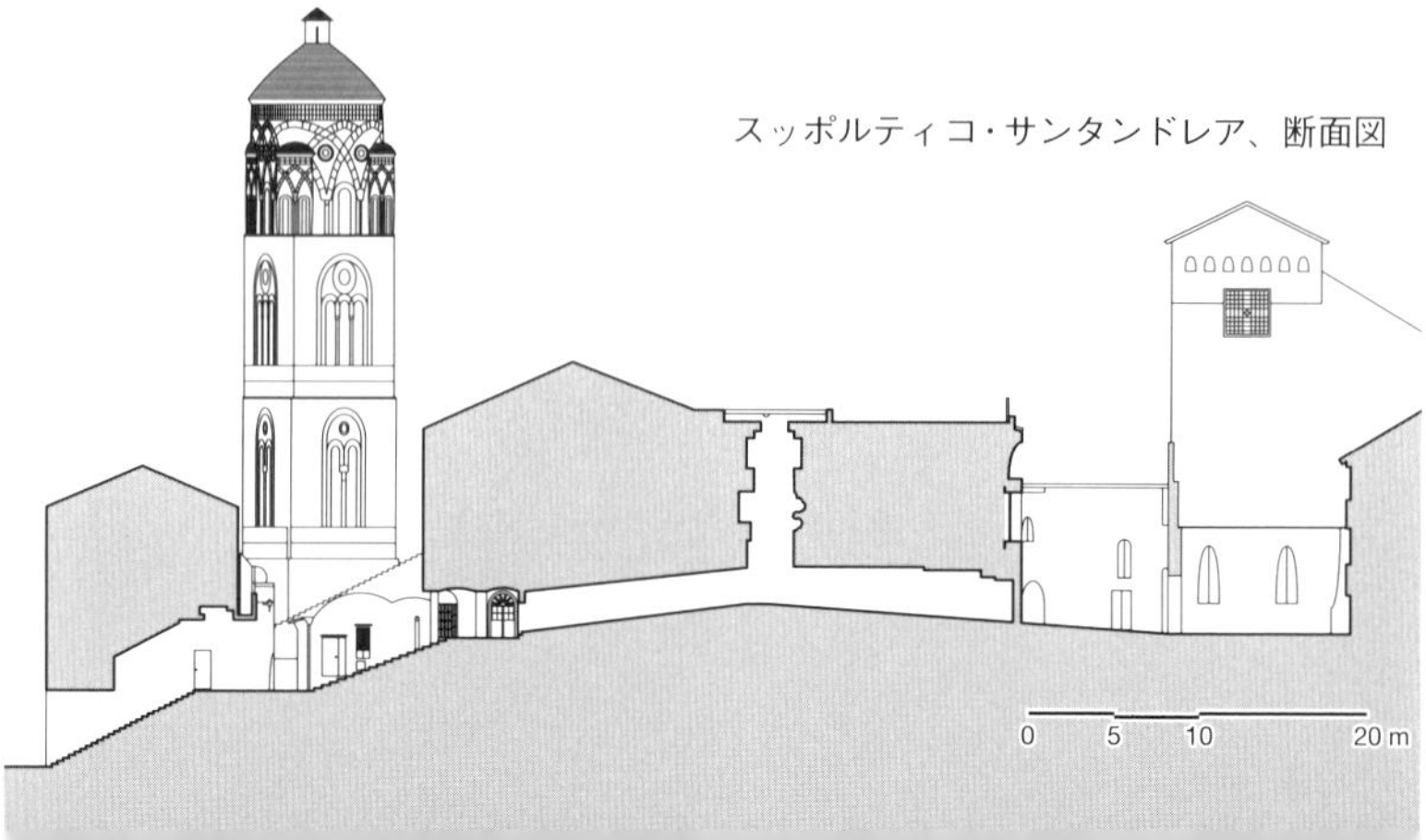

スッポルティコ・サンタンドレア、断面図

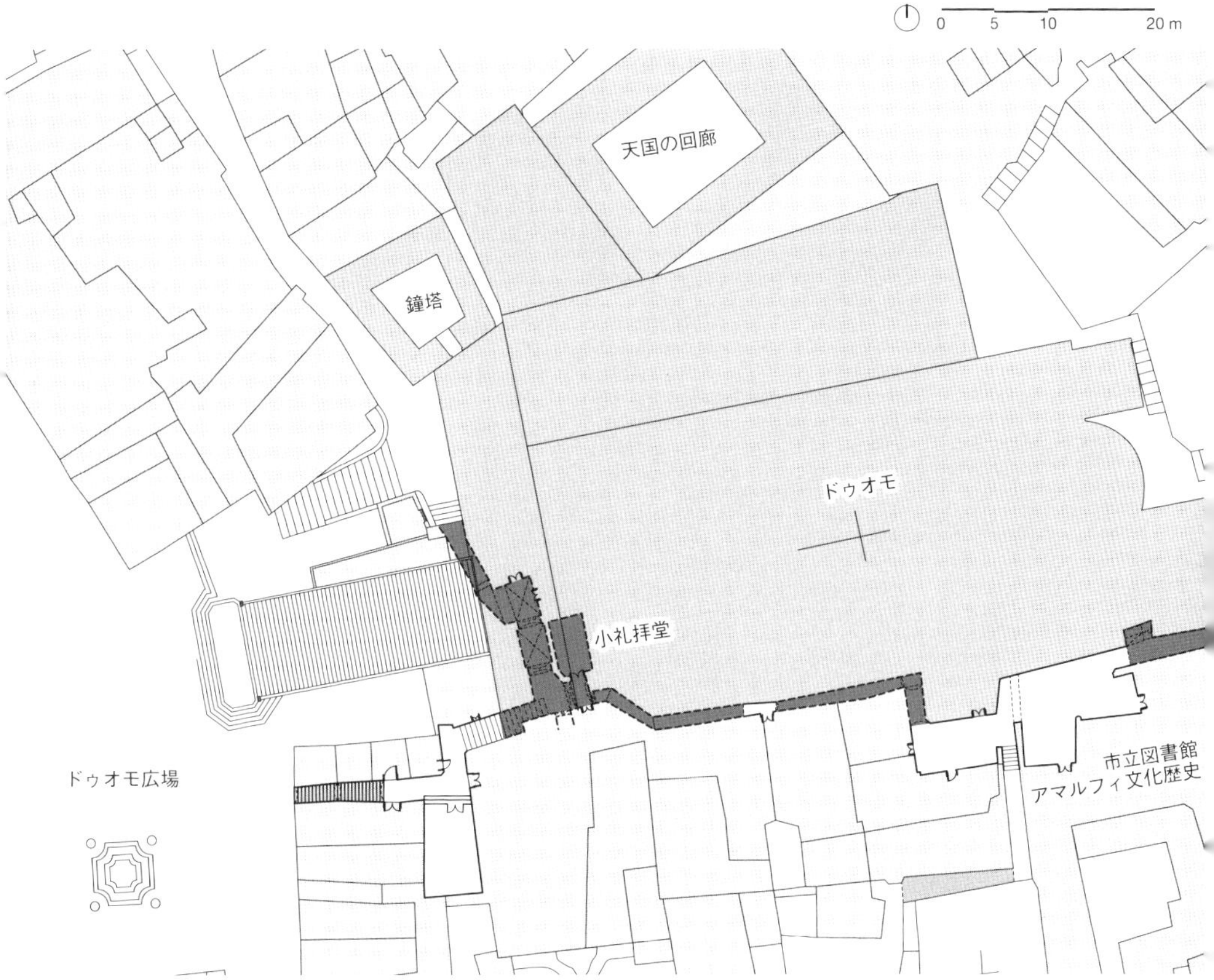

アトラーニに続く道（濃いグレーはドゥオモの南壁に沿って東へ抜ける地上レベルのトンネル状通路）

スッポルティコ・サンタンドレア

ドゥオモ広場と市庁舎のあるムニチピオ広場を繋ぐ動線としてこの不思議なトンネル道が存在する。アマルフィ公国時代には、このルート上に支配者の館であったパラッツォ・ドゥカーレがあり、宗教施設と行政施設を繋ぐ連絡通路であると同時に、重要な隣町、アトラーニに続く道だった。この道が初めて文献中に出てくる名称はヴィーコ・サンタンドレアである。ヴィーコ vico とは小道、路地あるいはローカルなレベルの狭い道であり、対してスッポルティコはトンネルの架かった道のことを指す。つまり、現在のトンネル状の道は計画されてつくられたのではなく、時を経て道の上に増築されて生まれたものだといえる。そのため、ところどころトンネルが途切れたり、有機的な形状を見ることになる。今も、便利な抜け道として大いに活用されている。

パラッツォ・パンサ

ムニチピオ広場の北側に位置するパラッツォ・パンサと呼ばれる大規模な集合住宅は、もとは12世紀または13世紀に建設された有力家の邸宅、ドムスを起源とするものである。アマルフィが海洋国家として最盛期を迎えた時代、支配者の館のある地区にこのような重要な建築物がつくられたことには説得力がある。現在5層のこの建物には、実測の結果、何段階かの形成過程があったことがはっきりした。

第1段階の主役は、この建物の東脇に存在しているトンネル・ヴォールトの架かるエントランスとその奥の通路・階段部分である。この建物のなかで最も変化に富んだ形態をもつばかりでなく、12～13世紀の尖頭交差ヴォールトなど古い建築要素をいくつも残している。エントランス内部は緩やかに角度をもった傾斜になっているが、これはかつての小さな造船所の名残であるという。確かに天井には船を吊るすために使われたであろう吊り金具が残されている。船づくりは20世紀初めまで行われていたそうである。

この大空間は、その奥で二手に分かれる。右手を進むと、まず尖頭交差ヴォールトが、

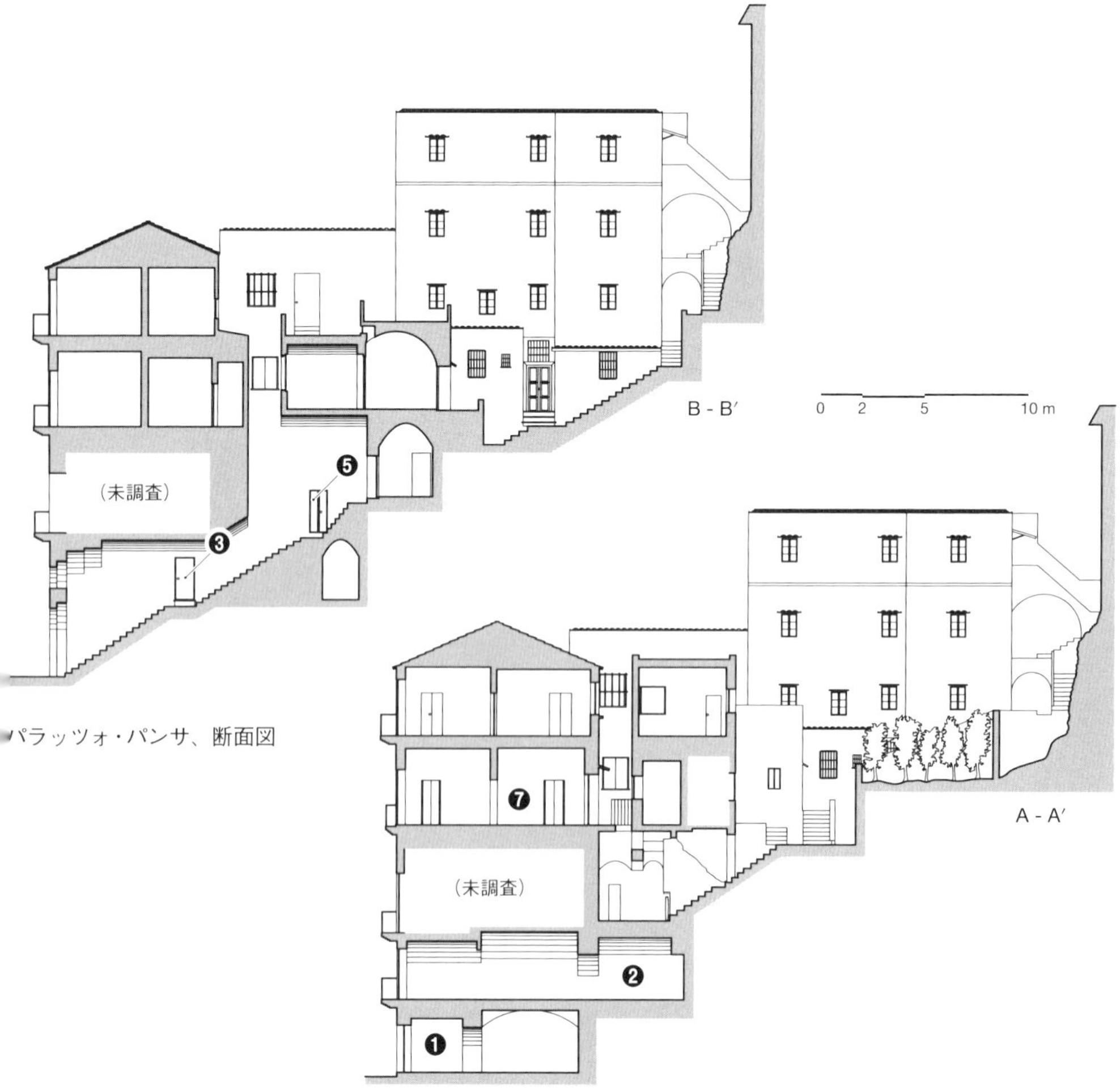

パラッツォ・パンサ、断面図

そして階段を右に折れながら上るとそこにもうひとつの尖頭交差ヴォールトが架かっており、明らかにドムス時代の建築構造を受け継いでいることがわかる（3層目平面図参照）。その奥には、古い雰囲気をもった不整形の共

パラッツォ・パンサ、ムニチピオ広場に面する外観。右手奥に大きなトンネル状のエントランス通路が見える

パラッツォ・パンサ、周辺図

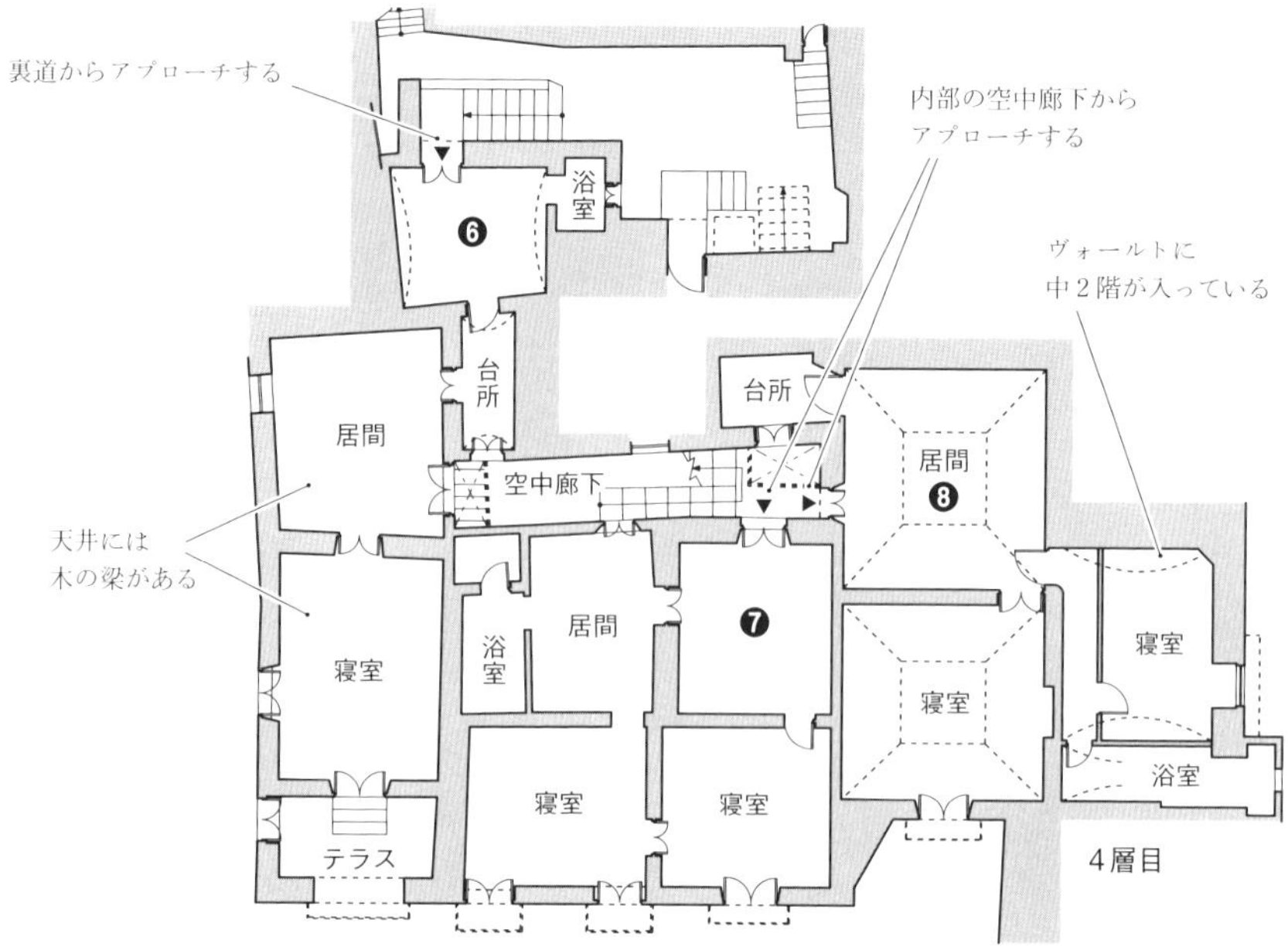

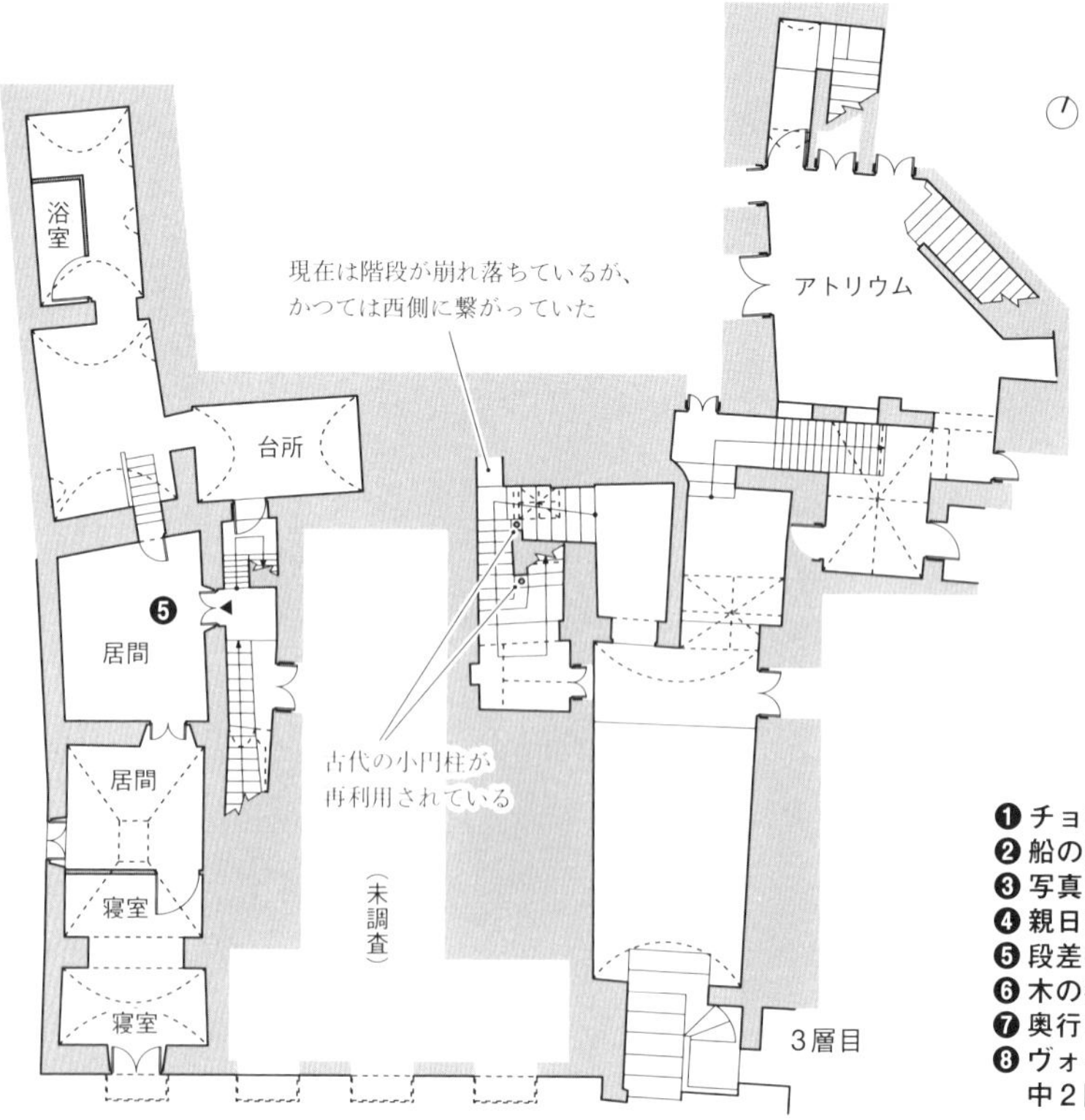

0　1　2　3　5m

❶ チョコレート屋
❷ 船の記憶をもつR家
❸ 写真スタジオ
❹ 親日家のA家
❺ 段差のある倉庫をもつ住居
❻ 木の梁があるV家
❼ 奥行きの浅いV家
❽ ヴォールトに
中2階の入っている住宅

パラッツォ・パンサ、平面図

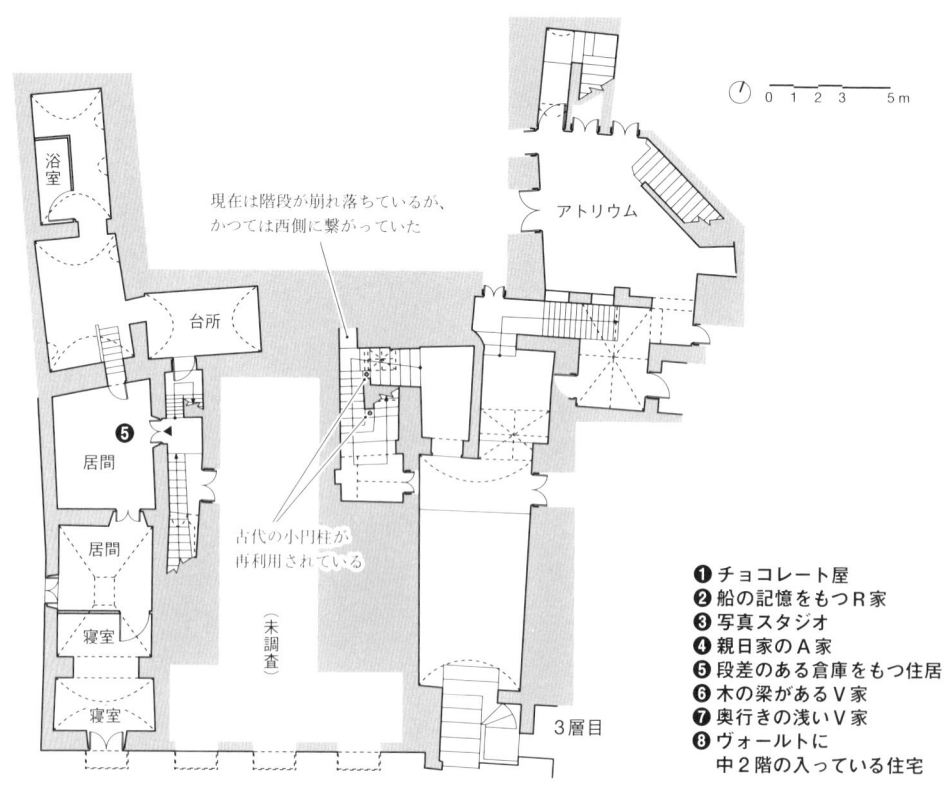

有の中庭（アトリウム）が開ける。ここにドムス時代のアトリウムが何らかのかたちで受け継がれている可能性があるが、確かなことはわからない。

一方、先ほどのエントランス奥を左側へ進むと階段があり、その途中に再利用された古代の小円柱が使われている。アマルフィ海岸では、教会だけでなく古い住宅でも、こうしたスポリア（古代要素の転用）の手法をときおりみつけることができる。

現在では、この左側の階段からアプローチをとる住戸は3戸しかなく、集合住宅全体との関連性はさほどないようにみえる。しかし、今は崩れ落ちた階段によって、この通路の踊り場と3層目西側が直接繋がっていた。

次に、1層目から3層目までと4、5層目の構造の違いに注目したい。1層目から3層目までは壁ばかりか天井までも旧市街に一般的にみられる石造でヴォールトが架かっている。特に2層目のどの住戸にも架かる古いトンネル・ヴォールトは見事である。これに対し、東側を除く4、5層目の多くの部分には木の梁や床が用いられている。古い建築物にも木造の梁や床が使われるケースは多々あり、木造だからといって新しいものだとは限らないが、ここでの4、5層目の木造を使った部分が後から付け足されたものであることは確かだろう。つまり、第2段階に1層目から3層目まで、第3段階に東側を除く4層目と5層目がつくられたと考えられる。

この多くの家族が住む大規模集合住宅は、

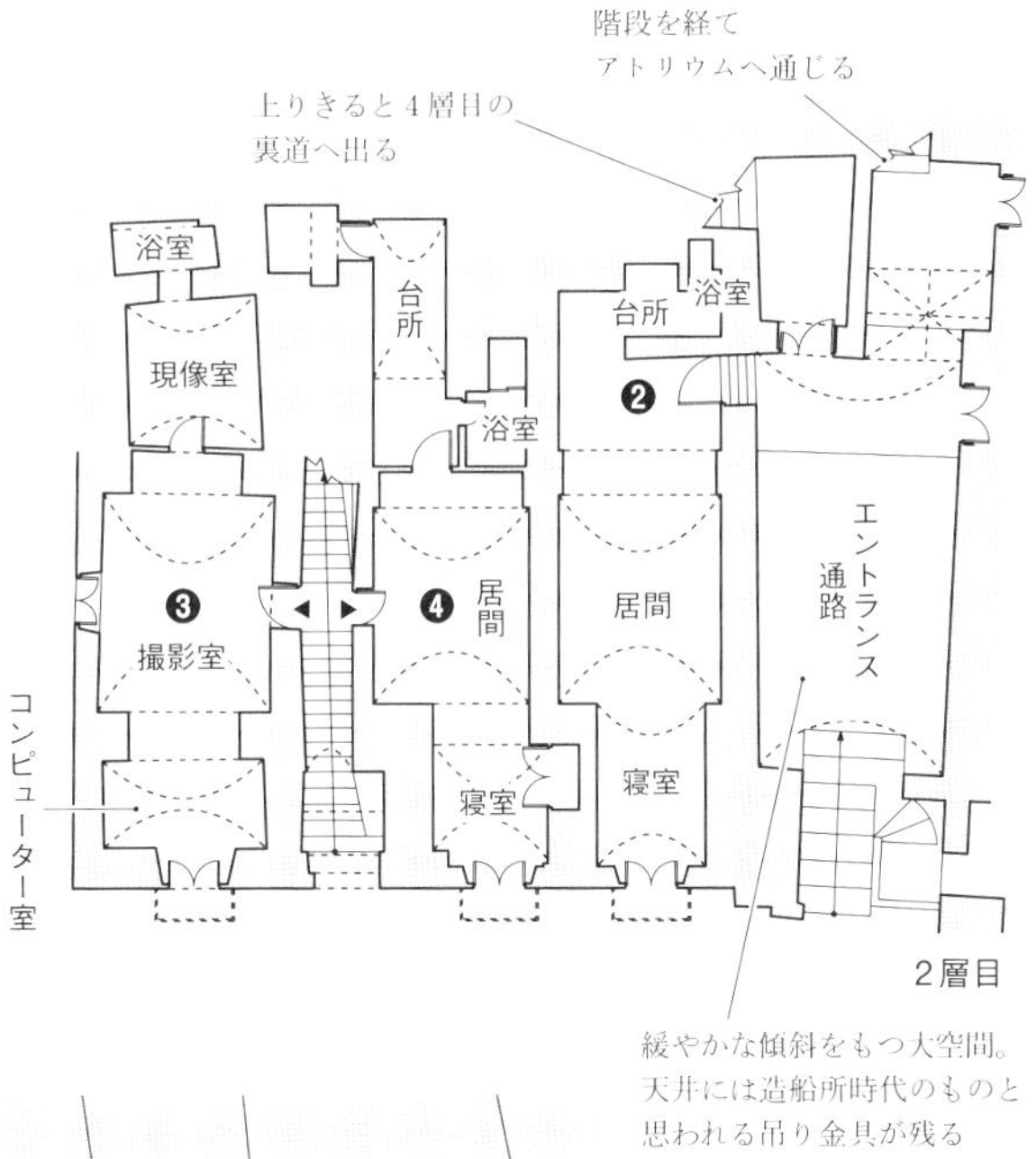

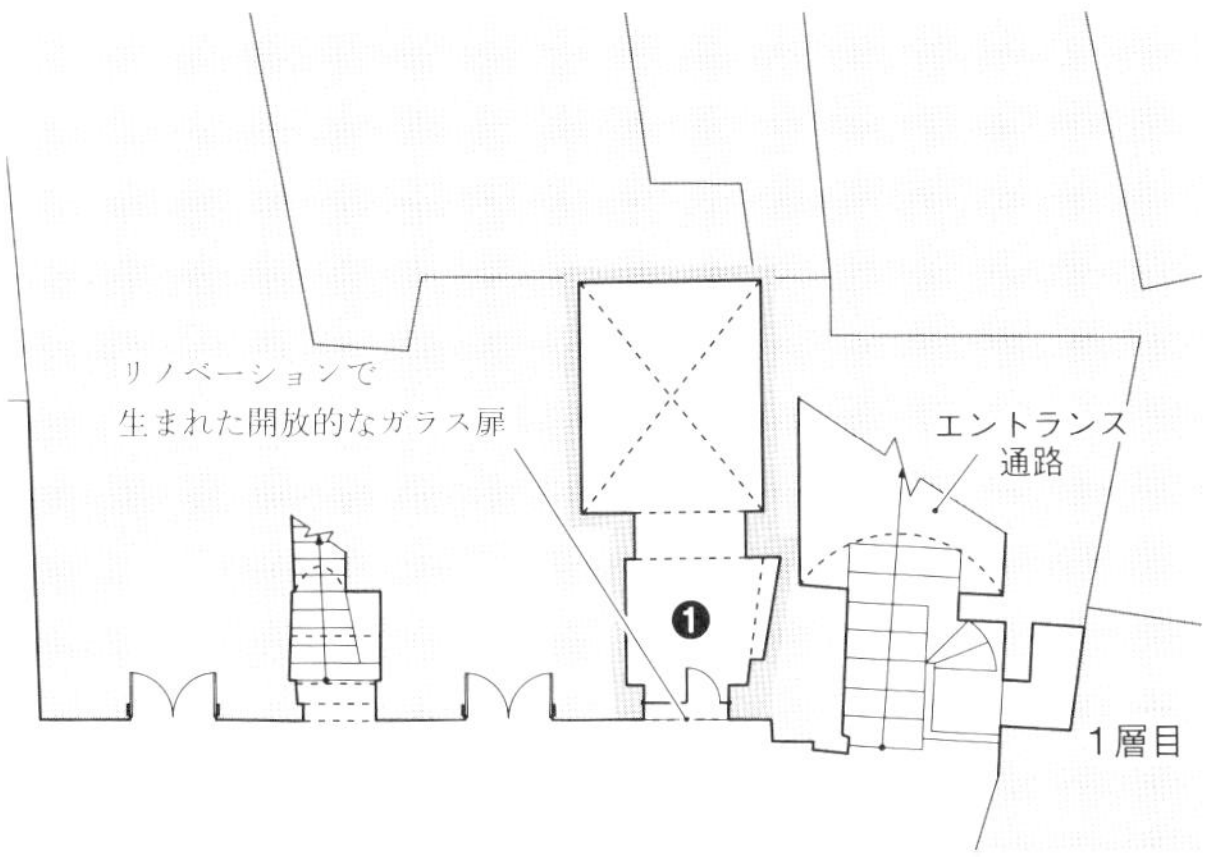

近年リノベーションをした
❶チョコレート屋

アトリウムを見下ろす

広場に面する外観全体としては、統一されたパラッツォの姿をみせるが、じつは、内部にはこうした発展段階が組み込まれており、その奥に潜む基層には、12～13世紀の海洋都市、アマルフィならではのドムスの跡が潜んでいるのである。

❶チョコレート屋／1層目

以前、ごく普通の倉庫だった一角が、2003年に入ってリノベーションされて甦り、名門の洒落たチョコレート屋が開店した。ガラス扉の開放的なつくりで、現代的なセンスに溢れた店舗のインテリアが目を引く。中世の交差ヴォールトが架かった建築空間が見事に生かされている。

アマルフィの商業活動はドゥオモ広場の周辺とメインストリート沿いにほぼ限られていただけに、観光客も来ないドゥオモの裏のムニチピオ広場に、このような店舗ができたことは驚きでもある。都市の眠っていた歴史的ストックに目が向き、現代的な発想で甦る動きが出てきたのが注目される。

アマルフィでは、2000年代に入る頃からこうした古い建物の修復再生への動きが急速に生まれている。華やかさを増しお洒落な雰囲気が高まって、町が活性化するのは喜ばしいものの、見方を変えれば、収益率の高いエレガントな用途・機能の店舗に転じていく、まさにジェントリフィケーションの現象が始まったともいえる。生産性の低い、生鮮食料品屋や職人の工房などが消えていく危険性もある。

❷船の記憶をもつR家／2層目

エントランス通路から直接アプローチするパラッツォ・パンサ2層目の住居。窓側から寝室、居間、居間兼玄関、浴室＋台所と続いているが、そのすべての天井には単純明快なトンネル・ヴォールトが架かっている。20世紀初めまでこの住居はパラッツォ・パンサの所有者が経営するレストランの食料用倉庫として使われていた。その頃には隣のエントランス通路で船がつくられていた。この住居の住人、R氏の祖父がつくった船は3・3メートルのものであったという。また、エントランス通路を挟んで向かいの部分は、R氏が子どもの頃は家畜小屋として利用されていた。この部分の実測はできなかったが、馬5頭、ロバ3頭という具体的な数までヒアリングからわかった。

❸ 写真スタジオ／2層目

2層目の西側第1列目に位置するこの居室は、写真スタジオとして使われ、ベランダ側からコンピューター室、撮影室、現像室という構成になっている。1列3室構成、しかも一つひとつの部屋はさほど広くはない。生活するのには手狭なこの空間で写真スタジオを開いたのは1970年代中頃のことだという。

❹ 親日家のA家／2層目

写真スタジオの向かいにあるこの住居は、ベランダ側から寝室、居間、浴室＋台所という1列3室構成をとる。写真スタジオ同様狭いため、居住者も老夫婦2人だけ、しかも夏だけ使うセカンドハウスだそうだ。

この住人、A氏は国際的な技術団体に所属し、日本でも活動をしていた時期があったという。どこで教わったのか、「バンザイ」を連呼する陽気なおじいさんだった。彼の話では、この集合住宅の構成上の理由からそれぞれの住居に存在するアーチやヴォールトは上の層にいくほど小さくなっているという。確かに、実測の結果、完成した図面を見ると小さくなっていることがわかる。

❺ 段差のある倉庫をもつ住居／3層目

写真スタジオのちょうど真上に位置するこの住居は、4室構成の居住スペースに加え、その奥に階段を数段上がる倉庫部分をもつ。斜面の傾斜により、全般的に2層目よりも3層目のほうが奥に向かってスペースを多くもつことができる。

❻ 木の梁があるV家／4層目

トンネル状のエントランス通路を入り、二股に分かれる分岐を左に進み4層目まで上るとちょうどパラッツォ・パンサの裏手に出る。この裏側からアプローチする住戸は2つあるのだが、そのうちのひとつがこのV家である。ファサードでは整然とベランダを並べるそれぞれの住居は、じつは様々なアプローチの仕方がなされることがわかる。アプローチの違いによって同じ4層目の住戸の間で多少のレベル差が生じており、その隙間を床下の通風用の空間として利用している。

住居の構成は広場に面した表側からテラス、寝室、居間、台所、玄関ホール、浴室＋トイレとなっている。裏道まで居室が伸びているため、その内部空間は広くとられている。寝室と居間の天井には木の梁があり、前述のようにこのパラッツォ・パンサの形成過程を解く大きなヒントとなった。

❼ 奥行きの浅いV家／4層目

裏道からアプローチするために居室を裏道まで伸ばしている木の梁があるV家とは反対に、この住居はパラッツォ・パンサの内部を通る空中廊下によって背後への空間の広がりを阻まれている。そのため、2列構成をもつことによって4室を獲得し、住居として十分なスペースを確保している。

❻V家のエントランスの階段

❼❽の住戸にアプローチする空中廊下

❽ヴォールトに中2階の入っている住宅／4層目

奥行きの浅いV家の東隣に位置するこの住居は、パラッツォ・パンサの空中廊下からアプローチするものの、じつは、このパラッツォの隣の集合住宅に組み込まれる。また、トンネル状のエントランス通路の真上にあたり、形成過程第1段階の後に複雑な増築の折り重なりをみせたことがわかる。内部は3室で構成されており、いちばん奥の部屋は廊下を通すことによって細かく割られている。また、その部屋に架かるヴォールトに中2階を入れることにより、狭い居室を補っている。ここの住民は、普段サレルノに住み、夏場だけセカンドハウスとしてこの住居を利用している。

海を見晴らすパラッツォ・プロート

東側斜面の先端、フランチェスコ派修道院の北西に位置する海を見晴らす高台にぽつんと建つ有力家の邸宅である。狭い通りから階段を上ったところにある。この家族はパンサ家に並ぶアマルフィの有力家族である。プロート家はフェッラーリ広場（ドージ広場）周辺に多く住んでいる。

有力家の邸宅らしく、古い歴史をもった建物である。もとは14世紀のゴシック建築であり、その様式はヴォールトに残っている。その後拡張され、17世紀には公爵（ドゥーカ）が住んでいたことにより、パラッツォ・ドゥカーレと呼ばれた。

3層に及ぶこの邸宅は、眺めのいい立地を

海を見晴らすパラッツォ・プロート、平面図

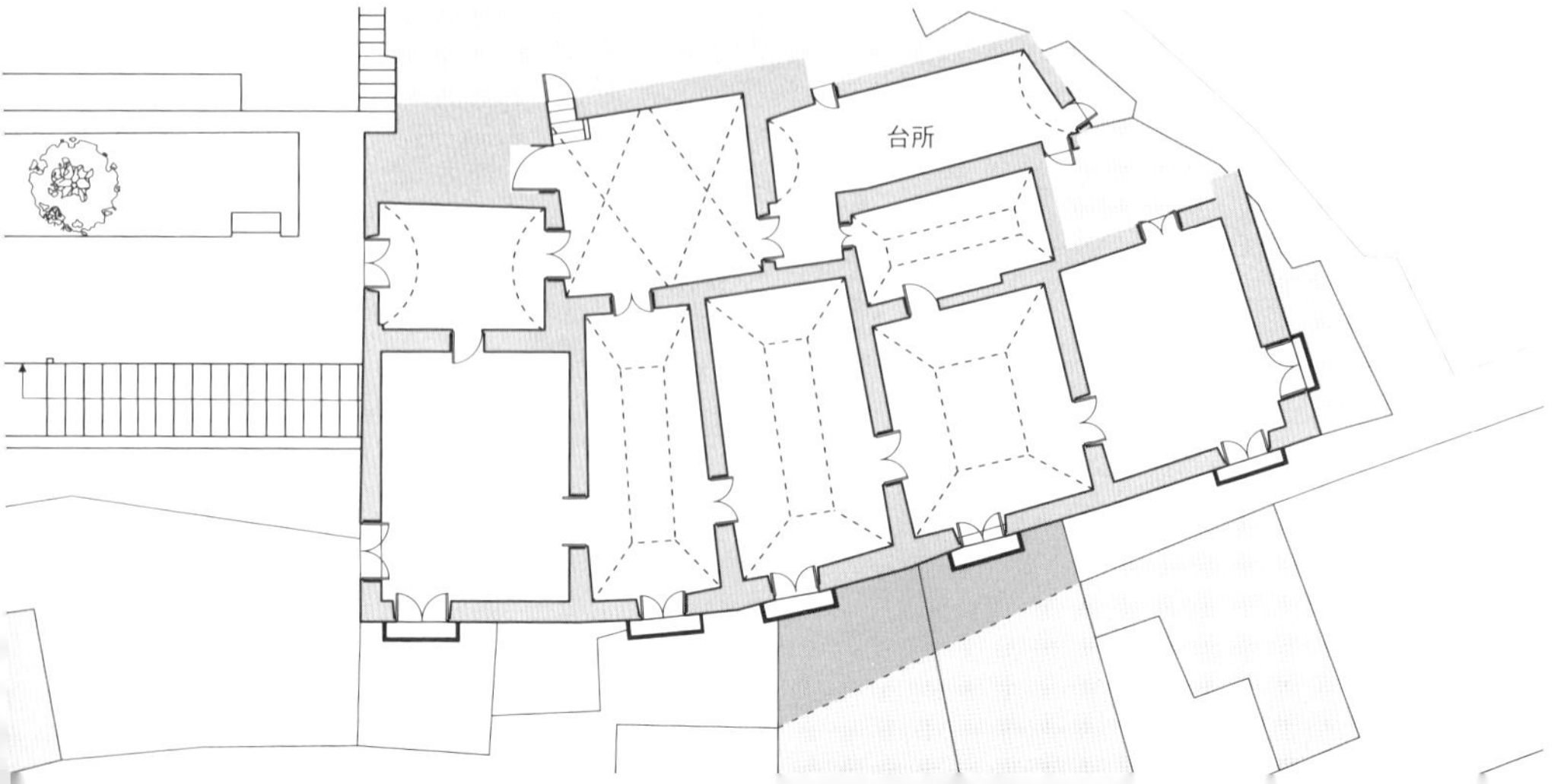

庭園からの眺め

パラッツォ・プロート、パヴィリオン・ヴォールトが架かる室内

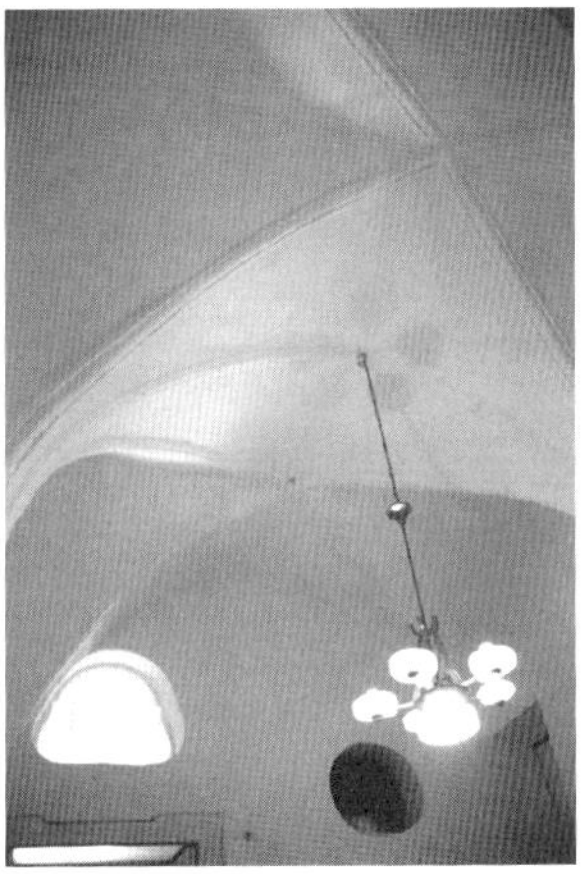

ゴシック様式が残る交差ヴォールト

生かして、海に面して間口を大きくとり、5列奥行き2室という構成をとる。この広い空間が、地形に合わせてやや扇型に展開している。斜面の高台に立地していることもあり、その眺望はアマルフィの邸宅のなかでも圧巻である。眼前に広がる海、背後に迫る山、西側を見ればドゥオモや鐘楼が見渡せる。また、西側からのアプローチ空間に大きな庭園を備え、その西端のテラスからはアマルフィの全景を眺めることができる。

1930年に水が引かれるまで水汲み専用の使用人がアンフォラという壺を頭に載せ、わざわざ公共広場の噴水まで汲みに行っていたという。プロート家の優雅な生活ぶりはそのようなライフスタイルからも垣間見ることができる。

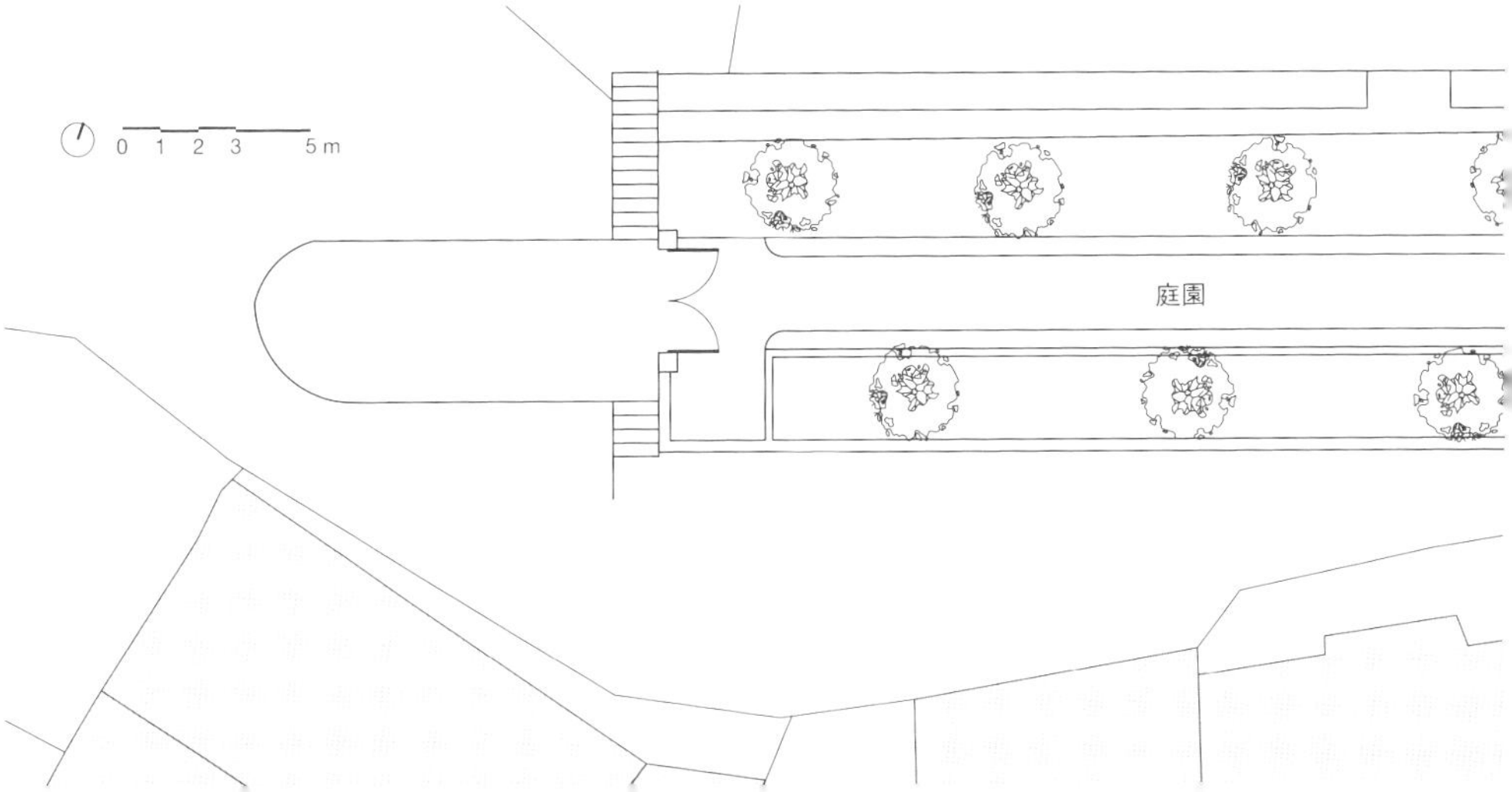

第5節　住宅エリア（2）——斜面の住宅群

賑やかな中心地区の裏側には、人びとの生活の場である住宅地が斜面を利用して広がっている。どの方向に足を向けても、地中海世界独特の複雑に入り組んだ迷宮状の空間に入り込む。曲がりくねっているうえに急な階段が多く、しかも、随所でトンネルが頭上を覆い、光と闇が交錯する。街路沿いの家の外観は閉鎖的で、中の様子は想像しにくいが、こうした立体迷路を抜けてしばらく上り詰めていくと、高台からは視界が開け、海に開く谷に発達した海洋都市の美しいパノラマが目の前に広がる。

V字谷の地形であるため、東側斜面と西側斜面の間で互いに視線が行き交うことになり、不思議な一体感が生まれている。丘陵の凸凹地形の多いイタリアでも珍しい都市構造といえる。

また、外は狭い迷路でいささか鬱陶しくとも、塀で囲われた個人の敷地内部は豊かで広い。多くの家では、ベランダやバルコニーから海側と山側の両方へ開く眺望が得られるよう、配置に工夫がみられ、屋上テラスを活用している家も多い。ほかの地中海都市のような中庭は少ないが、緑や花のある庭が生かされ、外から覗かれない家族の安らぎの場を生んでいる。果物やレモンの栽培のため、山から引いた水を順繰りに配って灌漑するのも一般的だった。

V字形の断面図を見ると、渓谷に発達したこの都市の東と西の斜面の状況の違いがわかる。東側はメインストリートの中心から奥へと緩やかな傾斜で広がりをみせる。西側は、奥へ行くほど急斜面になり、最後は崖に道を遮られ行き止まりとなる。

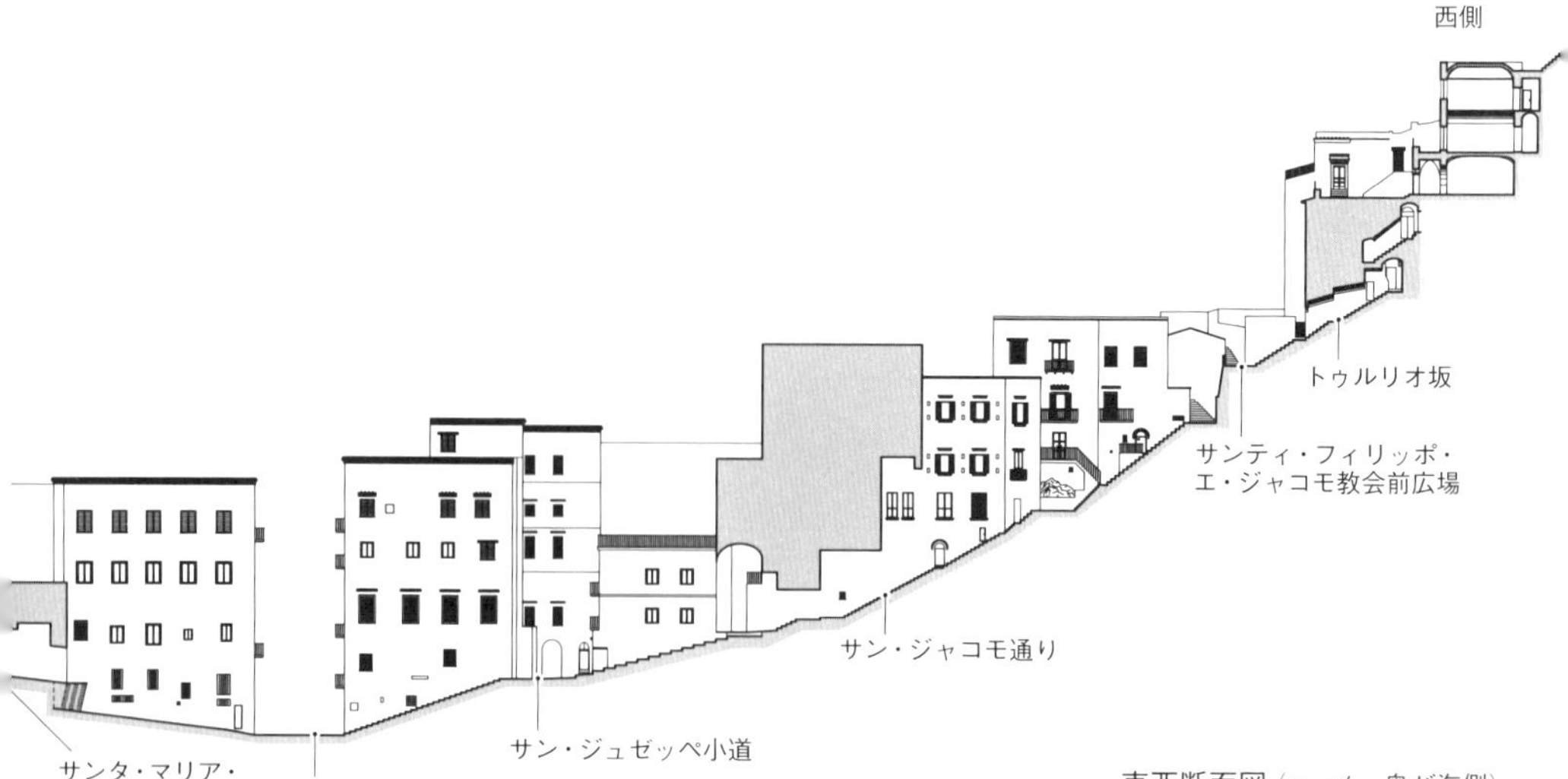

東西断面図（a-a′、奥が海側）

斜面の住宅群、全体図

西側斜面の住宅群（117ページ〜）

- A サンティ・フィリッポ・エ・ジャコモ教会
- B 西側高台の２つの住戸
- C カンポ・サン・ニコラ通り周辺の建築群

東側斜面の住宅群（131ページ〜）

- D アトリウムの住宅
- E サンタ・マリア・マッジョーレ教会
- F ハイビスカスの咲くコルティーレ
- G サンタ・ルチア教会周辺
- H スキップフロア状のコルティーレ
- I ジーロ塔通り周辺
- J 東側高台の住宅群

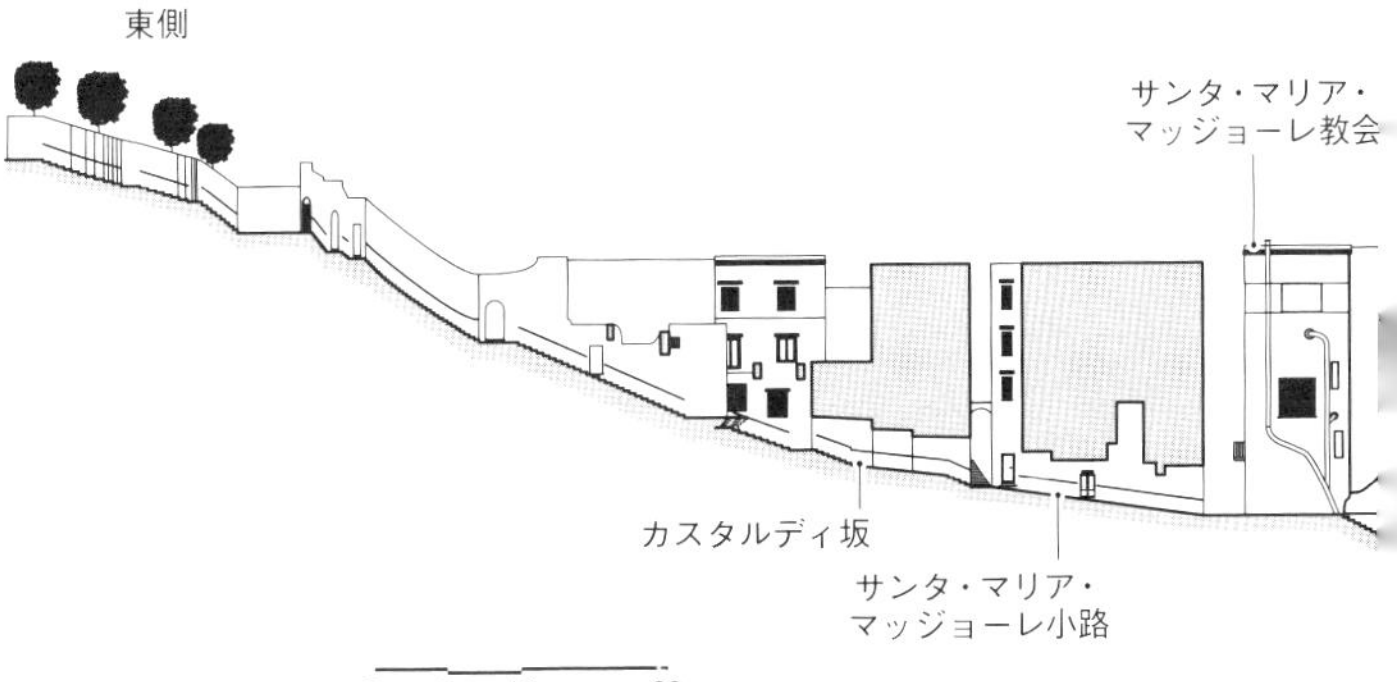

密集した住宅地内の庭

トンネルを抜けると鐘塔が目に飛び込む

聖母被昇天の宗教行列

また、両側を比較するとわかるように、海に近づくと平坦地に開くかたちで、傾斜が緩くなる。

教区の重要性

アマルフィに限らずイタリアでは、中世につくられた小さな教会を中心とした教区＝地区（コントラーダ）の存在が、周辺住民にとってのコミュニティ形成の場として長らく重要な意味をもってきた。ドゥオモが古くから公共の場として様々な人で賑わい、アマルフィの象徴として位置付けられていたのに対して、住宅地に点在する各教会は、その教区周辺に住む住民にとって、日常生活とより密に関係した存在だったのだ。近年では、礼拝の場はもっぱらドゥオモが中心となり、小さな教会は日常的にはほとんど使用されなくなったため、教区内での人びとの結びつきは薄まりつつあるものの、現在でも維持管理は近隣住民たちが継続的に行っている。現在もなお基層に生きる中世都市を解く鍵は、コントラーダにあるといえる。

そもそもアマルフィでは、各教区教会を中心として住宅地が発展し、それらの教区が集合して旧市街を構成してきた形成過程が読み取れる。つまりは、教会周辺の住宅群は歴史的にも古くから発展した重要な場所といえる。従って、前述のように地形の異なる東側と西側の住宅群ごとに、教会とその周辺の教区を中心に分析することで、古くからのアマルフィの形成を知ることができるのだ。

(1) 西側斜面の住宅群

傾斜のきつい西側からみてみよう。すぐ背後に山が迫り、アマルフィのなかでも特に高密に形成された西側の住宅地には、行き止まりとなる階段状の坂道が何本かみられる。地形の制約から生まれるこうした行き止まりの道を軸に房状に広がる居住地が、古くから高台の斜面にいくつも形成されたと考えられる。東側に比べ建設可能なエリアが狭く、限られた土地を有効に使うため、建物も垂直に伸びる傾向を早くからみせた。

住宅が中世からぎっしり建ったところでは、斜面からそのまま建物が立ち上がり、階段状の坂道からそれぞれの住宅に入るという形式をとっている。日本では、斜面をひな壇状に宅地造成し、その平らな敷地に木造の家を建てるので、構成原理が根本から異なる。だが、アマルフィでも斜面の上のほうの土地にゆとりがあるエリアになると、同じように段々状の宅地造成をし、石積みの擁壁の上に前庭としての空中庭園を設け、後方に家を建てる形式をとる傾向がみられる。特にそれは、後に述べる東側斜面にむしろ多く観察される。

東西断面図は、中央の谷底を貫くメインストリート、ジェノヴァ通りから、かなり勾配のあるサン・ジャコモ通りに沿って斜面に発達した住宅地の様子を示しており、3層から5層に垂直方向に建物が伸びて、高密な地区が形成されているのがわかる。山側に近付くほど勾配はきつくなり、岩盤の上にへばり付くようにして建つ住宅もみられる。前者の形式が、山に近いエリアにまで迫っているのだ。

サンティ・フィリッポ・エ・ジャコモ教会周辺の住宅群

サン・ジャコモ通りの階段を上りきると、サンティ・フィリッポ・エ・ジャコモ教会とその広場がある。この教会も現在、日常的には使用されず、教区としての結びつきも弱まっているが、広場を中心に幾本もの道が分岐していることから読み取ると、9世紀末に創設されたこの教会を中心に、中世の早い時期からコントラーダの住宅群が形成されていたことが容易に想像できる。

教会前広場からさらに上に向かって伸びる、トンネル状のトゥルリオ坂に沿って、岩盤を背に幾重にも重なり合う迫力満点の住宅群がある。それらを住戸ごとに追っていきたい。

❶ 小さいテラスをもつP家

薄暗いトゥルリオ坂を上り、2家族共用の玄関ホールを経て、アプローチする住戸は、もともとアマルフィの人で、トリノの男性と結婚して移住した老婦人が所有する。未亡人となった数年前から、夏の間だけアマルフィで過ごしている。居間には中世のものと思える古いヴォールトが架かっている。食堂に面

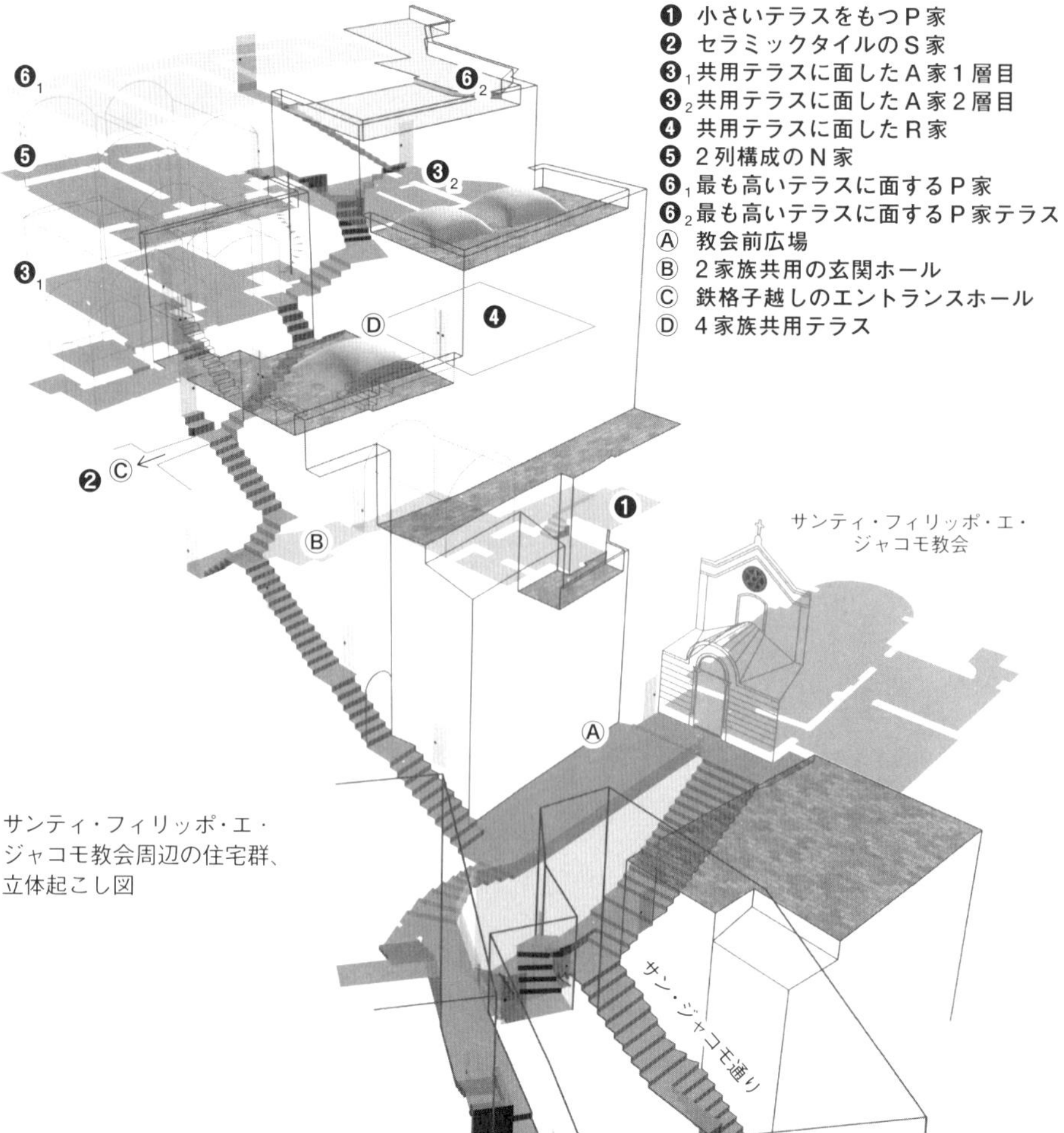

サンティ・フィリッポ・エ・ジャコモ教会周辺の住宅群、立体起こし図

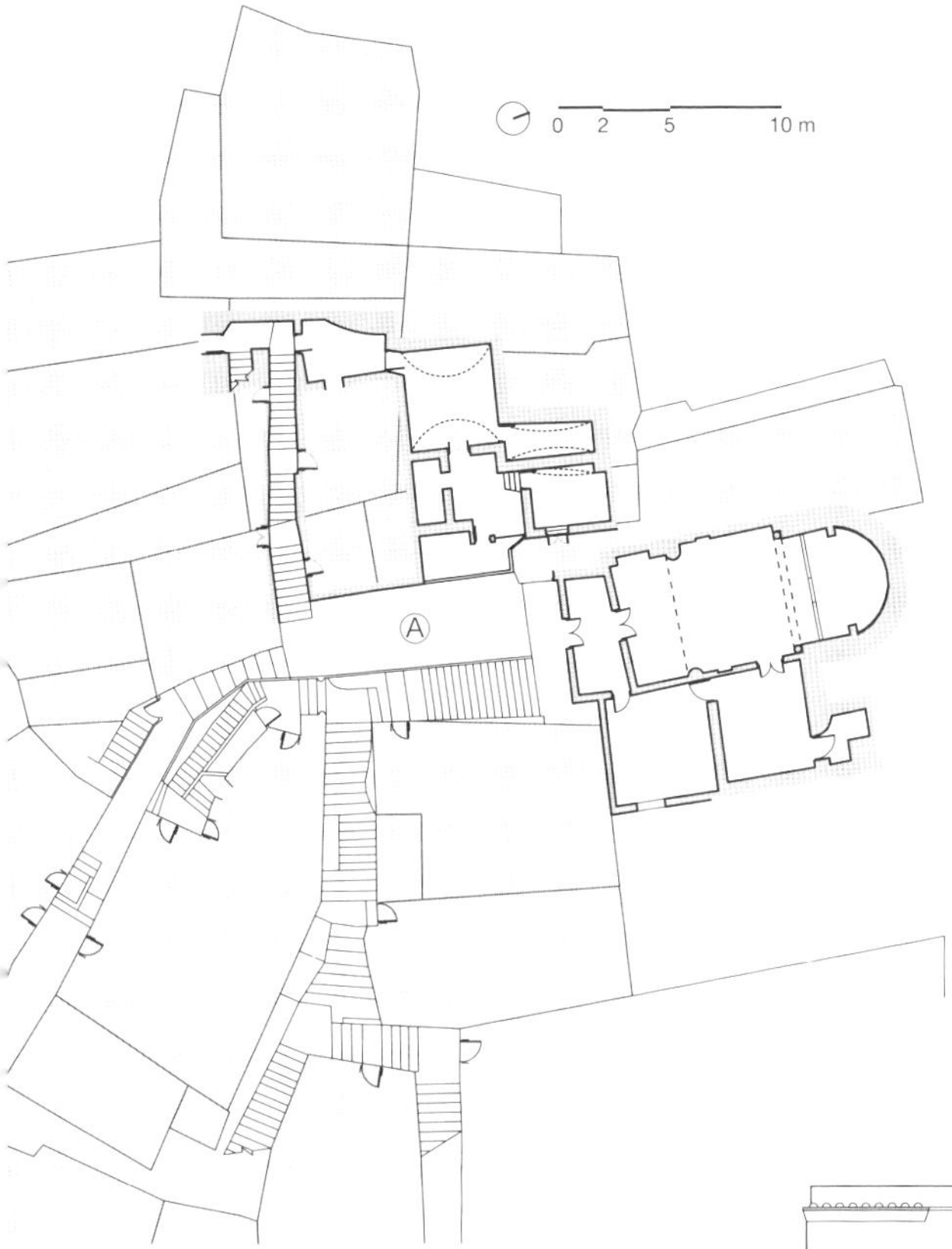

サンティ・フィリッポ・エ・
ジャコモ教会、周辺図

サンティ・フィリッポ・エ・
ジャコモ教会と広場

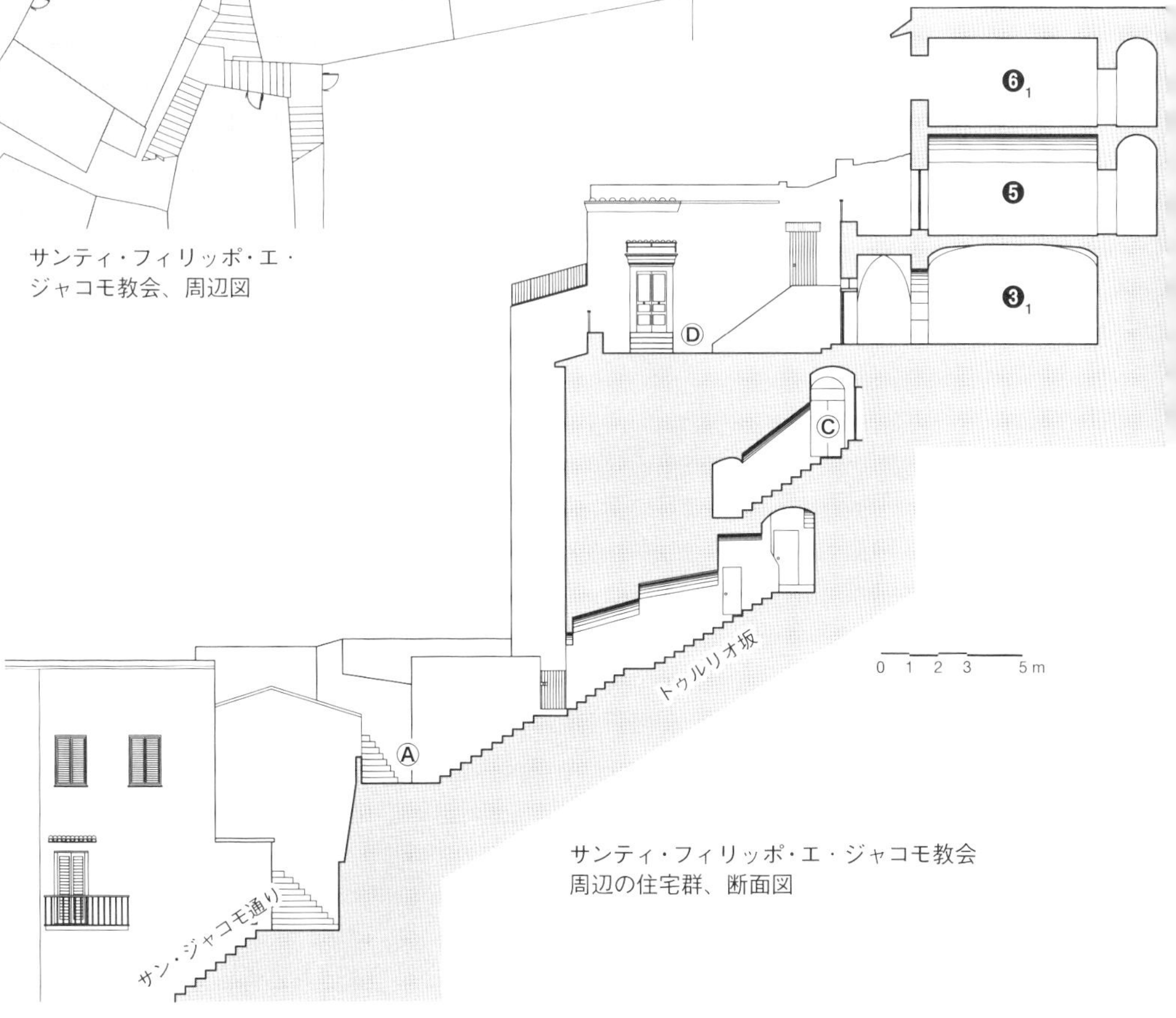

サンティ・フィリッポ・エ・ジャコモ教会
周辺の住宅群、断面図

して、小さいながらもテラスがとられ、豊かな眺望が確保されている。

❷ セラミックタイルのS家

螺旋状に階段を上った左手に、トンネル・ヴォールトが架かる2家族共用のエントランスホールが鉄格子越しに覗ける。その突き当たりに、ナポリ在住のS家が夏のバカンス用に使う住戸がある。ここを購入しリノベーションを行ったばかりで、高台の場所だけに、建築材料を運び込むのが大変だったという。夫婦ともインテリアデザインが好きで、古い建物のなかに現代的な居住空間を見事に実現している。玄関を開けると、アマルフィ海岸の東端の町、ヴィエトリ・スル・マーレでつくられた鮮やかな色彩のセラミックタイルの床に目を奪われる。ヴォールトの架かった歴史的な住宅建築のインテリアに、これがまたよく似合う。どの部屋にもモダンな家具が置かれ、いかにも現代のイタリアの住まいという感じがするが、特に先端的なデザインの台所が印象的である。

ヴォールトはいずれも古く、谷側の居間には交差ヴォールト、その横の天井が低い小部屋には帆状ヴォールトが架かっている。居間は天井の高い空間だけに、部屋の奥半分ほどに、途中床面を挿入して中2階とし、寝室をつくり出している。そこには梯子で上がることができる。山側の食堂兼エントランスルームには、螺旋階段があり、そこから上の寝室へ上ることができる。

❸ 共用テラスに面したA家

暗がりのトゥルリオ坂をさらに進んで螺旋状の階段を上りきり、トンネルを出ると、上部が吹き抜けて空が見える。さらに上がると気持ちのよい共用テラスがあり、急に視界が開けて、再びアマルフィ旧市街を俯瞰できる。建物が高密に折り重なるためにトンネルが多いアマルフィでは、このように闇と光がリズミカルに立ち現れ、ところどころにダイナミックな景観を眺められる驚きのスポットが登場する。まさに斜面都市アマルフィならではの視覚演出だ。

共用テラスには4住戸が面し、各家族間の交流の場になっている。草木や花で彩られ、椅子やテーブルの脇には犬や猫がのんびり寝そべる。下の層のヴォールトの形状がそのままテラスの面から盛り上がっているのが面白い。伝統的な構法そのものだが、屋上部分をテラスとして有効に活用するのは近代の考え方で、それ以前のアマルフィでは、これが当たり前だった。

そのテラスに面した住戸のひとつには、中年の夫婦と婦人の母親の3人が住む。数か月前まで夫婦はアマルフィの谷底近くに住んでいたが、老いた母親が病気がちになったため、ここで一緒に住むようになったという。それに伴い上階も所有し、寝室脇の螺旋階段で1階と2階が繋がっている。1階部分は、敷地にゆとりのある高台地区によくみられる典型的な2列構成で、中世の尖頭交差ヴォールト、トンネル・ヴォールト、さらには17~18世紀のパヴィリオン・ヴォールトが用いられている。基本的には中世の空間骨格を受け継いでいると思われる。

❸A家内部

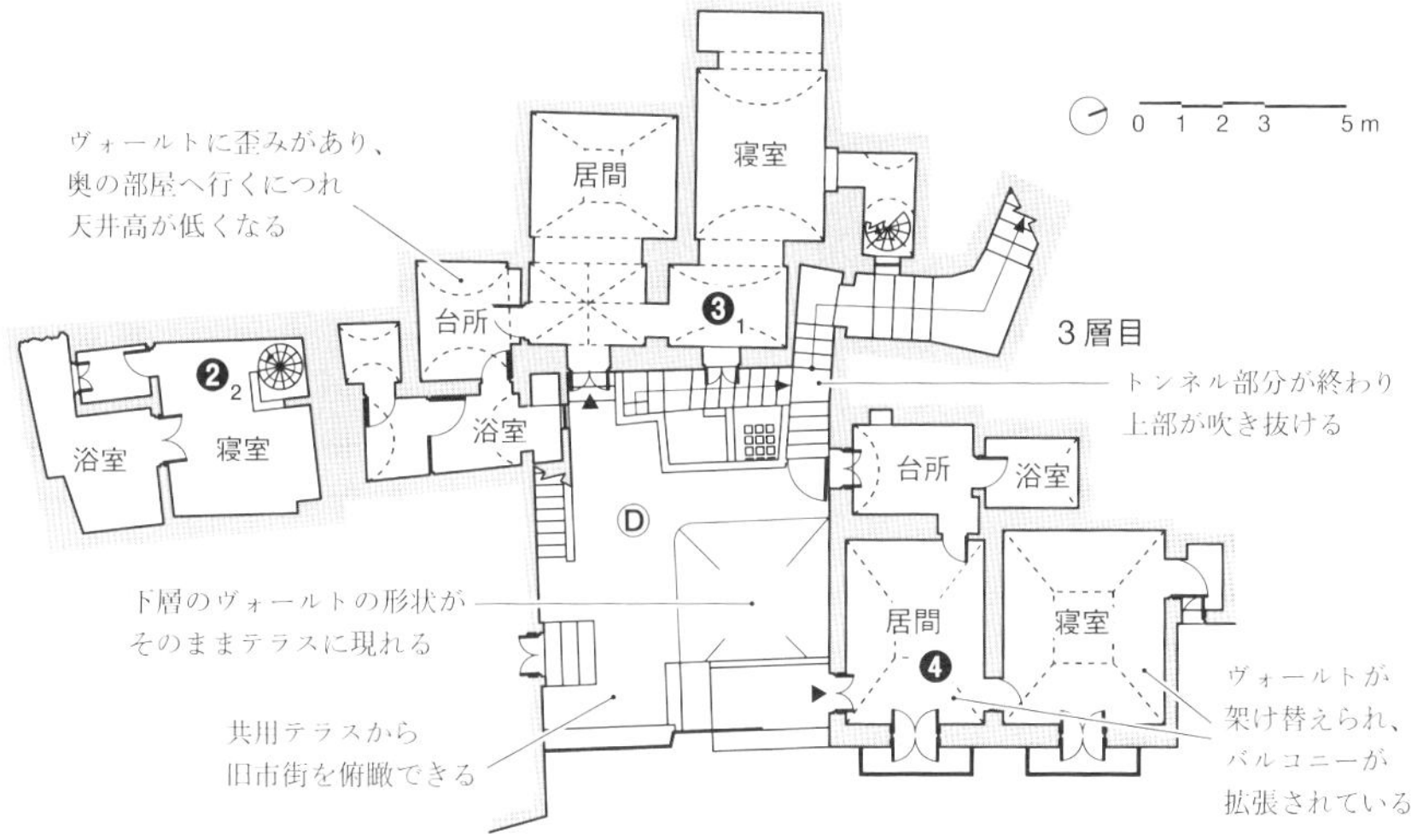
0 1 2 3 5m
ヴォールトに歪みがあり、
奥の部屋へ行くにつれ
天井高が低くなる
居間
寝室
台所
❸1
❷2
浴室
寝室
浴室
3層目
トンネル部分が終わり
上部が吹き抜ける
台所
浴室
D
下層のヴォールトの形状が
そのままテラスに現れる
居間
寝室
❹
共用テラスから
旧市街を俯瞰できる
ヴォールトが
架け替えられ、
バルコニーが
拡張されている

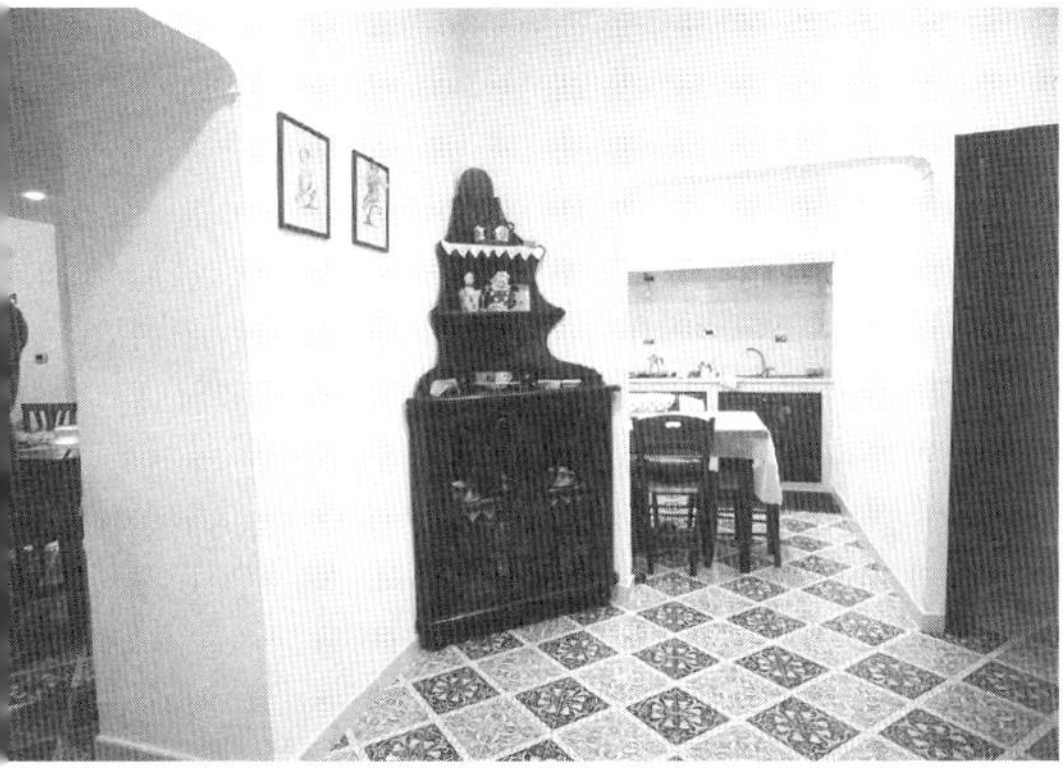

❷S家の美しいセラミックタイルと、
先端的なデザインの台所

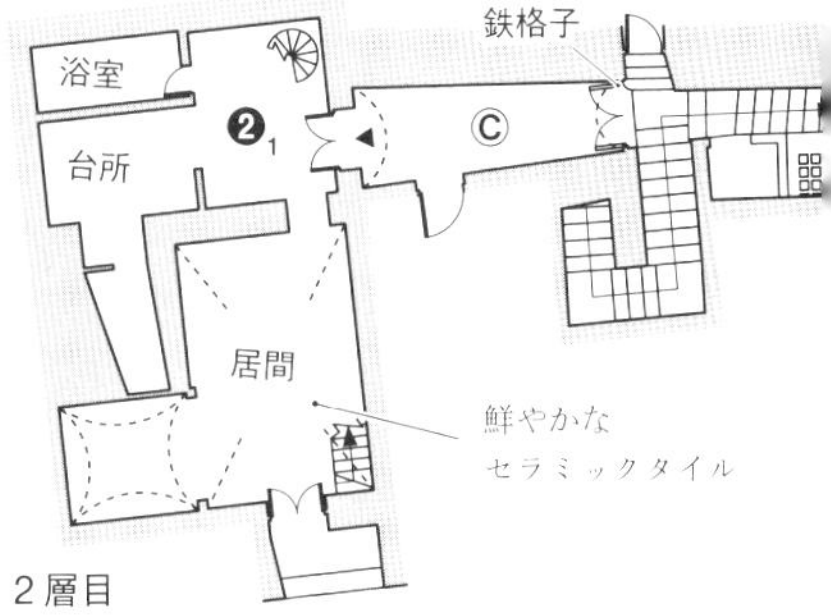
鉄格子
浴室
❷1
C
台所
居間
鮮やかな
セラミックタイル
2層目

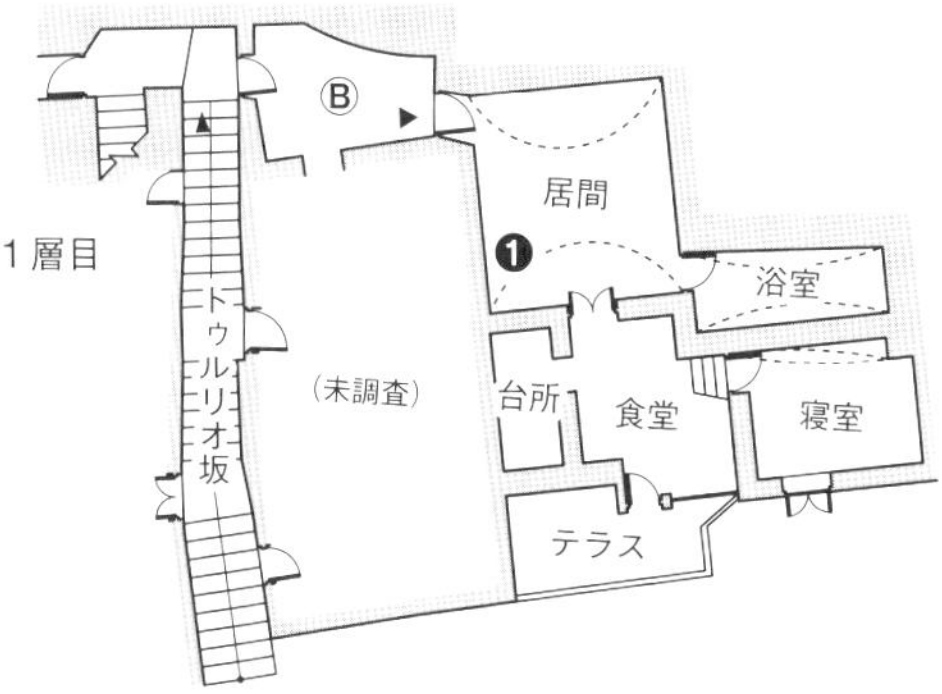
B
1層目
居間
❶
浴室
トゥルリオ坂
（未調査）
台所
食堂
寝室
テラス

サンティ・フィリッポ・エ・ジャコモ教会
周辺の住宅群、平面図

条件が許す限り間口を広げて光と眺望を室内に引き入れる方法は、アマルフィに共通してみられることで、特に、高台部分に古くから発展してきた住宅では居間と寝室を横2列に並べ、前面にテラスを設ける構成がよく用いられた。

また、居間脇の食堂と水まわり機能をもつ小さな3室は、奥に進むにつれて天井高も低くなり、ヴォールトも歪んでいる。後に岩盤を掘ってできた部屋だと思われる。4層目では、寝室のなかに近代的な生活様式に合わせ、薄い間仕切りを設けて浴室がとられている。背後の岩盤によりいささか歪んだ形状だが、これも本来は2列構成に分類できる。

❹ 共用テラスに面したR家

4世帯共用のテラスに面してもうひとつ、R家の住宅がある。谷側に2列の居室、その奥に台所と浴室がある。1992年にこの家を購入した際に、居室のヴォールトを架け替え、バルコニーを広くしたという。現在、居間と寝室はパヴィリオン・ヴォールトが架かり、その奥にはトンネル・ヴォールトが架かる。背後に山が迫った急斜面に建つ住宅にとっては、奥行きの長い部屋を谷に向けて2列に並べることによって、採光に加えアマルフィの町全体の眺望を獲得できたのだ。

❺ 2列構成のN家

共用テラスからさらに上がると、右側には前述のA家2階の入口があり、左側にはN家がある。30代の若い夫婦と小学校高学年の女の子と2人の小さな男の子の5人で暮らすN家は、もともとアマルフィに住んでいたが、その後シエナに移り住み、現在は夏の間だけアマルフィの家を別荘として使用している。前述のP家婦人もそうだが、アマルフィでは、仕事探しや結婚のために遠くに移り住んでも、夏のバカンスの時期だけは戻ってくる元住民も多い。愛郷心が強く、自分たちの生まれ故

❹R家のパヴィリオン・ヴォールト

❺N家の居間に架かるトンネル・ヴォールト

❻P家の玄関からテラスを見る

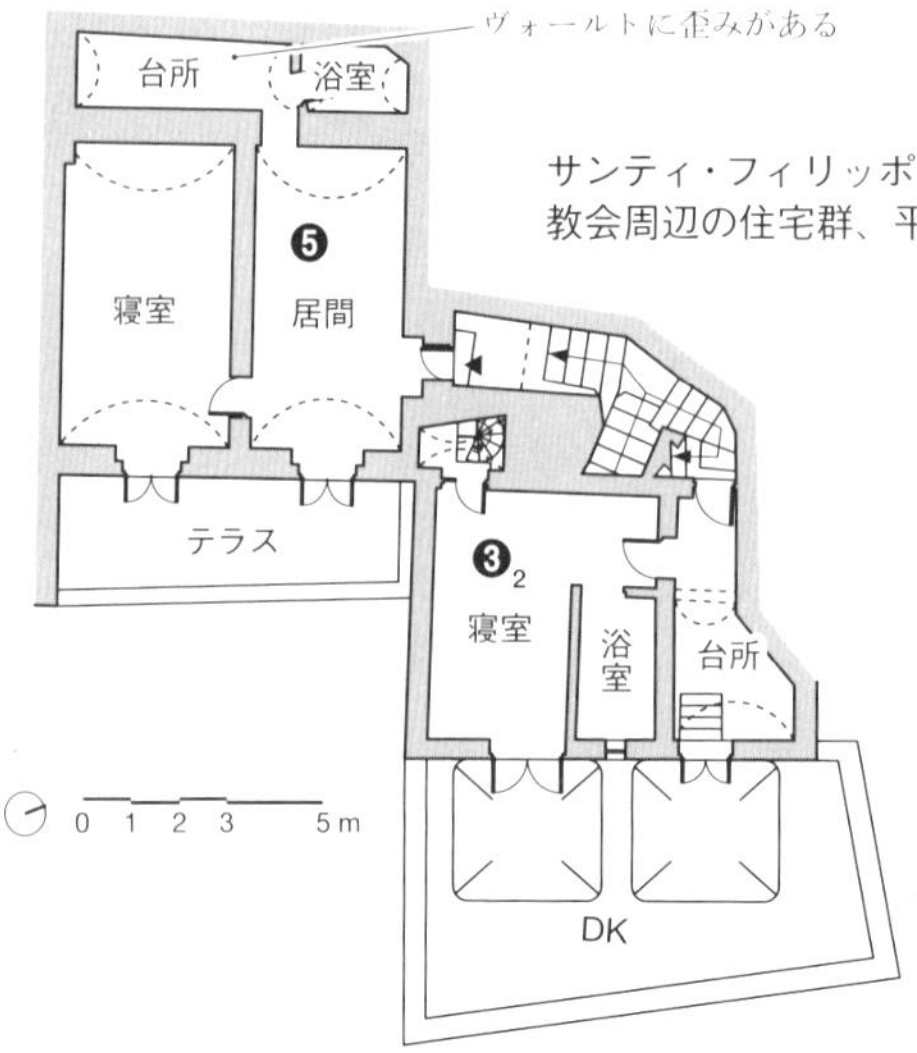

サンティ・フィリッポ・エ・ジャコモ教会周辺の住宅群、平面図
4層目

郷にしっかりとしたプライドをもっているイタリア人気質をそこにみて取れる。特に夏が魅力的なアマルフィだけに、故郷にバカンス期間を利用して長期帰省する人びとがたくさんいる。

建物に目を戻すと、この住居も典型的な2列構成で、やはり中世のものと思えるトンネル・ヴォールトが架かる。1層下のA家の平面と対応しており、ほぼ同じ時期に一体的につくられた可能性もあろう。古い時期にすでに幾層も重なっていたことからも、この地区の重要性がわかる。奥の水まわり部分はヴォールトが架かっているものの、その形状は歪んでおり、A家同様、後から掘って設けたものであろう。また、この住宅も前面にテラスをもち、快適な戸外空間であり、素晴らしい眺望も得られる。

❻ 最も高いテラスに面するP家

A家2階の入口部分から伸びる階段を、鉄格子のドアを開けて上ると、下の建物の屋上部分を全面利用した広々としたテラスが広がる。周辺で最も高い位置にあるこのテラスは、ほかのテラスが建物に囲まれ視界をある程度制限されていたのに対して、視界の全面に、青い海と緑のレモン畑、有機的にひしめき合うアマルフィの建物群が飛び込んでくる。このような絶景を独り占めにできるのだ。

そもそも、すぐ背後に迫る崖の形状に沿ってセットバックしながら幾層にも重なるこの地区では、下層の建物の屋上を利用することで、高密ながらも、ほとんどの住宅が何らかのかたちでテラスをもっている。気候に恵まれたアマルフィにとって、住宅内よりも外部のテラスが居間の延長として積極的に利用されるのは当然である。これも、私的空間をよりとりやすい高台地区ならではの特権といえよう。

テラス奥のP家の住戸は、様式からみても18世紀頃に建てられたものと思われる。寝室の2室は下層のN家とその下のA家の内部の2列構成とぴたりと対応し、さらに横に2室を加えて、4列構成となっている。階段の突き当たり、寝室のクローゼット部分がもともとの玄関で、現在の玄関と廊下、そして居間と台所は増築である。18世紀という比較的新しい時代の増築により、視界も開け快適に住める最上階に間口の広い大規模な住宅がとられるという発展過程は理にかなったものであり、前述の西側商業エリア（西側建築群3）にも同じ原理がみられたのが興味深い。各地区

周辺で最も高い位置にある❻P家のテラスからの眺め

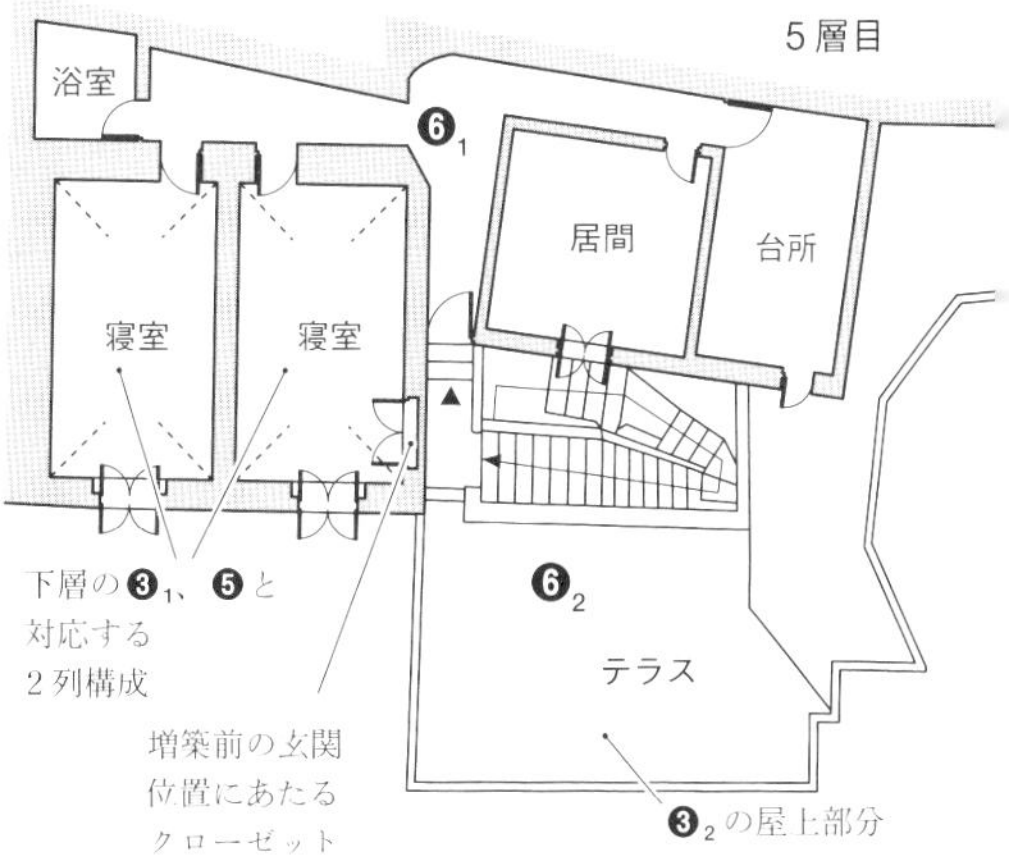

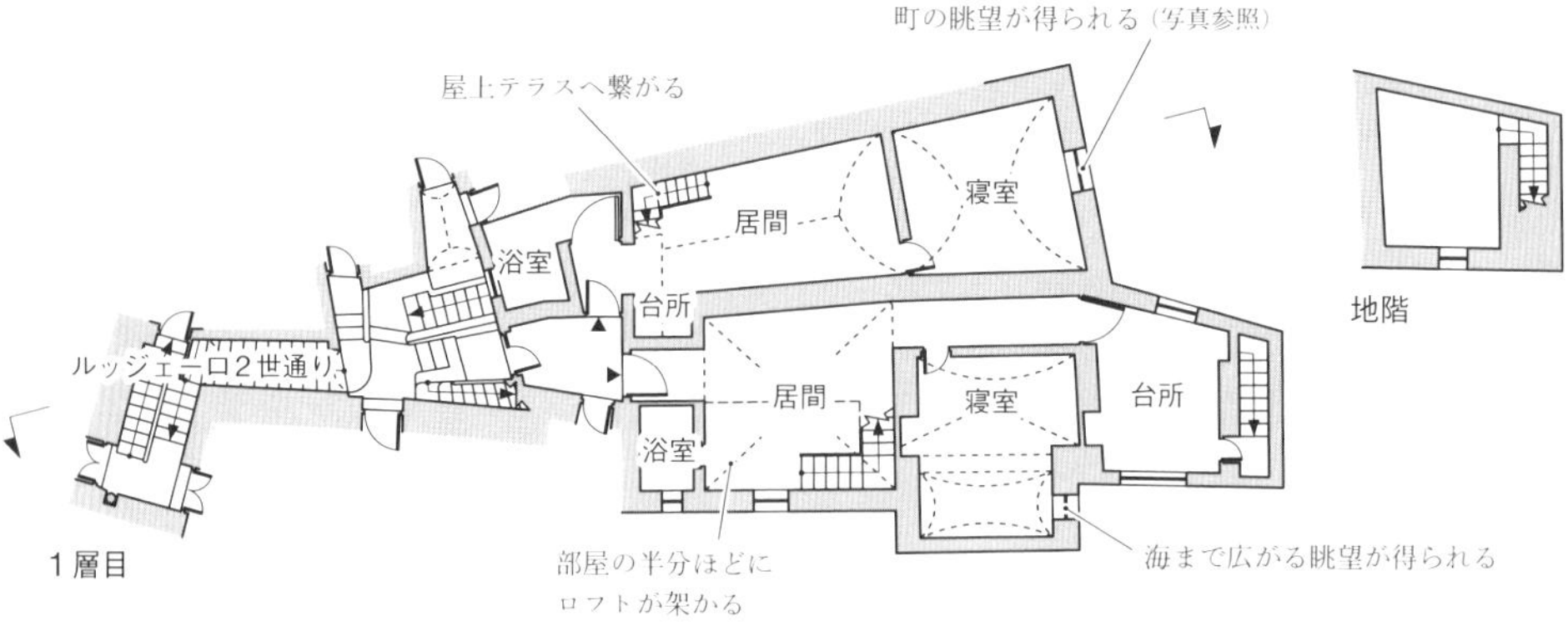

西側高台の2つの住戸、平面図

の地形・立地条件に合わせながら、より快適な住環境を求め増築改造が積み重ねられた点は共通している。その道筋が、現在の都市空間を観察分析することで読み取れるのが、アマルフィ調査の最大の面白さだ。

西側高台の2つの住戸

次に、西側の急斜面の迷宮空間にありながら海への眺望が開ける興味深い住宅例を訪ねてみよう。旧メインストリート（カンポ・サン・ニコラ通り）から分岐する地点から、ずっとトンネルが続く構成をとり、アルシーナ坂を南に少し進み、幾度となく折れ曲がりながら、狭い坂道（ルッジェーロ2世通り）を進む。

階段をさらに上ると、そこには谷のほうへ奥に伸びる縦長の住宅が2つ並んでいる。南隣の住宅（M家）に入るとまず、台所を兼ねた居間が設けられ、部屋半分ほどの大きさのロフトが架かっている。また、かなり高台に位置することから、居間の隣の寝室の窓からは海まで広がるアマルフィの見事な眺望が得られる。現在は3室構成だが、壁の変則的なつくり方から、台所に使われる1室は増築で、本来は同じ奥行きの2室構成をとっていたことが明らかだ。

ルッジェーロ2世通りのトンネル状階段

周辺図

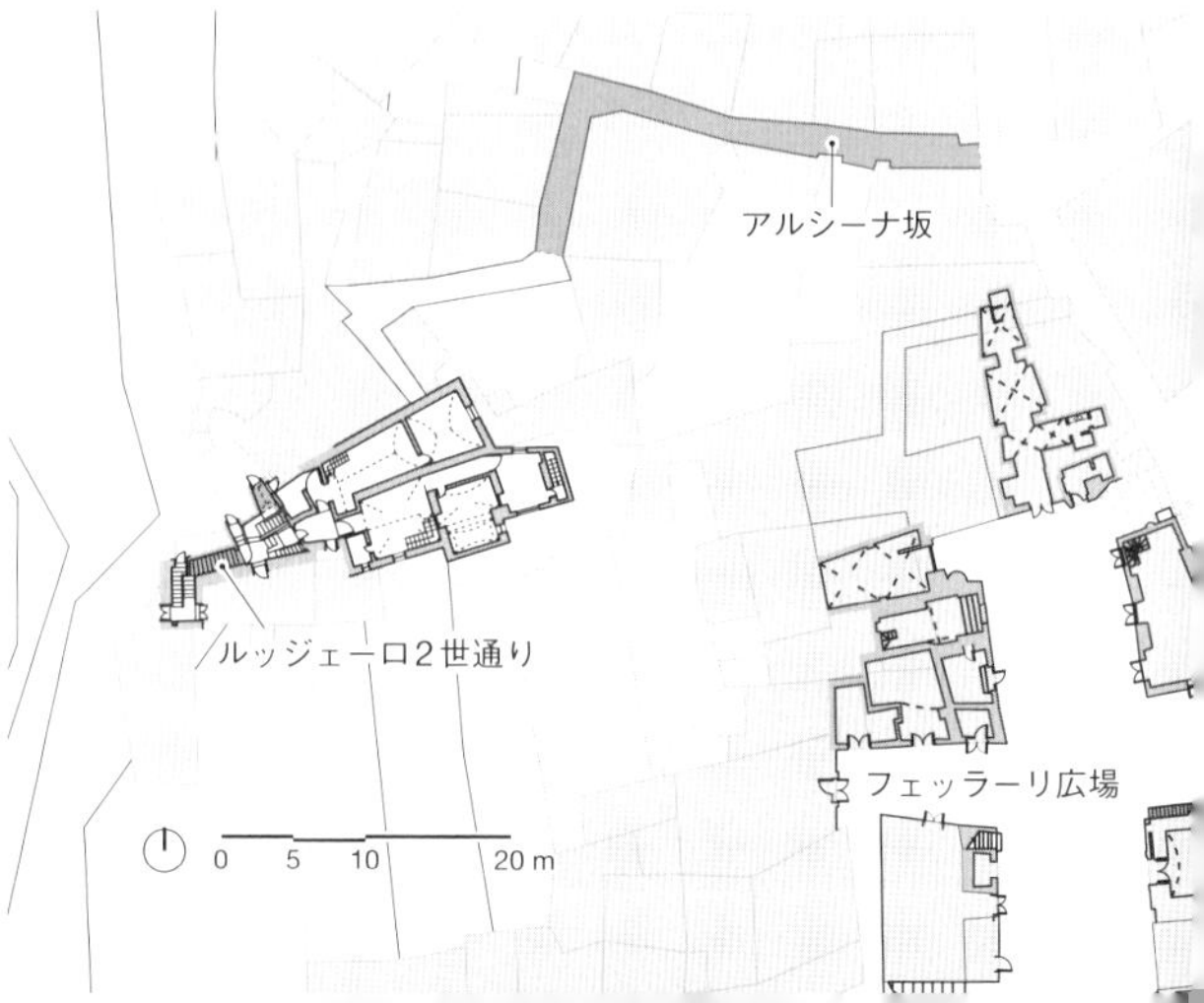

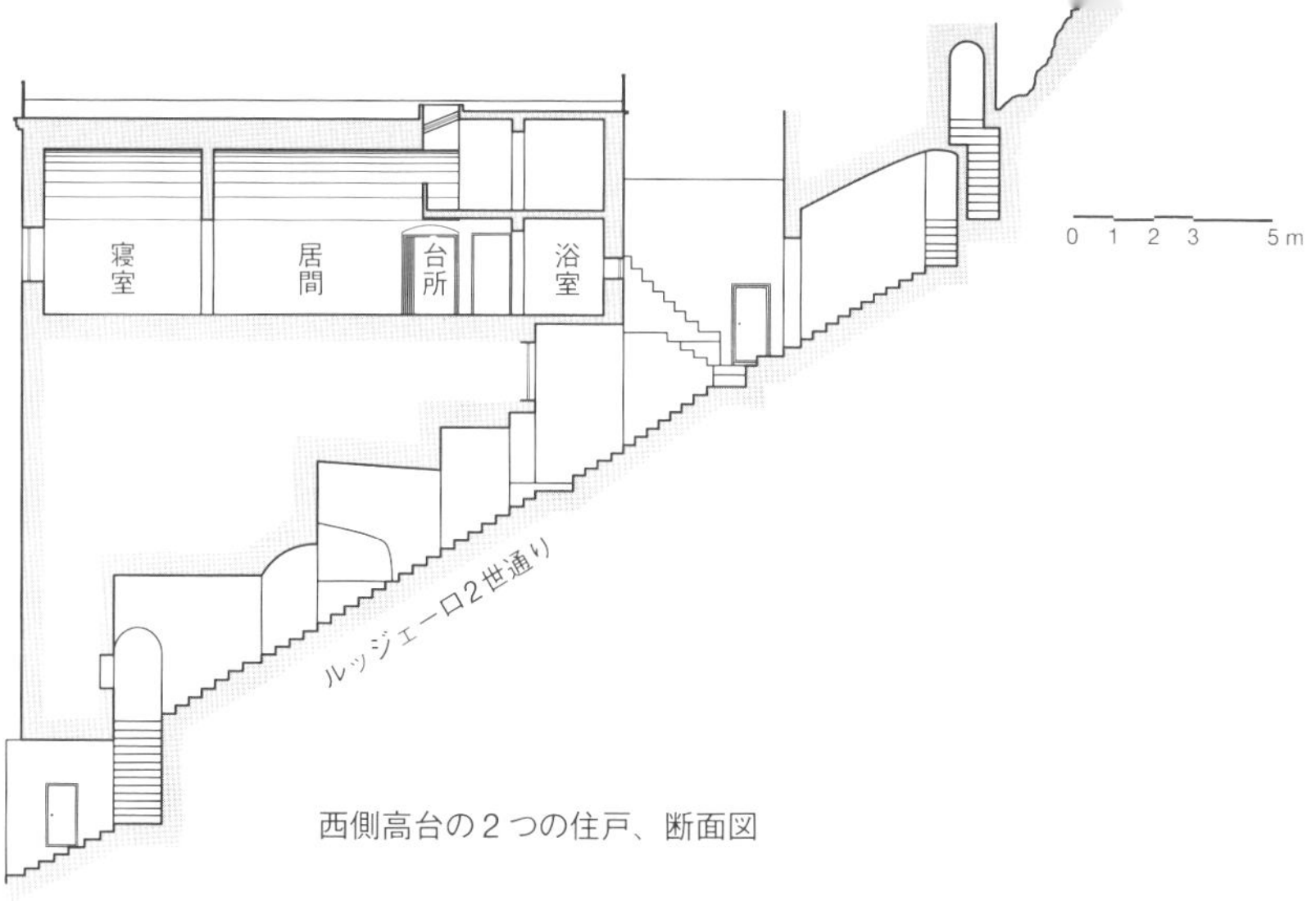

西側高台の２つの住戸、断面図

その北隣の住居も、ヴォールトが架かった寝室から眺望が得られる。ヴォールトが架かっており、隣の台所を兼ねた居間にもヴォールトが架かっており、この部屋に設けられた階段から屋上テラスへ上がることができる。この住居周辺は建物が高密に重なり、薄暗い印象を与えるが、この屋上テラスによって開放感のある居住環境を得ることができるのだ。

アマルフィにおいて、このように入口側に居間（台所を兼ねる）、奥の谷側に寝室を並べる2室構成をとる住宅の形式は、12世紀末の住宅にすでにみられたものであり、高密に形成された斜面都市にふさわしい形式として使われてきた。この2棟の住宅が建設された時期を特定するのは難しいが、典型的な2室の形式、そして重厚なヴォールト天井からみて、かなり時代を遡ると想像される。

このように、西側の斜面に高密にできた住宅地では、サンティ・フィリッポ・エ・ジャコモ教会周辺の住宅群のように岩盤に沿うように形成された例を除いて、山側から谷側に1列で縦長に伸びる住宅の配置が多くみられる。こうすれば多くの住宅が、高密に並びながらも、谷側に1室ずつ平等に眺望を得ることが可能となるのだ。

ヴォールトの架かる居間

谷側に設けられた寝室からの眺め

カンポ・サン・ニコラ通り周辺の建築群

ドゥオモ広場から約１５０メートル北の、メインストリートの西側に、最も古い教区のひとつであり、水のカンポと呼ばれているエリアがある。古称の由来は、かつてこの周辺に水車がいくつもあったからであり、川の流れを引き込んだ水車を利用した小さな産業コミュニティが存在していた。現在は上流に行かないと水車はないが、歴史的な水車小屋の遺構が町なかにいくつか残っている。

このように歴史的に重要な地区を、旧メインストリートのカンポ・サン・ニコラ通りを軸とした街路と、それに接する住宅群を中心にみていきたい。

❶ パラッツォ・カーメラ・ダッフリット

カーメラ家は、少なくとも18世紀には遡るアマルフィの富裕な有力家であったが、貴族ではなかった。19世紀初め、曽祖父（今の主たる所有者である3姉妹から見て）の代に、経済的に困っていた貴族の称号をもつダッフリット家と合体し、ひとつの家族になった。祖父、サルヴァトーレ・カーメラ・ダッフリットの

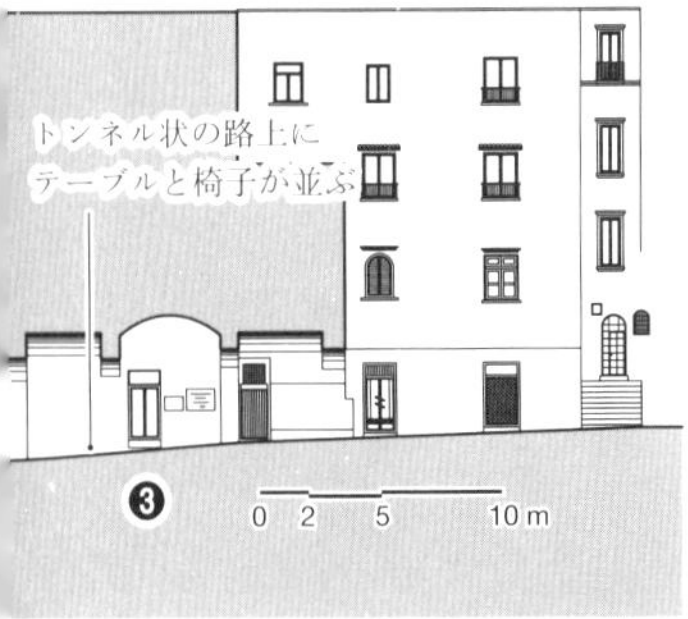

❶パラッツォ・カーメラ・ダッフリット
背後の美しい庭園と果樹園

❶パラッツォ・カーメラ・ダッフリット
❷ルネサンスの中庭
❸レストラン「イル・テアトロ」
❹噴水のあるＧ家
❺ワインバー

同、連続平面図

時代に、この家族は製紙業で富を築き、広大な土地を取得し、その地代で財をなした。この建物の裏山の一帯も所有し、多くの農民を雇い、レモン、オレンジ、クルミ、トマトなどを栽培する果樹園、菜園を経営した。

代が替わり父の死後も、この建物は大家族で一体として使っていたが、90年代に入って、相続した4つの家族の間で分割され、今日にいたる。

主要な部分は、この家族の3姉妹がそれぞれ所有し、各々の家族が夏のバカンス用の家として活用している。

建物は全体として大規模で複合的な邸宅をなす。古い街路から、鉄の扉越しに見える美しい庭園（今は他人の所有）の横を通って、階段を上り、上のレベルにある気持ちのよいテラスに出る。庭の緑に囲まれたその広い一角が、親戚一族が集まる楽しい戸外のくつろぎの場となっている。そこに4～5層に及ぶ堂々たるパラッツォが建つ。内部にパヴィリオン・ヴォールトがみられ、18世紀頃の建築だと思われる。快適に改装しながら、次女と三女の家族が別のフロアに住む。

このパラッツォはもうひとつ、使用人や馬車が出入りしたサービス用のアプローチをもつ。実用的で素朴なつくりだったが、現在は

カンポ・サン・ニコラ通り周辺の建築群、立面図

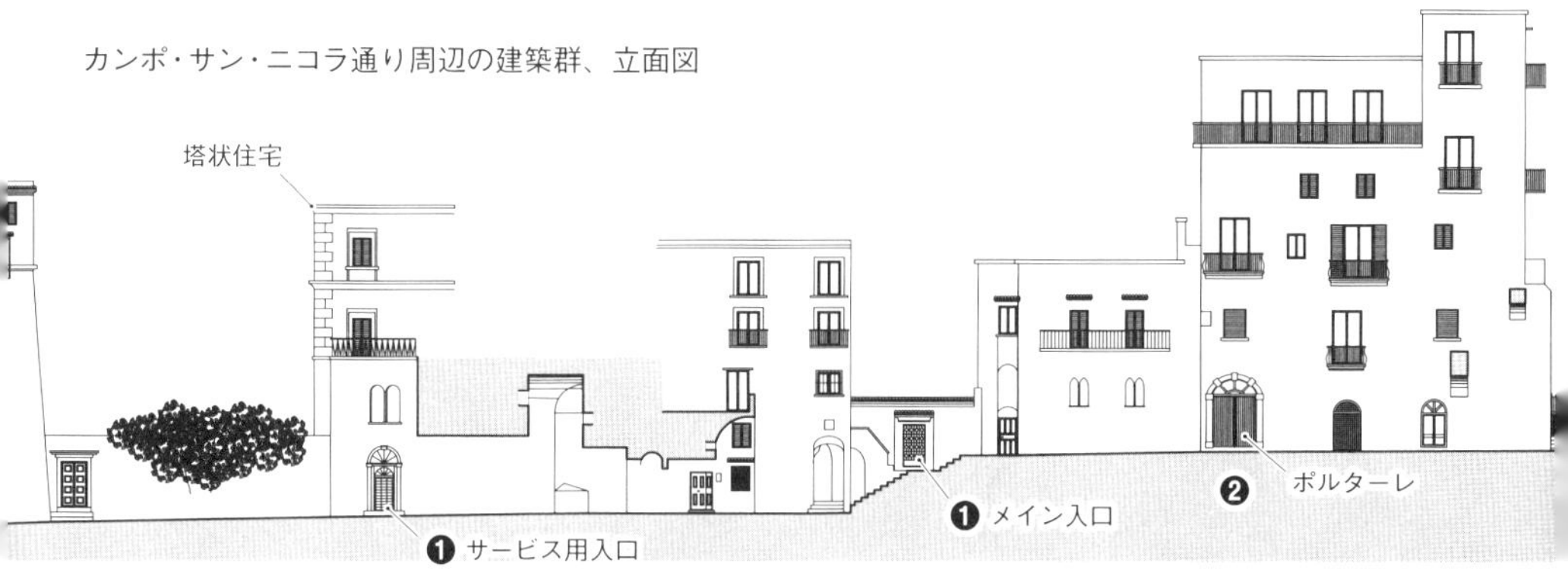

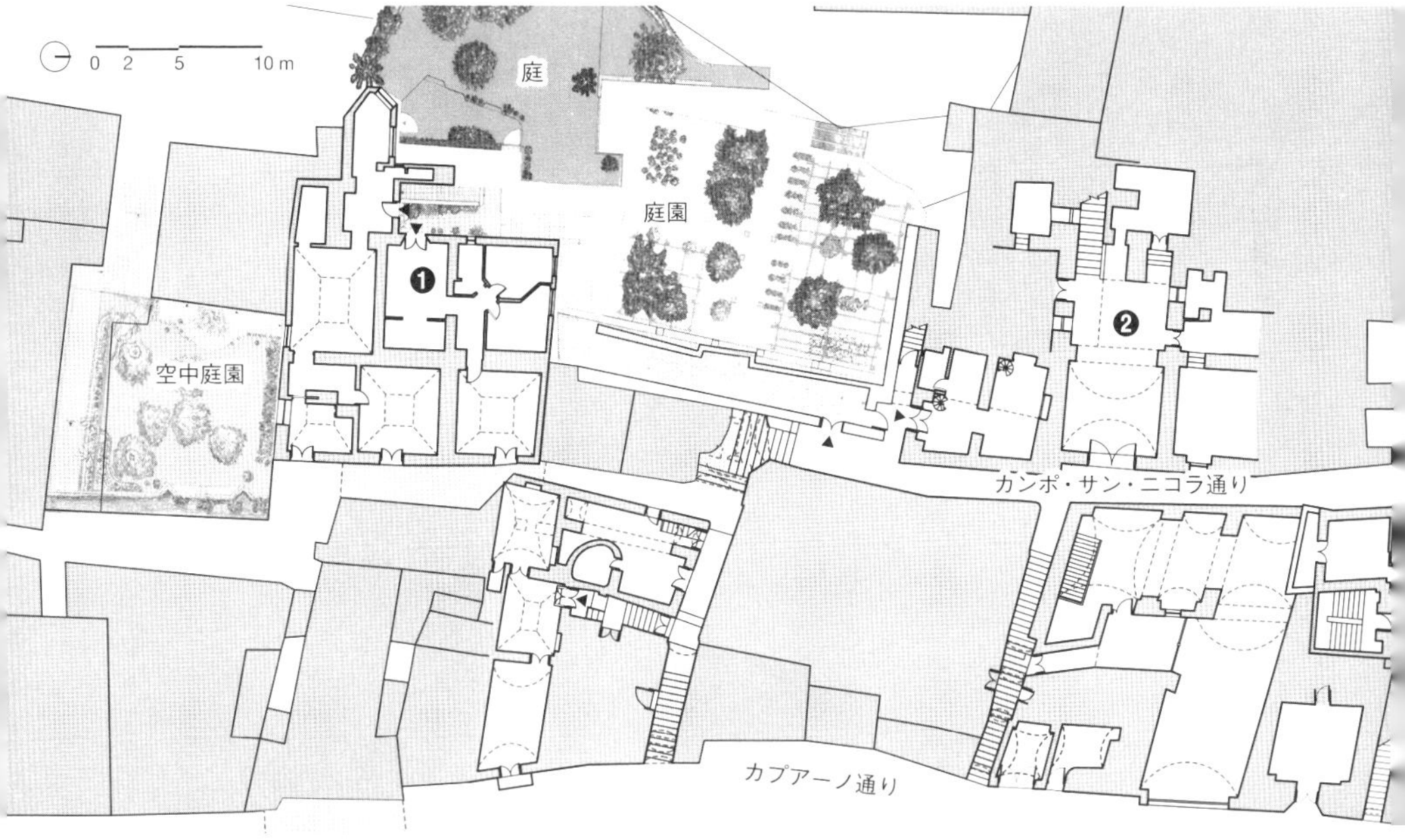

パラッツォ・カーメラ・ダッフリットの塔状住宅

庭からテラス越しにパラッツォ・カーメラ・ダッフリットを見上げる

パラッツォ・カーメラ・ダッフリットの空中庭園

逆転して、むしろこちらが立派なアプローチとなり、長女の家族が利用している。階段の上の2階レベルに整備された美しい空中庭園も、その家族の快適な屋外テラスとして使われている。

この空中庭園に面して、トッレと呼ばれる塔状の象徴的な建物がそびえる。中世の建物を核にしながら、18世紀に上へ増築し、全体を再構成したものだ。1階から上に向かって、天井の形式が変化するのが面白い。もとはワイン貯蔵庫、食料倉庫だった1階には古いトンネル・ヴォールトが、その上のもとは台所と使用人の部屋だった2階には、中世の帆状ヴォールトが用いられている。現在は、長女の家族がこの階をモダンで洒落た居間として使い、その外へ広がる庭園に、椅子とテーブルを出して生活空間の延長としている。

パラッツォの主階にあたる3階には、三姉妹にとっての母親が暮らしており、塔状部分の階段室からアプローチする。

こうして代々守ってきた不動産を一族でうまく継承し、今日的に生かして生活を楽しんでいる。日本だと、屋敷の相続の際に土地の分割が起こり、建物も残せないことが多いが、イタリアでは大きな建物の内部で分割が起きても、その外観には変化がなく、都市の景観が受け継がれるのが羨ましい。

❷ ルネサンスの中庭

旧メインストリートに沿ったパラッツォと呼べる立派な建物で、アマルフィでは珍しくファサードを飾り、その正面に装飾的なアーチの大きな門（ポルターレ）をもつ。この門から美しい中庭に入る。アマルフィでは、12～13世紀のドムスを除くと、中庭型の住宅建築は珍しいだけに、道行く人びとの目を引く。

外観や中庭の建築様式からすると、まさにルネサンス期の16世紀の建物のように思われるが、中庭の左奥にとられた階段室の天井に、12～13世紀の小さな尖頭交差ヴォールトが残っていることから、じつはやはり中世のドムスに起源をもつ建物であろうと推察される。そうした思いがけない発見があるのは嬉しい。現在は内部で分割され、集合住宅として使われており、中庭が格好の分配空間になっている。

❸ レストラン「イル・テアトロ」

現在レストランとなっているこの大きな建物は、かつてはベネディクト派の女子修道院

❷ルネサンスの中庭

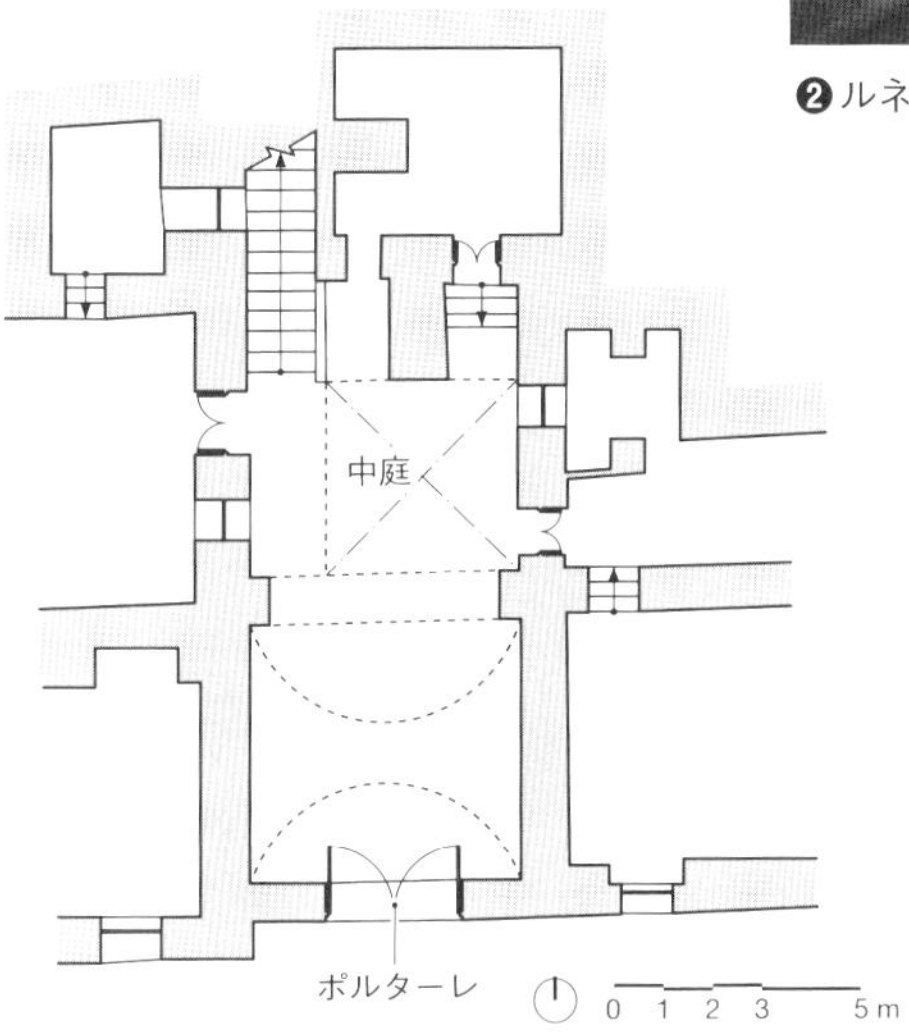

ルネサンスの中庭、平面図

として使われていた。そのため、隣にはもともと、カンポ・サン・ニコラという小広場があった。旧メインストリートに沿ったこの建物は、ヴォールトが架かったトンネル内に入口をとっているため、全体を眺めるファサードはもたない。外観としてはそれほど大きく感じないが、中に入ると、その広さと天井の高さに驚かされる。奥行きが長く、間口方向へも広がっている。住宅ではなく、もとは宗教施設だったという説明を聞けば納得できる。

トンネル状の路上に、コムーネ（自治体）と毎年、契約を結び占用料を払ってテーブルと椅子を並べる。風が抜けるため、日陰の戸外空間は、夏場はじつに気持ちがよい。典型的な家族経営のレストランで、マンマの味は格別だ。わが陣内研究室の愛用の店で、調査にも色々と協力してもらった。

❹ 噴水のあるG家

ヴォールトの架かる道に面して、レストランの向かい側の階段を少し上がったところに、立派な邸宅が潜んでいる。じつは、先に商業エリアの西側について紹介したところで、この邸宅がすでに登場している（79ページ、西側建築群3）。谷底のメインストリートからすると4層目にあたる高さにこの邸宅がある。内部の豪華さは、やはり外観からは想像できない。住宅内部は格式の高い2列構成で、主要な部屋はすべて見事なパヴィリオン・ヴォールトで飾られている。空中庭園があるのも特徴で、川の上流から水を引く水路を利用した水車がこの地域には多くあったため、水を引いて噴水を設け、小さいながらも人工的に造形された自然を楽しんでいるのだ。

　この邸宅は18世紀、高台と谷底という新旧

2本のメインストリートの両方に面するかたちで、ブロックの端から端までまたがる大きな住宅として登場した。しかも、メインストリート側で、間口方向に2部屋を拡張し、外観の統合を図っている。

　アマルフィでは、再び都市の発展が促された18世紀頃に、隣接する建物を統合して、間口の広い邸宅を最上階に増築する手法が様々な場所でみられたのだ。

❺ワインバー

カンポ・サン・ニコラ通りの重要性を物語るこの建物のなかに、2002年に洒落たワインバーが開設された。もとは、1180年にまでその歴史を遡る修道院であり、上の層には修道女が住んでいた。現在は4、5世帯がそこに暮らしている。

　この建物の顔であるエントランス空間には、アマルフィ独特の尖頭交差ヴォールトが架かっている。修道院が建設された12世紀末のものであることがわかる。地下には巨大なチステルナ（貯水槽）があり、今も残る穴を通して水を汲み上げていた。1940〜65年まではパン屋として、1990年頃までは木工職人の作業場として使われており、その後10年間、放置されていたが、それを修復再生し、ワインバーがオープンしたのだ。店主が自らインテリアのデザインをし、木製の窓は自分で職人を探してつくるほど、こだわりをもってこの場に店を開いた。地下のチステルナはひんやりとしていて、絶好のワイン貯蔵庫として活用されている。

　アマルフィを訪ねる観光客の多くが、現在のメインストリートを歩き、食事や買い物を楽しむが、この町の歴史の重層性が生み出す魅力に惹かれる人びとは、こうした裏手に潜む界隈にも目を向けるようになる。かつてのドムスや水車小屋、修道院といった、多様な建築の形態や機能が隣り合わせに存在するこのカンポ・サン・ニコラ通りこそ、アマルフィの歴史の奥深さを実感させる。そのなかに長らく眠っていた空間を現代のセンスでリノベーションし、ワインバーという新たな機能が生まれたことで、かつてのメインストリートも息を吹き返し始めた。その後、残念ながら、経営者の個人的事情で店は閉じられ、ピッツァ店に変わっている。そのワインバーの経営者は、ラヴェッロにやはり歴史的な建築をリノベーションして素敵なレストランを営んでいる。

❺ワインバー店内の尖頭交差ヴォールト

(2) 東側斜面の住宅群

山が迫る西側に比べ、東側は斜面が緩やかなので、奥へ奥へと重なるように住宅地が展開している。東側エリアの内部を抜ける旧メインストリート（ラヴァトーレ通り〜サン・シモーネ通り〜サンタ・マリア・マッジョーレ小路〜サンタンナ坂）は、西側のそれより幅がやや広く、比較的先を見通すこともできる。緩やかなこの道だが、やはりいくつものトンネルを抜け、光と闇の対比を示す。

やがて、山側に階段を上り、中世都市の防御の役割を果たした絶壁の上にそびえるジーロの塔へと向かう道筋となる。建物も斜面にゆったりと庭をとって建ち、その裏手には段状に造成されたレモン畑も増えてくる。かなり高い位置まで来ると、山の中腹を緩やかに上る見晴らしのよい道に出る。そこから見下ろすアマルフィの全景は、圧巻というほかない。近景にはレモン畑が広がり、その香りがいっそう開放的な気分にさせる。

再び下に戻ると、この旧メインストリートの道沿いには教会やそれに隣接する広場がいくつかあり、ドゥオモ広場も通り抜け、海沿いの教会前広場まで続いている。この旧道は北の水車と結びついた商業ゾーンと南の港と関連した商業ゾーンを結ぶ重要な道だった。

坂や階段が織りなす迷宮的な街路を歩くと、狭くて閉鎖的な印象が強いが、じつは敷地の内部では、家族のプライベートな空間としての前庭や庭園、そして菜園が積極的にとられているので、緑が多く住空間は案外ゆったりとしている。またこれらの住宅は、私的な内部に安全で落ち着いた空間を確保するため、公共の道路からのアプローチを長く複雑にとる傾向がある。

ここでも教区＝地区ごとの住宅群で範囲を分け、ひとつずつその特徴をみていきたい。

スッポルティコ・ルーア

斜面中腹の果樹園

西側から東側斜面を眺める

アトリウムの住宅

11〜13世紀に建てられた富裕層の邸宅であるドムスの遺構が、アマルフィには少なくとも5棟残されている。それの多くがアトリウム（中庭）を中心とした興味深い構成をとっている。

　中庭型住宅は、古代から地中海世界に広く分布し、その系譜が中世の早い時期のアマルフィにも受け継がれたが、その後アマルフィでは発展しなかった。その理由はいくつか考えられる。そもそもこうした中庭を囲むドムスの建築形式は、アマルフィのみか、ラヴェッロ、スカーラ、ポントーネにむしろより典型的な例が受け継がれているが、いずれもオリエントの影響をみせる12〜13世紀の建物であり、海洋都市アマルフィの勢いが低下し、その活動を支えた富裕層も力を弱めると、こうした大規模で華やかな邸宅の存在基盤がなくなったと想像される。しかも建築の視点からみると、斜面都市においては、中庭を中心として内に閉じるタイプよりも、外に開き眺望を得られるような建築タイプのほうが理にかなっていたと考えられるのだ。

　これらの中庭を囲むドムスはどれも現在、細分化され、集合住宅化している。メインストリート沿いの商業ゾーンの一角にある、アトリウムをもつこのドムスは13世紀に建てられたもので、おそらく川が暗渠になる前に建てられたものと考えられる。

　メインストリートから、典型的な尖頭交差ヴォールトの架かる暗い通路を抜けてアトリウムに出ると、空から一気に光が降り注ぐ。思わず上を見上げてしまうほど光が空間を演出し、印象的な空間になっている。階段室の踊り場に尖頭交差ヴォールトがあり、貴族の独立住宅だったことを彷彿させる。なお、かつては個人の格式ある邸宅だったことは、1層目の入口の右横にプライベートチャペルがあったことからもわかる。壁には入口のアーチの跡や交差ヴォールトが今でも残っている。

　4層からなるこのドムスは、今ではアトリウムを中心としていくつかの住宅が細分化され、基本的には2室構成の小規模な住宅が取り巻いている。階段は室内化され、ここにも天井に古い交差ヴォールトが架かっている。

❶メインストリートに張り出すL家／2層目

　2室構成のこの住宅の最も面白いところは、寝室がメインストリートの上に架かっている

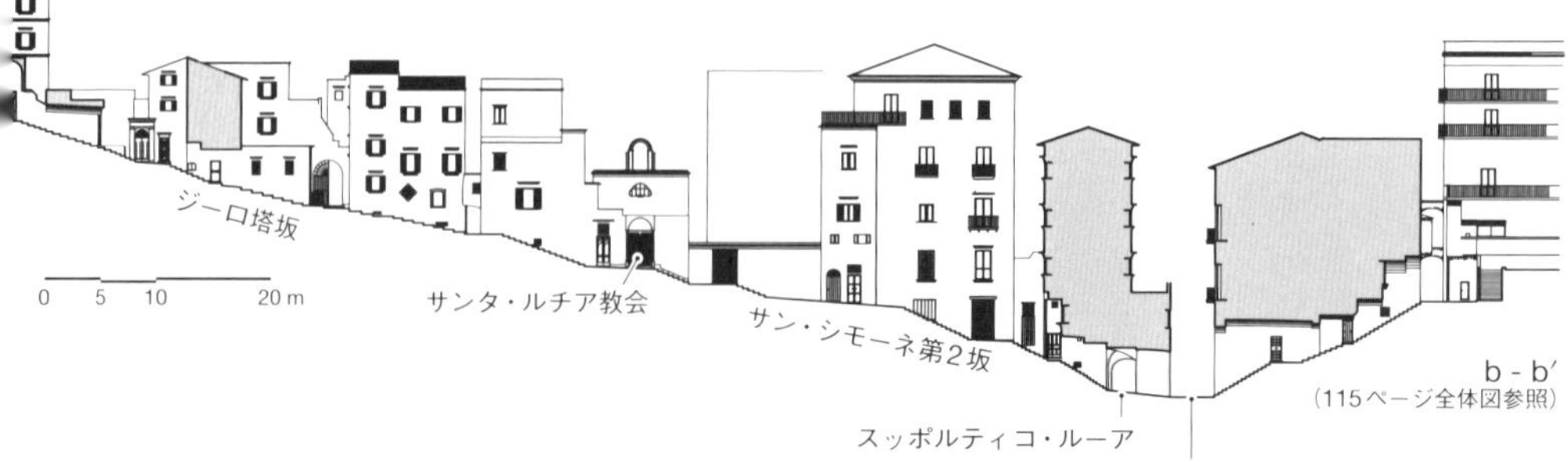

東側斜面の連続立面図

❶ メインストリートに張り出すL家のベランダ

尖頭交差ヴォールトのトンネルをくぐってアトリウムへ

アトリウムを見下ろす

ことだ。そのベランダから下を通る人を眺めることができ、なおかつ海も見える、素晴らしいロケーションを誇る。

この住宅では、ほかにも空間をうまく利用している。大きな居間の上に中2階を設けて、寝室にしている。また、アトリウムに張り出す古いかまどが、今は台所兼トイレになっている。決して広くはない空間だが、無駄なく活用し、快適に暮らしている。

❷ 台所兼食堂の跡／中3層目

かつてのドムスにとっての台所兼食堂があったところで、大きなかまどの跡が残っている。現在は倉庫として使われている。この立派な食堂から見て、大家族が住んでいたことが想像できる。

❸ かまどのある家／3層目

基本的には2室構成の住宅だが、普段は倉庫として使われ、夏の間だけ所有者の親戚がバカンスを過ごすために利用している。ここも居間兼寝室の上にロフトを設け、収納スペースとして利用している。夏の間しか利用しないとあって、装飾などはほとんどない。台所はかまどのようなくり抜かれた部屋になっている。4層目の住宅は個々が独立しているので、比較的新しいものだと考えられる。

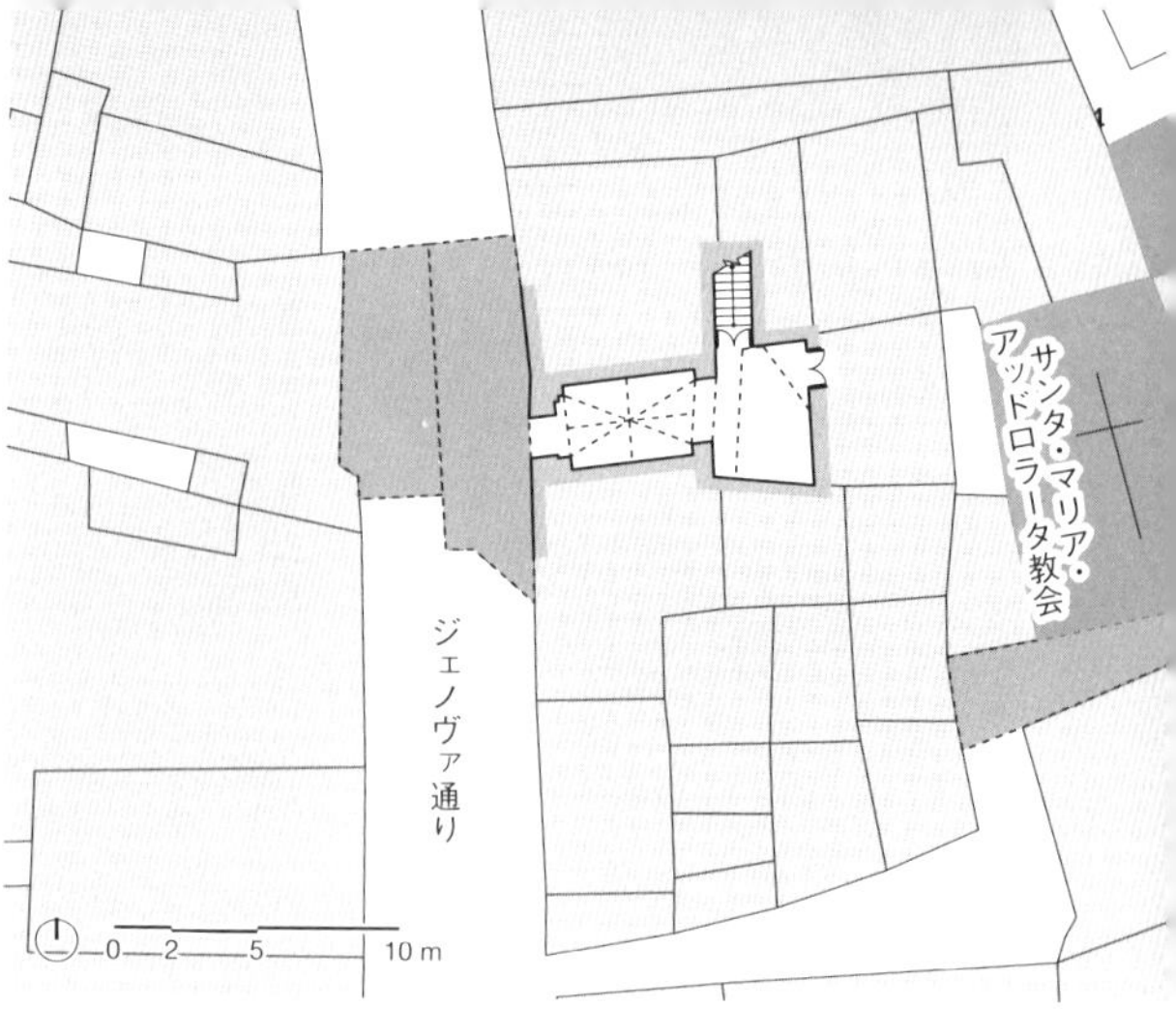

アトリウムの住宅、周辺図

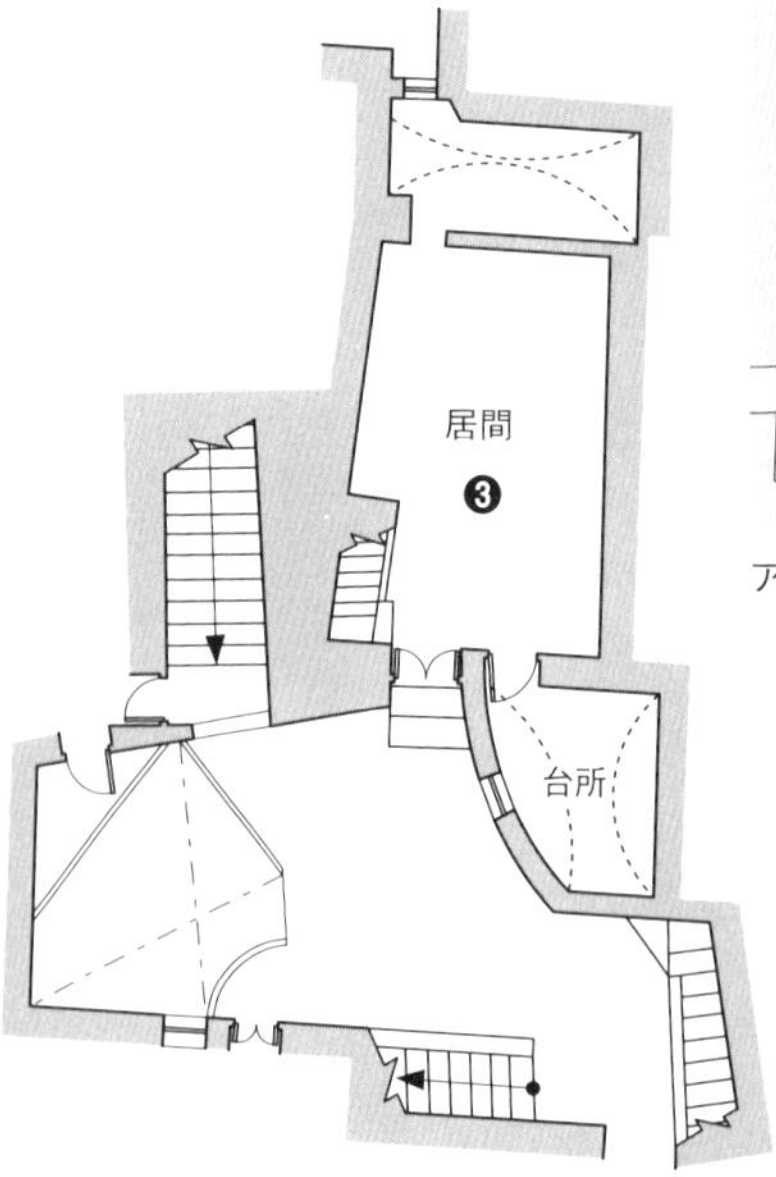

3層目

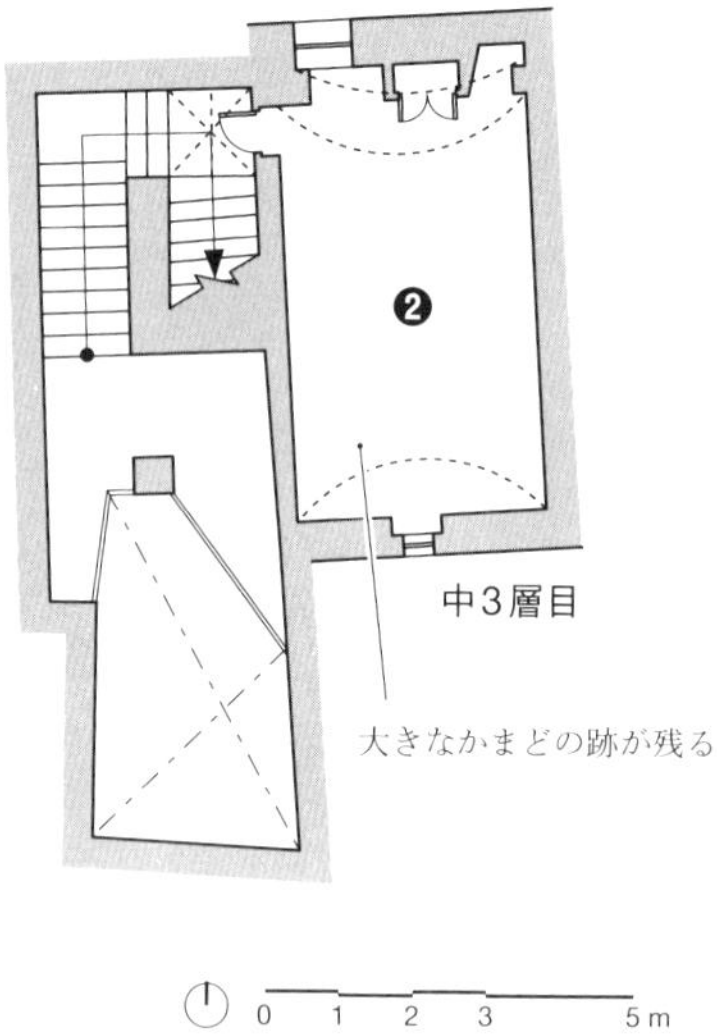

中3層目

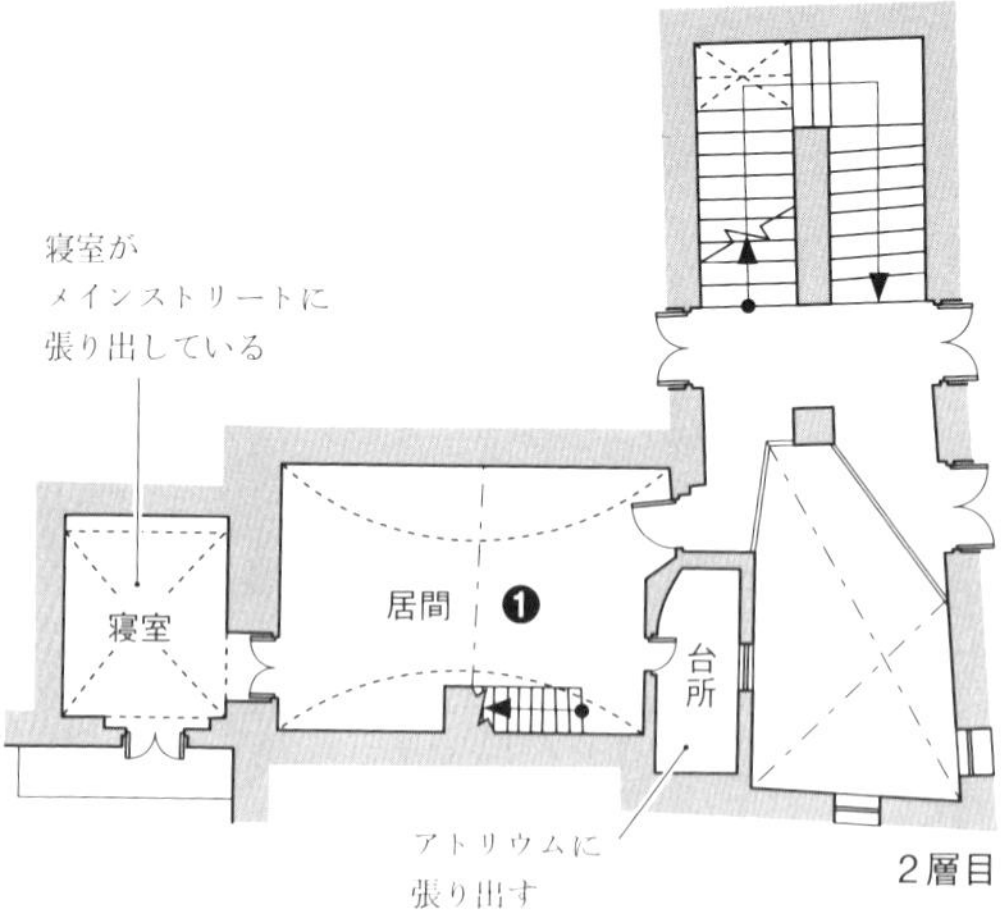

2層目

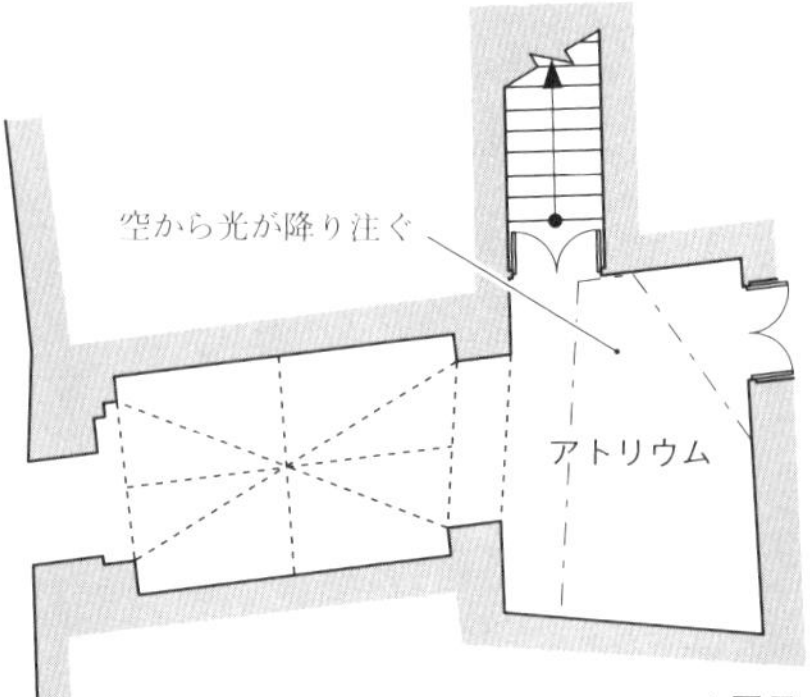

1層目

❶ **メインストリートに張り出すL家**
❷ **台所兼食堂の跡**
❸ **かまどのある家**

アトリウムの集合住宅、平面図

サンタ・マリア・マッジョーレ教会周辺

アマルフィに古くから存在した重要な教区教会のひとつとして、サンタ・マリア・マッジョーレ教会がある。維持管理は斜め向かいの雑貨食料品店の女主人が担っている。30年近く閉鎖されていたが、近年は、8月15日の聖母マリア被昇天の祭日に向けての準備期間（8月1日頃から）に限り公開される。8月14日の夕方、この教会からドゥオモへ宗教行列が行われ、翌日、この教会にまたマリア像が戻ってくるのだ（116ページ写真参照）。

986年に建設され、ビザンツ様式の奥行きの浅い正方形に近い平面構成を特徴とする。内部はルネサンスやバロック様式での改修が施されているが、南東の側廊に交差ヴォールト群を受け継ぎ、空間の骨格はほぼ原形を留めている。また、小さな鐘塔をもち、地下にはフレスコ画も残っている。

その西に接して、18世紀にオラトリオ（祈祷所）として建設されたサンタ・マリア・アッドロラータ教会がある。この教会はほぼ南北方向に軸をもつ。現在は日常的には使われなくなったが、コンフラテルニタ（信心会）の人たちが定期的に集まる。

サンタ・マリア・マッジョーレ教会周辺、平面図

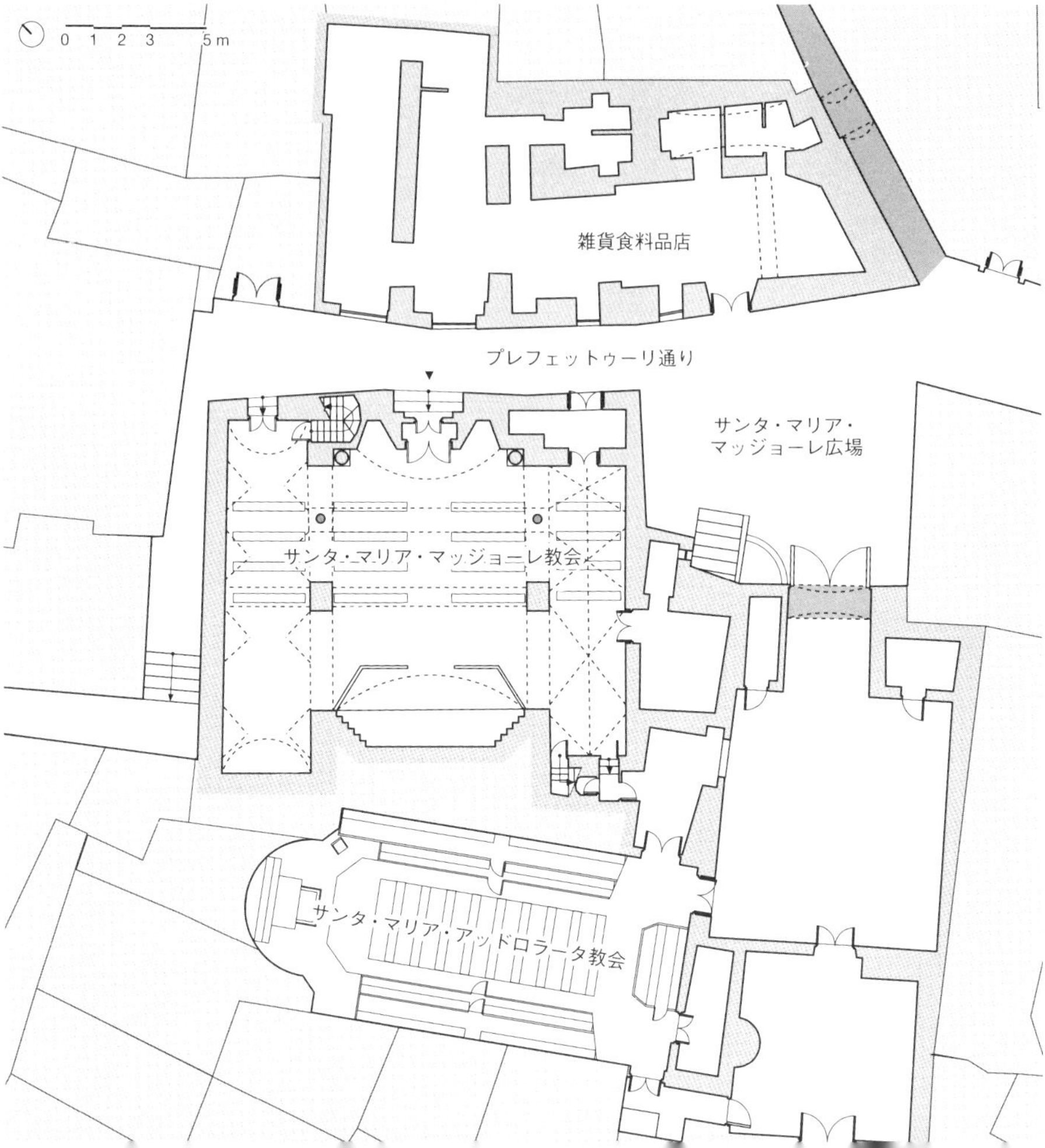

この教区はドゥオモにも近く、かつてのメインストリートであったプレフェットゥーリ通りに沿う重要な教区だったと思われる。教会前のサンタ・マリア・マッジョーレ広場は4本の狭い街路が集まる結節点となっている。特に西の谷側から、狭くて暗い階段状の坂道を上って広場に入るならば、目の前にパッと視界が開け、光と闇の交錯する立体迷宮のアマルフィならではの空間体験ができる。

ハイビスカスの咲く コルティーレ

南イタリアの歴史的都市の多くは、狭い道が複雑に入り組み、迷宮空間の様相を呈する。ここアマルフィもその典型のひとつで、アラブ・イスラーム世界とも似た都市構造になっている。その特徴のひとつであるコルティーレ（中庭）は、数家族が共有する中庭的な袋小路で、それを囲んで住宅群が取り巻く形式をとる。シチリアやプーリア地方の都市ほどではないにしても、こうしたコルティーレがアマルフィにも何か所かに見出せる。コルティーレの入口にはしばしば、公私の空間を分節する役割のアーチを設け、心理的によそ者が入りにくくしている。さらに、ひとつのフロ

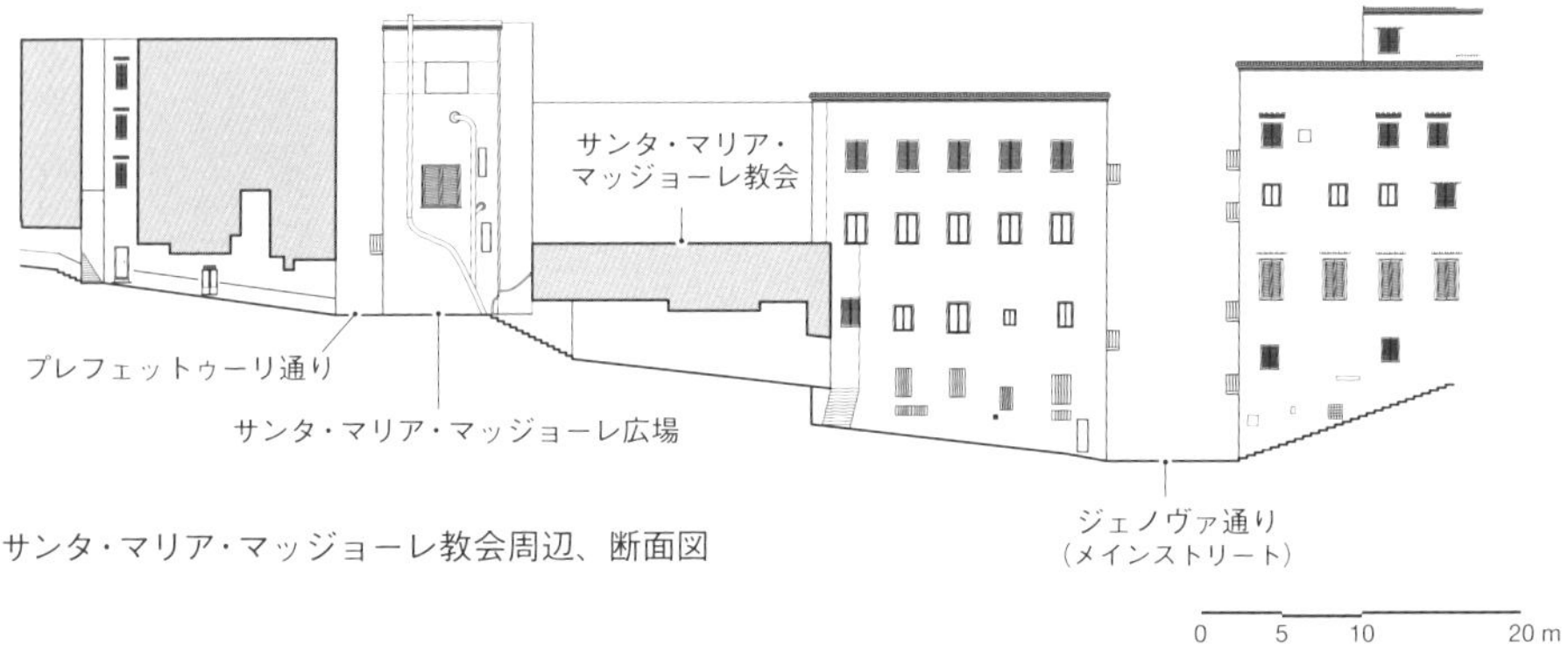

サンタ・マリア・マッジョーレ教会周辺、断面図

サンタ・マリア・アッドロラータ教会の祭壇を見下ろす

サンタ・マリア・マッジョーレ教会、南東側廊の交差ヴォールト

アに血縁関係にある複数家族が住む場合には、簡単な門を設けて袋小路内の外部空間をさらに分節し、自分たちだけの私的に完結する空間を生み出している。

　シチリアやプーリア地方の都市では一般に、コルティーレの内側はコムーネ（自治体）が管理する公道だが、アマルフィの多くのコルティーレは、そのまわりに住む人びとの共同所有であり、自分たちで維持管理に努める。コンドミニアムをイタリア語ではコンドミニオ condominio というが、その形容詞としてコ

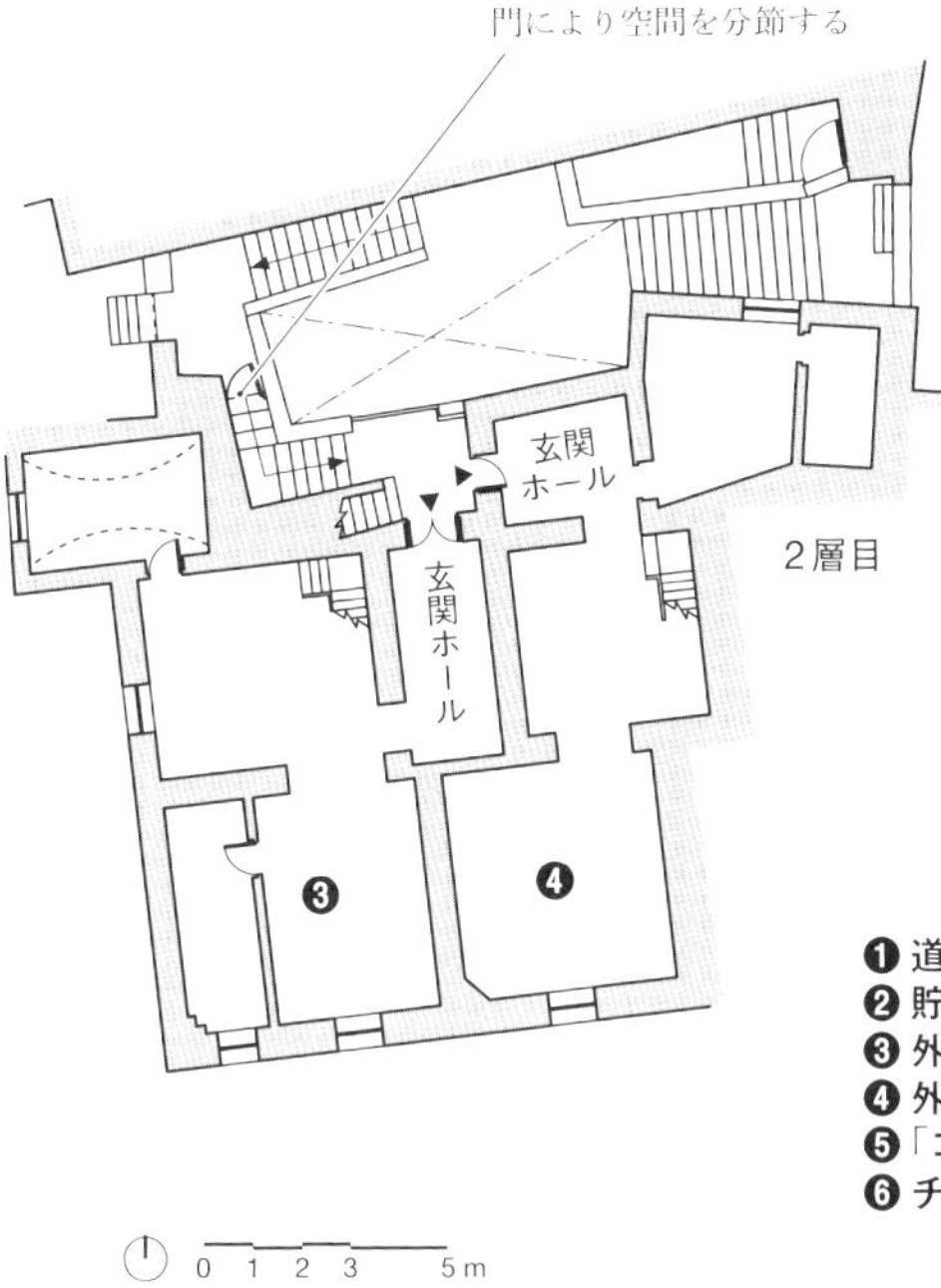

❶道にかぶさるA家
❷貯水槽のあるA家
❸外階段を上ったP家
❹外階段を上ったP家の親戚の家
❺「コンソレ」の家
❻チステルナ（貯水槽）

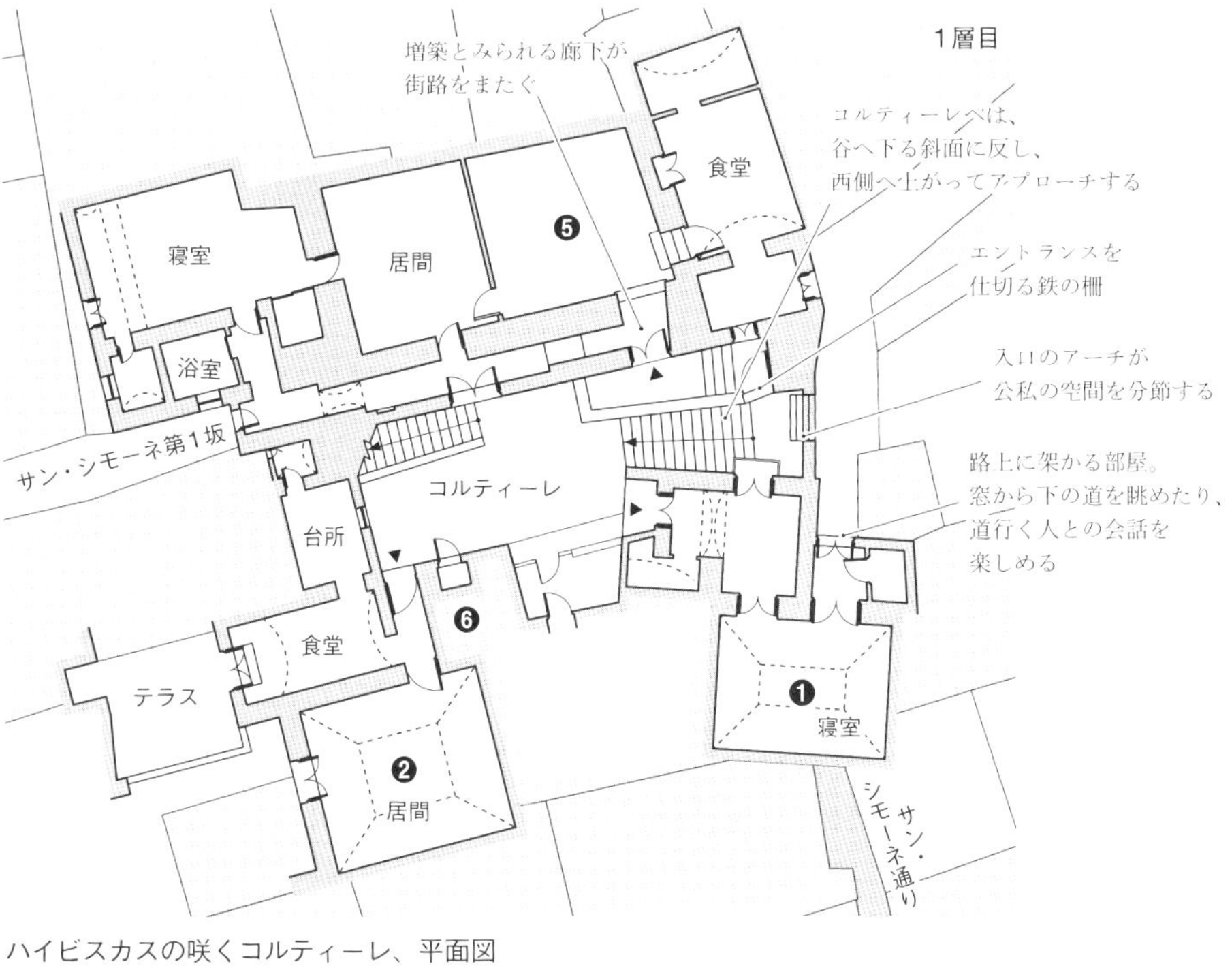

ハイビスカスの咲くコルティーレ、平面図

ンドミニアーレcondominiale（共同で所有し利用する状態）という言葉がよく使われるのが面白い。

コルティーレは、それを囲む住宅群へのアクセスを与える分配空間になっている。コルティーレに面する住宅は、個々の庭をもたないので、必然的にこの外部空間に住人の生活が溢れ出す。椅子を出してくつろいだり、子どもたちが遊び、洗濯物を干したりして、近隣住民の共用空間となっている。

このコルティーレは、谷底の商業ゾーンから少し東に上がったところに位置している。東側地区は、全体としては谷に向けて西へ下る斜面であるのに対し、このコルティーレだけはそれに反して、西側へ上がってアプローチするのが面白い。ここだけ地形的に高台が張り出しているものと思われる。

東側の旧メインストリートにあたる公共の道路サン・シモーネ通りからコルティーレに入るところにアーチが設けられ、まずここで空間を分節している。比較的小さなコルティーレだが、それを囲む住宅群には6家族が住んでいる。コルティーレの地上レベルには3戸が面しており、簡単な柵が設けられ、前庭的空間がとられているところもある。さらに階段を上ると血縁関係の2家族が住んでおり、ここでも簡単な門を設けて空間を分節し、私的な性格を高めている。

ほとんどの家が外部に眺望を確保している。住宅は、このエリアを折れ曲がりながら通り抜ける旧メインストリートの上まで張り出し、覆いかぶさっている。建築と都市空間が互いに有機的に結ばれ一体となった、いかにも南イタリアらしい生活空間だ。

❶ 道にかぶさるA家

この住宅は3室構成の変形型で、さらに公共の道路の上に寝室の一部とユーティリティが架かっている。その窓からは下の道を眺めたり、通る人と話したりする楽しみがある。ひとり暮らしの感じのよい老婦人がいつもこの窓辺にいるのが印象的だった。訪ねるたびにカフェをご馳走になるのが楽しみだったが、何年目かの夏に、亡くなったという悲しい知らせを受けた。このような路上に架かる部屋にとられた窓の使い方は、アラブ・イスラーム都市とも似ている。住宅の平面構成が不整形なのは、コルティーレのまわりの住宅が地形に合わせて入り組み、相互に重なり合っていることによる。

❶A家のインテリア

街路の上に架かる❶A家

共同所有のコルティーレ。奥がサン・シモーネ通り側の入口

❷ 貯水槽のあるA家

コルティーレのいちばん奥にあるこの住戸は、大きなパヴィリオン・ヴォールトの架かった居間兼寝室、裏のテラスに繋がる食堂、外階段の下にとられた台所の3室からなる構成をとる。隣の家との間に、チステルナ（貯水槽）の跡がみられる。1947年まで実際に使用されていたという。コルティーレが共同の貯水槽を介したコミュニティスペースであった姿が思い浮かぶ。

❸❹ 外階段を上ったP家とその親戚の家

コルティーレから外階段を上る途中に、血縁関係にある2家族のための門の設け、下の家族とは空間を仕切っている。この2戸の住宅とともに、その上の屋上テラスも彼らが所有し、プライベート空間として使っている。

どちらの住戸も玄関ホールと上の階をもつ。玄関ホールがあるということは、部屋数が多く、生活が豊かな証拠である。上の階は、戦後の増築でつくったという。アマルフィの住空間は、現状では、ワンフロアにとられるのが一般的で、一部に中2階を設ける例をときどきみかけるが、このような完全に2層構造にする例は多くない。

この家には暖炉があるが、温暖な気候の南イタリアでは、実用的なものではなく、もっぱらインテリアの装飾として設けられる。

❺「コンソレ」の家

コルティーレに入ってすぐ右横にある外階段がこの家への専用のアプローチである。その階段の入口には鉄の柵があり、私的なエントランスであることを示す。興味深いのは、この家がコルティーレの脇を通るサン・シモーネ第1坂の上をまたいで建っているという点である。つまり、アプローチは住民の共同所有となっているコルティーレからとるが、居室群は道路の向こう側にある建物にとられているのだ。自在に建物を上に増殖させたアマルフィならではの極めてアクロバティックな解決法だと感心させられる。廊下部分がちょうど街路の真上にあり、しかも、各部屋の間はこの廊下がなくても移動ができることから、何らかの理由でコルティーレからアプローチする必要性が発生したときに、増築されたのではないかと思われる。

主人は、33年間水道局に勤め、リタイアし

コルティーレ入口。右は❺「コンソレ」の家のエントランス

❹P家の親戚の家のインテリア。奥の明るい玄関ホールが見える

「コンソレ」の家のトンネル・ヴォールトが架かる食堂

サン・シモーネ第1坂と同じ幅の廊下

「コンソレ」の家の廊下の下にはサン・シモーネ第1坂が通っている

た後、アマルフィの歴史・文化振興の活動を熱心にしている。TBSの人気テレビ番組「世界遺産」のアマルフィの回でも、彼がアマルフィ共和国のコンソレ（最高行政官）に扮して活躍した。アマルフィを愛する気持ちは人一倍強く、気候もよく美しいアマルフィはまさに「楽園」だ、と彼も自慢した。

サンタ・ルチア教会周辺

東側エリアの要の位置にサンタ・ルチア教会がある。もとは、1161年に創建された聖シモーネに捧げられた教会である。商業エリアの背後にあり、木工などの職人の生産活動の工房も点在する。

住民にとって重要な役割を果たす教区教会で、維持管理は近隣の3家族が受けもっている。アマルフィでは中世以来、こうした地区＝教区の教会が人びとの日常生活の中心として、大きな意味を担ってきた。入口は教会と気付かれないような簡素なつくりだが、内部は小さいながらも、淡い水色と白を基調とし、じつにエレガントで華やかな雰囲気をもつ。17世紀に再建され、現在の長方形のプランになった。横断アーチが際立つトンネル・ヴォールトの美しさが印象的だ。また、側壁の上部に並ぶバロック様式の三つ葉型の格子窓も目を引く。ヒアリングによれば、昔はミサに女性が参加できなかったので、教会内部の高い位置にこの格子状の窓を設けて、その裏手にとられた部屋から眺められるような工夫をしていた。格子の背後の小さな住戸は、かつて女子修道院として使われていたというのだ。そこは現在、普通の住居となっており、入口は山側を通る道からとっている。斜面都市ならではの立体的な空間の面白い組み合わせが実現している。

❶ 2つの小住宅

かつて修道女が住んだというこの2つの小住宅は、地上レベルにとられ、公共道路から直接アプローチする最もシンプルな例である。入口のドアを開けると、すぐに居間兼寝室として使われている部屋がある。その部屋と台所という2室構成をとる。道からすぐにアプローチするこのような小住宅は、地中海世界の庶民の住まいの原型ともいえるものである。光は道路と裏手のテラスからほどよく入り、狭いなりに居心地はよい。後の時代にできた、住宅の上部には、規模が大きく格式の高い別の家族の邸宅が載っている。

サンタ・ルチア教会の側壁上部。格子状の窓の奥には女子修道院があった

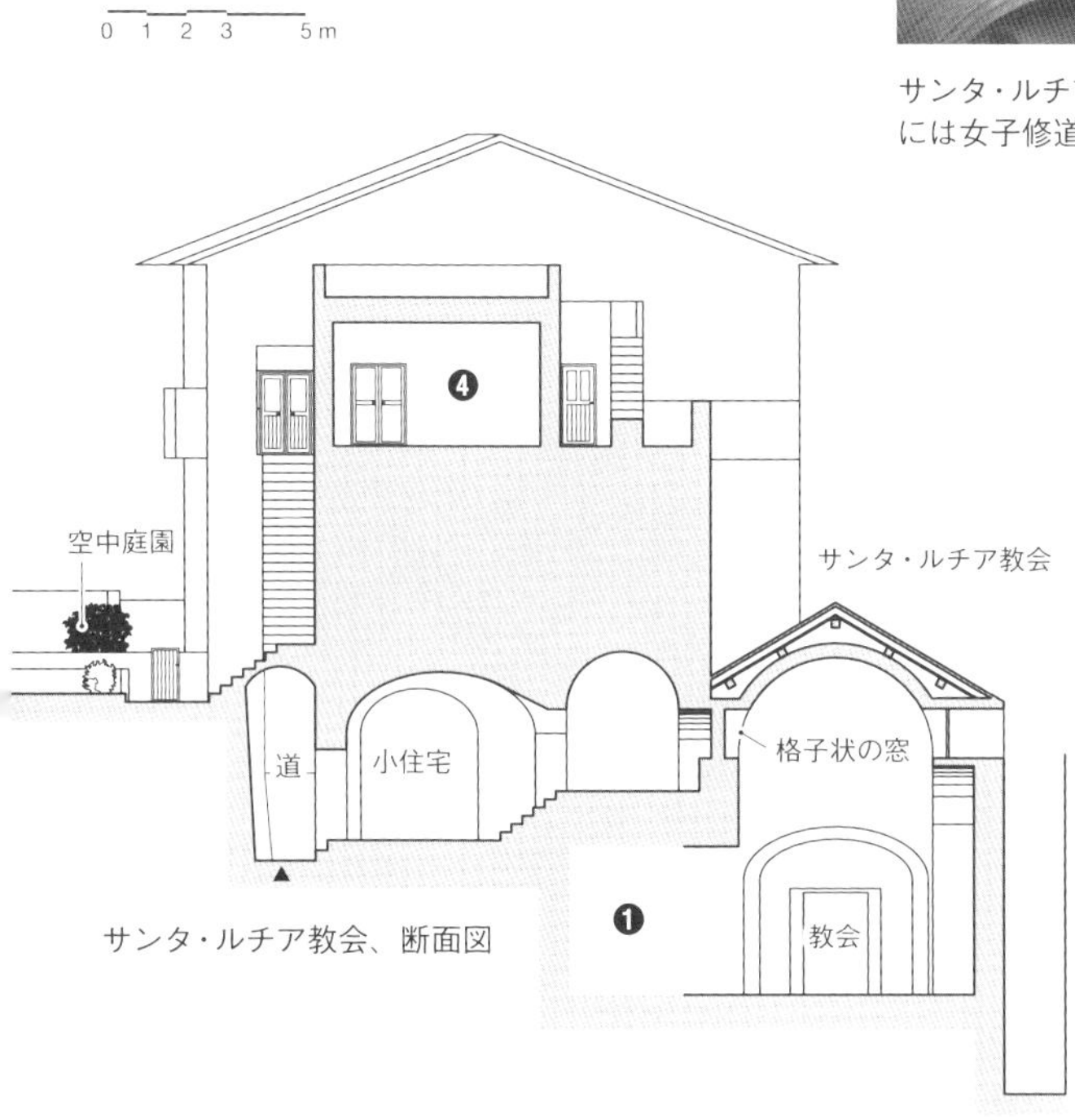

サンタ・ルチア教会、断面図

ただ、そこへはこの道路からは入らないのがアマルフィらしい。

❷姉妹で上下階に住むC家

前述の2つの小住宅の道を挟んだ向かいは擁壁で、そこに入口の扉があり、上に住む5

室内に光を送り込むテラス

❶の小住宅。光がほどよく入り、狭いなりに居心地がよい

サンタ・ルチア教会内部

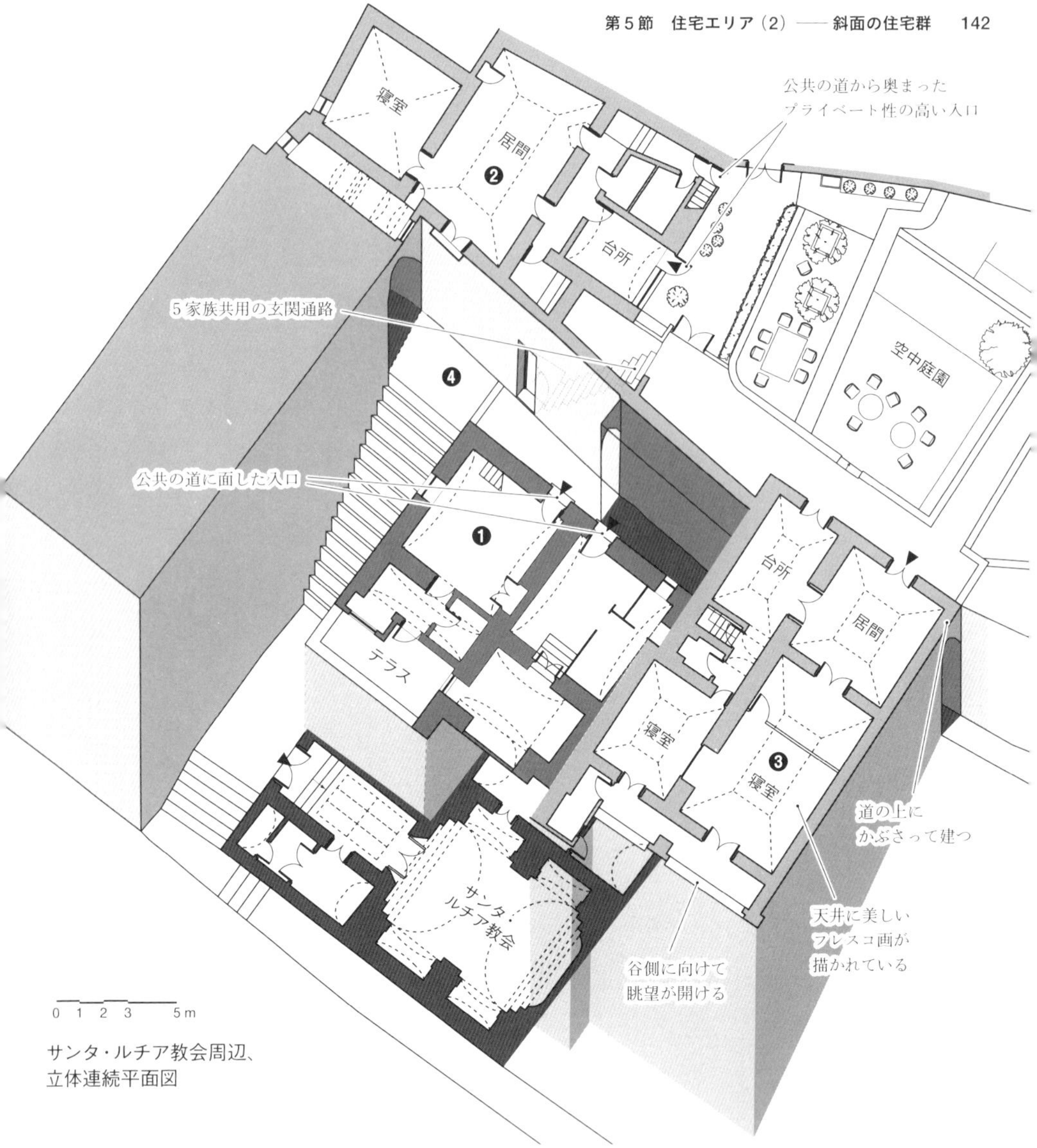

サンタ・ルチア教会周辺、
立体連続平面図

❹C 家のテラス。谷側に開けた眺望を得られる

❸M家の空中庭園。背後に山の風景が広がる

家族の共用の玄関通路として使われている。その扉を開け、階段を上がると、斜面都市の地形を生かした大きな空中庭園のような空地が前方に広がる。その手前が各住宅に向かう分配スペースの役割をもち、そこから扉を通って左手（北側）にある2つの住戸にアプローチする。上下に重なるこの2つの住戸の所有者は姉妹で、建物の1層目、2層目をそれぞれの家族で1フロアずつ使って住んでいる。ここでは意図して、公共道路からかなり引き込んでそれぞれの住宅に入る。プライベート性を高め、安全で快適な居住空間を確保するための知恵である。アマルフィではこのように兄弟、姉妹でひとつの建物を分けて使うことが多い。家族、親戚の繋がりを重んずる地中海世界に共通の住み方がみてとれよう。

　1層目の家では、家族は台所を普段の出入口として使っている。内部には居間と寝室がそれぞれ広くとられ、快適に暮らしている。2層目の妹家族の家は、山に向かって開けるダイナミックな眺望に恵まれている。

❸ 空中庭園に面するM家

　公共道路から同じ5家族共用の扉を入り、階段を上った先の共用スペースを通って、さらに家族専用のアーチの付いた扉を入ると、この邸宅が専有する空中庭園としての前庭に出る。M家の家族だけが使うプライベートな空間で、家の中へもここから入る。

　この邸宅はじつは、先にみた2つの小住宅の斜め上にあたる。しかもその前面の公共道路の上にもかぶさることによって、長いトンネルを生み出した。時代が下ってから、古い庶民的な小規模住宅の上部に、プライバシーを十分保障できる居住性の高い、立派な邸宅が建設されたというわけだ。典型的な2列奥行き2室の構成をとる。

　前面の庭に面して台所と居間がある。そのどちらにも入口があり、それぞれの奥に寝室がある。居間の奥の寝室はかなり大きく、薄い壁で区切られ2室として使われているが、昔は大広間だったと考えられる。寝室のパヴィリオン・ヴォールトの天井には18世紀頃の美しいフレスコ画が描かれている。タンバリンをもって踊る妖精の絵が特に印象的だ。

　この住宅は、アマルフィのなかでもかなり規模が大きいが、正面は私的な庭に面しており、ファサードという意識がまったくない。公的空間にも面していない。その前庭の空中庭園では、椅子やテーブルを出し、自分の家の菜園や庭園の背後に広がる山の風景を楽しんでいる。都市の内部に隠された、こうした豊かな空間が、家族や近隣の親しい人びとにとっての屋外サロンの役割を果たしている。一方、谷側に向けて開くベランダには、バロック的な独特のかたちをした装飾的なアーチが用いられ、外に開ける眺望と一体となって、最大限の視覚的効果が追求されているのに驚かされる。しかし、それは地上の閉鎖的な街路を歩く人の目には、決して触れることはない。豊かさはあくまで、内側に隠される。アラブ世界と同様、個人の富、立派さを外にひけらかすことはしない。

❹ 山側にも谷側にも開くC家

　共用階段を上った右手にある、外階段の先にある家がC家の住まいである。❶2つの小住宅の2層上にあたり、やはり街路をまたいでいる。3列1室構成の住宅で、整形の居室が並んでいる。テラスから離れたところに、各部屋を結ぶ扉が1列に配されている。テラスが3室を外部で繋ぎ、そこにある外階段で屋上テラスにも上ることができる。それぞれの部屋は、谷側に開けた眺望を得られるテラスと、数世帯で共有するセミ・パブリックな裏庭を望む開口部の両方をもつ。

街路を歩いている人びとの目には、その姿をうかがい知ることのできない山側の一段高い裏手の位置にオープンスペースをとることによって、裏（山側）にも表（谷側）にも開いた、明るく開放的なつくりが可能になった。眺望が開けるという斜面地の特性を存分に生かし、しかも、アマルフィならではのモザイク状に隠れて分布する緑のオープンスペースをたっぷり享受できる魅力的な住宅である。

スキップフロア状のコルティーレ

大きな共有のコルティーレを囲む集合性の高い居住空間は、アマルフィにはあまり多くはないが、これはその興味深い例のひとつである。

❶グロッタをもつA家／1層目

谷底の商業エリア近くでは、住宅が密集し、高密化しているため、下の階の住宅は日照条件がよくない。しかも古い時代にできているので、開口部も少ない。この小さな住戸も、その典型例のひとつで、低層部につくられた中世の古い空間形式を示す貴重なものである。

母親と3人の息子の4人が1970年代中頃から住んでいる。居間兼寝室、台所、ワインセラーという2室＋αのシンプルな構成で、天井も低いため、4人家族にとって手狭な感じは否めない。ワインセラーは昔、木炭倉庫として使われていた。これは、1層目の最も低いレベルにある。屋外のかまど用のものと思われる。このワインセラーとトイレが、ちょうど公共の道路の真下に掘り込まれたグロッタ（洞窟）の空間であるというのも、興味深い。

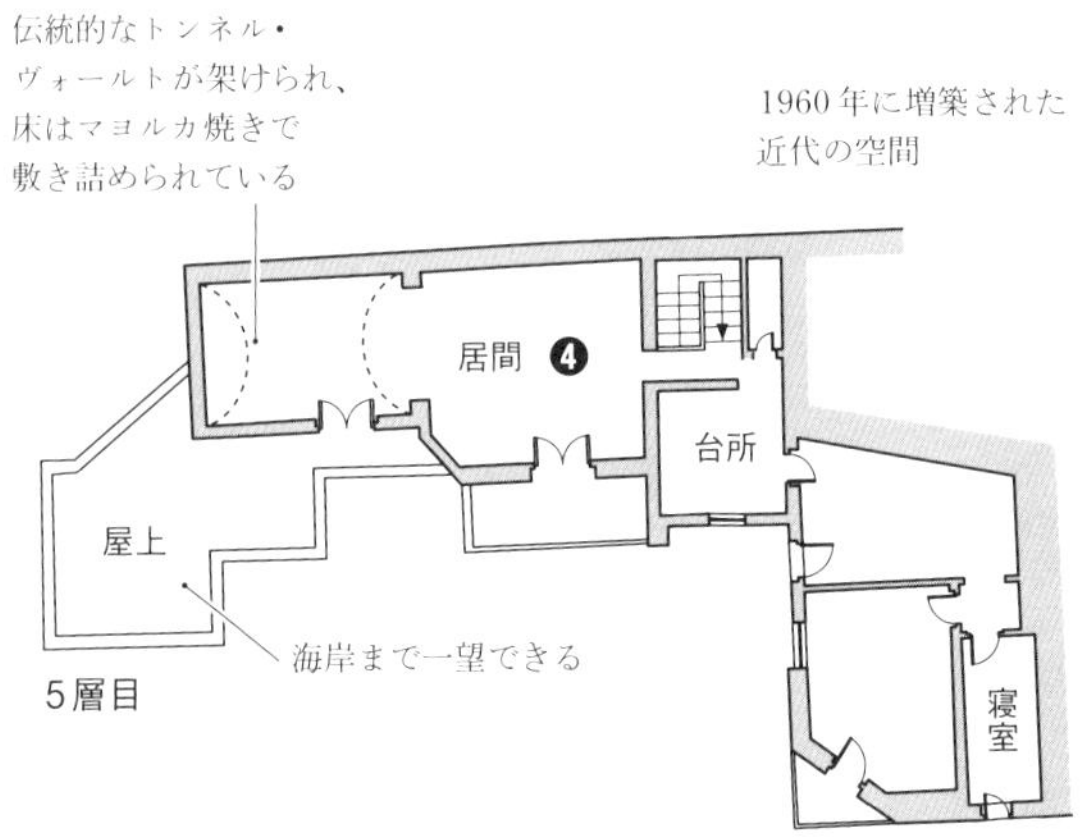
伝統的なトンネル・ヴォールトが架けられ、床はマヨルカ焼きで敷き詰められている
1960年に増築された近代の空間
居間
❹
台所
屋上
海岸まで一望できる
寝室
5層目

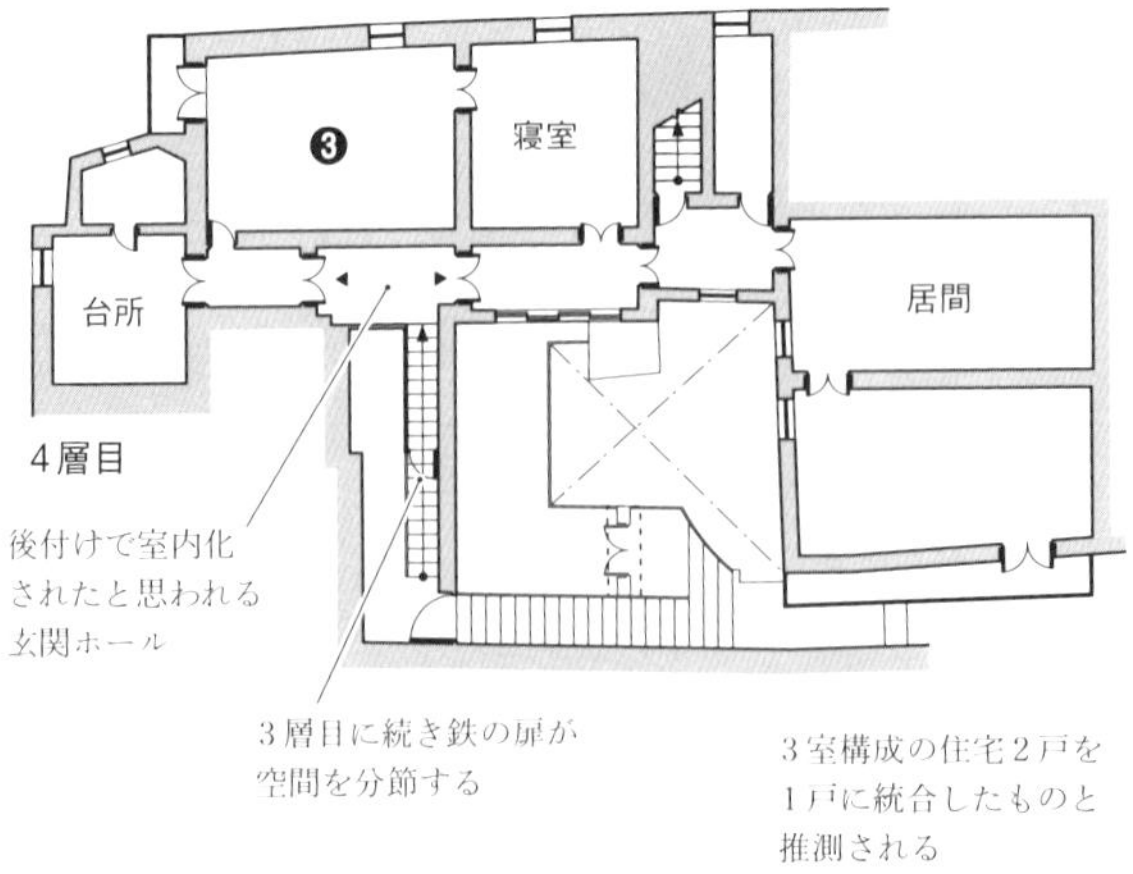
❸
寝室
台所
居間
4層目
後付けで室内化されたと思われる玄関ホール
3層目に続き鉄の扉が空間を分節する
3室構成の住宅2戸を1戸に統合したものと推測される

❷ 戸外空間を楽しむＦ家と その妹の家／２層目

　このレベルのデッキは血縁関係にある２家族が利用する。入口には扉とアーチを設けて、完全にプライベートなデッキとし、椅子とテーブルを置いて、生活空間を外にまで張り出している。昼間は室内の居間よりも、このデッキでカードやゲームを楽しみながら過ごすことが多い。また、この層まで室内にヴォールト天井が架けられていることから、ここまでが古い時代のものだと考えられる。

　所有者は普段はドイツに住み、夏のバカンス用の家としてここを使っている。この住戸は、典型的な３室構成に寝室がもうひとつ加わったかたちである。居間のパヴィリオン・ヴォールトには、かつてフレスコ画が描かれていたことが知られ、このような装飾からも部屋の格式の高さがわかる。

　アマルフィにずっと住む妹の家のほうが部屋の数も多く、生活感がある。どの部屋にもヴォールトが架かっており、唯一ヴォールトのない寝室の上はテラスになっていて、このテラスはスッポルティコ・ルーアの上にあたる。また、台所の奥の倉庫は階段下に潜っていて、空間をうまく利用している。開口部は

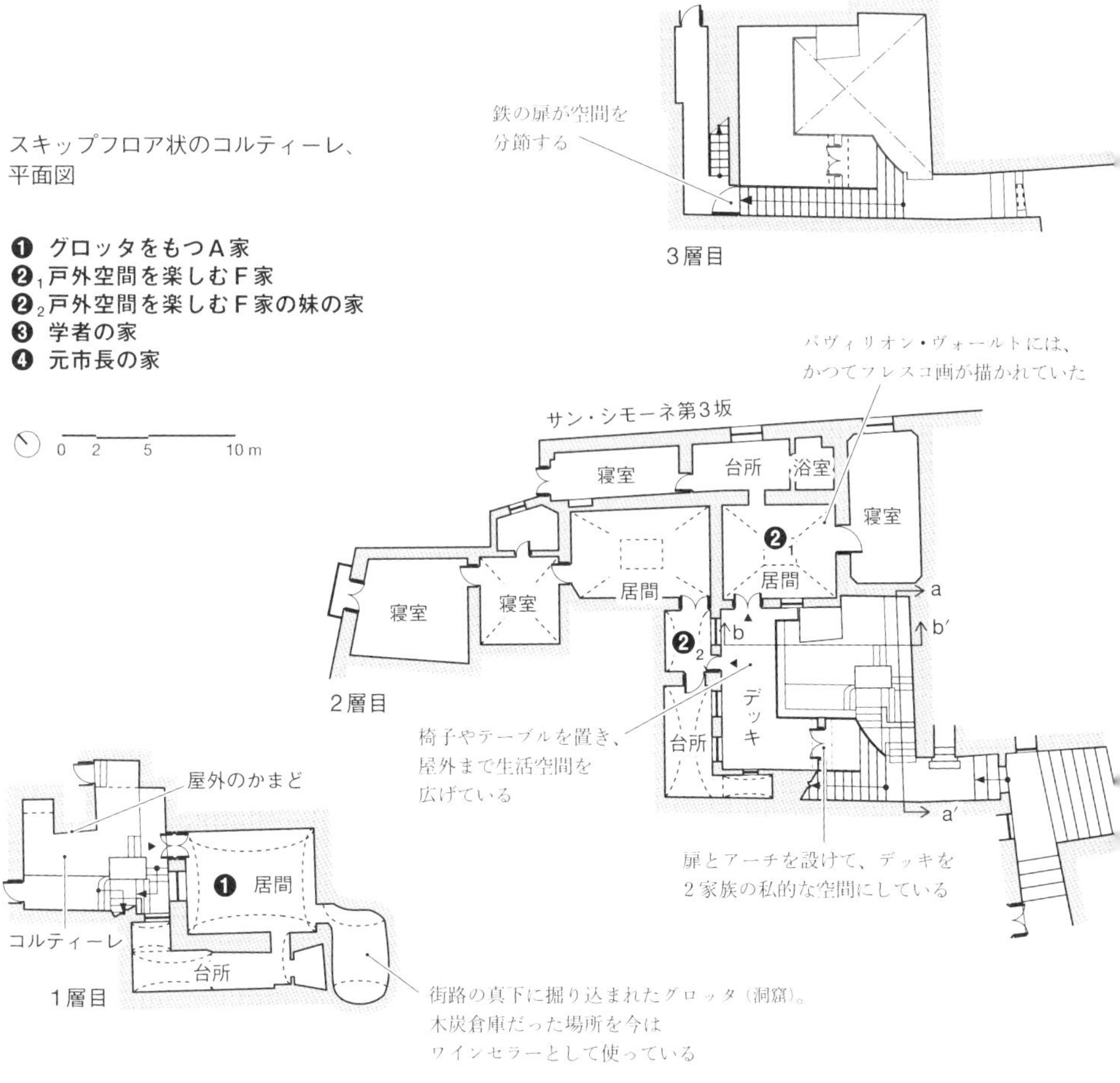

鉄の扉が空間を分節する
３層目
パヴィリオン・ヴォールトには、かつてフレスコ画が描かれていた
サン・シモーネ第３坂
寝室
台所
浴室
寝室
居間
居間
寝室
寝室
デッキ
台所
2層目
椅子やテーブルを置き、屋外まで生活空間を広げている
扉とアーチを設けて、デッキを２家族の私的な空間にしている
屋外のかまど
居間
コルティーレ
台所
1層目
街路の真下に掘り込まれたグロッタ（洞窟）。木炭倉庫だった場所を今はワインセラーとして使っている
0　2　5　10 m

スキップフロア状のコルティーレ、平面図

❶ グロッタをもつＡ家
$❷_1$ 戸外空間を楽しむＦ家
$❷_2$ 戸外空間を楽しむＦ家の妹の家
❸ 学者の家
❹ 元市長の家

比較的少ないが、メインストリート（カプアーノ通り）やコルティーレなどに開いているため、十分に採光できる。この町では、どの家も居心地のよさを巧みに追求している。

❸ 学者の家／4層目

2層目から階段を上ってくると、鉄の扉があり、まずここで空間を分節している。4層目へはさらに階段を上がるが、その途中にも鉄の扉があり、二重に分節されている。

この4層目には言語学者の夫婦とその娘夫婦が住んでいる。娘夫婦は内部の階段をさらに上った5層目（後述❹）に住んでいる。学者の家とあって、来客が多く、椅子もたくさん置いてあり、書斎の本の多さにも驚かされる。われわれがアマルフィ調査のなかで訪ねた最も豪華な住宅のひとつだ。

この住宅は2人で住むには広い。玄関ホールは、もとはデッキのような外部空間だったとすると、3室構成の住宅が2つあったと想定できる。つまり、玄関ホールを室内化することで、2戸を1戸の大きな住宅に統合したに違いない。外壁から判断しても、玄関ホールは明らかに後付けと思われる。この事例は、古い住宅の形態を踏襲しながら、それを現状のニーズに合わせて組み替えているところに、生活の知恵が感じられる。

❹ 元市長の家／5層目

前述にもあるが、鉄の扉を通り、さらに階段を上ったところにこの家のエントランスがある。鉄の扉はわれわれの調査当時（1998年）、住人に聞いたところによると、その20年前にはすでに同じ緑色のものが付いていたそうで、早い段階から空間が仕切られていたことになる。ここにはアマルフィの元市長が暮らしている。数年間、調査をしている間に、言語学者の娘の夫が市長になったのだ。長い期間調査をしていると、町の様々な変化を体験することになる。

この住居は4層目からアプローチするが、主階は5層目にあり、こちらもまた豪華なタイプの住宅になっている。1960年の増築によってできた近代の空間だが、天井高は低いものの大きな居間に伝統的なトンネル・ヴォールトが架かり、床はきれいなマヨルカ焼

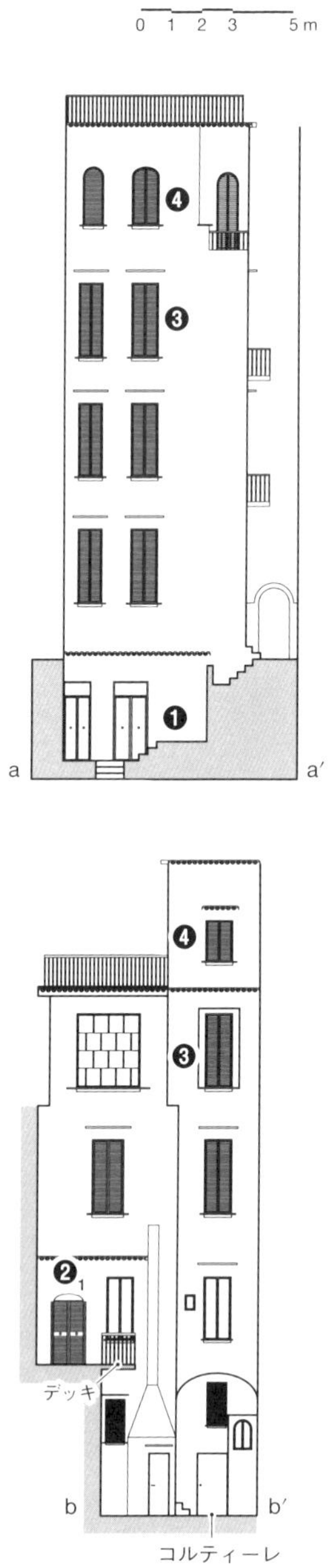

スキップフロア状のコルティーレ、立面図

きで敷き詰められ、高貴な雰囲気がある。この住宅も屋上からはやはり海岸までが一望できる。斜面都市アマルフィでは、裕福な階層の人びとが快適な生活を求めて、最上階にこのような立派な住宅をつくり出す傾向が明確にみられた。ただし、こうした階数を増やすような増築は、チェントロ・ストリコ（旧市街）の保存が確立した1970年代以後は原則、認められない。

ジーロ塔坂の周辺

❶ベランダのある家／谷側2層目

ここでは、道行く人びとの目を意識し、格子状の透けた鉄の扉の向こうに、外階段が立ち上がる魅力的な小さいコルティーレが見られる。迷宮都市アマルフィを構成するコルティーレのタイプのひとつだ。コンパクトな前庭としてのコルティーレは、❶❷❸の3家族共用の分配空間として活用されている。扉の内側に入ってみると、タイルで装飾された外階段には鉢植えが置かれ、それほど広さはないにもかかわらずこの戸外空間にはゆとりと開放感がある。そこから分かれる2層目と3層目の階段と家の間には門を設けて、3つの住戸間で互いにプライバシーを高めている。

2層目にあたるこの住宅で最も印象的なのはベランダである。この家族は入口の共用のコルティーレ以外に専用の庭をもたないものの、海側にも谷側にもパノラマの開ける快適なベランダをもつ。まさに都市的な住み方のセンスを強く印象付けられる。高齢の母親とその娘夫婦からなるこの家族は1960年頃から住み、娘はここで生まれた。下の層の住戸も同じような構成をとるが、パドヴァに住む家族が夏のバカンス用の家として利用している。

❷ひな壇造成のL家／谷側1層目

ジーロ塔坂を挟んで、ベランダの家の向かいに位置している。斜面に建設されたこのエリア周辺の住宅は、段々状に土地を造成し、石積みの擁壁の上に空中庭園としての前庭を構える開発タイプの典型例である。谷側の通りから階段で上り、前庭へ進む。住宅の1層目には廃墟のような倉庫があり、その奥には岩をくり抜いたスペースが残っているが、かつてここに雨水を集めるチステルナ（貯水槽）があったと所有者の夫人から聞けた。

庭を通り抜け、奥の階段から2層目に上がり、倉庫の所有者の家へ入る。大きな住宅だが、もとは2つの家に分かれていたという。それは平面図を見ただけでも一目瞭然で、壁の向きが歪んだ不整形な状態からも容易に想像される。踊り場にある扉を開けて進み、突き当たりを右に折れると、2つ目の台所があり、ここには段差があるのに加え、ヴォールトの高さも違うことから、もとは別の2軒だったのを、壁を取り払って統合したことがわかる。奥（北側）の2軒目を見ると、谷側のいちばん大きな寝室は1950年頃に増築したもので、天井もここだけがフラットである。

❷のL家が所有する、廃墟のような倉庫

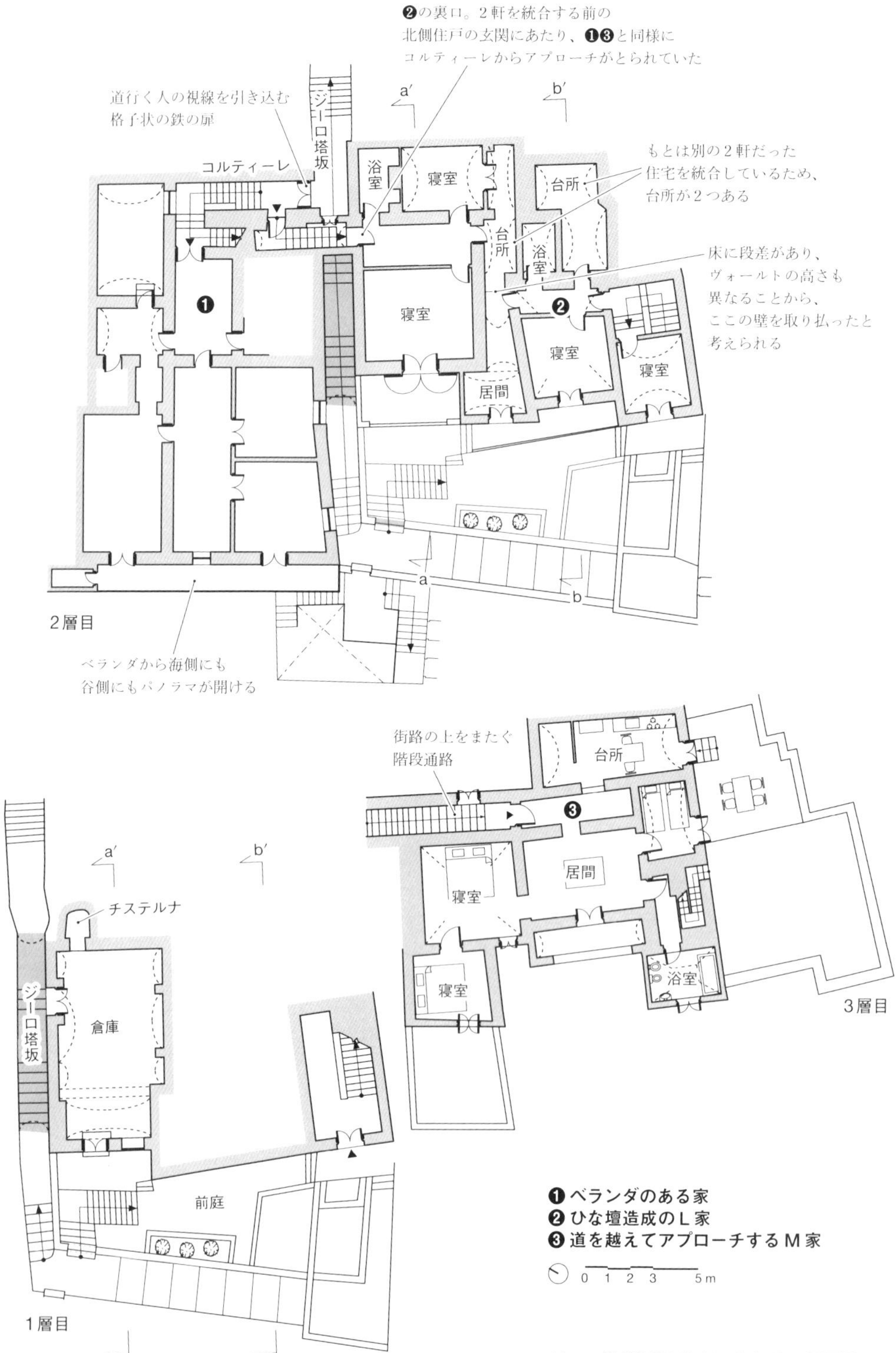
❷の裏口。2軒を統合する前の
北側住戸の玄関にあたり、❶❸と同様に
コルティーレからアプローチがとられていた
道行く人の視線を引き込む
格子状の鉄の扉
コルティーレ
ジーロ塔坂
a′
b′
浴室
寝室
台所
もとは別の2軒だった
住宅を統合しているため、
台所が2つある
床に段差があり、
ヴォールトの高さも
異なることから、
ここの壁を取り払ったと
考えられる
❶
❷
寝室
居間
a
b
2層目
ベランダから海側にも
谷側にもパノラマが開ける
街路の上をまたぐ
階段通路
❸
居間
浴室
3層目
チステルナ
倉庫
前庭
1層目
❶ ベランダのある家
❷ ひな壇造成のL家
❸ 道を越えてアプローチするM家
0 1 2 3 5m

ジーロ塔坂周辺（谷側の住宅群）、平面図

チステルナ（貯水槽）跡

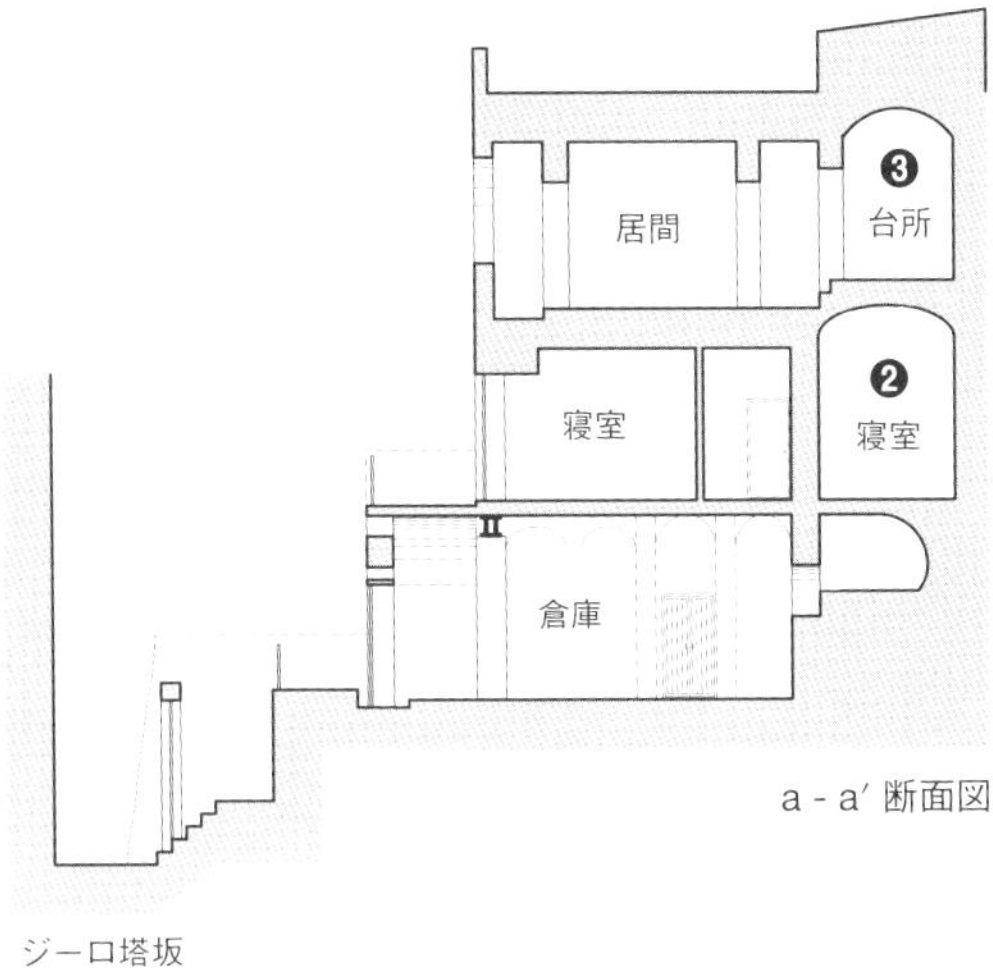

a - a′ 断面図

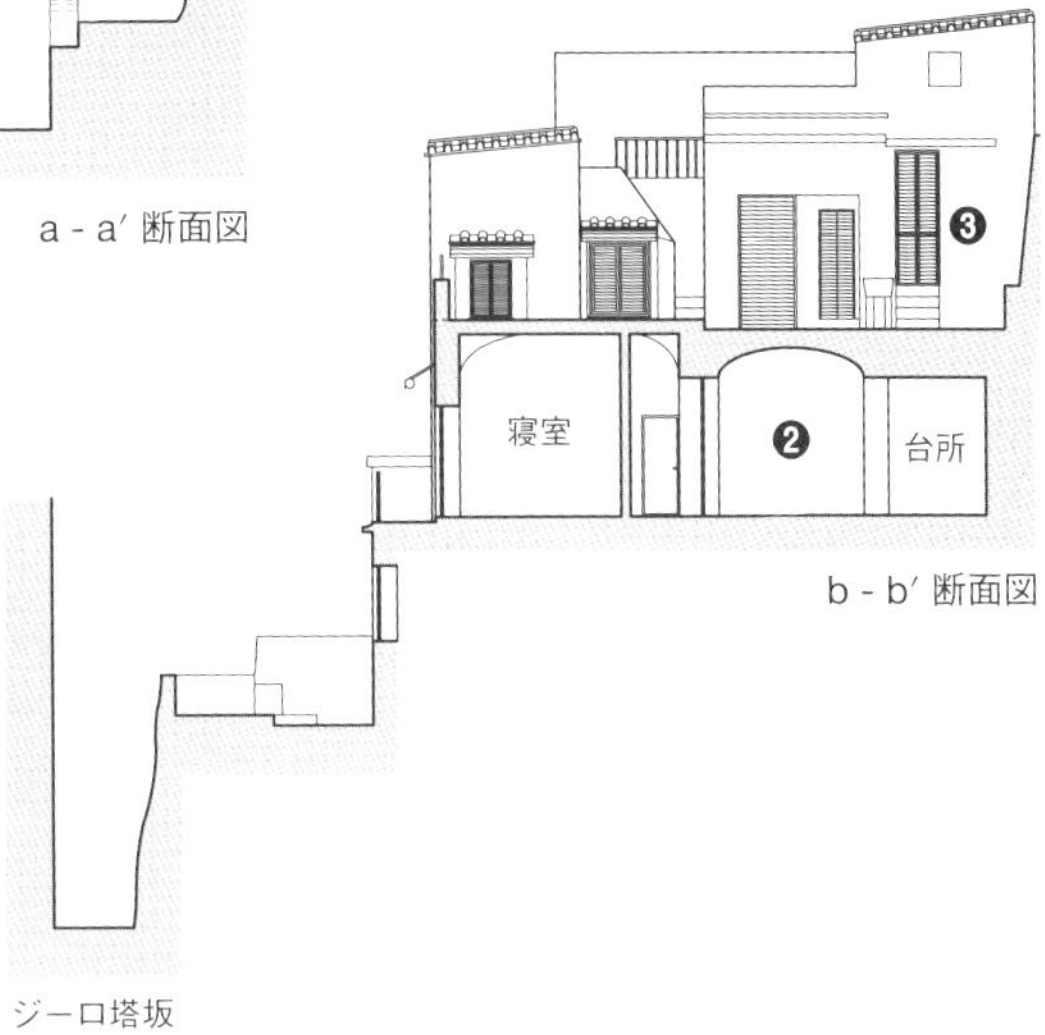

b - b′ 断面図

❷ひな壇造成のL家
❸道を越えてアプローチするM家

0　1　2　3　　5m

ジーロ塔坂周辺（谷側の住宅群）、断面図

その奥の裏手に進むと狭い階段があり、窓からはなんと下を通る街路が見渡せ、この階段が街路の上に架かり、トンネルがつくられていることに気付く。この階段を先へ下ると、❶でみたコルティーレに出るではないか。2つの住宅が統合される前は、この街路をまたぐ動線が2つ目の家のエントランスだったのだ。2軒が合体した今、不要になったとはいえ、裏口としての役割をもち続けている。住み手から得る情報と構造体から読める判断を総合して、複雑な住宅建築の形成の原理を解き明かせるのがアマルフィ調査の面白さだ。

❸道を越えてアプローチするM家／谷側3層目

ひな壇造成のL家の上に重なる3層目に来る住宅で、入口は、先に述べた共有の小さなコルティーレにとり、その分配空間から❶の家の玄関前を通ってアクセスし、L家と同様、街路の上を越える階段を上って住宅の内部に入る。街路の上には、アプローチ用の階段が2層目と3層目のそれぞれの住戸のために建設されたことになる。

住まいの構成は、谷側に寝室と居間を配置し、奥に台所や倉庫があり、ユーティリティ空間もとられている。寝室にはパヴィリオン・ヴォールトが架けられ、17～18世紀頃に上への増築で生まれたことを物語る。

　2つの上下に重なり合う住戸が、階段状の坂道の向こう側の共有のエントランスからそれぞれ入口の動線をとり、トンネルの上の階段通路を通って住まいの空間に入るという、じつにトリッキーな構成手法をみせるのは、いかにもアマルフィらしい。

❹ 聖母マリアに守られたP家／山側4層目

　ジーロ塔坂をさらに高台に上っていくと、トンネル状の公共の道路の入口に大きなアーチが架かって、そこに聖母マリアが祀られている。この像は山側を向いているので、振り返らなければその存在に気付かない。空から降り注ぐ光が白い壁に反射して、マリア像の美しさをいっそう際立たせている。立体迷宮都市アマルフィでも最も印象的なスポットのひとつといえる。8月に大聖堂の司教を招き、この祠のまわりで野外ミサが行われ、地元の住民に交ざってわれわれも参加した。

　この祭壇を通り越し、少し上った絶好のロケーションにこの住宅がある。斜面に建つ興味深い住宅複合体の最上階の4層目にあたる。門をくぐると前庭の右奥に2世帯が共用する外部階段があり、上下に重なる各住宅への分配空間になっている。そこから上がった階段の踊り場に面して小さな庭があり、トマト、アンズ、ローズマリー、バジルなど実用的な植物が植えられ、生活の豊かさがうかがえる。

　踊り場のさらにその上にこの住宅がある。谷底のメインストリートから数えると、何段の階段を上ったことになるだろうか。その背後には岩壁がそそり立ち、ここで生まれ育った婦人が戦争のとき、母親と爆撃から逃げ隠れたという洞窟もある。

　この複合建築は、もとは修道院だったとも伝えられている。この家の住まい部分は、中世のものと思われるシンプルなトンネル・ヴ

❸M家テラスの様子

ジーロ塔坂周辺、配置図

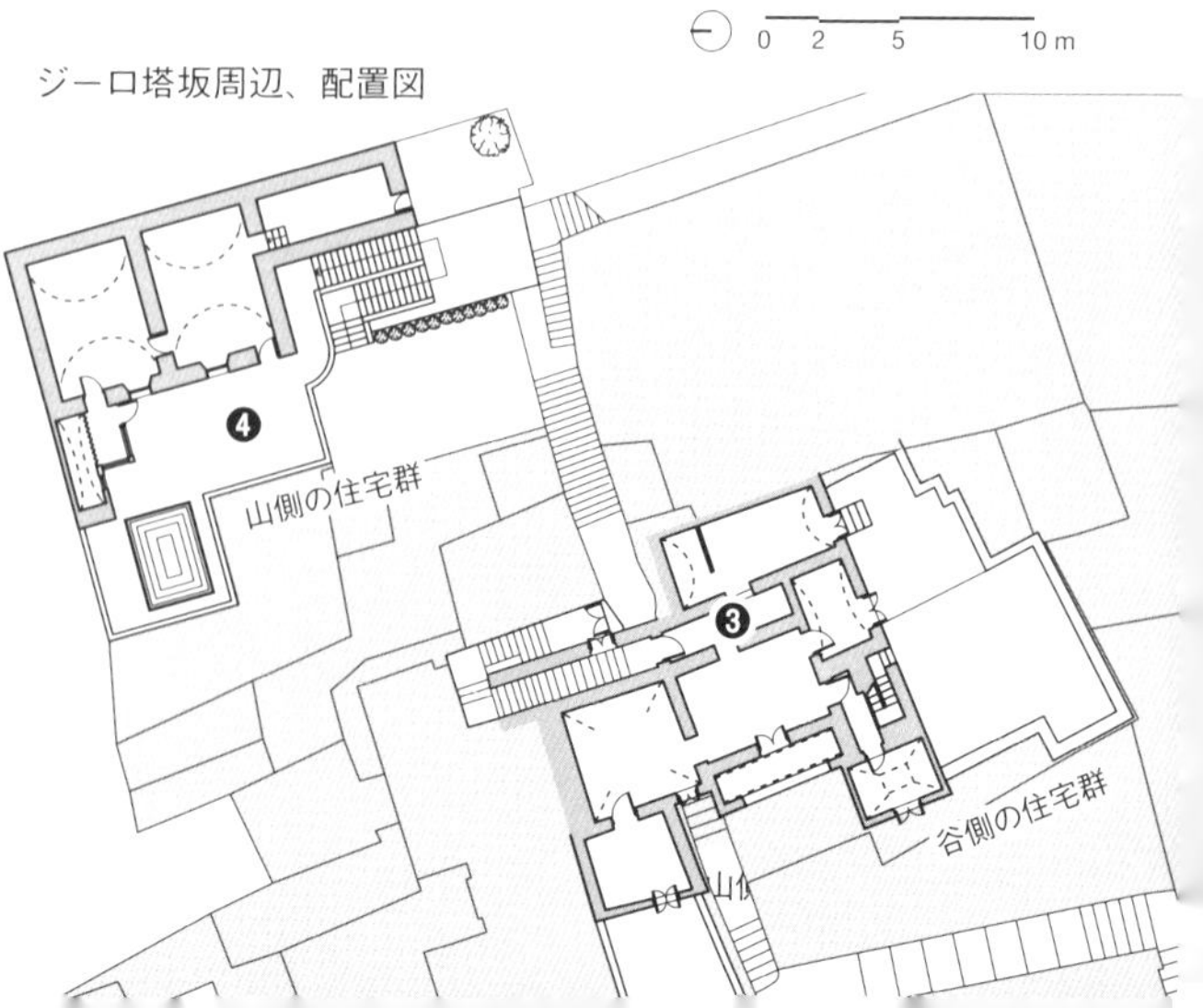

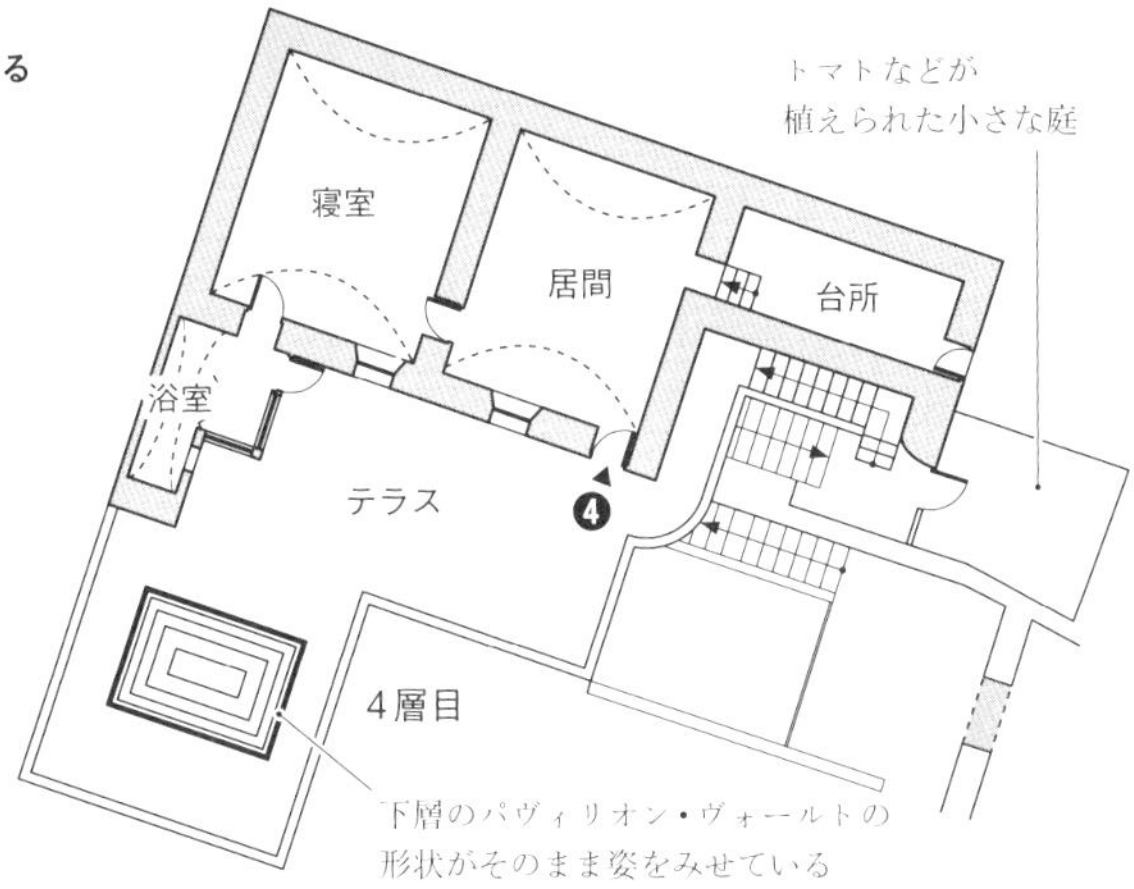

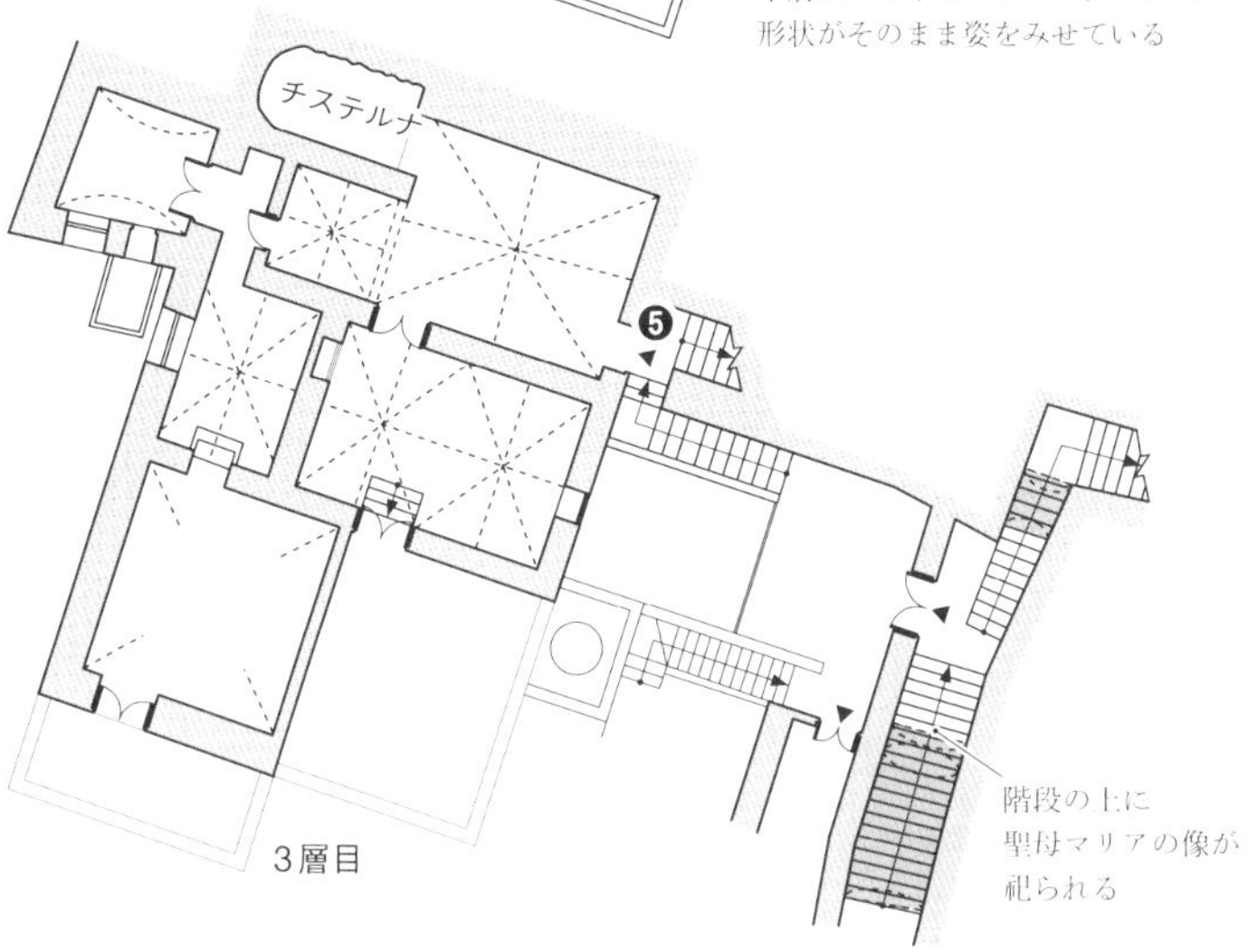

❹ 聖母マリアに守られたP家
❺ 中世の構造を残す住宅

0 1 2 3 5m

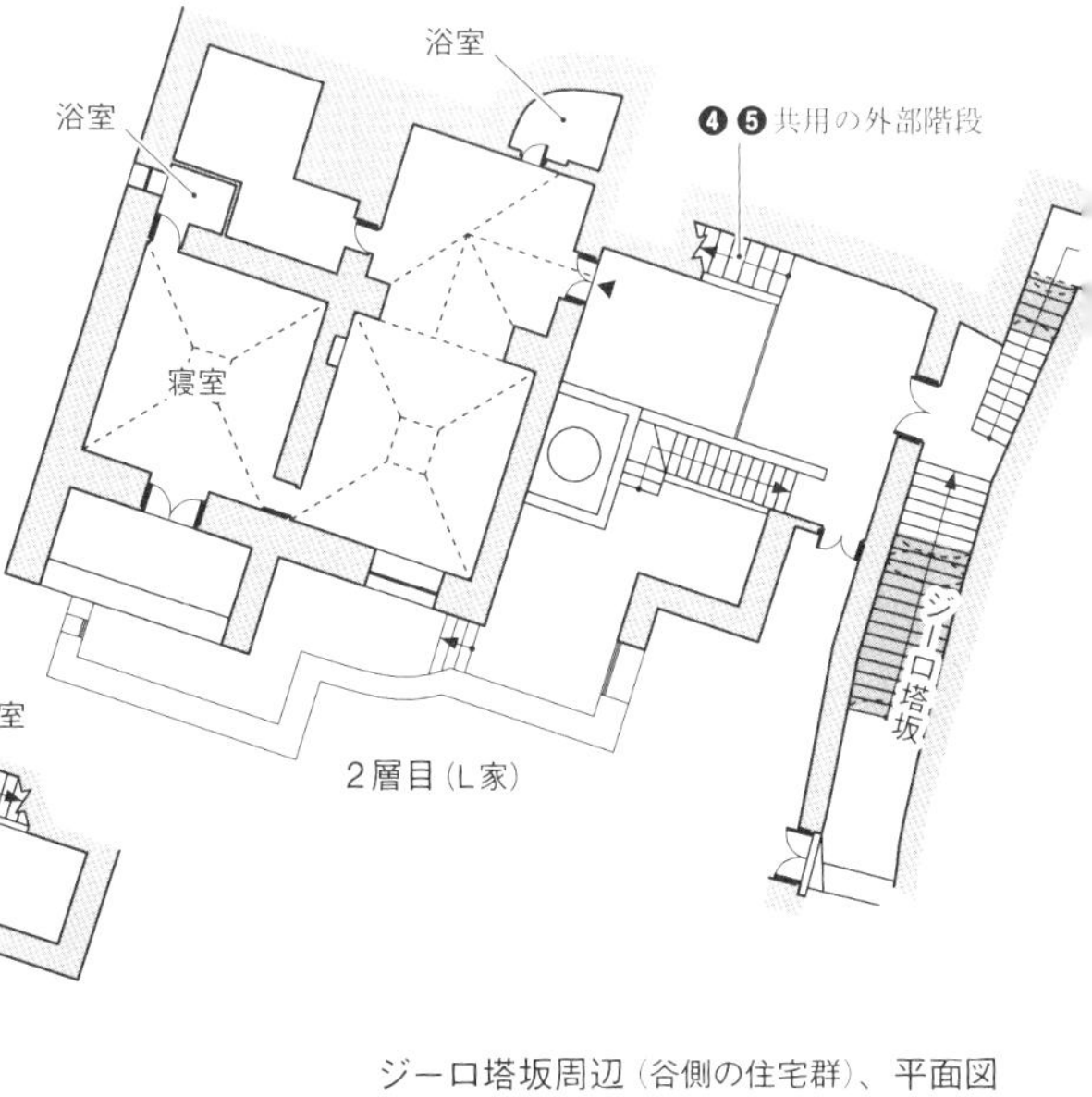

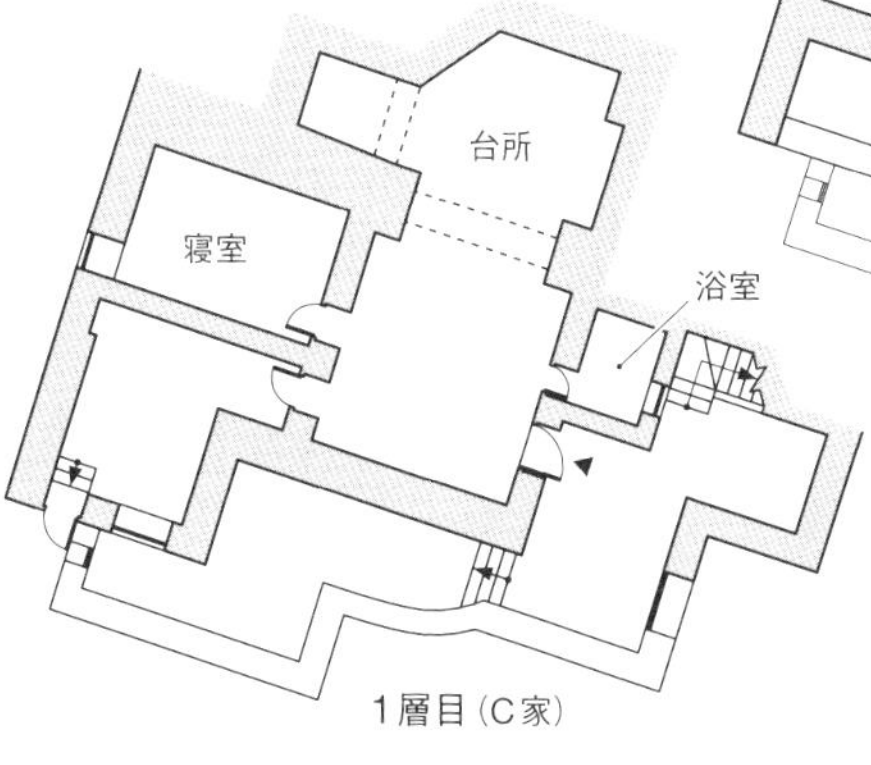

ジーロ塔坂周辺（谷側の住宅群）、平面図

ォールトの架かった部屋2つからなる。

高台のゆったりしたロケーションを生かし、2つの部屋のそれぞれが谷（西側）に向いて開き、その前面に眺望を楽しめる大きな屋上テラスが広がるのが素晴らしい。そこには、下の階の部屋に架かるパヴィリオン・ヴォールト天井の丸く盛り上がった形状がそのまま姿をみせている。これはアマルフィの伝統的なつくり方を知ることができる。開放的なテラスには椅子とテーブルが置かれ、洗濯物を干したり、鶏を飼ったりと生活空間が戸外まで溢れ出している。このテラスからはドゥオモ、鐘楼、海、山など、アマルフィの風景要素のすべてを取り込む絶景を楽しめる。ゆっくりとした時間がここには流れている。

❺ 中世の構造を残す住宅／山側3層目

P家の真下、全体の3層目の部分にじつは、12〜13世紀のものに違いない中世の住宅の構造がそのまま残っている。立派な尖頭交差ヴォールトが架かる最初の大きな部屋には、右奥（山側）に15世紀のものという大きなチステルナ（貯水槽）の跡がある。斜面上部のかつての格式高い住宅は、必ず貯水槽を備えていたと思われる。西側（谷側）の部屋にはやはり中世の尖頭交差ヴォールトが架かる。現在は空き家で、廃墟化している。

さらにその下をみると、2層目にL家、最も下の1層目にC家が住む。

東側高台の住宅群

❶ 変則的な平面形態のL家

アマルフィを代表する有力家、カサノヴァ家が所有してきた住宅をみる。第2次世界大戦中、市長を輩出したことでも知られるカサノヴァ家は、このあたりに多くの不動産をもっていた。今も高台にそびえる堂々たる建物に彼らの家系は住むが、その足元に続く一角に、地形に合わせた変則的な平面形態をもつ住宅がある。L家の母親が戦前から借家として住み、その後、娘の家族が受け継いできたが、最近カサノヴァ家から購入し持ち家となった。この家でも定石どおり、最も眺めのいい部屋を寝室にあてている。奥の台所には、ピッツァや固いパンを焼く窯が残る。また、台所の裏手に大きな貯水槽があり、所有者であったカサノヴァ家も、上に位置する彼らの住まいから、直接つるべで水を汲むことができたという。こうした雨水を溜める貯水槽は、洗濯も含むもっぱら生活用水に使われ、飲料水は戦前まで女性が毎日、下の市庁舎にある広場の人々がフォンターナと呼ぶ公共水道に汲みに行っていた。

❷ 二連アーチのC家

その北隣に、やはりカサノヴァ家が所有していた住宅がある。緩やかなジーロ塔通りの坂に沿って、擁壁の上の高台に堂々とそびえており、アマルフィの住宅としては珍しく、外観がよく目立つ存在となっている。大きなアーチを2つ連ねたベランダが目を奪う。この邸宅をC家が1980年頃にカサノヴァ家から購入した。もともとはL家と同様、C家の母親が戦前から借家として住んでいたものである。

家の隣には貯水槽があり、上から流れてくる雨水を溜めて、生活用水としていた。谷に向けて大きく開く立地を生かし、前項の❹聖母マリアに守られたP家と同様、あるいはそれ以上に、外に向けて開口を大きくとり、居室を横に並べる構成をとる。奥行きは逆に浅く、1室のみである。すべての部屋にベランダへ出る開口部があり、このベランダからは山側から海にかけて広がるアマルフィのダイ

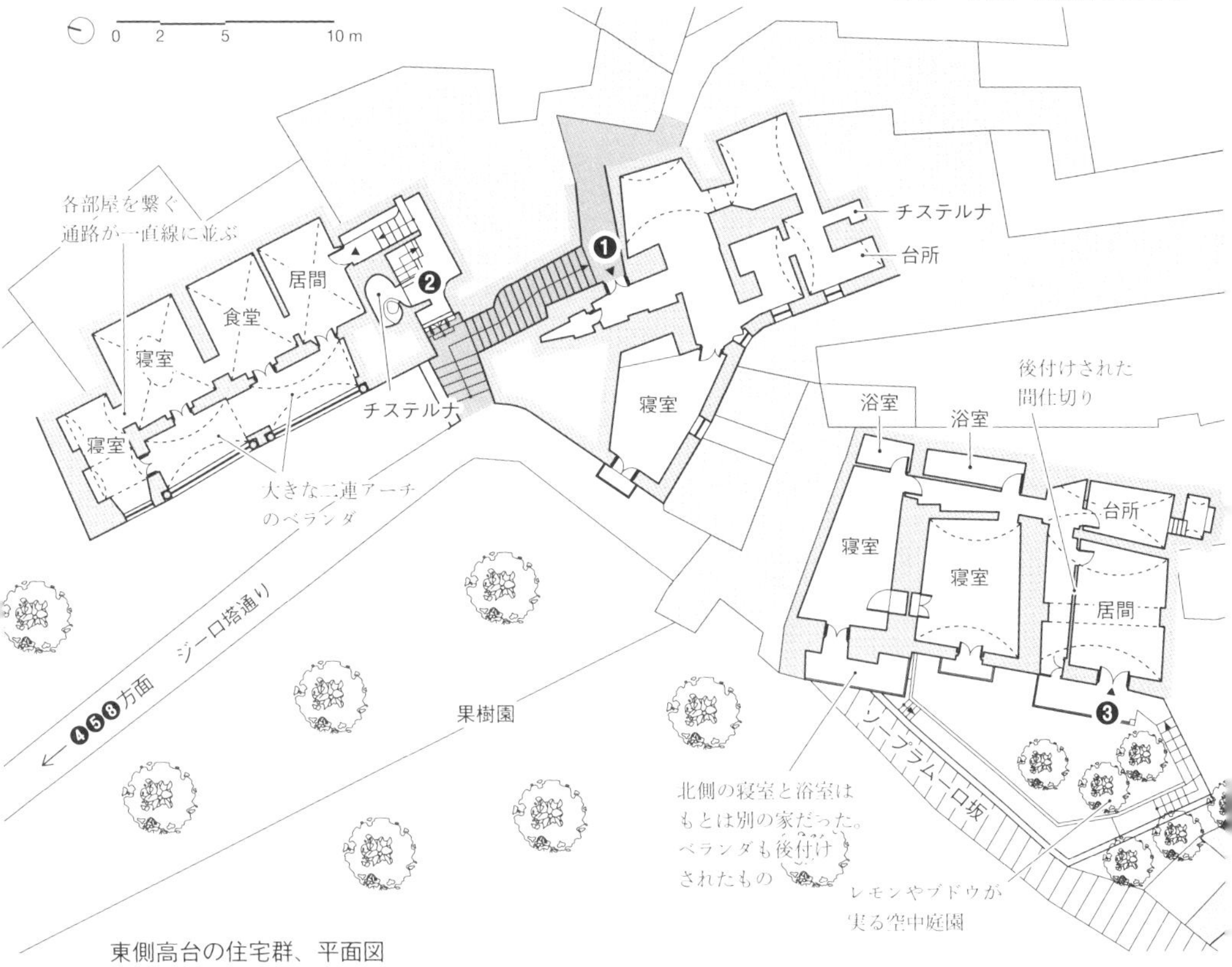

東側高台の住宅群、平面図

大きな二連アーチのベランダをもつ
❷C家（43ページも参照のこと）

ナミックな景観を楽しむことができる。

　南から居間、食堂、主寝室、子ども部屋と続くが、各部屋の間には開口部がとられ、それが一直線状に並んで見通すことができる。ヨーロッパの宮殿や邸宅に典型的にみられる構成である。しかもここでは、ベランダから各部屋へ個別にアプローチすることもできる。

　この住宅は、聞き取りでは19世紀のものというが、より古い時代から存在した建物を再構成し、現在のエレガントな様式をまとったという可能性も十分考えられる。

　また美しい景色を望むそのベランダは、二連アーチで美しく飾った構成をみせる。内側から美しい景色を楽しめるということは、必然的に反対に見られる立場にもなる。外から見られることを意識し飾るこの構成は、同じような立地条件にある前述のP家ではみられない。ここに明らかな建設年代の違いが感じられる。

❸ 2つの住戸を統合したV家

高台の道、ソープラムーロ坂に面する扉を開けて、階段を上ったところに、レモンやブドウがたわわに実る空中庭園がある。街路からは石積みの擁壁の上、3〜4メートルの高さにあるために、その豊かな緑を見上げることはできないが、庭園からは眼下にアマルフィの町と海を一望できる。

庭から外階段で上がる2階がV家の主階となっている。1階にはかつてチステルナ（貯水槽）があり、公共水道ができるまではこの水を飲み水として、水道が引かれてからは生活用水として使っていた。バクテリア除去のため、そこにウナギを放していたという。2階は3列1室構成で、山側に台所や浴室を配置している。眺めのよい高台の広い敷地にゆったりと建つ住宅の場合、こうして横に複数の居室を並べ、どの部屋からもパノラマが開けるようにつくられている。格の高い建物、特に貴族のパラッツォなどでは、3つ、あるいはそれ以上の部屋を横に並べる贅沢な構成をとる。こうした構成はじつは、周辺に空地、菜園などをとって独立して斜面に建つ、この地方の農家の形式にルーツがあると考えられる。1階は倉庫、馬小屋などのサービス機能にあてられ、この家にもみられるとおり、貯水槽が設けられることも多い。2階が居住階として用いられるのである。

この家はしかし、平面図はいささかイレギュラーなかたちをみせており、いくつかの段階を経て、現在のような構成になったと考えられる。居間と廊下の間の薄い壁は、トンネル・ヴォールトを見ればわかるように、間仕切りとして付けられたものである。また、奥（北側）の寝室は、以前別の家であったが、この家の購入時に合体し、2つの住戸を統合した大きな住宅とした。そのために、浴室が2つあるのだという。ベランダももとはなかった。トイレはかつてポッツォ・ネーロ（汲み取り式）で、夜は寝室に小さな瓶を置いて用を足していた。ポッツォ・ネーロは、水分だけが地中に染み込み、下に溜まる固形物を年に一、二度、農民が汲み取りに来ていたという。

この家族も一日に二度は町と家を往復し、そのたびにきつい坂道と階段を上り下りしている。暑い夏の調査でわれわれもそれを幾度も経験し、そのたびに音を上げそうになるが、家のベランダや庭園から眼下に広がるアマルフィを一望すると、その苦労もすっかり忘れてしまう。この家でも、庭園に椅子とテーブルを出して、レモンやブドウの木陰でアマルフィのパノラマを存分に楽しんでいる。

❸V家の玄関前ベランダ

始めに建てられた3室には

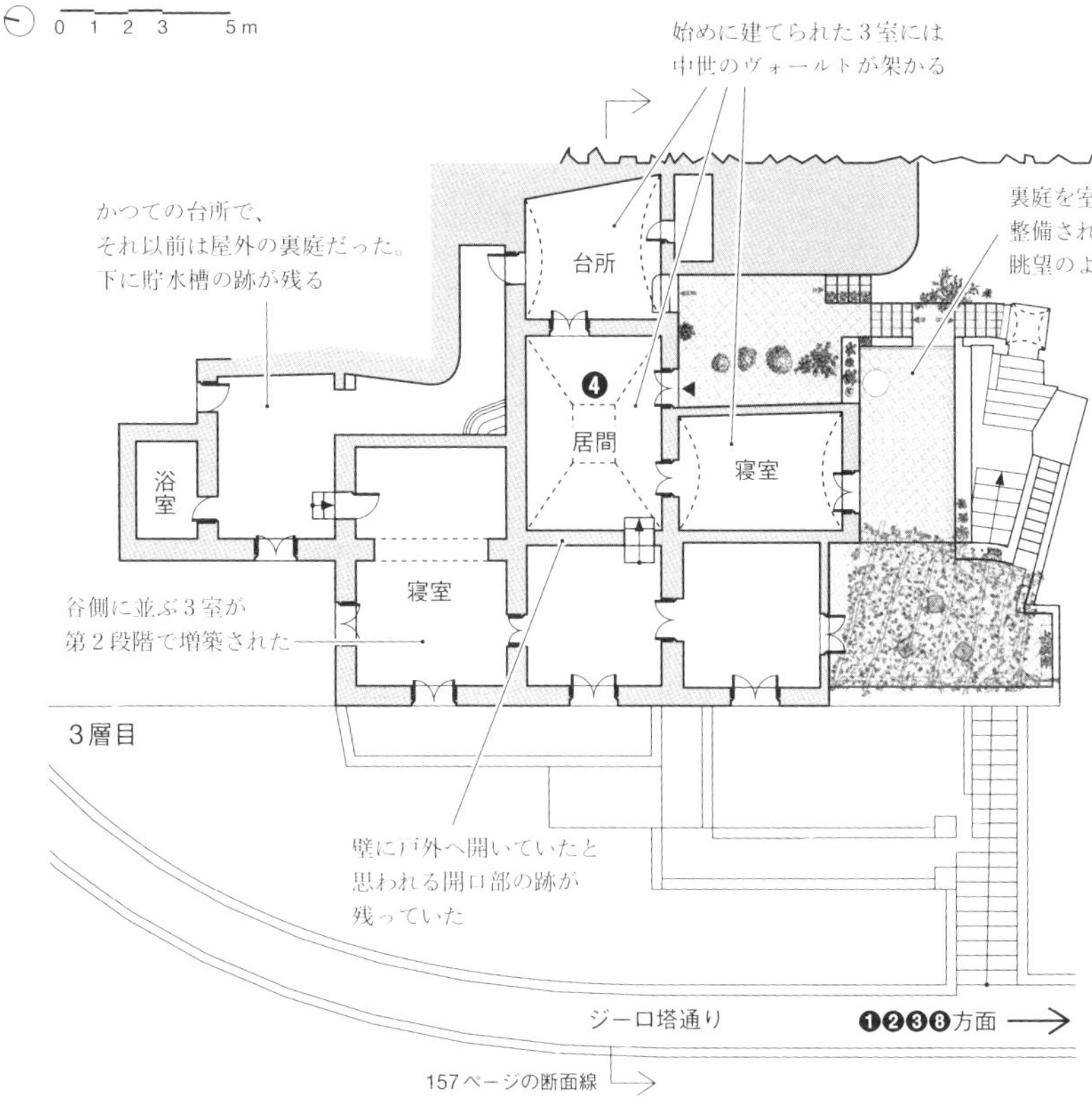
裏庭を室内化した後に
整備されたと思われる
眺望のよいテラス

❹15代続く名門A家、平面図

❹ 15代続く名門A家

アマルフィの東の外縁部の高台に、名門、A家が代々所有してきた立派な建物がある。高密な市街地の外に広がる斜面にゆったりと立地する典型的な住宅にみえるが、実際には歴史の層を重ね、複雑な構成をとる興味深い建物である。

最も条件のよいその最上階の3層目に、所有者のA家が住む。斜面に沿って走る高台の道、ジーロ塔通りの坂から、山側に斜面を真っ直ぐ階段で上がってアプローチする。弁護士である主人は、歴史に造詣が深く、家に受け継がれた古い文書を読み、また公的な古文書館で史料を探し、A家の歴史を調べ上げている。同時に、建築にも大きな関心があり、自分の家について詳しい知識をもっていた。A家は15代前まで遡れ、1858年、この家のもとの所有者だった家族の娘との結婚を機に、ここへ移った。

谷側に並ぶ3室が
第2段階で増築された

157ページの断面線

そもそもこのあたりは、すぐ近くに古い教区である（1079年まで史料的に遡る）サン・ジョヴァンニ・デ・ソープラムーロ教会があった場所で、中世の早い段階から住居群も存在したはずである。この建物全体も、もちろんA家の所有となる以前の長い歴史をもつ。

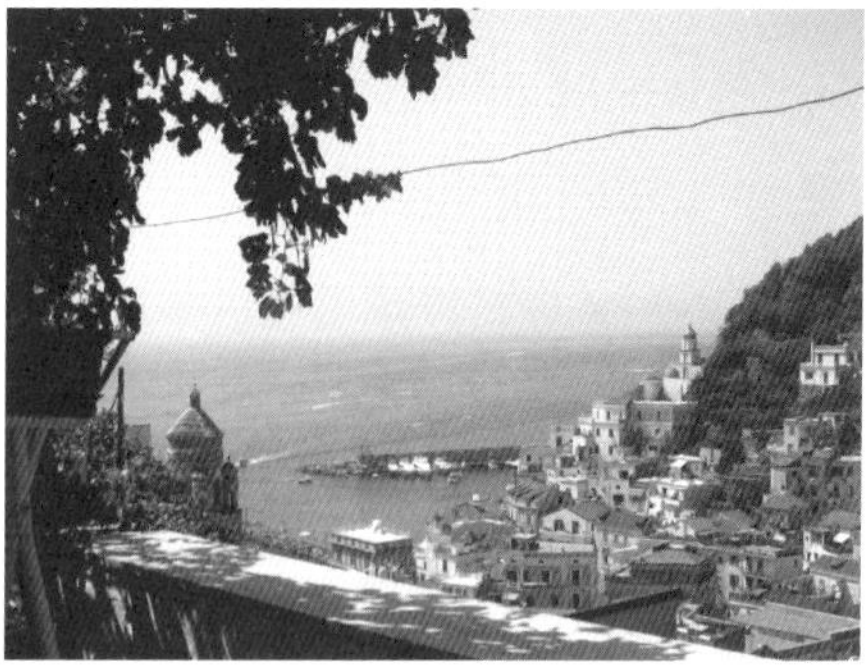

心地よい木陰をつくるブドウ棚がある❹A家のテラスからの眺め

　この住宅は、増築の過程を通して、高台に立地するアマルフィの住宅の特徴をよりよく示すようになったといえる。まず始めは、山側にあるいずれも中世のヴォールトの架かっている台所、居間、寝室の3室だけだった。それを示すものとして、パヴィリオン・ヴォールトの架かる居間の谷側の壁に、戸外に開いていたと思われる開口部の跡が残っていたという。次の段階で、谷側に3室を増築した。定石どおり、谷に向かって横に広がり、各部屋からアマルフィの絶景を望むことができる。そもそもアマルフィの17～18世紀以後に高台につくられる（新築だけではなく増改築による再構成を含む）住宅は、谷に向かって部屋を平行に並べるプラン（3列構成が標準）をとり、各居室から眺望を得ることを理想としていた。この家はそうした特徴を、増築を通して実現したのだ。この家の所有者の家系は前述のように1858年にここへ引っ越してきており、現在の建物の基本的な骨格は少なくともそれ以前に遡ることは間違いない。

　浴室のある、変則的なかたちの部屋は、かつての台所であり、その下には貯水槽の跡がよく残っている。水道が設置される1930年頃までそれが使用されていたという。また、1937年製のどこか懐かしいタイル貼りのガスレンジや、19世紀後半につくられた伝統的なかまどが残っている。しかし、それ以前は屋外の庭であり、19世紀後半に室内化された。現在もその姿はほとんど変わらずに見られるが、もはや使われてはいない。おそらくこの裏庭が室内化されたときに、それと引き換えに、表側を飾る現在のテラスが整備されたのではないだろうか。つまり、サービス空間としての裏庭ではなく、庭園として美しく整えられた庭がアマルフィ全体を眺められるところにつくられたと思われる。

❺ A家の下に位置するM家

　A家が所有する同じ建物の2層目にある住まいである。やはり、高台のジーロ塔通りの坂から同じ階段を途中まで上り、左に折れ、建物の前面にある外階段で2層目にアプローチする。前面に大きなアーチを連ね開放的につくられたロッジア（柱廊）から、室内に入る。内部は2列2室の構成をとり、天井を見ると、帆状ヴォールトとトンネル・ヴォールト、そして12～13世紀の尖頭交差ヴォールトである。こうした古い形式のヴォールトの存在で、サン・ジョヴァンニ・デ・ソープラムーラ教会のすぐ近くに位置して、中世から住宅があっ

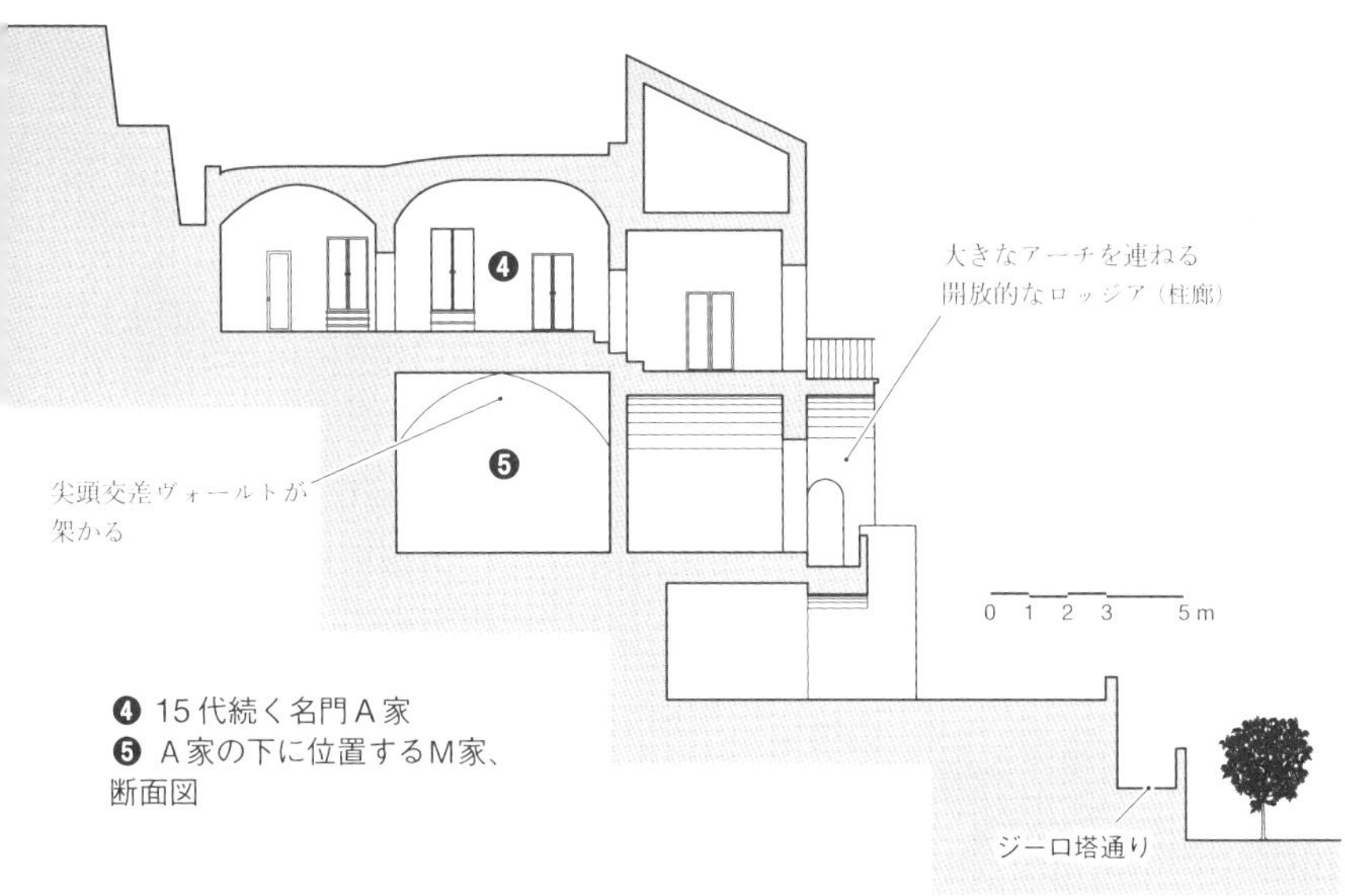

❹ 15代続く名門A家
❺ A家の下に位置するM家、
断面図

たことが裏付けられる。

山側の奥の2部屋は、岩を掘り抜いてつくられている。かなり古い可能性もある。岩の掘り抜きで荷物置き場を設えている。しかし、地中の湿気が壁から染み出してしまうらしい。台所の外には、岩を掘った貯水槽の跡が残っている。

❻ 上下共有の貯水槽をもつC家

高台の道へと続く街路に沿ったこの住宅は、教会が所有する広大な果樹園の北側に面している。街路から鉄の扉を開け、2世帯共用の外階段を上ると、2階のレベルにとられた気持ちのよいテラスに出る。このテラスは、緑は鉢植えしかないが、一種の空中庭園であり、2家族共有の前庭となっている。街路面よりかなり高く上がっているため、外来者の目にはまったく触れず、プライバシーが保障されている。トランプをしたりしてくつろぐ場であり、また洗濯物を乾かすのに欠かせない場所でもある。各住戸へはこのテラスからアプローチする。そのうちひとつが、C家の住まいで、居間にはパヴィリオン・ヴォールト（17〜18世紀）が、そこから数段下がった寝室には中世の帆状ヴォールトが架かっている。道路

❻C家のパヴィリオン・ヴォールトが架かる居間

❻C家の入口

❺M家の尖頭交差ヴォールト

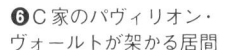

側に配された台所には、居間から階段を少し上って入る。同じ住戸のなかでこのように段差があることから、中世の早い時期からいくつかの段階を経て、今日みるような構成となったことが想像できる。

貯水槽のあり方も注目される。街路から扉を入ってすぐの、外階段が立ち上がる手前のところにその汲み口があり、同時にまた、C家の台所からも縦穴を通じて水を汲み上げることができた。

品のよい高齢の夫婦と娘が住む。娘はすでに述べたサンタ・マリア・マッジョーレ教会の前の雑貨食料品店を経営している女性である。80歳の母親がある作家の言葉を引いて、素敵なアマルフィ自慢を聞かせてくれた。「アマルフィの人たちは、亡くなっても天国には行かない。なぜなら、すでにそこにいるからである」と。

❼プレゼピオのC家

道路を挟んで❻のC家の向かいにある建物の3層目にこの家族が住む。街路から扉を開けて入ると、階段がある。それを上ると、途中2層目に別の家の入口があり、さらに3層目まで上ったところに一族の2世帯用のエントランスがある。階段の途中にある立派なプレゼピオ（キリスト降誕の場面を表現した模型）は主人が自分で制作したもので、この家族の自慢である。

3層目のこの家は2列2室構成のプランをとる。やはりここでも、山側にあたる玄関ホールに中世の古い帆状ヴォールトがみられるのに対し、谷側の2室には、より新しい時代のパヴィリオン・ヴォールト（17〜18世紀）が

❻C家および❼C家、平面図

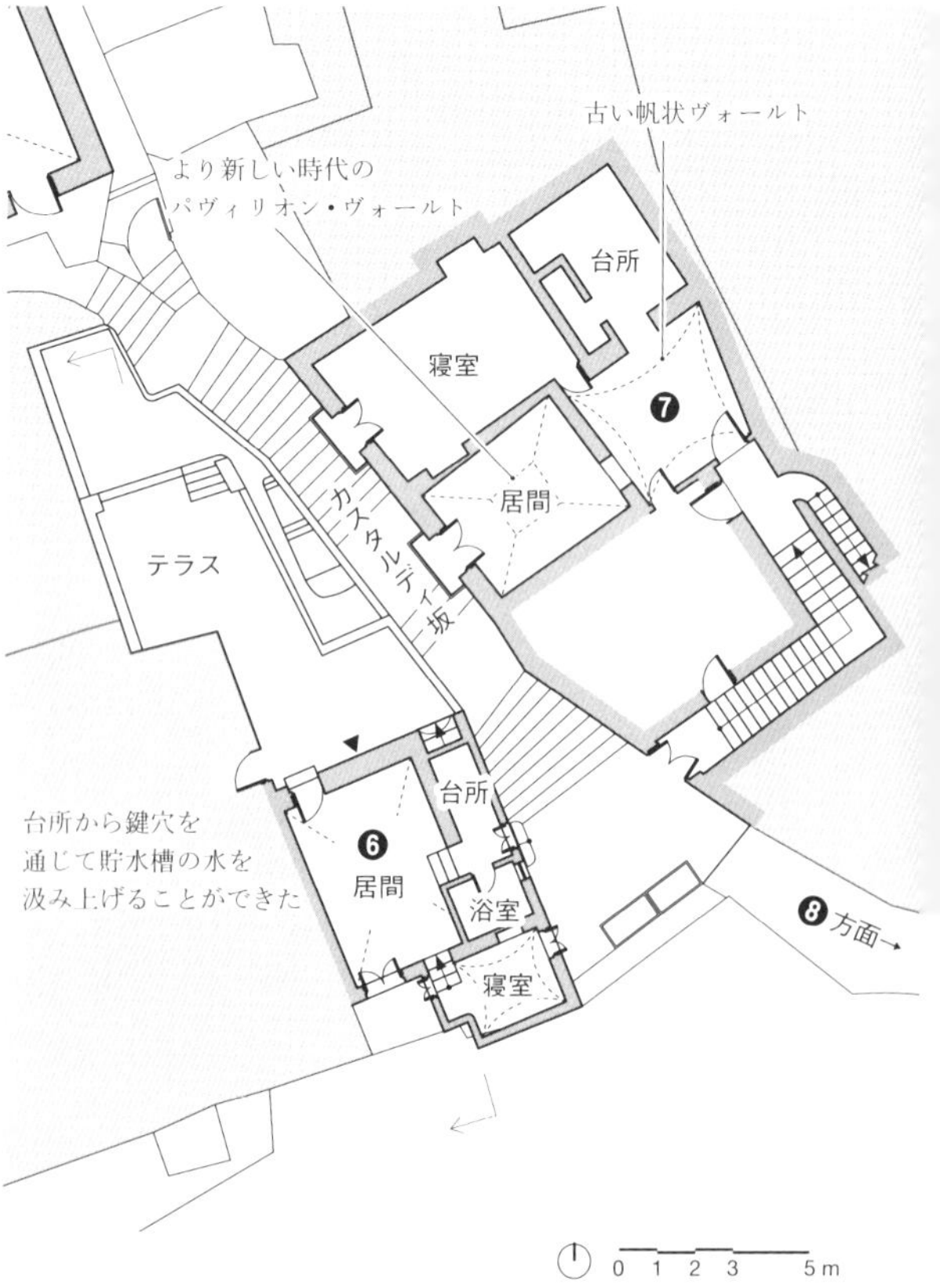

階段の途中にある❼のプレゼピオ

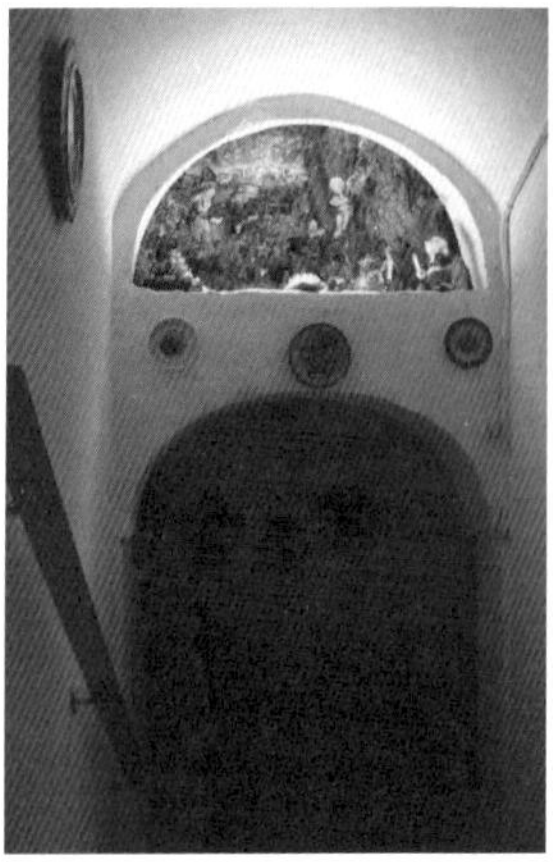

架かる。アマルフィにおける東側斜面の高台外縁部には、まず山側に中世の小規模な家ができ、後の時代に、居住性を高め外観も美しく飾るために、谷側に大きく増築した例がいくつも見出せるのである。

そして、さらに階段を上り屋上に出ると、素晴らしい庭園がつくられており、まさに空中庭園の趣をもつ。その眼下に開けるアマルフィの町全体の眺望は圧巻である。この屋上レベルに、ガラス張りの明るい部屋が息子の家族のために増築された。こうして、一族の数世帯が同じ建物の内部に集まって住むことは、アマルフィではしばしばみられる。血縁関係にある大家族が同じ建物に住んだ、中世のドムス（邸宅）の住み方が、かたちを変えながらも今日にまで受け継がれてきたといえるのかもしれない。

❽　3層を使うS家

山裾の眺めのよい高台を北から緩やかに下りてくるジーロ塔通りと、下から急な階段を上がってくるカスタルディ坂とが鋭角に交わる三角形の敷地に、3階建ての面白い住宅が建つ。岩盤の上に建設された迫力ある姿をみせている。20世紀初めからここに住むS家は、もとは隣の建物も所有していたが、売却し、現在はこの建物のみ所有している。

アマルフィでは、建物の2層にわたって生活空間をとっている家族は現状では極めて少ない。イタリア都市には一般に、有力家がパラッツォ全体を所有し、家族と使用人で使う傾向があり、今も部分的にそれが受け継がれている。それに対しアマルフィでは、かなり裕福な家族でも、ひとつの階のみに住むかたちが一般的である。中世の繁栄した時代に、有力家のドムスがつくられたものの、以後この町には上流階級のステータスシンボルとしてのパラッツォを構えるという考え方があまり発展しなかったといえよう。むしろ、既存の建物の上に増築しながら、条件のよい上の階に裕福な家族が住む形式がとられていった。

その点からみると、S家のこの住宅は、小さな敷地ながらも3層とも同じ家族で所有して使っている珍しい例といえる。どの階の窓からも、ドゥオモ、鐘楼、海、山などからなるアマルフィの魅力的な風景がよく見える。3世代で住み、入口のある階には居間と寝室、下の階には台所と子ども用の寝室、上の階には母親の寝室がとられている。

❽S家の外観。どの階の窓からもアマルフィの風景がよく見える

❽3層を使うS家、平面図

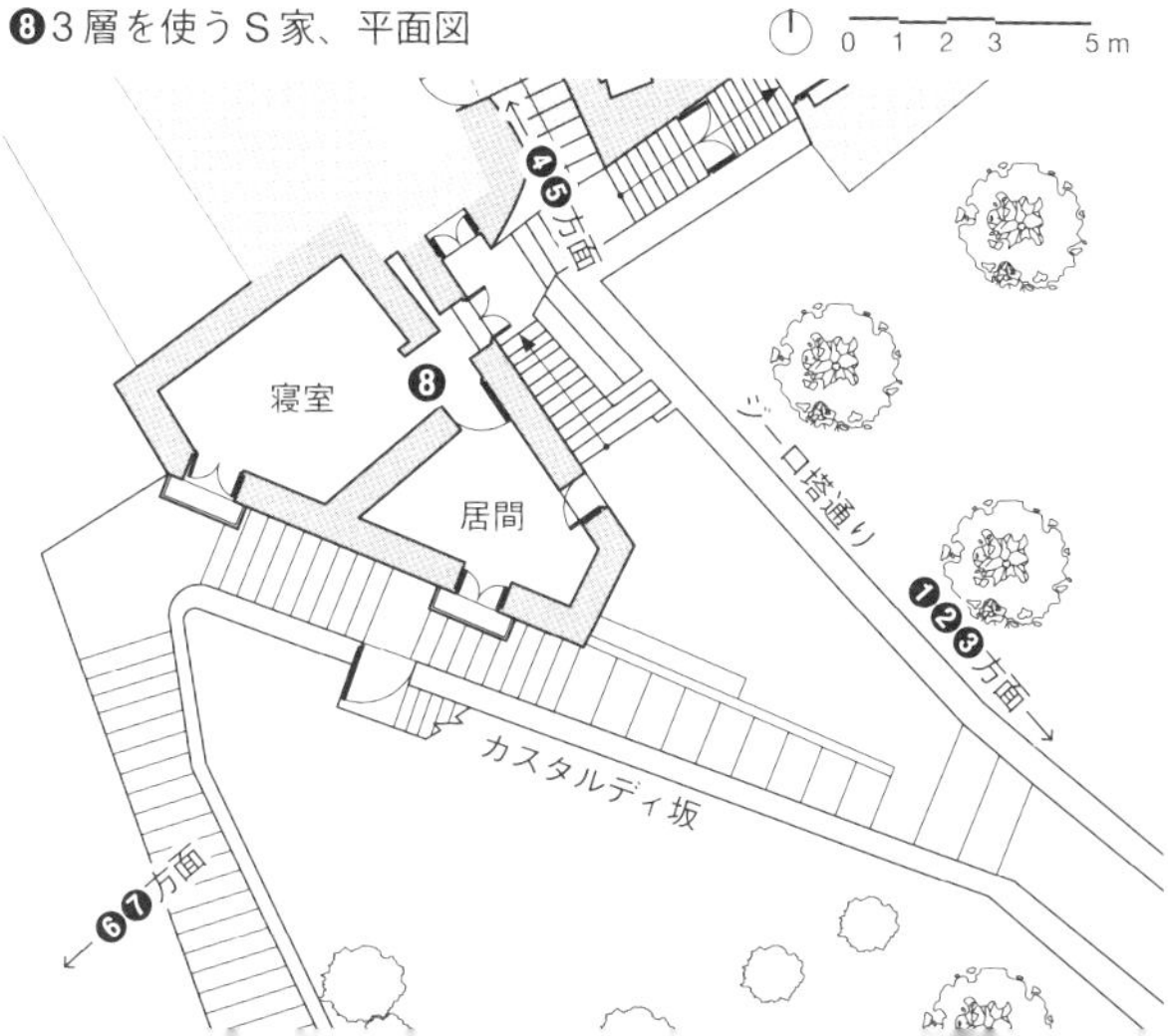

第6節　産業エリア――谷の奥に広がる近代化遺産

アマルフィの北の城門を出た谷の奥のほうに、川の流れを活用し製紙産業を発達させた産業エリアがある。ヴァッレ・デイ・ムリーニ（水車の谷）地区と呼ばれ、今も水車のある産業遺産としての製紙工場の跡が多くみられる。アマルフィは18世紀に再び繁栄を迎えたが、それもカンネート川の上流域に、水車を利用して数多くの製紙工場ができたことによる。

製紙工場

現在その姿を見ることができる製紙工場はわずかに3つだけだ。そのうちひとつは博物館として残されているため、実際に紙の製造を続けているのはカヴァリエーレとアマトゥルーダの製紙工場のみである。

1940年代までアマルフィには16の製紙工場があり、当時の経済基盤になっていたという。しかし、市場の変化や、海外からの安価な紙の輸入によって次第に減少を始め、1970年には現存する3つの工場しか残らなかった。

今も現役のカヴァリエーレ製紙工場では土産物用の名刺やはがきをつくっている。昔ながらの製造法を現在も用いているため、見学に訪れる人も多い。11月から2月までが水嵩も増すことから製紙業のピークとなる。それまでの間は観光客を相手にその製造法をレクチャーするという。建物は1階が工場、2階が住居となっており、主人と2組の娘夫婦で住んでいる。10人の孫がいるという大所帯である。2階部分は増築であることがファサードからもわかる。過去に描かれた工場の絵にも、2階部分がない。

現在は博物館になっている製紙工場内部

谷の奥にあった工場も廃墟となっている

16 あった工場も今ではほとんど稼動していない

博物館に展示される製紙機具

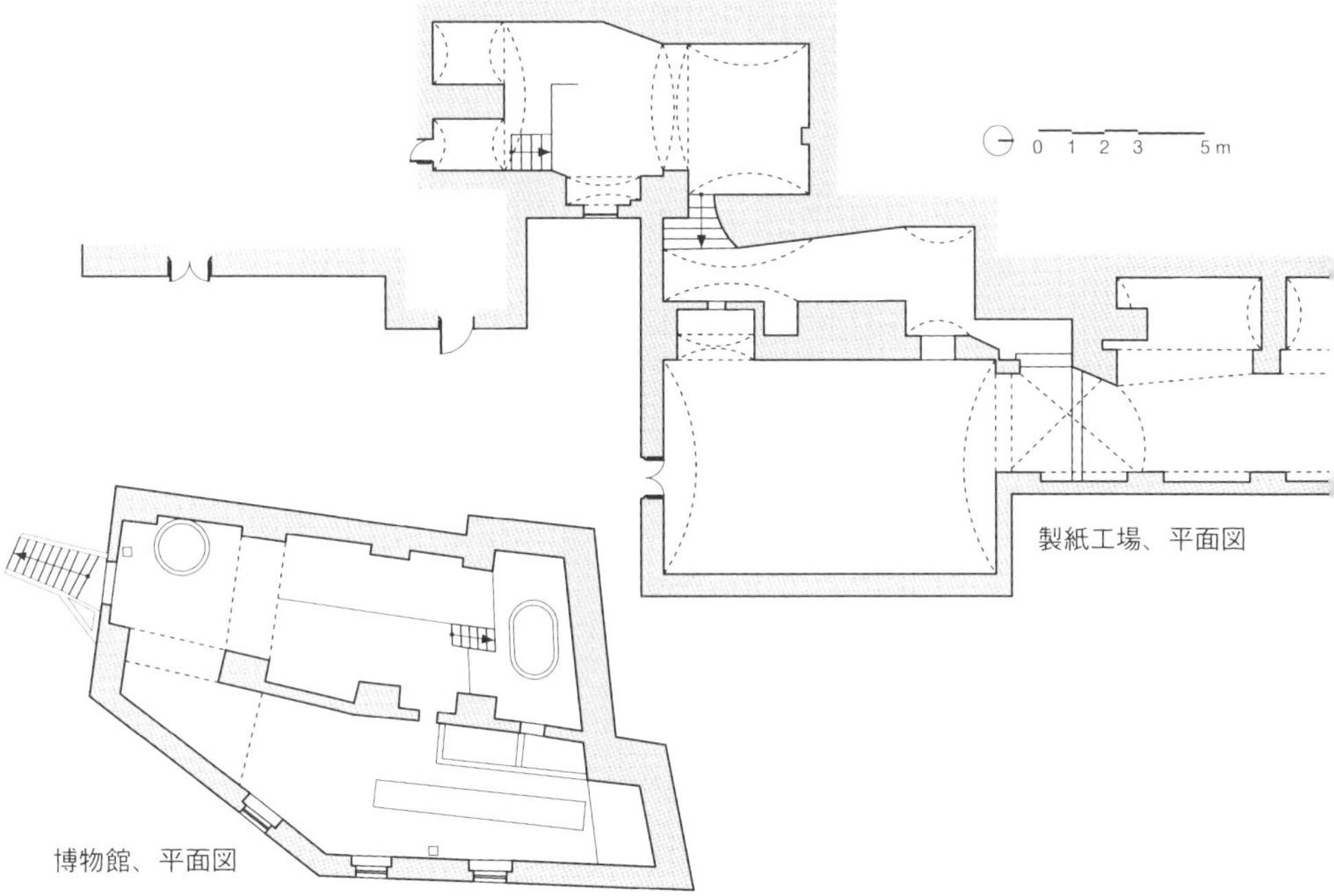

製紙工場、平面図

博物館、平面図

左の建物が現在も使われている製紙工場

暗渠化される前の製紙工場周辺の風景*

博物館は、水車利用による製紙工場の姿を今に伝える。この建物自体も製紙工場であり、様々な機具が展示されている。地下を水路が走り、床の下から水の流れる音が聞こえる。

人里離れたG家

工場群からさらに北へ、谷沿いの東側斜面をかなり上った緑に包まれた一画に、G家の夫婦と子ども2人が住む田園の住宅がある。レモン畑の枝がトンネル状に覆いかぶさるアプローチを抜けたところに独立して建つ、3層の美しい建物である。正面入口の上に記された年号から、1647年に建設されたことが知られている。

2、3層目がG氏の所有となり、1層目は別家族のもの。2層目（G家1階）には居間に面して、旧市街方向にテラスを設けている。ベランダにはアーチが架かり、アマルフィの眺望を切り取る。これまで詳しく述べてきた、斜面地の住宅群よりも山側に奥まっているため、谷間の旧市街とその向こうに広がる海を見渡せる旧市街の住宅とはまた違った景観をみせてくれる。

また、谷の奥まった場所、人家もまばらな立地のため、周辺には緑も多く、落ち着いた住環境を提供する。3層目に目を移すと、寝室として使用される2列構成の各部屋にはともに立派なパヴィリオン・ヴォールトが架かり、その形状を生かした独自のデザインの窓が開いている。建設年が1647年とわかっていることは、こうしたパヴィリオン・ヴォールトの年代を知るのに有力な手掛かりとなる。このヴォールト天井は、外階段から上る屋上部分に、形状がそのまま現れており、前面に眺望が開ける開放的な屋上のちょっとしたデザイン・アクセントとしても目を楽しませる。

そもそも、旧市街からさらに奥まったこの周辺は、18世紀に製紙工場が建設され始め

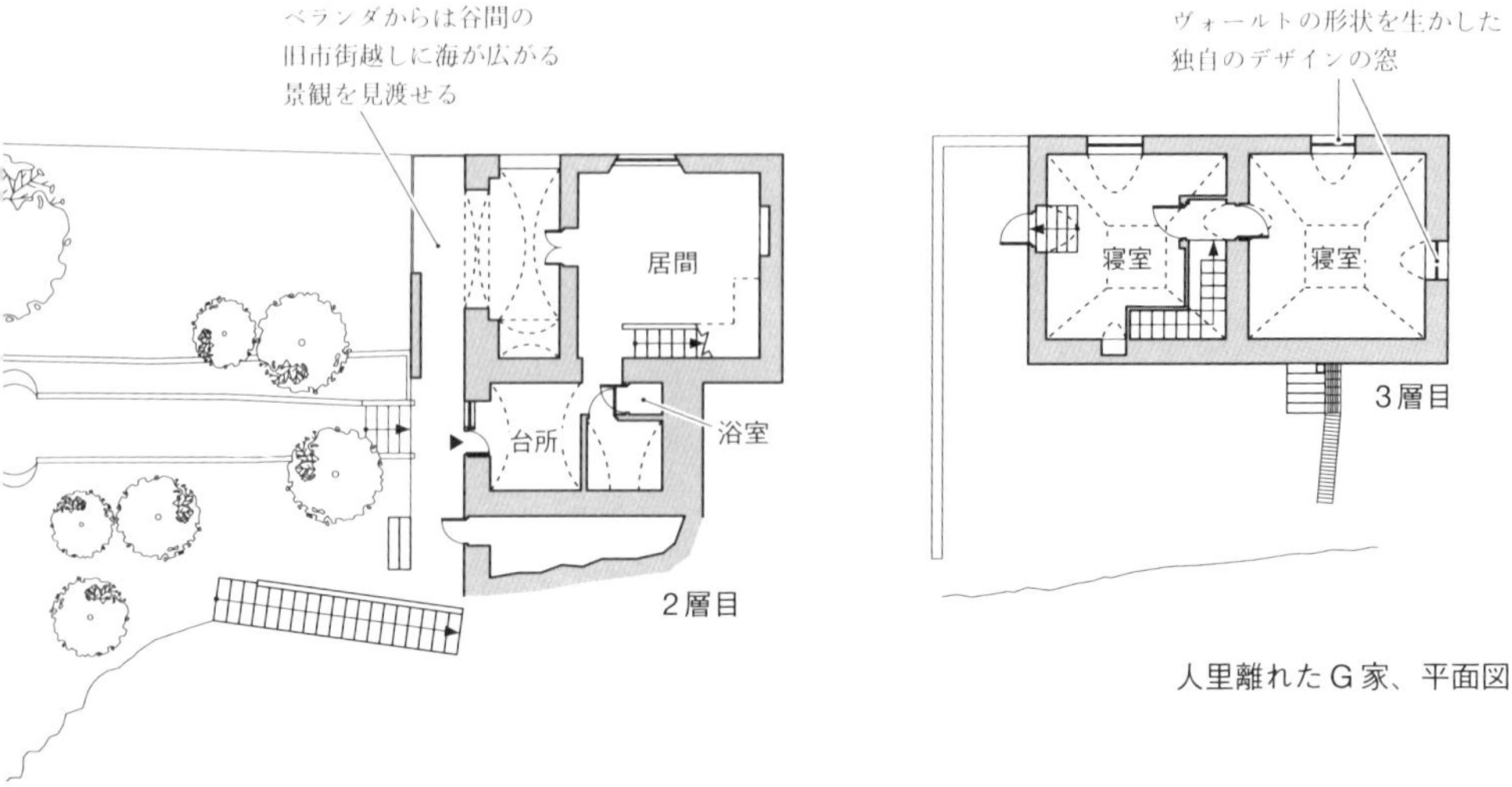

人里離れたG家、平面図

た頃、山側に生い茂る緑と工場群とその煙が、アマルフィの新たなる独自の風景として、ヨーロッパの北の国々からやってくる知的エリートの観光客を魅了し、アマルフィという町の魅力が再発見されるきっかけとなった場所である。それにより周辺にも住宅群が建ち始めるという経緯をもち、おそらくはこのG氏の家もその頃に建てられた、アマルフィにおいても比較的新しい時代のものといえる。それだけに内部空間も比較的広々としており、快適な住環境を享受できる。

山奥の緑に囲まれたG家

G家のベランダのアーチ

G家から谷の向こうに旧市街と海を眺める

描かれた渓谷の風景（1831年）*

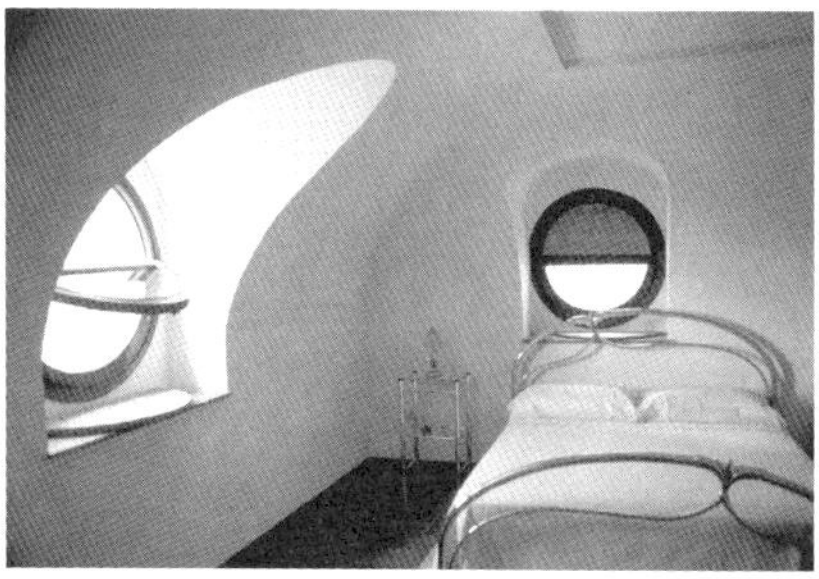
G家3層目の寝室

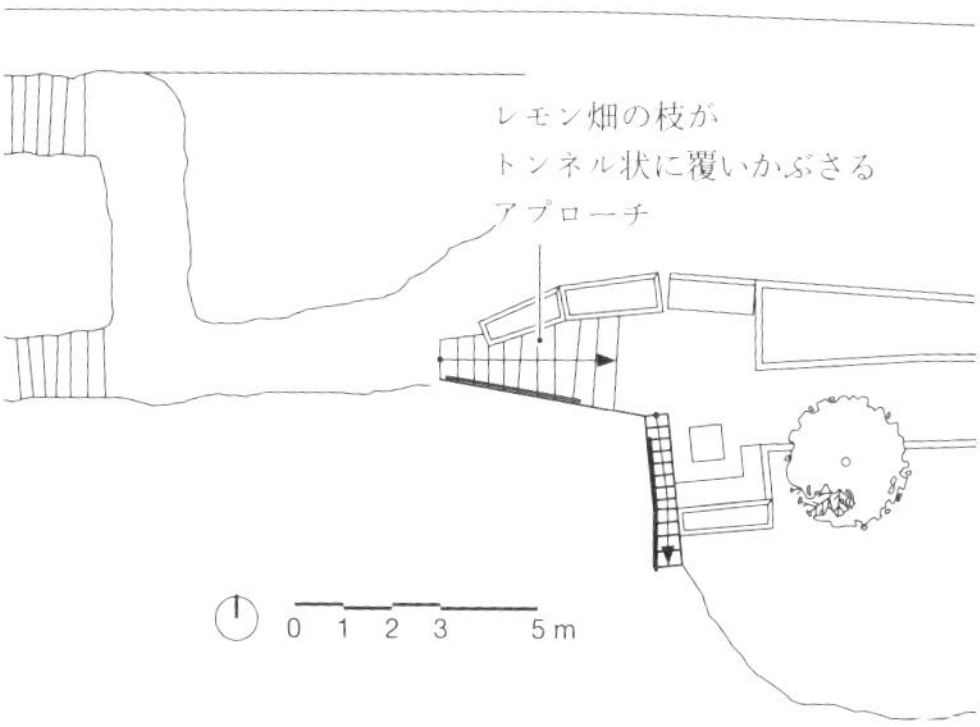

第３章　アマルフィの発展段階を読む

第１節　建物の年代判定と積層の解読

積層するアマルフィの建物

険しい山の谷あいに形成されたアマルフィの建物は、その歴史と同じように積み重なってできている。複雑に空間が絡み合うシステムは、斜面都市であるがゆえに生まれたものだ。斜面を克服し、積み重なりながら、高密な都市が形成されてきた。時間をかけて形成された建物は始めから今のようなかたちで建っていたわけではない。必要に応じて増え続ける住戸に対して、様々な方法で上階への新たなアプローチをとってきた。次第に形づくられていったその建物は、ときにわれわれが予想すらできないようなところに入口をとり、居室へと入っていく。アプローチのとり方を分析し、そのシステムを解明することで、住宅の増築過程や住まい方の変化が明らかになってくる。そして、それぞれの住戸へのアプローチとは、アマルフィという複雑に編まれた推理小説のような都市を解明するための入口でもある。

なお、アマルフィの建物が時間とともに上へ積層していった過程は、アプローチのとり方ばかりか、基本的にいくつかの方法で確実に読み取ることができる。

年代判定のための指標

まずは、建物の外観に表れる様式、装飾からいつ頃建てたものかが判断できる。アーチや窓のかたち、オーダーの使い方などの様式的特徴が手掛かりとなる。また、建築内部では、ヴォールトの形状が建設年代を知るのに重要な判定の材料となる。さらに平面構成、すなわちプランの形状もまた、時代の特徴を表し、その建設の時期を示すことが多い。住戸単位のプランをみると、中世ではシンプルな1列奥行き2室の構成であるが、時代が進むとともに、奥行きは3室に増え、あるいは面積に余裕が出てくると、横に2室、奥にも2室という構成に変わる。さらに積層の最上部に登場する富裕な邸宅では、3列に部屋を並べる傾向をみせた。

また、アマルフィの住宅がどのように積層していったかをみるのに、建物の断面を観察することが重要である。上下階の各住宅がどのレベルからアプローチをとるのかを知ることもできる。多くの場合が斜面に沿うようにセットバックする傾向にあり、パノラマの開ける側にテラスを設けている。場所によっては、街路の上に部屋をかぶせるかたちで増築を行った。こうして生まれたトンネルがアマルフィには多い。

ヴォールトのタイプ

アマルフィの伝統的な建築はすべて石造であり、社会階層や家の規模・格式を問わず、基本的にどの部屋にもヴォールトが架かっている。こうした石造建築の豊かさは、アマルフィ海岸、ソレント、カプリ、イスキアなどのナポリ周辺の地域に共通する大きな特徴である。イタリアのなかでもプーリア地方と並んで、石造文化を最も発達させた地方といえる。

この地方のヴォールトを活用した石造建築の技術は古代のローマ時代に溯り、中世以後も、その伝統を継承・発展させてきた。用いられているヴォールトはいくつかのタイプに分類でき、そのタイプによって、建設された時期を判定することができる。ここでは、アマルフィにおけるヴォールトのタイプについて簡単に説明しておく。

まず、最も単純なものは、①トンネル・ヴォールト（または樽状ヴォールト）volta a botteである。エジプト人が4000年前にすでに用いたといわれ、最も古いタイプである。19世紀にいたるまであらゆる時代に用いられてきたので、逆に、この形態だけで建設された時期を知るのは難しいが、1層目に使われることが多い。

原理的には、②帆状ヴォールト（帆状ヴォールト）volta a velaもまた単純な形態をとる。正方形の平面に外接する半球のドームを架け、正方形のそれぞれの辺で垂直面を立ち上げてカットをすると、このヴォールトの形態ができ上がる。中世からルネサンス、さらには18世紀にかけて長い期間用いられたが、アマルフィの古い地区の建物の低層部にみられることから、ここでは13世紀を中心に登場したと考えられる。

中世のヴォールトの最も代表的なものが、③交差ヴォールトvolta a crocieraである。2つのトンネル・ヴォールトを直角に相関させると、この形態が生まれる。帝政ローマ時代にもすでに使われたが、中世に普及した。アマルフィでは、そのなかでも、尖頭交差ヴォールトvolta a crociera acutaがよく用いられた。装飾的な効果をもつ美しいかたちなので、建物の玄関ホールや象徴的な広間など、重要な空間にしばしば架けられた。海洋都市アマルフィの正面玄関、ポルタ・デッラ・マリーナ（1179年建設）にも、1240年に大規模に修復されたアルセナーレにもこの形式の交差ヴォールトが使われており（57ページ参照）、そこからもこうした尖頭交差ヴォールトが12世紀終盤から13世紀を中心に用いられたことが想像される。それに対し、尖頭状でない普通の交差ヴォールトの年代は、それよりやや古く12世紀頃と考えられる。

アマルフィの伝統的な建築において数の上で最も多いのは、④パヴィリオン・ヴォールトvolta a padiglioneである。これはちょうどパヴィリオンのように、四角い部

ヴォールトのタイプ

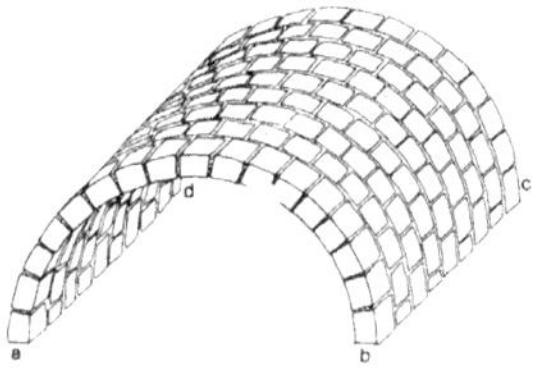
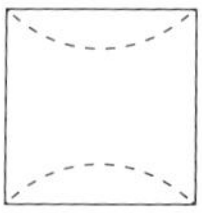

①トンネル・ヴォールト
（樽状ヴォールト、volta a botte）

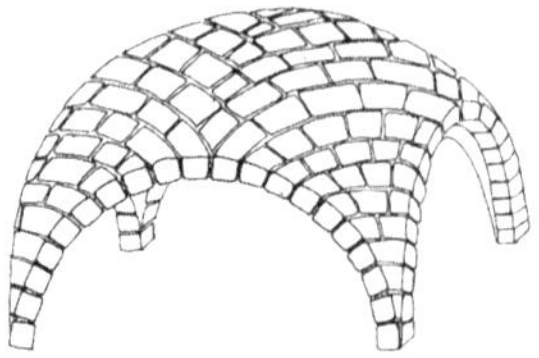
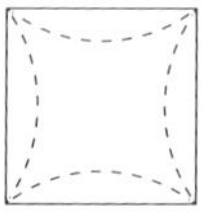

②セイル・ヴォールト
（帆状ヴォールト、volta a vela）

屋のそれぞれの辺から、中央上部に向かって4つの曲面が立ち上がって構成されるものである。17世紀のバロック時代から19世紀半ばまで広く用いられた。なお、このヴォールトの最上部は、その内面において、しばしば天井の最上部を鏡のようにフラットにし（長方形または正方形をとる）、そこにフレスコ画を好んで描いた。この形式は、方言でvolta a schifo、またはvolta a gavetaと呼ばれる。アマルフィにおいては実際には、volta a padiglioneの多くは、volta a schifoの形態をとっており、実際にはこれら2つの言葉は同じように用いられている。

第2節　アマルフィ旧市街の住宅タイプ

海に面した斜面地に立地するアマルフィの建築。この特殊な地形の上に、いかにして都市機能が収められ、どのように集合して住むための住宅がつくり上げられてきたのかを、今までの章で見てきた。ここでは、こうしてつくり上げられた住宅建築を建築類型学の視点から分類し、この町特有の空間構造を明らかにしていきたい。そうすることで、庶民住宅、貴族のドムス、パラッツォなどの規模や階級、建設年代、立地などに違いがあるにもかかわらず、この町に受け継がれてきた住宅の構成原理が読み取れるのである。

・1室住居

南イタリアに共通する庶民住宅の最もプリミティヴなかたち。三方向を壁で囲ま

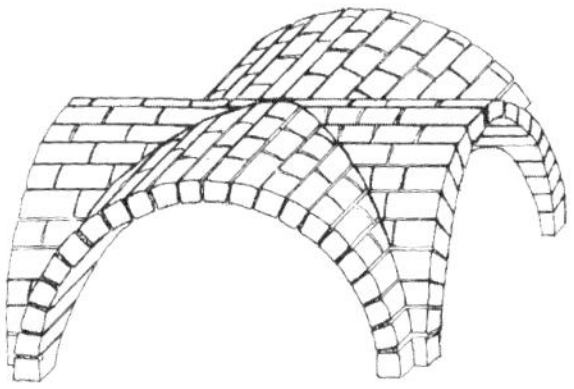

③交差ヴォールト
(volta a crociera)

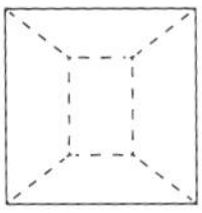

④パヴィリオン・ヴォールト
(volta a schifo)

れ、開口部は前面の入口のみ。ただほとんどの場合が、台所などのサービス空間を岩壁に掘ったり、増築をすることで確保している。1室で、接客から就寝まで行う多機能空間である。

・1列1室＋α

南イタリアの小都市チステルニーノなどにみられる奥の寝室を閉じるタイプ。左右両隣と背後の壁をほかの住居と共有しているために、開口部は入口側にしかない。1室住居の内部空間を分割して、部屋数を増やしたものと、小さな小部屋を増築したものがある。どちらの場合も入口側の大きな部屋（主室）は、居間、食堂、台所を兼ねる多目的空間である。

・1列2室

奥の寝室を大きくとって外に開くタイプ。手前に居間、台所の多目的空間を、奥に寝室を配する構成。斜面地に建つアマルフィの住宅は、山側からアプローチし、谷側の寝室に大きく開口部をとることができる。最もアマルフィ的ともいえる庶民住宅の基本形。また、かつての貴族のドムスが分割されて、集合住宅化したものの多くも、この平面構成である。有力家一族で住んでいたと考えられる中世のドムスでは、台所や食堂

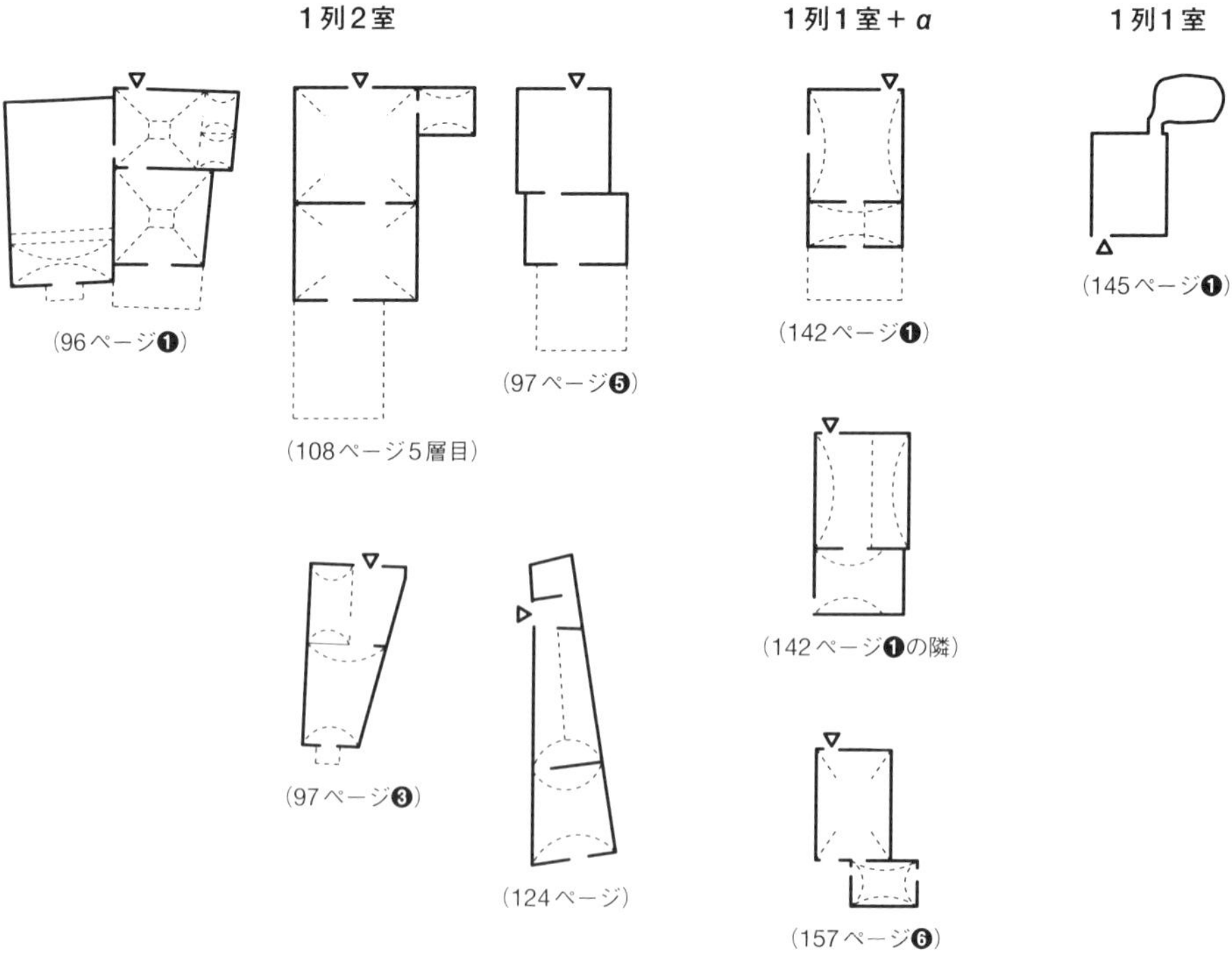

などは別にあるにしても、基本的には各家族の部屋は、一般の住宅と同じ1列2室の構成であったと思われる。

・**1列3室**

真ん中に入口をとり、まず居間に入る。谷側には大きな開口部に面してやはり寝室が置かれる。台所兼食堂が多目的空間から分化して、山側に置かれる。この構成は、1列2室型の発展したものと捉えられ、建設活動が活発になる18世紀ごろから広範に用いられるようになった。

・**2列1室**

谷に向かって2列に部屋が並び、横からアプローチする。住宅の開口部が採光通風だけでなく、眺望を得るという役割ももつアマルフィにおいて、都市全体を見渡すパノラマが開ける高台に多くみられる構成である。また、斜面地に積層してできあがった住宅群では、いくらかセットバックして下の階の屋上をテラスとして使うことも多い。

・**2列2室**

この住宅タイプでは、部屋ごとの機能分化がみられ、寝室だけでなく、応接間と食堂と居間とがそれぞれ別

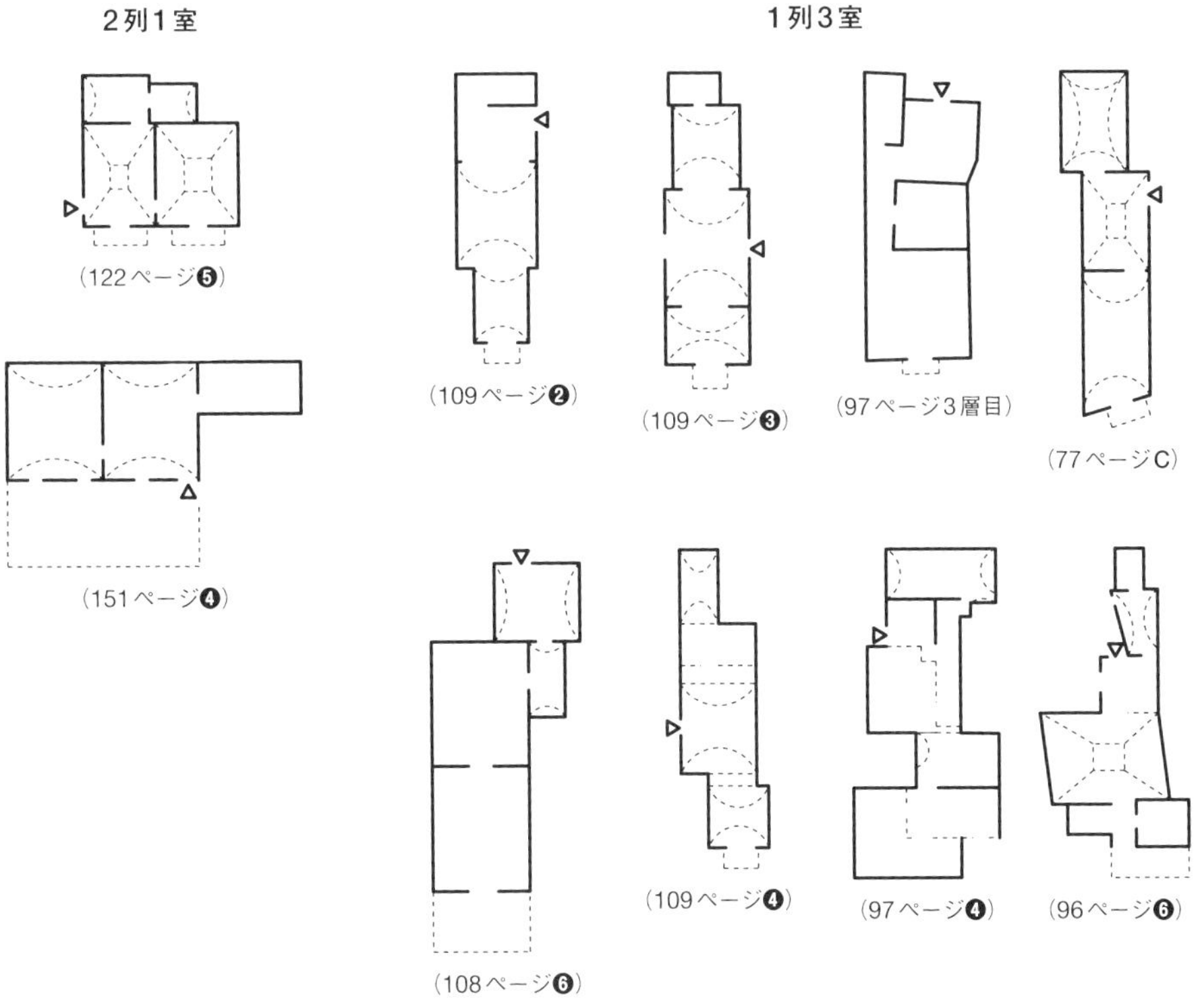

(　)内は本書の図面掲載ページ。
ただし向きが異なることがある

々の部屋に割り当てられている。特に、玄関ホールにもなる部屋には、その家の中で最も華麗なヴォールトが架けられており、機能分化に伴い、部屋のヒエラルキーが現れてきたとみることができる。

・2列3室

2列2室をさらに拡大し、部屋数を増やして、上流階級の生活に応えているもの。

・3列1室

横に居室を伸ばしていく形式の住宅は、積層する住宅群の上階か、高台に位置するものが多い。高密な低地部では、限られた土地に多くの住宅がそれぞれ開口部を獲得しながら並ぶために、開口が狭く奥行きの長い縦長の平面構成になる。しかし、地形的にも階数的にも高いところでは、どの部屋にも谷側に開く開口部をもち、優れた環境条件に恵まれたアマルフィの景観を楽しめる横長のプランがみられる。ペントハウスのように屋上を使って横長に居室を配置したものや、等高線に沿って奥行き浅く部屋を並べ、高密な低地から離れて果樹園に囲まれた高台に建つヴィッラ的な独立住宅などが、このタイプである。

2列2室

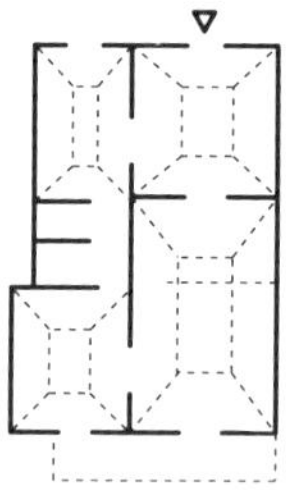

(142ページ❸)

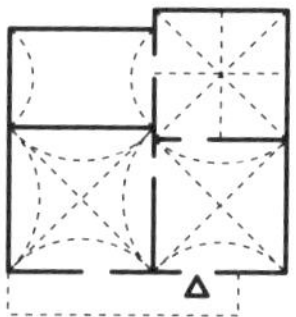

(158ページ❼)

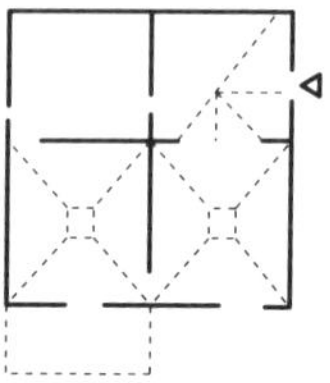

(151ページ2層目)

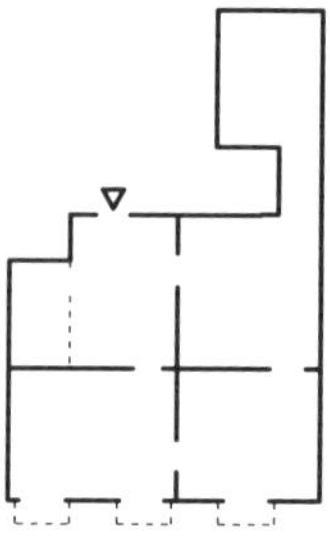

(109ページ5層目)

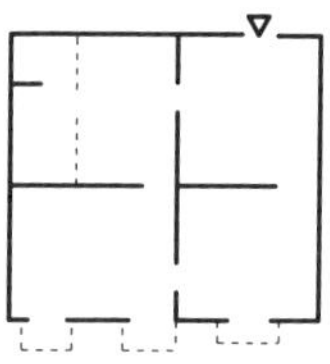

(108ページ❼)

2列3室

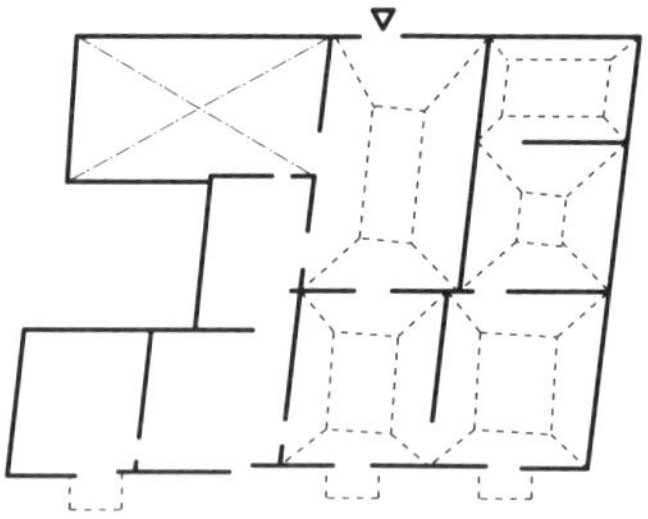

(126ページ❹)

・3列2室

もとは上流階級の邸宅であり、現在は分割されたり、逆に2つの住宅を統合するなど、本来の形式とは異なるかたちで使われている場合が多い。前者は矩形のプランをしており、一体の建築物として建てられたのがわかる。後者は、不整形プランで、部屋の向きに振れがみられることなどから、後の時代に2つの住宅をひとつにして使っていることが読み取れる。このように、大規模な住宅がつくられるのは、貴族の館など数少ない建物のみで、アマルフィのなかでもあまり目にすることはない。むしろ、近年の増改築で小さな庶民の住宅を繋ぎ合わせて、必要な居住スペースを確保している場合のほうが多いと思われる。

・4列1室

部屋数の多さだけなく、都市全体の眺望が得られるような開口部をもつ居室を横に4列も並べて、ひとつの建物としてつくり上げることは、高密に住んできたアマルフィでは特に難しい。わずかにみられた住宅の事例も、統合によって間口を広げたものである。

・5列2室

これほどの大規模な住宅構成は、中心部にはもちろ

4列1室

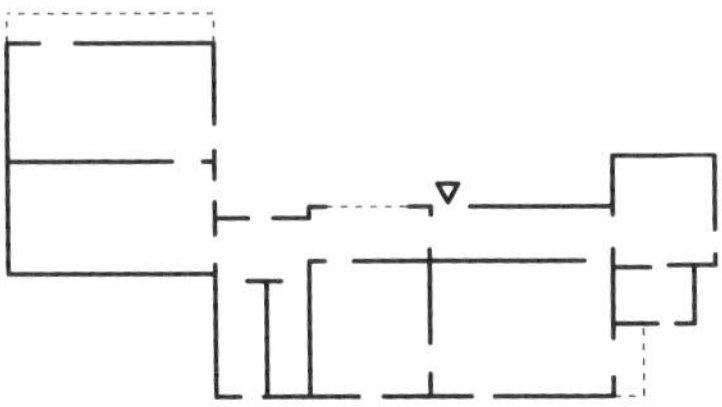

(144ページ❸)

3列1室

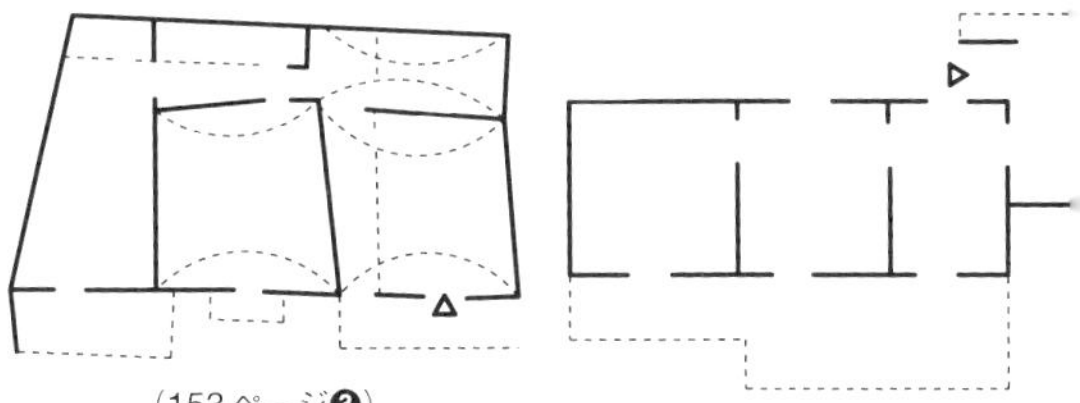

(153ページ❸)

(142ページ❶の真上)

5列2室

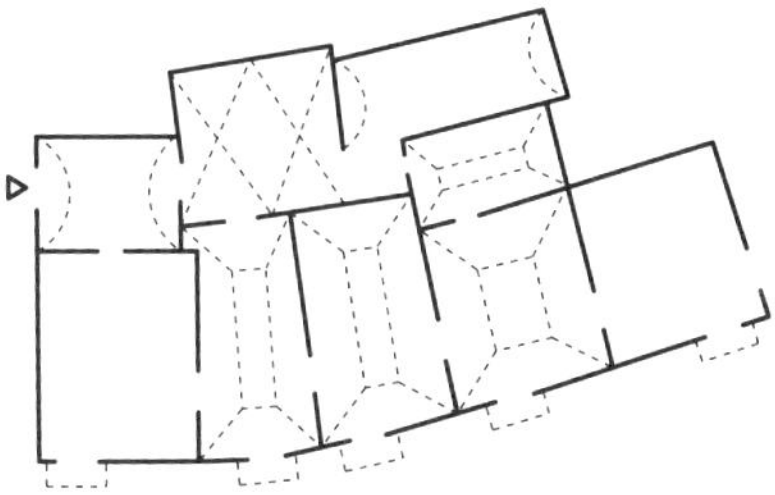

(112ページ)

3列2室

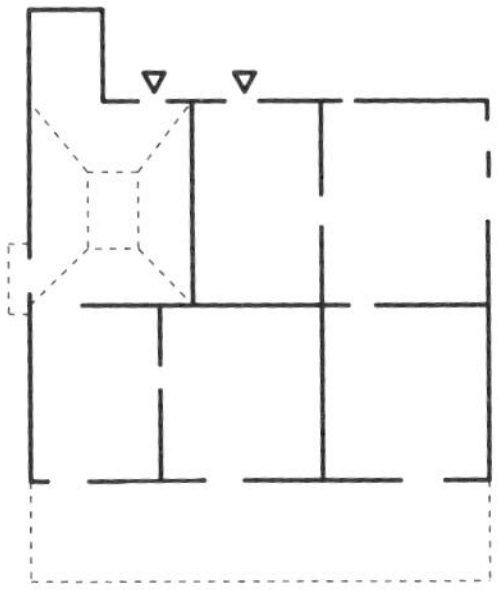

(127ページ❶)

ん存在しない。海が眼前に広がる高台に建つ有力家の邸宅でみることができた。やはりここでも、パノラマの開ける前面の開口部にはバルコニーが付き、そこから注ぐ眩いほどの地中海の日差しは部屋の奥まで明るく照らしている。谷側の玄関に近い部分には、貴族の住む館らしい応接間や居間などが配されている。もちろん一般の住宅と同じように、寝室も谷側に置かれ、そこからもプライベートな部屋からも眺望が楽しめるようになっている。一方、山側の部屋はサービス空間であり、台所などが置かれている。

海洋都市として発達したアマルフィでは、中世の早い時期から、複数の家族が同じ棟の下に集まって住むという都市的な居住形態をとっていたと考えられる。次第に積層し高層・高密化していったが、室内階段を設置し、２層にわたって同じ家族が使用することは少なかったように思える。それは貴族のパラッツォにもいえることで、ほかのイタリア都市と比べ上下階の繋がりは案外薄い。

中世に富裕階級がおそらく血の繋がる大家族として住んでいたアトリウム（中庭）を囲むドムスは、その中庭を巡るギャラリーを介してそれぞれの住戸が繋がっていたため、現在では分割され、集合住宅として格好の建築タイプとなっている。

第３節　アマルフィから学ぶこと

われわれはアマルフィのチェントロ・ストリコに関しては、６年間（１９９８〜２００３年）にわたって、その建築と都市空間をできるだけ実測し、図面化することを試みた。それ自体が貴重な記録である。またそれをふんだんに活用し、歴史が重なったこの複雑極まりないアマルフィの都市形成のメカニズムを建築を通して解明するという作業は、じつにスリリングだったのである。

斜面という土地の条件を巧みに生かし、そこに高密ながら優れた住環境を実現する様々な知恵が働き、興味深い構成の手法が生み出されたことも解明できた。家族の私的住まいの空間、同じ建物に上下に重なって住む複数家族の空間的・社会的な近隣関係、そしてセキュリティを考えた周辺環境との繋がり方など、都市に住む長い経験から導かれた学ぶべき考え方が随所に発見できたのである。

そこには都心にコンパクトに「集合して暮らす意味」を考える上でのヒントがたくさん散りばめられている。アマルフィの人びとが、「家に住む」ばかりか「町に住む」感覚を大切にしてきたこともよくわかる。

しかし、現在のアマルフィには、様々な問題があるのも事実だ。厳しい地形条件のため、車はメインストリートしか通行できず、町なかの物資の運搬はもっぱら人力による。ほとんどの道が階段になっているため、足の不自由な高齢者は出歩くこともままならない。その場合は、家族や近所の支え合いに依存せざるを得ない。これは長崎や尾道などの日本の斜面都市とも共通する問題といえる。

だが、アマルフィの人びとは、この不便な斜面の町を決して捨てようとはしない。歩ける間は年配の人たちも、高台の住まいから毎日坂を下り、午前中ならフェッラーリ広場（ドージ広場）で買い物をし、夕方から晩にかけては、ドゥオモ広場の華やかなカフェでくつろぎ、また港の周辺を家族や友人と散歩するのを日課としている。アマルフィに暮らす喜びをまさにそこに感じているのだ。効率、便利さだけが支配するのではない都市本来のあり方を、逆に感じさせてくれる町でもある。

第 III 部

アマルフィ海岸諸都市

膨大な歴史と文化の蓄積が眠るアマルフィ海岸の綺羅星のごとき
町の数々。海沿いのアトラーニやポジターノをはじめ、
丘の上のラヴェッロ、トラモンティなど…。
海洋都市のネットワークが築いた
テリトーリオのポテンシャルを描き出す。

Città
della Costiera Amalfitana

第１章　アトラーニ
——アマルフィとの「双子」

第１節　都市の概要

アトラーニ（人口792人、2024年1月現在）は、西と東の両側に切り立った山の迫るドラゴーネ谷が海に開くV字形の狭い土地に高密に発達している。その姿は、アマルフィをより小さくコンパクトにしたような印象を与える。アマルフィの東側の迷宮状の斜面を上り、高台の古い道をしばらく歩いたかと思うと、視界が開け、眼下には入江の小さなビーチの奥に、アトラーニの高密な旧市街が広がる。小山を挟んですぐ東隣に接するアトラーニは、行政的にアマルフィと一体なのではと思われがちだが、別個の独立したコムーネであり、独自の市議会、市長をもつ。市域面積0・12平方キロメートルは現在のイタリアのコムーネのなかで最小だが、アマルフィ海洋共和国時代まで遡る輝かしいその歴史によって、近年、知名度が上がってきている。

アトラーニの名が史料の上で最初に登場するのは、596年に教皇グレゴリウス1世がアマルフィ司教ピメニオに宛てた手紙においてだとされる。ゲルマン民族の攻撃を避けたローマ系の住民が住み着いていたものと思われる。アマルフィが839年、ナポリ公国か

海から見たアトラーニ

ら独立し、共和国として台頭するにつれてアトラーニも発展し、共和国の中心都市であるアマルフィとともに、首長の任命・解任権や司教の選定権を握った。アマルフィは９５４年に公国（Ducati di Amalfi）となり、以後、１１３１年にノルマンのルッジェーロ二世の支配下に入るまで、総督（duca または doge）のもとでの自治を誇る独立した共和国であり続けた。

アトラーニはアマルフィと双子の関係の都市といわれ、アマルフィで最も富裕で権力をもつパンタレオーニ家、アラーニョ家をはじめ多くの貴族がアトラーニに居住した。アマルフィ公国に属するどの町の住民も「アマルフィ人」と呼ばれたなかで、アトラーニの人びとだけが、「アトラーニ人」としてのアイデンティティを誇ったのである。

この時代に創建を遡れるのが、ウンベルト1世広場に面するサン・サルヴァトーレ・デ・ビレクト教会である。アマルフィ公国時代には宮廷礼拝堂として機能し、総督の叙任式が行われた。アマルフィ海岸の町の市長らが、共通の利害をもつ事柄を決定するのに、このサン・サルヴァトーレ・デ・ビレクト教会のアトリウムに集まっていたという。

小さなアトラーニであるが、その市域は中世には今よりも山側、すなわちスカーラ、ラヴェッロのほうへもっと大きく広がり、その境界線には防御のカステッロ（要塞）や塔がつくられ、海からの攻撃のみか陸側でも防御を固めていた。岩場が迫り天然の要塞状だった場所を除いて、町全体が市壁で守られた。港町としてのアトラーニは、アマルフィと同じように、機能別にいくつかのゾーンに分かれて発展した。海辺には、海洋都市ならではの様々な機能、施設が集中していた。浜辺のなかに船の接岸できる場所がつくられ、また、アマルフィのような軍用船の建設、ガレー船の修理などを行う造船所が存在したことが史料でわかる。これもやはり、１３４３年のティレニア海で起きた地震が引き起こした大規模な津波によって破壊され、失われたとされる。

海の門から入ると、堂々たる公共広場（現ウンベルト1世広場）があり、ボッテーガ（商店や工房）、製造所、食堂（タベルナ）で囲われ、どれも上階には住宅が設けられていた。今も基

海沿いに建設された高架道路とアトラーニ旧市街

本的にはその構造が受け継がれ、市民が集まる屋外サロンの役割をもつ。その北西の一角に、前述の政治・宗教の中心、サン・サルヴァトーレ・デ・ビレクト教会がある。

背後の東西の斜面には、アマルフィ同様、迷宮状に道が巡る高密な住宅地が広がり、谷底にスカーラの山の水源から来るドラゴーネ川が流れ、市街地を東西の2つのエリアに分けている。中世には、この水の流れは海にいたるまで開渠の状態だったようだ。ガルガーノ氏によれば、市街地のなかには、ドムスと呼ばれる貴族の邸宅がいくつも存在し、3～4階の建物の上階を住まいとし、地上階にボッテーガを設け、商業や生産の機能を入れるものも多くあったという。

中世のアトラーニは、まさにアマルフィとの双子都市としての発展をみせ、富裕な商人兼船乗りである貴族がこうした複合建築に使用人とともに住んで、様々な生産活動を行い、販売拠点とも直接繋がっていたのである。なかでも高級な織物産業が重要で、パスタ製造も活発だった。町のなかに、アラブ式浴場があったことも知られる。また、斜面の市街地に菜園や庭園がとられ、住民にとっての食糧を供給する役割を果たした。一方、北の市壁の外側に、谷の水を用いた水車による製紙業などの産業エリアが広がっていたのも、アマルフィとよく似ている。ノルマン王朝の支配下（1131～1194）に入っても、アトラーニには独自の法廷があり、裁判官、公証人を有していた。だが、アマルフィと同様、12世紀にはピサからの度重なる攻撃を受け、また1343年の津波で大打撃を受け、アトラーニの都市の輝きもまったく失われた。公国領が廃されるとアトラーニはその政治的重要性を失い、サレルノ公国にとりこまれた。

その後、アトラーニは歴史の表舞台から降り、製紙業やローカルな産業と漁業を続けながら、近代を迎えた。19世紀以後、エリートの観光地として注目されたラヴェッロやアマルフィに大きく遅れをとり、長らく観光とは無縁だったが、近年では、その個性的な中世都市の魅力から、アマルフィに隣接するリゾート地としての性格を強めている。

教会の建物がかつて川だったメイン・ストリートを跨ぐ珍しい構成。現在のファサードの階段はウンベルト1世広場に面している

ウンベルト1世広場

第2節 都市構成

アトラーニの景観を印象付ける最大のモニュメントは、町の中心のサン・サルヴァトーレ・デ・ビレクト教会ではなく、東側の丘の上にそびえ立つ18世紀のバロック建築コッレジャータ・サンタ・マリア・マッダレーナであろう。コッレジャータとは、神の崇拝をより厳粛にすることを目的とした特定の重要な教会で、本書ではやはり大聖堂と表記する。鮮やかなマジョリカ・タイルで覆われたドームは、海から見たアトラーニのピクチャレスクな眺望と切っても切り離せない。そもそもこの東側の岬は、モンテ・ディ・チヴィタの山が海に張り出す先端の高台になっており、アトラーニに最初に住み始めた人びとが、海からの防御を考えてつくった中世の要塞（カストゥルム）があった。その廃墟の上に建てられたのがサンタ・マリア・マッダレーナ大聖堂なのだ。世俗の都市空間から切り離され、高台に教会とその広場からなる聖域に特化した空間が生まれている。古代ギリシアのアテネにおける高台の神域、アクロポリスを思わせる。

旧市街の低地にある中心空間に目を向けよう。そこには、まさに古代アテネのアゴラを想起させる中世海洋都市以来の市民広場がある。アトラーニにはかつて4つの市門があり、そのうち3つが隣町から高いところを通って伸びてくる道の入口で、町の外れに位置している。もうひとつの「海の門」は入江の港湾空間に面した市門であり、町なかへ直接繋がっている。この門を通り抜けると、町の中心であるウンベルト1世広場、通称「ピアツェッタ」広場に出る。ここには東西南北、あちこちから入れる。細く曲がりくねった街路や暗いトンネルを抜けた途端、忽然と眼前に開けるこの象徴的広場は、内側からしか見えないアトラーニのもうひとつの見どころといえる。その北西奥の一角には、アトラーニで最も

サンタ・マリア・マッダレーナ大聖堂（コッレジャータ）

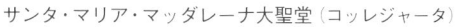

古く、アマルフィ共和国時代には政治的にも重要な機能を果たしていたサン・サルヴァトーレ・デ・ビレクト教会がある。広場の一角から階段が延びており、山のほうから広場へと続く道の上に覆いかぶさって建っている。

広場を囲う建物のうちのひとつであるアンジュー家支配時代の役所とともに、かつては税関を備えていたという海に向かって開く2つの門も中世の趣を残す。だが、19世紀にこれら別々の建物を統合することで広場のファサードが整えられ、屋上を利用して海岸線を貫く重要な道路が通され、今日みられる姿となった。皮肉なことに、この道路建設のおかげで、高所から広場全体を眼下に手に取るように見ることができるというわけだ。

広場を囲む建物の1階には商店や大衆食堂、職人の工房などがあり、まさに都市活動の中心地であった。アトラーニ市民にとっての中心的な教会は東側の岬にあるサンタ・マリア・マッダレーナ大聖堂になり、近代の市庁舎は別の場所に置かれ、政治行政の機能も今はここにはないが、1990年頃から広場に面した建物の1階ではバールやレストランが開業し始め、再び活気を取り戻している。パラソルが並ぶ屋外カフェ、レストランが華やぎを添える。

なお、アトラーニはわれわれが調査を行った数週間後の2010年9月9日、豪雨による水害に襲われ、ドラゴーネ谷からの激流に市街地が呑み込まれ、路上の車が次々に流されて大きな被害を受けた。翌年には、見事に復旧した姿を見て安堵したのだった。その大洪水の直前を記録した広場の俯瞰スケッチ（186ページ、画・三橋慶侑）は貴重な記録となった。幸い、今も変わらぬ賑わいを見せる。

住宅地は、西と東の斜面に高密にできている。特に勾配がきつい西側斜面には、複雑な地形の凸凹に応じながら複雑に道が巡り、トンネルも多く、アマルフィ以上の迷宮空間を生んでいる。そのなかでも、条件のよい高台にはパラッツォがいくつ

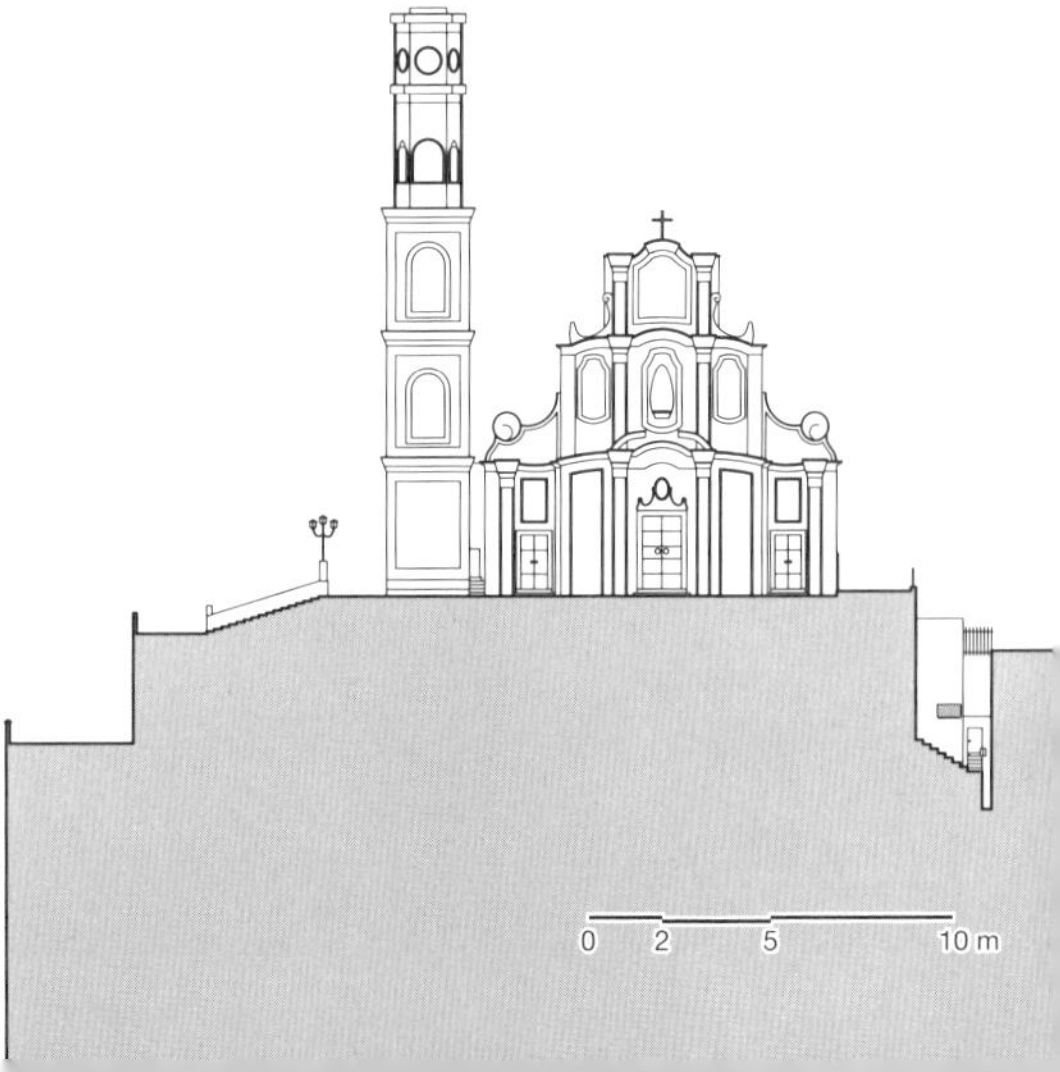

サンタ・マリア・マッダレーナ大聖堂、立面図

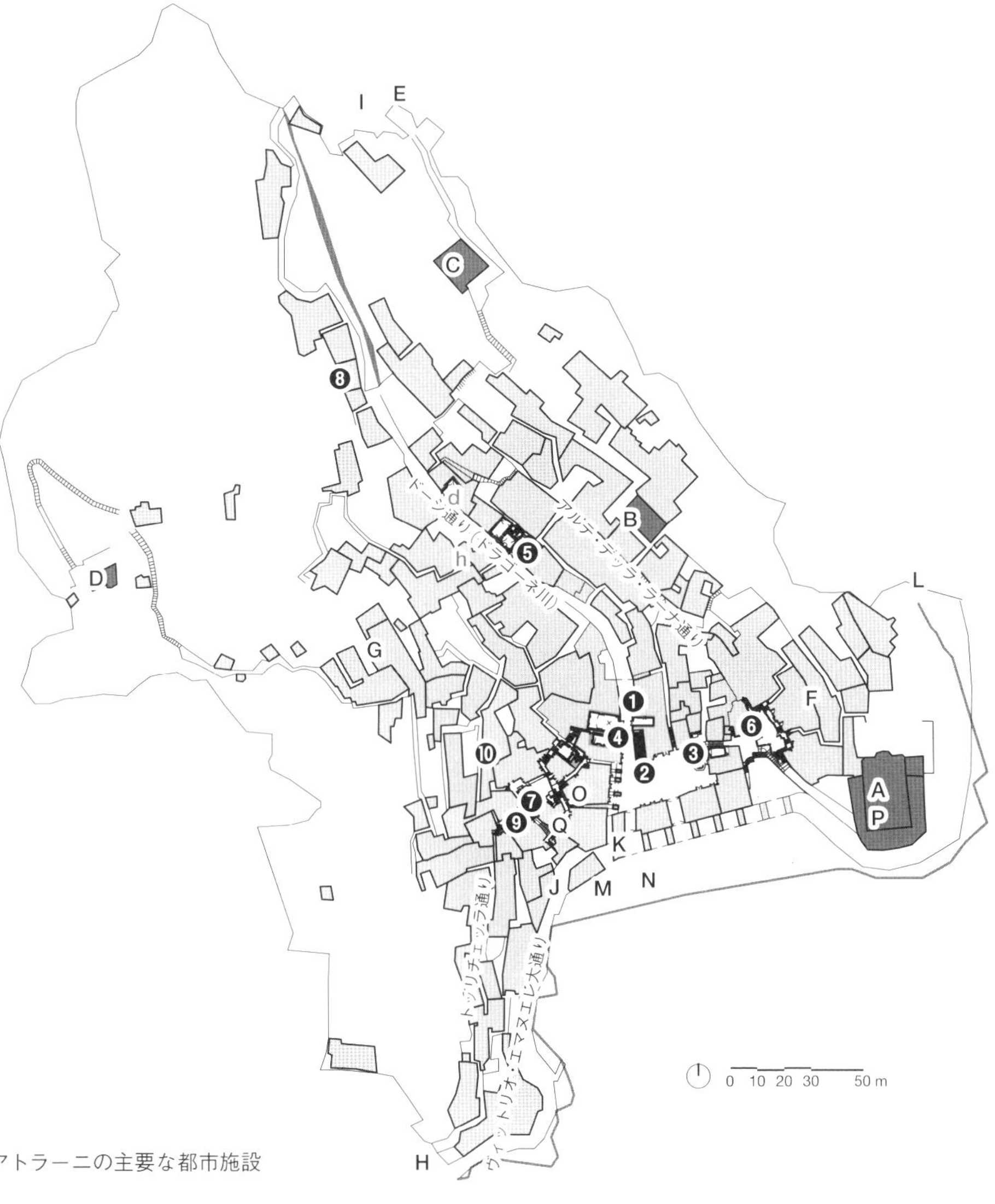

アトラーニの主要な都市施設

❶ サン・サルヴァトーレ・デ・ビレクト教会
❷ ウンベルト1世広場
❸ 床屋
❹ 倉庫群
❺ レストラン「ア・パランツァ」
❻ 市長の家
❼ モントーネ通りG家
❽ 教皇ジョヴァンニ23世通りP家
❾ ウンベルト1世広場西側の迷宮空間
❿ パラッツォ・フェッライオーリ

A　サンタ・マリア・マッダレーナ大聖堂（コッレジャータ）
B　名称不明のパラッツォ
C　マドンナ・デル・カルミネ教会
D　サンタ・マリア・デル・バンド教会
E　サン・ミケーレ・アルカンジェロ教会
F　パラッツォ・ガルガーノ
G　名称不明のパラッツォ
H　西の門
I　サンタンジェロ門
J　サスティリオーネ門
K　海の門
L　市壁（現存せず）
M　造船場（1099年）
N　サン・ミケーレ・アルカンジェロ・ア・マーレ修道院
O　市役所（16世紀）
P　要塞（カストゥルム、現存せず）
Q　アルシーナ地区（11世紀）

か存在する。われわれはパラッツォ・フェッライオーリ（前ページ地図の⑩）と名称不明のパラッツォ（G）を観察できた。一方、東側の高台にも、パラッツォ・ガルガーノ（F）などの貴族の邸宅がある。現代では、車が入れない斜面の上のほうの土地は、家を構えるには不便と敬遠されがちだが、ロバが建築資材や生活物資を運んだ時代、通風・日照に恵まれ眺望も開ける高台は、比較的新しい19世紀頃の富裕な人びとにとって家を構えるのに好まれる傾向にあったのだから、面白い。

アトラーニの斜面空間では、住宅地のなかに小さな教会も点在しており、高台と広場周辺に重要な都市施設が分布していることがわかる。一方、谷底の暗渠となっている道沿いには、工房や商店などの非住居系の施設が入っていた。それは、かつてから川の氾濫を考慮したものと思われ、現在でも1階が住居として使われることは少ない。

アトラーニとアマルフィを繋ぐ自動車道路は、ナポリ王ジョアシャン・ミュラの計画に基づき、1816年から1854年の間に整備されたものである。以前は、東西それぞれの高台から入江に向かって道が下りてきていたが、19世紀になってそれらを繋げる高架道路が整備された。

連続アーチで支えられた高架道路は、海から見たアトラーニの景観の大きな特徴となっていて、町なかから自動車道路に妨げられることなく浜辺へ出て行くことができる。また、高架道路を建設する際に建物を壊さず、市街地の海側を縁取るようにして建設したため、建物と一体化している。その様子はアーチのなかから見ることができる。そして道路の建設に伴い、ウンベルト1世広場に面する建物の屋上は市民に開放されて小さな空中広場のようになっていて、旧市街の広場が見下ろせる。

アマルフィへ向かう途中の、国道から分岐して緩やかな坂で浜辺に下りていく道も同じように、道路の下にはアーチが連続している。アーチのなかには倉庫がレストランに改築され、ビーチの海水浴客が集まってきていた。

高架道路下の建物と広場に続くアーチ

海岸線沿いの高架道路

コラム　アマルフィを読み解く――自動車道路

　ポジターノからサレルノの手前まで約42キロメートルにわたり、近代になってから建設された国道163号が海沿いを走っている。それまでは、隣町へは高台の道を通っていたが、自動車が走るようになると、広幅員かつ高低差の少ない道が必要となり、海沿いに道路が敷設された。町と海との間には砂浜があり、基本的には既存の町を壊すことはなかったが、海辺の景色は大きく変わった。アマルフィ海岸の各都市で、旧市街を避けてどの位置に通されたかが、その後に大きな影響を与えた。

　アマルフィでは町（市壁）の外の海側に地面と同じレベルで道路が走っており、町と浜辺を自動車の流れが分断してしまうが、町なかからは道路で視線が遮られることはない。浜辺は道路のレベルよりも低く、その下を艇庫や倉庫としてうまく活用している。

　一方、アトラーニでは市壁と一体の建物群を壊さず、市街地の海側を縁取るような高架のかたちで自動車道路がつくられたため、町なかからはその下を抜けて浜辺へすぐに出て行くことができるのに加え、建物の屋上が道路面と同じ高さとなり、旧市街の広場が見下ろせるテラスのようになっている。

　土木構造物をつくるにも、地形との関係を考え、都市の施設を有効に生み出す知恵を働かせていたのだ。

1915年のアトラーニ。アーチの高架道路が町の前面を覆っている

自動車道路が整備される前の18世紀の絵画*

アマルフィの自動車道路下*

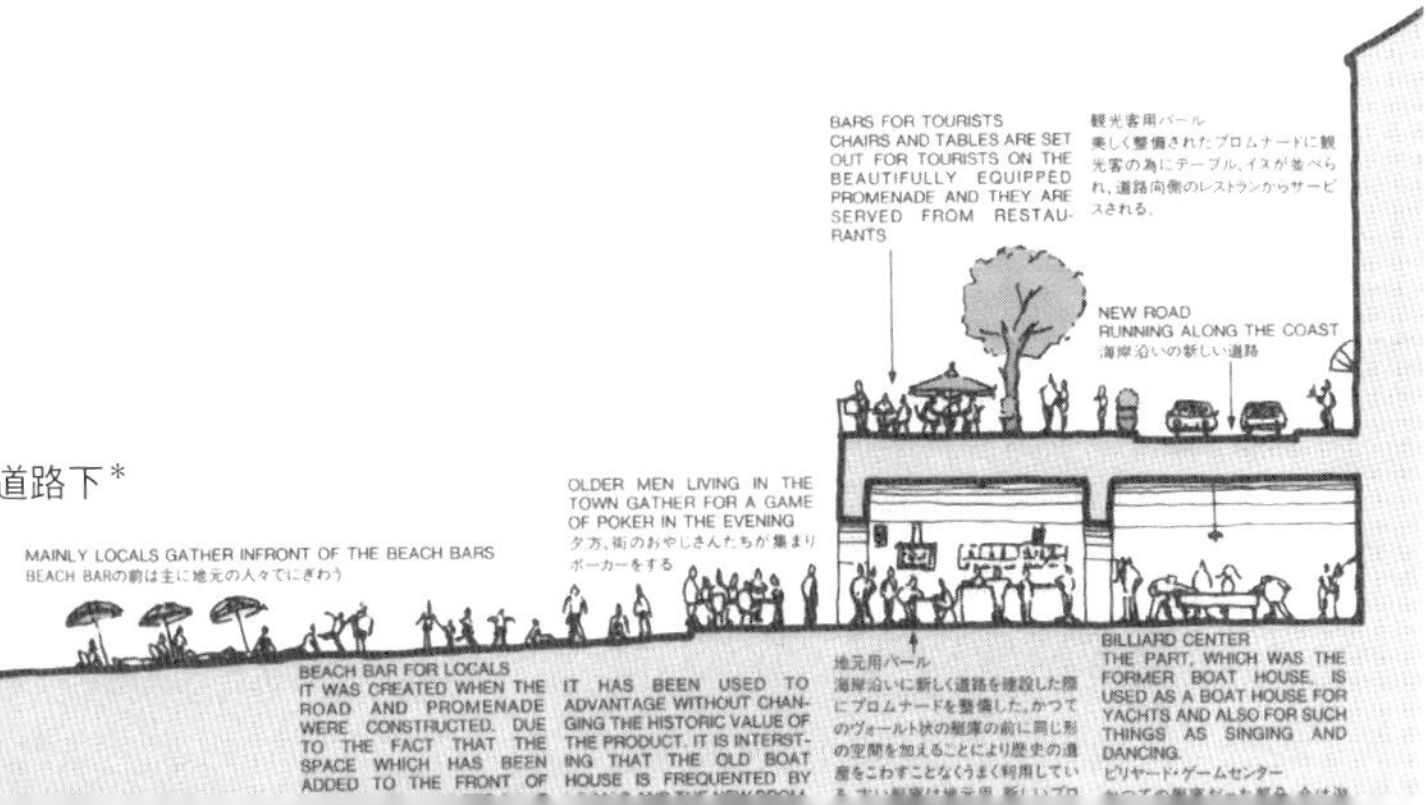

第3節 都心低地の公共／商業空間

❶ サン・サルヴァトーレ・デ・ビレクト教会

この教会はアマルフィ公国時代には宮廷礼拝堂としての重要な役割をもち、総督の叙任式が行われる晴れがましい場所だった。Birectoという名称は、その際にかぶる帽子berretta（biretta）から由来するともいわれる。現存する建築も古い部分は10世紀中葉に遡ると考えられるが、その後、増改築をくり返し現在にいたる。1087年のブロンズ製（実際には木製の骨組みを真鍮のパネルで覆ったもの）の扉は、アマルフィのドゥオモのものと同様にビザンツ帝国のコンスタンティノープルで制作されたもので、アマルフィ共和国の国際性を物語る。銘文によればアトラーニの商人貴族であったパンタレオーネ・ヴィアレクタによって別の教会に寄進されたものだった。

11世紀の扉と並ぶこの小さな聖堂のもうひとつの見どころは、身廊手前側に近年発見された連続交差アーチである。1995年から行われていた修復作業中に、堂内のアーチの納まりが不自然だったために壁を削ったところ発見されたもので、ポルティコの一部だったのではないかと考えられている。細い双柱上に13世紀末と思えるイスラーム風の柱頭をもち、その上に三葉アーチが交錯している。ラヴェッロのヴィッラ・ルーフォロやアマルフィの「天国の回廊」なども同様だが、アマルフィ公国の衰退期と一般的には考えられている時期に、イスラーム世界やシチリア王国との密接な関連を示すこうした素晴らしい建築がいくつも生み出されたことが、じつに興味深い。

なお、広場から立ち上がるアプローチの大階段は19世紀に実現したもので、本来は、裏手の狭い道から教会北側の側廊に入る動線を使っていたと思われる。

毎年9月1日、「ビザンツの正月」と称するアマルフィの栄光の歴史を思い起こさせる盛大な催しものが行われる。かつてビザンツ帝

外階段でアクセスするサン・サルヴァトーレ・デ・ビレクト教会。メイン・ストリートを跨ぐ

サン・サルヴァトーレ・デ・ビレクト教会内観。西壁の連続交差三葉アーチ

国の新年が9月1日に始まったことに由来する行事で、この町の文化への貢献があった人物がマジステル（ビザンツ世界の文部高官）に選出される。2019年には、これまでの調査研究が評価されて陣内が選ばれ、公国時代の総督の叙任式さながらに、まずこのサン・サルヴァトーレ・デ・ビレクト教会前の大階段・踊り場および広場で華やかなセレモニーが行われた。大司教とアマルフィ市長から豪華なビザンツ風のガウンをかけられ、マジステルに就任した陣内が、広場を埋める大勢の市民の前で記念スピーチを行ったのである。続いて、華やかなパレードが催されてアマルフィに移動し、大聖堂前の大階段および広場を舞台に、より大規模で劇的な演出のもと、同様のセレモニーが行われたのだ。都市の象徴空間としての広場の格好いい使い方がよくわかった。

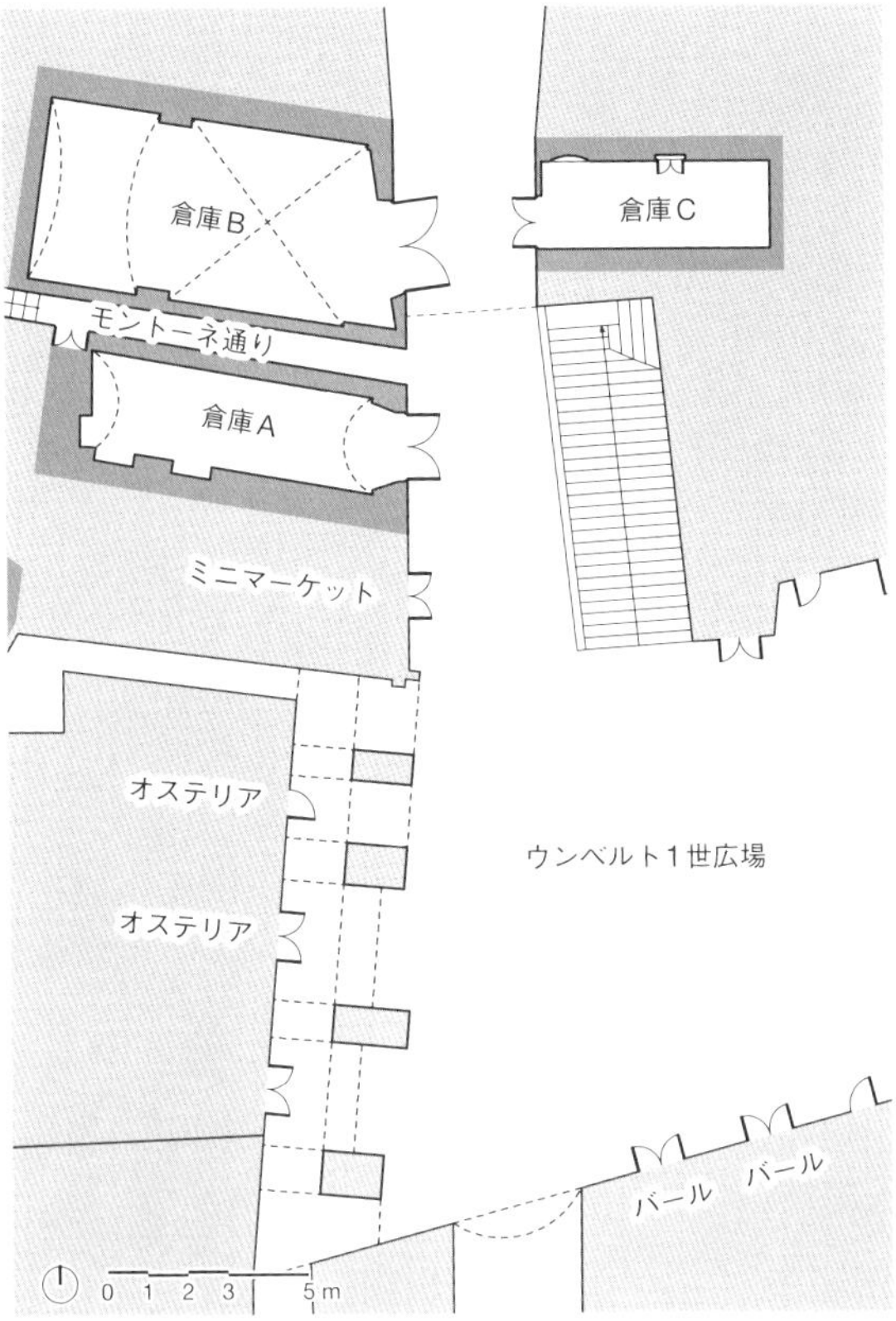

ウンベルト1世広場、平面図

❷ ウンベルト1世広場

ウンベルト1世広場、通称「ピアツェッタ」はアトラーニの中心広場であり、東西に長い矩形の四方を建物で囲まれた劇場のような空間である。南側の壁面はもともと別々の建物からなっていた。広場に面したファサードが後の時代に統一的に整えられ、その屋上は、海岸沿いに近代に建設された道路と一体になっている。海側とは建物の1階に設けられた2か所のトンネル状の門で繋がっている。

アンジュー家支配時代には、市門脇の堂々たるポルティコをもつ建物に市庁舎と税関があったという。中世からの機能を受け継ぎ、17世紀後半にも広場に面して食料品店や食堂、職人の工房などが多くあったそうだ。歴史を通じて今にいたるまで、市民生活の中心の場であり続けている。現在は1990年頃に開業したバールやレストランがいくつも営業しており、広場にまでところ狭しとテラス席が設けられている。飲食店による市に支払う広場の公共空間使用料は、1平方メートルあたり年間5000ユーロだという。8月の最終水曜には市が主催し、新鮮な魚やアトラーニの伝統料理を振る舞う「青魚まつり」が開催され、そのメイン会場となる。人びとに愛され

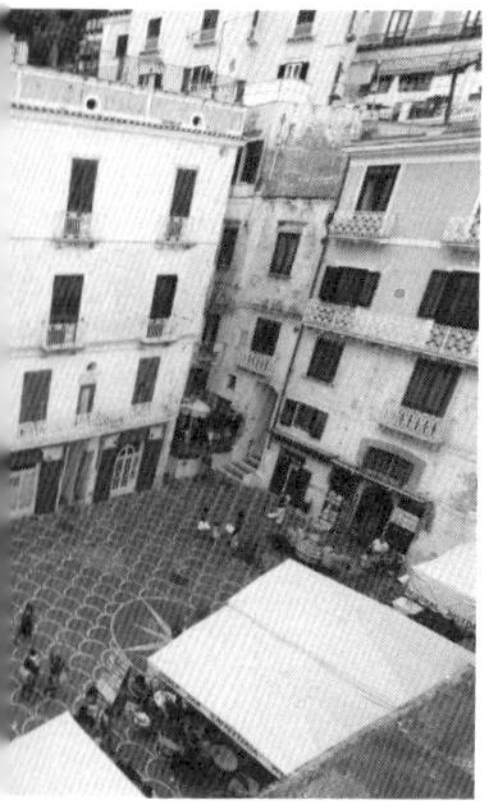

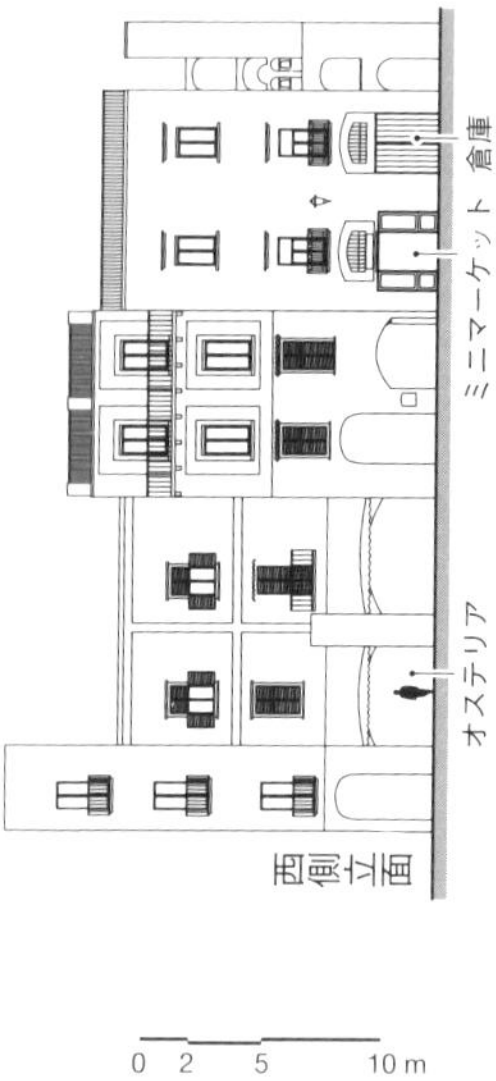

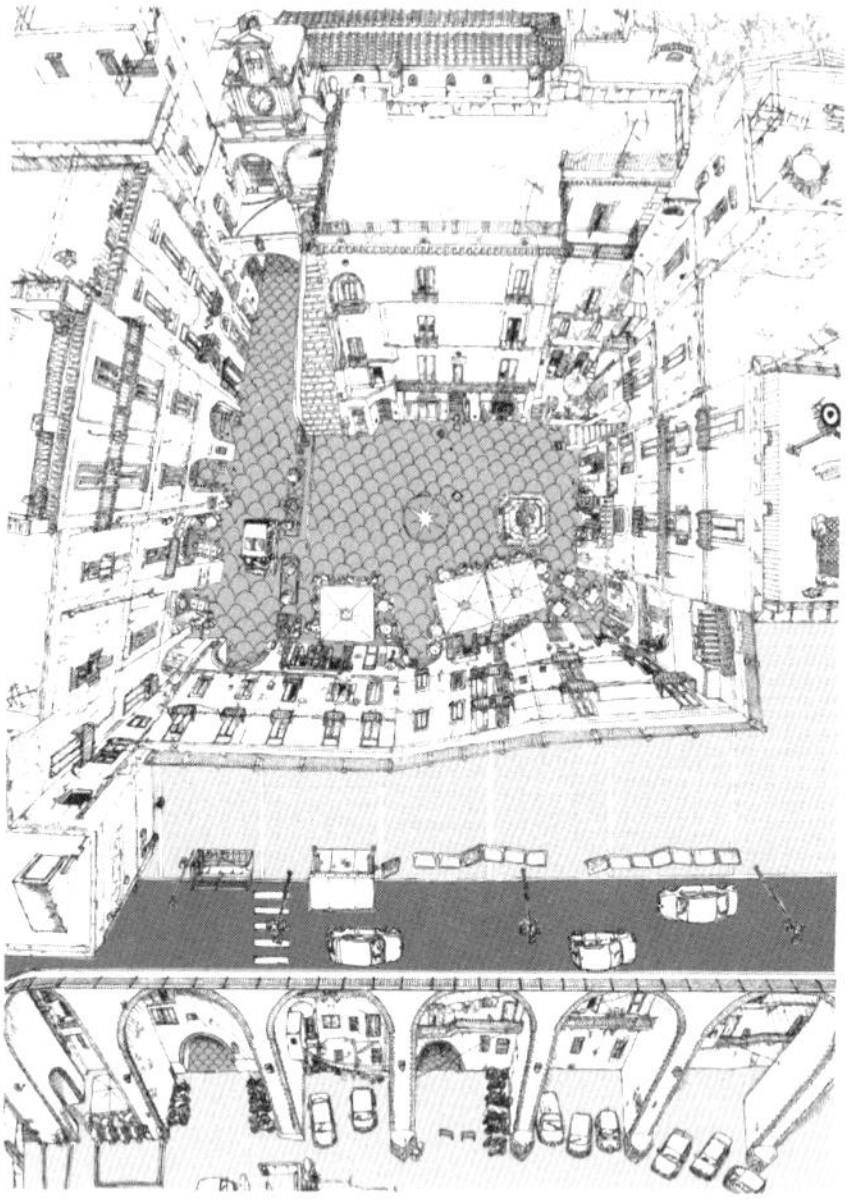

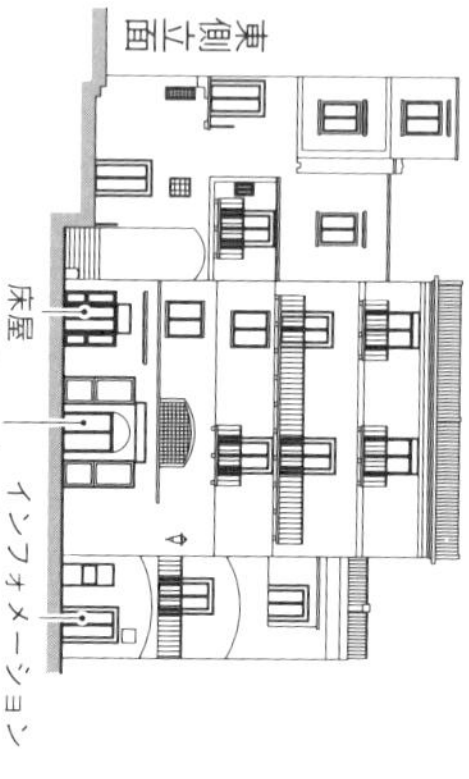

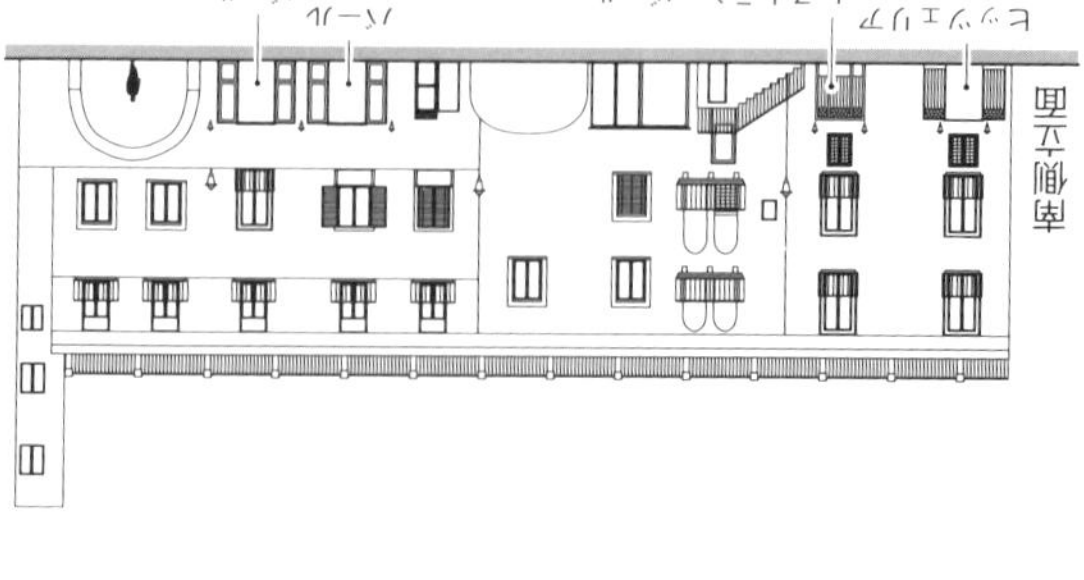

ウンベルト１世広場俯瞰図と周辺の立面図

ウンベルト1世広場

るこの広場は、アトラーニ市民にとってのサロンだと市長は語ってくれた。

❸ 床屋

ウンベルト1世広場に面する建物の1階に、この床屋がある。１９７０年代後半までは鍛冶屋だったが、その後に果物屋となり、現在は床屋として使われている。天井が低くて間口も狭く、奥行きが長い室であることから、住居には向かない。そもそも重要な公共空間に面する1階は中世の時代から商業機能にあてられたはずだ。

❹ 倉庫群

V字谷の谷底を通るドージ通りの下には今もドラゴーネ川が流れている。町の中心を走るこの道沿いの建物の1階には、商店や職人の作業場、倉庫がいくつもみられる。

「海の門」をくぐり、広場からドージ通りに入ってすぐ左側に、海との繋がりをもつ倉庫群がある。倉庫Aは漁師が倉庫として使っており、天井には船が収められている。現在は車庫としても使われている。かつては、夏の間は船を浜辺に出したままにし、冬になると倉庫にしまっていたそうだ。倉庫Bは車庫として使われており、4台もの車が停められていた。また、その片隅では男性たちが集まってカードゲームに興じていた。倉庫Cにはロフトが設置されていた。また川に下りていくための階段があったそうだ。かつて川が開渠であったときに、川岸に出て洗濯をしていたという。

道を上っていくと、右手に八百屋がある。1室だけの店内には、帆状ヴォールトが架かっている。地下は倉庫として使われている。

❺ レストラン「ア・パランツァ」

山へ向かって緩やかに上っていくドージ通り沿いにある建物の1階部分にレストラン「ア・パランツァ」がある。傾斜のある通りに面し、客席と厨房はともに地面よりも下がっており、入口は街路側からではなく、建物の下を通る道に面している。客室Aはかつて屠殺場であり、爪型装飾をもつトンネル・ヴォールトの天井には食肉をさばく際の鎖を掛けていたと思われる鉄の輪が今でも残っている。客室Bでは、１９７０年代後半まで石灰をつくっていたという。都心からややはずれた場

倉庫前の様子

床屋

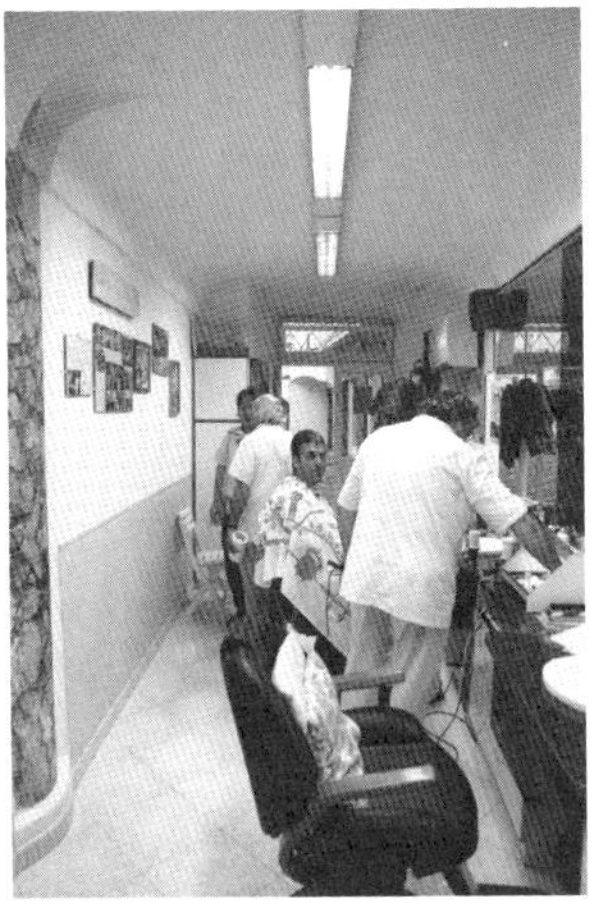

坂の中腹にあるレストラン外観

坂の上部側、レストランの内観

街路面よりも低いところにあるレストラン

レストラン「ア・パランツァ」、平面図

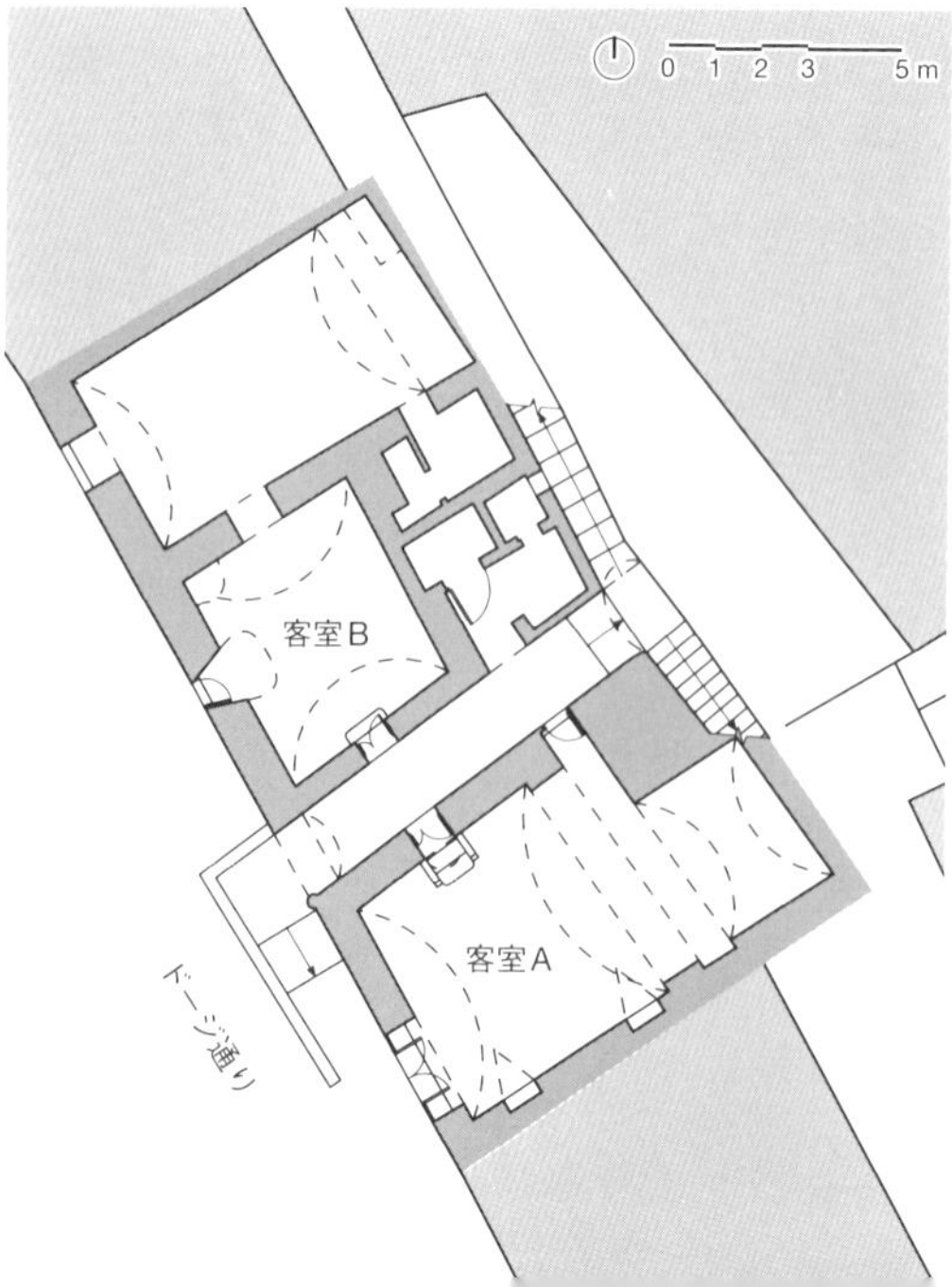

所なので、こうした生産拠点が立地したのだろう。

暗渠となったドージ通りは町のメインストリートとなっているが、かつて川が流れていた頃は住民の住居への入口があるような生活道路ではなく、商店や倉庫、産業施設などの非住居系が並ぶ地域であった。むしろ、裏を通る道のほうが普段の生活に使われていたようである。

❻ 市長の家

ウンベルト1世広場に面する東側の建物にはトンネル状の階段があり、それを上ると斜面地に密集する住宅地区に出る。そのなかに、周囲を階段状の街路で囲まれ、不整形に歪んだ平面のかたちをした面白い建物がある。壁面線が道路と一致しているので、こんな不思議なかたちが生まれるのだ。部屋の角が直角になることは、まずない。

4階建ての立派な建物で、3階に当時のアトラーニ市長（2010年当時）の家がある。1階は夏の間の貸家であり、2階には弁護士、4階には公証人が住んでいる。1〜3階までの住居は、建物を囲む街路に面して玄関がある。4階の住居だけ、北側にある別の建物のなかの階段室から街路をまたいでアプローチする。3階の住居もかつては同じ階段室から入っていた。しかし、現在はその玄関をふさいで倉庫として使い、街路に面した玄関を新たに設けている。同じ建物でも各住宅へのアプローチが異なるのは、斜面地に建つアマルフィの住宅にもよくみられる空間構成である。階段状の街路は1階から3階までを立体的に囲んでいる。数か所で建物が街路に覆いかぶさってトンネル状になり、闇と光で空間が演出された迷宮空間となっている。

3階の住宅は、玄関を入るとすぐに大きな居間である。居間に面した三角形のテラスからは海を眺めることができ、太陽の光がまぶしく差し込む。住宅のまわりの細く迷宮的な街路とは対照的に、住宅内部は広々としており、明るさを感じる空間である。奥には寝室

市長の家とその周辺

と浴室があり、プライベート空間となっている。寝室の横にある納戸はかつて玄関だった。古い建物で育った市長にとっては、郊外の近代的な住宅が性に合わなかったため、1600年代のものと思われるこの建物の一部を1989年に購入し、1993年から暮らしているという。

北側にある階段室入口と街路

居間

市長の家、平面図

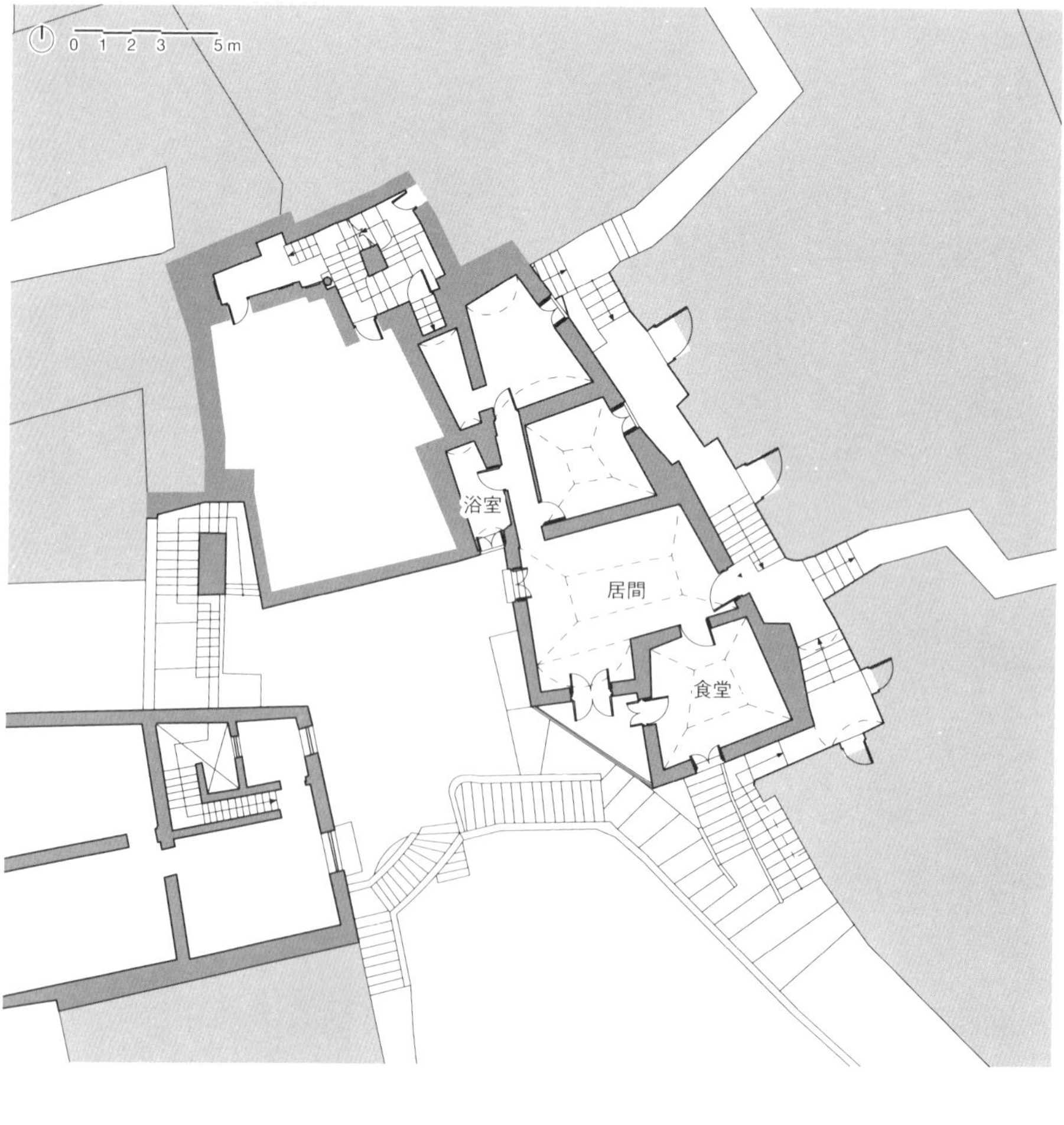

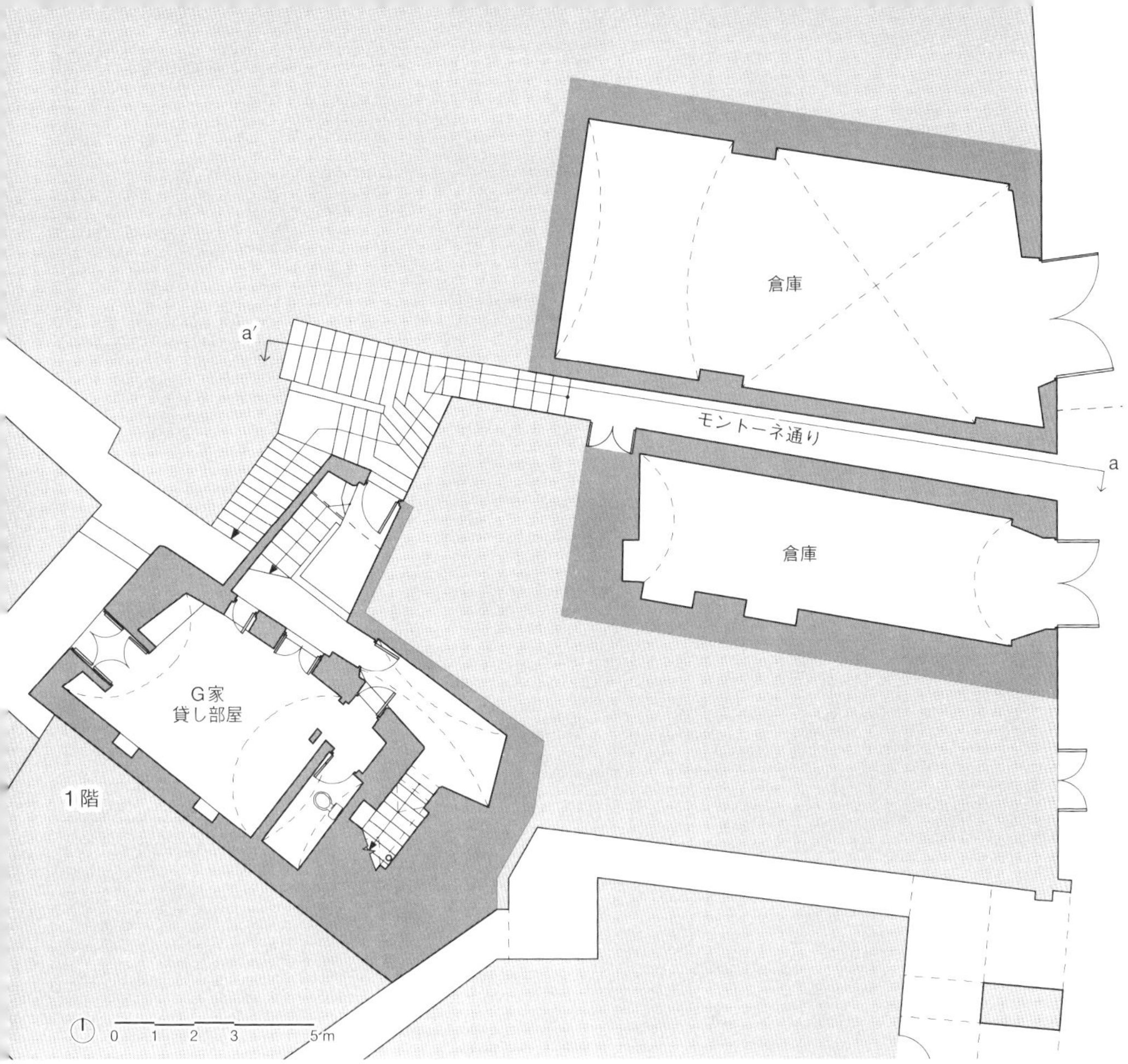

モントーネ通りG家、1階と倉庫群の平面図

❼ モントーネ通りG家

ドージ通りから横に入り、細い階段上の通りを抜けた場所に、いかにも中世に遡ると思われるこの「塔状住宅」が立地している。谷地形のため、西側の斜面地も東側と同様に、このメインストリートから入るとすぐに傾斜が始まっており、裏手には住宅が密集している。特に西側の斜面地は街路網が複雑で、何度も道がクランクし、住宅へ入るのに多くの外階段が路上から立ち上がっているのが特徴である。この住宅も、そのような階段状の路地から枝分かれした外階段を上って入る。3層の住宅で、中世の交差ヴォールトの架かる階段室が1層目から3層目までひと続きになっている。階段の途中には、中世の柱頭のある可愛らしい小円柱が何本か残されている。

脇の街路に面して別の入口をもつ1階の部屋は現在貸し部屋で、2階と3階がこの建物の所有者の使う空間となっている。2階には2つの寝室と子ども部屋、3階には居間と台所がある。寝室の上にある広々とした屋上テラスには、居間から出られる。テラスからは教会と海を眺めることができ、斜面都市だけに、奥まったところにありながら眺望がしっかり確保されている。

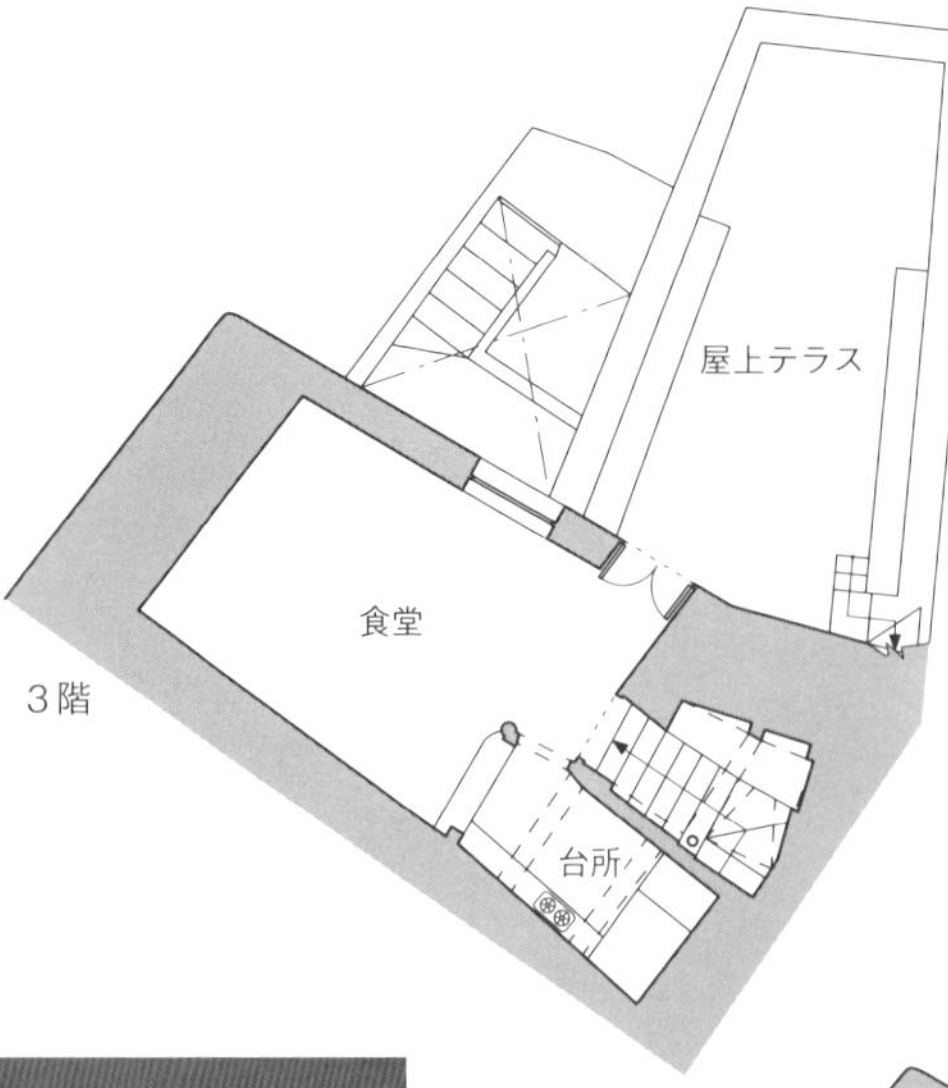

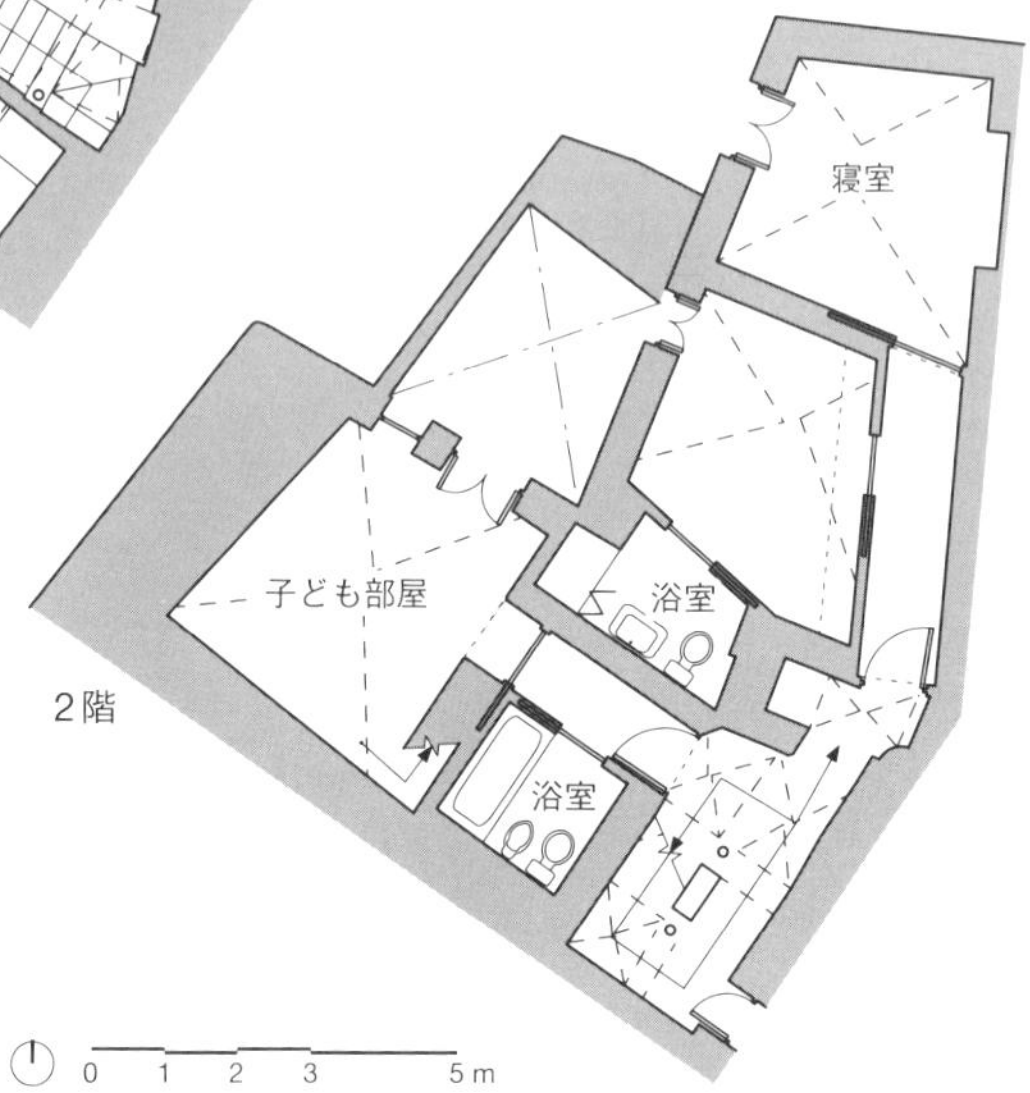

モントーネ通りG家、平面図

2階の子ども部屋

１９８０年の地震で最上階が損傷し、その後、直したという。この住宅の主人は、２０００年にこの建物を購入したが、状態がよくなかったため、修復には不動産購入の2倍のお金がかかったそうだ。現在はきれいに修復され、中世の塔状住宅に快適に暮らしている。所有者は地元のインテリ夫婦で、別にもっと広く新しい家ももつが、この歴史ある建物に愛着を感じている。

モントーネ通りG家、
a - a′周辺断面図

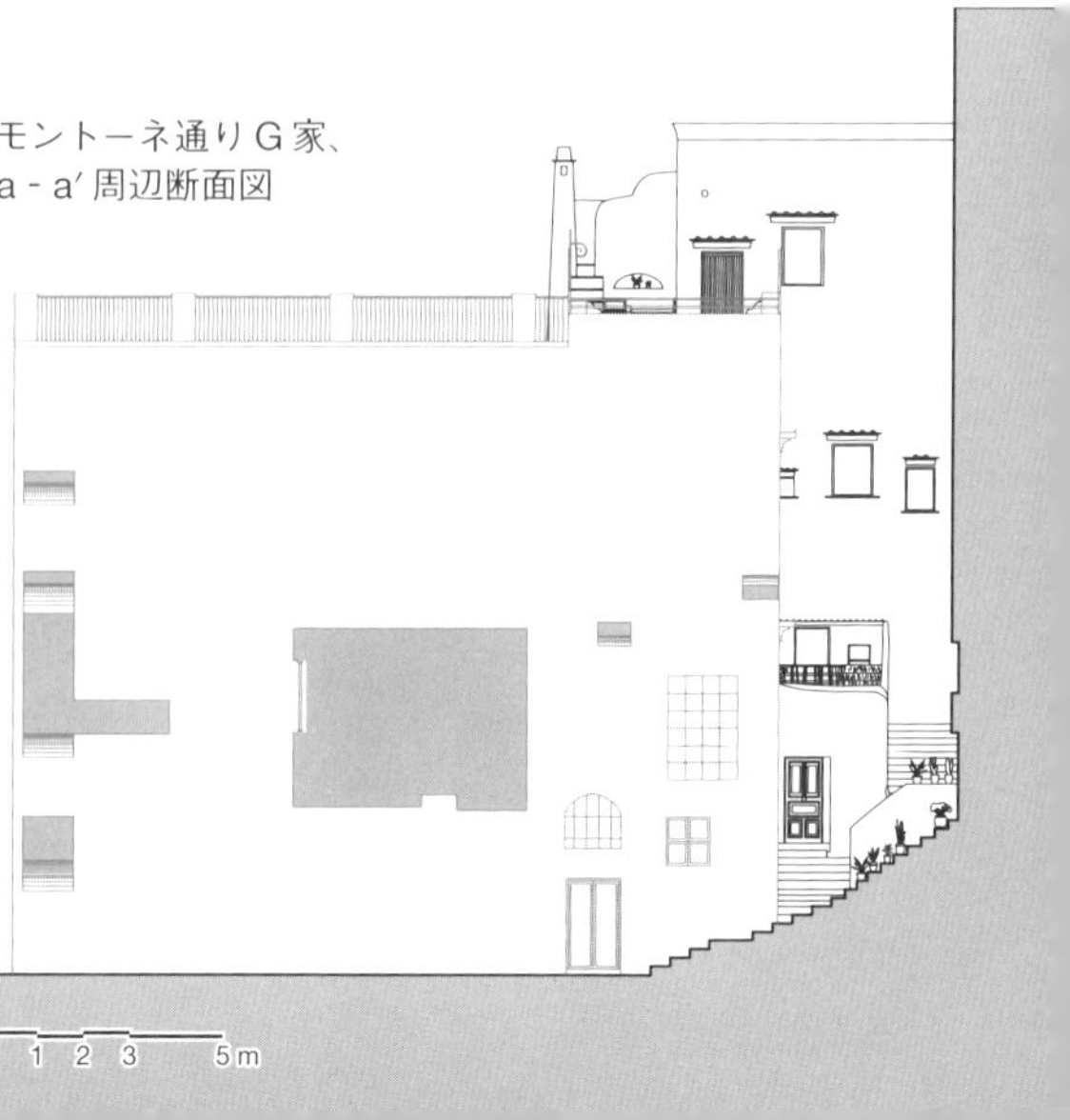

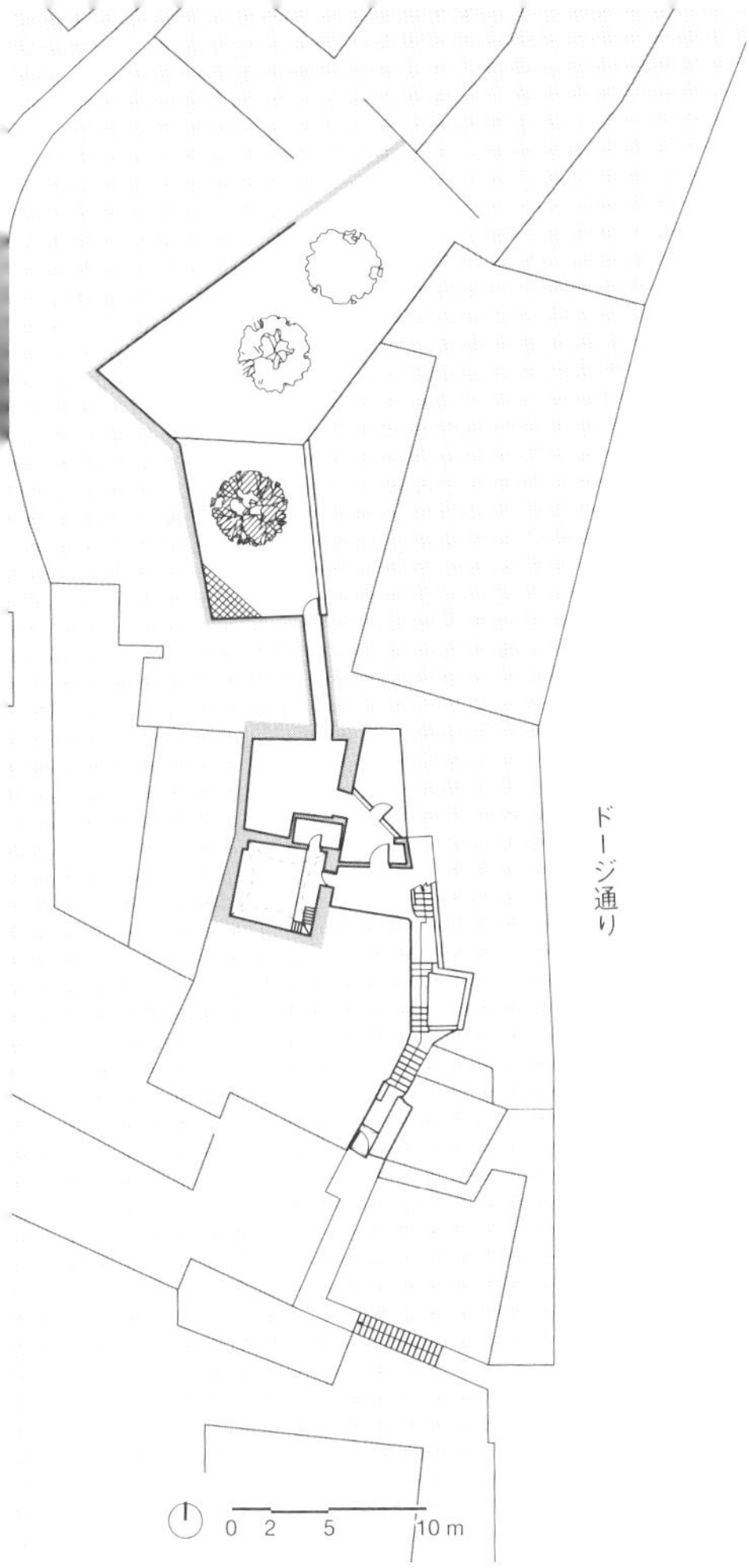

P家居住階

テラス状の庭

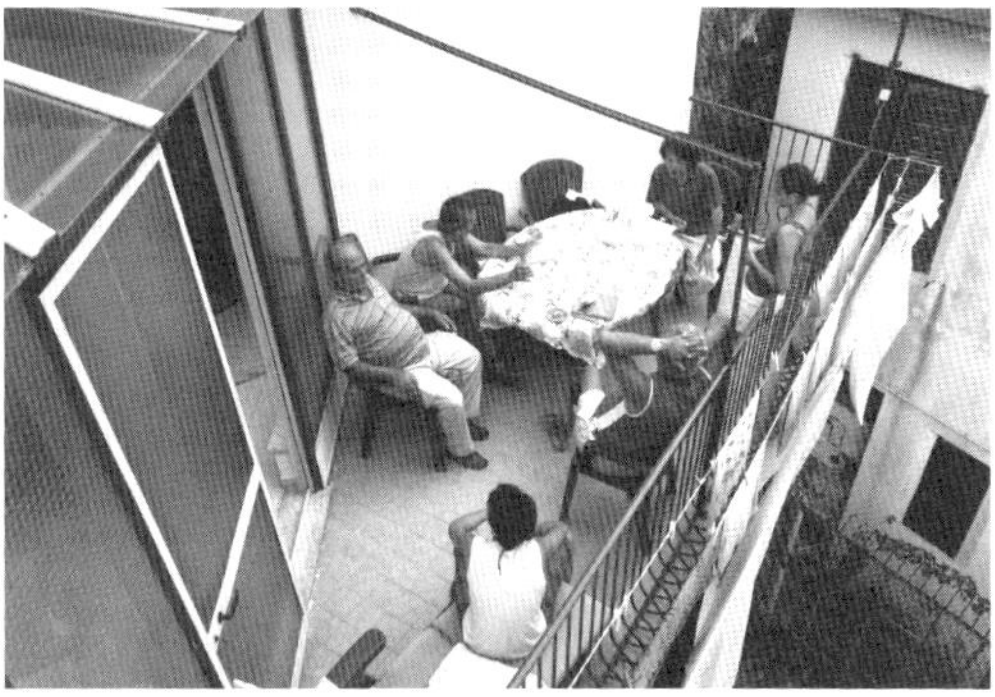

2層目、通りを見下ろすテラスに集う

❽ 教皇ジョヴァンニ23世通りP家

ドージ通り沿いの斜面地にひな壇状のテラスをもつ住宅群のなかにP家はある。この家は、ドージ通りから横に入った教皇ジョヴァンニ23世通りに面する扉を入り、狭い階段を上がった奥の2層目に位置している。祖父が購入し、長男と次男それぞれの家族が分割して使用している。普段はローマに住んでおり、アマルフィの西にあるフローレの田園にも広い家を所有しているが、この住居は夏のみに使用しているという。

この住宅群は、地形に沿ってひな壇状になった建物と段々畑が一体となっているのが特徴である。長男家族が暮らす住居には街路に面してバルコニーがあり、ここで2家族が一緒に過ごしている様子を目にした。中に入ると、台所の奥にはテラスが広がり、その先は畑に続いている。外階段を上がって屋上に上がると、そこにも住居の入口がある。

さらに奥には、先ほどと同様に畑に繋がっている。この畑ではかつて、オレンジやレモンを育てていたという。屋上は別の所有者のものだが、畑に入るために屋上の通行権は保有しているという。旧市街の周縁部に農地をもついい例だ。

❾ウンベルト1世広場西側の迷宮空間

現在、アマルフィからアトラーニへ足を伸ばそうと思うなら、バスや自家用車がひっきりなしに通る国道163号アマルフィ海岸線が最短距離となる。しかし、19世紀にこの海沿いの幹線道路が整備されるまで、アマルフィ～アトラーニ間に大きな道路はなかった。大きな貨物はすべて船で運ばれ、それ以外の人やロバが日常的に行き交う道は、地形に沿った自然発生的な細い通路であった。

アマルフィの東側斜面を縫うように上り、両都市を隔てる尾根を越え、アトラーニ側の斜面をジグザグに下るルートは、こうした地形に寄り添う生活道路を原型にできている。しかし、ちょうど町境にあたる尾根の一本道は別として、谷底のアトラーニ市街中心部へ下る複数の道は、単に地形という要因だけでその形成を説明するにはあまりにも複雑だ。枝分かれ、カーブ、クランク、公道なのか住宅へのアプローチなのか判然としない階段やトンネルなど。中世以来、長い時間をかけて増改築を繰り返してきた建造物と渾然一体となったこの立体迷路は、ヴァナキュラーな建築と都市の空間の傑作ともいえる。

その特徴を可視化すべく、われわれの調査で実測し図化したのは、高台のパラッツォを改築した四つ星ホテル「パラッツォ・フェッライオーリ」斜め前の大階段から低地のウンベルト1世広場までである。

アマルフィ側から町境を越えると、道はクランクしながら徐々に下り、眼下に地中海の青い海が広がる。そこから薄暗いアトラーニ市街へと入っていく。このホテルは斜面中腹にあり、すれ違うのがやっとの細長い階段を下り右に折れると、大階段が現れる。その位置からしても、このパラッツォを望む劇場的演出として設けられたものかもしれない。このホテルとなっているパラッツォからの眺めは絶景である。大階段を下りきると道は右手へ続くが、斜め左方向には建物の下を抜けるトンネルが口開く。これをくぐり抜けると、住宅に囲われた私的性格の強い小さな中庭空間に出るが、そこで行き止まりとはならず、西側には斜面を上がっていく階段、東側にはボトルネック状の通路が続く。さらにこの通路を抜けると、密集する建物の狭間にぽっかりと開いた大きな中庭のような空間が待ち受ける。

この中庭空間へは、大階段を下って右に折れ、その後左方向へコの字形を描く道からも行き着くが、中庭側が街路に対して高く、テ

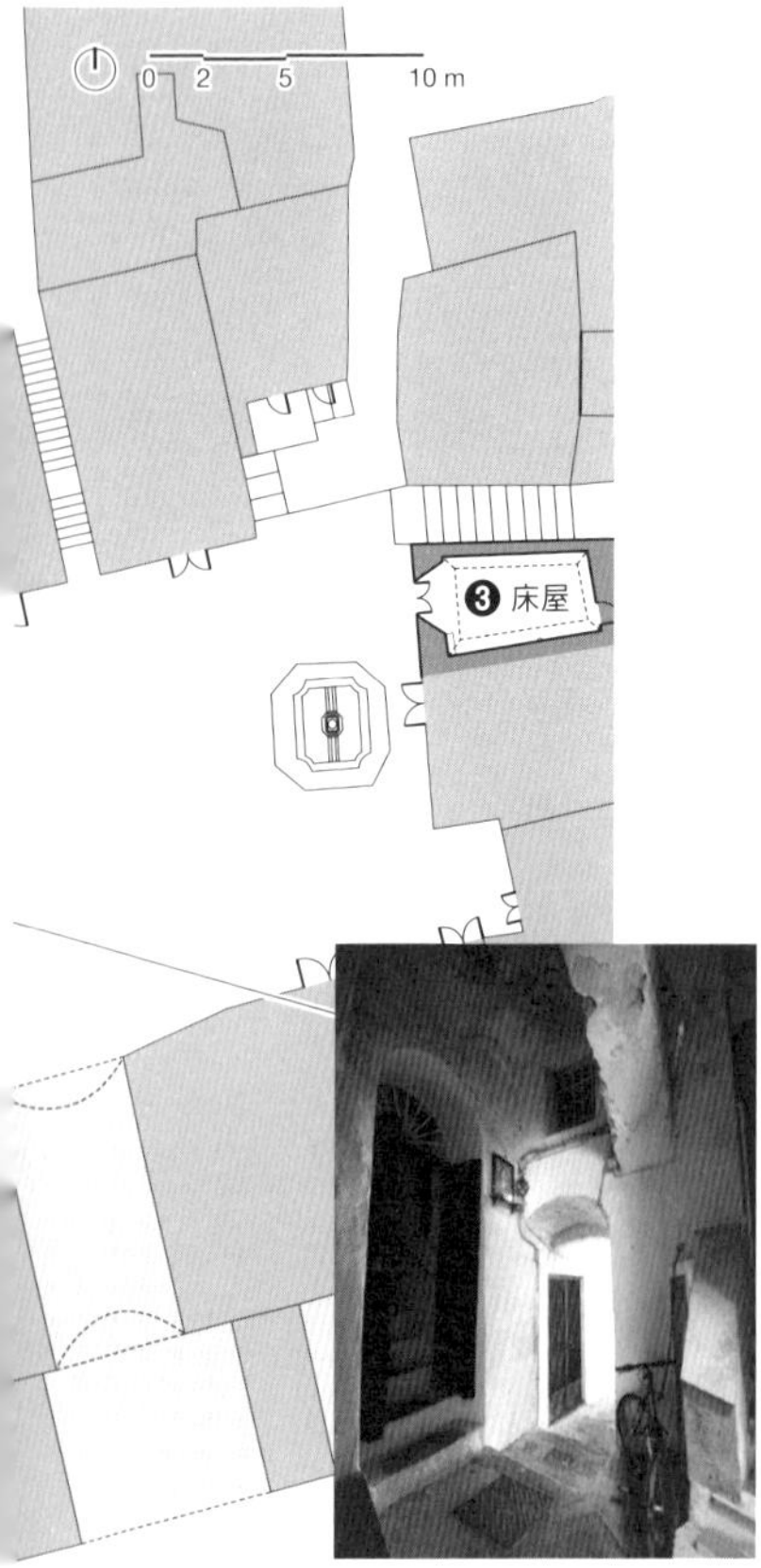

トンネルの先が
まぶしく光っている

ラス状になっているので、同じ場所に繋がっているとはすぐには気付かない。テラスからは街路の上を飛び越えて階段が伸び、隣と、そのさらに隣の建物上階へのアクセスとなっている。

テラス前の街路は、道の最も低い地点を交差点に三叉路になっているが、テラス脇を抜けて上っていくと、先に見た「❼モントーネ通りＧ家」の脇に出て、そこから下ると真っ直ぐドージ通りに抜けられる。一方、三叉路を東へ入ると、道は緩やかに下りながらやがてトンネルに入る。昼間でもほとんど真っ暗なこの狭いトンネルを抜けると、そこは……

テラス状の中庭から
三叉路を見下ろす

パラッツォ・フェッライ
オーリの前の階段

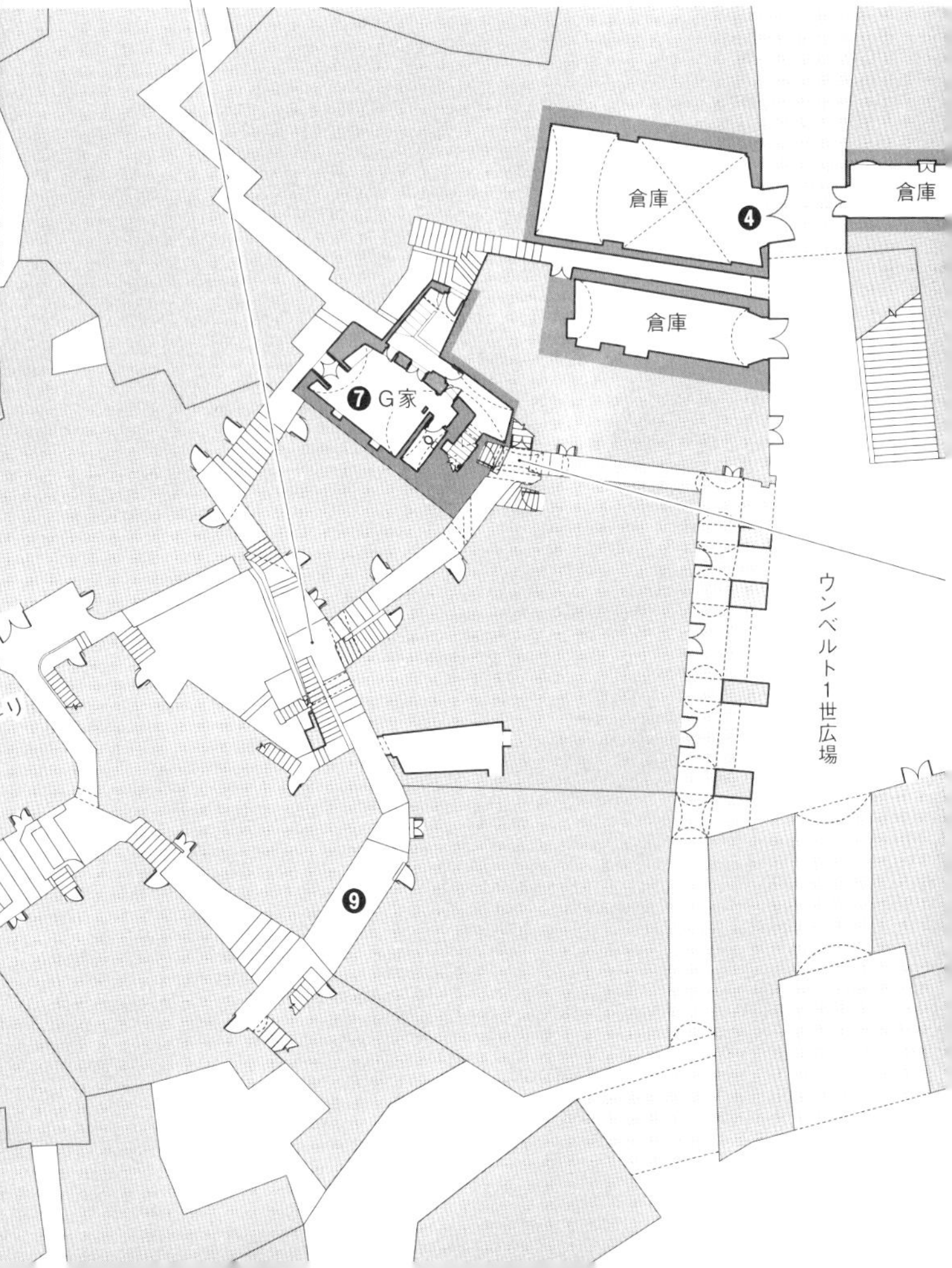

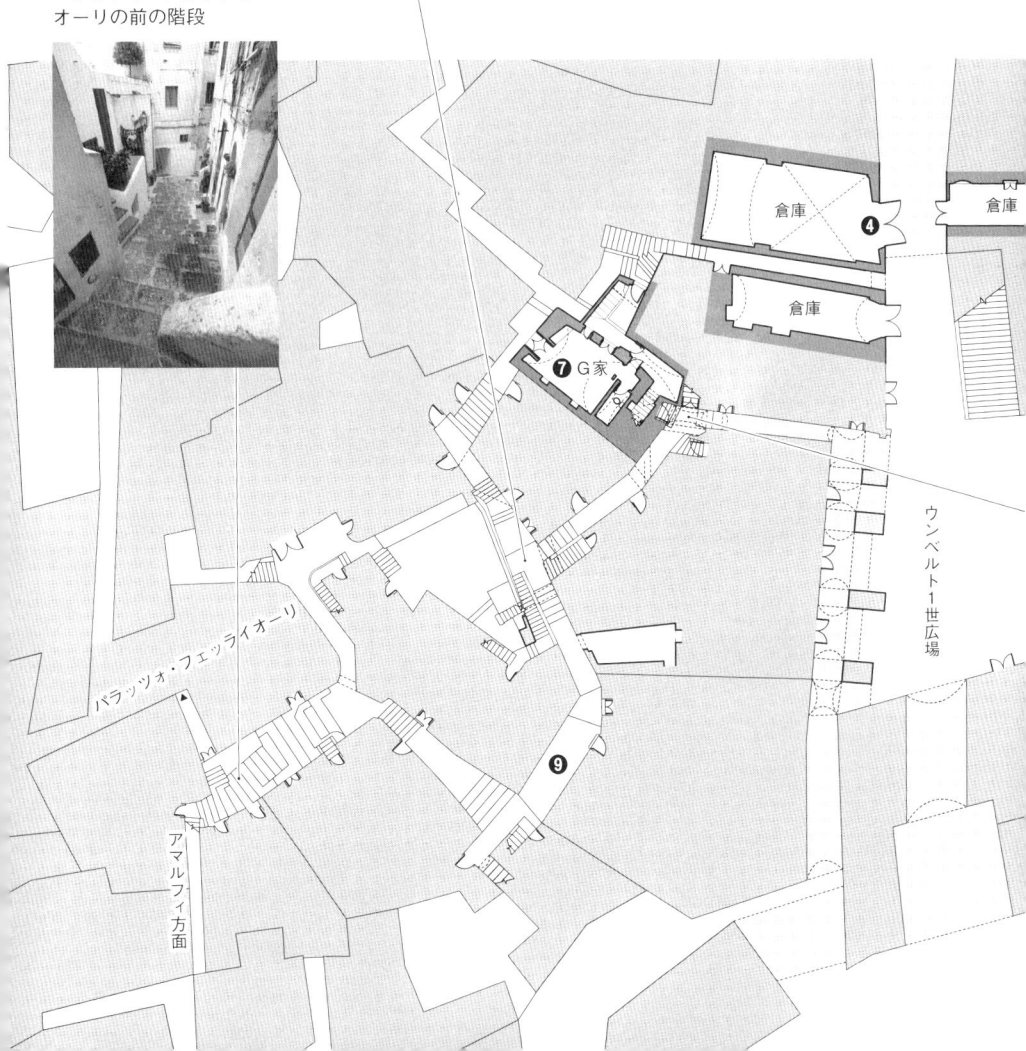

雪国、ではなくアトラーニの中心ウンベルト1世広場だ。暗から明への劇的な転換。シエナのカンポ広場など、地中海世界の広場空間にこうした空間構成の例を探すことはできるが、アトラーニというごく小さな町で、これほど見事に広場が視界に飛び込む空間体験ができることに驚かされる。かつての町の正面玄関は海側にあり、陸からのアプローチはあくまでも副次的なものだったにしても、憎いほどの演出である。

⑩ パラッツォ・フェッライオーリ

パラッツォ・フェッライオーリは、19世紀の後半にアトラーニの西側斜面の上のほうに建てられた壮大で豪華な私邸のひとつである。フェッライオーリ家はアマルフィ海岸に沿って多くの土地や財産を所有した貴族だった。快適で美しい邸宅を建てることが家族の夢だったそうだ。そしてアトラーニでも最大規模の邸宅をこの地に建設した。彼らはこのパラッツォに愛をそそぎ、建設当時の最高の素材を使用したようだ。また、この時期のアトラーニでは、贅沢な建築を高台に建設する傾向があり、このパラッツォも西側の斜面地に立地している。

現在は四つ星の高級ホテルへとコンバージョンされている。岩だらけの山腹に囲まれ、建物が建て込むアトラーニだが、この高台のパラッツォからはアマルフィ海岸の美しい景色が一望できる。階段を何段も上ってのホテルへの道程は決して楽なものではないが、この眺望のよさを現代の観光客が望むからこそ高級ホテルへと変貌をとげたのであろう。便利さと真逆の価値観が求められている。

内装は歴史の面影を残すものは少なく、イタリア人の現代的なセンスでつくられている。そして広大な屋上テラスは、改修中に収集されたアンティークのセラミックタイルで飾られている。

街路に面した門

パラッツォ・フェッライオーリ（写真中央）と西側斜面地

現代的に改装された内部（バーの様子）

Minori

第2章　ミノーリ
——アマルフィ海岸の「エデンの園」

第1節　都市の概要

アマルフィからスタートし、激しく曲線を描く海岸線を東に進み、東隣のアトラーニを過ぎてしばらく行くとミノーリに到着する。いずれも、谷が海に開く小さな平地に高密に迫力ある町が発達している。ミノーリは、アマルフィやアトラーニと地形、町のでき方が似ている。古代ローマのヴィッラが存在すること、そしてイタリアでも有数の美味しいパスティッチェリア（ケーキ屋）があることで、アマルフィ海岸でもその知名度は高い。

ミノーリ（人口2587人、2024年1月現在）の名は、町を貫いてアマルフィ海岸にそそぐレジンナ・ミノール川に由来する。同様の理由でレジンナ・マイオールという古称をもつ次章で扱う東隣のマイオーリが、いわば「大きいほうの」町（川）と呼ばれたのに対し、ミノーリはその妹分という扱いである。人口でいうとミノーリはマイオーリの半分弱と少なく、市域面積も平坦なマイオーリのほうがはるかに大きい。

ミノーリは古代ローマ人の大きなヴィッラ跡があることで知られる。風光明媚なナポリ湾周辺は、とりわけ裕福なローマ人が「海浜ヴィッラ」を数多く建設した地であるが、ミノーリもそのひとつだっ

海から見たミノーリの町並み

たのだ。文字どおり最大の歴史的遺産であるこの特権階級のための古代のリゾート地は、1932年に一部分が偶然発見され、以後、発掘調査が断続的に続いてきた。

平面類型や壁画様式から、ユリウス・クラウディウス期の紀元後1世紀のものだと考えられている。建物南側に前庭状の矩形のオープンスペースがあり、煉瓦アーチに支えられたポルティコがそのまわりを囲っている。この前庭が船で到着した訪問者を出迎える海の玄関であり、同時にヴィッラ内から海への眺めを楽しむためのスペースであったと考えられる。ローマ時代のヴィッラは自然条件を巧みに取り込んだものが多い。ミノーリのそれも谷底の地形の傾斜に合わせて多くの床レベルに展開し、現在よりずっと山側に迫っていた海岸に向けて開く、海浜ヴィッラとしてのダイナミックな構成を思い描くことができる。

このヴィッラは、ヴェスヴィオ山噴火の後、豪雨に伴う土石流で埋没した。現在のミノーリにヴィッラとの連続性は感じられず、町の祖形はむしろ、5世紀、ゲルマン民族の略奪を逃れてきた人びとによって形成されたと考えられている。当初、居住地は防衛上有利な東側丘の上フォルチェッラ地区につくられたが、徐々に沿岸部にも広がり、やがて貿易や造船業が活発な港町に発展した。その新しい低地の居住地は、背後の丘の上のスカーラから降りて来た人びとによってつくられたという。海に面した町が欲しかったのであろう。

低地への展開は、7世紀に聖女トロフィメーナの聖遺物がこの地の海岸に流れ着き、近くに小さな祠がつくられたという言い伝えとも結びつく。この聖女はアマルフィ海岸全体で崇敬を集め、トロフィメーナはアマルフィ海岸の守護聖人に認定された。832年には、評判を聞きつけたベネヴェント公シカルドによって、聖遺物が盗まれるという事件も起きたほどだ。翌年、奪還され、安全なアマルフィに置かれた。その「アマルフィ海岸の守護聖人」の座は、アマルフィに使徒アンドレアの聖遺物がもたらされる13世紀初頭まで保たれ、ミノーリの名声を高めた。

中世のミノーリは、アマルフィ、そして海岸の他都市と同じような歩みをたどり、83

古代ローマ時代のヴィッラの前庭

9年にはアマルフィ共和国、そして892年からはアマルフィ公国の都市のひとつとなった。987年、ミノーリに司教座が置かれることになり、町の中心やや東寄りにカテドラーレとしてサンタ・トロフィメーナ大聖堂が建設された。東西方向に軸線をもつ三廊式の教会であり、モザイク、浮き彫り装飾などが残っているほか、アプス部分の壁体が現在の教会建築の北東部分にあたる信徒会礼拝堂にそのまま受け継がれている。この創建時の聖堂は1747年以降に建て替えられ、現存するバロック様式の大聖堂となった。新聖堂は前身よりもずっと大きく、海に面してファサードが来るよう、軸線も南北方向に変更された。時代が新しいこともあるが、海の方向に堂々たる正面をみせる教会というのは、アマルフィ海岸では珍しい。1818年に司教座は廃止され、現在「バジリカ」と呼ばれている。

中世のミノーリにおいて、南側の11世紀には存在した市壁の外に、港機能をもつ海辺エリアがつくられていた。主に砂浜が広がっていたが、そこに船着き場が整備され、小さな造船所もあった。中世の早い段階から教会やアマルフィ公国の重要な家族が所有する商店や工房があった。市壁のなかには、中心として公共の広場があり、そのまわりに司教館や貴族の邸宅が並んだ。広場近くには商店や工房が集まっていた。

現存するミノーリの中世の宗教建築としては、東側の山上に位置するアヌンツィアータの鐘塔などわずかだが、中世の遺構自体を残さないものでも、サンタ・トロフィメーナ大聖堂（バジリカ）やサンタ・ルチア教会（1623年再建）のように、町の大半の教会建築が、その創建を中世に遡れる。町の西側の急峻な斜面の途中、階段と階段の狭間の踊り場のような場所にあるサン・ジョヴァンニ・ア・マーレ教会（1144年聖別、1420年改築、1620年再建）もそのひとつである。斜面都市ならではの迫力あるロケーションだ。周囲は近代以降の開発から逃れ、古い町並みをよく残す地区で、上階に重ねられた一般住宅をはじめ、教会の建築自体が周囲の住宅建築と一体化し、複雑な街区をつくり出している。

アマルフィの盛衰と命運をともにしたミノーリは、中世末から長い停滞期に入った。し

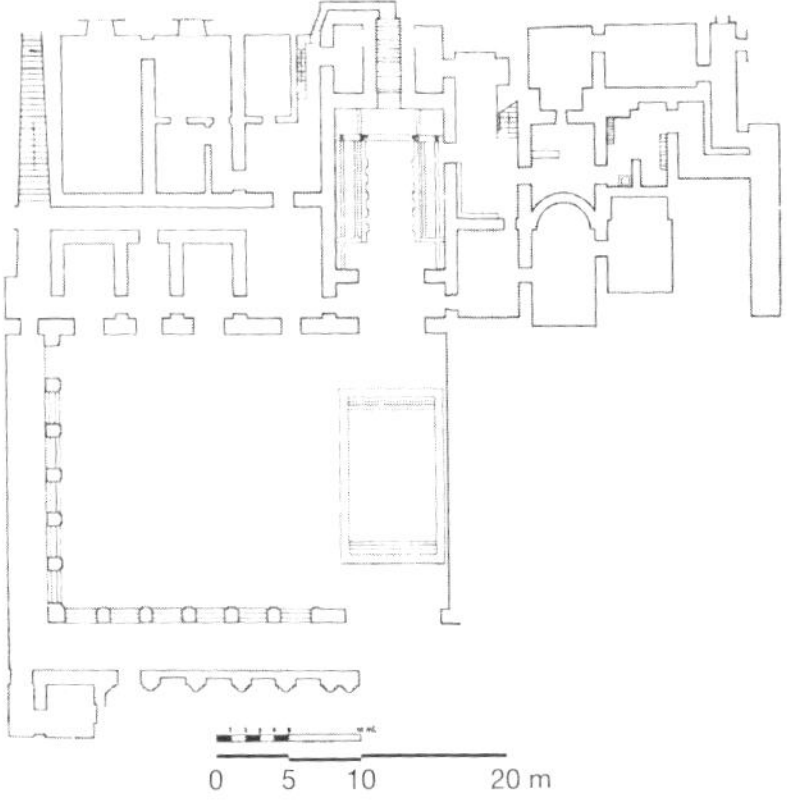

ヴィッラ・ロマーナ
（右）トリクリニウム・ニンフェウム
（左）平面図*

かし19世紀になると、製紙業、レモン栽培といったアマルフィ海岸共通の産業に加え、パスタ製造業で知られるようになる。製紙業は渓谷の高低差のある場所に、パスタ製造業は市街地近くに、いずれも川の水を利用し水車によって発達した地場産業だったが、この時代に国内外各地への輸出が急増したのである。

20世紀以降は近隣都市と同様、ミノーリもリゾート地としての性格を強め、水力を提供していた川は暗渠化され、1955年の洪水後は流路を付け替えられ、水車小屋なども姿を消した。とはいえ、いまだミノーリのパスタというブランドは健在で、フジッリの一種のロッチやンドゥンデリ、シャラテッリなどが特産とされている。後にトラモンティで紹介する工場でつくられる美味しいお菓子をミノーリの海辺の「パスティッチェリア・サル・デ・リーゾ」というお洒落な店で楽しめる。名物ドルチェ、デリツィア・アル・リモーネ（レモンの悦楽）は絶品で、イタリア人なら誰でも知っているという。気候がよく、食の町でもあるミノーリは、アマルフィ海岸のエデンの園とも呼ばれる。

第２節　都市構成

暗渠化と都市域の発展

ミノーリは谷底が比較的広いＶ字形地形の町で、市街地はこの部分を中心に形成されている。1950年代まであまり市街化が進んでおらず、範囲は河口部に限定されていた。当時は、サンタ・ルチア教会の周辺には木々がまだ残っており、建物はまばらにしかなか

サン・ジョヴァンニ・ア・マーレ教会

サンタ・トロフィメーナ大聖堂（バジリカ）

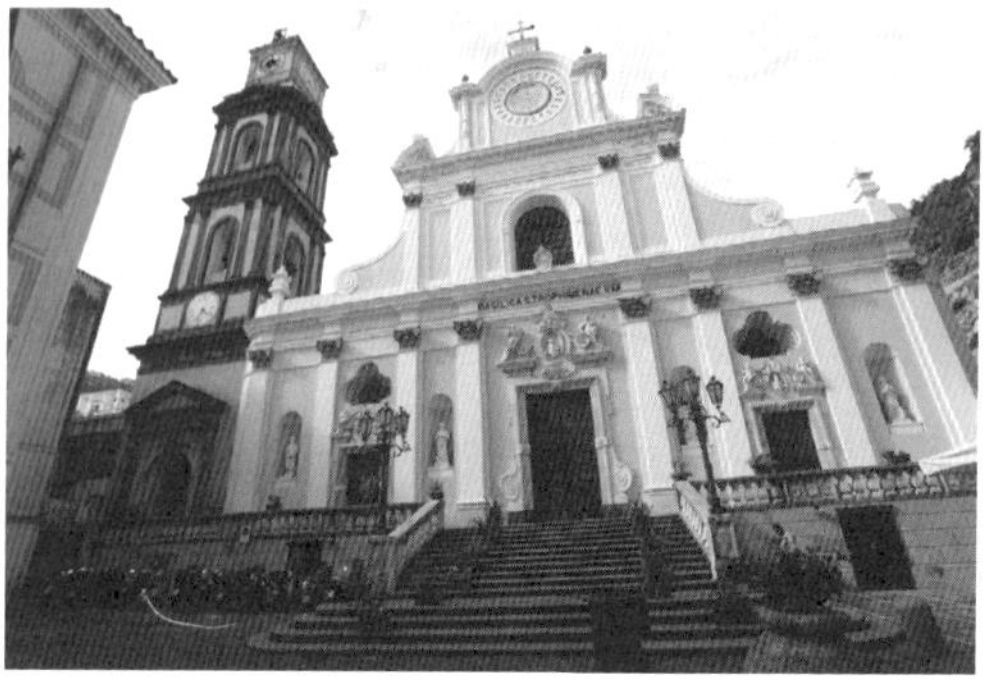

った。1900年代の地図をもとに、当時の様子を復元した図を見ると、かつてはヴィットリオ・エマヌエーレ通りにレジンナ・ミノール川が流れていたことがわかる。川のほとりは、片側にだけ道が通っており、反対側は建物に沿って流れていた。そして、パラッツォ（立派な邸宅）は広場のまわりだけでなく、この川のほとりにも立地していた。その後、流路が変えられて暗渠にされ、その上をストラーダ・ヌオーヴァ（新しい通り）が走っている。戦後になると空地は建物で埋められ、次第に川の上流方向へと市外地は拡大していった。

水車小屋の存在と小広場、そして住宅地

19世紀初頭の地図を見ると、ヴィットリオ・エマヌエーレ大通りにまだ川が流れていたころには、川岸に水流を利用して水車を稼働させる粉挽き場やパスタの製造所があったことがわかる。パスタを乾燥をさせる際には、海に開いている広場をはじめとして、町なかにある広場に台を置いて干していたという。ソライオ広場でもかつてはパスタを干していたと、1990年代までこの広場に面する建物の1階でパスタ製造所を開業した店主から聞いた。また、パスタ製造だけでなく、職人の工房などが広場に面していたという。

川の両側の低地部分には水車小屋やパスタ製造所を所有していたと思われる新興貴族のパラッツォが分布している。20世紀前半の不動産登記台帳地図では、カーメラ家とガンバルデッラ家という2つの有力家がその多くを所有していたことがわかる。

一方、東側斜面の海に近いあたりと川の上流の西側斜面に、小さな庶民住宅がひしめき合うように密集しているのがわかる。斜面に建つ住宅のなかには、ひとつの建物でも階ごとに異なる位置からアプローチしており、それぞれ別の世帯が暮らしているものもある。そのため、住戸に続く外階段が街路のあちこちから伸びている。

ソライオ広場

ヴィットリオ・エマヌエーレ通り

コラム――アマルフィを読み解く――川の暗渠化

台地の上に立地するラヴェッロを除き、海に面する都市はいずれも谷地に立地し、谷底部分には川が流れており、現在はそのほとんどの部分が暗渠となっている。アマルフィでは13世紀にすでに暗渠となっていたが、アトラーニは1930年代に、マイオーリ、ミノーリは1954年に起きた大雨による川の氾濫で大きな被害を受けたことにより、河川整備が行われて暗渠となった。以前も川の両岸、もしくは片岸には道が通っていたが、暗渠になることにより、道幅が広くなり、このミノーリの例も違わず、町の中央を通るメインストリートとしての性格を強めていった。

ミノーリを例にみてみよう。アマルフィ海岸の都市はどこも山がちな地形の上に立地しているが、川の存在も大きく、水車を使ったミノーリのパスタ製造やアマルフィの製紙などの産業が都市内でも多かったと推測できる。そのため、川沿いの建物の1階部分には倉庫や工房などの産業施設が入っていたと考えられる。しかし、近代工業化とともに、川が暗渠になったことによって、都市内から産業施設は姿を消し、代わりに建物の1階部分には商店などが軒を連ねるようになり、現在のように谷底の道は町のメインストリートとなった。

20世紀初頭の
ヴィットリオ・
エマヌエーレ大通り

19世紀末のミノーリでの暗渠化計画*

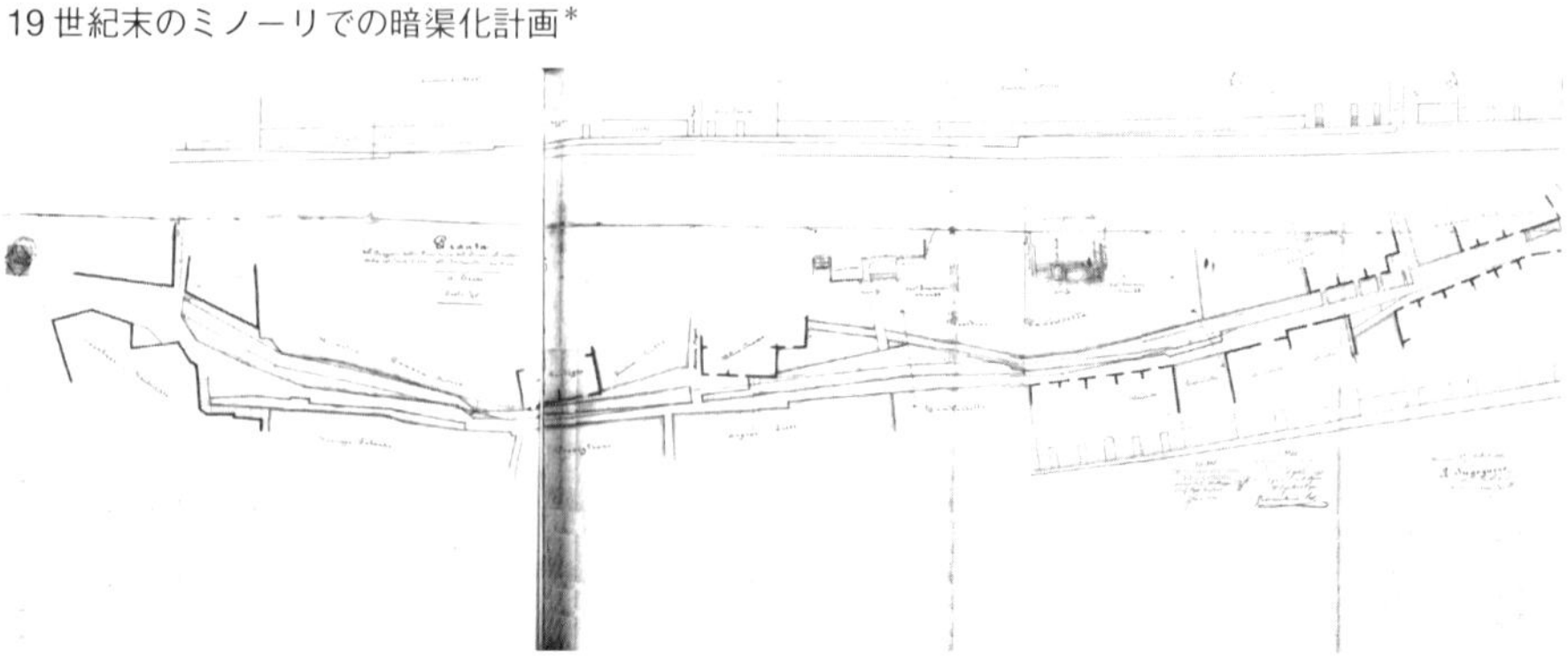

ミノーリの主要な都市施設（20世紀初頭の復元図、グレーの部分は当時の市街地）

❶ パラッツォ・ガンバルデッラ
❷ パラッツォ・カメーラ

A サンタ・トロフィメーナ大聖堂（バリシカ）
B 鐘塔
C サンタ・ルチア教会
D サン・ジョヴァンニ・ア・マーレ教会
E パラッツォ・ガンバルデッラ
F 古代ローマ時代のヴィッラ
G 見張り塔

m 水車小屋
p パスタ製造所

第3節　平地のパラッツォ

アーチで構成された壁に囲まれた中庭

❶パラッツォ・ガンバルデッラ

ミノーリは、谷底の平地に有力家の邸宅が点在している点に特徴がある。その平地の中央を通るメインストリート沿いに、16世紀頃パラッツォ・ガンバルデッラが建設された。

華やかで大きな中庭をもつ典型的な形式のパラッツォで、メインストリート側に立派な表門を構えている。中庭には都市のコンテストを考え、表と裏の2か所の門からアプローチすることができる。西側と南側の1階部分には大小の街路に面してそれぞれ店舗が入っている。一方、上階の住居へは中庭を通って階段を上がってアプローチする。中庭を囲んで2、3階のそれぞれにアーチを巡らせる二層のギャラリーの構成はじつに格好よく、印象に残る。白と黄色のスタッコ塗りは18世紀以降のものだという。

3階のガンバルデッラ家は多くの居室に分かれているが、構造壁に注目してみると4つの部屋が横一列に並ぶ明快な構成だったのがわかる。それらが後の時代に薄い間仕切り壁で区切られ、中心に廊下が設けられたと考えられる。そもそも西欧の邸宅では伝統的に、部屋と部屋は扉で繋がり、廊下という発想はなかったのだ。その際に玄関の近くには応接間や居間を、玄関から離れている西側には寝室を配置したものと推測できる。

18世紀頃の梁が露出している食堂は、かつて主人の祖父が書斎として使っていた部屋で

パラッツォ・ガンバルデッラ、a-a′断面図

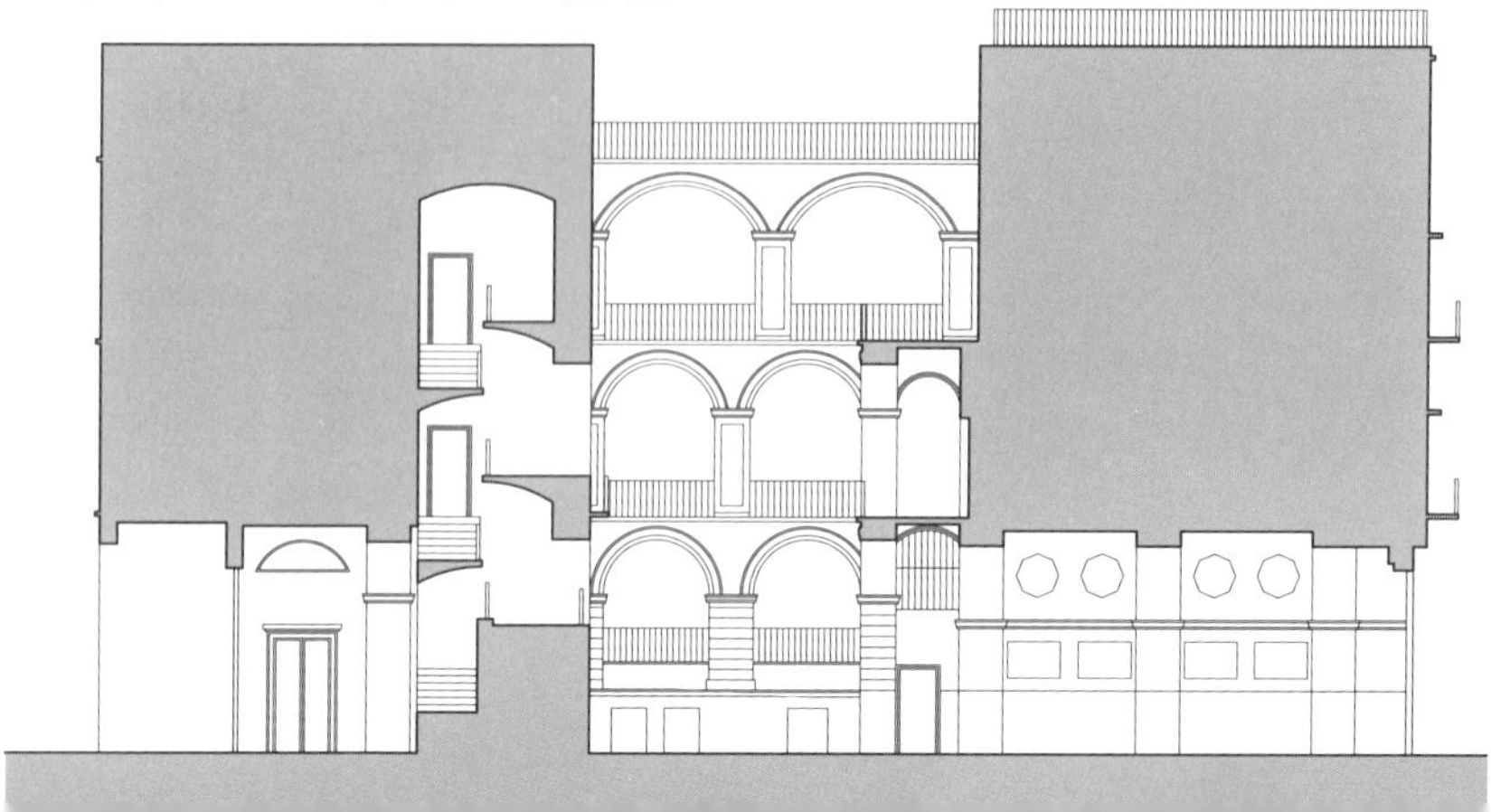

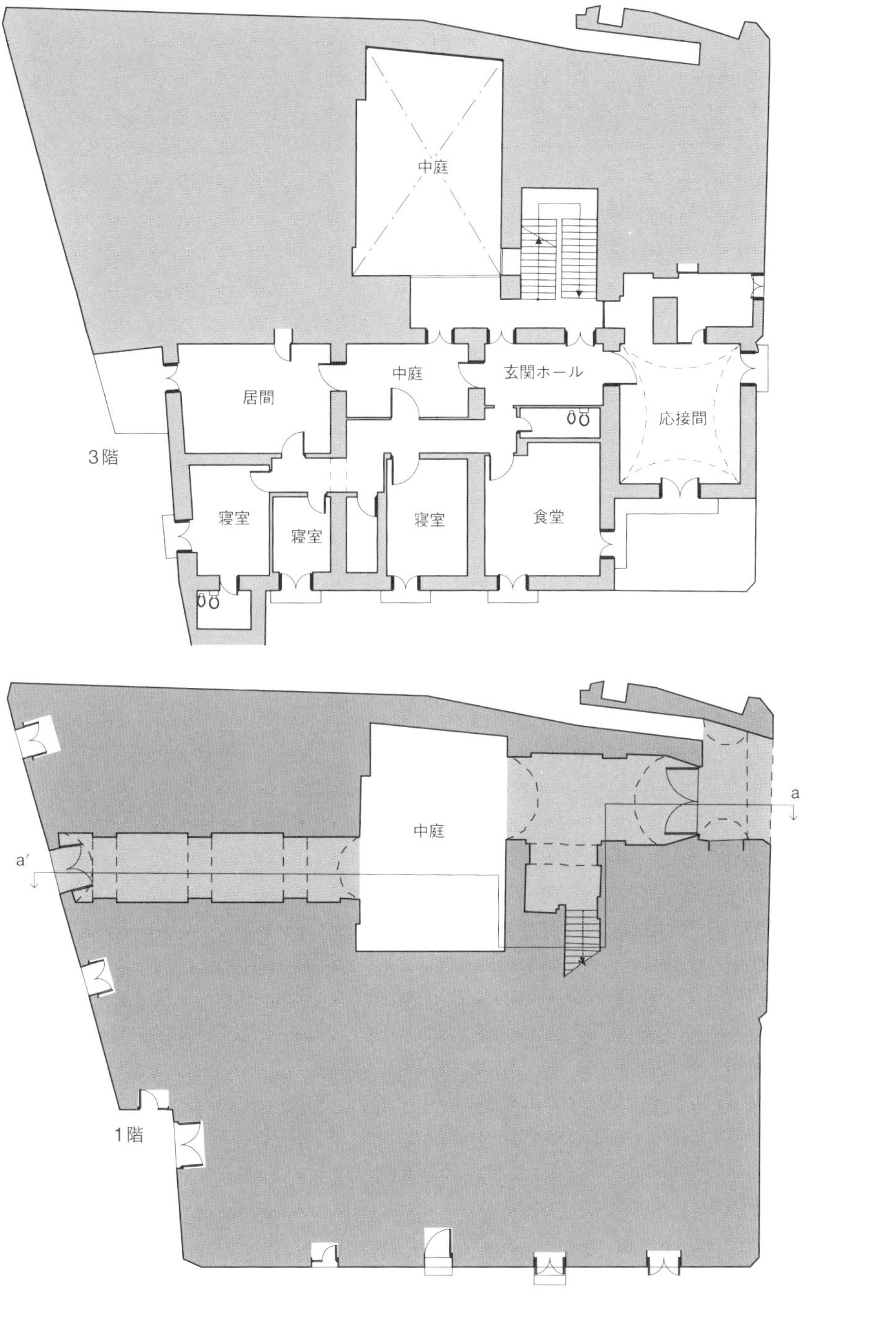

パラッツォ・ガンバルデッラ、平面図

ある。応接間の天井には曲率の低い帆状ヴォールトが架かっており、部屋の全面にフレスコ画が描かれている。頭上にはブドウ棚が、壁にはその周囲に広がる景色が表現された、富裕層のパラッツォらしい美しい部屋である。

❷ パラッツォ・カーメラ

ガンバルデッラ家と並んでカーメラ家も1900年代に多くの建物を所有していた。その建物のひとつがこのパラッツォ・カーメラである。

平地エリアの海岸沿いに1780年頃に建てられたパラッツォで、メインストリートと海岸通りに接する好立地である。建物へは海岸通りの裏側の道からアクセスするが、ファサードはそれほど飾っていない。むしろ海に面した南側の2階、3階にある大きな二連アーチのベランダのほうが印象的である。この時代には市壁はもはやなく、眺望が開けていたのだ。それが利点、魅力となって、ミノーリでは18世紀末以降、海岸近くにパラッツォが続々と登場した。各階の住居へは、北端にある階段室からアクセスする。階段室には1982年にエレベータも設置されている。

4階の平面図を見るとわかるように、縦一列に並んだ各部屋は扉で繋がっているだけでなく、長い廊下でも出入りできるようになっている。これも新しさのひとつといえる。また、外部にはすべての部屋を繋ぐようにL字形にテラスが設けられており、海を一望できる。4階はかつて特別な部屋とされ、出産に使う際の部屋や人を招くための部屋が配された。玄関横の部屋は湯沸かしや洗濯に使われたが、台所やトイレはなかった。そのため、後に住居として使う際に付け加えたという。また、螺旋階段で3階と4階は繋がっていたが、現在は上下階で別世帯が暮らしているため、階段を撤去してシャワールームにしたという。

もともとは3階が主階であり、現在は兄弟で2つに分割して住んでいる。カーメラ家の住戸では、一部屋をプライベート・チャペルとして使っている。その改築は、10年ほど前にローマ大学で修復の勉強をした娘が手掛けたそうだ。カーメラ家は丘の上のラヴェッロに夏の家をもっていて、この家は冬の家として使っている。羨ましいライフスタイルだ。また、バカンス用の貸家も所有しており、日本の人たちにも宣伝して、と頼まれた。かつて使用人の部屋として使用していた5階も、現在は貸部屋となっている。

海から見たパラッツォ・カーメラとその周辺

1910年頃の海岸沿いの風景

3階ベランダ

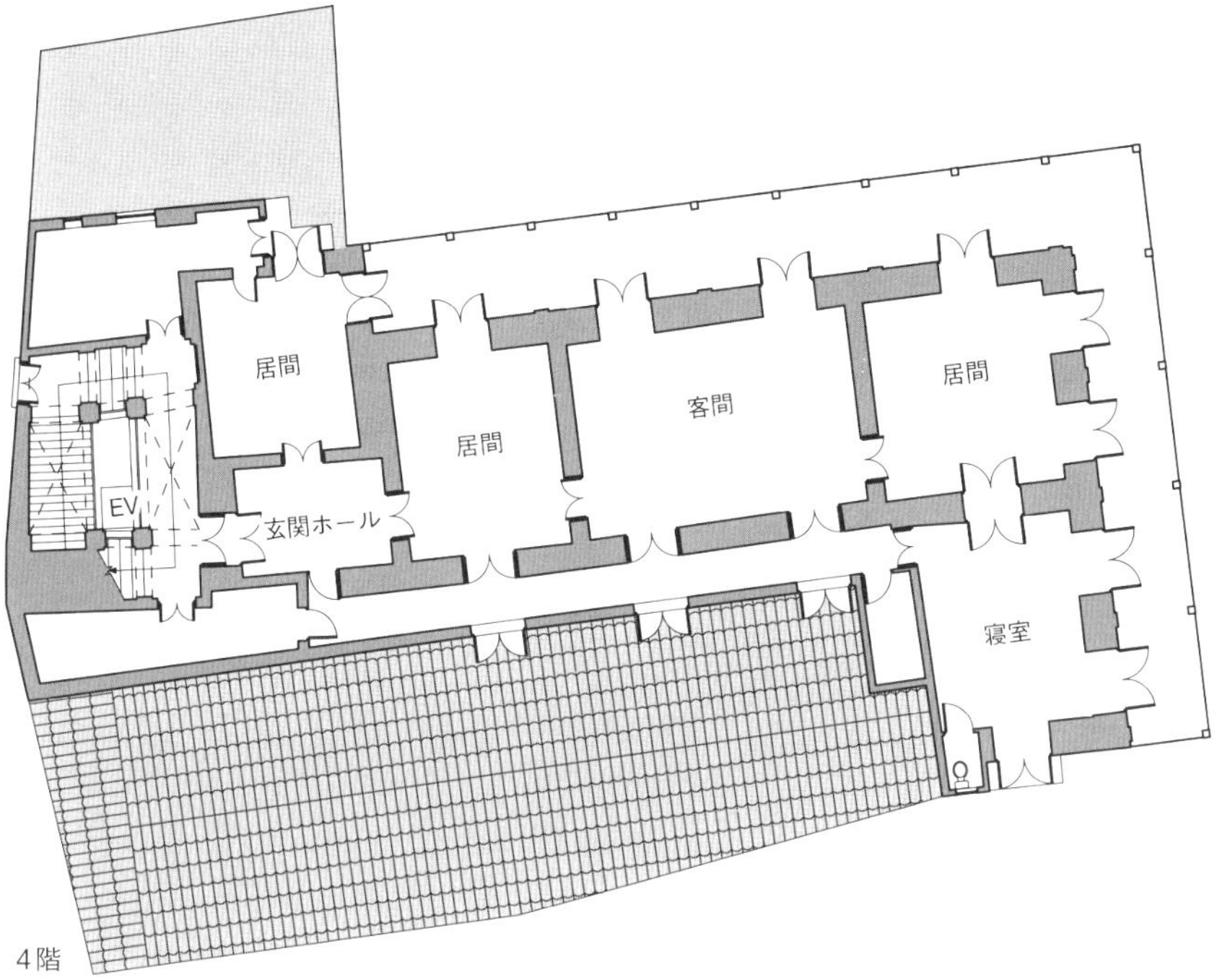

4階

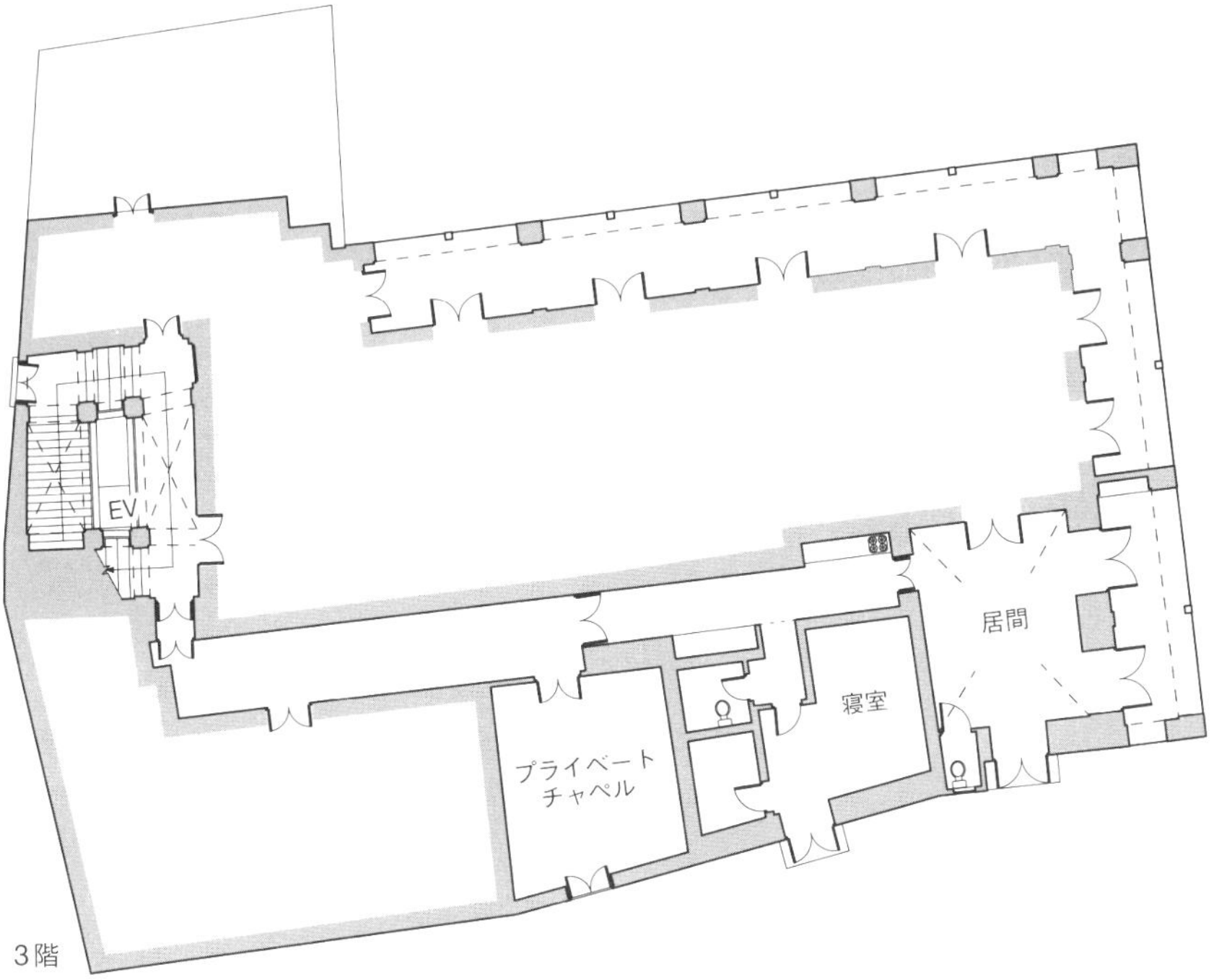

3階

パラッツォ・カーメラ、平面図

0　1　2　3　5r

Maiori

第３章　マイオーリ
——埋もれた古い都市組織

第１節　都市の概要

ミノーリの東隣に位置するマイオーリ（人口5320人、2024年1月現在）は、背後の山間から流れるレジンナ・マイオール川の河口につくられた町である。やはり、谷状の地形が海に開くところに都市が発達したが、裾に広がる低地が広くゆったりしている。

集落の起源はおそらくエトルリア時代（紀元前8世紀～同1世紀）に遡るとはいえ、隣のミノーリとは異なり、古代のモニュメントは残っていない。また中世の遺構も少なく、一見して他のアマルフィ海岸の都市より町並みがだいぶ新しいという印象を受ける。

実際、海岸沿いの美しい並木のある解放的な雰囲気のプロムナード、その内側に戦後高度経済成長期の建設ブームで建ち並んだホテル、バカンス用の家も含む中層の集合住宅群を見ていると、さほど歴史のない大衆的なリゾート地という感じがする。

だが、この町に歴史的な重要性がなかったと早合点してはいけない。古代はともかく中世の遺構が残っていないのは、マイオーリが共和国内で重要な役割を果たさなかったからではない。津波、洪水、敵対する勢力の侵攻のたびに壊滅的な打撃を受けたことがその理

東の高台から見たマイオーリの町並み

由なのだ。20世紀に入ってからもそれが続き、1910年と1955年の洪水、1943年の連合軍上陸作戦の被害は大きく、その復興の過程でアマルフィ海岸最長の砂浜（中世には海だった場所）に沿って開発された整然とした街区には、20世紀後半以降の集合住宅を主とする新しい建築が建ち並ぶことになった。

ところが、こうした海に近い低地部に対し、じつは東西の丘陵部の市壁の内側にある街区のなかに、近代以前の変化に富んだ地中海世界らしいテッスート・ウルバーノ（都市組織）がよく残っているのを発見した。表側の近代の仮面を剥ぐと、その背後に古い土着的な人びとの暮らしの場が姿を現すのというのが、マイオーリ調査の醍醐味なのだ。

839年にアマルフィ海洋共和国が公国として自治権を獲得した際、マイオーリも同盟国として重要な機能のいくつかを担うことになった。すなわち海軍本部、税関、塩の倉庫、そして数多くの造船所が置かれたのである。残念ながら海洋都市ならではのこうした建造物の痕跡は残っていないが、海岸からだいぶ内側に入った地点に、当時の遺構として市壁が一部現存する。多彩な都市、そして地域の営みとしては、他の町と同様、市街地での交易・商業・職人生産に加え、周辺には漁業、農業、そして製紙業の産業が発展した。

マイオーリは、839年のロンゴバルド軍による襲撃を受け、山側を防衛するために市壁がつくられた。市壁内側（現在サン・ロッコ教会がある位置）にあった教会の名にちなんで、サン・セバスティアーノの市壁と呼ばれた。東のブルサーリオと西のトリーナの2つの山を結んで、等間隔に6つの円筒状の壁塔を備え、壁の外側に掘られた濠には必要に応じてレジンナ川から水を引いてくる仕組みが見られたという。市門は3つあり、メインゲートは川の左岸にあるポルタ・ディ・フィウメ（川の門）、その左右にポルタ・ディ・ルーガ（西側）とポルタ・ディ・イオソラ（東側）がつくられた。1137年のピサ人の攻撃で大半が破壊されたが、マンディーナの塔とバリッツァの塔の2つの壁塔も含め、壁の一部が市街地のなかほどに直線的に残存している。

マンディーナの塔

海岸沿いのプロムナード

町の防衛はさらに、山側の内奥では、トリーナ山につくられたサンタンジェロ要塞、住民の避難場所としてつくられたサン・ピエトロ村近くのサン・ニコラ・デ・トーロ・プラーノ城塞（15世紀再建）、市壁と山上の要塞の間につくられた櫓が担った。これらの櫓のいくつかは、住居に統合されて現存する。

アマルフィ公国の衰退以降、マイオーリは18世紀後半まで停滞期に入る。海洋都市の機能を失って、農業、漁業、職人による手工業というローカルな経済活動しかなくなり、海と結びついた都市の構造にも変化が現れ、その発展もレジンナ・マイオール川に沿って内部に向かった。

マイオーリが再び歴史の表舞台に登場するのは、グランド・ツアー以降である。アルプス以北の国々の作家、芸術家たちがこぞってアマルフィ海岸に押し寄せ始めた頃、マイオーリの商人たちはアマルフィ海岸の特産品であるレモンをフランスやイギリスに輸出したのだ。こうして得た富で建てられた、いわば「レモン御殿」のひとつが現在、高級ホテルとなっているコンフォルティ家（後述）である。レジンナ川の右岸に建てられ、現在は市役所になっている瀟洒な旧侯爵邸パラッツォ・メッツァカーポも、同時期の建築である。この川は1955年の洪水後に大部分が暗渠化され、レジンナ大通りとなっている。

第二次大戦で大きく破壊されたマイオーリだが、大戦後はロベルト・ロッセリーニ監督に見出され、『戦火のかなた』、『アモーレ』、『イタリア旅行』といったネオレアリズモ映画の舞台となり、注目を浴びた。

市庁舎（パラッツォ・メッツァカーポ）

サン・ニコラ・デ・トーロ・プラーノ城塞

第2節　都市構成

都市の発展過程

マイオーリの地図を見ると、都市組織のはっきりとした違いがまず目に付く。海岸沿いに比較的規模の大きい建物が整然と並んでいるのに対し、その奥には小規模な建物が密度高く有機的に建ち並んでいる。2つの地区の境界には、9世紀末に建設された市壁が残されており、市壁の内と外で形成時期が異なることがわかる。市壁は中世における市域の南限であり、マイオーリの町は今の市街地のやや上流部分から発展していった。共和国時代には、交易商業の中心地として栄え、海側には造船所や海軍省、税関、塩を扱う商館などがあったというが、今ではその跡を見ることはできない。

市壁内の地形としては、町の中央を流れるレジンナ・マイオール川沿いが平地で、その両側に山が迫る。町で最も重要なコッレジャータ・サンタ・マリア・ア・マーレという名の大きな教会は、西側の高台の突端にそびえるが、それにはいささか特殊な歴史的背景がある。この高台はもともと、地の利を活かした防御のための古い要塞だったが、1137年にピサの攻撃で大半が壊された後、その上に南イタリアに信仰が広がった大天使聖ミカエルを祀る教会が建造された。そして1204年、海岸に聖母マリアの木製の像が流れついたことから、この聖堂も海洋都市のイメージを高めるべく、マーレ、すなわち海のサンタ・マリア教会となったのだ。

一方、東側の斜面地にあるラッツァーロ地区は小さな建物が密集しており、かつてはシナゴーグもある中世のユダヤ人居住区だったと考えられている。彼らが金を貸す銀行のよ

高台のサンタ・マリア・ア・マーレ大聖堂
（コッレジャータ）

20世紀初頭の海岸沿い*

マイオーリの主要な都市施設

❶ レジンナ通りのパラッツォ・バルディ
❷ アルセナーレ通りのパラッツォ
❸ ホテル・カーザ・ラファエレ・コンフォルティ
❹ 37 番地の袋小路
❺ 46 番地の袋小路
❻ モンテコルヴォ通り G 家

A サンタ・マリア・ア・マーレ大聖堂（コッレジャータ）
B サン・ロッコ教会
C セディーレ
D パラッツォ・メッツァカーポ
E 西側斜面地の住宅群

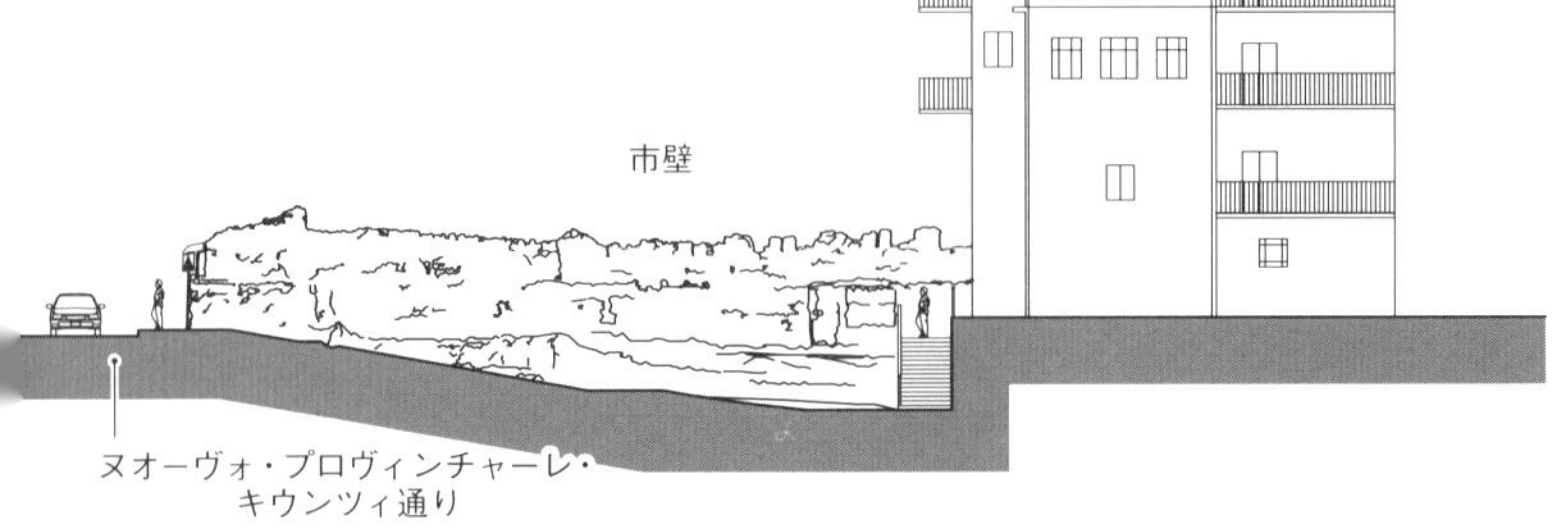

うな仕事をしていたことを示す15世紀後半の史料がある。マイオーリはそれだけ商業活動も活発な都市だったに違いない。

川沿いには、アンジュー家時代の1328年に建設された小さな市庁舎といえるセディーレがあり、その隣にはペストの終焉を記念して1348年に献堂されたサン・ロッコ教会が建っている。現在の市庁舎は、爵位をもつメッツァカーポ家の18世紀後半に建設されたパラッツォを転用している。その横の庭園は19世紀に平面幾何学式の構成でつくられた。斜め向かいにもパラッツォ・バルディが建っており、川沿いの平地には比較的規模の大きなパラッツォや宗教施設が立地する。一方、山側の斜面地には小規模な住宅が高密に建っており、歴史的ゾーン内における地形による建物用途ごとの立地傾向が明確にみてとれる。

それに対し、市壁外の海岸沿いはほとんど平地で、もともとは砂浜だった。19世紀後半の写真を見ると、海岸沿いには木が生い茂っており、建物はそのなかに点在するだけだったのがわかる。現在のように海岸線まで建物が建ち並ぶ状況は、戦後になって生まれた。そして近代化の象徴としてプロムナードがつくられ、海辺の砂浜は海水浴場として整備された。

背後の谷から川が海に流れ込むアマルフィ海岸の諸都市は、美しい風景を誇る反面、日本と同様、しばしば洪水の大きな被害を受けた。マイオーリもまさにその典型で、水害に苦しんできた。1954年の洪水を機に都市のインフラ整備が進み、河口付近では川が暗渠化され、現在はメインストリートとして機能している。1910年と1954年の大洪水で甚大な被害にあったこの地区には、復興の時期に再建された近代的な建物が多いが、そのなかに18世紀後半から19世紀に建てられたパラッツォをいくつか見出せる。この時期のマイオーリはレモン栽培が盛んで、イギリスをはじめとする諸外国への輸出で財をなすものが現れた。彼らがまだ人の手が入っていない平地に、海への眺望も楽しめる大規模な館をこぞって建設したと考えられる。

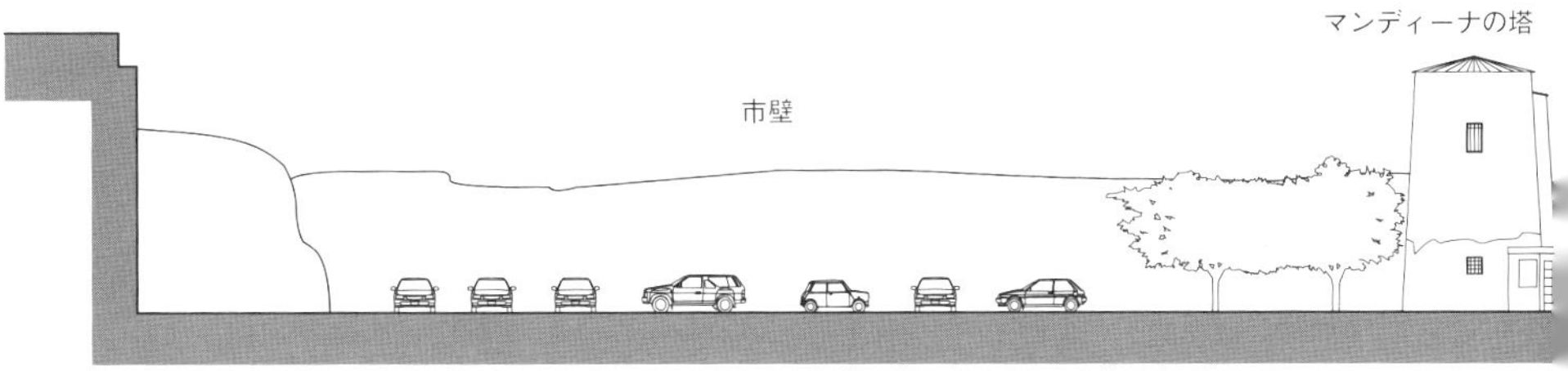

市壁の立面図

アマルフィ海岸の都市でも最も長いマイオーリの砂浜には、夏場は色とりどりのビーチパラソルがびっしり立ち並び、海水浴客で賑わう。また、西端には１９９０年代に整備された立派なマリーナと船着き場があり、プレジャーボートが続々と沖へと出て行く。

市壁

狭間胸壁のある市壁は、ロンゴバルド族による略奪後の9世紀という早い時期に建設された。その後、１１３７年のピサ人による侵略によって、市壁、防御施設の大半が破壊されたという。現在では、東西方向のカーザ・マンニーニ通りに市壁の一部が、そしてヌオーヴァ・キウンツィ通りとの交差点には、円形のマンディーナ塔が残されている。市壁の外側には濠があり、必要に応じてレジンナ・マイオール川から水を引いた。市門としては、川の近くと町の東西にあった。各門には濠を越えるための跳ね上げ橋が付いていた。19世紀後半の歴史家フィリッポ・チェアレスオーリによれば、市壁は６つの塔を等間隔に備えていたという。

さらに東側の山頂には、サン・ニコラ・デ・トーロ・プラーノ城塞がある。9世紀に建造されたが長い間放置され、15世紀になって再建されたものである。高台から遠くを監視し、有事には他の都市に向けて敵の侵攻を知らせる信号を発した。住民の避難場所としても機能したという。

アーチの架かったセディーレと隣のサン・ロッコ教会

開渠部分のメインストリート

コラム　アマルフィを読み解く——プロムナード

海岸沿いの道路が地面よりも高いところを通っていないアマルフィやマイオーリ、ミノーリでは、自動車道路と並行するプロムナードが整備されている。海に面する街路には規則正しく樹木が植えられ、並木道となっている。かつては海に面して建物がむき出しで面していたが、今や木々は大きく育って、海から見た都市の姿は緑豊かにみえる。

ところどころにベンチが配置されている。暑い夏の日差しから逃れられる木陰のベンチは、市民の憩いの場となっている。また、夜になると夕涼みに出てきて、プロムナードを行ったり来たりする人びとで賑わう。

現在のアマルフィのプロムナード

建設中のアマルフィのプロムナード（1910年）*

整備後のアマルフィのプロムナード（1940年）*

現在のマイオーリの海岸沿い

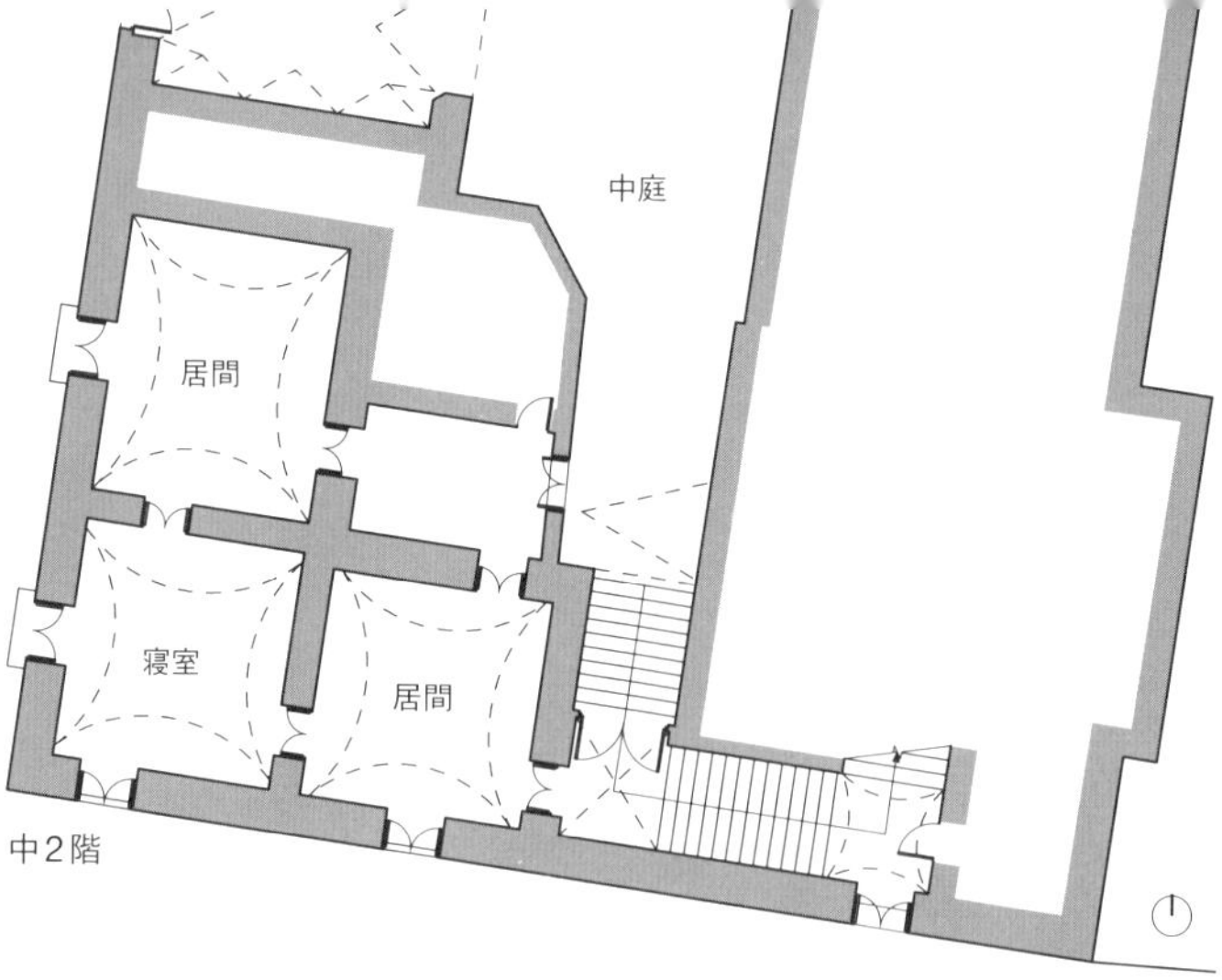

第3節 平地のパラッツォ

❶ レジンナ通りのパラッツォ・バルディ

マイオーリの主要道路であるレジンナ通り沿いの、旧市街の中心からはやや北寄りに、17世紀にミラノから来たバルディ家が住んだパラッツォがある。建設年代はバロック期の17世紀頃と言われているが、実際のファサードを見ると、細いイオニア式オーダーとエンタブラチュアからなるルネサンス様式の門をもつ。

正面の門をくぐり抜けると中庭に出る。その中庭を右手に折れると建物の内部へ導く階段がある。大規模な邸宅だけに今は所有が分割されており、中2階にはアヴェッリーノに住む家族がバカンスの時期に使う居住空間がある。主人はナポリ出身だが、夫人がアヴェッリーノ生まれとのこと。街路に面した部屋の天井には、貴族のパラッツォらしく、ガエターノ・カポーネという画家が描いた四季の絵が一面に広がる。それぞれの部屋には曲率の低いヴォールトが架かっている。

主階である2階の主要部分を見せてもらうと、通りから奥に向かって縦に3室が並んでいた。もともと廊下はなかったが、中央の部屋には近代の発想で仕切り壁をつけて廊下を設けていた。天井にはフレスコ画があったそうだが、今では一部しか見ることができない。

2階から、イチジクの木などが植えられた緑豊かなテラスに出ることができる。通りを歩くだけでは想像すらできない自然の要素が、建物の背後に隠れているのだ。

❷ アルセナーレ通りのパラッツォ

海に面した通りから一本奥に入ったアルセナーレ通りに、このパラッツォは建つ。１８６０年代につくられたこの建物も、イギリスへのレモン輸出で財をなした新興貴族の館である。１９２０年代まではマイオーリの多くの貴族がレモン輸出を行い、富を蓄えたそうだ。この建物の左右に建つパラッツォも、ほぼ同じ時期のものだという。建設当時は一家

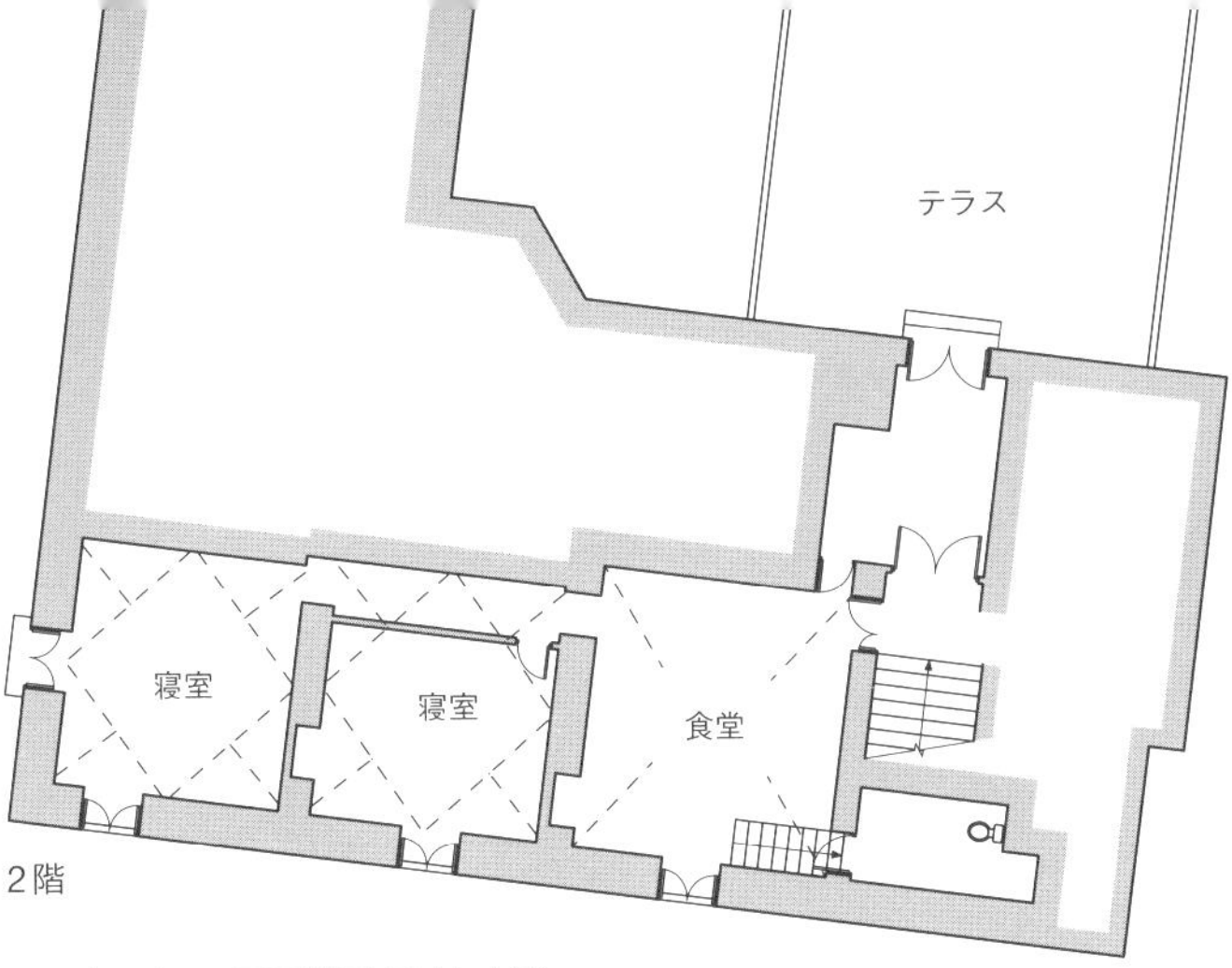

パラッツォ・バルディ、平面概略図（未実測）

族が建物全体を使用していたが、現在では遺産相続によって兄弟で分割して使い、一部は他の人の手に渡っている。2階の全体を見ることができたが、主人は夏の期間、暮らす別荘としてこの家を使っているという。

門をくぐると大きな階段室に入り、そこから各住戸にアクセスをする。2階の家の入口はもともと扉が1枚だったが、外気温や外の音、さらにプライバシーに配慮して現在は二重扉になっている。古い建物もこうして時代のニーズに合わせて変化していく。入口を入ってすぐの部屋には、立派な祭壇が置かれている。バチカンのローマ教皇庁からミサや礼拝をここで行うことが許可されており、家族の結婚式もここで行ったという。北側にある綺麗な台所はだいぶ前に、セラミックで有名な近郊のヴィエトリ・スル・マーレのタイルで修復したという。アマルフィ海岸の多くの住宅の室内で、ヴィエトリ産のカラフルなタイルに出会えるのが嬉しい。他にもクリの木でつくったバルコニーの扉やクルミの木の大きなテーブルは、この家の格式の高さをうかがわせる。

フレスコ画が描かれた
中2階の寝室

レジンナ通りから見たパラッツォ・バルディ正面

❸ホテル・カーザ・ラファエレ・コンフォルティ

市壁の一部が残るカーザ・マンニーニ通りに面して、その南にホテルにもなっているこの建物が立地している。つまり、中世の市壁のすぐ外の海側に登場したことになる。建設年代は18世紀とみられ、やはりレモンの輸出で富を得たコンフォルティ家の住宅だった。主な輸出先は、パリやフランスだったそうだ。ファサードを見ると3階には横長のベランダが設けられており、窓枠はエンタブラチュアで装飾されていることから、3階が主階と考えられる。現在は3階が優雅な雰囲気をもつホテルとして利用されている。

食堂や客室は天井と壁全体にフレスコ画が描かれ、豪華に装飾されている。扉にも壁とひと続きの装飾が施されているため、扉を閉めるとその存在が消えて完結したひとつの空間となる粋な演出がなされている。また、廊下への扉とは別に、各部屋には隣室と繋がる扉があったが、ホテルに改装する際に閉ざされたようだ。室内には新たにトイレや浴室などが増設されていた。

通りに面した1階には、帆状ヴォールトが架かった商店やレストランが並んでいる。以前は海側に庭園があったようだが、現在は駐車場になっている。建設された18世紀には、南に開く各居室からは、海への眺望が開けていたに違いない。

パラッツォ・コンフォルティのファサード

中央に位置する豪華な装飾が施された食堂

ホテル・カーザ・ラファエレ・コンフォルティ
平面概略図（未実測）

第4節　背後に潜む袋小路

東側のカザーレ・ディ・チチェラーレ通り

いよいよ旧市街の複雑に織りなされた内側の空間に入り込む。東側斜面地に向かって進む道に、カザーレ・ディ・チチェラーレ通りがある。なだらかな階段が続き、道幅は狭く緩いカーブを描いている。そのため先が見通せず、次々と視界が移り変わる面白さを体験できる。視界の高さに窓がなく壁に囲われているため、どこか閉鎖的な雰囲気もある。

今回の調査で、この通りに沿って袋小路をもつ集合性の高い住宅群が房状に分布していることを発見した。中心市街地は19世紀から現代までの建物が多く、近代的なマイオーリだが、じつは南イタリアの古い農村に似た、袋小路を囲むように住宅が積層する形式が旧市街の内奥に隠れるように存在していたのだ。各袋小路をひとつの集合体としており、それぞれに番地がひとつずつ与えられている。

通りと袋小路は門で分けられ、袋小路のなかは住民だけのセミ・プライベートな空間となっている。どの袋小路も壁ばかり続く通りとは対照的に、開放的な空間が広がっている。中庭の地面は舗装され、住民は植木鉢の植物で緑を楽しんでいる。各住居へは複雑に入り組んだ外階段からアクセスするものが多い。

この通り沿いの近隣コミュニティの繋がりは今も強く、フェスタ・ディ・クアルティエーレという地区の祭りが毎年開かれている。チケットを購入し、袋小路を回遊しながら、それぞれの袋小路ごとで出された異なる得意料理を楽しむのだという。われわれが訪ねた46番地の袋小路は、腸詰めとブロッコリーの料理を出すそうだ。他の袋小路では、エジプト豆という小さな豆を使ったパスタやかぼちゃの花のフリットを提供する。ギターの演奏などもあって楽しい祭りだから是非来るようにと誘われた。では、調査をした袋小路の例を2つ見てみよう。

❹ 37番地の袋小路

外階段が複雑に立ち上がる袋小路を12戸の住居が取り囲む。街路から鉄格子を開けて入ると、交差ヴォールトの架かった入口の先に上空から光が差す中庭が見える。その中庭に面して、複雑に積層して広がる集合性の高い住宅群がある。ヴァナキュラーな空間の面白さだ。中庭の突き当たりには左右に分かれる階段があり、そこからさらに枝分かれして各

カザーレ・ディ・チチェラーレ通り

開放的な袋小路

46番地袋小路の入口アーチ

37番地の袋小路

住戸へと導かれる。

　階段や住居の入口部分のわずかなスペースにところ狭しと並べられた鉢植えが、中庭に彩りを与えている。階段を上がった先には、また空中庭園のような中庭がとられていて、住居の入口がそこに面している。扉で街路と仕切ることで、袋小路に生み出されたセミ・プライベートな外部空間を介して、住人たちは快適な暮らしを営んでいる。

❺ 46番地の袋小路

　カザーレ・ディ・チチェラーレ通りの最も奥まった場所に46番地の袋小路がある。袋小路には街路から共用の門で出入りする。門を入ってすぐのトンネルの内部に、きれいに飾られた聖母マリア像がある。共同の中庭はセミ・プライベート空間となっている。各家族は自宅の玄関の前を掃除し、植木鉢などを置くことは自由にできる。かつて中庭には共同の汚物溜めがあり、20世紀初めまで利用していたそうだ。集められた汚物は肥料にしていたという。現在は蓋がされている。

　この袋小路には22家族が居住しており、そのうち19家族が持ち家で3家族が貸し家だという。夏の家として利用しているのは5家族で、ナポリやミラノから来ている。袋小路内に住む家族同士の繋がりは強いようで、われわれが訪ねた日には、入口の門にP氏の孫の誕生を祝う飾りがかけられていた。調査をしていると多くの住民が中庭に顔を出し、美味しいコーヒーなどをご馳走してくれた。

　袋小路の集まった場所の1階にP家はある。入口（台所）の部屋にトンネル・ヴォールトがあり、13世紀頃のものと思われる。室内を実測したところ、壁の厚さは４５０ミリと２００ミリの2種あることがわかった。厚いほうの壁が13世紀頃につくられた構造壁で、薄いほうの壁は改築の際に加えられた間仕切り壁だと判断される。このことから、当初この住宅は、主に3室とテラスから構成されていたことがわかる。現在、テラスは半分だけ屋根をかけ室内化されている。袋小路の門のハローキティの飾りは、女の子が生まれたこの家の出産祝いのものだった。

　また、袋小路のなかほどに、途中で動線が二手に分かれる階段がある。袋小路の中心を横切って伸びる階段の方面に進むと、P家の上階にあたるA家がある。住人である婦人が玄関に椅子を出し、本を読んでくつろいでいた。婦人は２０００年頃からこの家に住んでいる。かつては中心市街地にいたが、洪水に

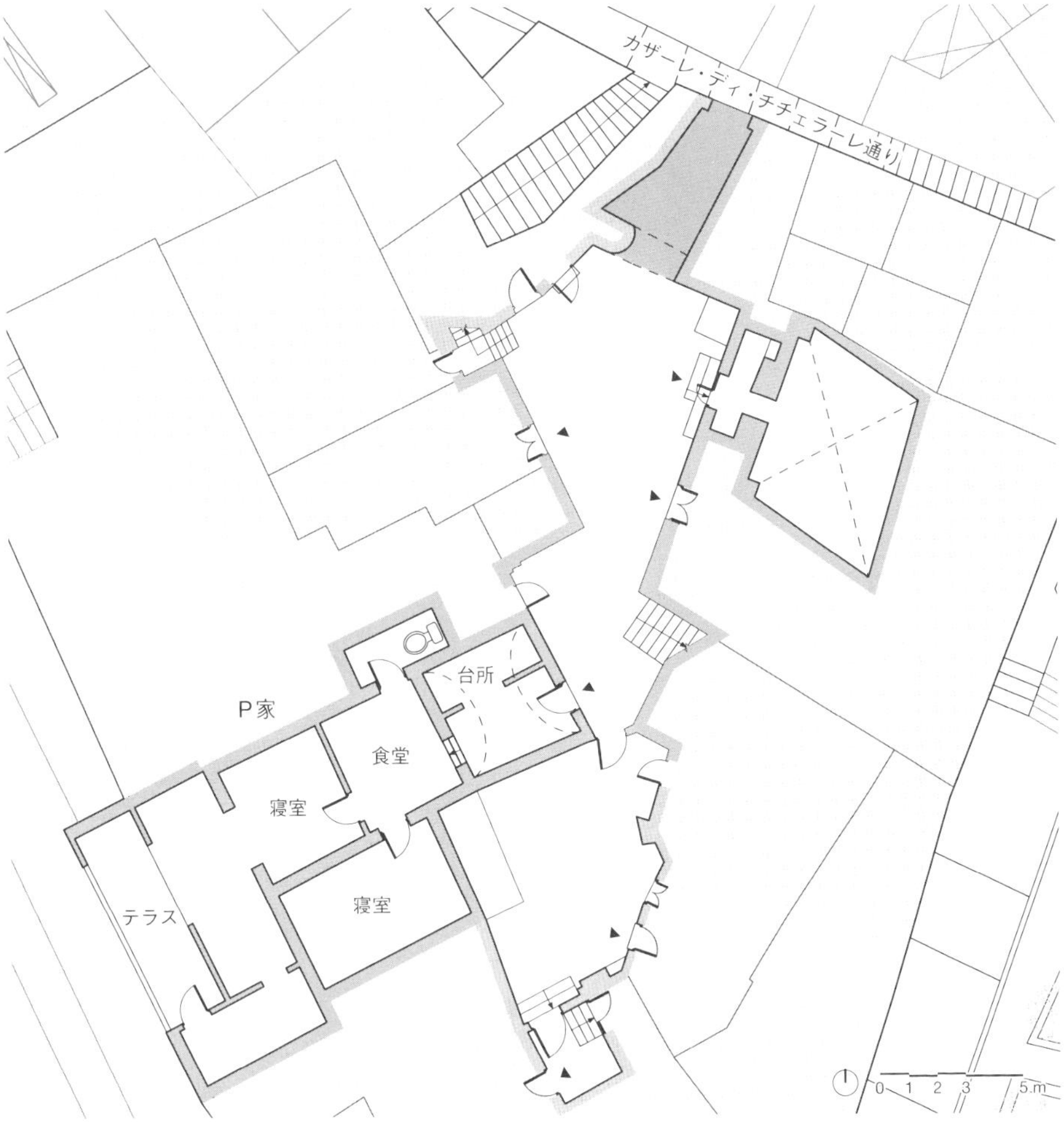

46番地の袋小路、1層目平面図

1層目のP家と2層目のA家

P家、室内化されたテラス

P家、エントランス

よって家が被災してしまい、この場所に引っ越してきたという。

家を入ると手前に小さな台所と奥に食堂兼居間がある。どちらも玄関とは階段数段の高さの差がある。食堂兼居間の天井は交差ヴォールトになっている。この袋小路に残る最も古い建物のひとつだといい、間違いなく中世に遡ると推測される。

西側斜面地

V字谷の平地が広いのがマイオーリの特徴だが、西側斜面の高台突端には古い住宅群があり、階段状の街路が連続している。庶民的な住宅が集まるエリアで、家々の隙間から東側の斜面地や低地の町並み、さらには海がところどころから見える。そんな住宅密集地の一角にある、袋小路を囲む庶民住宅の2軒を実測調査した。

1軒目の住宅は、交差ヴォールトの架かった部屋と増築した台所があるだけのコンパクトな住宅である。1階は居間として使われ、開口部は小さいが、海がわずかに望める。天井の高さを活かし、ロフトを新たに設けて寝室としていた。この家で暮らす高齢の婦人はマイオーリ出身で、現在はナポリに住んでいるという。夏の家として7月から9月にかけてこの家を借り、マイオーリの夏をゆったりと満喫するそうだ。

その向かいにある2軒目の住宅は2階建てで、1階に寝室と居間、2階に食堂とテラスがある。部屋の中からは眺望はきかないが、広々としたテラスに出ると町並みや海を見ることができる。テラスには2階の食堂からア

西側斜面地の住宅、立面図

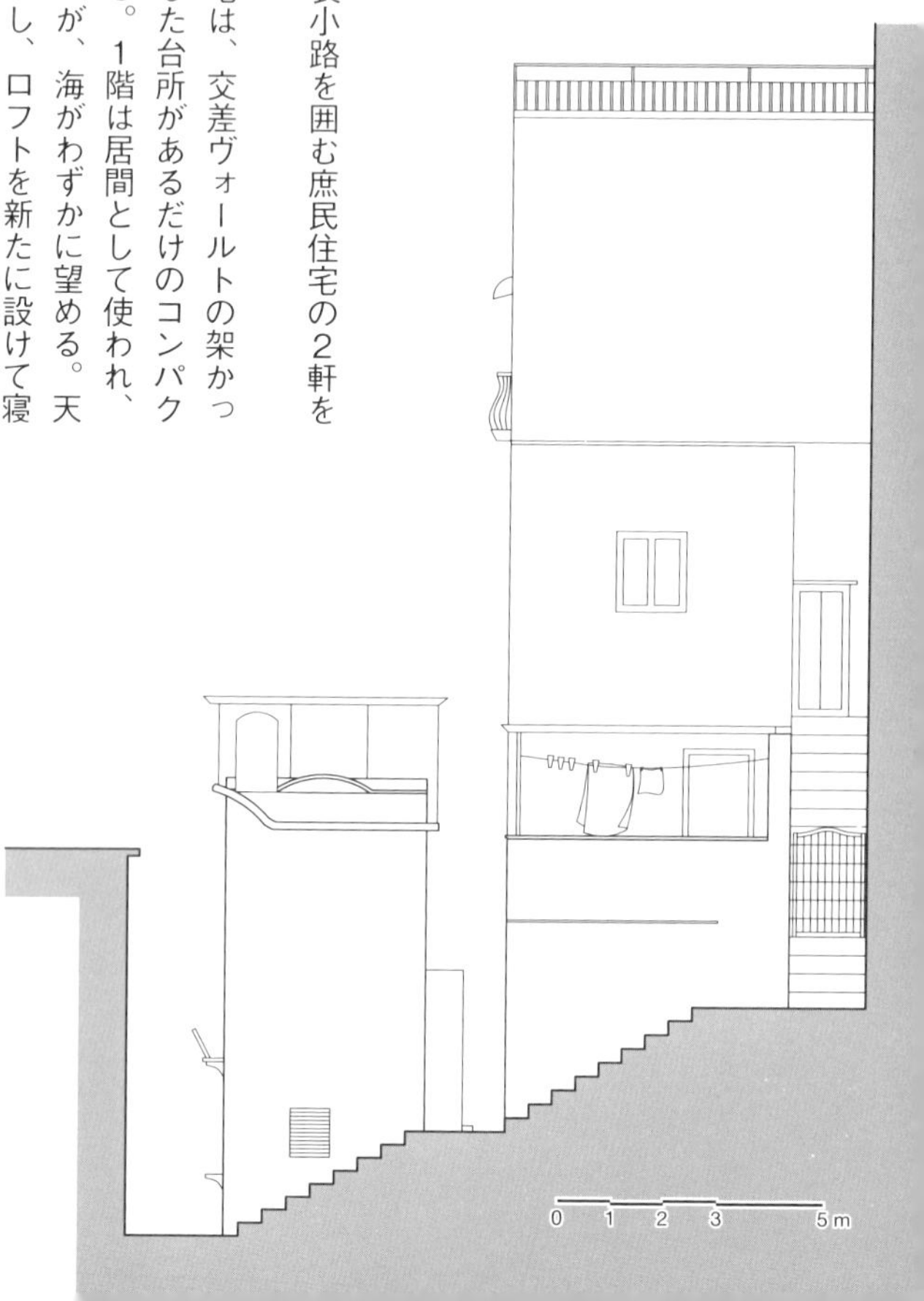

西側斜面地の住宅群

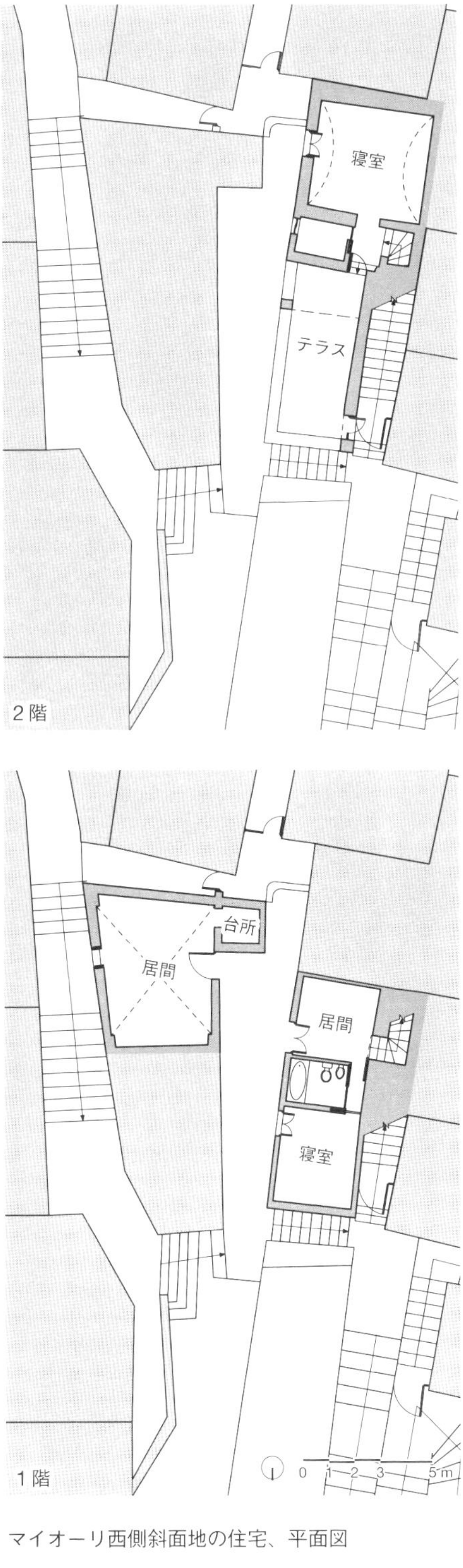

マイオーリ西側斜面地の住宅、平面図

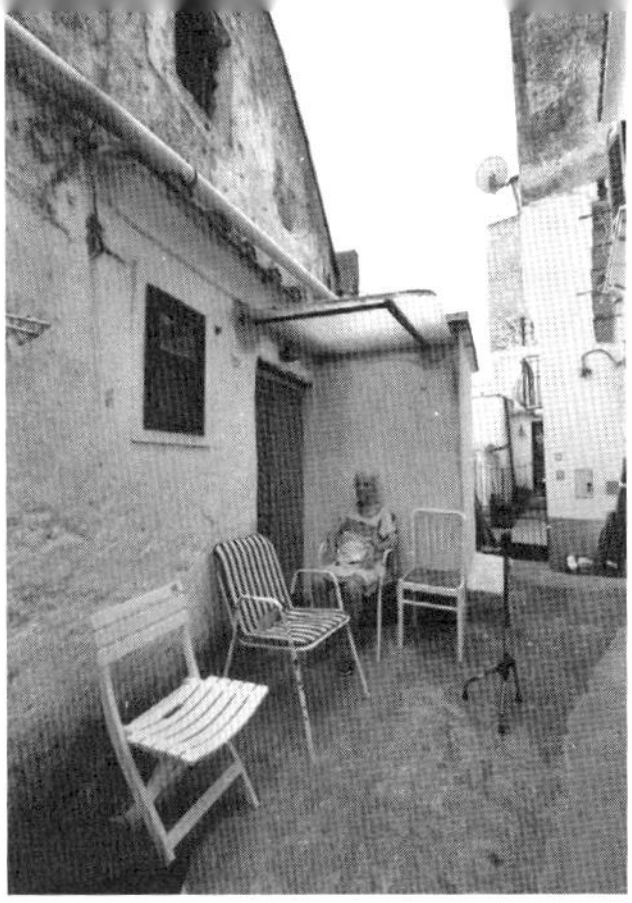

1軒目のファサード

クセスできるが、一段高い位置を通る階段状の裏道にもテラスへの入口がつくられていた。このように傾斜をうまく利用し、1階とは別の位置に入口を設けることで上下どちらの階からも住宅へアプローチできるようになっている。また2階の食堂の上に重なる住宅は、隣の建物の一部で、テラスと同じ裏道の階段を通ってアプローチする。階段は共同で使われ、それぞれの建物が地形に対応しながら立体的に構成されているのが面白い。

1軒目のロフトが増築された居間

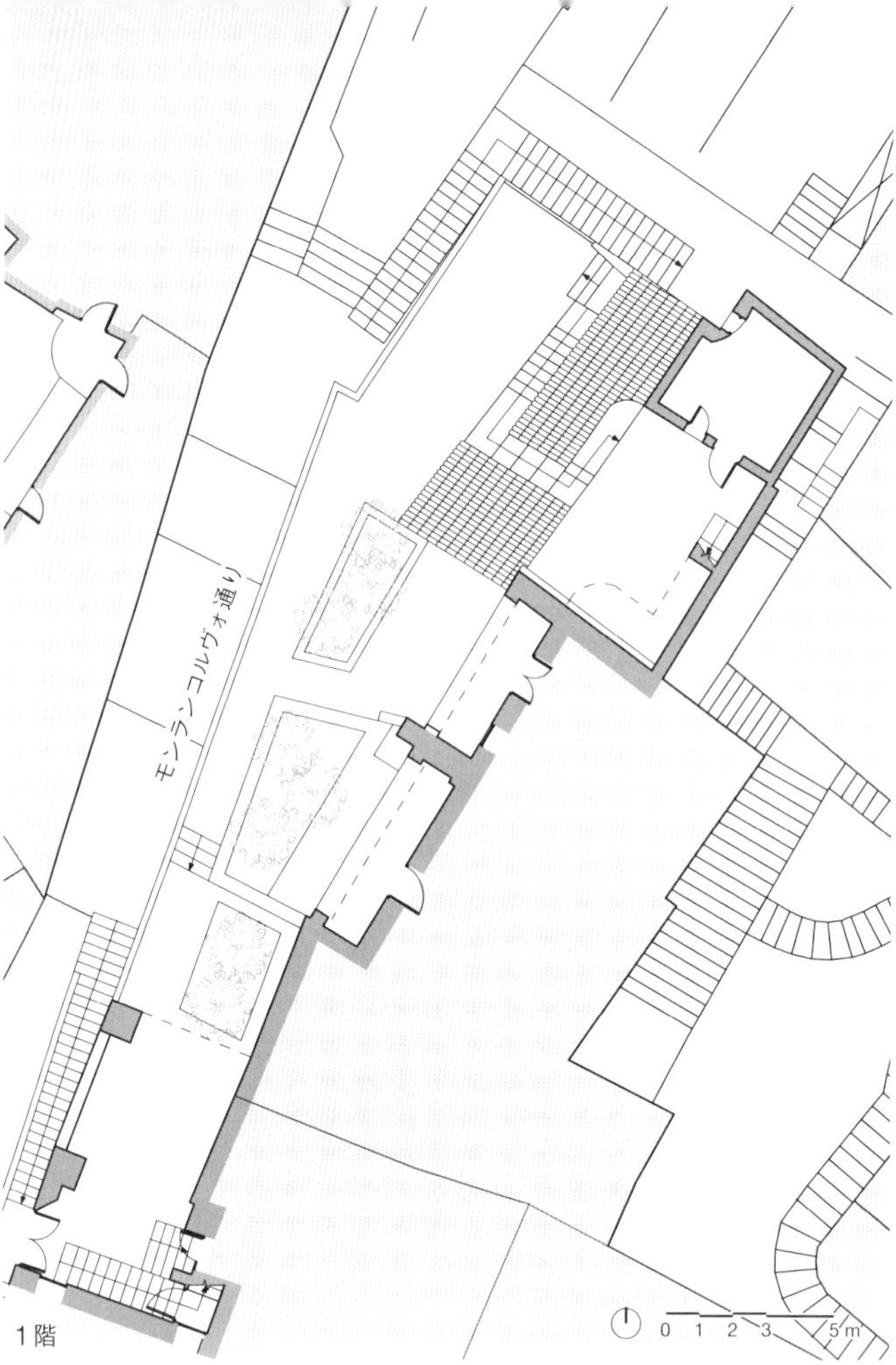

第5節

テラス型住宅

❻ モンテコルヴォ通りG家

マイオーリの東側斜面の山裾部分は、細く曲がりくねる公道の迷宮性と、その道に面した門の向こう側に広がるコミュニティのためのセミ・プライベート空間の奥深さとの対比が特徴的だ。この地区を抜けて斜面中腹まで上ると、そこからほぼ等高線に沿って走るモンテコルヴォ通りに出る。視界は突如開け、斜面勾配は急に大きくなり、住宅は疎らになる。丘上を見上げればレモンの木々の緑に果実の鮮やかな黄色が映える様子が、町側を見渡せば西側の丘とサレルノの湾に抱かれたマイオーリの全景を望むことができる。

山裾の地区の袋小路を囲うタイプから、住宅類型も大きく変化する。G家のある3つの住戸ブロックはモンテコルヴォ通りに面しているが、斜面の勾配がきついため街路から直接入ることはできず、左右の階段を上ってアプローチする。階段を上がった先は空中庭園になっており、ブドウの木陰からマイオーリ

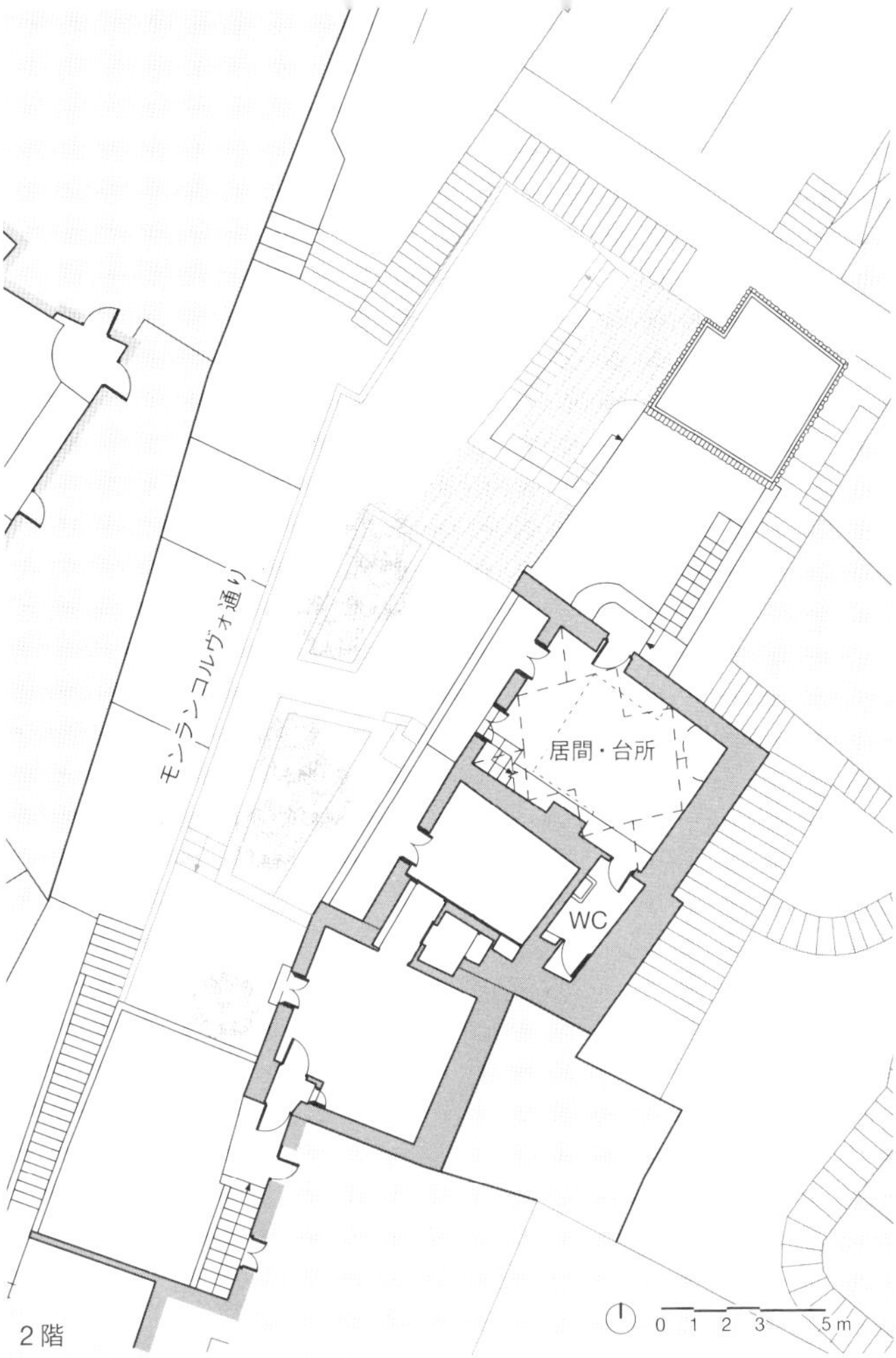

モンテコルヴォ通りG家、平面図

G家（中央やや左）を含むマイオーリ東側斜面の眺望

の町と海を望める心地よい前庭空間となっている。同じレベルには現在オフィスとして使用されている二室があるが、主たる生活空間はそこから外階段を上がった上階にあり、特に最も大きい空間は、後年の改築により台所と居間の上にロフトを設けて寝室として利用している。いずれも、各レベル一室ないし二室の内部空間が斜面に沿ってセットバックしながら積層され、外階段でアプローチする構成だったものに、所有者の変更などに伴う近現代の改築によって、内階段の設置や垂直方向の分割などの変化が加えられたのである。寝室上に架かる見事なヴォールト天井は建設当初のものであろう。

親族を含む複数の家主が複数の建築と土地をモザイク状に所有しているというのはアマルフィ海岸ではよくみられる状況だが、3棟にまたがるG家も、現在の所有形態は各住戸の物理的構造や建設年代と必ずしも一致していない。

G氏によると、もともとは母親がこの住宅の前庭部分だけを所有しており、かつてG氏を含む家族はマイオーリの中心軸であるレジンナ大通りに面するパラッツォ・バルディに住んでいたのだという。1972年にG氏の妹が上階の一部を別荘として購入し、1990年代にG氏が下部を購入する。G氏の妹は現在、ローマ在住であるが、G氏はアメリカ、フィレンツェ、ヴェローナなど国内外を転々としたのち、この住宅購入を機に夫人とともにマイオーリに移住し、採算は度外視でレモン栽培に従事するようになったという。G氏一族は、都心の立派なパラッツォから車も乗り入れられない斜面にへばりついた住宅へ移った理由として、真っ先に眺望を挙げてくれたのが印象的だった。ちなみにイギリスとスイスの血をひくG氏夫人も、アマルフィ海岸各所でホテル経営に従事してきた名門一家の出で、彼女自身ラヴェッロの歴史ある四つ星ホテルの所有権を一部相続しているという。現在、各世帯はそれぞれの住戸に分かれて住んでいるが、庭は共有スペースとなっている。

モンテコルヴォ通り。人ひとり通るのがやっと。写真中央にG家テラスへ上る南側の階段

G家テラスでの調査風景

Positano

第４章　ポジターノ
――ローマ時代からのリゾート

第１節　都市の概要

アマルフィ海岸に点在する町の数々は、いずれも知る人ぞ知る珠玉のビーチ・リゾート地であるが、知名度にはかなり差がある。また、ある程度観光地化されたところでも、庶民的で気取らない町からスノビッシュなセレブ御用達の町まで多種多様である。そのなかでも、とりわけ洗練されたリゾート・シティとして確固たる知名度を築き上げてきたのが、ポジターノ（人口３７１９人、２０２４年１月現在）である。

リゾート地としてのポジターノはいつ成立したのだろうか。ジョン・スタインベックが「ポジターノは意識の深みにまで食い込む」（Positano bites deep）と述べて、アメリカにこの「夢のような場所」を紹介した１９５３年であろうか。ヨーロッパ中から芸術家たちが集った20世紀初頭であろうか。はたまたブルボン家に愛された18世紀であろうか。じつはポジターノがリゾートとして最初に開発されたのは、紀元1世紀まで遡る。コッレジャータ・サンタ・マリア・アッスンタという名の大聖堂とそれに隣接するフラヴィオ・ジョイア広場の地下から発見された、ローマ時代のヴィッラがそれである。

海から見たポジターノの町並み

ヴィッラの存在が判明したのは、広場の排水工事が行われていた2000年のことである。工事の際の発掘調査で大聖堂のクリプタのさらに下層に、フレスコ画の描かれたオプス・レティクラトゥム（網目積み）の壁体がみつかった。ヴィッラは紀元前1世紀から紀元1世紀にかけて建設されたものと考えられ、一説によればこのヴィッラのオーナーがPosides Claudi Caesarisという人物であり、そこからPositanoという町の名が由来するという（それ以外にもギリシア神話にも出てくる女性の名前Pasitheaを起源とする説などがある）。ミノーリのものほど広範囲に遺跡が残っているわけではないが、発見されたポンペイ風の壁画は見事なもので、保存状態も非常によく、背景にペガサス、キューピッド、タツノオトシゴなどが色鮮やかに描かれている。ヴィッラはヴェスヴィオ山噴火による火山灰に対しては持ちこたえたが、その後のある時期に豪雨とそれに伴う土石流で壊滅的打撃を受けた。

ヴィッラ跡地には、9～10世紀頃に到来したベネディクト会の僧たちが修道院を建てることになる。後述する現在のサンタ・マリア・アッスンタ大聖堂はその名残である。ポジターノの原型はこの修道院に求められるが、11世紀には町は未形成で、本格的に発展するのは13世紀、アンジュー家統治時代の交易港・軍事港となってからである。アマルフィ海岸各所にみられる一連の見張り塔はこの時期以降のものが多いが、ポジターノ周辺にもスポンダの塔などがつくられた。

修道院は中世末に衰微し、ポジターノの町も長らく停滞したが、風光明媚なポジターノはブルボン家の御用リゾートとして18世紀に再び繁栄の時期を迎えた。東側の斜面地に後期バロックのヴィッラがいくつもつくられたことがそれを物語る。中世の海洋都市時代以来、船による交易の地理的な要の位置にあるこの町は、ナポリ王国にとって重要な商業拠点のひとつとなった。多くの市民が船主・商人となり、高級織物、木材、香料、その他の洗練された商品の交易で富を得た。彼らは、交易相手としての拠点をイタリアの他都市ばかりか、中東、北欧、南アメリカにまで自分たちの拠点をつくった。だがそれも18世紀末

大聖堂のドームとポジターノの町並み

サンタ・マリア・アッスンタ大聖堂（コッレジャータ）のファサードと鐘塔

には衰退に向かい、より活発な商人たちは19世紀初めには、前から関係のあったメッシーナ、パレルモ、ナポリ、サレルノ、ガッリーポリ、バーリ、モノーポリ、サレルノなどの港町に移住したという。

　その後、19世紀から20世紀前半には、大勢の住民がアメリカなどに移住し、人口減少の危機的な時代を経つつも、ポジターノは稀有のリゾート地として復活の道に向かう。第一次大戦後、多くの芸術家がここに隠れ家を求めて住み、彼らの作品を通じてポジターノの名前が世界に知られた。第二次大戦後に観光ブームが到来し、今日、憧れのリゾート地の地位を獲得している。観光地とはいえ、地元から発信されるブランド化した服や靴、サンダルなどの「ポジターノ・ファッション」は有名で、女性たちを惹き付ける。

第２節　都市構成

　ポジターノはアマルフィ海岸の他の都市とは異なり、11世紀頃までは小さな漁村にすぎなかった。しかし、共和国の繁栄に遅れるようにして12世紀には都市化が進み、アンジュー家時代には港ができ、アマルフィ海岸の貿易港や軍港としての重要な役割を担った。その頃の人口は１０００人程度で、ジェノヴァ人の居留地もあったという。また岬には、アマルフィ海岸の各地にみられるものと同様の見張りのための塔がつくられた。

　地形的にも他の都市とはいささか異なり、谷底の部分の平地が少なく、左右にはすぐに山の斜面が迫るため、建物が斜面地の上まで広く分布している。ポジターノ最大の象徴、サンタ・マリア・アッスンタ大聖堂は小さな入江に開いた谷の低地に位置するが、浜辺や

ローマ時代のヴィッラに残されていた壁画

川沿いの通りより一段高い場所にもち上げられ、水から守られると同時に、その階段で上がるテラス状の教会前広場が、スークのような賑わいに満ちた俗の空間の背後にちょっとした聖域を生んでいる。川は暗渠化されずにいるが、水量はかなり少なく、町のなかで川の存在を意識することはない。しかし、上流側の斜面地には、段々畑の間に用水路を引き、上から水を落として水車を回して、小麦の製粉を行っていたという小屋が残っている。

谷底の平地は港から伸びるマリーナ通りと、その突き当たりにあるサラチーノ広場だけである。そこから斜面を上がると、この町の古い空間軸、ムリーニ通りが上流のほうから大聖堂の裏を通って海岸へと抜けていく。道幅が狭く、両側には小さな商店が並び、イスラーム都市のスークのような雰囲気をもつこの通りは、いまや観光地としてのポジターノのイメージとなっている。

ムリーニ通りの坂を上っていくと右手に、大きな庭園をもったL字型のパラッツォ・ミュラがある。このパラッツォは、ナポレオンの義弟にあたるナポリ王ジョアシャン・ミュラが19世紀初頭に建設した別荘であり、ここで夏を過ごしていた。庭園越しに海が望める美しいオアシスのような雰囲気の優雅な邸宅は現在、その一部が高級ホテルとして使われている。

大聖堂の向かい側斜面にあるフォルニッロ地区は等高線に沿って自動車道路が幾重にも

大きな庭園をもつパラッツォ・ミュラ

ムリーニ通り

ポジターノの主要な都市施設

❶ サンタ・マリア・アッスンタ大聖堂（コッレジャータ）	A サラチーノ広場
❷ ロザリオ教会	B パラッツォ・ミュラ
❸ サンタ・マリア・デッレ・グラツィエ教会（ヌオーヴァ教会）	C 塔
❹ サン・マッテオ教会	D 鐘塔
❺ ヴィッラ・バルダ	E 水車小屋
❻ トラーラ・ジェノイノ通りＰ家	
❼ リパルラーティ通りＣ家	

走り、その間を最大傾斜方向に階段が繋いでいる。高い位置にサンタ・マリア・デッレ・グラツィエ教会、通称ヌオーヴァ教会が建ち、その下には斜面に張り付くようにして住宅がびっしりと建ち並んでいる。

ここで、同じ斜面都市でもアマルフィとポジターノにみられる違いを考えてみよう。アマルフィでは海に開くV字谷の東西のそれぞれの斜面に、お互いに谷を挟んで見合うように住宅地が成立した。従って、住宅地の大半は海に対して斜めを向いて奥へ展開する。家から海が見えても、それを真正面に望むことは海沿いの崖の部分を除き、一般にはできない。しかも、両斜面とも中世の早い時期に形成されたため地形の綾を読み、複雑な構造をもつ迷宮的な都市空間となっている。

それに対し、ポジターノは谷を軸として都市ができるという力学は弱く、海に丘陵が弧を描いて張り出した西側斜面、単純に海に下る片流れの東側斜面で、それぞれ別々に形成が進んだといえる。地形と形成時期の違いで西と東では構成原理はいささか異なるが、アマルフィよりずっと単純で、多くの家から海がほぼ正面に望めるというポジターノらしい特徴は共通している。それを活かすべく、ベランダに大きいアーチを連続させる開放的なつくりを誰もが求めた。その分、斜面にセットバックして上へ上へと積み上がる住宅群を海から見た景観は、当然、迫力満点の魅力的なものとなる。

ポジターノの人びとはそのチャームポイントをよく知っていた。19世紀から20世紀前半にかけて、西側斜面では、海からそそり立つ崖にへばりつくようにアーチを連ねる、いかにもアマルフィ海岸風の新しい建築群が住宅やホテルとして続々と建設され、景観的な効果を一層高めてきた。一方、18～19世紀のヴィッラが点在するのどかな風景だった東側斜面には、その間の空地を埋めるように同じような建築群がつくられ、現在ではホテルが連続して建ち並ぶ華やかな観光ゾーンを形成している。海と建築との繋がりの強い斜面都市ポジターノは、どのアングルから見てもじつにピクチャレスクな景観を楽しめる。

東側斜面。セットバックしてゆったり連なる大きな建築群

西側斜面。急斜面にへばりつく高密建築群

第3節　主要施設

❶サンタ・マリア・アッスンタ大聖堂（コッレジャータ）

船でポジターノを訪れると、崖にへばりつくように建てられた家々の白、ピンク、黄色の壁が織りなすピクチャレスクな景観に加え、陽光に輝く黄色や緑色のマヨリカ焼のドームを戴く大きな教会堂が目に飛び込んでくる。サンタ・マリア・アッスンタ大聖堂である。現存する建築は後期バロック様式のものだが、もともとは中世のベネディクト会大修道院教会堂だった。この修道院こそが、現在のポジターノの直接的な起源なのだ。

修道院は、10世紀にイスラーム教徒の攻撃に晒され、ペストゥム平原から逃れてきた修道士たちが創設したと考えられる。文献上最古の言及は994年で、この時点でSelettoあるいはSelittoという名の院長の下、すでに修道院が存在していたらしい。1071年の文献には、「セルジオ公爵がポジターノのサンタ・マリア修道院長マンソーネに、公国内の海の自由な航行を許可」したと記されていることから、修道院が漁船を所有し、アマルフィ海岸沖で漁業に従事していたことがわかる。1159年には新聖堂の聖別が行われており、この時期に修道院は最盛期を迎える。この中世の前身建造物に由来すると思われるのが、現在は鐘塔入口上に埋め込まれた12世紀の浮き彫り彫刻や、12世紀から13世紀初頭制作のビザンツ様式の聖母子イコンなどである。

修道院の衰退は15世紀に始まる。理由は不明だが、修道院長が修道士たちをひきつれてこの地を離れてしまったのである。以後修道院は、アマルフィ司教などを院長代理として掲げることで名目上は存続したが、衰退は避けられなかった。18世紀後半に修道院が廃され、その聖堂が地元民のための教区教会堂となってようやく復興が始まり、今日みられる新聖堂が建設され、1783年に献堂された。

リア・ディ・ジャコモによれば、教会堂の前身はカンパニア地方の中世教会堂の類型に沿ったもので、三廊バジリカ式平面をもち、古代の円柱を再利用し、大理石やモザイクで装飾されていたと考えられている。当時の遺構としてはアプス（後陣）の下にクリプタ（地下礼拝堂で、17世紀以後は墓地として使われた）が残っており、教会堂本体の聖別が1159年であることや、サレルノなど他の教会堂クリプタとの比較から、建造は12世紀前半と考えられる。

サンタ・マリア・アッスンタ大聖堂の内観

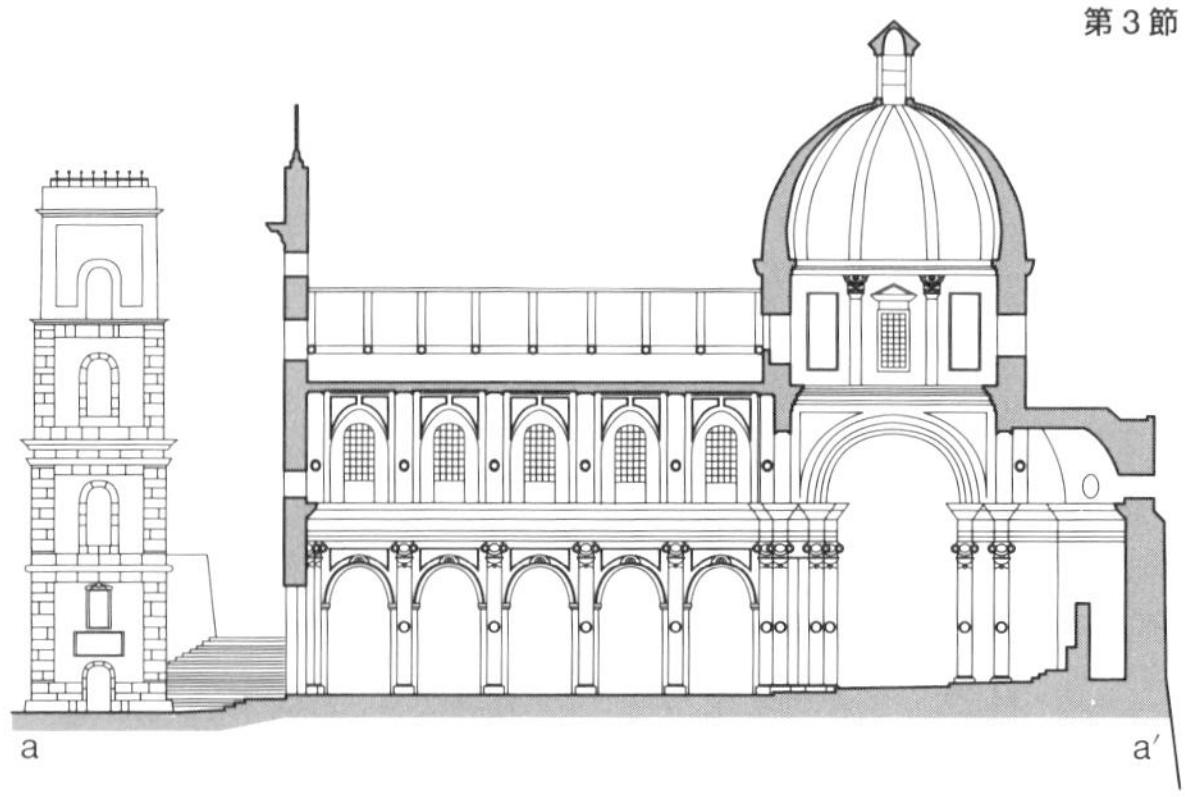

大聖堂、断面図（文化財監督局による解説板の図をトレースしたもの）

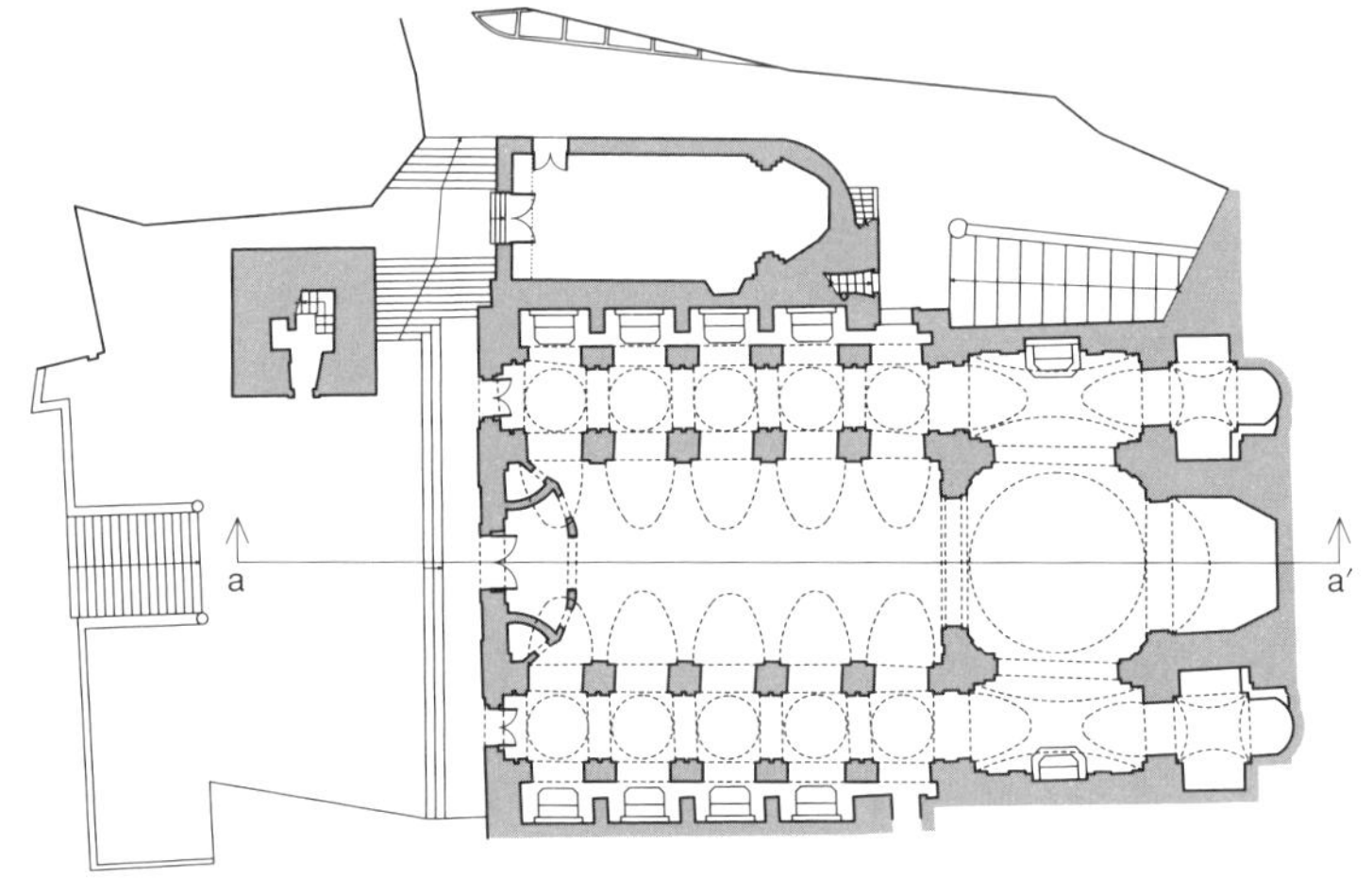

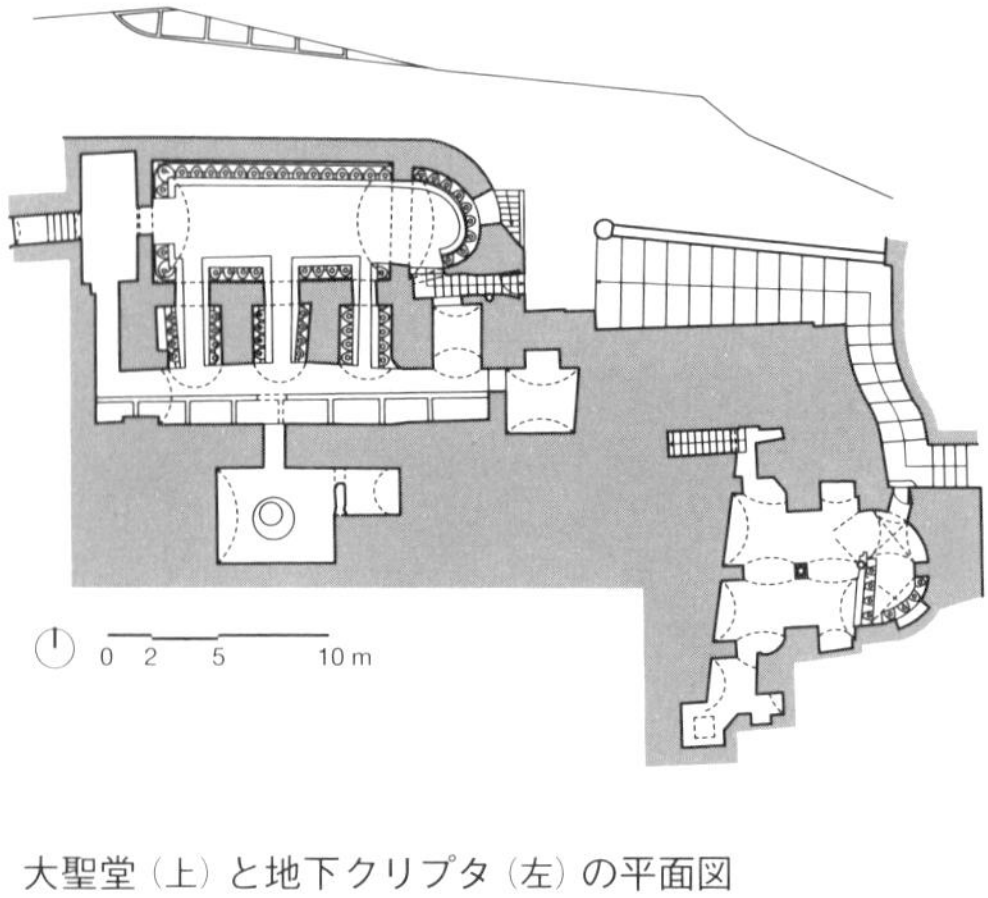

大聖堂（上）と地下クリプタ（左）の平面図
（文化財監督局による解説板の図をトレースしたもの）

❷ ロザリオ教会

ムリーニ通りを上り詰めた高台の、近代の広い道路と交わるあたりに、１６１４年に創設され、１６５２年に廃止されたドメニコ会修道院付属の教会。裁判所に転用された後、再び礼拝の場として開かれた。１９８０年の地震により倒壊、２００６年に再建されて現在にいたる。

地下の墓地

大聖堂の地下にある古代ローマ時代の遺跡、クリプタ

❸サンタ・マリア・デッレ・グラツィエ教会

ポジターノの旧市街から北西にさらに離れた高台にある地区の教区教会である。現在の教会は18世紀に再建されたもので、それ以前には11世紀の小聖堂が存在していた。新築されたために、ヌオーヴァ（新）教会と呼ばれるようになった。珍しい楕円形の平面をもち、放射状に礼拝所が配されている。高台にドームを戴くその姿は、下から見上げる遠景としても印象的だ。

❹サン・マッテオ教会

西側の斜面地に形成された地区の高台にあり、モンテ通りの階段の途中に小さな前庭的広場をもった小規模な教会である。長方形平面の単廊式教会で、入口の上にはバロック様式による曲線状の大きな窓が開けられている。ファサードの頂部には鐘の小塔が立ち上がり、その側面にやはりバロックの渦巻き模様が施されている。内部には絵柄の付いたアマルフィ海岸特有のセラミックタイルが敷かれており、天井にはルネッタ（半円形明かり取り）が連なるトンネル・ヴォールトが架かっている。

１０００年頃建設のロマネスク様式で、ポジターノのなかでも古いもののひとつとみられているが、確証は得られていない。市が設置した解説板によると、１７９７年と１８９７年に修復が行われており、教会内部の祭壇や壁面などのバロック様式の漆喰装飾は、その時のものである。サンタ・マリア・アッスンタ大聖堂が海からの玄関にあるのに対し、ここで紹介する３つの教会は、いずれも斜面を上った高台の海を見晴せる位置にあるのが興味深い。

サン・マッテオ教会のファサード

第4節　住空間

住宅地の空間構成

ポジターノはほとんどの建物が斜面地に建っており、なかでも西側の山の突端は高密な住宅エリアである。どの家からも海への眺望が開けると同時に、海側から見ると、その景観は圧巻である。等高線に沿って道が通り、その上下の道を階段状の道が繋ぐという、比較的わかりやすい原理で組み立てられており、アマルフィやアトラーニの中世の古い複雑な迷宮空間とは、性格を異にする。

だが、斜面の高さによって違いもある。いちばん低い場所を通るローマ通り沿いにはかなりの密度で建物が並び、道沿いは住宅の壁面が続く。住宅へのアプローチに外階段を使う必要はなく、どの住宅も階段状の道の都合のいい高さから直接入る。階段を上がっていくと次第に建物の密度は低くなり、庭の植栽が増えてくる。さらに高い位置につくられた住宅は、道との間に塀と門を設け、前庭や私的なアプローチ空間をとっている。このように西側の斜面地では、階段状の道からそれぞれの住戸に入る構成をとる、比較的古い時期に形成された住宅配置を示している。

一方、東側の斜面地にも大きく広がる住宅エリアがあるが、自動車道路に面して建つ大きめな集合住宅やホテルが多く、新しい時代のものと考えられる。建物はきれいに斜面に沿ってセットバックするように建てられ、海への眺望を強く意識している。建物へのアプローチは、等高線に沿った道から、谷側、あるいは山側の敷地内に門を通って入るかたちであり、海へ向かって降りる最大傾斜の階段状の道は少ない。そのため、建物は複雑に折り重なるような状態ではなく、隣棟間隔も比較的ゆったりしている。このように西側と東側では、形成時期の違いが都市組織、景観構造の差を生んでいる。

農家建築の系譜

アマルフィ海岸では、段々畑のなかに建つ

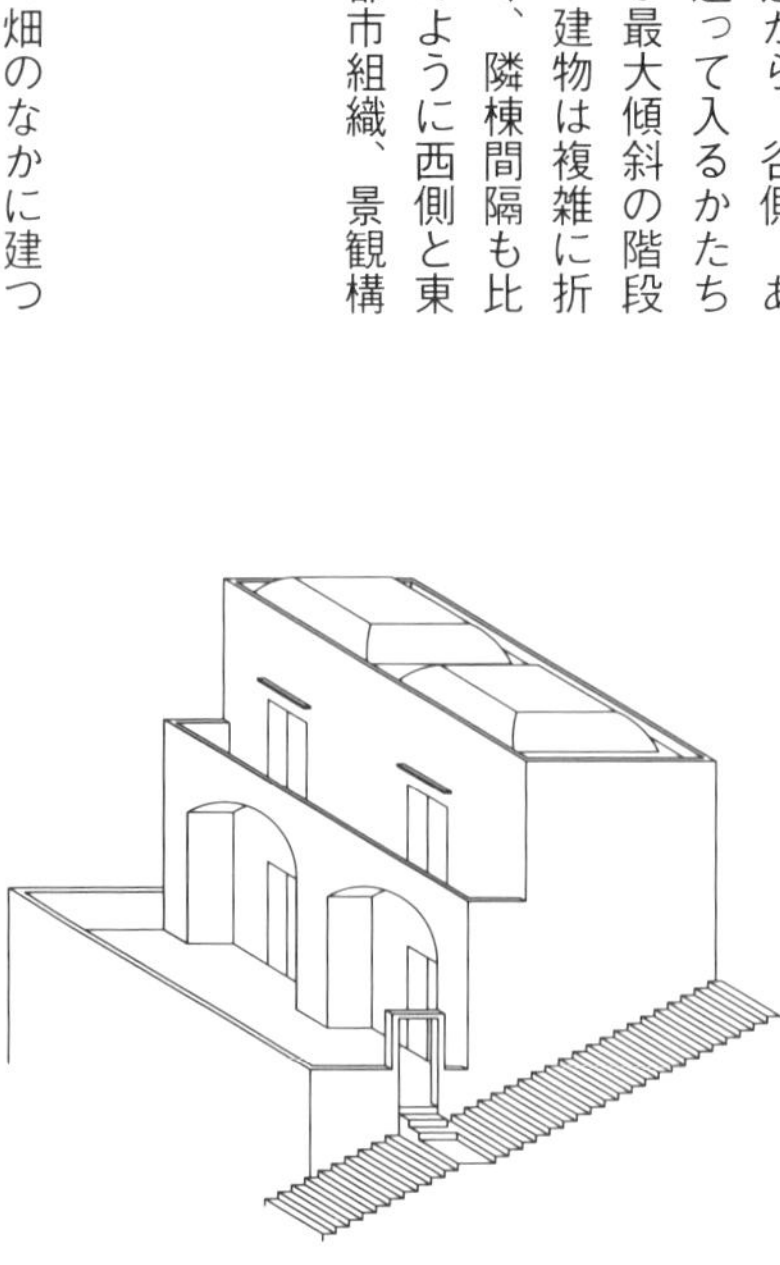
農家建築の模式図

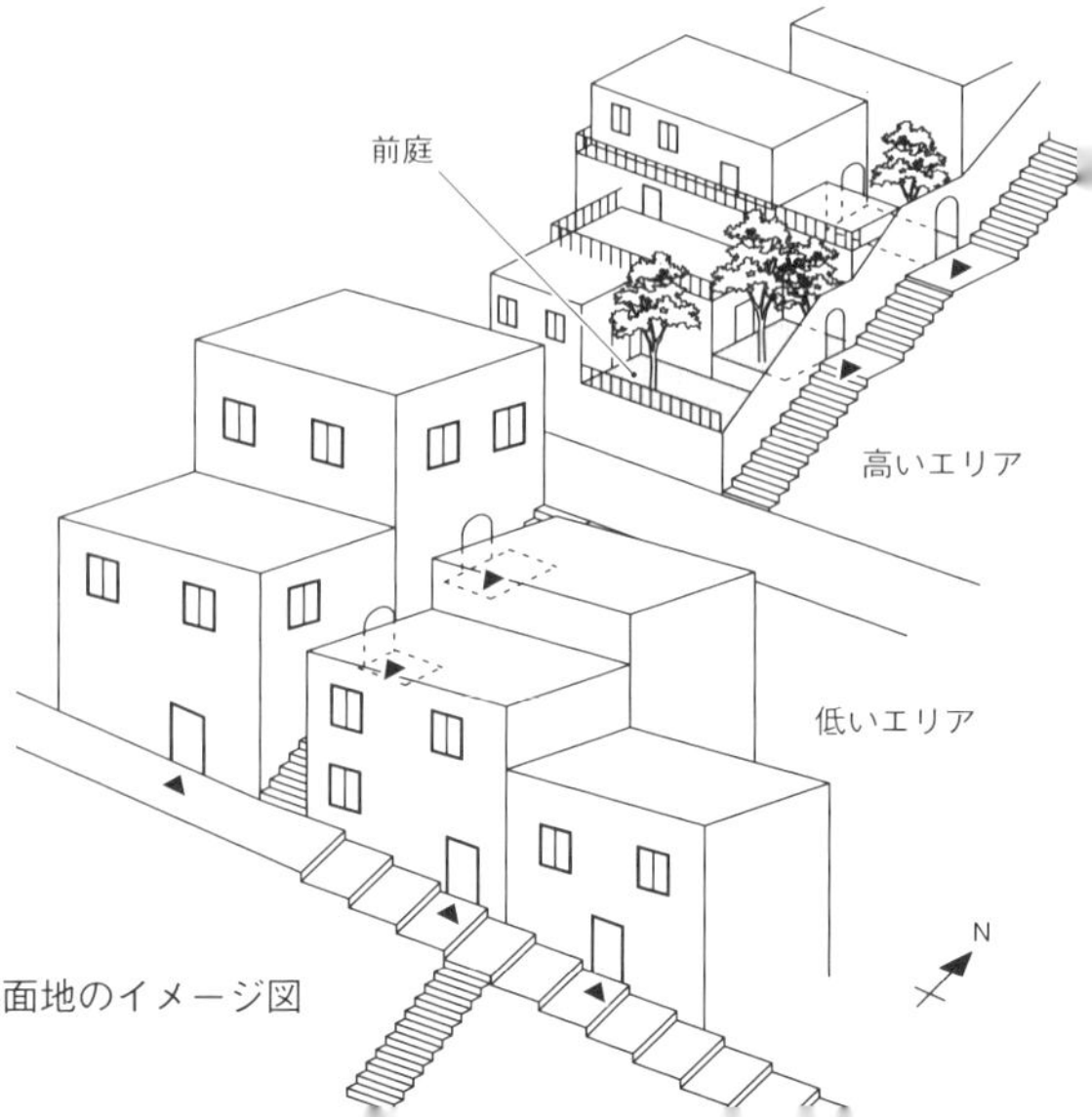

西側斜面地のイメージ図

農家の建物にベランダ付き住宅がしばしばみられる。奥行きは浅く、間口方向を広くするかたちの住宅に、アーチで支えられたベランダが前面に付属している。ポジターノでも、市街地のなかのひな壇状の造成地にある住宅は敷地いっぱいに建っているが、そこから少し離れたところでは前庭をもつ住宅があり、その前庭部分にこのベランダが張り出している。

しかし、18世紀後半から市街地の外側に登場し始めた貴族の別荘や邸宅には、アーチで支えられたベランダをもつものがある。周辺にはまだ段々畑が多かったこともあり、アマルフィ海岸の農家がもつ建築的ボキャブラリーを用いて、田園趣味の邸宅を建設したと思われる。そして、ベランダを支える大きなアーチは重要なアクセントになるだけでなく、平板になりがちなファサードに対し深い影を加えることで、表情を与えている。

❺ヴィッラ・バルダ

貸し部屋「ヴィッラ・バルダ」があるこの建物は、いかにも斜面都市ポジターノらしい5層の建築物である。ひな壇状になった斜面地に建っており、前庭をもつ典型的な農家住宅の形式を踏襲している。1層目はパシテア通りに面して駐車場と美容院、階段から入る2層目は医院、3層目はお手伝いの家、そして4層目が夫婦の経営するショートステイ用の貸し部屋ヴィッラ・バルダで、5層目は主人の兄の家という構成である。

もともとは、夫婦の叔母が1950年頃にこの土地と建物を購入したのだが、叔母には子どもがいなかったため、主人の兄、主人、そして使用人にそれぞれを与えたという。4

農家建築

アーチ付きベランダをもつ邸宅

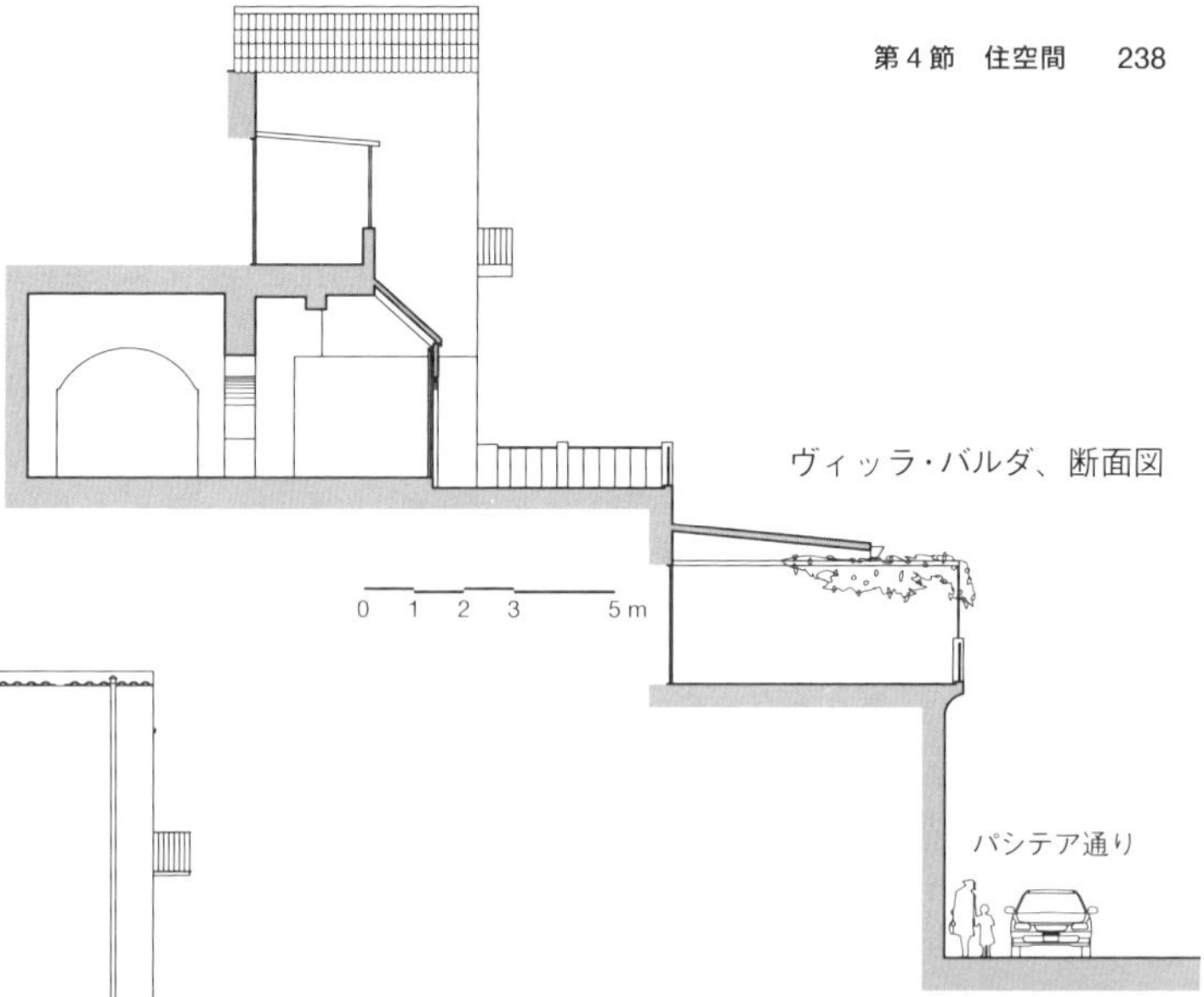

ヴィッラ・バルダ、断面図

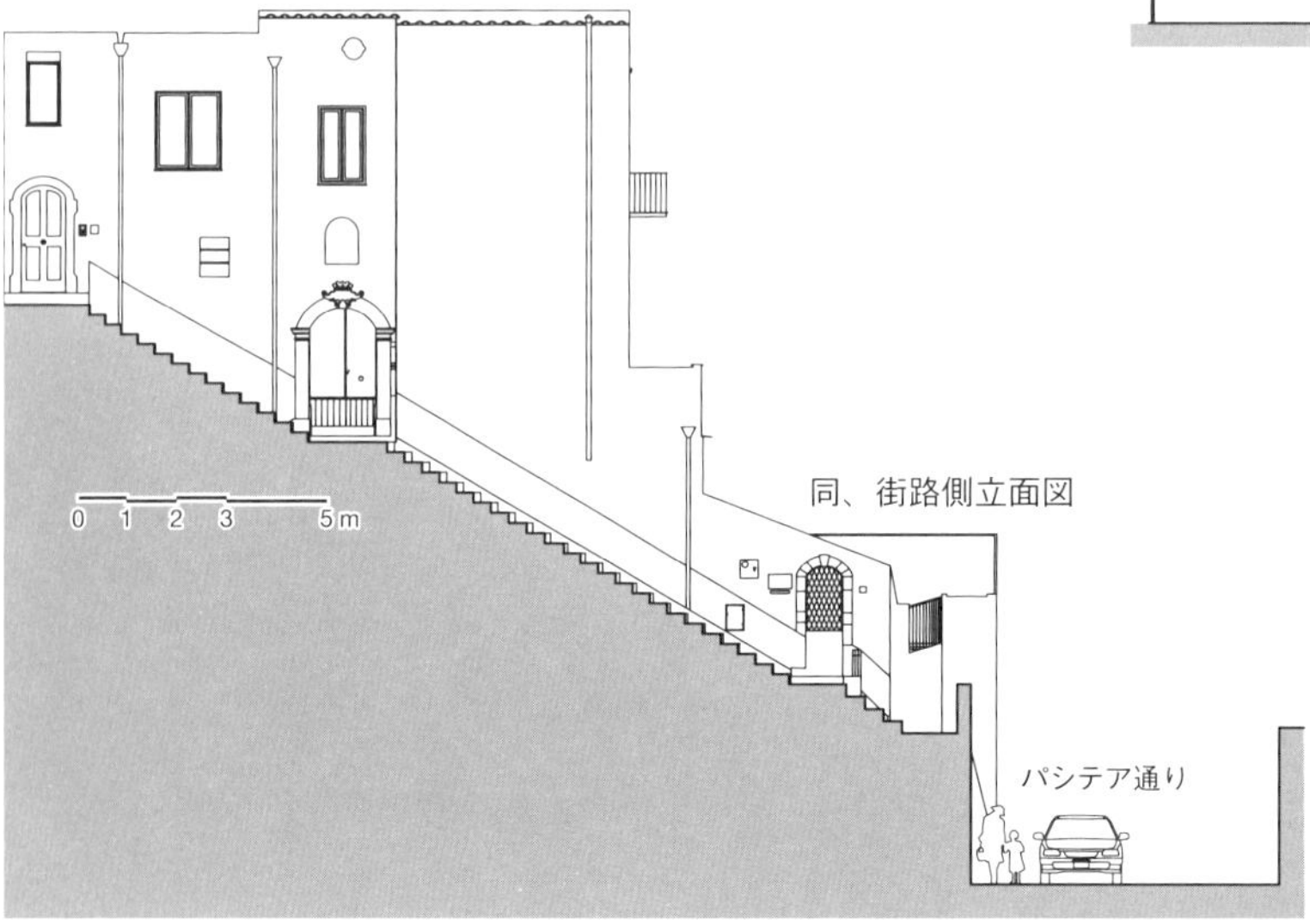

同、街路側立面図

同、平面図

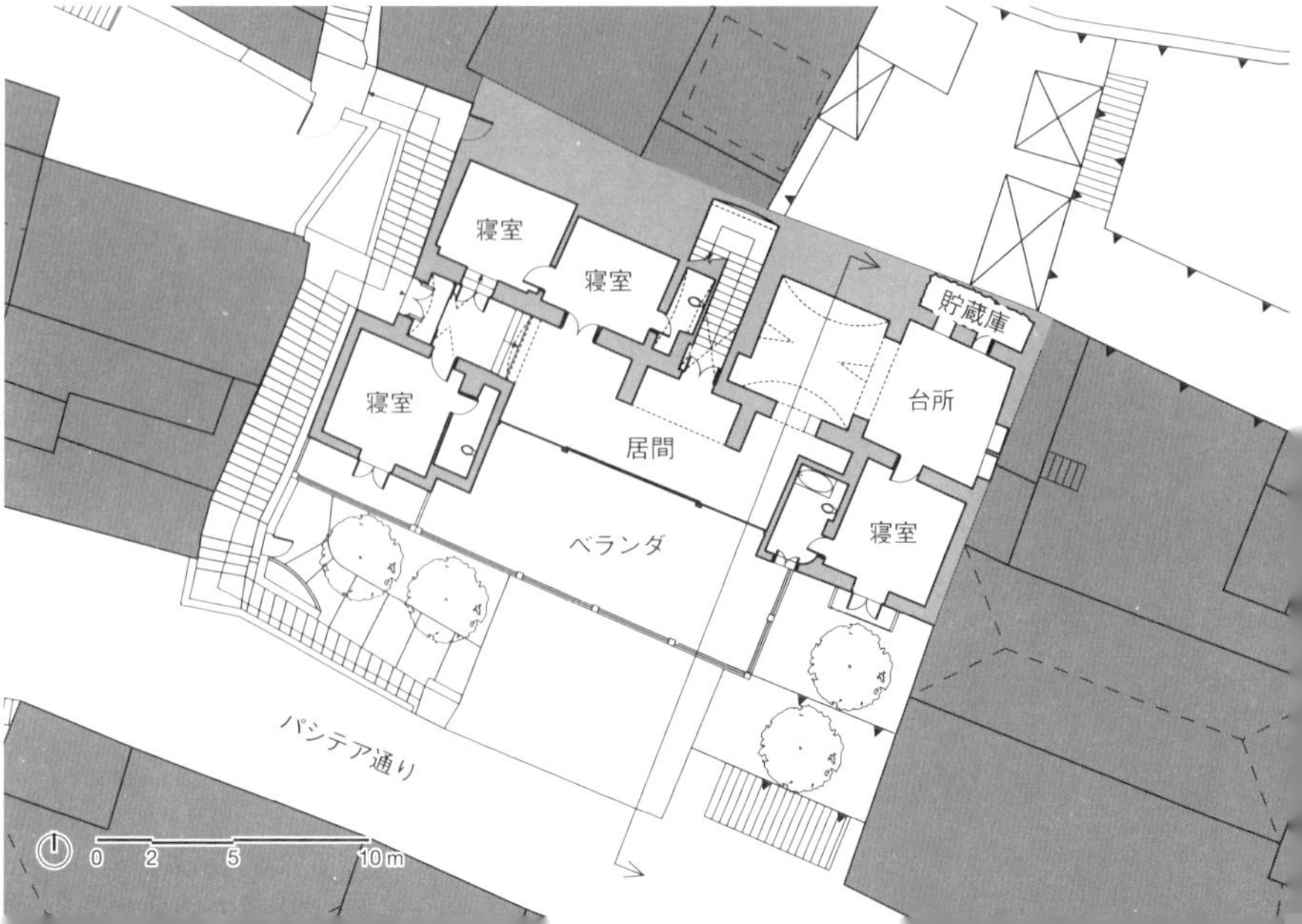

街路に面する入口の門。両側にはピラスターが、キーストーンの位置に紋章が付けられている

層目と5層目はもともとひとつの家であり、フロアの中央に4層目と5層目を繋ぐ階段がある。現在は分割して兄弟それぞれが所有しており、２００９年から4層目を貸し部屋として使い始めたという。寝室は3室あって、それぞれの部屋に浴室とトイレが完備されており、1〜2週間の期間で貸している。

ここには海側に広々としたベランダがあり、そこから美しいポジターノの町と海を見渡すことができる。このテラスは、１９５０年頃に3層目の屋上を改築してつくられたものである。テラス側の浴室は、構造壁に比べて壁厚が薄いことや、不自然に建物から飛び出していることから、貸し部屋にした際に増築したものと考えられる。海側に張り出した部屋やテラス前の居間も、他の部分に比べると壁が薄く、改築されたものと思われる。一方、台所の奥にあるワイン貯蔵室は岩盤を掘り込んだつくりで、ごつごつとした岩肌をそのまま残した洞窟状になっている。

ヴィッラ・バルダの海を見渡すベランダ

ヴィッラ・バルダは5月から10月にかけて、アメリカ人やオーストラリア人の予約で埋まるほどの盛況ぶりである。場合によっては、翌年の予約まで受けるほど人気があるそうだ。経営者の夫婦はプライアーノで暮らし、主人はそこでオステリアも経営している。

❻ トラーラ・ジェノイノ通りP家

実測調査をした住宅で、最も中心部に近いゾーンに立地するいかにもポジターノらしい住宅の事例である。街路に面した玄関を入ると、下へ降りる階段が現れる。居室は街路面よりも下にあるが、斜面地に建っているため地下室のような閉鎖性はなく、むしろ外に向かって大きく開いている。ポジターノの海を見渡すことができ、心地よい風が室内に吹き抜ける。海に対して間口を広くとり、しかも壁のない大きな空間の居間なので、より開放感がある。斜面地をひな壇状に造成しており、建物の前面には段々畑があったが、居室と同じ段の畑には床材を敷きつめて屋根を架け、テラスにつくり変えている。プールがある下の段はブドウ棚が覆い、段々畑の面影を残す。13〜14世紀にポジターノの市の発展がみられた時期につくられた住宅と考えられる。

上下階で異なる家族が暮らしているが、どの住居も同じ道路に面して入口がある。P家は母親と、娘家族の二世帯で、開放的な居間にいつも家族が集まる。もともと今よりもさらに上の斜面地に住んでおり、１９９０年頃にこの家を買って引っ越してきたが、かなり傷んでいて修復が必要だったという。見事に甦ったこの住宅は、日常の生活の場がまるでリゾート空間のように贅沢なのだ。

トラーラ・ジェノイノ通りP家、断面図

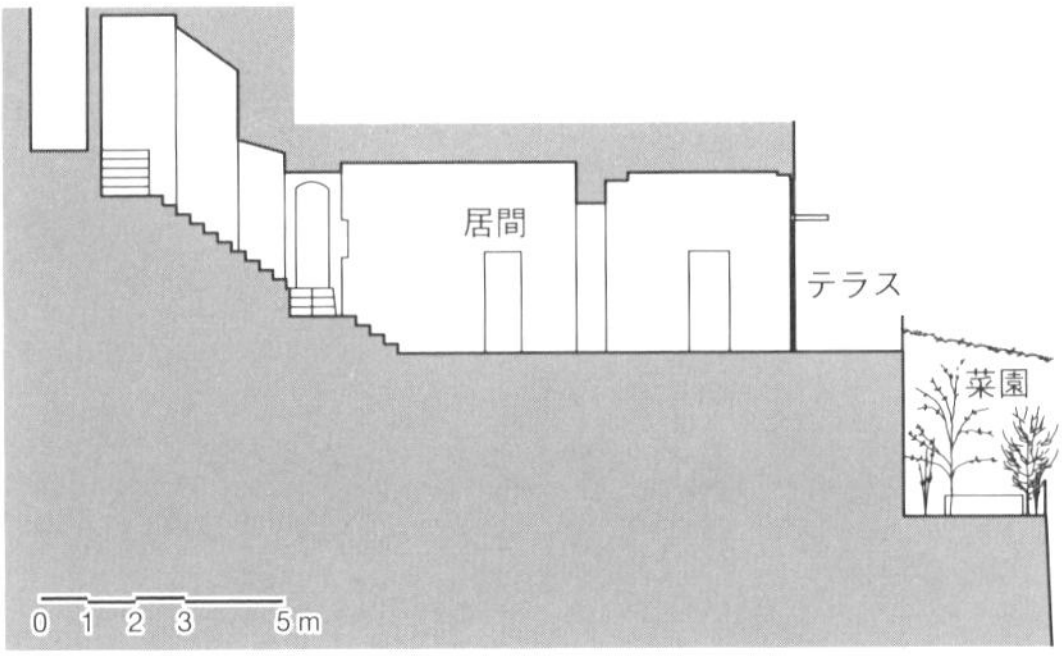

同、居間のヴォールト

同、平面図

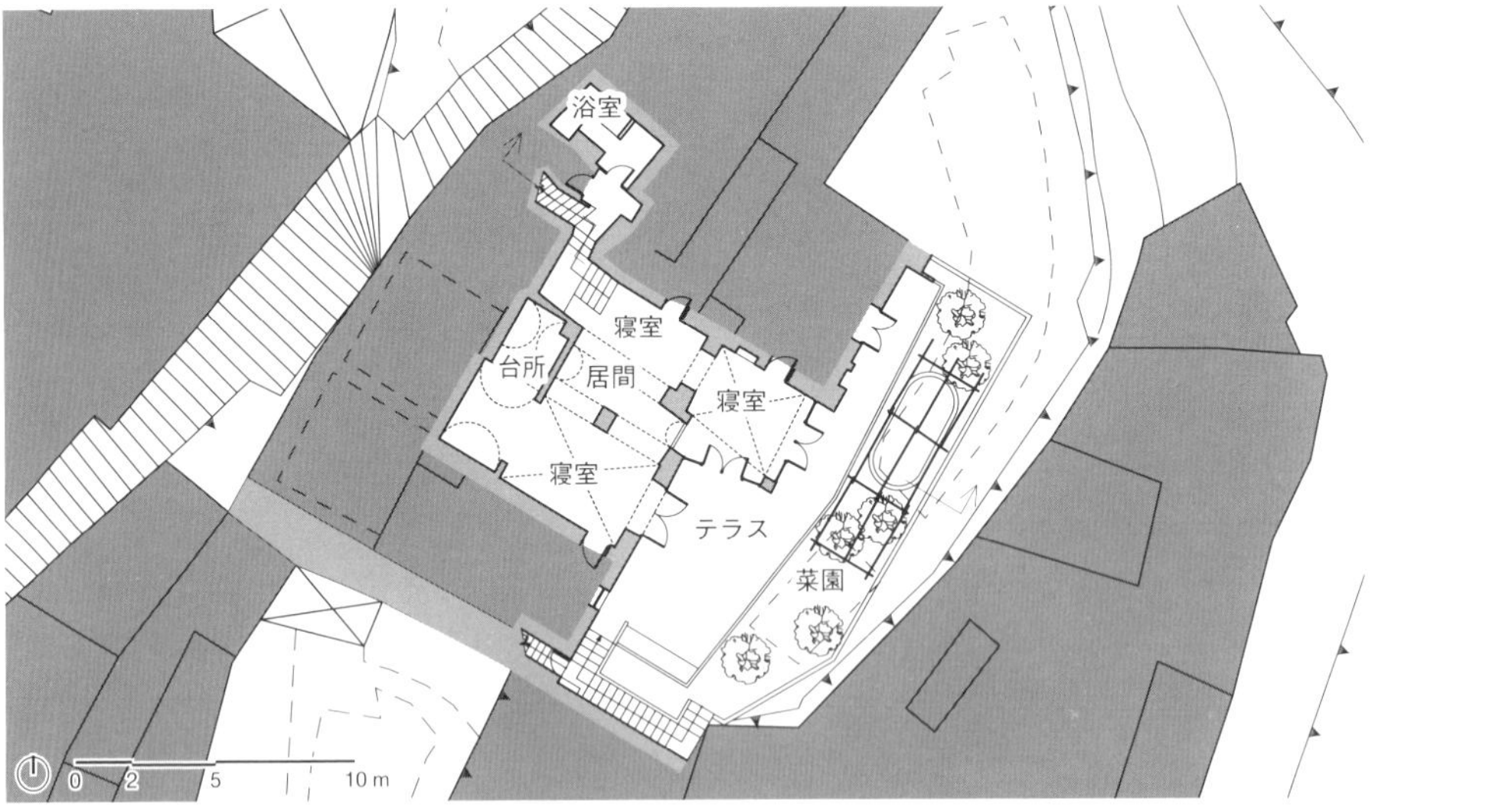

P家の菜園を覆うブドウ棚

P家のテラスから海を見渡す

❼ リパルラーティ通りC家

グリエルモ・マルコーニ通りとリパルラーティ通りの間の斜面地に建つ、4階建ての建物の3層目にある住居である。1、2階へのアプローチは下を通るグリエルモ・マルコーニ通りから、3、4階へのアプローチは上のリパルラーティ通りからとなっている。

4階の住居の玄関は通りに面しているが、実測を行った3層目は、通りから枝分かれした階段を下りたところに玄関がある。C家はかつて2つの別の建物であり、家を二分する位置にリパルターティ通りからアプローチする下り階段があった。合体しひとつの住まいになった際に、階段があったところは納戸とバスルームに改築され、寝室と居室を仕切るような空間構成になった。玄関を開けると、パヴィリオン・ヴォールトの居間とトンネル・ヴォールトの書斎があり、背後には台所、外には増築されたベランダが海側に向かって大きく開いている。ヴォールトからみて、17～18世紀建設と思われる。ベランダは20世紀末に増築したようである。町の中心から離れた北側高台のエッジに立地するだけに、斜面に発達した家並みの向こうに海を見晴らす景観は、何とも素晴らしい。

所有者の父が1階から4階まですべてを購入し、大勢の家族で暮らしていたが、相続の際にそれぞれの階をその子どもたちで分割し、1、2層目には主人の兄弟が、4層目には姉妹が暮らしているという。

リパルラーティ通りC家、平面図

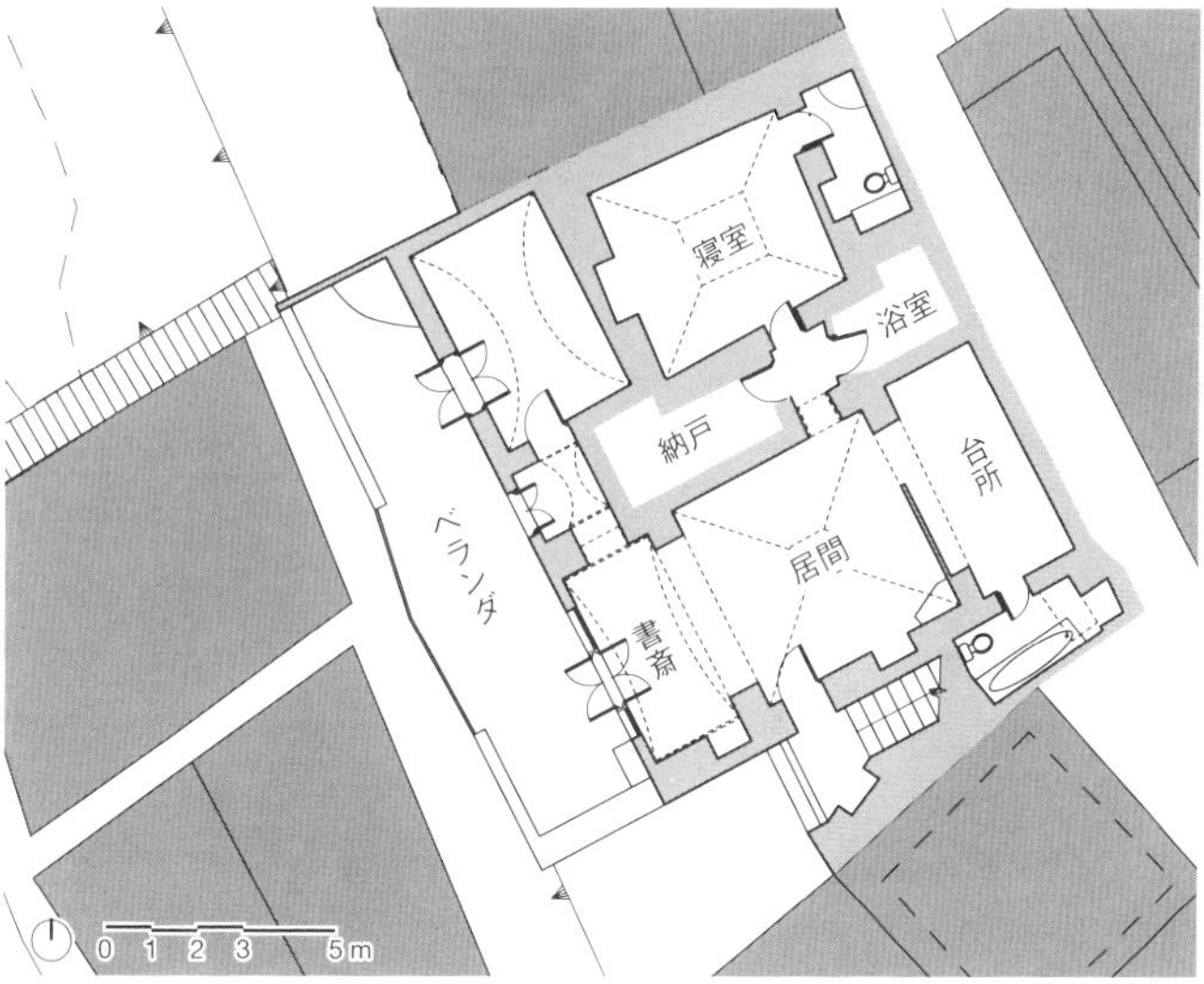

パヴィリオン・ヴォールトの居間

ベランダからの景色

Ravello

第5章　ラヴェッロ

——海を望む高台の恵まれた立地

第1節　都市の概要

ラヴェッロ（人口2372人、2024年1月現在）は、南西のアトラーニと東のミノーリを隔ててそびえるチェットーレ山の崖上、標高336メートルの海を見晴らす高原に位置し、西ではレジーノラ／ドラゴンの深い渓谷を挟んでスカーラと向かい合う。アマルフィ海岸の都市群にあって港のない高地に立地しながら、視覚的につねに海の存在を感じさせる独特の立地をもつ都市だ。その恵まれた場所の条件を背景に、この地にはアマルフィ海岸の海洋都市のひとつとして、地中海世界を舞台に交易で活躍する富裕な有力家族がいくつも登場し、堂々たる邸宅を構えた。アラブ世界やシチリアとの繋がりを示す素晴らしい建築の遺構が数多くみられることが、この町の輝く歴史をよく物語る。

ラヴェッロの素晴らしさは、ボッカチオの名作『デカメロン』に端的に記述されている。「サレルノのすぐ近くに海原を見おろす陸地があって、土地の人びとはこれをアマルフィ海岸と呼びならしていますが、そこには小さな町がひしめき、庭園や噴水が点在して、富裕な人たちが、とりわけよそとは違って商売に抜きん出た人たちが、住んでいました。そう

海から見たラヴェッロ

いう一角にラヴェッロと呼ばれる町があって、今日でもたくさんの金持たちが住んでいるようですが、わけても大金持のランドルフォ・ルーフォロという人物がいました」（河島英昭訳『デカメロン（上）』講談社、一九九九）。

こう描写されたラヴェッロだけに、その恵まれた自然・地形と異国情緒ただよう建造物の数々が一体となって生み出す壮大な景観と豊かな文化環境は、近代に入って知識人、アーティストをはじめ、再び人々の心を掴み、今では眼下にアマルフィ海岸の絶景を欲しいままにする憧れのリゾート地として世界的に知られている。毎夏、この地でリヒャルト・ワーグナーに捧げられる「ラヴェッロ・フェスティバル」が開催され、「音楽の都市」としてその魅力を世界に発信している。アマルフィやポジターノの大衆化した観光とは一線を画す、選ばれた人びとが集まる文化芸術の観光都市といえる。優雅、かつクリエイティブに過ごすのに最高の場所でもある。

ラヴェッロには多くのローマ時代の遺物が残っており、古代のヴィッラがあったことを想像させる。アマルフィと同様、ローマ帝国の崩壊後、異民族の侵入から逃れた人びとが、ここを隠れ家として住み着いたとも伝えられる。だが、ラヴェッロが文献上に登場するのは9世紀以降である。839年9月1日、アマルフィ海洋都市国家が創設され、ラヴェッロを含むこの海岸に存在する都市群が公国として結集したことが知られる。ラヴェッロはこの9世紀からアマルフィ共和国とサレルノ公国のもとで、地中海、ビザンツ世界との交易や羊毛工業で繁栄し、人口も増え、最大の輝きを得た。

そのラヴェッロも、スカーラ、アジェーロラ、トラモンティと同様、農村集落が分散する状態から始まった。だが、ノルマン王朝の影響が及び始めた11世紀の後半には、プーリア地方との陸路での交易ですでに財をなし、宗教建築や邸宅が並ぶ都市の形態をとり始めていたのだ。

アマルフィとラヴェッロの関係はじつに興味深い。この町の発展はアマルフィ共和国の

ラヴェッロ・フェスティバルの海を背にする仮設舞台

それと密接な関係があるものの、共和国の中枢部とは一定の距離を保っていたと考えられている。その傾向は共和国のヘゲモニーが崩れ、ノルマン人らの影響力が及ぶようになるとさらに顕著になった。１０８１年、アマルフィ海岸の諸都市が当時南イタリアを支配していたノルマン人公爵ロベール・ギスカール・イル・グイスカルドの不在に乗じて反旗を翻すと、ラヴェッロだけはこの動きに同調せずノルマン公へ忠誠を誓った。ラヴェッロの名の由来となった反乱者、反乱（rebelli あるいは rebellum）という古称は、こうしたラヴェッロに対してアマルフィ海岸の他の都市の住民がつけたものだという。

ノルマン人は強大なアマルフィの力を牽制することを考え、影響力のあるラヴェッロの家族を支援し続け、またこの町に独立した行政機能も与えた。１０８６年にラヴェッロにカテドラーレ（司教座大聖堂）の設置が認められたのも、力のあるアマルフィに対抗するためのノルマン側の政治的な配慮からだった。ギスカール公の口利きにより、当時ノルマン勢力派だったラヴェッロは、アマルフィ大司教区から独立した司教区となり、かたちの上ではローマ教皇庁直轄となった。その状態は１８１８年まで続いたのである。アマルフィとラヴェッロの対抗意識は今も見受けられるように思う。

現在ここには司教座はなく、この大聖堂はラヴェッロのドゥオモと呼ばれ、正式にはバジリカ・サンタ・マリア・アッスンタ・エ・サン・パンタレオーネという名称をもち、被昇天の聖母マリアと守護聖人、聖パンタレオーネを祀っている。広場に面するこの大聖堂（ドゥオモ）の建築は18世紀に大きく改変されたが、ルーフォロ家らの手厚い庇護を受けた13世紀を頂点とする繁栄の様子は、古代建築から転用された円柱と柱頭からなる三廊式の構成や精巧な技術で美しく飾られた説教壇、さらにはほぼ原型をとどめる鐘塔にみてとれる。鐘塔にはアマルフィ海岸の他の鐘塔や、シチリア・ノルマン建築との共通点が見出せるが、アンダルシアや北アフリカのミナレットにも通じるものがある。

一方、ラヴェッロ最古の教会は１０６９年に建設されたサン・ジョヴァンニ・デル・ト

ドゥオモの鐘塔

ドゥオモの説教壇

ーロ教会で、市壁内で最も高い位置にあり、このあたりがじつはラヴェッロで最初の都市核であった。この教会の建築にも、ノルマン文化の影響が強くみられる。

ラヴェッロの人口は12世紀に2万5000人に達した。しかし、このノルマン時代の1130年代には、アマルフィ、ピサ、そしてシチリア王国および神聖ローマ帝国を巻き込んだ紛争にたびたび巻き込まれ、シチリア軍やピサ軍により占領・略奪されることもしばしばであった。

一般にはこの頃からラヴェッロは徐々に衰退していったとされるが、実際に町を訪ねてみると、むしろ繁栄のピークはその後に訪れたことを感じとれる。なぜなら、ラヴェッロには教会のみならず、中世創建の大邸宅、公共建築などが小さな町のいたるところに残っており、その大半が13〜14世紀頃の建設だからだ。すなわち後述するルーフォロ家の邸宅のほか、現在は高級ホテルになっているコンファローネ家、ダッフリット家の各邸宅が存在する。さらには現在は一部の遺構が残っているデッラ・マッラ家の邸宅、市役所となっている建物やその脇に残された廃墟(ガルガーノ氏によれば後述する法廷の建物跡)などがいずれも市壁内にある。これらを建設したのは、地中海を舞台に交易活動で潤った商人貴族たちだ。ラヴェッロはとりわけ染色業で知られ、1294年にはカルロ2世から染色業の独占を許可され、シチリアやプーリア地方で販売した。プーリア地方との繋がりは強く、主要都市にはラヴェッロ人地区をもち、ボッカチオ『デカメロン』の登場人物、ランドルフォ・ルーフォロのモデルとされるルーフォロ家の御曹司ロレンツォもバルレッタなどに住んで毛織物や高級品の交易に携わった。また、ラヴェッロのドゥオモに残る説教壇や扉はプーリア出身の職人の手になる。

実際、ラヴェッロには様々な産業も発達した。町のなかとスカーラおよびアトラーニの専用紡績機械でつくられる羊毛の布の染色が行われ、また、渓谷の川沿いには水車を用いた製紙工場、製粉工場があった。

パラッツォ・マッラの遺構

サン・ジョヴァンニ・デル・トーロ教会の後陣

外部権力の傘下にあったとしても自治は維持され、１１１７年、法廷であるクリアがつくられ、後のアンジュー時代には、町を運営するために貴族が集まるセディーレという場所が設けられた。

中世後期以降も一定の繁栄を享受したラヴェッロであるが、14世紀からは有力貴族の多くがナポリやそのまわりに移住した。海洋都市民の血を引く彼らは交易で活躍し、またアラゴン家の宮廷に雇われた。なかでもラヴェンナ出身のルーフォロ家はナポリ王国統治下の15世紀当時、最強の銀行家だったという。しかし、故郷を離れても祖国を思う人びとも多かったようだ。

１６５６年のペストによりその衰退は決定的となり、19世紀半ばのグランド・ツアーによる再発見までこの町の存在は忘れられる。ラヴェッロの復興の立役者となったのが、スコットランド出身のジェントルマン、リード（１８２６〜９２）である。リードはラヴェッロの中核ともいえる13世紀建設のヴィッラ・ルーフォロを１８５１年に購入すると、亡くなるまでそこにとどまり、このヴィッラをはじめとする歴史遺産の修復や、水道・道路の整備に尽力した。20世紀初頭には、海を望む台地の端部に位置する優雅なヴィッラ・チンブローネが整備され、その「無限のテラス」からの眺望が世界中のセレブリティの間で評判になる。こうしてラヴェッロは、作曲家ワーグナー、作家ヴァージニア・ウルフ、Ｄ・Ｈ・ロレンスらが訪れる高級リゾート地として復活した。

「ラヴェッロ・フェスティバル」の期間中、ヴィッラ・ルーフォロの海を望む絶景テラスに仮設のステージと観客席が設営される。星空のもと、地中海をバックに壮大なパノラミック空間で催されるこの音楽イベントは、過去と現代が対話するラヴェッロならではの想像力に満ちている。

ヴィッラ・チンブローネの「無限のテラス」

ヴィッラ・ルーフォロ

ルーフォロ家は、シチリア・ノルマン王国、神聖ローマ帝国、アンジュー家ら大国の勢力争いをかいくぐりながら、ラヴェッロの繁栄を支えた有力貴族である。その出自は明らかでないが、12世紀前半の当主ニコラ・ルーフォロが台頭し、１１３７年にはピサ・神聖ローマ帝国軍を支持してノルマン軍を撃破し、アマルフィ海岸全体の統治者に指名されている。ニコラはドゥオモの創建に関わったともいわれているが、その後もルーフォロ家は司教を輩出し、ドゥオモへの惜しげない寄進を繰り返した。アンジュー家統治時代には王家に多額の金を貸し付けており、またカルロ２世は狩をしに頻繁にラヴェッロを訪ね、ルーフォロ家の邸宅で歓待されたという。

彼らの往時の権勢を偲ばせるのがドゥオモに隣接した広壮な邸館と庭園、ヴィッラ・ルーフォロである。そもそも、ヨーロッパの中世には、古代に発展したヴィッラや庭園の文化は失われていた。都市の住居はヴェネツィアなどを除けば一般的に、閉鎖的で快適性もなかった。遊び心に満ちた庭園やヴィッラはルネサンスに復活するが、中世の時代には、アラブ・イスラームの影響を受けたスペイン・アンダルシア地方のグラナダにあるアルハンブラ宮殿とヘネラリーフェ離宮、シチリアのパレルモ郊外のジーザの離宮などにみられたに過ぎない。そう考えると、緑に包まれた大きな敷地をゆったり使い、様々な趣向を凝らした建物を点在させて繋ぎ、最後は地中海に大きく開くパノラマを演出する、中世のラヴェッロが実現してみせたヴィッラ・ルーフォロは、世界の建築、庭園の歴史上、特筆すべき存在といえるのだ。しかもこれが、市壁に囲われた都市の中心近くにあるというのが興味深い。

ルーフォロ家は15世紀初頭に没落し、ヴィッラも婚姻関係のあったコンファローネ家の手などを経て所有が転々とした。１８５１年にＦ・Ｎ・リードが購入したとき、売り手だ

尖頭多弁アーチとドーム

ヴィッラ・ルーフォロの
塔状のエントランス

ったダッフリット家一族は誰ひとりとしてラヴェッロを訪ねたことがなかったという。廃墟となっていたヴィッラであるが、のちにポンペイ発掘を指揮することになる建築家ミケーレ・ルッジェーロが修復を担当し、見事に甦った。１９５３年以降は音楽祭の舞台となっている。

ヴィッラの主要部分の建設は13世紀に遡る。メイン・エントランスは敷地北側にある正方形平面の塔状の建造物で、入口の大きな尖頭アーチをくぐって入ると、まず驚かされる。アラブ独特のレモン絞り器のような造形のドームを戴き、壁には連続的に交差する尖頭多弁アーチの網目状の装飾や人像柱が施された独創的な空間が迎えてくれるのだ。これらアーチの装飾様式には、シチリア、さらにはスペインや北アフリカのイスラーム建築の影響が見出せる。

このヴィッラ最大の見せ場は、敷地内の中央に位置する邸宅本館の中庭空間（キオストロ・モレスコ）にある。アラブ・イスラームの世界と相通ずる雰囲気を漂わせながら、これほど自由奔放でしかも繊細な造形のアーチ装飾と、その連続による柱廊が生み出す不思議な雰囲気の独創的な中庭というものを他で見たことはない。

まず2層目の主階が圧巻で、リズミカルに並ぶ白大理石による細身の二本一組の円柱群の上に、複曲線の装飾的アーチを網目状に組み上げる独創的な造型美をみせる。地上階では、アラブ風の足の長い大きな尖塔アーチが連なる柱廊が囲い、コンパクトな空間に濃密な造形を施した華麗なる小宇宙に身を置くと、しばしここにいたくなる。もともと中庭はもっと大きかったが、後世に住居として改修される際に壁が補強され、多くの円柱列が補強壁の背後に隠されてしまった。

庭園のテラスからは山肌のブドウ、レモン、オレンジの木々、海岸沿いの渓谷に開けたマイオーリやミノーリの町、そしてはるかにサレルノ湾を望むアマルフィ海岸の雄大な景色が楽しめる。現在見るこの海に開いたテラスの幾何学的デザインはルネサンス以後のも

庭園からサレルノ湾を望む

キオストロ・モレスコの中庭の列柱回廊

のと思われるが、その北東端の一角に、やはりレモン絞り器のような造形の小ドームをもつ13世紀のアラブ式浴場の遺構が残っていることからすると、すでに中世に海に開くパノラマを楽しむ考え方があったのではと想像される。

第2節 都市構成

市域と地区の特徴

もともと分散する農村集落からスタートして都市に発展したラヴェッロの形成プロセスは、今も町の構造に反映されている。ドゥオモと政治権力の拠点が中心の役割を担ったが、都市構造上の求心性をもつわけでない。市壁で囲われた町は、小さな山の地形に沿って、その高台の比較的平坦地に南北に長く伸びる。

古くは、中心のペンドロ、すぐ北に接するトーロ、南に展開するポンティチェートという3つの地区（リーオネ）からなり、それにノルマン時代に人口の増加に合わせて、北の高台のラッコなど3つの地区が加わった。

ドゥオモ広場のある中心エリアからサン・ジョヴァンニ・デル・トーロ通りを北に歩くと、ラヴェッロでもっとも古いトーロ地区に入る。「丸い丘」という意味で、やはり高台にあることを伝えている。この地区には有力家の館が数多くつくられ、緑の多いゆったりとした環境のなかに、その素晴らしい建築を今なおいくつも目にできる。

11世紀後半に建設が始まった台地上の居住地を囲む市壁は、ノルマン時代に完成し、ア

アラブ式浴場の遺構

ンジュー家時代にはさらに北側へ拡大した。戦略上重要な台地の南北それぞれの突端には、ソプラモンテ城塞とフラッタ城塞の2つの防御拠点が配されていた。谷を挟んだ西隣の町、スカーラとも似た防御システムとなっている。

サン・ジョヴァンニ・デル・トーロ通りを今度は南へと進んでいくと、ヴィッラ・ルーフォロとヴィッラ・チンブローネがあるポンティチェート地区に行きつく。創建が13世紀に遡る中世のヴィッラ・ルーフォロに対し、ヴィッラ・チンブローネは近代の20世紀に入って建設されたものである。19世紀までは、アンジュー家のもとでの有力家だったフスコ家の土地であったが、1904年に英国紳士アーネスト・ウィリアム・ベケットがここを購入し、15年の歳月をかけてリバティー様式でラヴェッロ風の建物と幾何学庭園をつくっ

ラヴェッロの
市壁位置（復元）と地区

a　ヴィッラ・ルーフォロ
b　ヴィッラ・チンブローネ

て、今のような姿になった。台地の突端は「無限のテラス」と呼ばれ、アマルフィ海岸を一望できる展望台になっている。眺望の美しさは有名で、ウィストン・チャーチルやグレタ・ガルボなど多くの著名人がこの地を訪ねたことでも知られる。

この地区は建物もまばらで、眺望を楽しむための別荘のような建物が立地する場所である。平和な静寂に包まれた豊かな環境が、まさに人々を魅了する。

パラッツォと教会の立地傾向

ドゥオモの前の広場は、宗教的にも政治的にも町の中心であり続けているが、現在のような開放的な空間構成は、古い広場としては不自然だ。じつは、１９３０年代に古い建物群を壊してこの大きな広場が生まれ、スカーラに向かって開く眺望も獲得された。この広場は、アマルフィ海岸では珍しい、人びとが交流する開放感に溢れた屋外サロンの役割を果たしている。

そこにいたる道は人の往来が多く、現在のメインストリートとなっている。だが、歴史的にはドゥオモの裏側を通るサン・ジョヴァンニ・デル・トーロ通りがメインストリートだったという。実際この通り沿いには、パラッツォ・カルーゾ、パラッツォ・サッソ、パラッツォ・コンファローネ、司教館などの有力貴族、聖職者の邸宅が立地しており、都市の顔となっていたと推察できる。それらは高台のエッジに位置し、いずれも東側の眺望を妨げるものはなく、海辺に立地するミノーリやマイオーリの町が眼下に望める。

宗教と政治の中心、ドゥオモの広場に対し、中世都市ラヴェッロの人びとの商業活動が展開する真の市民広場は、やや北に進み、丘から下った低地にあるフォンターナ・モレスカ広場だった。最初の市域の境界エリアにあたり、マドンナ・デッロスペダーレ通りの階段の途中に古い市門があった。このフォンターナ広場には、町の貴族らが所有するボッテ

ドゥオモ広場

ラヴェッロ中心地の主要な都市施設

❶ ホテル・バルンボ（パラッツォ・コンファローネ）
❷ ホテル・カルーゾ（パラッツォ・ダッフリット）
❸ マドンナ・デッロスペダーレ通りの住宅

A　パラッツォ・サッソ
B　ヴィッラ・エピスコピオ
C　フォンターナ・モレスカ広場
D　マドンナ・デッロスペダーレ通り
E　サン・ジョヴァンニ・デル・トーロ教会
F　サンタ・マリア・ア・グラディッロ教会
G　大聖堂（ドゥオモ）

ーガ（店や工房）が集まっていた。ガルガーノ氏によれば、ボッテーガは邸宅の地上階に取られ、使用人を抱えながら貴族階級がその上階に住み、経済活動を行う職住一体のフォンダコ（商館）を形成していたという。その下の市壁外のローマ通りには、崖を掘ってつくった１１７６年創建のマドンナ・デッロスペダーレ教会がある。

都心方向へ戻り、マドンナ・デッロスペダーレ通りを上って左手を見上げると、高台にあるサン・ジョヴァンニ・デル・トーロ教会の後陣の３つのクーポラが見える。この町の富裕な商人たちによって９７５年から１０１８年の間に建設された。大聖堂が登場する前には、ラヴェッロで最も重要な教会で、上流市民が集う場所だった。注目すべきは、当時の一般的な規則である教会正面を西に向け、東に向かって礼拝する形式を逆転している点だ。ここでは後陣（アプス）を西、すなわち谷のほうに向けることで、３つのクーポラが生む後陣の造形の面白さを谷側、すなわちスカーラの町の側から眺めることができ、視覚的効果を高める。シチリアのモンレアーレ大聖堂やポントーネ（スカーラの一地区）の崖上にそびえるサンテウスタキオ教会にも通ずる、ノルマン様式の聖堂の典型的な演出方法なのだ。

さらに先へ進むと、サンタ・マリア・ア・グラディッロ教会が目に入ってくる。この教会もまた、西に後陣を向けているのが興味深い。既存の小さな教会の上に11世紀に建設されたもので、身廊の大きなアーチの下に、その古い教会のアプス（後陣）の内部空間が残されている。また、地上の聖堂内部の床の一部で、強化ガラスの下に、二対のヒョウと樹が描かれたオリジナルの床のモザイクを見ることができる。小さな教会だが、歴史の重なりに驚かされる。

そして、ドゥオモ広場に出ると視界が開け、階段の上にそびえる大聖堂の正面にたどり着く。こうしてみると、馬の鞍のような地形のラヴェッロにあって、その西側には教会が多く分布し、いずれも谷に向かう後陣を飾っているのに気付く。対岸の町スカーラから見ると、その迫力ある建築造形が印象的に目に映る。

フォンターナ広場

スカーラが見渡せるドゥオモ広場

第3節 台地の縁のパラッツォ

❶ ホテル・パルンボ

サン・ジョヴァンニ・デル・トーロ通り沿いに建つホテル・パルンボは、12世紀の貴族の館であるパラッツォ・コンファローネをホテルにしたものである。この通りには、かつての有力家のパラッツォが建ち並んでおり、このホテルもそのうちのひとつである。建設時はムシュットーラ家、１３８２年以降はコンファローネ家の所有であった。

その建築にはアラブ・イスラーム世界の強い影響がみられる。玄関を入ると天井の高いアトリウムにロビーがあるが、そこは以前、パラッツォの中庭だった。周囲には豪華な柱頭をもつ柱によって支えられたアラブ式尖頭アーチが何重にも連なり、重厚な歴史を感じさせる特徴的な空間となっている。また、大理石の円柱はペストゥムやアマルフィ海岸に残ってきたギリシア・ローマ時代の住宅から運び込まれたものである。中世のオリジナルが残っている貴重な建築といえる。

また、ホテルのレストランは18世紀に食堂として使われていた部屋であり、フレスコ画が描かれたヴォールトとマヨルカ焼きの床タイルで豪華に装飾されている。

建物は台地の東側のエッジに位置し、背後はすぐに急斜面になっているため、東側の窓から眼下にアマルフィ海岸とティレニア海を一望することができる。12世紀にすでに海へ開くパノラマを愛でる感性があったことに驚かされるが、その立地がまさに現代の五つ星ホテルへと見事に活かされている。

❷ ホテル・カルーゾ

ホテル・パルンボからサン・ジョヴァンニ・デル・トーロと通りを北に進むと、サン・ジョヴァンニ・デル・トーロ教会がある。その向かいに、ホテル・カルーゾはある。もともとはパラッツォ・ダッフリットという貴族の邸宅だったが、19世紀後半からホテルとして使われている。内部の装飾は豊かで、美しい

同、かつて中庭であったアトリウム

ホテル・パルンボの装飾的な門

ホテル・パルンボ、平面図

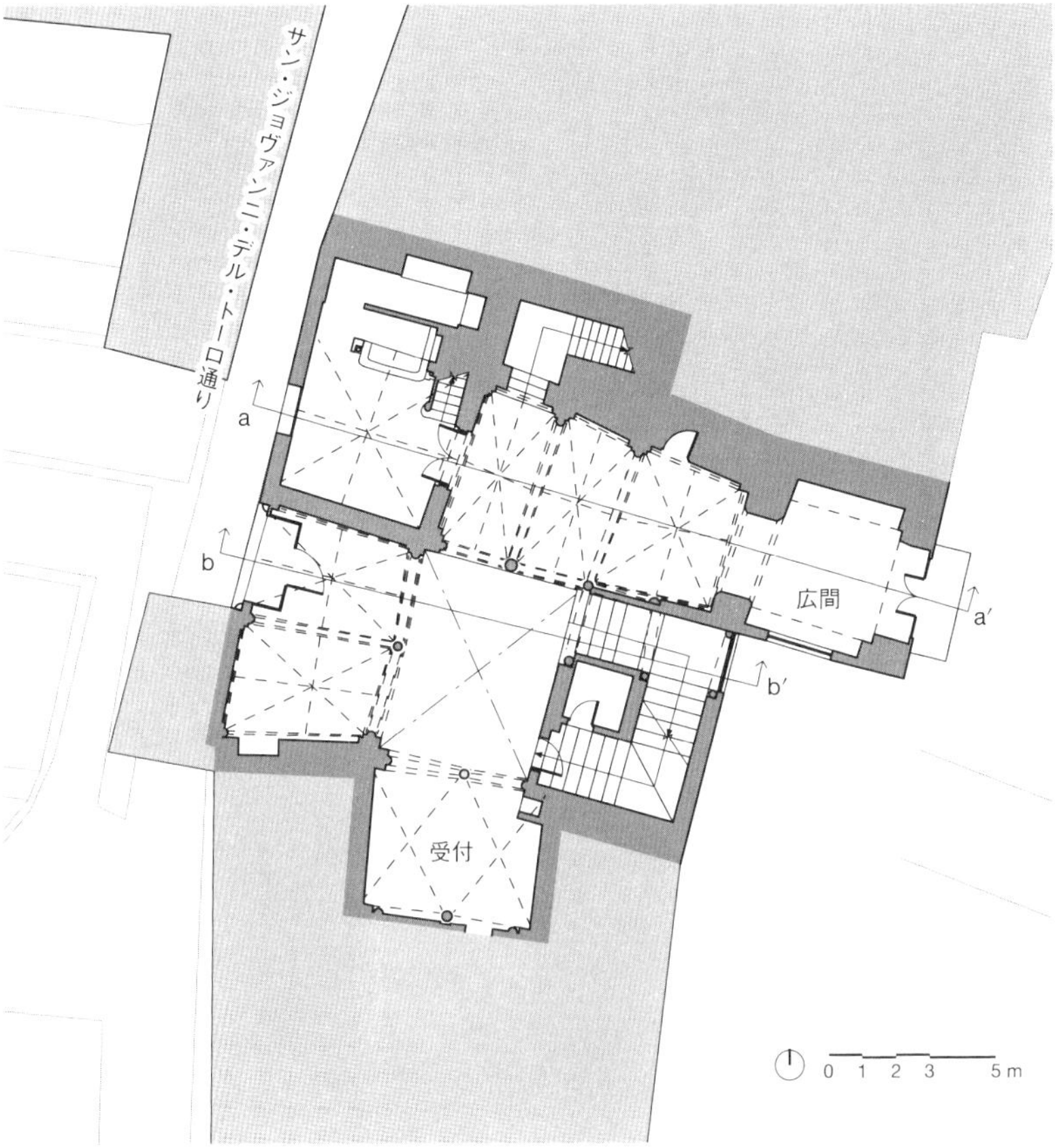

ホテル・パルンボ、断面図

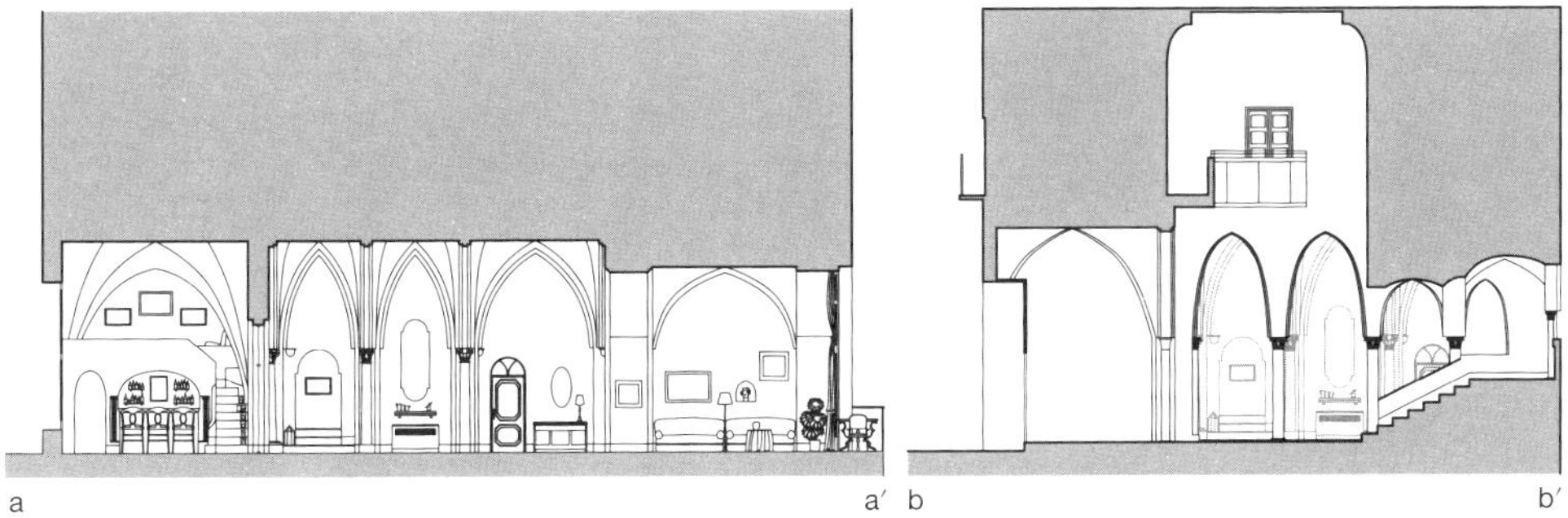

a - a′ 断面図　　b - b′ 断面図

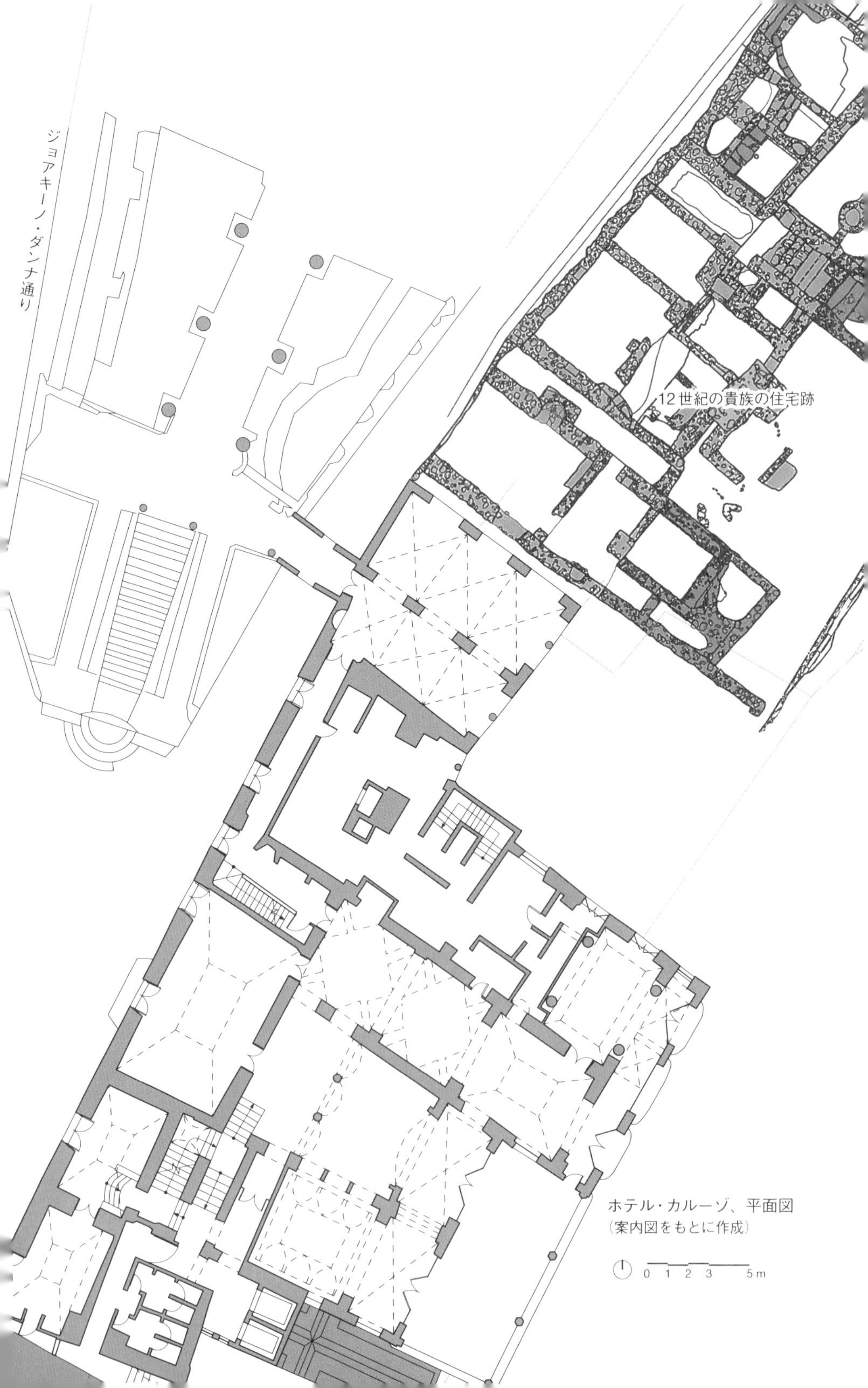

ホテル・カルーゾ、平面図
(案内図をもとに作成)

フレスコ画やヴォールトが残されている。ホテルからはアマルフィ海岸の美しい景色が一望できる。

サン・ジョヴァンニ・デル・トーロ通りが二手に分かれるところには緑に包まれた空中庭園がある。この高い位置にある庭園からも街路の上をまたぐ廊下によってホテルのなかに入ることができる。庭園のなかには、最初の市壁に付随していた砦が残されている。

このホテル・カルーゾがある地区はラヴェッロ初期の都市核があったところで、この建物の北側に12世紀の貴族の住宅があったことが考古学調査からわかっている。海に向かって開けた中庭やプライベートなアラブ式浴場が発掘されており、出土した陶器からは優雅な暮らしがうかがえる。

❸ マドンナ・デッロスペダーレ通りの住宅

ラヴェッロにある高級ホテル、ホテル・ルーフォロのオーナーの親類が暮らす住宅である。ドゥオモ広場から南へ延びるデイ・ルーフォロ通りとマドンナ・デッロスペダーレ通りがぶつかる角地に立地している。格子扉の門から伸びた細い私道の先に階段があり、そ

同、フレスコ画が描かれた天井

ホテル・カルーゾのテラスからの眺め

同、交差ヴォールトのかかる部屋

同、市壁に付随していた砦がある空中庭園の入口

こから空中庭園のような前庭に出て、再び階段で住居のある2階へとアクセスする。1階の住居の屋上が前庭になっていて、そこからはヴィッラ・ルーフォロや海を眺めることができる。住宅内部は2層の構成で、1層目が主要な階になっている。1層目は居間、食堂、主寝室、台所、浴室とすべての要素がそろっている。2層目は寝室や物置として使われており、小屋組みが露出する屋根裏部屋になっている。建物の一部が通りの上に覆いかぶさっており、浴室や台所の窓から通りを歩く人の様子が見える。以前はここを寝室にしていたが、人の声や通りの音が気になるため、今では寝室を通りから離れたところに移動させたという。

ラヴェッロは台地の上に形成された町であるため、ほとんどの建物が平地に建っている。斜面地に形成された他の町の複雑な住宅構成のように、別の建物同士が入り組んで積層することは少ないように感じたが、この建物は例外的に複雑な構成をしていた。

マドンナ・デル・オスペダーレ通りの住宅、2階平面図

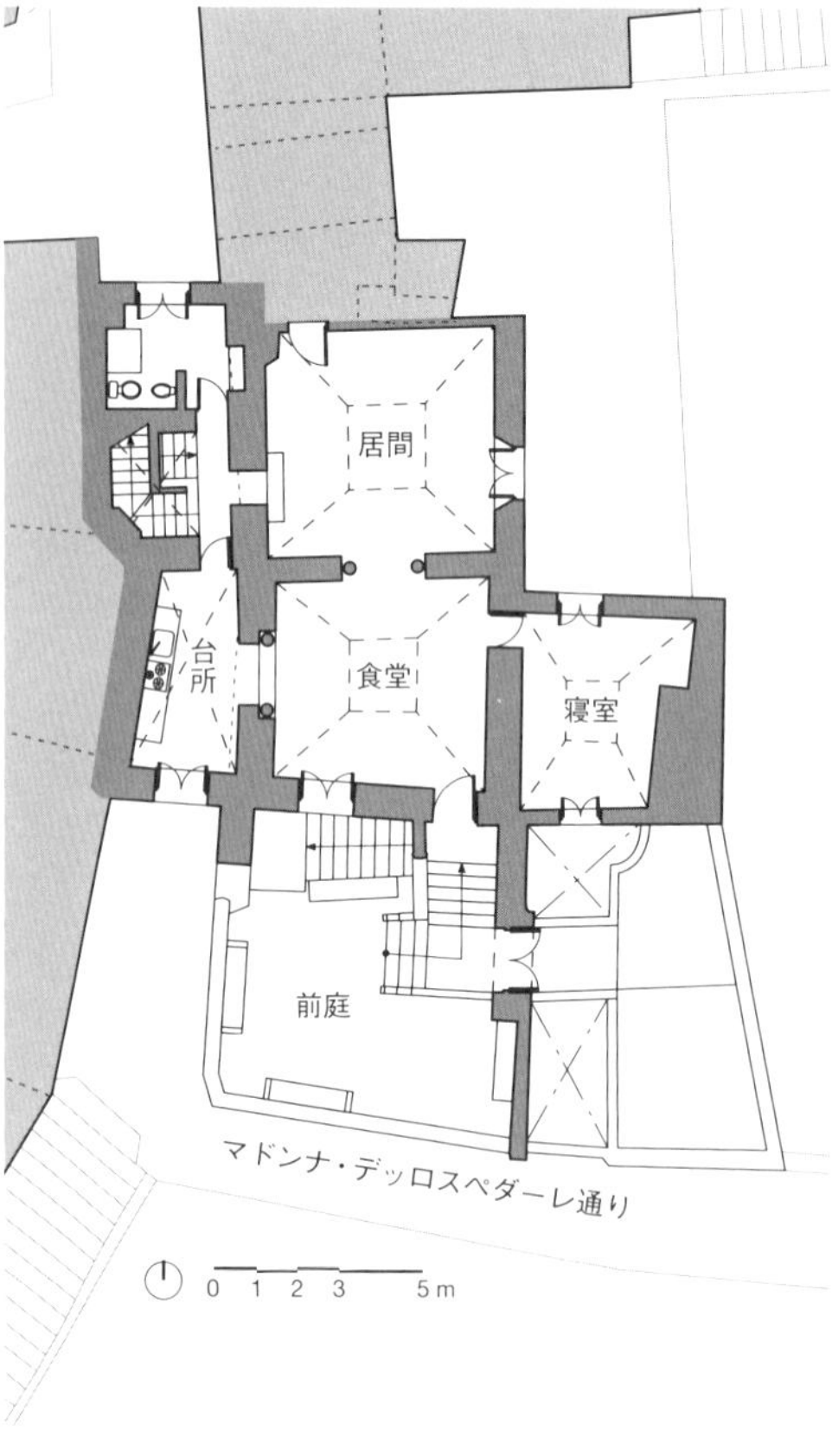

街路に覆いかぶさっている

1階の屋上部分である前庭と玄関

第6章　スカーラ

――山間に隠される多核都市

第1節　都市の概要

アマルフィ海岸の綺羅星のごとく輝く都市群のなかで、本来、歴史的にも文化的にも重要な役割を演じながらあまり知られていないのが、内陸部の標高400メートルという高い場所に潜むスカーラである。海に開く華やかなアマルフィと高所から海を望む文化都市ラヴェッロの背後に位置し、海側から見ると、スカーラ（人口1497人、2024年1月現在）の存在は、南に迫り出すポントーネという地区の姿が遠くの高台斜面に確認できるだけで、あとはすっかり山間に隠れている。

だが、少し丁寧にこの町を歩くと、海洋都市アマルフィとともに繁栄した時代を物語る11世紀から13世紀にかけてビザンツ・アラブ文化の影響下でつくられた美しい建築の遺構がたくさんみつかることに驚かされる。アラブ式風呂の跡も存在する。この地を支配したノルマン王朝のもとでも（1100～1194）、経済的、文化的な繁栄が続き、素晴らしい建築を数多く生み出した。このアマルフィ公国の黄金時代に、宗教建築ばかりか、上流階級の質の高い邸宅（ドムス）がたくさんつくられ、高度な文化が形成されていたことを雄弁に証言してくれる。

アマルフィ共和国（公国）が海辺に立地する一連の都市のみか、じつは、内陸に分散する都市とも連携して成り立っていたことを理解するのに、スカーラは鍵となる重要な存在だ。

スカーラは古代ローマ時代の３３９年、コンスタンティノープルから帰還する貴族が暴風雨に遭遇してアマルフィ海岸へ避難、そのままこの地で居を構えたのが町の起源であると言われている。

スカーラの地名が史料に最初に登場するのは、10世紀初期のことである。しかし、それ以前から、この土地には人びとが多く住んでいたようだ。中世に確立し、現在にまで受け継がれたこの町の空間構造をみると、強い中心はなく、いくつかの核があり、それらが地形を反映しながら有機的に繋がって全体ができている様子がわかる。

そのことは、町の形成のメカニズムを想像させる。ガルガーノ氏によれば、４～９世紀に最初の居住核ができたが、それはアマルフィ海岸における他の内陸の町、アジェーロラ、トラモンティなどと同様、集落が分散するかたちをとったという。それらの集落の土地には、教会、修道院の団体、加えてアマルフィ公国のアマルフィ、そしてアトラーニの貴族たちのもとで働く小作農が住み、彼らによって耕作されたのである。

こうしてもっぱら農業経済をベースとしていた古い集落群が都市への発展をみせた。それを物語るのが、ラヴェッロより早く９８７年にこの地に司教座が置かれ、町のなかほどにカテドラーレ（司教座大聖堂）が建設されたことである。１６０３年に、ライバル的存在である隣のラヴェッロの司教区に統合されるまで、スカーラはひとつの司教区を形成する重要な都市であった。最盛期には１３０もの教会があり、さらに修道院や貴族の邸宅もかなりの数に上ったという。

スカーラが都市として認められたことを伝える史料は１０６９年に遡る。それに先立ち、11世紀前半にすでに、ローカルな教会の建設が行われていた。その背景には、スカーラの住民がラヴェッロ、そしてトラモンティの人びとと一緒に団体組織をつくり、特にプーリアとベネヴェントとの交易によって稼ぎながら、経済社会的な発展を示していたことがあ

ラヴェッロからスカーラを望む

る。まさに11世紀は、スカーラがアマルフィ共和国（公国）の輝かしい時代の一翼を担い、都市として大いに発展した時期だった。町全体を大きく囲む市壁も、11世紀に建設されたのだ。スカーラの土地に早くから分散的に形成されていた6つの集落は市壁の内側に取り込まれ、そのまま都市の地区（コントラーダ）となった。従って、スカーラの町は都市としても多核的で、分散ネットワーク型の仕組みを今ももつ。

また、スカーラはマルタ騎士団の創設者で福者の地位を授けられたジェラルド・サッソ（1040〜1120）の出身地としても有名である。アマルフィ海岸の諸都市が海洋都市国家を形成していた時期、スカーラはアマルフィを通じて羊毛や硝石、農業生産物などの交易により、大いに繁栄していた。羊毛の縮絨場の遺構が今でも、パラッツォ・マンシ・ダメリオの前にある。

ノルマン王朝の支配下にあっても、都市としての繁栄は続いた。自治も維持され、クリアと呼ぶ役所組織（法廷）ができ、遅くとも1127年からそれが機能していた。スカーラの都市の力はより強くなり、その司教の領土が拡張されたことが1191年の史料からわかる。

都市全体は市壁や塔、さらに北と南の端に置かれた2つの城塞によって防備を固められていた。南の城塞は、海からの攻撃の際にアマルフィ、アトラーニの人々の一部にとっての避難にも役立つものだった。しかし、1137年のピサによる襲撃と放火により、スカーラも大きな被害を受けた。その後、都市は再建され、ノルマン王朝の影響下でその活動を甦らせた。

ガルガーノ氏によると、スカーラの人口はノルマン時代に2000人、続くホーエンシュタウフェン朝の時代（1194〜1265）に2500人と増加し、その後、都市の衰退とともに急激に減って、1272〜1278年に400人、1461〜1478年に900人だったことが知られるという。

羊毛加工工場

大聖堂の内観

第2節　都市構成

11世紀以来、市街地は6つの地区（contrada）で構成されており、その中心であるチェントロ（古くはピスコピオ）の他に、北側からサンタ・カテリーナ、カンポレオーネ、サン・ピエトロ（同、カンポレオーネ）、カンピドーリオ（同、カンポドッニコ）、ミヌータ、そしてポントーネと呼ばれる地区がある。しかしそれらは、ひとつの町を分ける地区というよりも、町の形成メカニズムを反映し、それぞれ小集落の様相を呈していて、限られた土地に密度高く形成されたアマルフィ海岸の港町とは大きく異なる町並みを形成している。市壁で囲われたエリアの中央部は木材や食糧の供給のための樹林や農地として残し、農村集落から都市の地区に転じたこれらの居住地は、丘陵のエッジの東側、あるいは西側の視界が開ける位置に発達したのが興味深い。市壁のなかは、最盛期でもスカスカだったに違いない。

スカーラはラッタ―リ山脈を成しているひとつの山の東側斜面に形成されており、海岸線を一望できる山頂にはスカラエ・マイオルス要塞が町を守っていた。また、市域の南端でアマルフィとの市境にある高台にもスカレッラエ要塞の遺構がある。

言い伝えでは、最も古い地区が、南に位置するポントーネである。海から見ても、アマルフィの背後奥の高台にその存在が目視できるポントーネは、戦略上も重要だった。11世紀から12世紀のノルマン支配期につくられた市壁と塔で、海側からの侵略に備えていた。ただ、急峻な地形が防御の役割をもったため、市壁は市域全体を囲繞するようなものではなく、道が居住地に入り込んでいるような要所にだけ建設された。

スカーラの市街地の形態は散在的で、都市部と田園部の境界が曖昧なこともあり、集落内の住宅群に近いところでも耕作が行われていたという。ただ、羊やヤギなどの家畜の放牧は集落から離れたところで行っていた。カンピドーリオ地区では製材業が営まれていたようで、カシやモミ、マツ、クリ

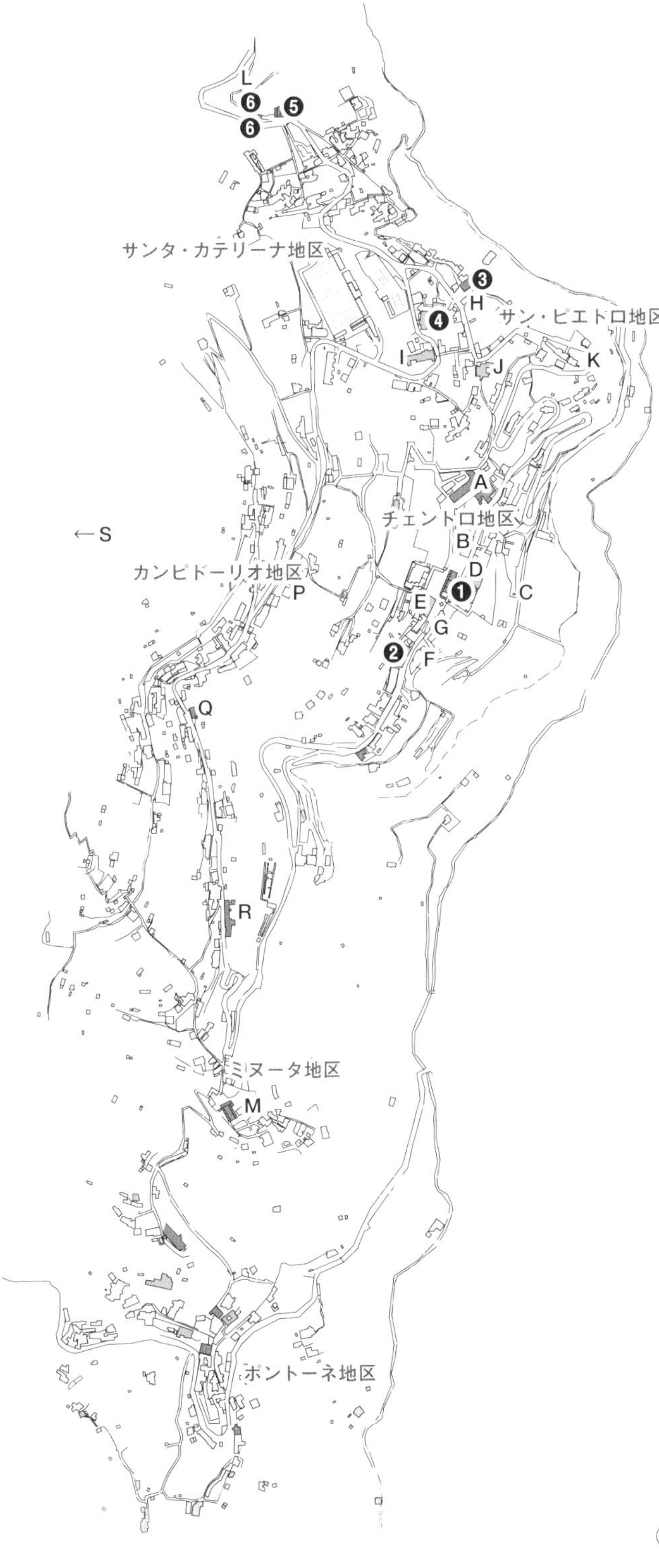

スカーラの主要な都市施設

チェントロ地区

❶ サン・ロレンツォ大聖堂（元カテドラーレ）
❷ パラッツォ・マンシ・ダメリオ
A サンティッシモ・レデントーレ修道院
B サン・アゴスティーノ教会
C ホーエンシュタウフェン朝時代の塔
D 司教館
E 市役所
F 羊毛縮絨場
G フルサーリ家

サン・ピエトロ地区

❸ サン・ピエトロ教会
❹ パラッツォ・トラーラ
H サン・ジャコモ・デ・サッシ教会
I ロマーノ家
J サッソ家
K サンタ・マリア・デ・ラーマ教会

サン・カテリーナ地区

❺ サンタ・カテリーナ教会
❻-1 サンタ・マリア・デッラ・ポルタ教会
❻-2 フィウーメ門
L 市壁

ミヌータ地区

M サンタ・マリア・アヌンツィアータ教会

カンピドーリオ地区

P サンタ・マリア・アヌンツィアータ教会
Q サン・ジョヴァンニ・デ・アクア教会
R サン・カタルド教会
S スカラエ・マイオルス要塞

（ポントーネ地区は272ページを参照）

0　50　100　200 m

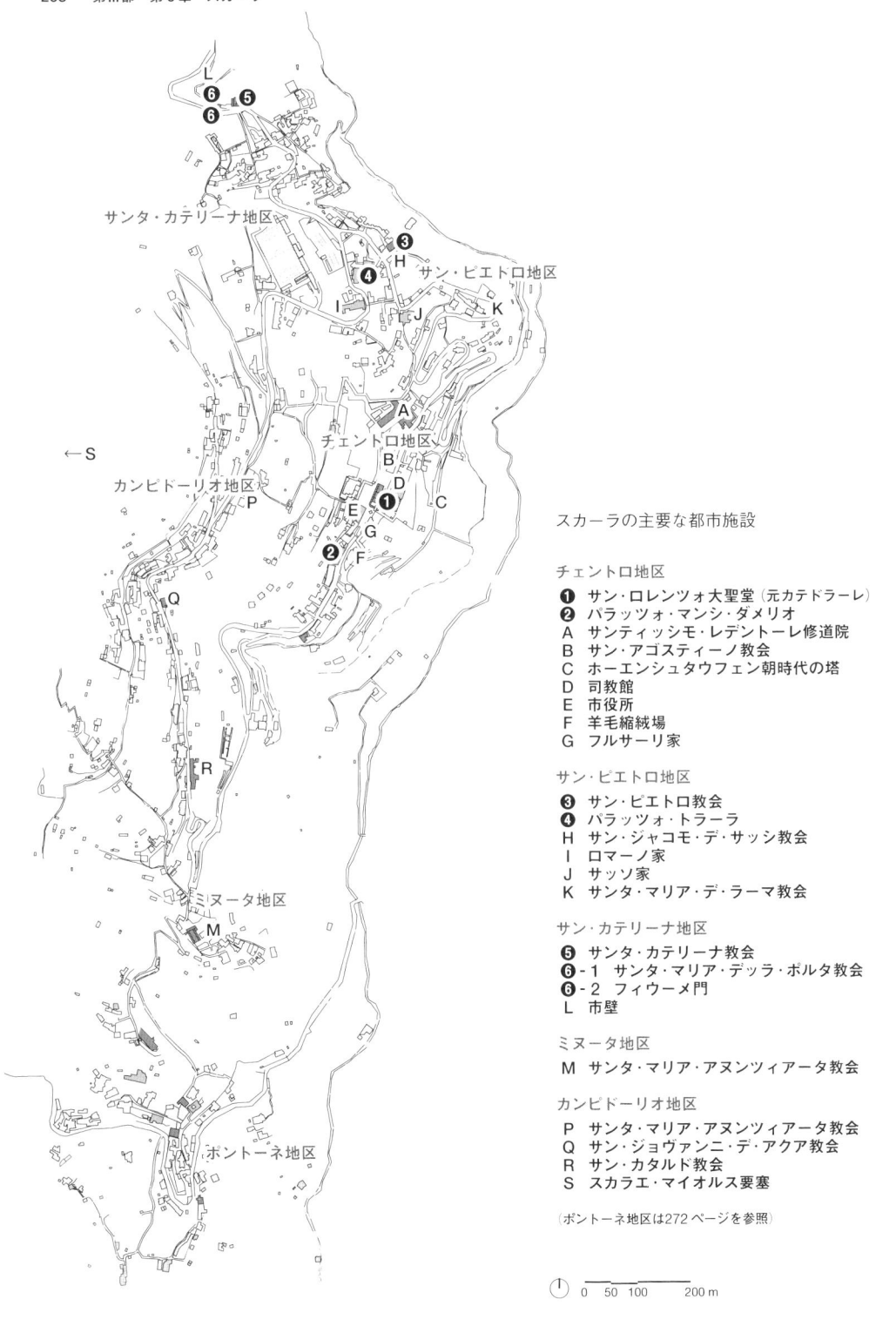

などの木が群生している。それらの木は主に造船のために用いられていたという。

19世紀までは全体的に多様な植生をもっていたが、20世紀初頭に海岸部でレモンの木が病気に罹ってその多くが枯れてしまったため、スカーラなどの高台の町でもレモン栽培を行うようになり、その結果多くの畑がレモン畑に変化した。ブドウは標高450メートルくらいまでは育つが、レモンはせいぜい250メートルくらいである。スカーラのカテドラーレは標高380メートルの高さにあるので、現在でもレモン栽培は町のなかでも低いところで行われている。レモンは1キログラムで30セントほどにしかならず、労力の割に利益が少なく、近年はレモン農家が減っているという。行政はレモン畑の保存のために補助金の制度を設けているが、申し込み手続きの煩雑さと金銭面での負担により、あまり活用されていないようである。

ブドウ畑ではクリの木を支柱にしてパーゴラを架けて、蔓を巻き付けている。冬になると保温のためにビニールを掛けているが、かつては木の葉で覆っていた。このように、ブドウ栽培のためには他の樹木も必要であり、多様な植生が複雑に絡み合った産業の生態系ができ上がっていた。

また、畑への灌漑は用水路を使って湧き水を引き、養魚池に貯めてから畑へ流していた。灌漑用水は共同利用であるため、時間制をとり、利用権は相続制となっているという。また、養魚池で育てられた魚は冬季の貴重な食料になっていた。

畑で支柱やパーゴラに使われる木材

スカラエ・マイオルス要塞跡

第3節　主要施設

(1) チェントロ地区

地理的、空間的にスカーラのほぼ真ん中に位置し、歴史的にもこの都市における政治的、社会的な活動の中心であった。都市としての史料上の初出は1069年だが、都市の創建は司教座が置かれた987年に遡ると考えることもできる。大聖堂の北側に接して、司教館がつくられた。大聖堂前の広場には、様々な商店・工房が並び商業の営みがあった。この広場の南側に、4階建ての塔状住宅が今もそびえている。イタリアの中世都市の典型的な要素のひとつ、塔状住宅は、サン・ジミニャーノ、フィレンツェなどトスカーナ地方の例がよく知られるが、南イタリアにもそれなりの分布がみられたのだ。

司教館の前を通って北へ進むと、行政上の決定を下すために上流市民が集ったセディーレと呼ばれる場所がある。そのことが史料では、1321年に初めて登場するという。

❶ サン・ロレンツォ大聖堂

現在の大聖堂は、14世紀初頭に三廊式ラテン十字平面のロマネスク様式で建てられ、3つのアプス(後陣)をもっている。18世紀には、漆喰でいくつもの四角形に分割され、それぞれの中央に円や楕円、角が丸まった四角模様で飾られたロココ様式のファサードと、隣接する鐘塔が建造された。天井には聖ロレンツォの生涯を描いたテンペラ画があり、床は町の紋章のマヨルカ焼きタイルで装飾されている。また翼廊の地下には、尖頭交差ヴォールトの架かった中世のクリプタがある。しかし、地下にはそれとは別の礼拝堂跡があり、その部分が創設当時の教会堂の一部だと考えられている。

❷ パラッツォ・マンシ・ダメリオ

この邸宅はトッリチェッラ通りに面しており、スカーラのなかで長い歴史をもつ建物の

サン・ロレンツォ、尖頭交差ヴォールトの架かるクリプタ

スカーラの大聖堂、サン・ロレンツォ

ひとつである。13世紀の貴族の邸宅で、おそらくダッフリット家のドムス（邸宅）ではないかと考えられる。この時代の上流階級の邸宅に典型的な中庭型をとっている。パラッツォの名称は1900年以前がパラッツォ・ダメリオ、以後はパラッツォ・マンシ・ダメリオと変更され、2つの有力家族の名前を冠している。

建物は何度か改造されていることが推測でき、ファサードは18世紀後半のものである。階数も現在は4階建てだが、元は2階建てだったと思われる。正円アーチの繰形で縁取られた門をくぐると、四隅を円柱で支えられた交差ヴォールトが架かるアンドローネに入る。そこを通り抜けると、南側に二連アーチの柱廊（ポルティコ）のある小さな中庭がある。アンドローネの中庭側と同様、尖頭アーチがスポリア（古代建築の再利用）の大理石の円柱で支えられている。現在は南側一面だが、かつては中庭の二面に柱廊がまわっていたと考えられている。これらの尖頭アーチは迫元が高い位置にあり、ビザンツおよびイスラーム文化の影響とみることができる。中世海洋都市国家時代のアマルフィ公国はオリエントとの交易が盛んであったが、その建築文化の影響が海から離れた高台の町スカーラにも及んでいる点は注目に値する。おそらくトンネル・ヴォールトが架かる北側の部分が13世紀建造の部分で、その後の大邸宅への改造の際に中庭、壮麗な大広間、ワイン貯蔵庫や柱廊部分の馬小屋などが増築され、さらにかまどやトイレ、貯水槽などの設備が整えられた。また、果樹園や菜園、ブドウ畑ももつようになった。

現在は複数世帯が暮らす集合住宅として使

中庭東側先頭アーチと南側二連尖頭アーチ

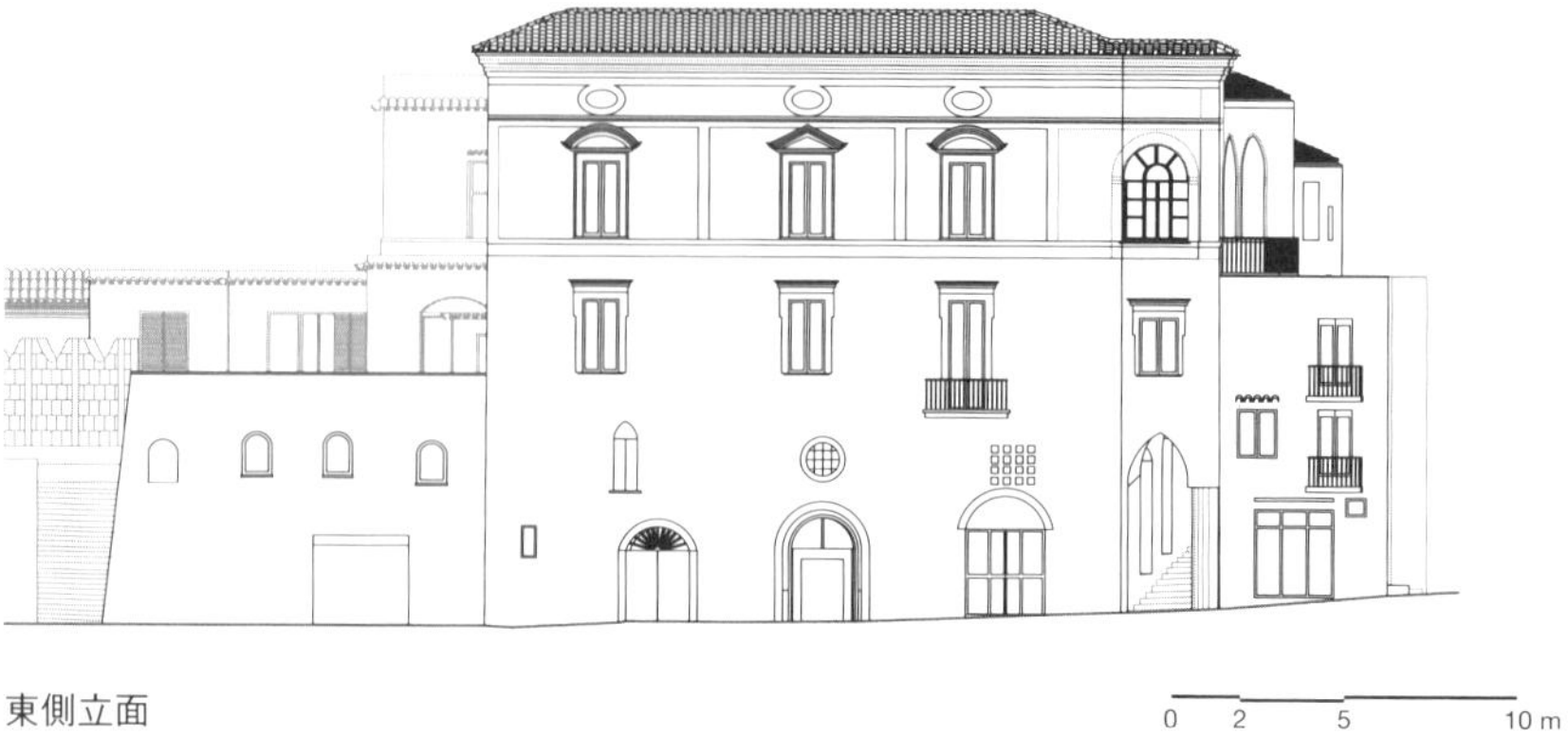

東側立面

パラッツォ・マンシ・ダメリオ、平面図
(提供：Arch. Cinzia Maniglia)

われている。また、ワイン貯蔵庫もそのままで、7×20メートルほどの段々畑8面で年間で2000リットルほどのワインを製造し、地元のホテルに卸しているそうだ。

なお、このパラッツォ・マンシ・ダメリオの道を挟んだ東側にフリザーリ家の邸宅があり、そのやや南の川側へ降りたところで、縮絨機を使った羊毛生産が行われていた。その遺構がいまだ残っている。その名残が、隣り合う2つの部屋にみてとれる。水圧を生む滝、テラコッタの水路、石造りの水槽、丸いニッチ、樽型の丸天井など、この施設を構成した要素が残っている。

(2) サン・ピエトロ地区
（カンポレオーネ地区）

高台平坦地にあり、貴族・富裕層が多く住んだ場所で、その遺構も多い。言い伝えでは、この地区で馬上競技や軍事ゲームなどの催しものが行われたとされる。

❸ サン・ピエトロ教会

貴族のトラーラ家の寄進によって建てられたこの地区の主要教会で、前面に交差ヴォールトのかかったアトリウムがある。内部は三廊式バジリカ形式の平面で、列柱は古代建築から転用されたスポリアの円柱が用いられている。そのすぐ隣には、これより古く11世紀中ごろに、アトラーニの貴族の家系、ナポリターノ伯爵家によって創設されたサンタ・マリア・イン・カスタネオ教会があったという。これもスカーラとアトラーニの近い関係を物語る。

❹ パラッツォ・トラーラ

サン・ピエトロ教会の前方に、特にノルマン支配の後のホーエンシュタウフェン朝の時代に勢力を伸ばしたスカーラの有力貴族トラーラ家の邸宅があった。隣接して菜園をもち、建物は2階建てだった。古い平屋の上に2層目が14世紀につくられ、その北の一角に今もアラブ式浴場の跡が残っている。尖頭交差ヴォールトと、漆喰で溝をつくって赤と白に着色された小さなドームが架かっており、イスラーム文化の影響を感じる。内陸に立地するスカーラに、国際交流を示す重要な指標、アラブ式浴場がつくられていたことは驚きだ。

パラッツォ・トラーラのアラブ式浴場跡のドーム*

サン・ピエトロ教会の内部

(3) サンタ・カテリーナ地区

市壁内に存在する６つのコントラーダで最も北に位置する。教区教会の名前がそのまま地区になっている。

❺ サンタ・カテリーナ教会

長い階段で斜面を上ってフィウーメ門を抜けて町に入ると、階段の先に広場が開け、その左手にサンタ・カテリーナ教会が立地する。このコントラーダの教区教会であるサンタ・カテリーナ教会は、スカーラの有力貴族ダッフリット家の寄進によって建設されたものである。シンプルな三廊式の典型的な構成でありながら、中央にドームを載せるギリシア十字型の手法を重ねた不思議な建築空間をみせ、東方文化の影響をうかがわせる。しかし、内部はバロック様式の装飾で改築されている。

❻ サンタ・マリア・デッラ・ポルタ教会とフィウーメ門

スカーラの市街地の北端に位置するサンタ・マリア・デッラ・ポルタ教会は切り立った崖の上に建っており、囲壁に開けられた市門の一部としてつくられた教会である。市門と教会が建築的に一体となったユニークな造形だ。

ラヴェッロから続く道はいったん川の近くまで下っていき、その後この教会の下にある市門を目指して崖を上っていき、教会の下を通って市内に入る。１８７０年頃までは、夜間には木製の市門の扉を閉めていたという。トンネル部分には尖頭交差ヴォールトが架かっており、アマルフィの「海の門」との類似性を見出せる。自動車道路側の教会壁面にアーチの跡がみられ、近代になって道路を通した際に、教会の一部を切断した可能性も考えられる。教会横の広場はＥＵの補助金によって整備されたものだが、その際に噴水も新設された。

崖の下を流れている川はアトラーニの中心を流れるドラゴーネ川であり、２０１２年に大洪水があったために現在は護岸の整備を行っていた。

ミヌータ地区

チェントロ地区から南へ中心部のほうへ歩くと、小高い位置の小さな広がりにミヌータ地区がある。11世紀に建設されたロマネスク

市壁外から市門と２つの教会を見る

サンタ・カテリーナ教会のクーポラ

様式のサンタ・マリア・アヌンツィアータ教会の存在が目を引く。やはり古代建築の柱、柱頭を転用した柱群によって、三列構成の内部が生まれている。地下につくられたクリプタには、聖ニコラを回想する12世紀のフレスコ画が残る。

　17世紀までこの教会前面のポルティコ（柱廊）に、スカーラの貴族、市民が集まって、この町の市長を選出していたという。中心か

サンタ・カテリーナ教会とその周辺
（教会の平面図、断面図の提供：Arch. Cinzia Maniglia）

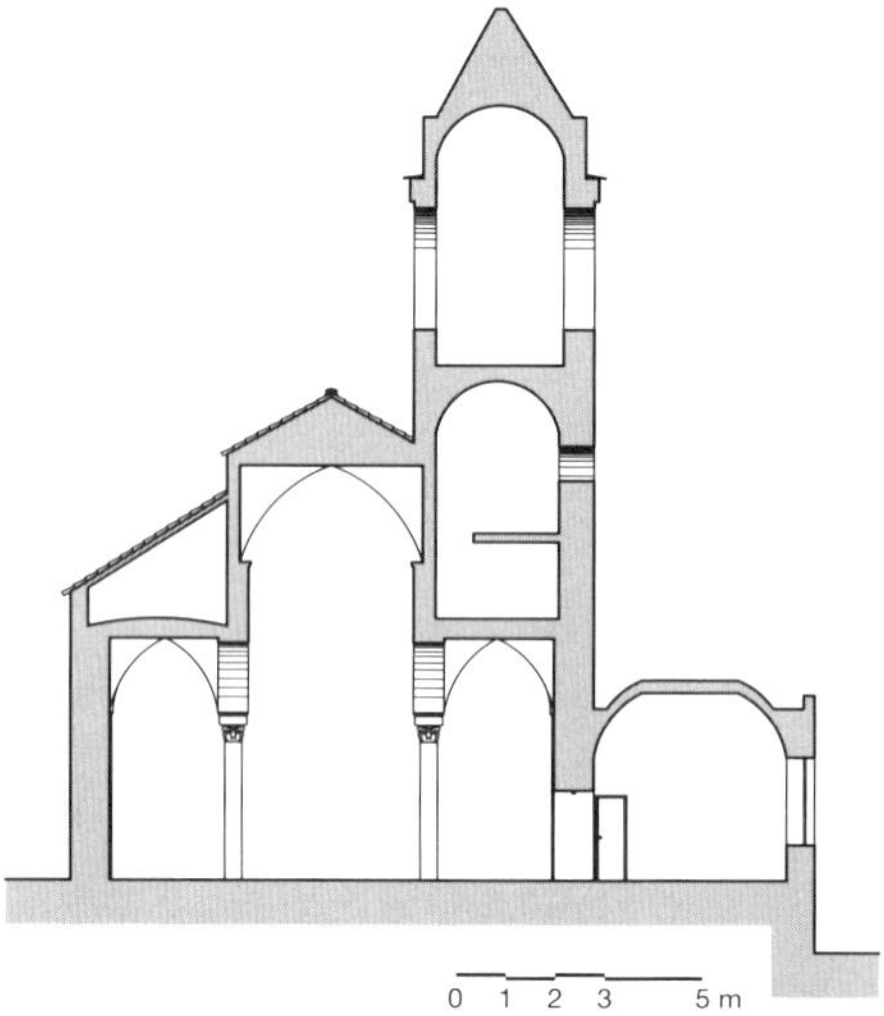

サンタ・マリア・デッラ・ポルタ教会
北側断面図

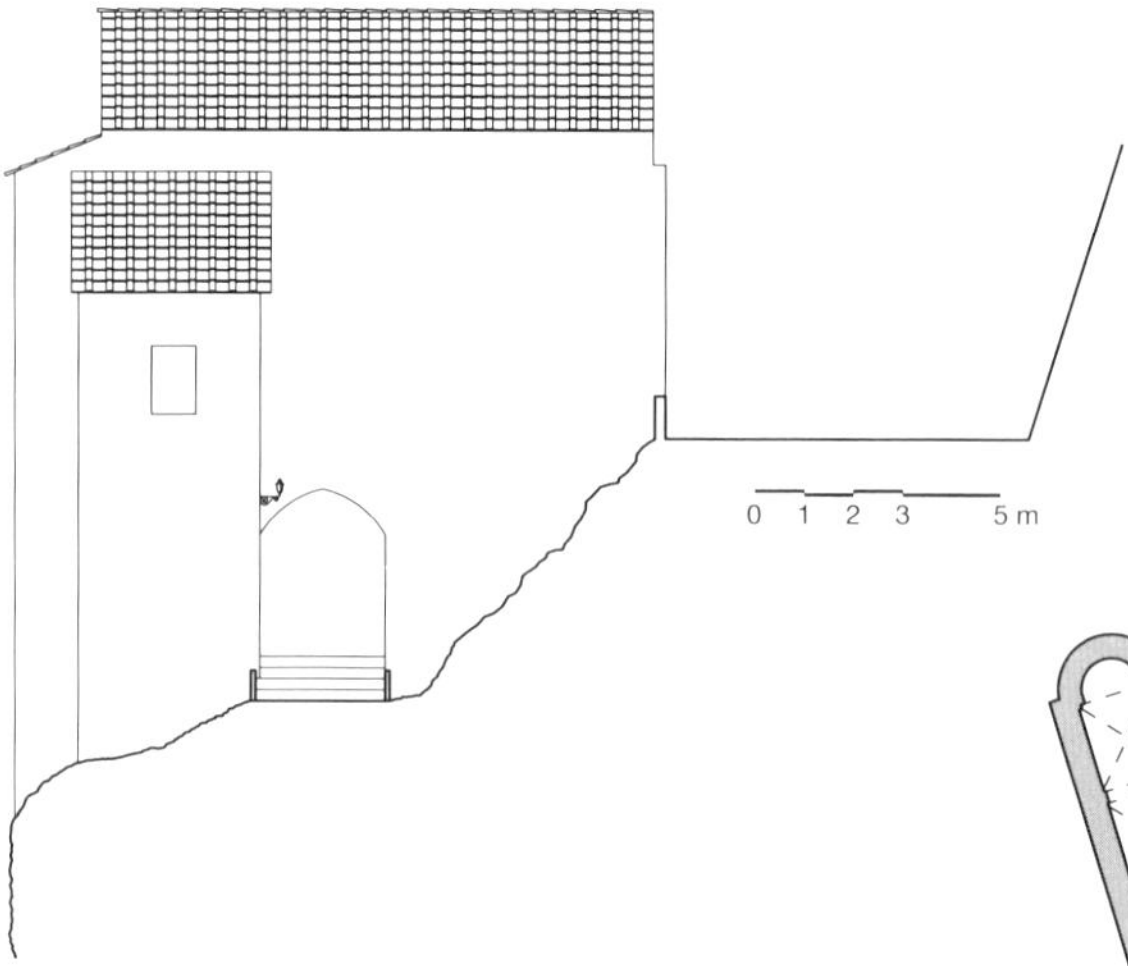

市門周辺図

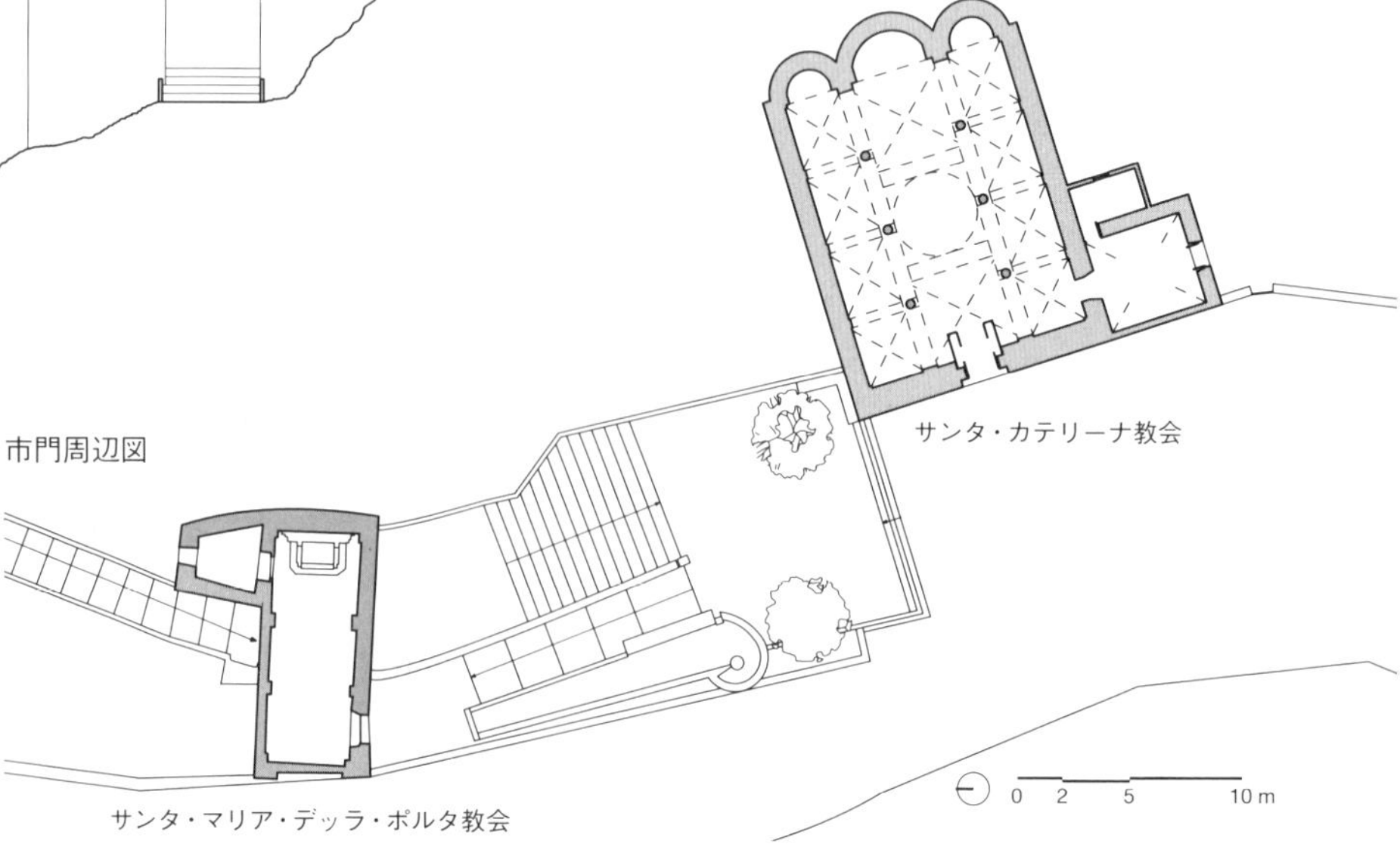

ら離れた位置にありながら、重要な役割を担っていたことがわかる。

（4）ポントーネ地区

スカーラで最も古い起源をもつ地区といわれる。ポントーネはスカーラの町の南端にある地区で、台地の先に形成されており、斜面を下るとアマルフィにいたる。ノルマン支配期の11～12世紀には、海を渡ってくる海賊やイスラーム教徒がアマルフィ海岸へ侵攻し、さらにスカーラまで山を上ってくることを警戒して、谷側に見張りの塔と一体となった市壁を、さらに南の台地にはスカレッラエ要塞を築いた。

また、集落に通じる道は住宅地の入口で市門が設けられていたと思われる。アーチを開けた壁が今も残っており、ポントーネの堅牢な防御システムの一端を見ることができる。

❼ サン・ジョヴァンニ・バッティスタ教会

そもそもポントーネは気候にも恵まれ、眺望もよく、アマルフィ公国の聖職者、貴族にとって理想の滞在場所として考えられていた。そうしてできた歴史的な邸宅に今なお住み続けられているところも少なくない。また、オーバーツーリズム気味のアマルフィを避け、周辺のスカーラ、そしてポントーネに足を伸ばし、ゆっくりと散策を楽しみ、また地元のレストランで地産地消の料理とともに豊かな時間を過ごす人びとも増えている。

コントラーダの教区教会で、広場に面して建つ。教会の創建については、多くの研究者は11世紀中ごろに遡るとみている。マヨルカ焼きタイルで彩られた時計がついた12世紀の鐘塔が隣接している。この教会のなかに、15世紀、毛織物職人のコンフラテルニタ（信心会）が設立された。実際、14世紀にはすでに、ポントーネ地区で縮絨機を活用して羊毛産業が活発になっていた。地元のいくつもの家族（ザウラ、サーヴァ、パンドルフォ、ナスターロ、モンスタッチウオーロ、カンパニーレなど）が、綾織などを生産し、カンパーニア地方の都市の様々な市場で販売していた。フィレンツェの羊毛商人との取引もあった。そのため、この教会は宗教的な機能だけでなく、組合としての活動のために使われていたのである。

サン・ジョヴァンニ・バッティスタ教会のファサード

サン・ジョヴァンニ・バッティスタ教会内部

市壁

ポントーネの主要施設

❼ サン・ジョヴァンニ・バッティスタ教会
❽ サン・ジョヴァンニ・バッティスタ広場
❾ サンテウスタキオ教会跡
❿ サン・フィリッポ・ネーリ教会
⓫ 旧司教館
⓬ パラッツォ・ヴェローネ
⓭ 塔状住宅

A　スカレッラエ要塞
B　サンタ・マリア・デル・カルミネ教会
C　パラッツォ・スピーナ・カンパニーレ

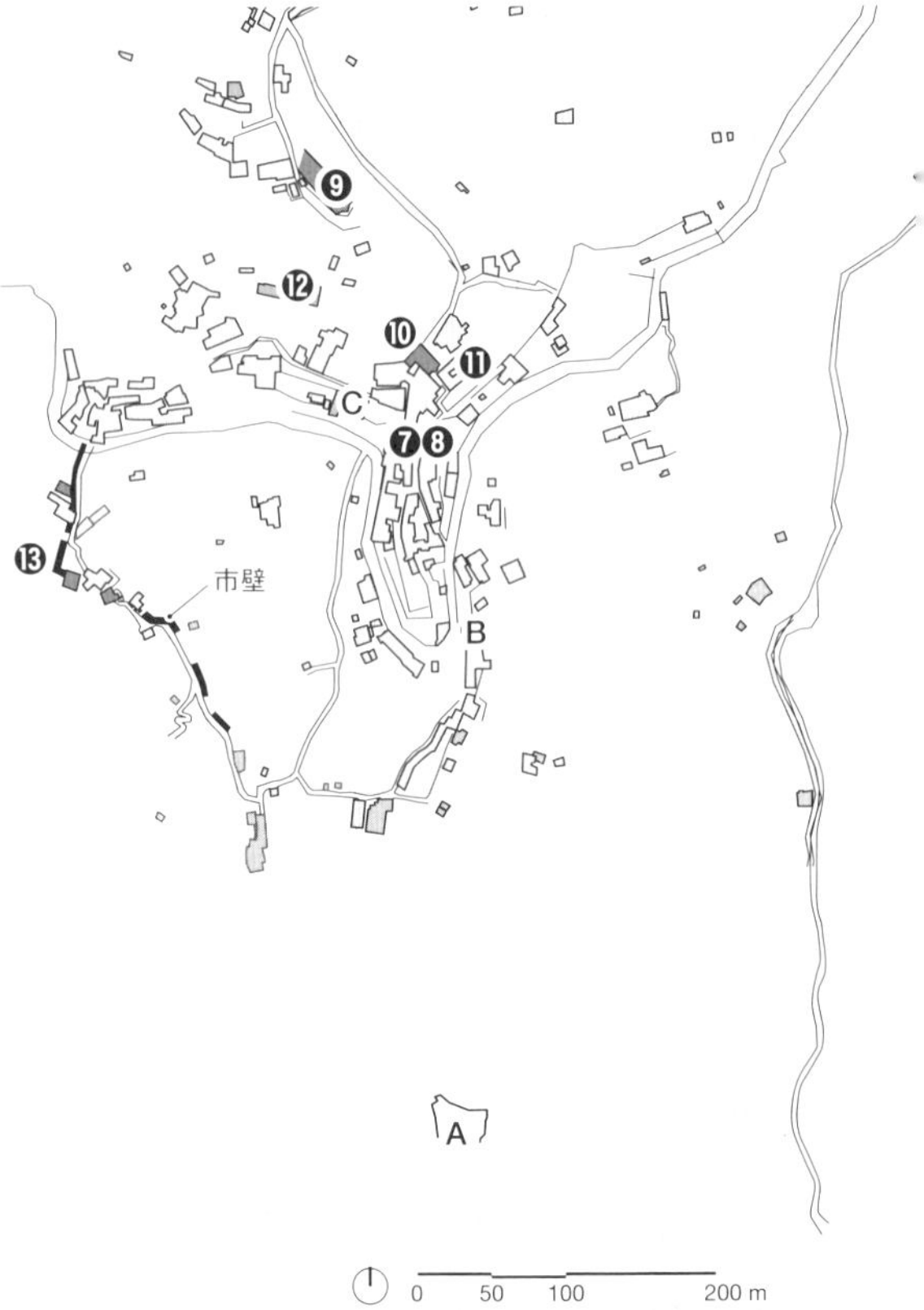

❽ サン・ジョヴァンニ・バッティスタ広場

サン・ジョヴァンニ・バッティスタ教会前の広場は、かつては羊毛業組合に独占されていた。水のなかに羊毛が浸された水槽が置かれ、日陰では洗い終わったものが干されていた。さらに、広場に面して同業者組合の建物もあり、この広場が産業活動の場であったことがわかる。

また広場から北の門に向かう道路に沿って、かつて羊毛生産の活動に水を供給するために使われた水路の跡がみられる。特に、この広場に水を導いていた。広場の西北側には、12世紀にコッポラ家によって建設された巨大な塔状住宅がある。13世紀末にフィレンツェから来た羊毛商人の家柄のスピーナ家の手に渡り、最終的にはカンパニーレ家の所有となったため、「カーザ・カンパニーレ」と呼ばれる。羊毛産業でスカーラがフィレンツェとも繋がってきたことの証である。

サン・ジョヴァンニ・バッティスタ広場

❾ サンテウスタキオ教会

地区のなかで最も高い位置に、ポントーネ最大のビューポイントであるサンテウスタキオ教会の象徴的な遺構がそそり立つ。12世紀にノルマン王朝支配下でのポントーネの有力家、ダッフリット家によって建設されたもので、三廊式の教会堂であったが、屋根も聖堂本体も崩れ落ち、現在は後陣（アプス）の壁が建っているだけで、大理石の柱の一部や柱頭、アーキトレーブなどが辺りに散らばっている。しかし谷に向かって高くそびえるその後陣の外壁には、異なる色の石でできたアーチがずれながら重なって連続し、網目状に構成されたイスラームの影響を受けたシチリア・ノルマン様式独特の建築的装飾が見事に残っている。まさに、パレルモ近郊のモンレアーレにノルマン王が、やはり高台のエッジに建造した大聖堂の後陣の美しさをすぐに思い起こさせる。

まったく同じ手法で大胆に飾られた迫力のある外観は、裾に広がる平野から見上げたときに最も効果が上がるように設計されている。廃墟となりつつも崖上にそびえるこの後陣の見事な造形が、ポントーネを訪れる人びとの心に刻まれる。アマルフィ海岸の特にスカーラ、そしてラヴェッロにおけるノルマンが残した文化的な影響の強さを改めて印象付けられるのだ。

❿ サン・フィリッポ・ネーリ教会

10世紀にデ・ボニート家の寄進によって建設された教会で、もともとは聖マタイに奉献されたものである。ほぼ正方形の三廊式プランで、それぞれにトンネル・ヴォールトが架かっている。床のマヨルカ焼きタイルや壁の漆喰塗りなど、内部は後年になってたびたび手が加えられている。隣には後陣をもち、尖頭交差ヴォールトが架かった部屋があり、17世紀にはサン・フィリッポ・ネーリ信心会のものとなっていた。その後、19世紀には信心会が教会堂全体をもつようになったことから、現在の名前に変更された。

前を通る街路は3つの尖頭交差ヴォールトで覆われ、この路上空間が教会前のアトリウムのようになっている。そして、斜面に付くように鐘塔が建っている。さらに後ろへ回ると、祭壇の背後にある、もともとの尖頭交差ヴォールトの後陣を外から見ることができる。

サン・フィリッポ・ネーリ教会内部

後陣の壁がそそり立つサンテウスタキオ教会

⑪ 旧司教館

サン・フィリッポ・ネーリ教会の裏に、コンパクトな中庭を囲む地中海世界らしい構成の旧司教館がある。かつてスカーラの司教が冬の家として使ったという。そもそもポントーネは、気候にも恵まれ、眺望もよく、アマルフィ公国の聖職者、貴族にとって理想の滞在場所として考えられていた。この建物は４層で構成されているが、斜面地に建つため、いささか複雑で、斜面の上からの入口は３層目にあたる。中庭は三面に連続アーチがめぐるアトリウムの素敵な空間で、北西面には柱頭付きの円柱で支えられた尖頭アーチがみられる。この面にはアーチの迫元部分が残されており、かつては北東面にもアーチが巡っていたと考えられる。また、南東面のアーチの迫元には、壁から垂直に古代建築から転用したスポリアの円柱が顔をのぞかせている。

　歴史的な特徴ある建築要素を豊かにもったこの建築空間は、現代人のセンスにもピタリと合う。アトリウムに面した2層目に暮らす男性は、１層目の娘の家とともに、２００１年に購入したという。２層目の住宅は玄関ホールと居間には交差ヴォールトが、寝室にはパヴィリオン・ヴォールトが架かり、ダイナミックな空間となっている。アトリウムから階段を下りる際に目に入る窓からは海へのパ

中庭

交差ヴォールトの架かる居室（3階）

3階の廊下から中庭を見る

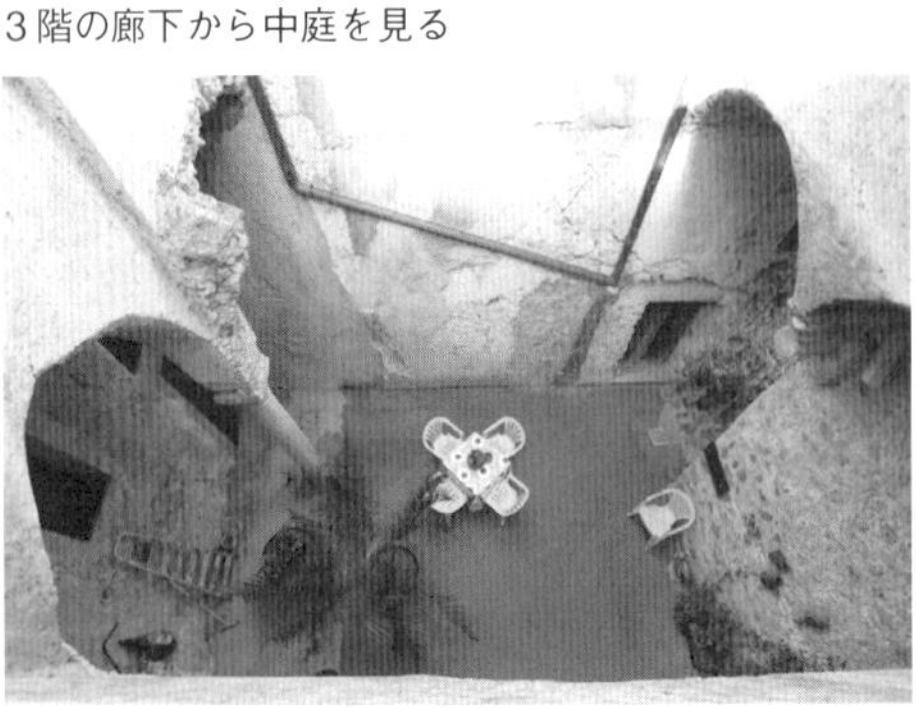

パヴィリオン・ヴォールトの架かる居間（2階）

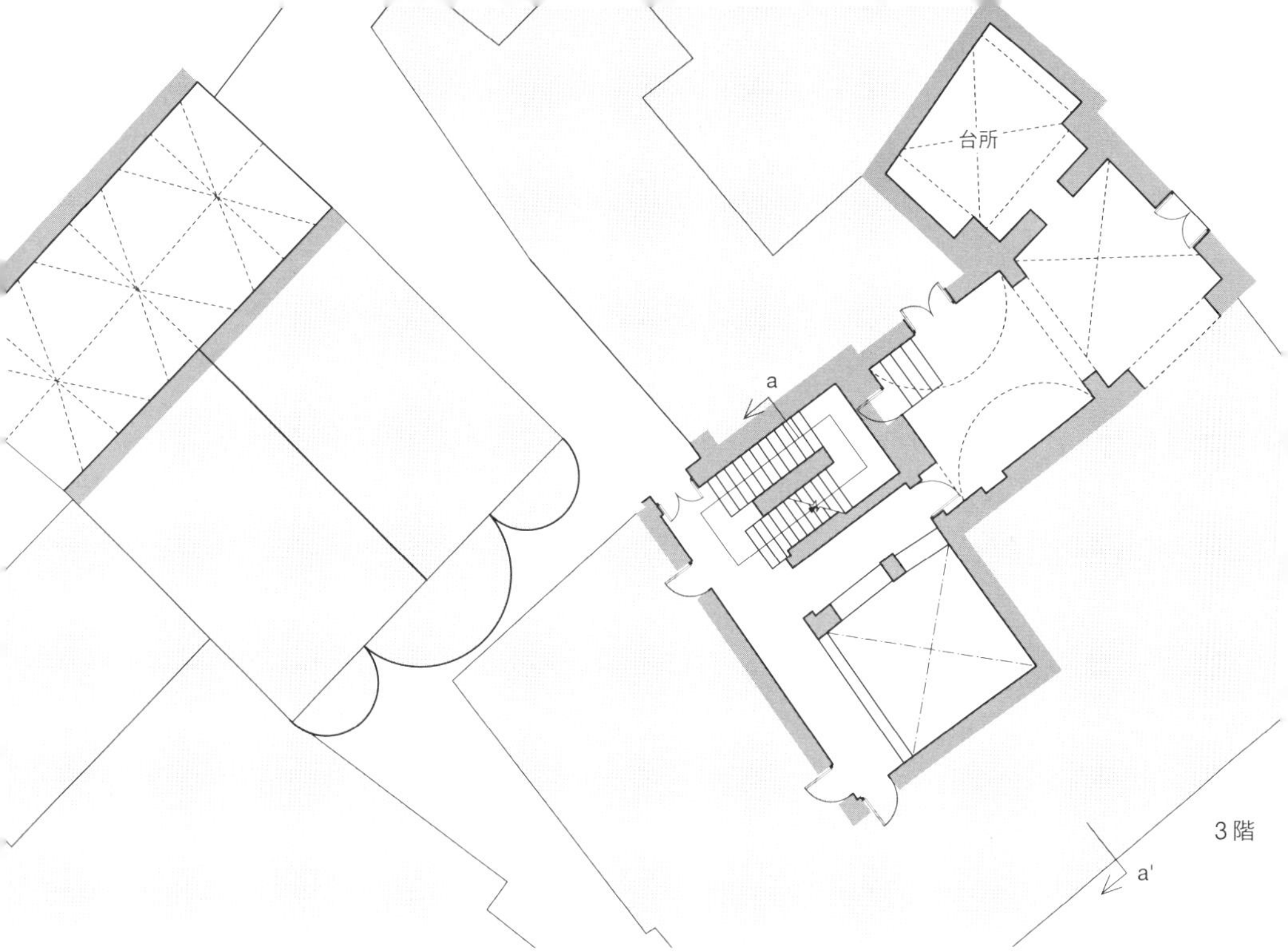

a - a′ 断面図

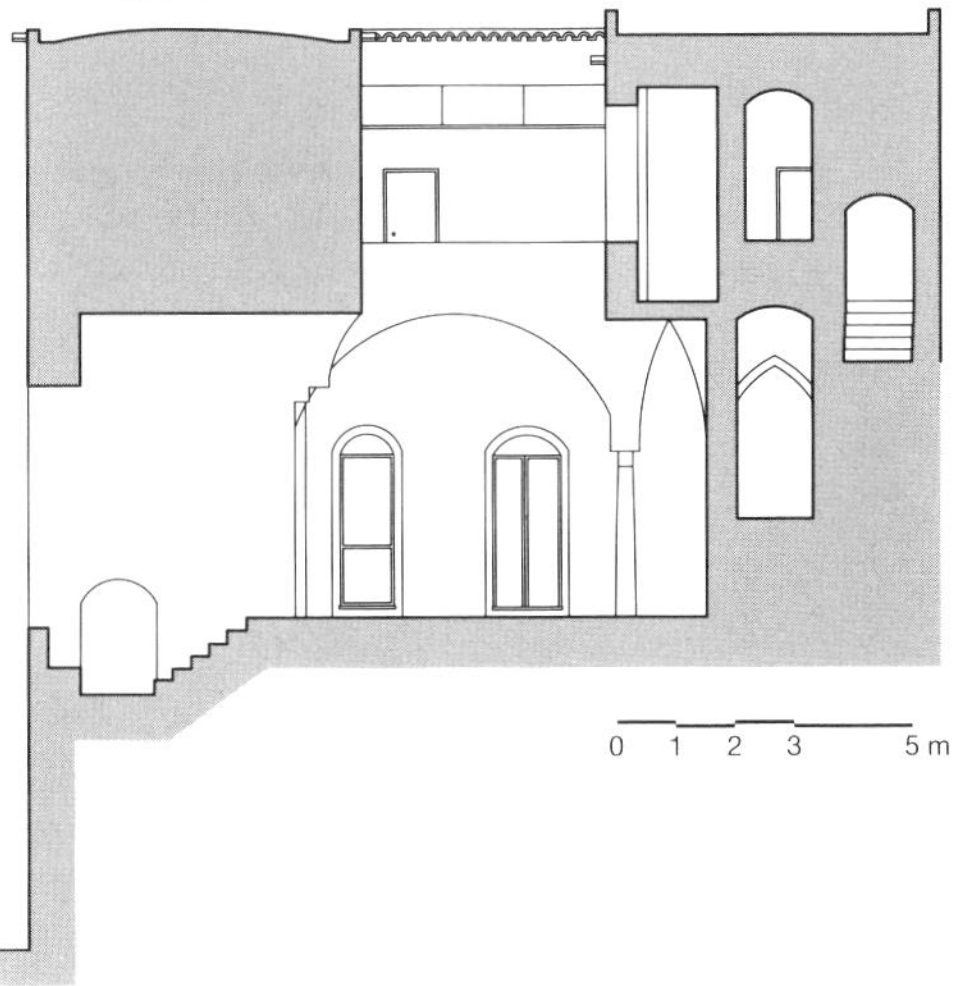

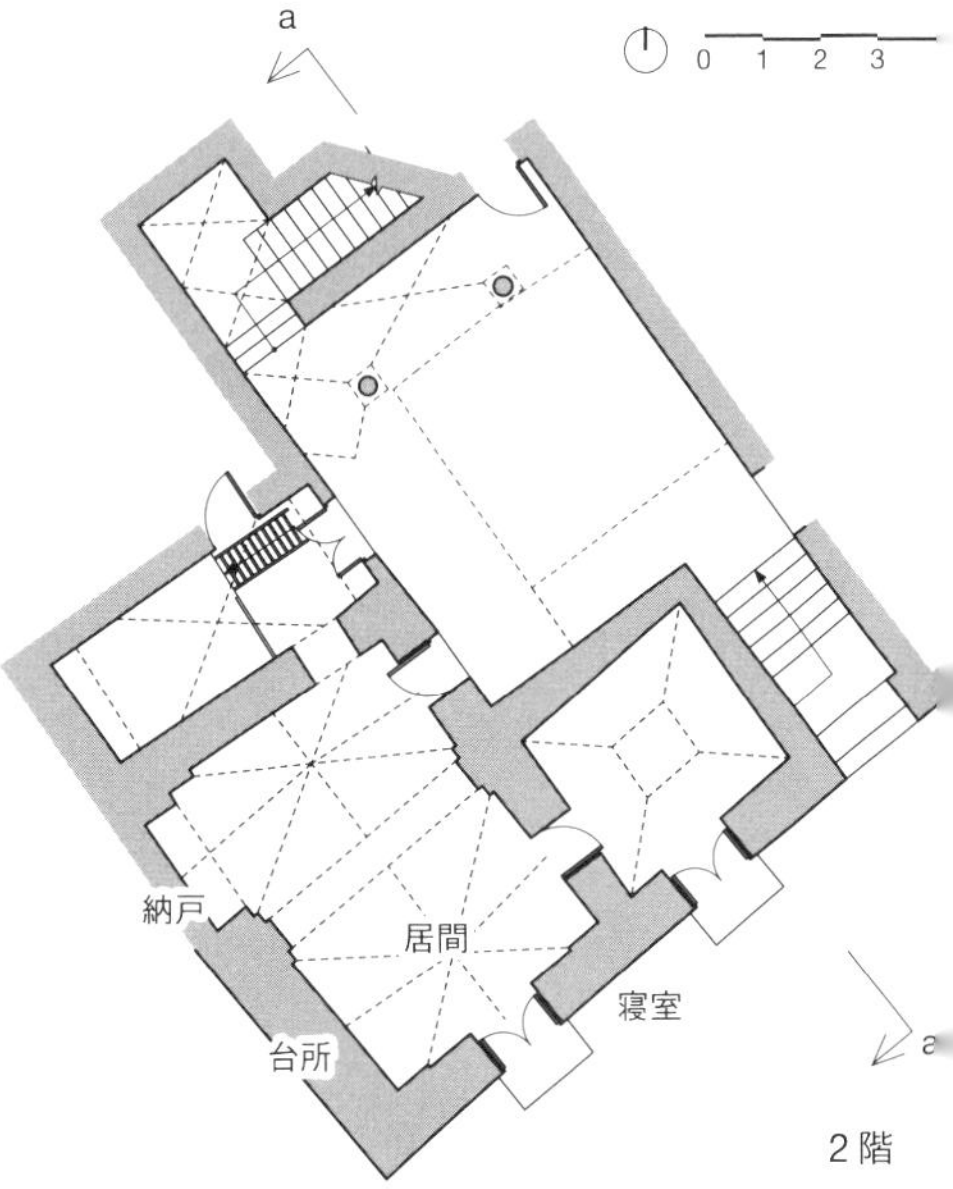

旧司教館、平面図

ノラマが開ける。3層目の一部は、近くに住む建築家が改装し、B&Bとして使っている。

この中庭を囲む建物を調査していた15年以上前の夏、陣内と稲益がガルガーノ氏らに招かれ、明かりの灯ったアーチの巡るこの素敵なアトリウムで晩餐の会を楽しんだことを思い出した。

パラッツォ・ヴェローネのファサード*

⑫ パラッツォ・ヴェローネ

ポントーネ地区の北のほう、サンテウスタキオ教会の少し下に位置し、眺望が開ける恵まれた場所にある。中世のスカーラではダッフリット家が大きな力をもっていたが、それに比肩するほどの有力家であったのがポントーネのヴェローネ家であった。その邸宅であるこの建物は、もともと中世に建設されたものだが、18世紀初期に大幅に増改築がなされている。建物の東側、ファサードで見ると窓が縦に並ぶ列のふたつ分と、中央の高くなっている部分が後から付け加えられたものである。ポントーネのなかでも高い位置に建てられており、眼下にアマルフィの町と海が一望できる。現在、邸宅の一部がB&Bとして利用されている。

住宅が密集しているところから階段を上ってブドウ棚のある段々畑を抜けていくと、街路が建物の下を通っていく。そのまま先に進むと、建物の裏側にあるアーチ状の門の前に出る。アーチをくぐり、前庭を通り抜けて扉を開けると、帆状ヴォールトの架かった玄関ホールに入る。谷側には大広間とふたつの客室があり、天井のパヴィリオン・ヴォールトには鷲や花などのフレスコ画で彩られている。

現在の所有者は2002年にこの建物を購入し、B&Bとして一部の部屋を観光客に提供している。いずれにしても、いまだに貴族の邸宅が住まいとして受け継がれている典型例のひとつだ。われわれが訪問した際は大変な歓待を受け、ご馳走になりながら、主人のギター演奏に合わせ、女子学生たちが歌って踊り、楽しい交流のひとときとなった。

パヴィリオン・ヴォールトの架かる広間

パラッツォ・ヴェローネ、平面図

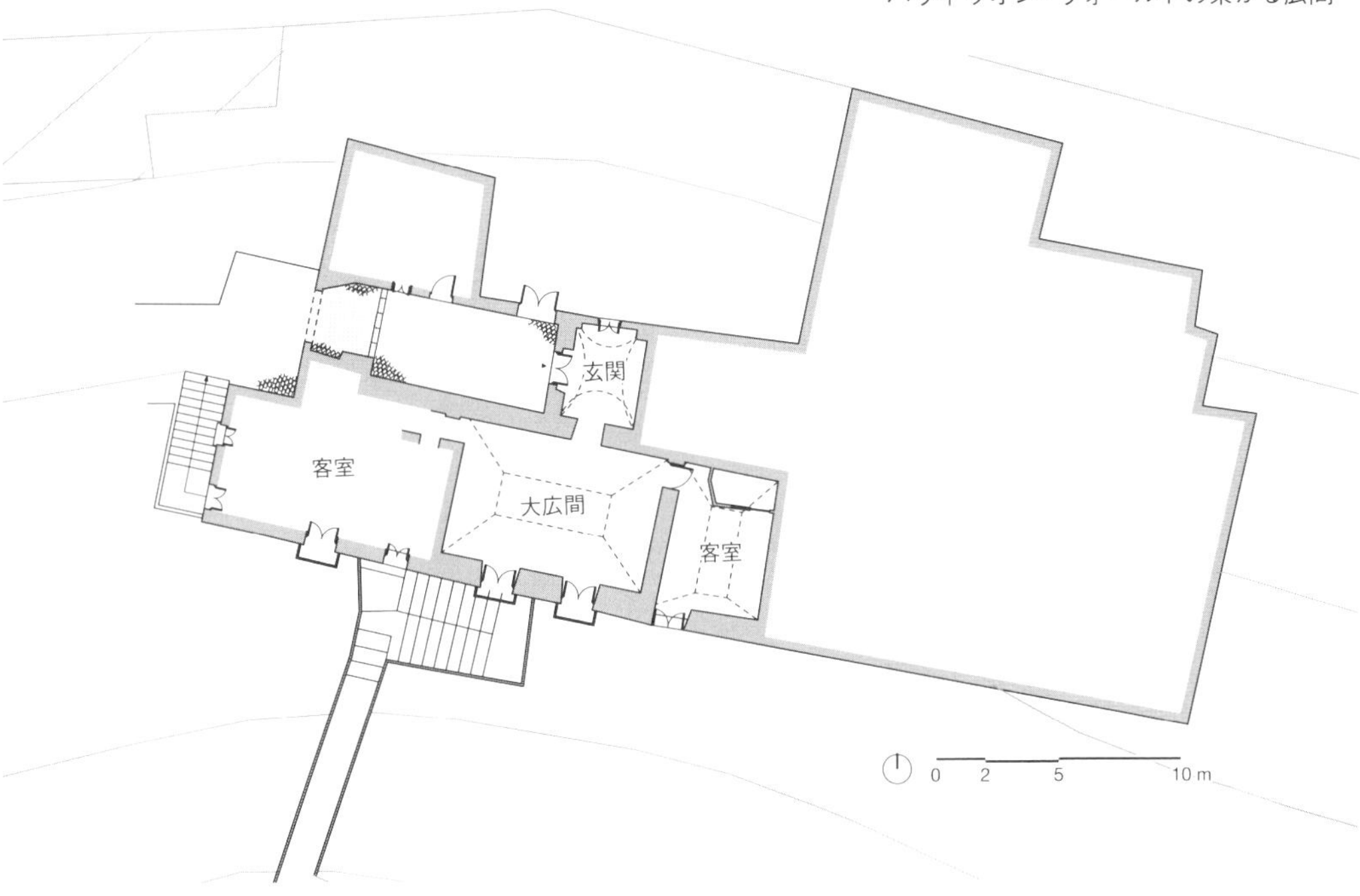

パラッツォ・ヴェローネの入口

ベランダからの景色

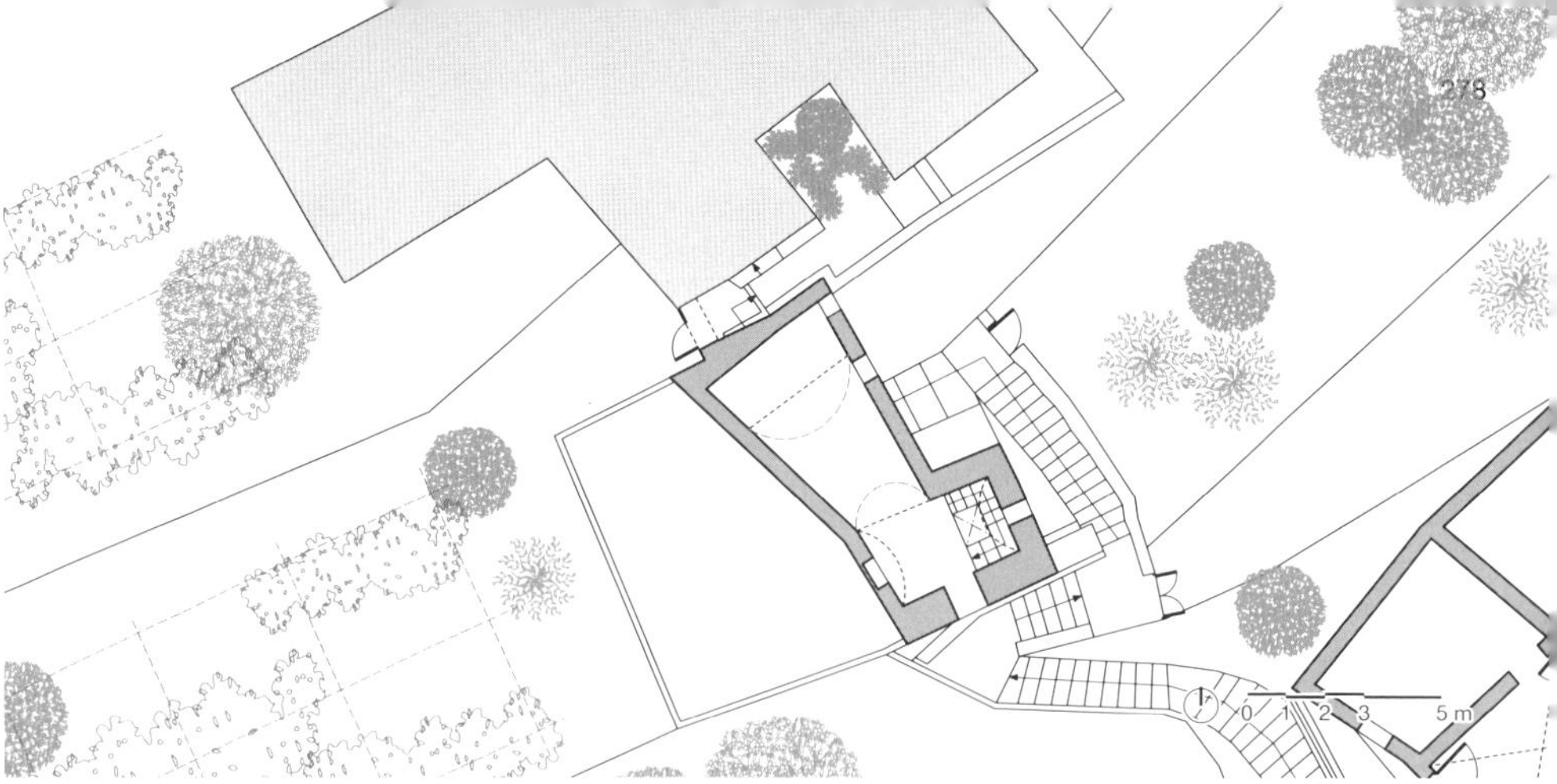

塔状住宅、2階平面図

⑬ 塔状住宅

段々畑のなかに建つこの塔状住宅は、ノルマン時代に建設された市壁に付属する塔の遺構である。ポントーネとアマルフィを繋ぐ道の上にあり、市内への通行を監視する市門（アマルフィ門）の役目を果たしていたと思われる。道の上を覆っている建物の一部は、コンクリートブロックで増築された部分である。

現在は住居としては使われていないが、ポントーネに住む婦人が所有しており、先代から受け継いだものである。当時は、地下でヤギと牛を飼い、乳を採っていたという。1階には貯水槽があり、2階の台所には窯の跡が残っている。2階はトンネル・ヴォールトが架かっているが、奥の台所はコンクリートブロックで増築されており、天井も平らである。30年前にコンクリートでの補修や改築を施し、もともとは一室だった1階の部屋を2室に分けている。閉鎖的な外観で、開口部は小さくて数も少なく、見張りの塔としての姿をよく残している。

この塔状住宅を調査した後、われわれはポントーネを後にして、山道を延々と下り、アマルフィまで歩いて戻った。30分ほどの行程だったが、地元の人びとはかつて日常的にこ

塔状住宅、1階平面図

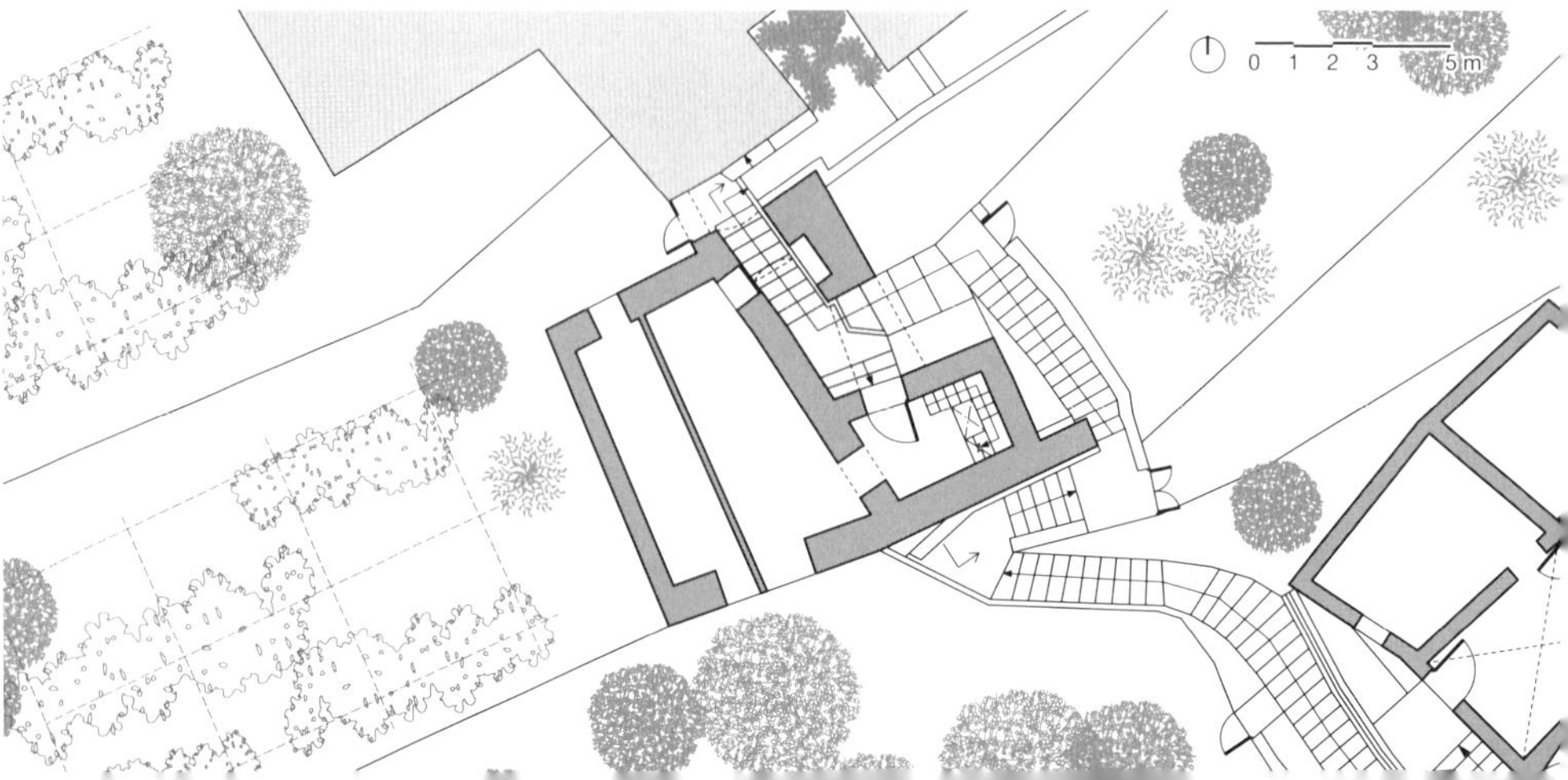

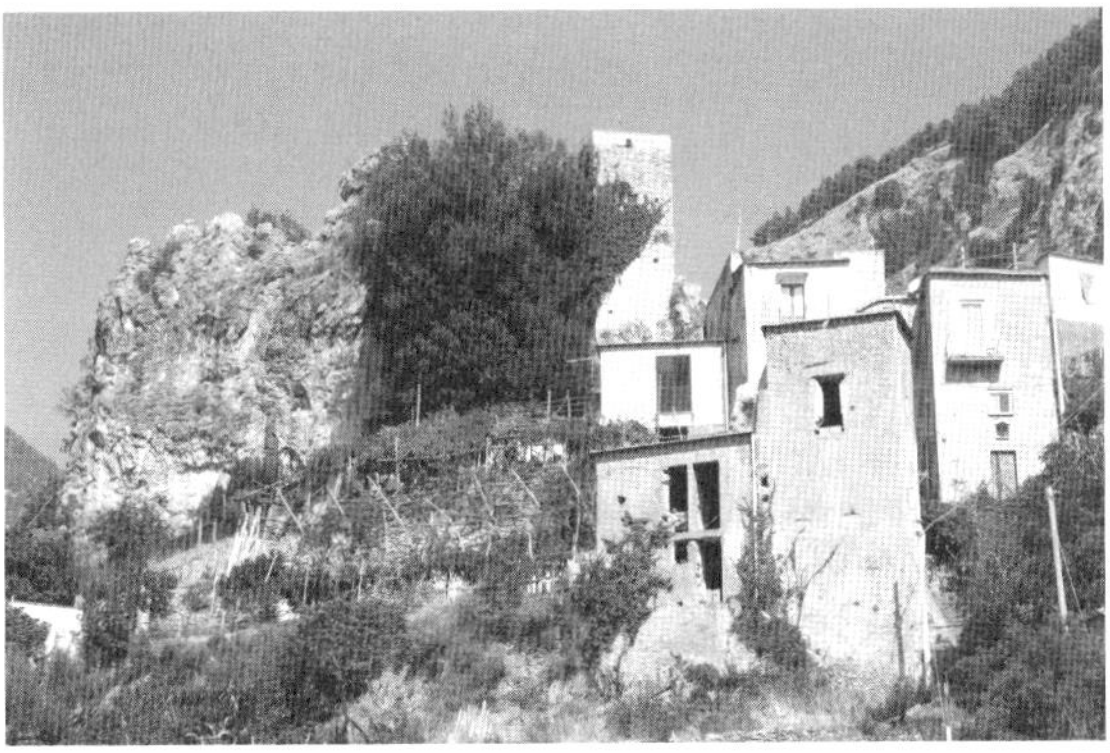

塔状住宅のファサードを見上げる

塔状住宅の入口

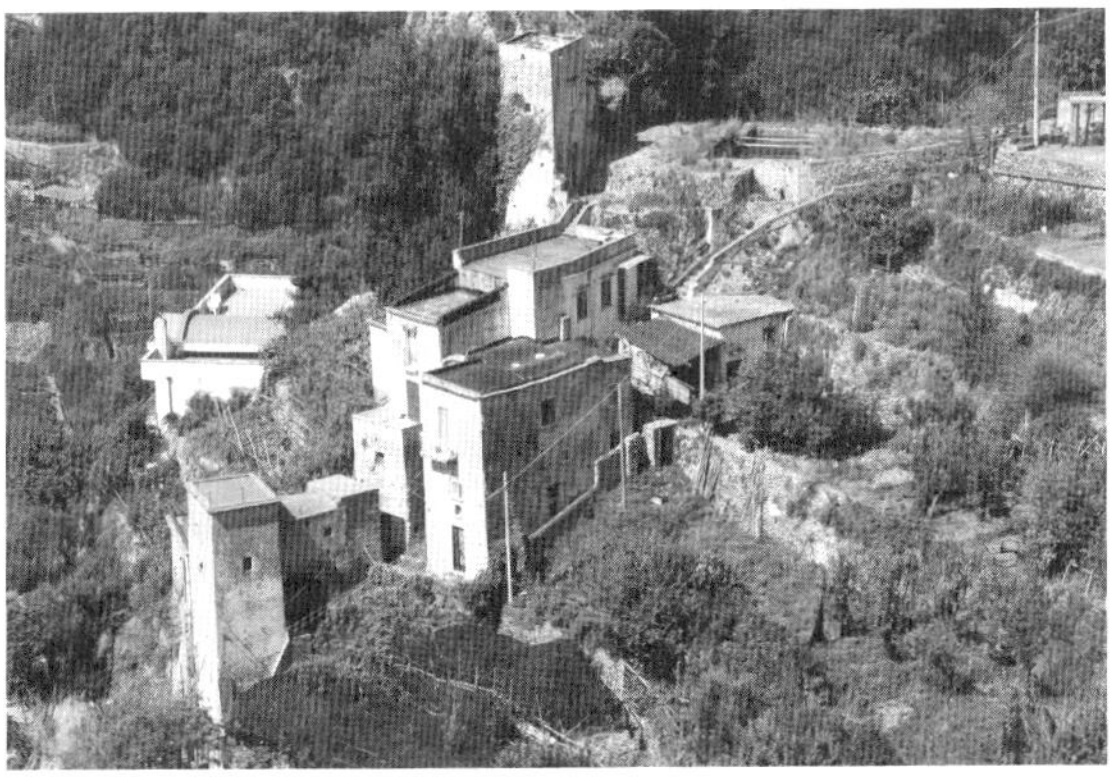

市壁と塔状住宅

うしてポントーネとアマルフィの間を上り下りしていたという。心理的にも完全に一体となったテリトーリオだったのだ。

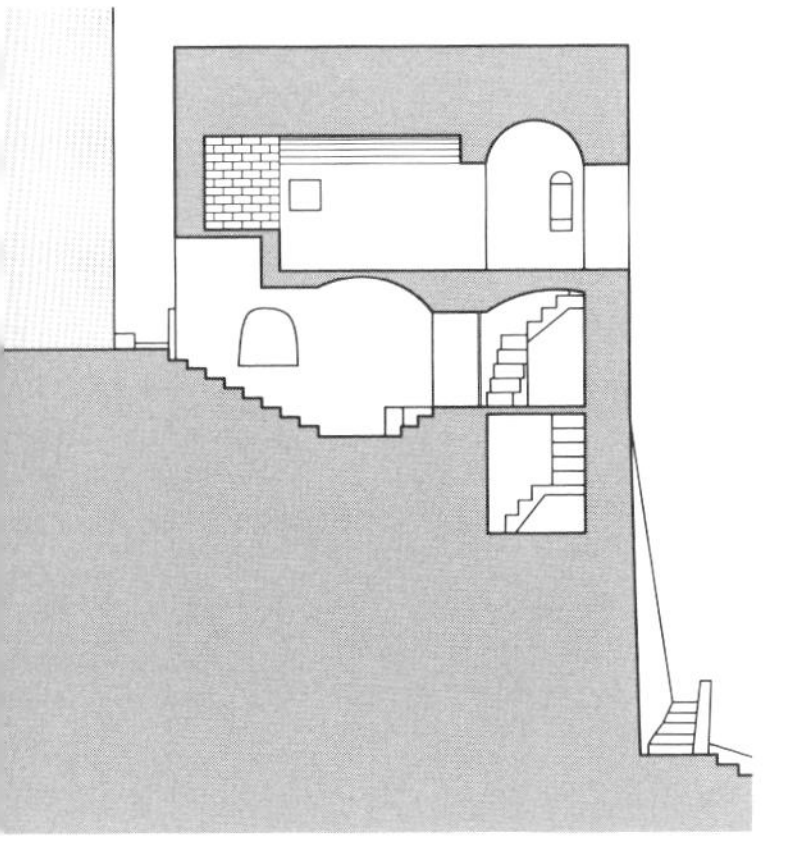

同、断面図

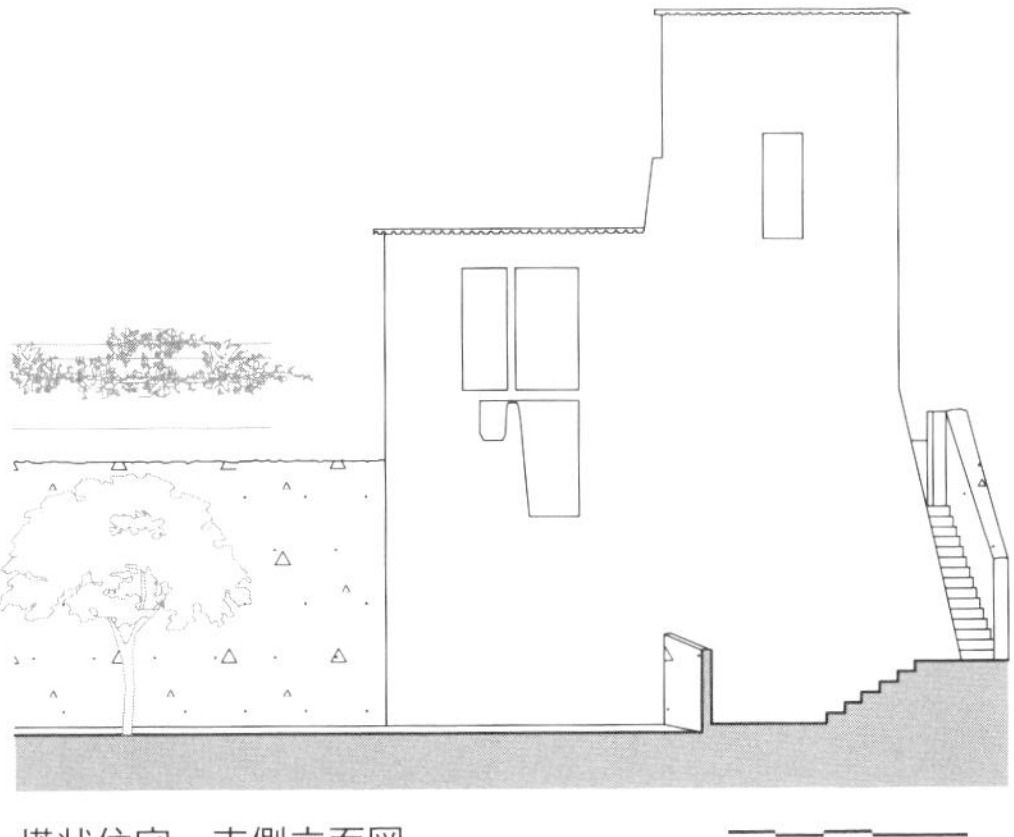

塔状住宅、南側立面図

第7章　トラモンティ
——中山間部に点在する集落群

Tramonti

第1節　都市の概要

トラモンティ（人口4145人、2024年1月現在）はアマルフィ海岸の他の都市と比べてずっと広い市域をもち、分散する13の村落（カサーレ）によって構成され、それらがトラモンティのコムーネを形づくる地区（フラッツィオーネ）となっている。今なお、農地や山林の中に集落が分散するという様相を呈している。トラモンティの名前は、文字どおり「山の間」を意味する。かつても今も、クリやカシの森林、ブドウ畑などの田園が大きく広がり、海岸沿いの都市群ばかりか、内側高台のラヴェッロ、スカーラなどとも、性格が大きく異なる風景をみせる。とはいえ、海からかなり離れた内陸の高台に立地しながらも、歴史的にみるとアマルフィ共和国に属し、海洋国家の一員として大きな役割を果たした栄光の過去をもつ。

その起源は定かではないが、ローマ人と戦って追い出された地元の先住民族、そしてエトルリア人らが集まって最初の住民となったと伝えられる。前4～5世紀、中世に存在した13の地区でも最も西に位置する安全な場所にカサラーノの集落がつくられた。この村は、

トラモンティの鳥瞰図（1700年頃）*

ナポリのアラゴン家との戦いなどで示されたように、長い間、トラモンティでの主たる防衛の役割を担った。ローマ時代のヴィッラの存在も２つ知られ、集落の地名にも古典ラテン語起源のものが多いことから、ローマの影響が想像されるという。

この海岸の他の町と同様、トラモンティの発展も海洋都市アマルフィのそれと分けて考えることはできない。アマルフィは長い間の外部勢力との抗争、戦いを経て偉大な繁栄の頂点に達したが、その独立を勝ち取る過程において、トラモンティも近隣の都市群と結束し大きな貢献をしたとされる。

こうして築かれた3世紀以上にわたる海洋国家の強大な力のもと、トラモンティもまた、その海洋交易を活用して、商業と芸術文化を増進されることができたのだ。内奥部という立地にもかかわらず、たくさんの立派な教会、種々の建造物がつくられ、多くの貴族の家系を生み優れた人材を輩出したことは、こうした歴史なしには説明できない。

第２節　都市構成

トラモンティにあって政治的、行政的に最も重要な集落は、地理的にも市域のほぼなかほどにあるポルヴィカである。教区教会はサン・ジョヴァンニ・バッティスタ教会で、そこには、公的な会合が開かれ、毎年、選挙で選ばれる市長のもとで公共的な事柄を行政的に運営する組織の拠点が、アンジュー家の時代から置かれた。

支配者となったナポリ王国が任命するアマルフィ公の要望で、１４５４年、サレルノ公

集落が点在するトラモンティ

戦前のポルヴィカの中央広場*

国とのアマルフィ公国との境界に、サンタ・マリア・デッラ・ノーヴァのカステッロが建設されることはあったが、内部に森林や農地が大きく広がる中世のトラモンティには、その全体を囲む市壁というものは存在しなかった。

トラモンティのテリトーリオは大きな広がりのある森林で特徴付けられ、木材の生産が重要だった。それは陸路を経てプーリア地方へ、またはアマルフィやアトラーニの商人貴族を通じて北アフリカにまで輸出されたという。

どの地区も集落的性格をもっていたが、最も南に位置し、マイオーリと接するプカーラ地区やその少し北のノヴェッラ地区には、11世紀に都市的な性格をもつドムスと呼ばれる邸宅があったことが知られる。

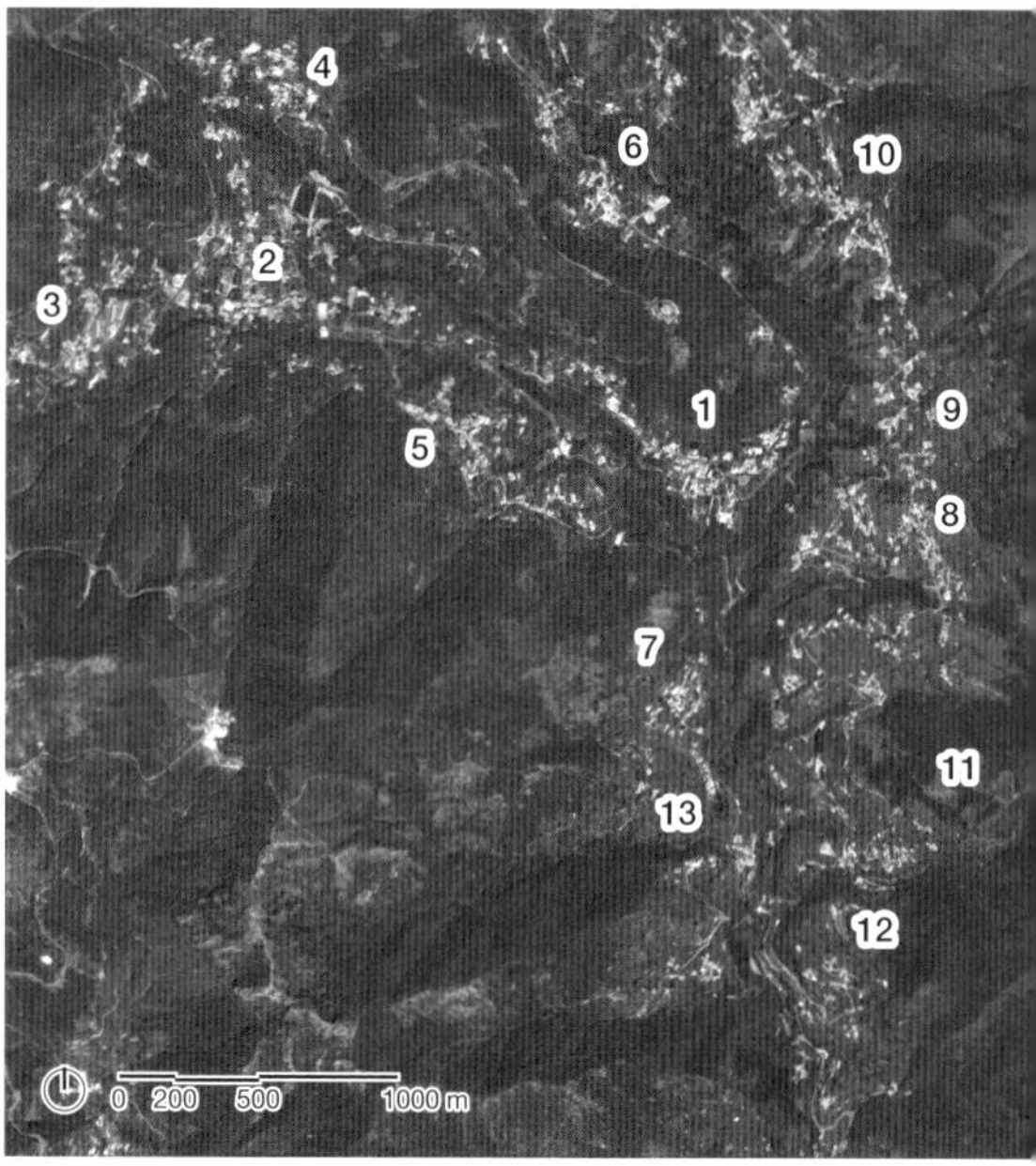

トラモンティ全体図（Google Mapをもとに作成）と各地区の地図

トラモンティを構成する13の集落

1 ポルヴィカ
2 ピエトレ
3 チェサラーノ
4 カピティニャーノ
5 フィリーノ
6 コルサーノ
7 パテルノ・サンタルカンジェロ
8 ジェーテ
9 ポンテ
10 カンピノーラ
11 ノヴェッラ
12 プカーラ
13 パテルノ・サンテリア

ジェーテ

ポルヴィカ

0 50 100 200 m

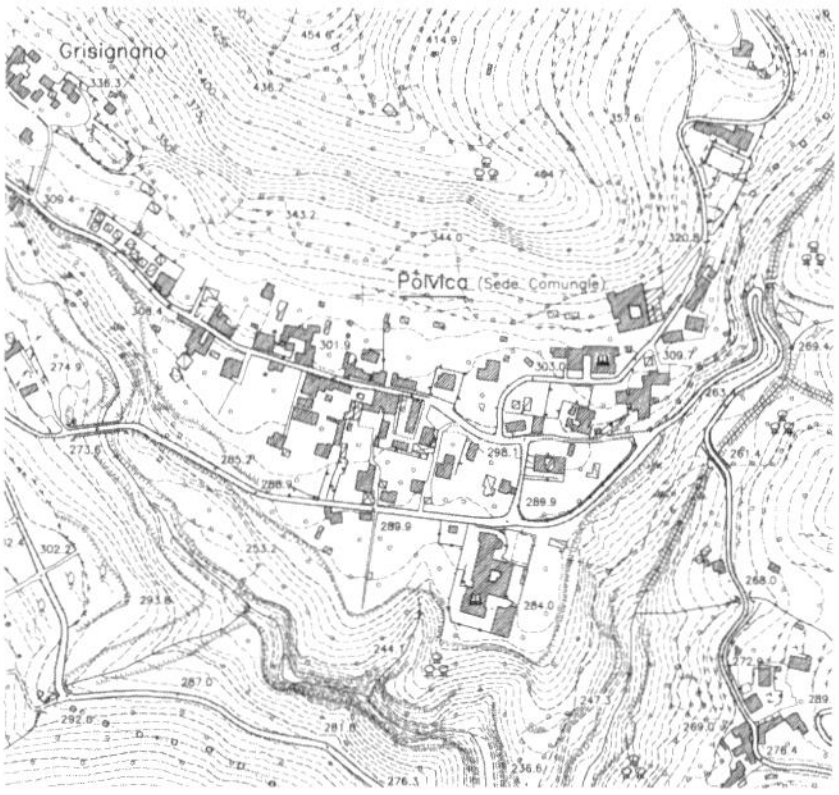

しかし、中世のトラモンティに存在した住居の多くは日当たりのよい農家タイプの建物で、1階に動物小屋、食料倉庫、ワイン醸造の場所が、上階には生活空間がとられた。一般に、それらは所有者である宗教団体、またはアマルフィやアトラーニの富裕層から経営を委託された小作農の農家の性格をもった。だが、徐々に、土地の農民が自分で所有するように変化し、やがて海岸沿いの町の都市型建築のように空間が分節復合化する傾向を見せた。ボッテーガを複数もつようなドムスも登場した。だが、トラモンティの集落の多くの住居は、ドムスと呼ばれてもまわりにブドウ畑、耕作地、栗林などをもつ農場だった。ちなみにトラモンティは、アマルフィ海岸のなかでも美味しいワインをつくることで中世から知られてきた。

なかには、都市的なパラッツォにあたる邸宅も存在した。ピエトレ地区には貴族の家系であるフォンタネッラ家がパラッツォを所有していた。われわれも、トラモンティの東側に位置するジェーテ地区の教会に隣接して建つパラッツォ・カルダモーネを訪ね、実測調査することができた。建設年代は17世紀と推測されるが、所有者のカルダモーネ家は14世紀にまで遡るという。

一方、農家として、町の西寄りにあるフィリーノ地区の例を調査することができた。この集落はやはりブドウ畑とクリ林に覆われている。

トラモンティの共同体は、中世後期、そして15～16世紀の時期には、生産・経済活動の点からはじつに活発だった。そのことは、ナポリの教育機関で資格をとり、アマルフィ公国全体で活動するトラモンティの公証人の数が膨大だったことに表れている。こうした経済社会的な進歩とともに、ナポリ王国の貴族の身分を取得したり、南イタリアに領土をもつトラモンティ人も何人か出現した。こうした背景で、他のアマルフィ海岸の都市と異なり、15世紀、特に16世紀にトラモンティの人口は急速に増加したのである。内陸に離れて位置するトラモンティの底力に驚かされる。

アグリトゥリズモ「イル・フレスカーレ」

1950年代までは、人口がアマルフィよりも多かったトラモンティだが、その後、多くの住民がイタリア北部、ラテンアメリカ、北米、ドイツなどに移住したために人口はかなり減少した。

おもな産業は農業で、レモンやブドウの栽培、ワインの製造などが重要である。また、モッツァレッラチーズ（乳牛によるフィオル・ディ・ラッテ）も製造している。かつ林業も盛んで、クリの木はブドウの木の支柱として、カシの木は造船のために使われていたという。アグリトゥリズモは2010年代後半から増え始め、6月はドイツ人、8月はイタリア人が多く利用している。

トラモンティの現地調査では、当時の市長の案内で、われわれは市域の主に東側のエリアを訪ねた。最初の訪問先は、地元が誇るポンテ地区の最新の設備をもつ菓子工場で、レモンはもちろん、地元で採れたイチジクやチェリーなどを使って、様々な洋菓子を生産している。近年は海岸の町ミノーリに人気の店舗を構えているだけでなく、日本の老舗デパートにも卸していたことがあるという。「修道女のおっぱい」とも呼ばれているレモン風味のクリームケーキは、地元では定番のケーキであり、この会社の看板商品のひとつでもある。田舎の最新工場で、土地の食材を活かしたお洒落で美味しい菓子をつくり、世界に販売するクリエイティブなセンスに感心させられた。

ノヴェッラ地区とジェーテ地区

次がいよいよ集落の調査である。トラモンティ市長の話では、教会・農園・倉庫・ワイン貯蔵庫がひとつの土地に一体となる形式がこのトラモンティ全体に広がっているという。アマルフィ海岸の他の町には見られない、田園色の強いトラモンティならではの特徴といえよう。

ジェーテ地区、教会前広場

ノヴェッラ地区、教会とその前の柵で囲われた広場

そのことを確かめるべく、典型的なサンプルとして、ノヴェッラ地区のサン・バルトロメオ教区教会周辺とジェーテ地区のサン・ミケーレ・アルカンジェロ教区教会周辺を調査した。

ノヴェッラ地区では、教会とパラッツォが並列して建てられている。教会の前には小さな広場があり、周りを柵で囲まれ、小さな門が設けられている。広場は公共の開かれた空間というよりは、セミ・プライベートなちょっとした聖域空間の性格をもつ。他の町の広場の形式とはいささか異なる、農村的要素を示すトラモンティ独特のものだと考えらえる。教会の内部は比較的新しいものだったが、その地下に降りると、ポジターノのドゥオモの地下で見せてもらった墓と同様の、遺体を壁沿いに連なる座席に座らせる形式の墓があるのに驚かされた。

一方、ジェーテ地区では、教区教会と後述する実測調査の対象となったパラッツォ・カルダモーネがひとつの土地に一体となっている。教会は眺望のいい崖地に建てられており、その下にはブドウ畑が広がっている。教会前の広場はノヴェッラ地区の教会と同様に、ここでも小さな門が設置され、まわりを柵で囲まれ一種の聖域になっている。

ノヴェッラ地区、
サン・バルトロメオ教区教会周辺図

ジェーテ地区、サン・ミケーレ・
アルカンジェロ教区教会周辺図

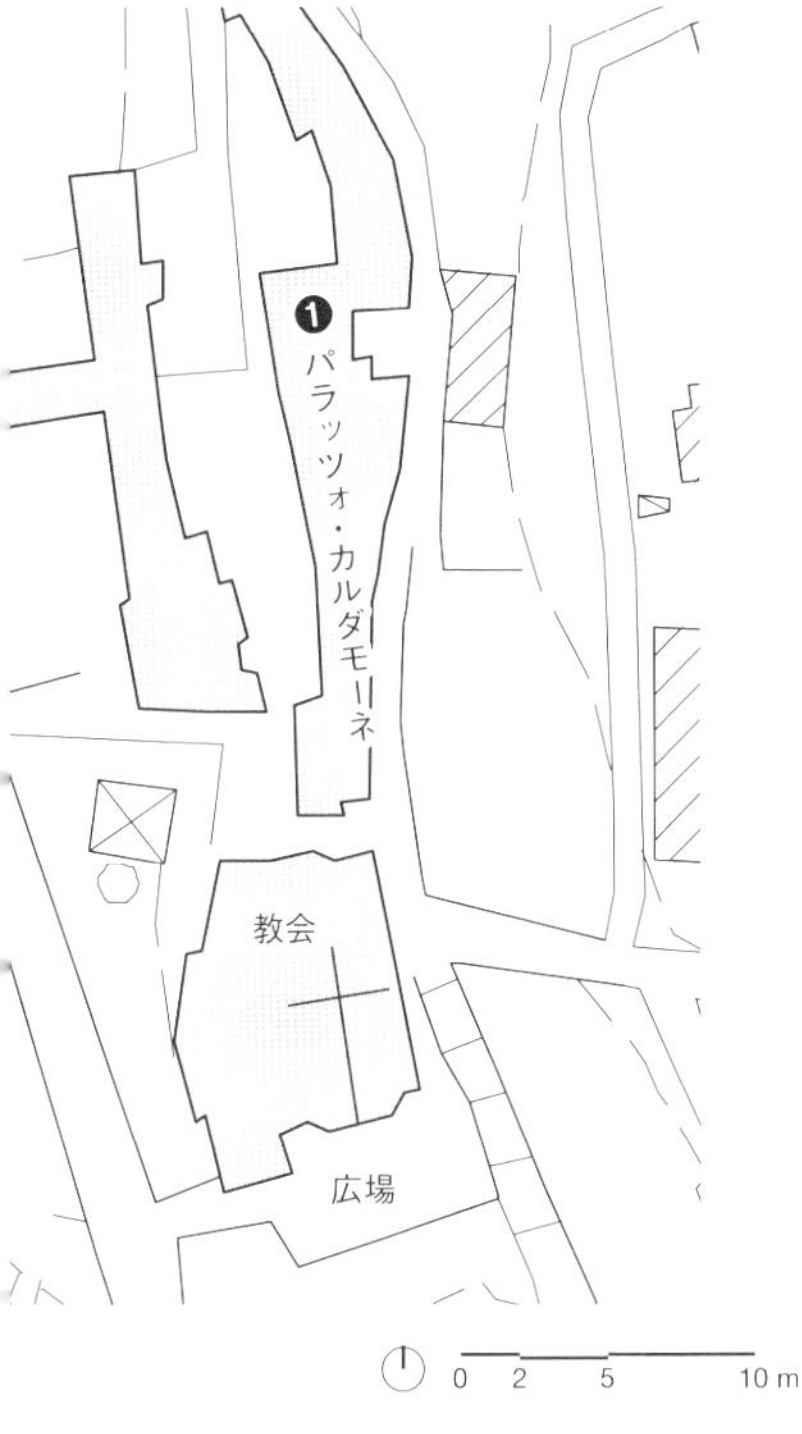

ノヴェッラ地区、教会に並列して建てられている
パラッツォ

第3節　パラッツォ

❶ パラッツォ・カルダモーネ

ジェーテ地区のカルダモーネ通り沿いにこの邸宅は立地している。建築年代はヴォールトの形状から16~17世紀と推測される。所有者はカルダモーネ家の末裔であり、14世紀まで遡ることができるという。

地域の有力家によってつくられたこのパラッツォは教会にすぐ隣接し、農園、倉庫、ワイン貯蔵庫がひとつの土地に一体となっている。庭にはパーゴラが設けられ、豊かなブドウ畑となっていた。また一般に考えられる中庭をもつ都市のパラッツォの形式とは異なり、2層構成で横一列に部屋を配置している。アマルフィ海岸でも農村的な性格をもつコンカ・デイ・マリーニなどの富裕層の邸宅ともよく似た構成である。現在はカルダモーネ通りに面してメインの入口があるが、いかにも後付けで、かつては建物の脇から少し下り、緑に包まれた庭園の側からアクセスしていたと考えられる。

天井高は1層目も2層目も共通して約4・5メートルと高めであり、各部屋にトンネル・ヴォールトやパヴィリオン・ヴォールトなど様々なヴォールトが架かる。2層目の一部の部屋にはフレスコ画も描かれ、パラッツォとしての風格をもつ。1層目も2層目も構造壁の位置は同じだが、1層目の壁が約1000ミリなのに対し、2層目の壁は約600ミリと薄くしている。また、1層目の中央の大広間は他のどの部屋よりも大きく、堂々たる空間である。天井のヴォールトも部屋ごとに様々に工夫され、どれも豪華な雰囲気を生んでいる。南側の小さめの部屋には大きなかまどが備え付けられている。しかし、現在は2層目をおもな住居空間としているようで、1層目の部屋は使用されていなかった。2層目の中央の部屋には後からパーテーションが付けられ、浴室となっている。

現在は1家族の所有だが、過去には叔母姉妹が相続分配により半分に分割して使用していた状況がみてとれる。

1層目大広間

パラッツォ・カルダモーネ外観

パラッツォ・カルダモーネ、平面図

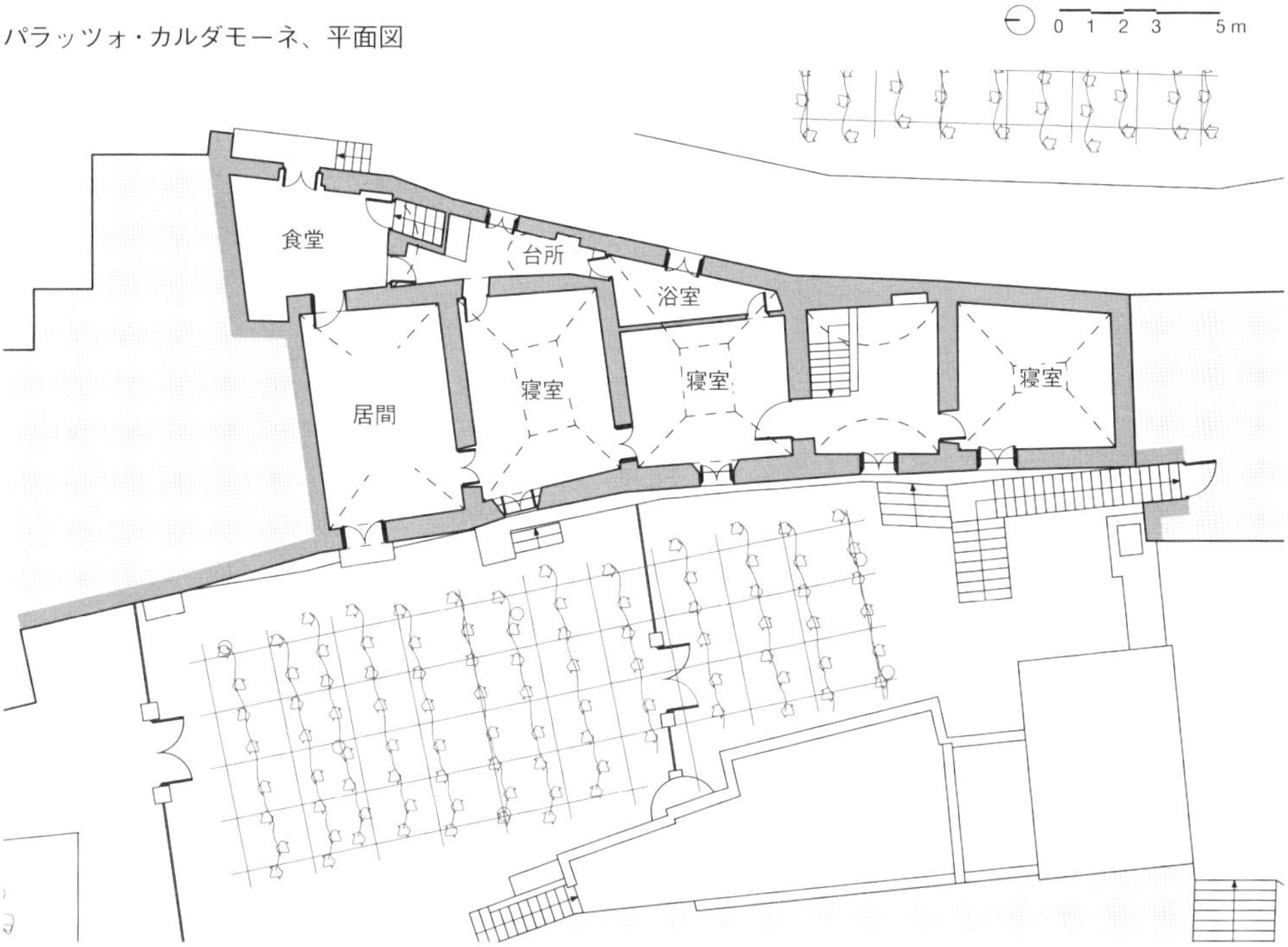

2層目

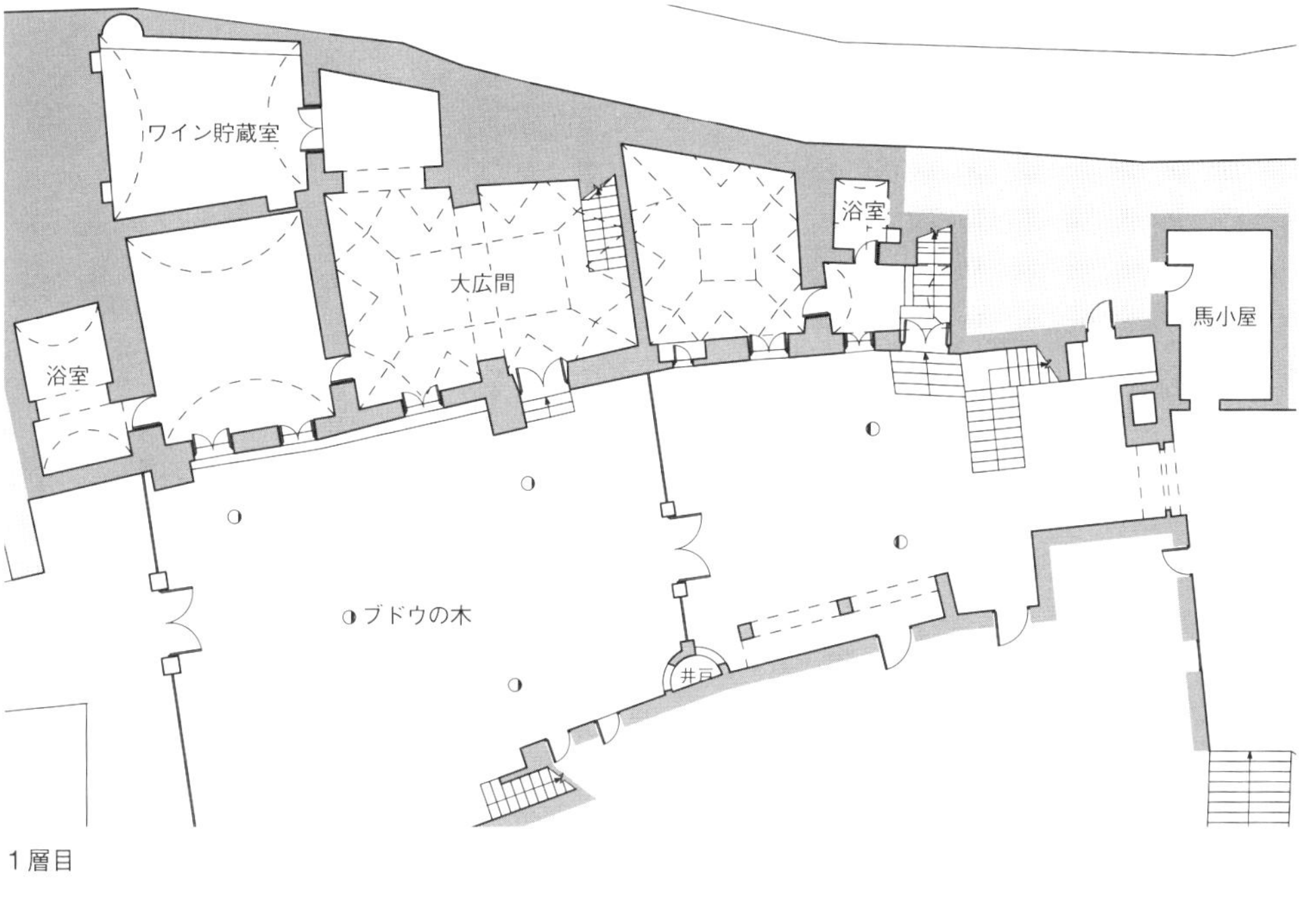

1層目

第4節　農家

❷ フィリーノ地区の農場

農家の調査としては、トラモンティの西寄りにあるフィリーノ地区を訪ねた。農作業小屋と家畜小屋を敷地内にもつ農場を紹介してもらえた。馬小屋には造り付けの飼い葉桶が残され、また床には家畜の尿を外に流すための溝が掘ってあることから、かつては数頭の馬を飼っていたことがうかがえる。農作業の動力源として使われた馬は、畑に撒く肥料をつくるのにも役立った。一方、畑に水を撒くために、井戸は建物の裏手にある。

パン焼き釜と炉がある隣の部屋が居住空間で、入口近くに小さな薪の保管部屋や洗濯桶がある。その奥の部屋は、今では天井が崩れ落ちているが、大きく長い梁が残っていることから、かつては床を張り2層に分けて居住、もしくは作物の貯蔵などに使っていたと思われる。

所有者は現在、集落のなかに住んでおり、夏の期間、作業を行うときだけ車で来るという。畑ではブドウと野菜を栽培し、周囲には親類が所有する栗林が広がっている。われわれもトラモンティらしい田園ののどかな雰囲気を感じながら、調査に精を出した。

飼い葉桶

パン焼き釜と炉

ブドウ棚

フィリーノ地区の農場
建物平面図と作付けの種類

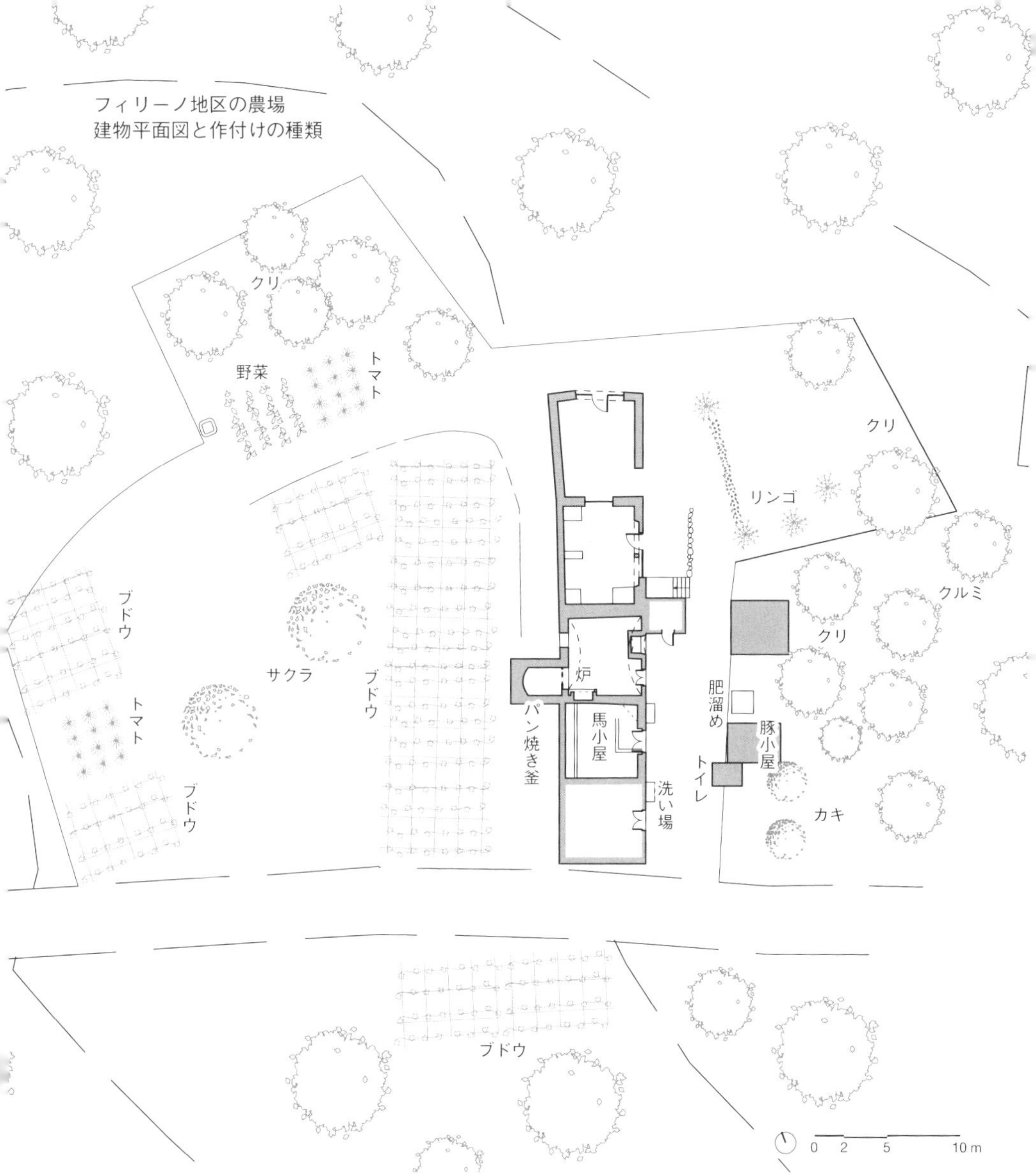

地形図

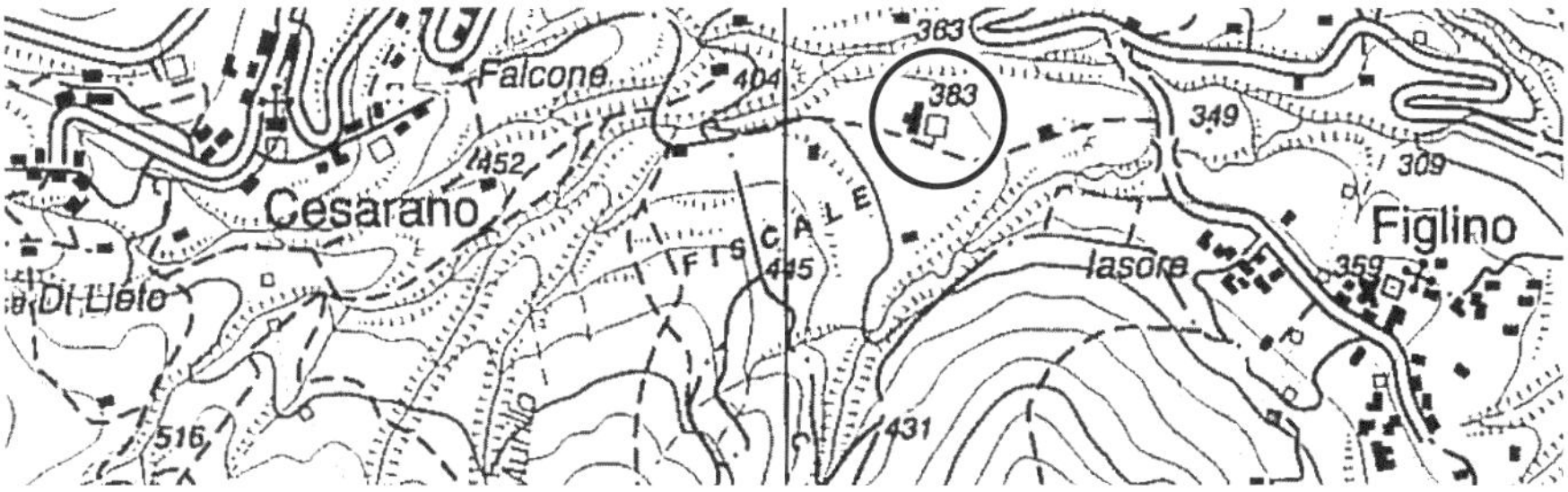

Vietri sul Mare

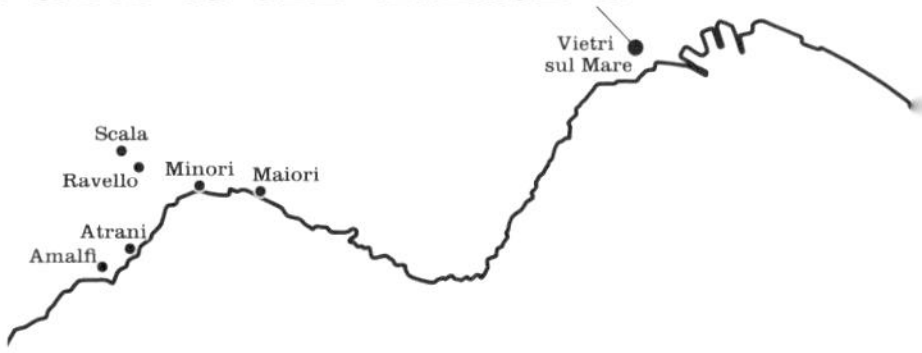

第8章　ヴィエトリ・スル・マーレ

——特異な構造の産業都市

第1節　都市の概要

アマルフィ海岸のなかでも最も東にあり、大都市サレルノの手前に位置するヴィエトリ・スル・マーレ（人口7098人、2024年1月現在。以下、ヴィエトリと略す）は、世界遺産となっているこの海岸沿いの都市群のなかでも異色の存在だ。アマルフィから東へ向かい、アトラーニ、ミノーリ、マイオーリ、チェターラと続く一連の小さな都市はいずれも谷が海に開く低地に発達し、前面に港をもつ。ヴィエトリはその類型から外れており、都市を読むのに別の発想で取り組む必要があった。地理的、空間的な条件からみても、歴史の発展段階においても、都市構造や建築様式の点でも、他とはかなり違う一風変わった都市なのだ。

まず、中世においては長らく、北に位置するカーヴァ・デ・ティッレーニの支配下に置かれ、自立した都市にはなり得なかった。従って、アマルフィ、アトラーニ、ラヴェッロ、スカーラのなどのような12〜13世紀の交易都市としての華やかな発展の経験をもたず、その時期の東方のビザンツ、イスラームの建築要素も存在しない。

それ以前の古代に関しては、ヴィエトリの市街地がある高台の南西の下、浜辺にあるマリーナ地区に、地の利を活かしたエトルリアの時代から港があり、古代ローマが引き継いだといわれている。実際、海に近い場所に、古代ローマ時代の浴場跡が発見されており、他の考古学の発掘成果からも古代から人々が住んだことが確認されているという。

だが、現在に繋がるヴィエトリの町は、まず中世に海を望む高台に形成され、16世紀以後、内陸の陸側に大きく発展した。このようなヴィエトリの都市形成のあり方は、他都市と大きく異なるのだ。下のマリーナ地区には素朴な港は存続したであろうが、ヴィエトリの中世の居住地は、内部の高台に形成され、その規模も極めて小さいものだった。９世紀、アトラーニから移住した人々がその建設に関わり、真ん中に教会をつくったという。それを核として周辺に形成された高台の小さな居住地は、まさにアトラーニの町とよく似た自然発生的な中世の早い時期の都市空間の体質をもっている。凸凹の多い地形の上に複雑に曲がりくねり、しばしばトンネル状となる道路に沿って低層の住居が密接に連なり、２階へのアクセスのための外階段が多く立ち上がるのだ。その中世部分に市壁が存在していたかどうかははっきりしない。小さな居住核で、しかも海からやや奥まった高台の安全な位置にあったので、あえて市壁で囲む必要がなかったのでは、と想像される。

一方、アマルフィ海岸のなかで最も東に位置するという立地上の条件が、それまでの小さな居住地に、次の華やかな展開をもたらした。16世紀にナポリとサレルノを結ぶ重要なストラーダ・レジーア（王の道…現ウンベルト１世大通り）が建設されると、それに接するヴィエトリの価値が高まった。旧来の都市核だった迷宮状の小さな市街地の縁を通り抜けて真っ直ぐで広い道路が建設され、その両側に堂々たる富裕層の邸宅（パラッツォ）が建ち並ぶ都市空間が形成され始めた。17～19世紀の壮麗な館が並ぶ堂々たる都市空間は、アマルフィ海岸においては他になく、ヴィエトリの大きな特徴となっている。

ヴィエトリは少なくとも15世紀から陶器の町として広く知られ、今も窯元がたくさんあ

山の上からヴィエトリ・スル・マーレ全体を眺める

る。この主要道路に面するパラッツォのなかに有力な会社がいくつも入り、その裏手の空地にも施設を広げ、オフィス、生産、展示、販売を行っている。

また、スル・マーレの名前のとおり、海への眺望が開けるチェントロ・ストリコ（旧市街）の東側の高台に、ヴィッラ（別荘）が16世紀以後、20世紀に入るまで次々に建設されたのも、ヴィエトリの特徴である。戦後には、海辺に超高級ホテルが登場する。

ヴィエトリの旧市街はこのように中世の小さな核と16世紀以後の近世のパラッツォ群からなるが、いずれにしてもその求心力は小さかった。逆に、テリトーリオのなかにはそれなりの規模をもつ個性的な居住地が点在し、それらが相互に結び付いて力を発揮してきた。港町のマリーナ、その背後の高台のライト、さらに奥のアルボロなどであり、さらに中世から産業の町としての発展をみたモリーナである。いずれも中世に遡り、ある程度の自立性をもって発展し、今はヴィエトリ・スル・マーレのコムーネのフラツィオーネ（地区）となっている。こうした個性派のサテライト・タウンの魅力がヴィエトリの宝といえよう。

港町のモリーナをはじめ、渓谷を流れるボネア川の水を活用した水車による産業が多彩に発達したことが、もうひとつのヴィエトリの大きな見所だ。しかも他のアマルフィ海岸の都市のように居住地から離れて産業ゾーンがつくられたのではない。川沿いに古くからの居住地と一体となってポテンシャルの高い産業ゾーンが形成されたことが目を引く。

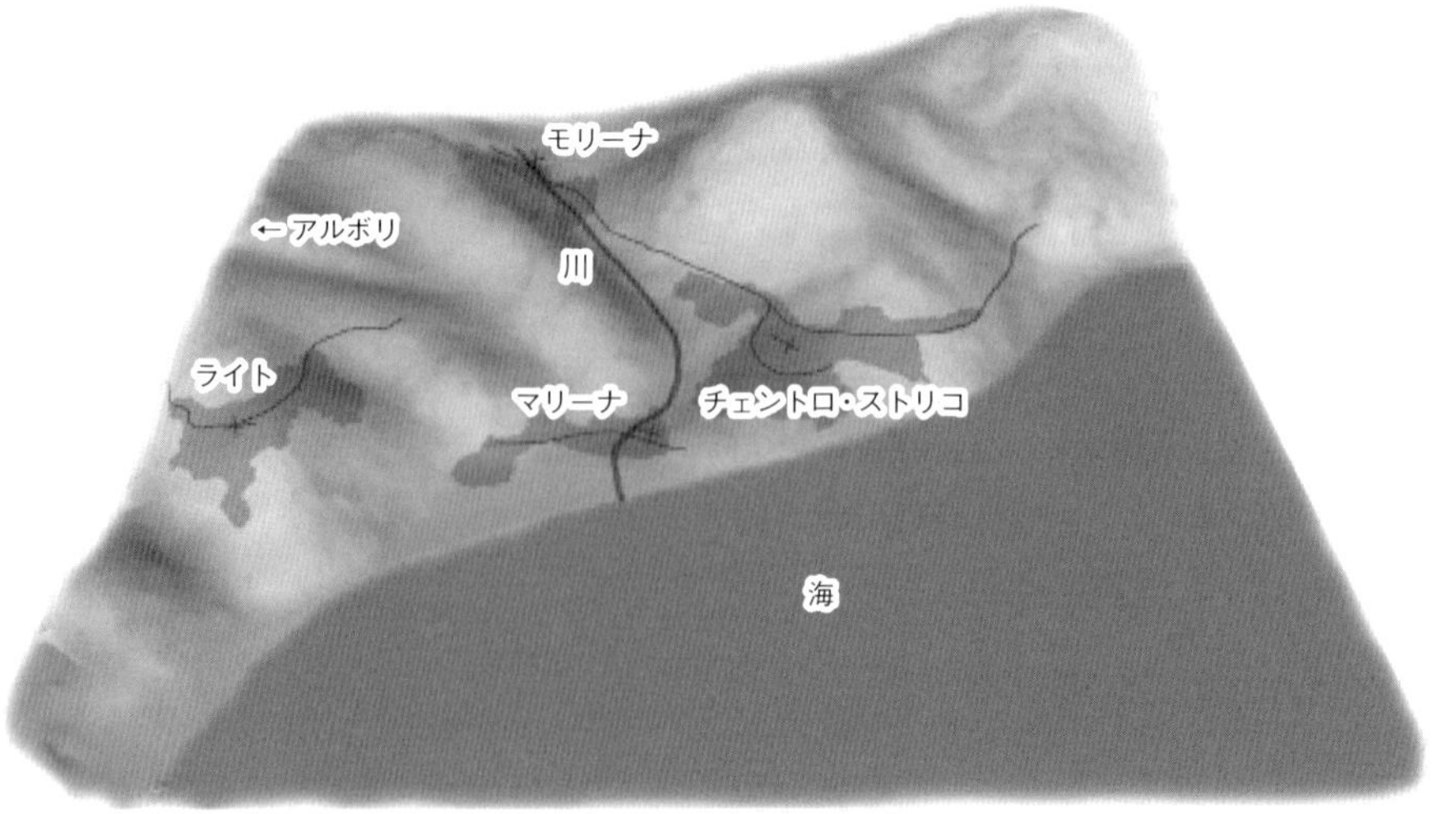

地形と集落の関係

第2節　チェントロ

(1) 旧市街

　ヴィエトリ・スル・マーレの都市も複雑で、読みにくい。調査は、まず町の中心である教会を手掛かりに、チェントロ・ストリコ（旧市街）の構造を知ることから始まった。そして中心から都市の拡大の歴史を追うことで、現在のヴィエトリがいくつかのエリアに機能を分けていることがわかってきた。ここでは旧市街を実測し、空間を図化することで、隠れていた建築や都市の構造を解読することに取り組んだ。教会に隣接する曲がりくねった道や、上や下へ人々を誘導する階段、トンネルをくぐり抜けることで開けた小広場へたどり着くといった風景は、いかにも地中海的な都市の構造であった。

　そのような中世にできた複雑で有機的な構造の小さな核の外側に接して、17〜19世紀に建てられたパラッツォ（邸宅群）が建ち並び、結果として新旧が接合された歴史都市が形成されている。そして、その繋ぎの部分では、古い都市組織（テッスート・ウルバーノ）を新しい原理のもとに、辻褄を合わせるよう工夫した興味深い空間がいくつか存在する。

　ここでは、調査した場所を大きく2つ示すことにする。「教会裏の迷宮」については、町の中心にある教会を取り囲む有機的な道をたどることで、それに付随する住居や小広場がどのような特徴をもっているのかを見たい。地形の高低差を読み込み、暮らしの場を積み重ねてきたこの場所は、いかにも中世の地中海的な要素をもっていると考えられる。「パラッツォ群」は、17〜19世紀にウンベルト1世通りに沿って新たな原理で開発された地区を対象に、街路に連なるパラッツォの構成を建築的に分類しながら分析し、アマルフィ海岸で初めて登場したルネサンス後期からバロックにかけての都市空間の質を考察した。

教会裏の迷宮

洗礼者ヨハネに捧げられたヴィエトリのサン・ジョヴァンニ・バッティスタ教区教会は、元は個人的な教会として、10世紀にアトラーニの人びとによって創建され、イスラーム教徒に壊された後に再建されたと伝えられる。周辺地域全体から見通せる高台の古い居住地の中心に位置し、素晴らしいドームと堂々たる鐘塔を誇る。歴史のなかで様々な修復・改修が行われ、ロマネスク、ルネサンス、バロックという異なる様式を見ることができる。高さ36メートルのドームは18世紀のもので、輝きを放つ緑、黄、青色のマヨルカ焼きのタイルで飾られている。鐘塔もその先端部をタイルで飾られる。教会のファサードは16世紀のルネサンス様式である。

　教会の左隣には、コンフラテルニタ（信心会）の礼拝所がある。15世紀にすでに存在したが、その後、会員の数が増え、18世紀初めに現在のものに建て替えられた。

　教会と礼拝所の前の広場から北に坂道を降り、ディエーゴ・タイアニ通りに合流してすぐ右に、長い直線階段がある。奥に進み上り

チェントロ・ストリコ

1　教会の周辺
2　小広場
3　ウンベルト1世大通りのパラッツォ群

地形に合った階段で繋がる

コンフラテルニタ（信心会）の祈祷所（左）と
サン・ジョヴァンニ・バッティスタ教会（右）

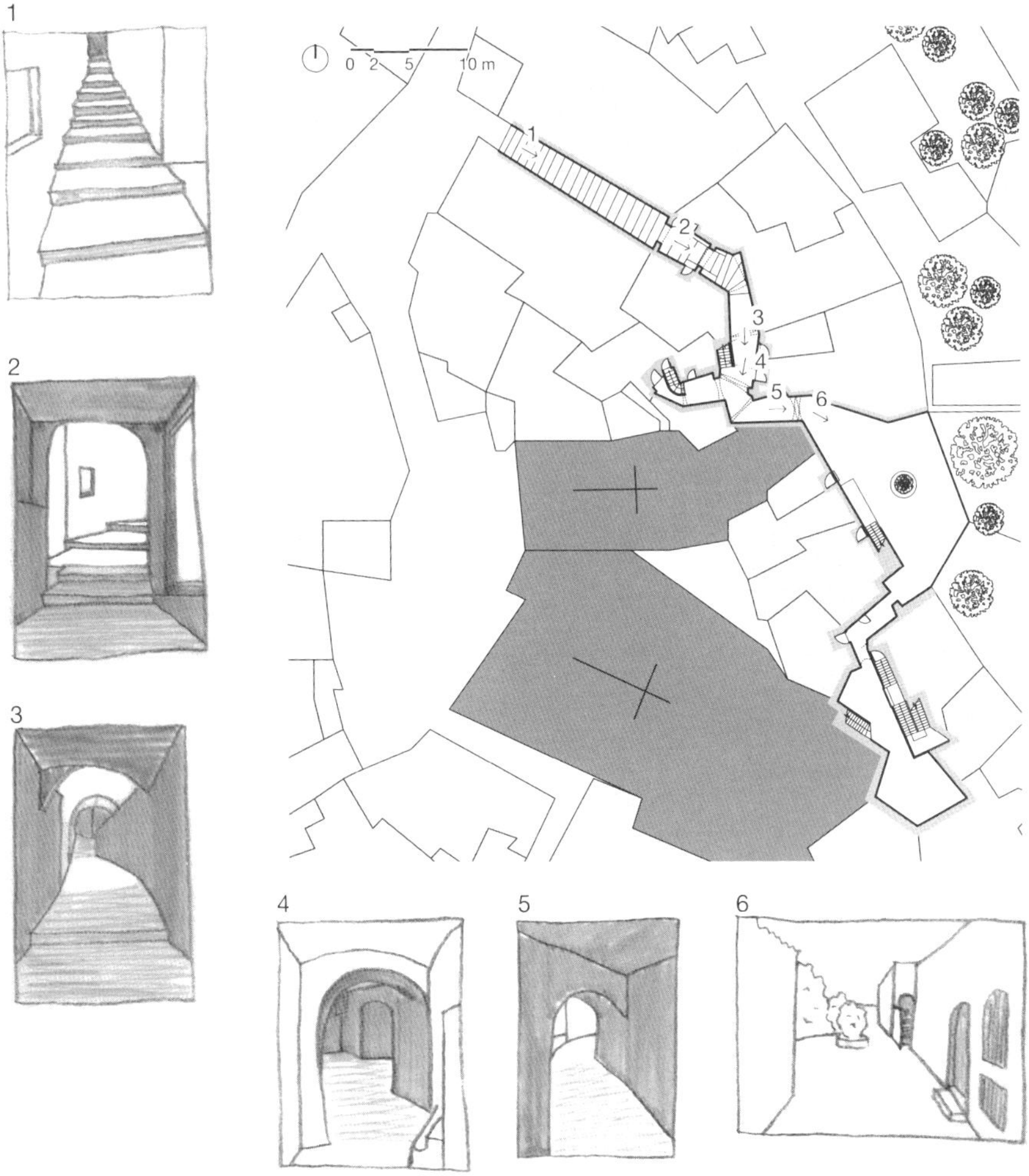

教会裏の迷宮とシークエンスの変化

きると、教会の北の裏手に潜む自然発生的にできた中世の空間が待ち受ける。その一角だけがまさに、アトラーニの中心部の都市空間とよく似た複雑に入り組んだ迷宮であり、ヴィエトリの最初にできた都市核の一部分であることがわかる。われわれはそこに注目し、外部空間の簡単な実測調査を行った。

　トンネルがいくつもあり、折れ曲がり、外階段が立ち上がる複雑な階段状坂道を抜けると、高台の小広場に出る。東側に視界が開け、ヴィエトリの古い核の高台に立っていることを実感できる。小広場には外階段のある住居がいくつか並び、洗濯物が干してある。観光などで賑わう表通りからは想像もつかない、近隣の住民にとっての中庭のようなセミ・プライベートな空間になっている。ただ、ヒアリングや古い地図から判断すると、以前は通り抜けができ、教会を一周できるようになっていたようだ。こうした迷宮的な要素をもつのは、ヴィエトリではこの教会裏だけであり、中世初期の町の歴史に関する貴重な生き証人といえるのだ。

パラッツォ群

　イタリアが生んだ都市における最も重要な建築類型はパラッツォである。貴族、富裕層が、都市社会における自分たちのステイタス・シンボルとして、公共空間である街路、広場に面して建設し、装飾された堂々たる正面（ファサード）をもち、美しい都市景観を生むのに貢献する。

　中世海洋都市の性格が強いアマルフィには、17～18世紀にも経済の繁栄をみせたものの、じつはイタリア都市の典型的な建築類型としてのパラッツォがほとんどない。それに対し、16世紀以後に都市として発展したヴィエトリには、ナポリやカーヴァ・デ・ティッレーニといった他の都市の富裕層が風光明媚で、かつナポリとサレルノを結ぶ地の利のよいこの都市にパラッツォやヴィッラを構えたのだ。特に、「王の道」であるウンベルト1世大通り沿いでは、おそらく16世紀から始まり、18～19世紀をピークとしてパラッツォの建設、建て替えが進んだ。ずらりとパラッツォが並ぶ姿は壮観である。

　パラッツォは、街路に面し表門（ポルターレ）をもち、立派なヴォールト天井（ときにフレスコ画で家族の紋章が描かれることがある）で飾られた玄関通路（アンドローネ）に入ると、上階に行くための階段室が設けられている。建築的な見せ場であり、演劇的な演出がなされ、帆状ヴォールトで飾られたりもする。さらに奥には、中庭（コルティーレ）が設けられることも多い。中庭から上階への階段がとられるのも一般的である。その中庭の奥、あるいは側面に、連続アーチをもつ開放的な構成をとり、しかも上下2層にそれを繰り返し、華やかな演劇空間のように見せている例も複数ある。

　ヴィエトリは水が豊富で、水車が産業に活かされたばかりか、水を引いてフォンターナ（噴水、泉）の文化を発達させた。軸線の奥の中庭、あるいは室内にフォンターナを置いて、空間を印象的に飾る演出もしばしばみられる。

　ヴィエトリのパラッツォは、大きくみて、①中庭型（そのヴァリエーションとして中庭連続アーチ型）、②空中中庭型、③特殊型、の3つのタイプに分類できる。

　ここでは、ウンベルト1世大通りに面するパラッツォ群のなかからタイプを代表するものを紹介していく。街路と繋がってパラッツォの最も重要な見せ場となるポルターレ、アンドローネ、奥の空間（中庭を含む）が生み出す構成上の演出に注目したい。

ウンベルト1世大通り沿いのパラッツォ群

❶ パラッツォ・タイアーニ
❷ パラッツォ・サレーゼ
❸ パラッツォ・ロッフレード
❹ パラッツォ・ピント
❺ パラッツォ・デル・プラート（現・市役所）
6 パラッツォ・アマトルーダ
7 パラッツォ・イオヴィーネ

❶パラッツオ・タイアーニ［中庭型］

この地域で最も古いセラミックの工房があるパラッツォである。現在の建物は18世紀のもの。裏の工場でセラミックの生産を行っており、職場としての工房と住まいが一体化した居住形態の伝統を今も維持している。工房は16世紀初めに遡るというが、経営者は何度も変わってきた。

ファサードは薄いピンク色で統一されている。ポルターレから中に入り、爪形装飾付きトンネル・ヴォールトが架かるアンドローネを進むと、帆状ヴォールトのある軽やかな空間がある。その左右に2階へ繋がる階段があり、階段の天井にはフレスコ画の跡がある。アンドローネをさらに奥まで進むと、まわりを建物で囲われたコルティーレ（中庭）がある。このコルティーレには住居への入口はなく、工房や倉庫の入口のみがとられる。

❷パラッツォ・サレーゼ［中庭連続アーチ型］

1807年に市によって買い上げられ、市庁舎として使われていたパラッツォである。奥行きの浅いトンネル・ヴォールトのアンドローネを抜けると、印象的なコルティーレに出る。1階には正面に階段入口の大きなアーチがある。2階には3連アーチのロッジアがあり、特に北側壁面は開放的で、造形的に華やかな空間構成のコルティーレとなっている。

❸パラッツォ・ロッフレード［空中中庭型］

18世紀のパラッツォ。トンネル・ヴォールトのアンドローネを抜けると、行き止まりになり、左に階段となる。2階には開けた空間があり、住宅への入口がいくつも存在する。

❹パラッツォ・ピント［特殊型］

チェントロ・ストリコの東端からウンベルト1世大通りに入ると、入口に目立つ建物が見える。この通りで最も大きなパラッツォである。ヴィエトリにおいて、ソリメーネ社と並ぶ重要なセラミック会社、ピント社の本拠地であり、パラッツォ全体が独特のセラミックで装飾されている。

空間構成が面白く、地形の変化が活かされ、建物の脇を階段と坂で降りると、1階分だけ下のレベルから裏手の庭に入れる。こうして

パラッツォ・サレーゼのコルティーレの3連アーチをもつ壁面

パラッツオ・タイアーニのアンドローネから中庭を望む

かつて馬は建物の地下1階レベルにとられた馬小屋に導かれた。馬小屋にはマンジャトーイア（壁沿いの石のかいば桶）もあったという。その馬小屋が現在、セラミックの工房として使われているのが興味深い。

ポルターレ（表門）からパラッツォに入ると、地面もファサード同様のセラミックで舗装されている。爪形装飾付きトンネル・ヴォールトのアンドローネを抜けると、中庭に面した帆状ヴォールトの架かるポルティコの奥に大きなフォンターナが象徴的に置かれている。

このパラッツォの背後には、ピント社の誇る巨大な工場が広がっている。低い位置に広がっていた大きな庭園を潰して、1960年代から工場が3期にわたって建設されてきた。チェントロ・ストリコの街区内に、これほど大規模な産業施設が立地していること自体が驚きだ。

❺ 市役所（元パラッツォ・デ・プラート）

1976年から新市庁舎として使われているパラッツォを別の観点から見てみよう。広い間口をもつこの大規模な建物は、じつはいくつかの別の建物が統合され、ファサードを揃えひとつの大規模パラッツォの装いを獲得した建物である。その過程で、背後にあった中世的でイレギュラーな道や建物の配列が隠され、一体感のある街路景が生まれたというのが面白い。

間口の大きい建物で、ポルターレを2つもつほか、内部にそれぞれ性格の大きく異なるコルティーレをもつ。1階にはセラミックや洋服の店が並んでいる。南側の立派なポルターレは、車がぎりぎり通れる幅だ。その内部のアンドローネを抜けると、奥に長方形のコルティーレがある。多くの人びとが集まる市役所用の駐車スペースとして利用されている。

一方、北側のポルターレを入り、トンネル状の通路を抜けると、不整形で不思議な格好をしたコルティーレに出る。同じファサードをもつ大規模パラッツォの裏手に、これほどまでに異なる雰囲気のコルティーレが潜んでいるのは驚きである。ここに、ヴィエトリの中世の形成段階から、近世のバロック的な段階へ移行する時代の興味深い変化というものを見てとれるのだ。

この不整形で有機的なコルティーレは、おそらく中世の段階では、裏に抜けられる道路であったと考えられる。それが、ウンベルト1世大通りに立派なパラッツォが並ぶ時代になって、道路は途中で塞がれ、パラッツォの

パラッツォ・ピントのアンドローネ（爪形装飾付きトンネル・ヴォールト）から奥のフォンターナを見る

パラッツォ・ロッフレードの空中中庭

市役所の不整形なコルティーレへの通りからの入口

裏手にある不整形なコルティーレ

ポルターレから入るようなコルティーレに姿を変えたのであろう。この不整形な中庭に面して存在する、18世紀のロココ調のエレガントな建物が目を引く。入口から階段室の周りの空間造形には洗練された美しさがある。

(2) 旧市街周辺

アマルフィ海岸の都市群のなかでのヴィエトリのユニークさは、中世の重要な建物が存在しない一方、都市発展が開始される16世紀以後に上流階級のパラッツォやヴィッラが数多くつくられた点にある。その立地は当然、海を見晴らす風光明媚な高台のエッジに求められ、チェントロ・ストリコの東に延びるこの王の道に沿って、いくつものヴィッラが点在した。ヴィエトリは、アマルフィ海岸のなかでも最も美しい町として知られ、18世紀のグランドツアーの時代にも、その眺望のよさから、サレルノの代わりにヴィエトリに泊まる人も多かったという。

元はこの東のゾーンはのどかな田園で、町外れの高台には１４９３年に創建されたサンタ・マリア・デリ・アンジェリ教会があり、ヴィエトリの人々の厚い信仰心を集め、復活祭にはこの教会まで敬虔な宗教行列が行われてきた。

チェントロ・ストリコに近いところには、建築家パオロ・ソレリ設計のセラミック美術館がある。地元産のセラミックで外観を飾ったユニークなこの現代建築は、内部がソリメーネ社の工場にもなっている。ヴィッラ地区は、この美術館と先の教会の間に広がる。

代表的なヴィッラをひとつ見よう。チェントロ・ストリコを抜けてすぐの、海を望む高台にヴィッラ・カロシーノがある。16世紀にナポリの貴族によって建設された、ヴィエトリで最古のヴィッラである。後に宗教団体に寄贈され、海側に礼拝堂が建設される一方、東側の広大な土地は市に寄贈され、２０００年代初頭に建築家グアリーノのデザインで、海を見晴らすヴィッラ・コムナーレ（市民庭園）として整備された。どこかガウディのグエル公園を彷彿とさせるデザインである。

次に、ヴィエトリならではの見どころ、ボネア川沿いの工業ゾーンに足を伸ばそう。緩やかな渓谷を流れるこの川に沿って、上流域の居住地モリーナと河口の港町マリーナまで、川の水を引いて水車を動かす産業革命以前の工場施設が数多くつくられ、ヴィエトリの生産活動の中心を担ってきた。旧市街から北へ進み、家並みが途切れる渓谷のゾーンにも、

ソリメーネ・セラミック美術館
ヴィッラ・ソルヴィッロ
ヴィッラから海を眺める

サンタ・マリア・デリ・アンジェリ教会
ヴィッラ・カロシーノの入口
パラッツォ・アングリサーニ

旧市街の東側周辺地区

水車を用いたいくつもの産業施設が登場する。このあたりも１９５４年の洪水で、モリーナ、マリーナ同様、大きな被害を受けたが、復興して今も頑張る工場がいくつかある。

そのひとつ、ヴィエトリで最大のソリメーネ社のセラミック工場が谷間にある。起源は１５７０年に誕生した製紙工場にあり、19世紀中頃まで続いたが、その段階で、織物工場となった。１９５４年の洪水で被害を受け、川沿いの建物は流され、残った部分も半壊したという。だがその後、復興し、織物工場として操業し続けた。後にソリメーネ社が購入し、さらに増築して、現在の立派なセラミック工場となっている。

この少し上流に、やはり洪水後に復興した工場がある。１６３０年頃から製紙工場として稼働し、19世紀中頃にカヴァリエレ家の所有となり、織物工場として使われていた。洪水により、川沿いにあったこの工場も被害を受け、半壊した。しかし、その後、新たな所有者となったこの地域の経済界のリーダー、ストリアネーゼ家のもとで、２００５年以後、リノベーションされたリモンチェッロ工場としてその存在をアピールしている。時代に合わせ業態を変えながらも、たくましく生産活動を続けてきたことに感銘を受ける。

第3節　モリーナ地区

モリーナはチェントロの北、約10キロメートルに位置する。緩やかな渓谷を流れるボネア川に沿い、その水を活かして古くから発達した産業の町である。史料上、１０００年は遡れるモリーナの歴史は水と深く結び付き、その名前Molinaが示すとおり、まさに水車molinoの村落だった。水力発電で電力を得られるようになる前は、産業施設にとって水力エネルギーを生む水車は不可欠で、地の利に恵まれたモリーナからヴィエトリの近くの河口まで、ボネア川に沿って一大産業ゾーンが歴史のなかで形成されたのだ。染物、製紙、織物、製粉、ガラス、石鹸、製銅所、セラミック、製材など、多種多様な領域の産業施設を生んだことは注目に値する。アマルフィ海岸のアマルフィ、アトラーニ、フローレなど、他の都市ではどこも居住地とは別の離れたV字谷の斜面に産業施設が発達したのに対し、モリーナでは、町と隣接して、あるいは一体となって各種工場を建設したところに大きな特徴がある。産業の町といえ、産業に従事する人口の比率も高かった。

　モリーナの水は単に産業用のみではなかった。トラヴェルセ山の斜面からの豊富な湧き水が14世紀にはすでにモリーナの集落で活用されていた。モリーナの庭園や中庭に今も受け継がれるいくつものフォンターナ（泉、噴水）の存在は、こうした歴史を伝える。１６４０年代の史料から、当時、水車による産業施設、染物工場が数多く存在したことに加え、有力家の裕福な暮らしを物語る立派なパラッツォや庭園が町にいくつもあったことが知られる。

　だが、水は恵みをもたらすだけではない。１９５４年の洪水をはじめ、歴史のなかで何度も洪水の悲劇が生まれた。アマルフィ海岸の都市はどこも、災害と共存しながら繁栄してきた点で、日本とも共通する。

　11世紀には存在が確認できるモリーナの集落形成の核になったのは、川の左岸のやや高台にある、サン・レオ修道院と司教館である。裏にはワイン用のブドウ畑が広がる。集落内には中世に形成された階段や路上のバットレスの多い、複雑に入り組んだ街路空間が続く。北の一画に潜む中庭を建物群は、修道院が建設した庶民住宅だったと思われる。

　水車を使った産業遺構を探し、さらに川の上流域を訪ねる。すると、モリーナの町外れの崖下に織物工場の跡がみつかる。川から離れた高い場所にあるため、水車を駆動させる動力は、さらに上流から水路を使って引いてきた水を使っていた。水路は建物の屋上にまで引かれ、そこから工場内に水を落として動力源として利用していた。この形式の水車を使う工場は、じつは次節で取り上げるコンカ・デイ・マリーニの西隣に位置するフローレでも見ることができる。

マウロ家の邸宅

水車のある工場跡

水道施設

コルティーレ・オルリア

ランディ家の工場

サン・レオ修道院の跡

サンタ・マリア・デッラ・ネーヴェ教会

モリーナ地区

第４節　そのほかの地区

(1) マリーナ地区

マリーナ地区は、チェントロ・ストリコの南に位置する海辺の居住地である。中央を流れるボネア川で東西に分かれる。もともとは川を挟んで違う教区、行政区であったため、東西両方の高台に教会が存在する。

ここでは西側を訪ねよう。背後の丘に向かってセットバックしながら居住地が展開する構成が興味深い。16世紀よりヴィエトリの都市としての発展が始まるとともに、交易の港として重要度が高まり、海岸沿いには倉庫、店舗・工房、セラミックなどの工場が並んだ。海岸近くには造船所が多くつくられ、港町としての活気があった。

この海辺の地区で目を奪うのは、紀元前1世紀から後1世紀にかけてつくられた古代浴場の跡である。海を臨む優れた景勝の地が選ばれたに違いない。ピッツァ店の奥から１９９０年に発見された。アマルフィ海岸全体としては他に、ミノーリ、アマルフィ、そして内陸のスカーラに古代浴場があったことが知られる。

他にもマリーナ地区の周辺での考古学の発掘で、市街地の内外から古代の墓、水道の鉛管などが出土し、古代から人が住んだことを裏付ける。まずはエトルリア人が住み始め、ローマ人に受け継がれ、中世の初期に安全な内陸部高台に人々が移住したとされる。

海辺で見逃せないのは、イスラーム教徒などの外敵の侵入に備えて１５６９年に建設された防御のヴィィート・ビアンキ塔だ。中世から港町として重要性をもったアマルフィをはじめとする他の都市と比べると、塔の建設時期が新しい。１９５４年の大洪水で土砂が海に流れ込み、その後の整備でビーチが広く形成されたため、この塔はだいぶ内側に位置することになったが、本来は、港の入口の水に面してそびえていた。マリーナ地区の港町としての役割の増大とともに、この塔は税関に転用された。

海岸に面した建物群の背後に向かって坂を

パラッツォ・デ・チェーザレの大きな中庭に面するナポリ風の演劇的な階段室

ローマ時代の浴場跡

上ると、その突き当たりに正面入口を構え、堂々たる中庭をもつパラッツォ・デ・チェーザレがそびえる。ライト地区出身の有力家によって18世紀中頃に建設された。アンドローネのヴォールト天井にはフレスコで家族の紋章が描かれ、中庭の奥中央には、半戸外の見事な階段があり、ナポリの旧市街を飾るバロックの中庭をもつ邸宅とも通ずる演劇的な空間となっている。

さらに高台のパノラマが開ける位置に建築群があり、その最も奥（西）に教会が象徴的にそびえる。教会前から真っ直ぐ海に向かって階段状坂道がおり、その途の西側に共有の庭をとりつつ、セットバックしながら中層の庶民的な住宅群が巧みに配置されている。

（2）ライト地区

マリーナ地区の北側にある高台の東下り斜面に立地する居住地である。海からやや離れているが、歴史的に海との繋がりがあり、船乗りや造船を生業とする住民も多かった。高い場所にあって空気もよく、風光明媚な自然環境であるため、ここは健康によいと医者が勧めるという。

南端の高台のエッジに、町の象徴、サン

サン・フランチェスコ教会

パラッツォ・デ・チェーザレ

奥に古代浴場跡がある
ピッツァ店

サンタントニオ教会

ヴィート・ビアンキ塔

マリーナ地区

タ・マリア・デッレ・グラツィエ教会が位置する。ヴィエトリの教区教会で、内部に船乗り組合の祭壇があるのが注目される。等高線に沿って北へ軸線道路が伸び、道の両側には建物が並ぶが、中央付近でそれが途切れ、海に向かって視界が開ける。その主要道路から、東に向かって急斜面を最大傾斜に沿って真っ直ぐ下りる階段状の坂道、ヴィア・スカヴァータ（掘られた道）が何本か配される。斜面都市の理にかなったつくり方だ。

この東側斜面に、富裕階級のパラッツォが立地する傾向がある。海への眺望が得られるためである。そのひとつ、パラッツォ・リッツェッロは、グアリーリア家にとっての町の中の邸宅であった。

この町には、繁栄を迎えた17～18世紀の建物が多く残っており、アマルフィ海岸に特徴的なパヴィリオン・ヴォールトをもつ伝統的な家屋がいくつもみられる。その典型として、教会の近くの住宅をわれわれは実測できた。水の豊富なこの地域らしく、町の南端の教会の広場に面して、また北端のやや裏手に公共のフォンターナが設けられている。

斜面都市の構造を巧みに生かして構成される。祖父母の家を3年前に改修した。本来の住居への入口は、広場から階段を上り、折れ曲がって2階レベルにある。その下の1階の半分以上は、元は貯水槽だった。部屋の隅が曲面になっていることがそれを物語る。大規模な改修で、貯水槽は新たなエントランス兼居室に転じた。その意外性が面白い。2階の寝室にパヴィリオン・ヴォールト（おそらく18世紀）が架かり、屋上に上がるとその独特の外形が見てとれる。2階からの海へのパノラマは素晴らしい。広場に面するこの外壁には、公共のフォンターナが設けられている。

ライトを訪ねるのに欠かせないのは、その町外れの高台にそびえるグアリーリア家の別荘ヴィッラ・グアリーリアだ。この地域で最も象徴的かつ著名な建築である。もともとは、この地域らしい高台に位置する農場建築だったが、19世紀に数度の改修を経てヴィッラとしての空間構造を獲得した。イタリア大使などを務めたラッファエッレ・グアリーリアの父がこの周辺の土地を購入し、1930年代の改修で今日のような華麗なる姿になったのだ。後に、グアリーリア家がサレルノ県にこの財産を託し、現在は素晴らしいコレクションを誇るセラミック美術館となっている。その周囲は、地形を生かし、段々状の構成をもつ地中海式の庭園として整備されている。

ヴィッラ・グアリーリアのフレスコ画が描かれたトンネル・ヴォールトの大空間

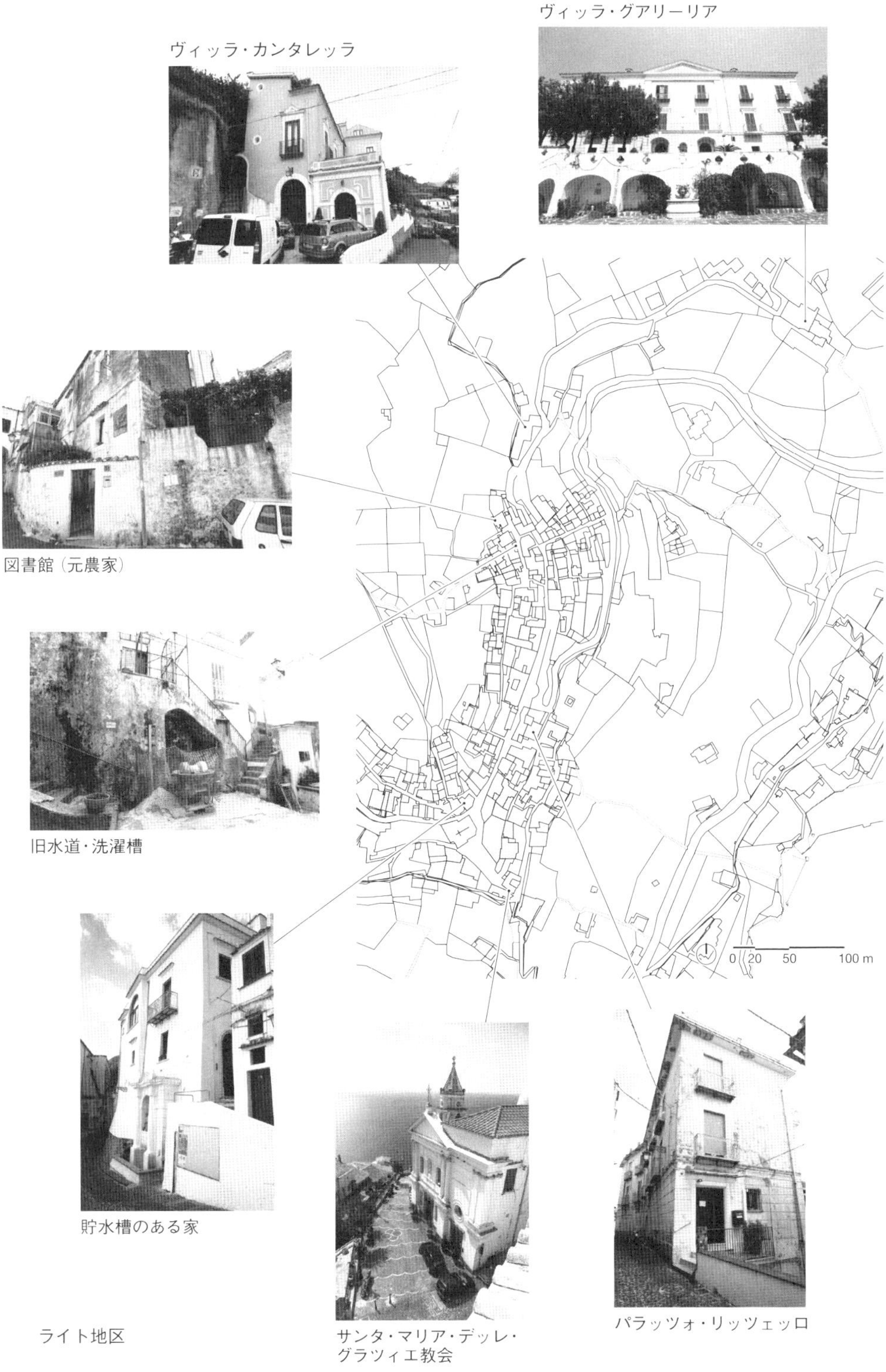
ヴィッラ・グアリーリア
ヴィッラ・カンタレッラ
図書館（元農家）
旧水道・洗濯槽
貯水槽のある家
0 20 50 100 m
サンタ・マリア・デッレ・
グラツィエ教会
パラッツォ・リッツェッロ

ライト地区

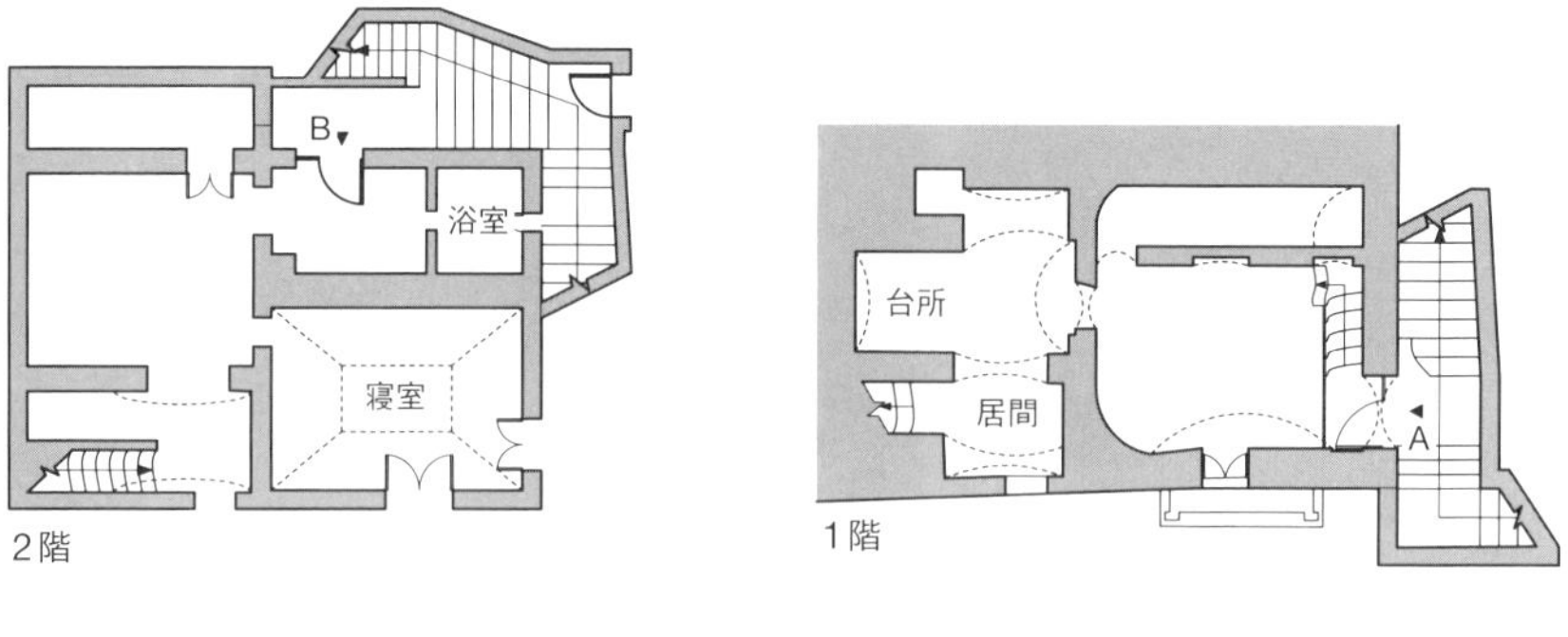

ライト地区の貯水槽のある家、平面図

(3) アルボリ地区

アルボリは、ヴィエトリ・スル・マーレの中心から2キロメートル西の海抜３００メートルの高地にある小さな集落で、ヴィエトリのフラツィオーネのなかでも、最も内陸部にあるもののひとつである。現在は人口３５０人ほどである。「イタリアの最も美しい村」のひとつに認定された。

海に向かって開ける斜面の高台に、バロック様式のサンタ・マルゲリータ・ディ・アンティオキア教区教会がそびえる。勤勉な農民に対して生活時間を知らせる時計が１５０年前に設置されたという。その前の小広場からは、サレルノ湾のパノラマが眺められる。教会堂の左脇に、コンフラテルニタ（信心会）の祈祷所がある。教会前広場から階段を降りると、斜面に狭い路地が複雑に織りなす庶民的な生活空間が展開し、中世以来の古い居住地であったことを物語る。

❻ カーザ・コロニカ

幸いわれわれは、アルボリの中心部からさらに上った高台の田園のなかにぽつんと存在する農家を実測できた。こうした形式の農家をカーザ・コロニカと呼ぶ。

坂道を上ってアプローチし、2階レベルの玄関から入る。1階レベルの2部屋の方が天井高が大きく、パヴィリオン・ヴォールトが架かる。2階は海側に開くベランダをもつ。調査を始めてしばらくして嵐が襲い、逆に止むまでゆっくり時間をかけて内部の実測ができた。雨が上がり、2階のベランダの向こうに、二重の虹が架かったのは感動的だった。

現在は廃屋となっているが、数年前まではある家族が住み、農業を営んでいたという。じつは、２０１１年12月31日放送の「小さな村の物語　イタリア」（BS日テレ）でアルボリが取り上げられ、この農家に住んだ家族が主役として登場していたことをわれわれは後に知った。周辺には、肥沃な農地が広がる。ヴィエトリ周辺では、どのカーザ・コロニカも海を望む高台に立地しているのが興味深い。

アルボリ地区

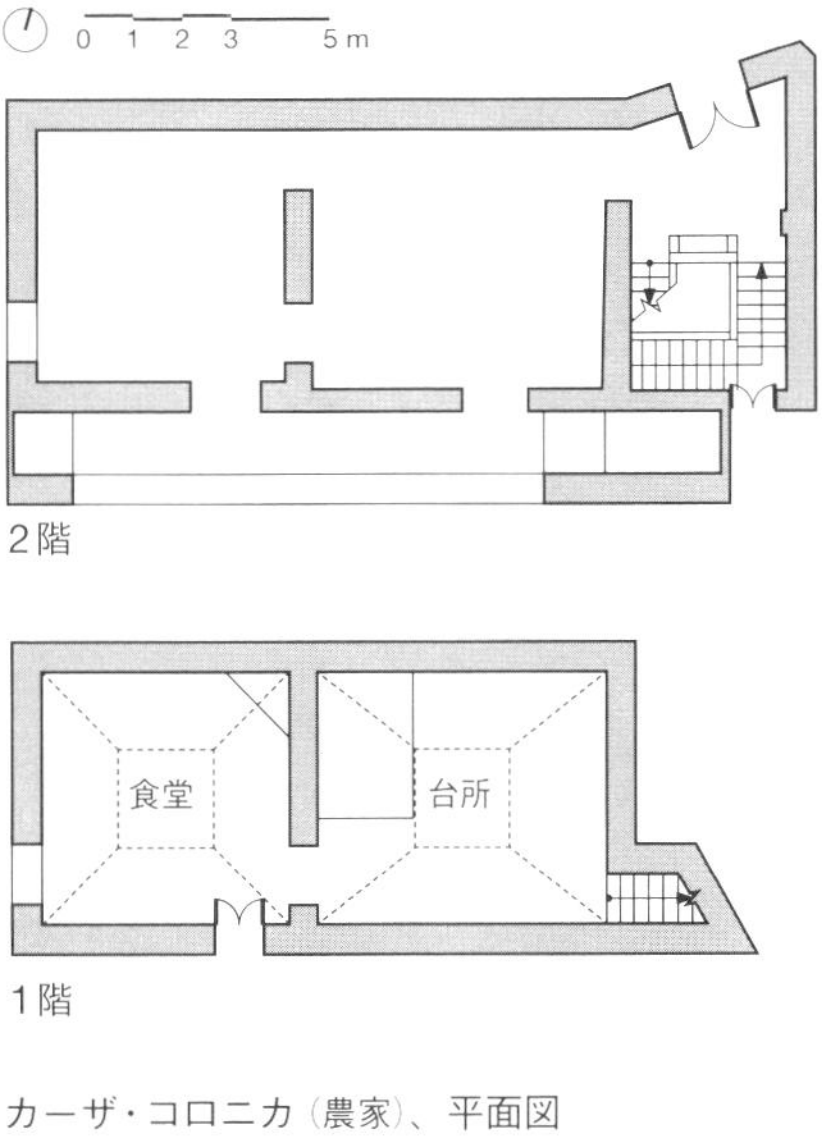

カーザ・コロニカ（農家）、平面図

カーザ・コロニカ（農家）

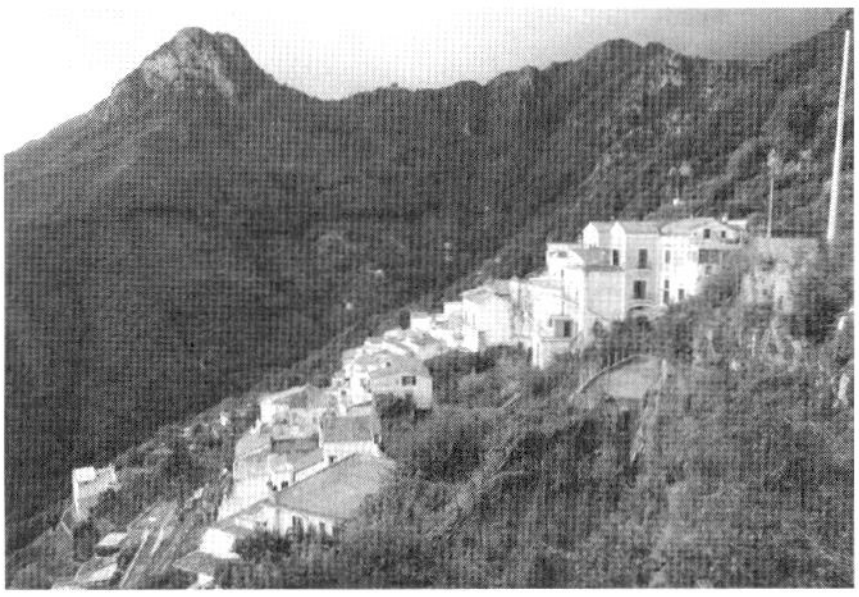

海に向かう斜面に展開する美しい集落

Conca dei Marini

第９章　コンカ・デイ・マリーニ

——分散集落の連合体

第１節　都市の概要

アマルフィの西隣に、コンカ・デイ・マリーニという小さな町がある（人口６４８人、２０２４年１月現在。以下、コンカと略す）。実際には、集落の連合体のような存在である。ここでは石灰岩の山が背後に控え、急な斜面が海に向かって降りる。リアス海岸のように入り組んだ変化に富む地形が続き、山と海を結ぶ大地の全体が見事な文化的景観を生んでいる。東隣のアマルフィが世界的に知られるリゾート地になり、大衆的な観光地と化したのに対し、このコンカは美しい風景と同時に落ち着きがあり、近年、ゆっくりバカンスを楽しむ人びとに隠れた人気がある。

ナポリからアマルフィに船でアプローチする際に、海側から海岸沿いの風景を見ていて、崖が折り重なるように迫り上がる斜面に農家風の家が点在し、その集落の一角に鐘塔をもつ小さな教会がコミュニティの象徴としてそびえる典型的な姿がいつも気になっていた。市壁で囲われた高密な都市とはまったく異なる分散型の居住地のあり方が、アマルフィ海岸のテリトーリオにおけるもうひとつの構造としてあることに興味を抱いていた。幸い、その典型としてコンカ・デイ・マリーニを調査する機会が巡ってきたのだ。

無名の町だがその歴史は古く、じつに面白い。地形の特徴に応じ、４つの地区（コントラーダ）からなる。それぞれに教区教会があり、いずれも中世に起源をもちながら、後の17〜18世紀に華麗なバロック様式につくり変えられている。これらの教会の立地がいかにもアマルフィ海岸らしく、どれも海に張り出す高台の突端に建設され、風景の象徴となる。同時に、その前面にとられたほどよい大きさの広場は、住民が集まる交流の場となっている。海へのパノラマが開くこうした快適な場所にコミュニティの共有空間があるのだから羨ましい。

アマルフィ海岸の他の地域と同様、コンカの人びとも「ひとつの足はブドウ畑に、もうひとつの足は船に置く」と言われる。海と陸の両方の恵みを活かし、豊かな地域を形成したのだ。古い起源をもつ村のひとつが、狭い入江に発達したマリーナ地区の漁村集落で、浜を望むそのマドンナ・デル・ネーヴェ教会は13世紀に遡るという。1962年にジャクリーヌ・ケネディがこのマリーナにバカンスで滞在したことが、この漁村を一躍、有名にすることになったという。その直前の1950年代末まで、海に網を張るトンナーラというマグロ業がこの入江で行われ、浜の内側にその産業を支えた建物が並ぶ。現在は、小さな入江に海水浴場があり、背後にレストランが数軒並ぶ。漁師の数は激減したが、観光の発達で地産地消の魅力が見直され、若者の間に漁業に従事する人びとが着実にいて、アマルフィ海岸が誇る海産物をベースにした美味しい料理を支えている。

崖の上の道から浜に降りる階段状の坂道には、へばりつくように漁師の家々が並ぶ。そのヴァナキュラーな風景が何とも魅力的だ。

農業と海洋交易に生きた斜面居住地

しかし、コンカの真骨頂は、急な斜面の土地に、段々畑状に造成された耕作地とそのなかに点在する立派な農家の建築にあると言えよう。最も古いペンネ地区には、中世に起源をも

崖上のサンタ・ローザ女子修道院

海から見たコンカ・デイ・マリーニ

つ２つの教会が、それぞれ海を臨む崖の上にそびえる。その背後の斜面に有力家の邸宅が分布する。17～18世紀の堂々たるヴォールト天井をもち、バロック的な装飾をみせるが、内部を調査すると、奥の部分に中世の古いヴォールトが隠れていることが多い。中世起源の集落がコンカに存在していたことを裏付ける。13世紀後半にフランスのアンジュー家の支配下に入り、それまでアマルフィに従属していたコンカは、ウニヴェルシタスと呼ばれる一種の自治体のような存在になったのだ。４つの地区のうち、中心に位置するオルモ地区にその機能が置かれ、コンカの共同体は毎年、首長と裁判官、行政長官、警察長官などの重要な行政担当者を選出した。

こうした歴史的経験があってこそ、コンカの住民の自負、愛着が育まれている。この段階で、それまで素朴な漁師町、農村だったコンカは、船を駆使する商業、交易の活動を担う経済力をもつ町に変身・発展し、人口も大きく増加した。海洋交易による繁栄は、他の町に比べると遅い時期にもたらされ、その活動が長く続くことになる。斜面状の丘陵地で農場を経営する有力家は、同時に船持ちであり、海上輸送に活躍した。農業生産物に加え、山の上から切り出される木材の輸送が重要な産業となった。海洋交易に活躍するコンカの人びとは19世紀にも多かった。

危険を冒して海に繰り出す船乗りの間には、篤い信仰心が育まれた。マリーナ地区の岬に建つサン・パンクラツィオ・マルティーレ教会には、嵐で難破しかかり命からがら助かった人びとが、奇跡を起こした地元のガエターノ・アモディオ神父と聖母マリアに感謝の念をもって奉納した絵がたくさん保管されている。ニューヨークを目指し、大西洋で難波し

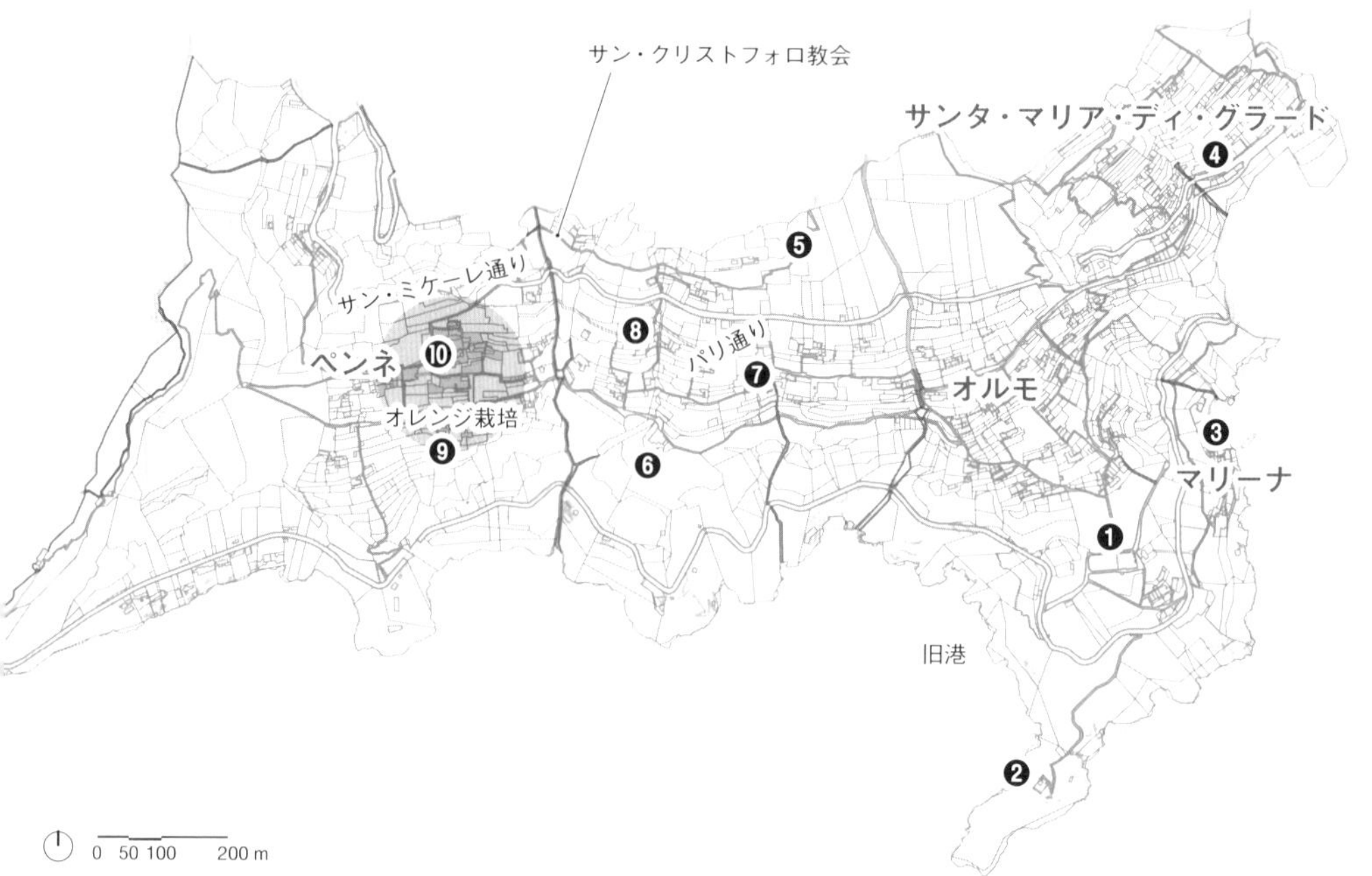

た船が多いのが目を引く。いかにも海の町、コンカの特徴がここに現れている。

アマルフィ共和国は、ピサに攻撃され、12世紀中頃にはその海洋都市としての地位を失ったように思われてきたが、現実にはアマルフィ海岸の全体に、近世の時代を通じて海との繋がりをもち、交易に活躍する人びとが多くいたことは再評価されるべきだ。ある家族の部屋に、ヴェネツィアのサン・マルコ広場の沖合に大きな蒸気船が停泊している写真が飾ってあったので尋ねると、父親がこの船のコックとして働いていたといういい話が聞けた。

海側では、岬の背後の海風から守られ波が穏やかな場所が、13世紀頃には港機能をもつ船の投錨地となった。岬の突端には1279年に防御の塔がつくられ、16世紀には大砲が設置できるよう改築された。反対側の浜辺に、前述の漁師の村が古くから発達しており、18世紀には海から到着する外国人をもてなすオステリアが存在したことが知られる。マグロ業の施設もつくられ、魚の捕獲ばかりか、塩漬けにして保管する仕事にも携わった。

斜面地に点在する建築の構成

農業の形態、それが生み出す景観もじつに興味深い。中世の古い時期から、棚田と似た段々状の造成手法が発達し、そこにブドウ、オリーブ、レモンに加えトマトなどの野菜を耕作する農業が展開してきた。特に、西側ではオレンジやジャガイモなどをつくっていた。一方、高い位置にある畑ではトマト、レモン、オレンジを栽培しており、かつてはモモや洋ナシも生産していたが、現在ではほとんどみられないという。風を受ける岬の、耕作に不向きな土地ではオリーブが植えられていた。どの家も、農地、菜園、果樹園に囲まれ、その向こうに、地中海らしい開放的な海へのパノラマが広がる。最近では、このような田園風景そのものに大きな価値が与えられてきた。

1960年代からすでにこうした斜面に展開する農業は、市場での競争力もなく危機を迎えたが、近年、アマルフィ海岸のバカンス地としての価値が高まるに従い、ここでも地産地消のよさが評価さ

難破からの救済に感謝して奉納された絵。
アモディオ神父（右）と聖母マリア（左）

コンカ・デイ・マリーニのフラツィオーネ

❶ サン・パンクラツィオ・マルティーレ教会
❷ 見張りの塔
❸ 漁港付近
❹ 「ホテル・モナステーロ・サンタ・ローザ」
❺ ジェンマの家
❻ サンタントニオ教会
❼ インマコラータ教会
❽ パラッツォ・パンドルフィ
❾ サン・ミケーレ・アルカンジェロ教会
❿ 弁護士の邸宅

れ、農業の再生に力となっているという。

コンカにおける伝統的な建築のつくり方は、理にかなっている。斜面をうまく利用し、上の道に正式の入口を設け、そのレベルに主階をとり、居間、寝室群、私的礼拝堂などを置く一方、その下のレベルには、前面に連続アーチのポルティコを設けて庭に開き、農業に欠かせない動物小屋、ワイン倉を並べる。同時に、雨水を集める「貯水層」が不可欠だった。

一般の庶民の家は、この地域独特のヴォールト天井をそのまま屋上に見せているのに対し、有力家では、その上に木材を用いて屋根を架け、堂々たるパラッツォの風貌を獲得している。ヴォールト建築がヴァナキュラーで伝統的なのに対し、勾配屋根をもつ建築は都市型にも通ずる洗練された新しい形式という感覚があったに違いない。こうした1階の前面にポルティコをもつ格好いいつくり方は、17～18世紀に大いに広がったようである。華やかな時代の先端の様式を海に開く表側に見せる一方、背後のサービス空間に、古い中世の建築要素が残る傾向がある。3階をもち、そこを夏の家として貸すケースも増えている。ゆったり長期滞在する人びとにとって、都会的な賑わいに溢れたアマルフィの町より、田園風景の向こうに海が広がるコンカの農家、邸宅は理想的な環境を提供する。

アマルフィ、あるいはサレルノなど、他の都市に普段は住みながら、故郷であるコンカで夏の間、親や親戚と一緒に楽しく過ごす人びとの姿がどの家でもみられる。ローマ、ナポリの大学で学ぶ子どもたちも夏の間、長期、帰郷する。

そうしたコンカを調査し、この地域の人びとのホスピタリティに感激した。人びとの心にゆとりがあり、地元の風土、文化をこよなく愛する。急な階段を毎日、上り下りする大変さはあるものの、素晴らしい生活の場がここにある。

豊かな自然、長い歴史に裏打ちされた独自の文化を誇り、美味しい料理、ワインを楽しめる小さな町や村が、このコンカをはじめアマルフィ海岸にはいくつも存在する。今日、イタリアの各地でこうした嬉しい出会いを体験でき、そこにこの国の底力を感じ取れる。21世紀に生きるわれわれにとって、まさにサステイナブルな地域の生き方をここから学べるのではなかろうか。

第2節 4つの地区

（1）マリーナ地区

まず、海辺から崖上にかけて広がる「マリーナ地区」を訪ねよう。13世紀頃に起源を持つ地区で、住民の多くが半農半漁の生活を営んでいた。サン・パンクラツィオ・マルティーレ教会が教区教会である。

❶ サン・パンクラツィオ・マルティーレ教会

コンカの岬の海を望む高台に建ち、周囲をオリーブ畑に囲まれている。史料上の初出は１３７０年だが、その後何度も改築が加えられ、内部はバロック様式で、ファサードは１９３０年代に再建されたものである。しかし、側廊の左側にある物置部屋には、創建時の14世紀のリブ付き尖頭交差ヴォールトが残っていて、かつては女性専用の出入口だったという。聖具室にもヴォールトが架かっていたが、司教館を３階に増築した際に取り除いた。また、アプス（後陣）の半ドームには16世紀のフレスコ画が残っており、内陣の祭壇は17世紀のものである。教会前は公共的広場というよりは、周囲を壁で囲まれた聖域としての前庭で、１５４３年に整備されたものである。５月12日の聖パンクラツィオの日には、宗教行列が行われる。サンタ・マドンナ・デル・カルミネも奉っており、7月16日にも宗教行列が行われるという。

この地には聖人のように崇拝される重要人物が登場した。前述の１７７２年に亡くなった年代記家ガエターノ・アモディオ神父が奇跡によって難破船を救出し、コンカの人々の信仰を集めた。そのため教会内には、難破しかかった船に奇跡を起こすアモディオ神父と聖母子が描かれた絵が多く残されている。御加護があって助かった人々が感謝に奉納したものだ。日本の港町にある航海の守り神を祀った神社にも、まったく同じ役割と意味をもつ「難破絵馬」がみられるのが興味深い。神頼みはどちらにも共通している。マリーナ地区

ガエターノ・アモディオ神父像

サン・パンクラツィオ・マルティーレ教会

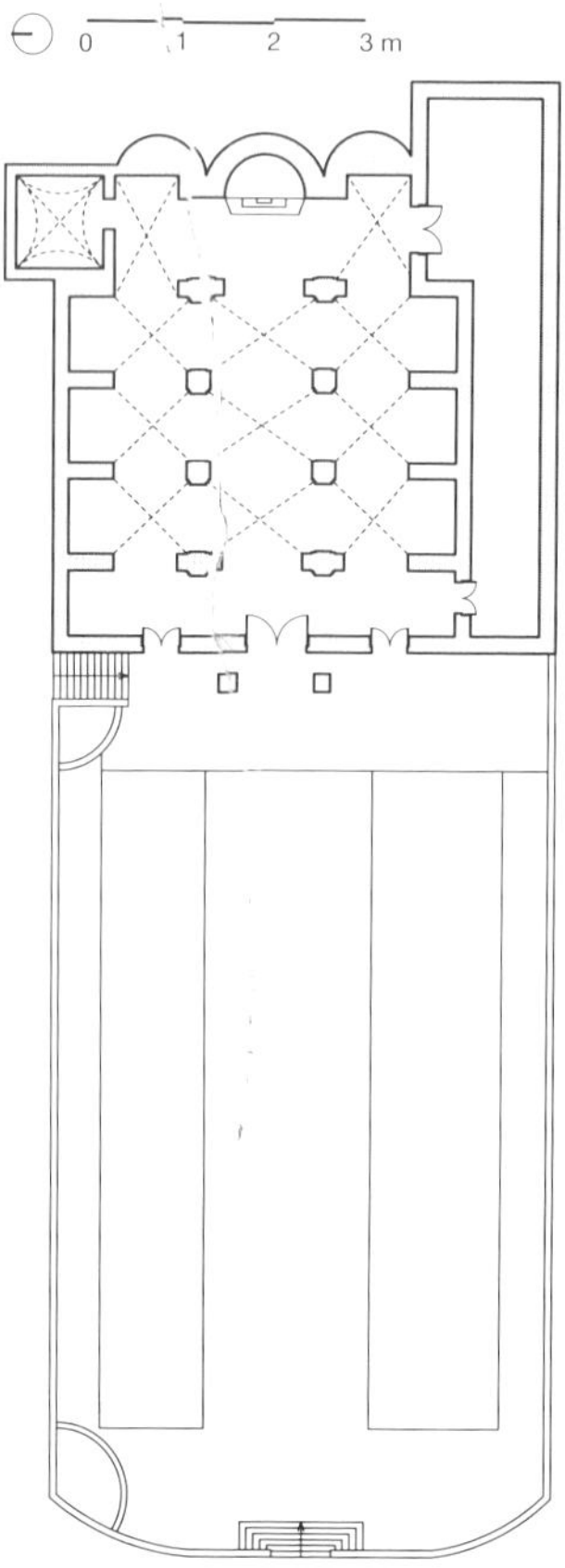

サン・パンクラツィオ・
マルティーレ教会平面図

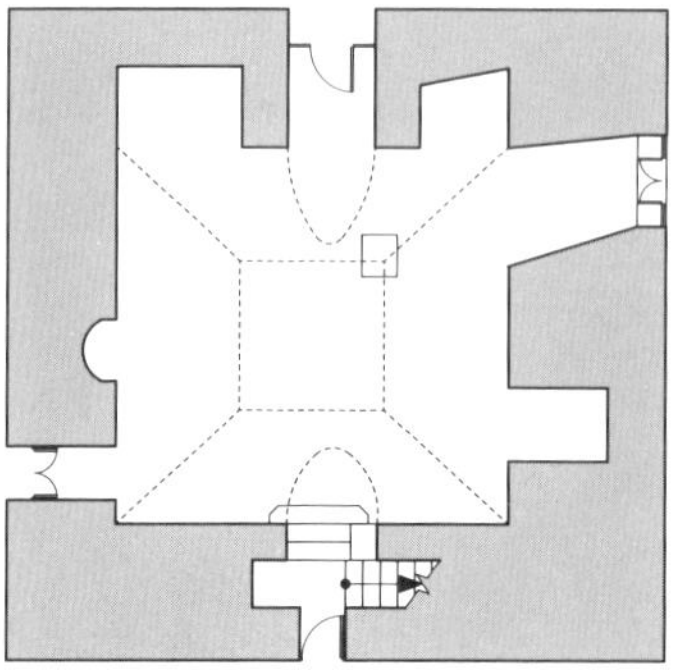

見張りの塔平面図

の教区教会だけに、海との強い結びつきが感じられる。

❷ 見張りの塔

岬の突端に位置する見張りの塔で、アンジュー家支配期の１２７９年に建造され、16世紀により強固なものに再建されている。壁厚は3メートルに及ぶ。建材は、近くの山から切り出してきた石灰岩を使っており、地下には籠城に備え、貯水槽がある。見張り人は、敵の船の接近をみつけると、昼は煙、夜は炎で、船の数が10隻以下なら2回、10~20隻なら3回、20隻なら4回のサインを送り、両サイドの隣の岬の塔に知らせるという決まりがあったという。それがリレー形式で海岸沿いにすぐに伝わったのだ。役割を終えた塔は、18世紀には墓地として使われていたという。現在は市が所有しており、展覧会などが開催されるイベント会場として使われている。

❸ 漁港付近

漁師が多く住んでいた地区で、最盛期には１５０人ほどの漁師がおり、ナポリやサレルノへ魚を売りに行っていた。今でも漁を続けている漁師が何人もいて、近隣のレストランに提供しているという。また、18世紀頃からはマグロ漁が盛んで、１９５１年まで行われていた。北アフリカのリビアまで出掛けることもあったという。4月から11月にかけてのマグロ漁の時期には、上に住む農民も駆り出し、季節労働者として雇っていた。

入江の土地には所有者がいるが、慣習として住民の共用空間として使われ、船を係留したり、漁の網を干したりしていた。現在は、小さなビーチとして夏の間は海水浴客で賑わ

見張りの塔内部

見張りの塔

っている。
シャンパンで有名な酒造メーカーも海に面した建物を所有し、保養所としているようだ。小さなビーチだが、静かな夏の休暇を過ごすには格好の場所である。
湾に面した1階部分にアーチのある建物は、かつてマカロニ工場だったが、現在は1階にバール、上階は住居となっている。また、浜辺の外れに建っているトンネル・ヴォールトの架かる建物は、かつては船の修理場だった。
マリーナ地区の崖状の斜面に発達した高密な集落を下り、浜辺に出るところに、可愛らしいサンタ・マリア・デッラ・ネーヴェ教会がある。創建は13世紀に遡るという。現在の建物は18世紀に建設されたもので、浜から階段を上った先にあるファサードは、扉と三葉形アーチの窓だけの簡素なもので、柱も何もない単身廊の内部では、外陣に平天井、内陣には扁平のトンネル・ヴォールトが架かる。祀られているのは漁師の庇護者で、8月5日には、アマルフィまで船で移動する宗教行列が行われるという。

旧マカロニ工場

漁港周辺

サンタ・マリア・デッラ・ネーヴェ教会

(2) サンタ・マリア・ディ・グラード地区

次に、アマルフィ寄りの東側にある「サンタ・マリア・ディ・グラード地区」を見る。13世紀創建の教会があるが、17世紀後半に海を望むアマルフィ側の断崖絶壁の上に、サンタ・ローザ女子修道院が建設され、その影響力が強まった。

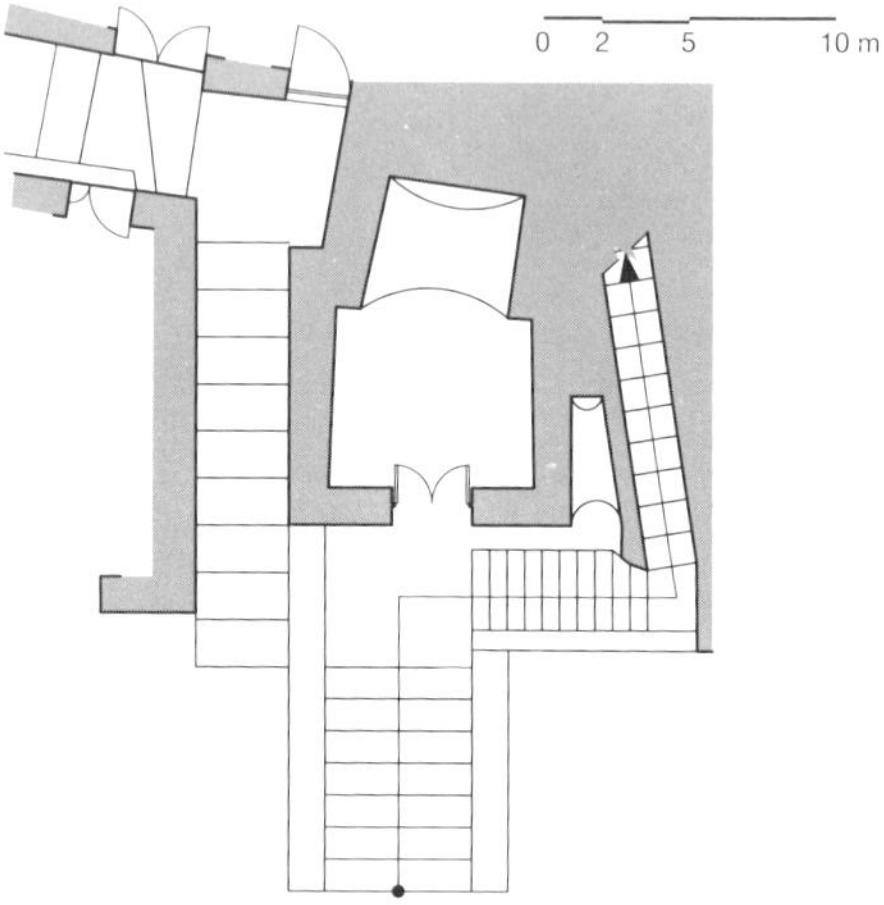

サンタ・マリア・デッラ・ネーヴェ教会、平面図

❹ ホテル・モナステーロ・サンタ・ローザ

海岸沿いの景観のなかでひときわ目立つ巨大な複合宗教建築で、１６８１年に女子修道院として建設され、脇により古くからある同名の教会が付属している。近代を迎え、１８８６年には修道女が退居させられ、１９３４年から主にビジネスマン用のホテルとして利用された。１９６９年にはアメリカの旅行ガイドブックに掲載され、多くの外国人にも知

❹ホテル・モナステーロ・サンタ・ローザ入口

同、庭

られるようになったが、ホテルとしての飛躍は次のステップを待たねばならなかった。1999年に滞在した現オーナーのアメリカ人女性、ビアンカ・シャルマ氏が建物の購入を決め、2012年に長年の修復を経て、最高級ホテルとしてリニューアルオープンしたのだ。この時期になると、イタリアでの歴史的建造物をリノベーションして現代に活かす技術、センスが洗練度を増し、素晴らしい空間を実現している。特に南イタリアの建造物は全体が石造りで、スケールが壮大かつ重厚なものが多く、再生による効果がより一層高まるといえる。

門を入ると、教会前にはアトリウムのような前庭があり、そこに修道院の入口も面している。修道院の雰囲気を残すアイデアが面白い。案内係を呼ぶために入口脇には小さな鐘が吊り下げられ、廊下に置かれた告解室はホテルの客室アンケート用紙の投書箱に活用されている。また、オフィスに転用された部屋がかつて修道院併設の薬局だった記憶を受け継ぎ、さらにどの客室にも薬草の名前が付き、扉にはその薬草の絵が描かれたタイルが掲げられている。そもそも薬局は特権的な存在で、かつてはその多くが修道院に設けられていた。

俗世間から隔絶された修道院のなかで暮らしていた30人以上の修道女が唯一、親戚家族と格子越しに会うことのできた部屋が入口横のレセプションルームである。その部屋の壁面には、建設当時のフレスコ画が描かれている。こうした歴史の遺産は、ホテルの空間価値を際立たせる。

この巨大複合建築を支えた背後の技術も注目される。裏にあるボチート山から引かれた2本の水路のうち1本は公共の泉へ、もう1本は道路を跨いで修道院の屋上にまで達し、建物内に水を供給していた。屋上に突き出して並ぶトンネル・ヴォールトの屋根は、本来の屋根の上に二重に重ねて架けられたもので、外側は小さく、内側は大きい開口部を設けて通風をよくし、夏は直射日光を避け、冬は干し草を入れて断熱効果を高めていた。

地下階にあった貯水槽はなんとスパに、またワイン蔵・食料庫はエステティックルームに、現代の先端的な技術とデザインで格好よくリノベーションされている。客室は20部屋あり、58人の従業員が働く高級ホテルで、宿泊客の8割が新婚旅行で訪れているという。道路を挟んだ山側にある菜園で採れた野菜は、ホテル内のレストランで提供されている。地産地消は、自然に恵まれたアマルフィ海岸では当たり前になっている。

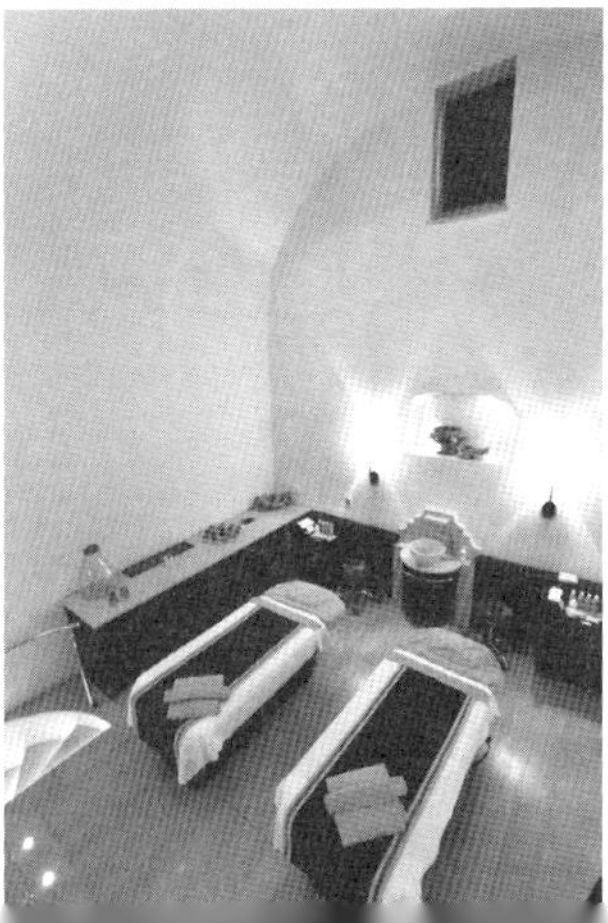
エステティックルーム

❺ジェンマの家

コンカでは、地元の有力者で弁護士のブオノコーレ氏（現在は市長）とその甥のシモーネ氏の絶大なる協力を得て、面白い調査を進めることができた。彼らから、このコンカのなかでもかなり高いところにある集落にひとりで住む素敵なご婦人、ジェンマさんに是非会うようにと勧められ、一緒に訪ねた。ペンドーロ、現地の方言でピエヌオーロと呼ばれる山の上の集落で、幹線道路よりもさらに上で車を降り、われわれは石灰岩の岩肌が露出する荒々しい斜面を下りつつ、ずいぶん歩いた。はるか眼下に真っ青な地中海が広がるパノラミックな風景に感動しながら、待望のジェン

ベランダで話すジェンマさん

ジェンマの家

マさんの家に到着。斜面を活かした2階建てで、上が見晴らしのいいベランダのある居住空間、その下に動物小屋や納屋を置く典型的な農家だ。まわりに何軒もの古い家が並ぶ正真正銘の集落で、１９６０年代までは40人ほどが住んでいたが、その後ほとんどの家族が山を下り、町へ移住したという。住民が去った家はどれも廃屋状態にある。

20年以上前に、母親が97歳で亡くなった後、80歳を超えるジェンマさんはずっとひとりで暮らしてきた。畑でブドウやトマトを育て、家畜の世話も家の修理も家事も、なんでもひとりでこなす。町でしか買えない食料や生活必需品などはスーパーや親戚、知り合いが届けてくれるため、生活には不自由ないという。ブオノコーレ氏も、彼女が自身の館の農場管理人と親戚だったため、子どもの頃によく遊びに来た思い出をもち、ときおりここを訪ねるのを楽しみにしている。

最近の建設現場ではコンクリートや新しい建材を使って、古いものを台無しにしてしまうと痛烈に批判するなど、人生の経験に基づく含蓄のある彼女の話は、自然のなかで人びとが長年培ってきた生活の知恵に満ち、すべてが哲学的で感銘を受けた。

じつは、その続きのいい話がある。２０１

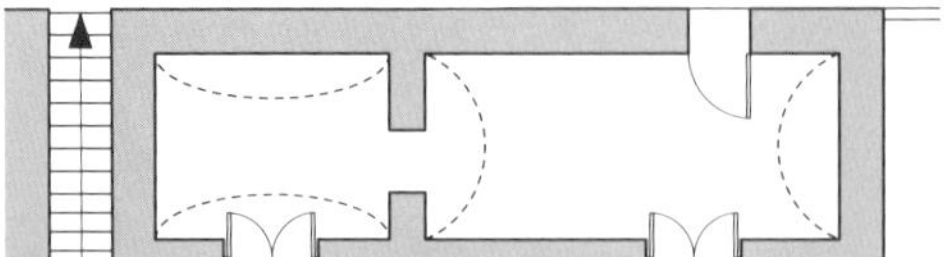

2層目

ジェンマの家、平面図

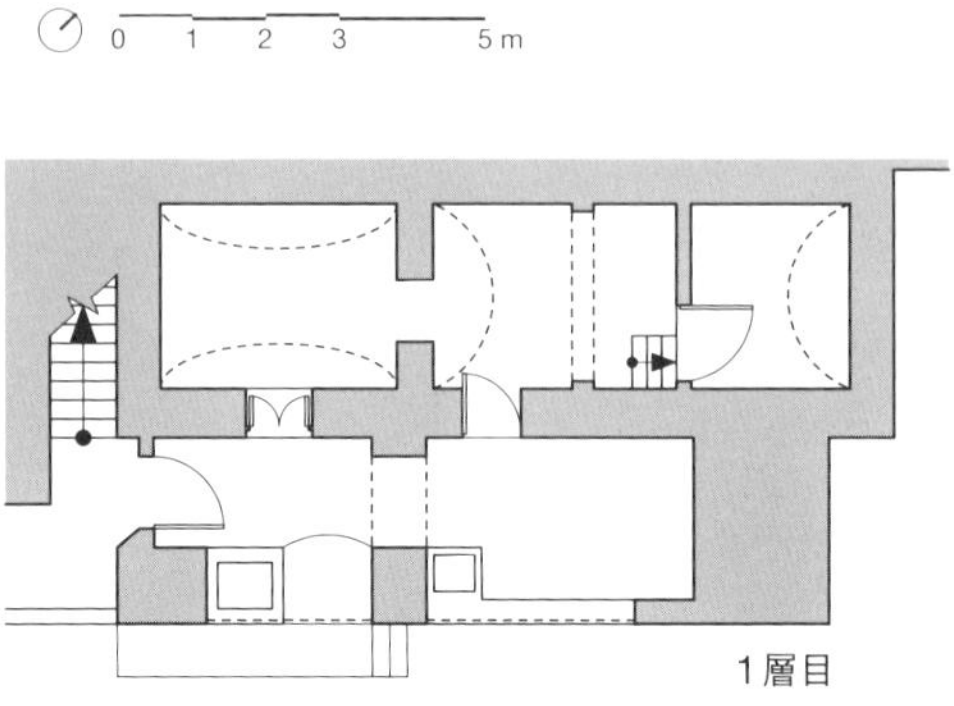

1層目

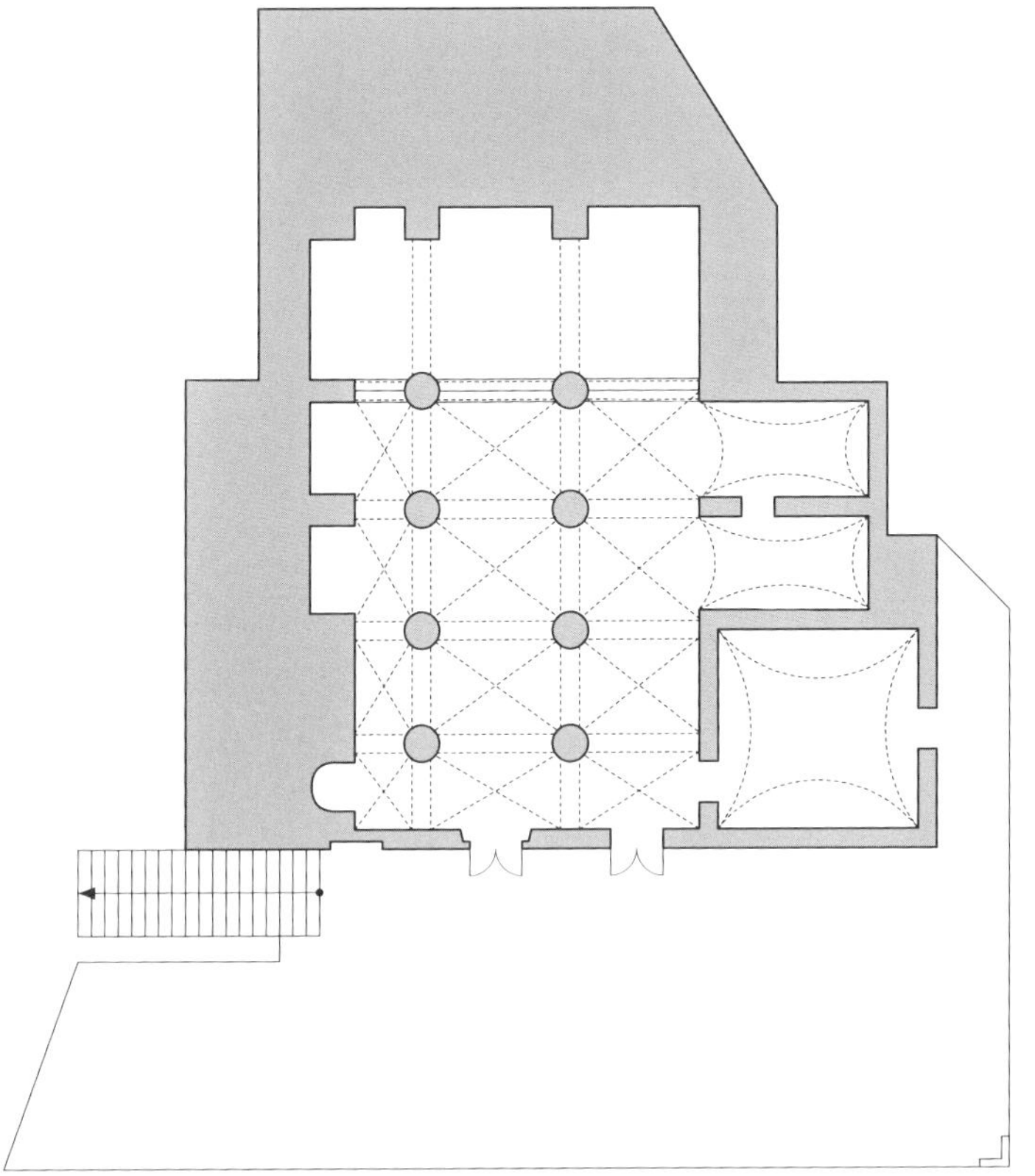

サンタントニオ教会、平面図

7年12月6日放送の「旅するイタリア語」（NHK）の番組へのジェンマさんの出演が実現した。バイオリニストの古澤巌氏がこの家のベランダで、映画好きの彼女に「ニュー・シネマ・パラダイス」のバイオリン演奏をプレゼントしたのだ。美しすぎるアマルフィの海をバックに奏でられるメロディ。ジェンマさんのしわくちゃな素顔のアップと涙。そのシーンは多くの視聴者に感動を与えた。

(3) オルモ地区

地理的にコンカの真ん中に位置する地区で、歴史的に政治・行政の中心の役割を担ってきた。大小の2つの教会と、住宅建築としてパラッツォおよび農家を実測した。

❻ サンタントニオ教会

オルモ地区の斜面地に立地している教会で、海に向かって張り出した崖の上に象徴的に建つ姿は強烈な印象を与える。海上を行く船から見ても重要なランドマークとなっている。現在は、サン・ジョヴァンニ・バッティスタ教会と呼ばれることが多い。

史料上の初出は１４１６年というが、より古い歴史があると思われる。現在の端整な美しさを誇る教会堂は19世紀末に再建されたものだ。引き続き、１９０９年には聖域としての前庭が整備され、現在のような広いスペースがつくり出されているが、もともとは教会前に墓地があった。また、海側には堡塁のようなテラスがあり、実際に戦時中は大砲が置かれていたという。聖具室はかつて病院（診療所）として使われていたらしい。

　ローマのイル・ジェズ教会のような渦巻き装飾をもつ2層構成のファサードは、付け柱によってほぼ等間隔に分割され、中央には扉が3つある。しかし、左の身廊に続くと思われる扉はじつは偽りのものであり、壁面に他の木製扉と同じ模様を刻みつけて、左右対称のファサードを生み出している。驚くべきトリックが隠されている。

　聖アントニオはコンカの守護聖人であり、6月13日の祝日には聖人像を信者たちが担いで教会堂を出発し、町のなかを巡って、サンタ・ローザ教会まで行くようだ。

　教会内部の祭壇に掲げられている絵画には、ユリの花を持つ聖母子を見上げる聖アントニオが描かれているが、その背景には山の斜面地に家々が点在する集落が見える。コンカの町を描いたものと思われ、海面には近いところには見張りの塔が2つあり、絶壁の上には4つの教会が建っているのがわかる。

❼インマコラータ教会

　オルモ地区のなかほどにあるヴィットリオ・エマヌエーレ3世広場、またはオルモ広場に面して小さなインマコラータ教会がある。

　1674年創建のこの教会は、もともとはパンドルフィ家の礼拝堂であり、床下に同家の棺が埋葬されている。単身廊のシンプルな教会堂で、天井には16世紀末から17世紀頃の建築によくみられる爪形装飾付きトンネル・ヴォールトが架かっている。祭壇や床細工は19世紀のものである。

サンタントニオ教会

インマコラータ教会平面図

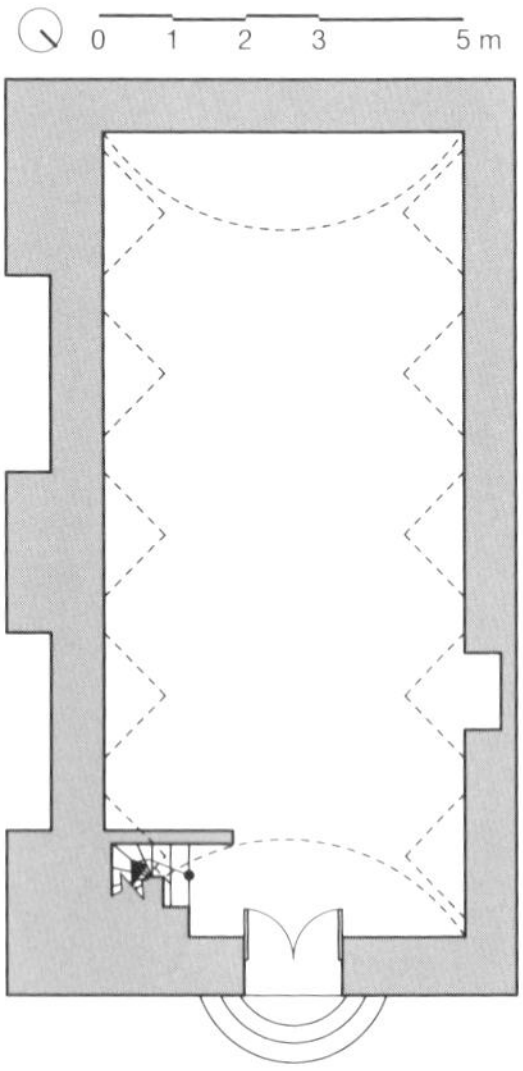

インマコラータ教会

❽ パラッツォ・パンドルフィ

インマコラータ教会を建造したパンドルフィ家は、16世紀にスカーラのフラツィオーネ（村落）、ポントーネから移住してきたコンカの有力家である。この家族が建設したパラッツォ・パンドルフィは、さすがに規模が大きく壮麗である。子孫が途絶えたため、ヴィットリア・パンドルフィが1680年にサンタ・ローザ修道院に寄進した。

ランドマークとしてそびえる塔と住居棟で構成されており、現在はそれぞれ分割して所有されている。塔には開口部が少なく、屋上に狭間がある。裏庭にある外階段で上る3階にはパヴィリオン・ヴォールトが架かっており、改築によってロフトを設け、現在は貸し部屋として利用している。地下には6メートルほどの深さの大きな貯水槽があり、以前はメロンなどの果物や野菜を水に浸して冷やしていたという。塔の1階、2階は40年ほど前に建物の一部を購入したアナスタシオ家の所有である。1階は倉庫として使われ、そこに置かれた網や釣り針は漁師である息子のもので、地元のレストランや魚屋に卸しているという。2階は改築によって隣接する住居棟と内部で繋げられてA家の台所となっている。一列に並んだ住居棟2階の部屋は、玄関ホール、居間、子ども部屋、主寝室となっている。

パラッツォ・パンドルフィの塔

住居棟の2階には、北側のトッレ通りに面した切石積の門から裏庭を通って入る。裏庭はトマトなどを育てる菜園で、かつては羊や牛、豚を飼っていた。サンタ・ローザ修道院からアマルフィ司教区へ移管され、現在は貸し家となっている。入口から居間兼台所と2部屋の寝室が並んでいる。居間兼台所は平天井だが、寝室はそれぞれにパヴィリオン・ヴォールトが、裏にある食料庫には中世の尖頭交差ヴォールトが架かっている。古い建物を取り込みながら、パラッツォが建造されたのであろう。ここには高齢の母親と娘が古くから住んでおり、40年前に亡くなった父親は蒸気船にコックとして乗船していたというのは船乗りの町コンカらしい話である。その船がヴェネツィアに停泊していた際の写真が壁に飾られていた。

パラッツォとはいえ農場の機能を備え、1階は貯水槽やワイン蔵、家畜小屋、オリーブオイル搾油所（フラントーイオ）として使われていた。家畜小屋では鶏、牛、豚を飼っており、前庭は畑として耕していた。一部は住居として使われたこともあるようで、外部にトイレが増築されている。

（4）ペンネ地区

コンカの市域で最も西に位置し、南下りの斜面の地形に合わせて発達した地区である。主にその真ん中あたりに邸宅や農家が散在している。ここでも、もとの教区教会とパラッツォおよび農家を実測した。

❾ サン・ミケーレ・アルカンジェロ教会

史料によると1208年建設とされており、もともとは教区教会であった。ファサードは非常に簡素であるが、内部には18世紀頃のバ

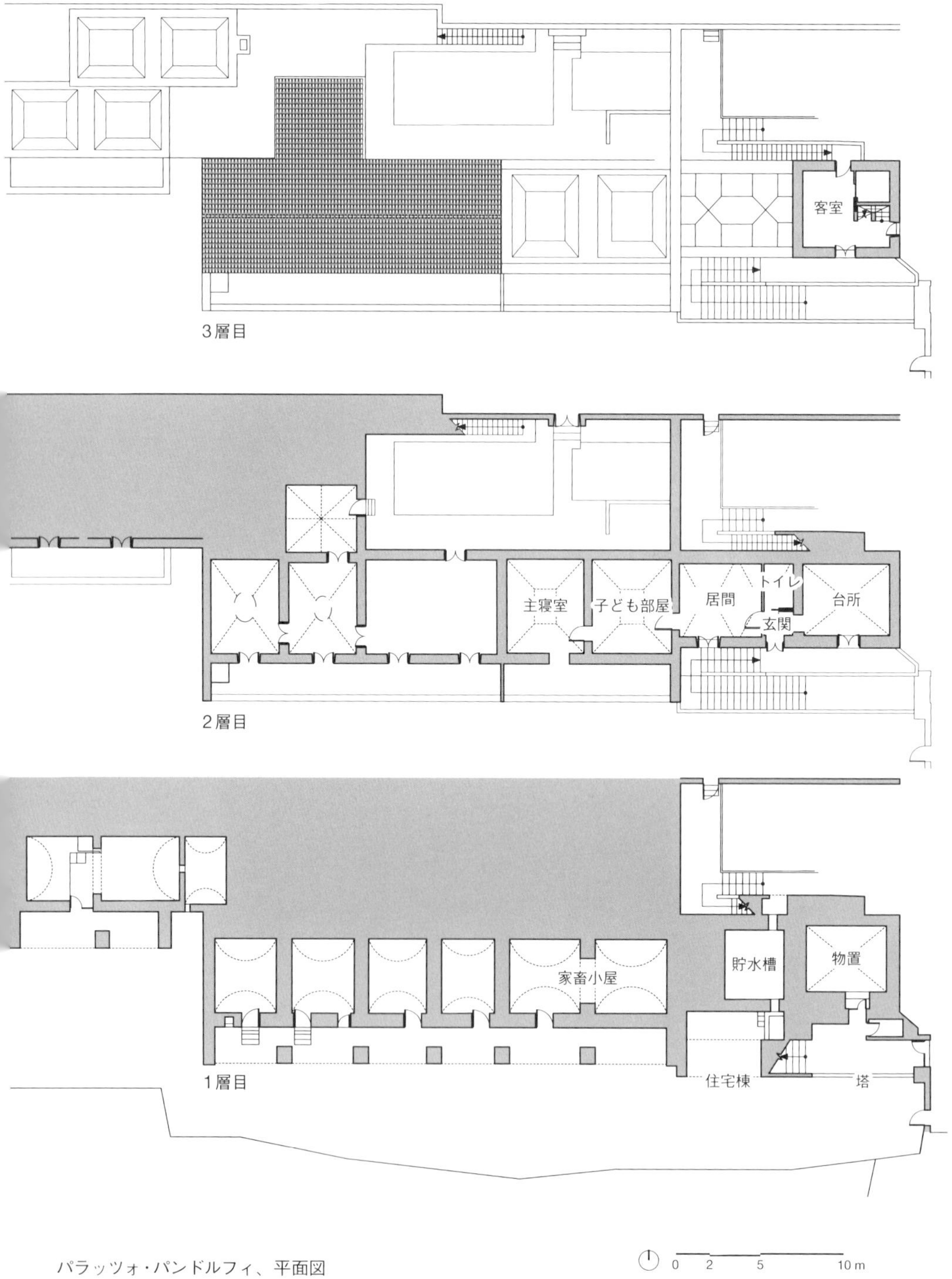

パラッツォ・パンドルフィ、平面図

教会内部

サン・ミケーレ・アルカンジェロ教会と広場

ロック様式の漆喰装飾が施されている。大天使ミカエルの祝日である9月29日に祭事が行われている。

　単身廊の教会堂の左側裏手に12〜13世紀の尖頭交差リブヴォールトが架かった狭い部屋があり、建設年代を裏付ける。そこに講壇に上がるための階段があるが、ヴォールトが分断された形状から、階段や身廊左側の祭壇部分は、改造によるものと考えられる。また、後陣の右側に入口がある聖具室には、八角形の部屋に角丸長方形のヴォールト天井が架かっていて、教会の横を通るサン・ミケーレ通りを覆っている。教会前広場から正面左側に伸びる階段の先は司教館で、１９８０年頃まで使われていたという。鐘塔に隣接し、交差ヴォールトが架かる前室の上部を含めた2階部分が司教の居住スペースだった。

　教会前の海へ眺望が開く広場には腰掛けが備えられており、特にミサの後などには大勢の住民が集まる交流の場であった。かつては男性は商談などをし、女性は地元で栽培されたシュロの葉を編み、子どもたちはサッカーなどをして遊んでいたという。

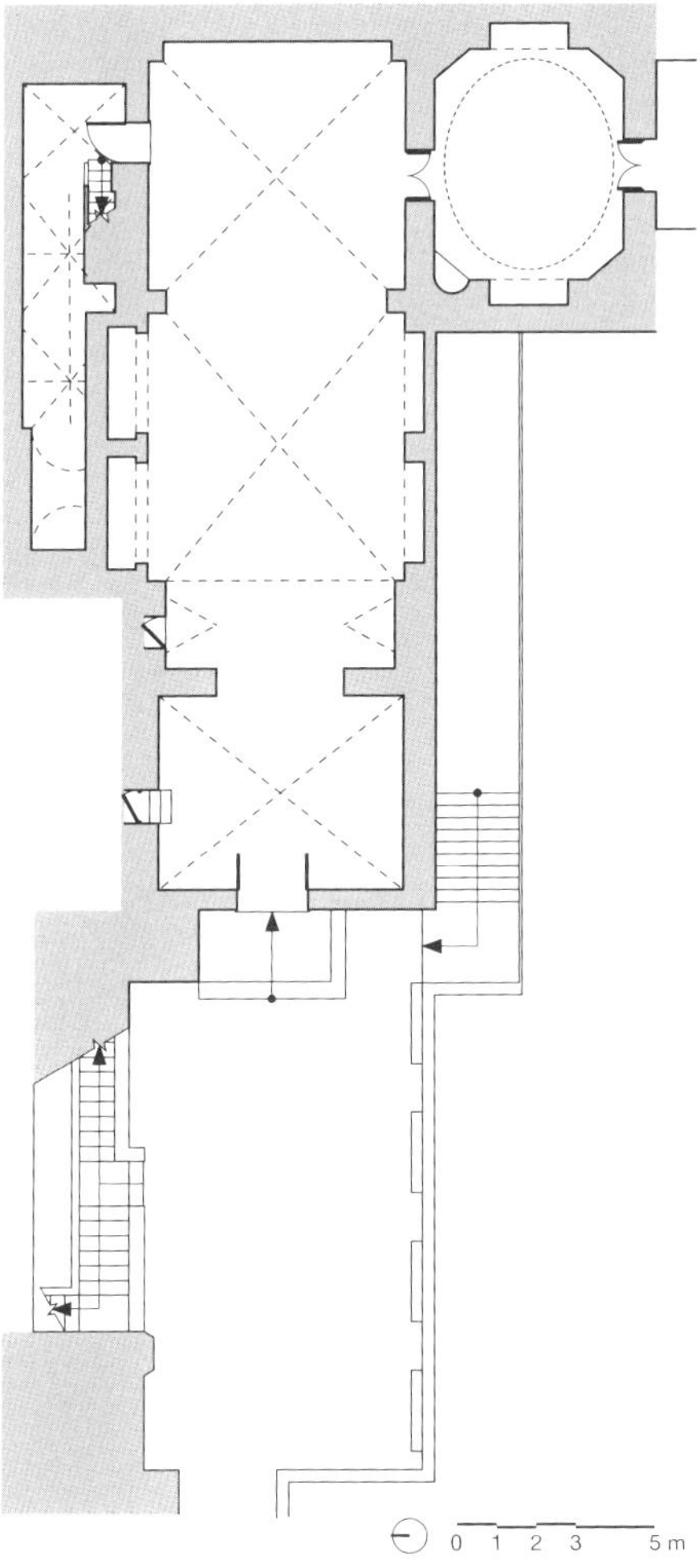

サン・ミケーレ・アルカンジェロ教会、平面図

⑩ 弁護士の邸宅
——パラッツォ・デリ・アモデオ

　オルモ地区にある邸宅のひとつで、アマデオ家が所有していた。現在の所有者は、われわれのコンカ調査の協力者である弁護士ブオノコーレ氏で、その曾祖父ピエトロ・パオロがアマデオ家の娘と結婚したが、アマデオ家が途絶えたために、ブオノコーレ家の手に渡ったという経緯がある。所有者の曽祖父はノチェーラにビジネスの拠点を置きながら、船をもっていた。

2階のテラス

　上流階級の邸宅だけに、最高の見晴らしをもつ斜面に建ち、しかも教会の近くに位置している。かなりの勾配をもつ敷地をひな壇状に造成し、3層構成になっている。まわりには農地が広がり、農業経営を任された家族が最も下の階に住み、脇を通る急な階段状の坂道に玄関がある。入ってすぐ左の壁の厚みを生かし、そこに伝統的な簡易トイレが設けられているのが目を引いた。単に穴があいていて、その筒を伝わって下に汚物が落ちる仕組みである。下側の目の前の道路は19世紀になってからできたもので、それ以前は畑が広がっていた。現在は東側にレモン畑やブドウ畑が広がる。

　2階の住戸では台所に立派なヴォールト天井が残っている。動物小屋は建物の外にあった。そのことからも、この建物が高貴な建物だったことがわかる。

　この住宅はユネスコの資料によると、16世紀末のヴィッラである。主階である3階へは、裏手の道に取られた入口からアプローチする。そこには6つの部屋が連なり、どの部屋にも美しく装飾されたヴォールトが架かる。建物前面に広がるテラスの下には、大きな貯水槽が残っている。

　これらのヴォールトの上にわざわざ勾配屋根を架けており、バナキュラーで伝統的なヴォールトを隠すことで、パラッツォとして格式を高く見せる手法が使われている。長年使わず放置されてきたこの邸宅を、歴史的価値を尊重しつつ修復・再構成して、現代の用途をもつ建物に甦らせたいとブオノコーレ氏は夢を語ってくれた。

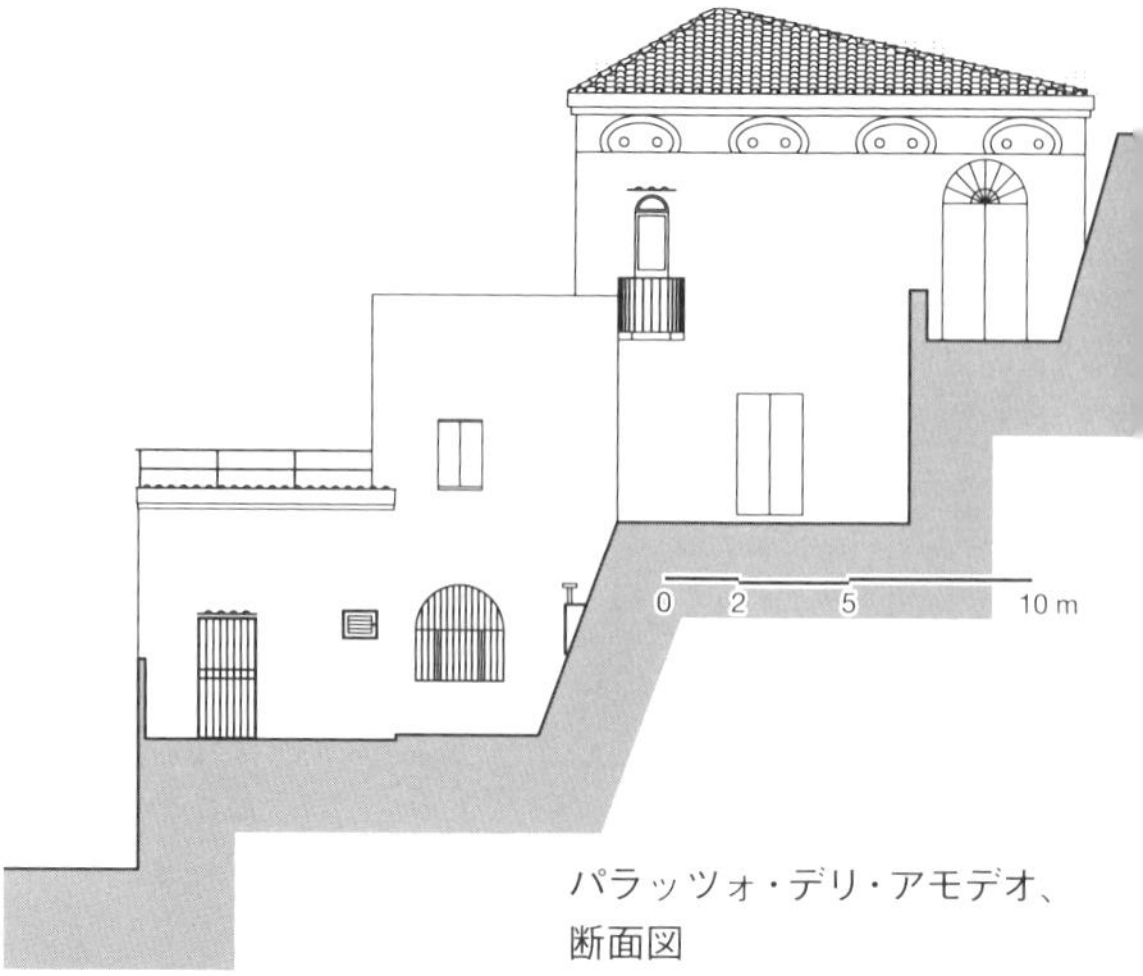

パラッツォ・デリ・アモデオ、断面図

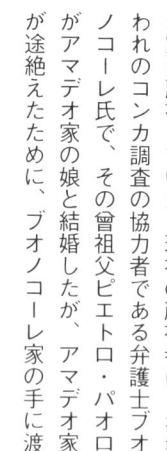

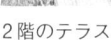

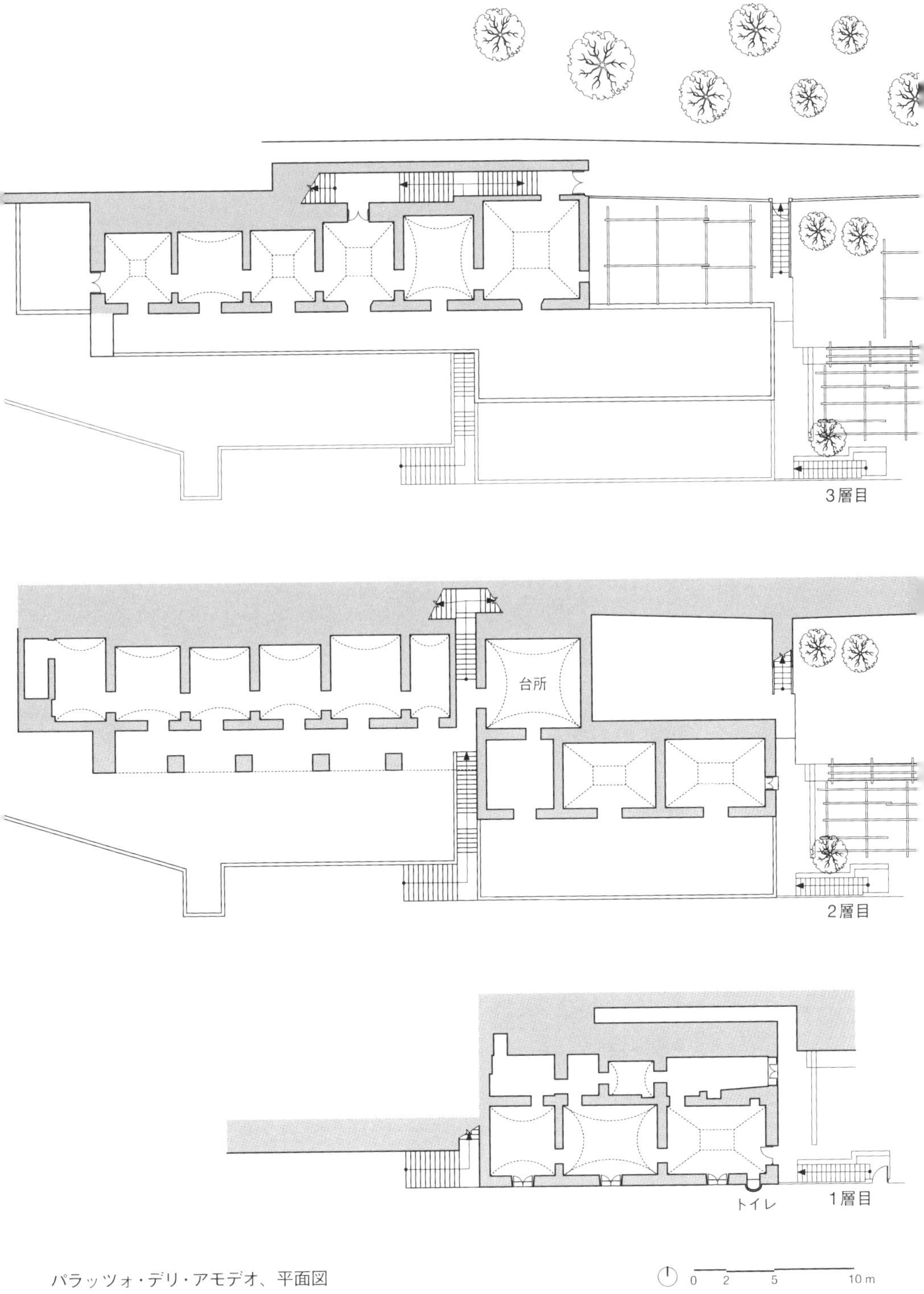

パラッツォ・デリ・アモデオ、平面図

第10章 [補遺] アマルフィ海岸の丘陵と山岳地の居住形態

——ラヴェッロ、スカーラ、トラモンティ

中世初期の丘陵・山岳地の居住地

5世紀から9世紀の間に建設されたアマルフィ海岸の居住地の地勢は基本的に2つの系統に分けられる。海沿いに立地するタイプと内陸の丘陵と山岳地に立地するタイプである。

ここではあまり知られていない後者に光を当てて論じてみたい。このタイプは、3つの頂をもち、そのうちいちばん高い海抜1500メートルのサンタンジェロ山を擁するラッタリ山地の斜面の丘陵地に発達した、農地のなかに点在する村落によって形成された居住地（terrae ラテン語、都市になる前の状態）に代表される。これらの村落はブドウ、果樹、クリの段々畑のなかの居住空間、馬小屋、ワイン貯蔵庫、ワイン醸造所、倉庫によって形成されていた。従って、これらの村落（casale）が集まって、聖母や東西の聖人を戴く、田園の教会いわば教区教会が建設されるようになる村（villaggio）を形づくっていた。

当時アジェーロラ、トラモンティ、スカーラ、ラヴェッロなどに、レッテレ城の地区の急斜面や平地につくられた実際に住める地域同様、居住地が存在した。このように、実際にはトラモンティやアジェーロラの中心地区はまだ存在しておらず、小さな村落群で形成されているだけだった。従って、アジェーロラはボメラーノ、ピアニッロ、カンポラ、サンラッザーロという4つの小さな集落（frazione）からなり、トラモンティは次に挙げる13の村落（casali）で構成されていた。すなわち、カンピノーラ、ポンテ、ジェーテ、ノヴェッラ、プカラ、カピティニャーノ、チェザラーノ、パテルノ・サンテリア（小）、パテルノ・サンタルカンジェロ（大）、ピエトレ、フィリノ、ポルヴィカ、コルサーノの村落である。

中世の時代、これらの居住地は城壁に囲まれておらず、侵入者を撃退する役目を負う遠方のいくつかの要塞によって防御されていた。故に、トラモンティの北側の入口、ここは事実上サルノ谷、つまりサレルノのロンゴバルド公国からアマルフィ公国への入口であったのだが、この入口にはキウンジ峠（ズンクリ）からの道が通じていた。この峠は、自治共和国時代（839〜1131）には砦によって、また1454年には領主ライモンド・デル・バルツォ・オルシーニ公爵によって建設され、現在は多少改造されている円筒状の塔によって守られていた、南側の村落に通じるチェザラーノの村落やラヴェッロに向かう小道を検問する為には、強固なモンタルト城がそびえていた。この城の南の麓には、1305年からラヴェッロの住民に水道を供給している、ミノーリ川を潤すアクア・サブカーナ（Aqua Sabucana）という源泉が湧き出ている。この要塞は城主ジョヴァンニ・スクラーヴォ・ディ・トラモンティの指揮により、1131年2月のシチリアのノルマン王ルッジェーロ2世の包囲に長い間持ちこたえた。しかし先端が頑丈な鉄の鉤になっている長い棒によって城壁や防壁がこじ開けられ、大王の部隊に降伏させられた。領主ライモンド・デル・バルツォ・オルシーニ公爵とエレオノーラ・ダラゴーナ女公爵は1458年にポルヴィカ村の地域に、新しい城サンタ・マリア・デ・パルティチェッラ・オ・ラ・ノーヴァを建設した。この新しい小さな城塞は完全に城壁に囲まれ、7つの正方形の稜保、聖母を祀る小礼拝堂、雨水を溜めるタンク（貯水槽）を備えていた。この城は一時期、前述のエレオノーラ・ダラゴーナ女公爵が、ナポリ王国のアンジュー家の復讐を支えて公国を放棄せざるを得なくなるまで住んでいた。

トラモンティの古代・中世

ローマ帝国の領土（praedium）とある種関連していると考えられるチェザラーノや、ガエタ地方にも存在するコルサーノ、ラテン語のfigulinus（壷）に由来するフィリーノのように、トラモンティ地域の地名が明らかにローマ起源であるということは、古代ローマ時代の居住核の存在について語っている。事実すでに19世紀には、チェザラーノでローマ時代の素焼きの容器の保管所が発見され、続く20世紀には特にこの地域の4か所で、1世紀のローマ時代の田園の別荘（ヴィッラ）跡が見つかっている。最も意義のある発見は、ポルヴィカでのもので、この地名の語源は、この地域の中で公共の所有である、ということが強調されているラテン語のPublicaである。ヘレニズム時代（紀元前4世紀）の小屋が集まる村落の跡に建設された、帝政時代の1世紀の別荘もあるとのことである。幾人かの研究者によれば、青銅時代（3000年前）の居住地の跡も特定することが可能であると言われている。従って、先に述べたローマ時代の別荘が紀元79年のヴェスヴィオス火山の噴火によって軽石に埋まってしまった後、その上に建てられた2番目の別荘が証明しているように、この地域は何度も人が住んでいたと言える。もっとも、この2番目の別荘は5世紀の洪水によって破壊され、その廃墟の横に中世に小さな墓地がついた教会が建てられた。

トラモンティ（Tramonti）は、中世初期のアマルフィの羊皮紙にはトラスモンティ（Trasmonti）と書かれている。このことは「山々の彼方へ、または山々を越えて」を意味していると推測される。この山々や丘は地理学上の形成の観点からも大変古いものである。粘土層が豊富でローマ時代からその赤い土は容器や陶器をつくるのに大変適しており、ルネサンス時代には、イタリアで最も素晴らしい陶器で有名な町の名を出して、「ファエンツァの陶器より美しい皿」と記されている。

トラモンティ地域の特徴は、つねに森、クリ林、ブドウ畑があったことである。ポルヴィカのローマ時代のヴィッラ（別荘）の跡から出た、ブドウの木の切り株の石膏型の測定から、1世紀にはローマ人たちがアマルフィ海岸にブドウの栽培を持ち込んだことがわかる。アマルフィ、特にトラモンティのブドウ畑は、ナポリの詩人スタツィオやマルツィアーレの風刺詩によく出てくる、ソッレントほど素晴らしいワインをつくるには適していなかった。しかし、トラモンティの人びとは、とにかくアマルフィ海岸の地域では有能なワインのつくり手であった。9月から10月にかけて、サン・ニコラ、スカンザネーゼ、ピエーデ・パルンボ、マニアヴェッラ、カナジョーラ、モスカ、トローネといったブドウを摘み取り、洗った後に水圧の圧搾機（palmentum）で圧搾し、水槽（lavellum）の中で搾り汁を濾過した。10世紀までワインは素焼きの容器（organea）に寝かされ、倉庫（cellarea）に保管された。そして同じ時代に初めて木製の樽が現れた。アマルフィ海岸の丘陵地のブドウ畑の設備と管理は、正確に中世のアマルフィの史料に記述されている。

　この地方は、スカーラ、アジェーロラと同様にクリを生産していた。残念ながら現在はなくなってしまったが、最も美味しく、北アフリカで大変好まれた品種はゼンザラ（zenzala）であった。トラモンティ、スカーラ、ラヴェッロ、アジェーロラの森は、カシ、トネルコ、モミ、マツ、トキワガシを提供していた。これらの木は造船所で使用する木材として使われ、完成した舟はエジプトや北アフリカの国々に輸出され、スーダンの鉱山から産出される金と交換された。

スカーラとラヴェッロの中世の繁栄

　11世紀の中頃までスカーラやラヴェッロも居住地の様相を引き継いでいた。特にスカーラは、アマルフィの背後の山の斜面と低い丘陵地の間に散在する6つの村落で構成されていた。トラモンティ人と共にノチェーラ、ベネヴェント、メルフィを通って、プーリア地方に向けて陸路を通る実りある交易を始めたこの地の進取の気質は、この地域を徐々に豊かにした。

　こうしてスカーラ、ラヴェッロ、トラモンティの人びとは、アマルフィやアトラーニの貴族または公国の修道会や司教の領地の小作人から土地の所有者になった。特に貴族の特権を得てからは、彼らの家は古い小作人の家から柱、アーチ、交差ヴォールト、アラブ式浴場、アラブ・ビザンツ様式のモザイク装飾をもつ正当な貴族の住まいへと変化した。彼らはつねに文化的に高い教育を施す宗教機関によって運営される数多くの公的、私的な教会を創設した。結果、スカーラとラヴェッロに司教館ができた。さらにこの古い2か所の居住地は、アマルフィとアトラーニ同様、新しい都市に変貌した。このようにスカーラとラヴェッロは地勢上、第一段階から、市壁に囲まれたなかに要塞をもち、建物が密集した住宅地、商業地、生産地、公共空間、住宅地等の役割別に区域が分かれ、市壁外には農村や漁村が広がる様相をもつ第二段階に進んだ。

　スカーラとラヴェッロはその結果、司教座をもつ都市になった。少なくとも１０６９年以来、スカーラは都市の称号を得ていたことが史料のなかに認められる。一方、ラヴェッロは１０８６年に司教館の誕生と同時に都市の称号を得た。

　スカーラとラヴェッロの都市の枠組みには、住宅街の中心に大聖堂、その横に司教館とノルマン風の庁舎など、明らかにノルマンの影響がみられる。ラヴェッロでは大聖堂の横にある後者（庁舎）の建物の遺構の一部が目を引くのだが、ここにはシチリア王に仕える町の統治者と裁判官、貴族たちが集まっていた。アンジュー家時代にはスカーラもラヴェッロも貴族と市民の集まる場所があった。

　2つの町は攻略が難しい要塞で防御されていた。スカーラは南側に、１０７３年から１０７６年にかけてノルマンのプーリア伯ロベール・ギスカール（ロベルト・イル・グイスカルド）によって建設されたスカレッレ城が建ち、北側には1000メートルの高さに建つ、明らかにビザンツ様式のスカレ・マイオリス城があった。ラヴェッロは南側を11世紀前半に遡るソプラモンテ城によって、北側を1131年から1135年にかけてシチリア王ルッジェーロ2世によって建設された、フラッタ要塞によって守られていた。フラッタ要塞は、スカーラとラヴェッロを隔てている川を越える長い城壁によって、先に述べたスカーラのスカレ・マイオリス城城と繋がっていた。この防御システムは1135年のピサの侵攻を阻んだ。

スカーラの新しい都市（nova civitas）はエピスコピオ、カンポレオーネ、カンポドニコ、サンタ・カテリーナ、ミヌータ、ポントーネの6つの村落から成り立っていた。これらの村落は後に実際に新しい都市のコントラーダ（地区）になる、基本の居住地を形成していた。スカーラは市壁のなかに広大な耕作地と森をかかえていた。ラヴェッロの都市の中心はトーロ、ポンティチェート、ペンドーロ、ラッコ、サン・マルティーノ、コスタ、ストリボロ等の区で形成されていた。一方、市壁の外には、カスティリオーネ、マルモラータのような海辺の村落と、トレッロ、サブコ、フォルチェッラのような丘陵地の村落が広がっていた。これらの町は当初は何よりも公国の首都であるアマルフィを防御する軍事的な役目を帯びていた。やがて12世紀から13世紀にかけて内陸のモンテ（山）・ブルサラまで広がった。

トラモンティはつねに居住地であって、一

トラモンティの田園風景

トラモンティのブドウ畑

ラヴェッロの大聖堂

ラヴェッロにある中世の庁舎の遺構

度も市に変化したことがないにもかかわらず、かなり富裕な中産階級を有していた。彼らは特に14世紀から15世紀にかけて、この地域の様々な村落に豪華で快適な住まいを建設した。この住まいの持ち主は、ナポリに事務所を持つ実業家、公証人、医師であった。ノルマンの時代からアンジュー家支配の時代まで、スカーラとラヴェッロの人々は南イタリア王の領地内の海運、司法、金融に多大な名声を博す官吏であった。スカーラとラヴェッロの有力家は、互いの町にtenimenta domorum、つまり、裕福で芸術作品で飾られた、塔のある要塞のような館を建設した。多くの館のなかでもラヴェッロの大聖堂の隣に立つルーフォロ家の館や、スカーラのサッソ家の館は特筆に値する。ルーフォロ家は大富豪の商人貴族で、ナポリ王のアンジュー家の銀行家になった。サッソ家は、アマルフィ商人たちがエルサレムに建てた病院の司祭で、第一次十字軍（1099年）の頃に、現在はマルタ騎士団として名高い、最初の聖ヨハネ騎士団を創設したジェラルド修道士が出た家系である。山の中腹にあるこの2つの都市の中心部には、13世紀から14世紀につくられた館（tenimenta）の壮大な名残が残されている。特にポントーネのスカーラ市民の地区には、この地域の初期の貴族によって建てられた11世紀から12世紀の塔状住宅が目を引く。

　トラモンティ、スカーラ、ラヴェッロ地域には、中世初期には、ベネディクト派の男子、女子の修道院がそれぞれ生まれた。そのうち最も古い修道院はスカーラのサンティ・ベネデット・エ・スコラスティカ・ア・タヴェルナータである。ついで今日まで続いているラヴェッロとトラモンティのフランチェスコ会修道院、一方スカーラでは18世紀から、レデンプトール会のサンタルフォンソ・マリア・デ・リグオーロ男子修道院と、レデンプトール会のスオール・マリア・チェレステ・クロスタローザ女子修道院が存続しており、地元の何人かの若い修道女が未だに所属している。

活発な生産活動と食文化

　ラヴェッロ、スカーラ、トラモンティには中世以来、手工芸や生産活動が行われていた。まず最初にサトローノ川沿いに水車がまわり、プーリアやカラブリア、シチリアから運ばれた穀物を小麦粉に製粉していた。少なくとも11世紀には存在したトラモンティの水車は、パン、フォカッチャ、ピッツァなどを製造する初期の製パン業と連携していた。ピッツァは10世紀以来カンパーニア地方の全領域の住居で食されていたことが立証されている。有名な学者エッツィオ・ファルコーネは、トラモンティのピッツァは、最初はネギとラードが乗せられていたことを発見した。その後、アメリカ大陸からトマトが輸入されるようになり、現在見られるようなピッツァが食されるようになった。特にトラモンティのアピチェッラ家は1172年にミノーリで最初にパンを売り出したのだが、現在でもその子孫がミノーリとアマルフィでパン屋を営んでいる。

　また河川のおかげで、トラモンティには製紙工房や製鉄所ができた。

　スカーラ、トラモンティ、ラヴェッロで行われていた畜産と酪農は、塩漬け肉と乳製品の生産を助けた。スカーラ、トラモンティの牛乳から、小さなイグサの籠に入ったリコッタチーズが生まれた。またトラモンティでは何世紀も前から、通常は特にブドウや果物を運ぶのに適した大きな籠がつくられていた。またトラモンティでは13世紀以来、2個一組にしてひもで縛り、一種の馬の鞍の上にまたがらせて保存するところから「カチョカヴアッロ（馬チーズ）」と呼ばれるチーズも生産されている。次いで近年では、モッツァレッラチーズまたはフィオル・ディ・ラッテ「牛乳の花」が広まっているが、このチーズは当初は水牛の乳からつくられており、おそらくプーリア地方から導入されて13世紀には水牛の群れが放牧されていたと記録にある。ラヴェッロで生産していたと思われる。同じくラヴェッロでは同時期に、雌豚の群れをドングリが豊富にある森に放牧していた。豚肉のソーセージまたは塩漬け肉とラードの生産は、中世後期にはスカーラ、ラヴェッロ、トラモンティで行われており、ジェノヴァやナポリのアンジュー家の宮廷に多く運ばれていた。

　アマルフィの山々で狩りをした後、ラヴェッロのルーフォロ家が、海に臨むマルモラータ地区の岩の頂にある彼らの屋敷の別棟で、アンジュー家の王をもてなすことが伝統になった。舌の肥えた王を満足させるために、バラエティに富んだ地元の魚は言うまでもなく、牛肉、豚肉、牡羊、狩りの獲物をふんだんに使った豪華な食事が用意された。招待者の壮麗な富を見せるために、召使いたちが一皿ごとに銀の食器セットを海に投げ捨てたと伝えられている。いずれにしてもこれらの食器は、海底に置かれた専用の網にかかり、後に回収された。このような宴会の会食者のなかに、トスカーナ出身の著名な作家ジョヴァンニ・ボッカチオがおり、彼はその作品デカメロンの中にランドルフォの短編（第二日、第四話）を著し、ルーフォロ家とラヴェッロに感謝を込めて不朽の名声を与えた。

スカーラ遠望

トラモンティのチーズ工房

トラモンティのチーズ「カチョカヴァッロ」

ラヴェッロのヴィッラ・ルーフォロ

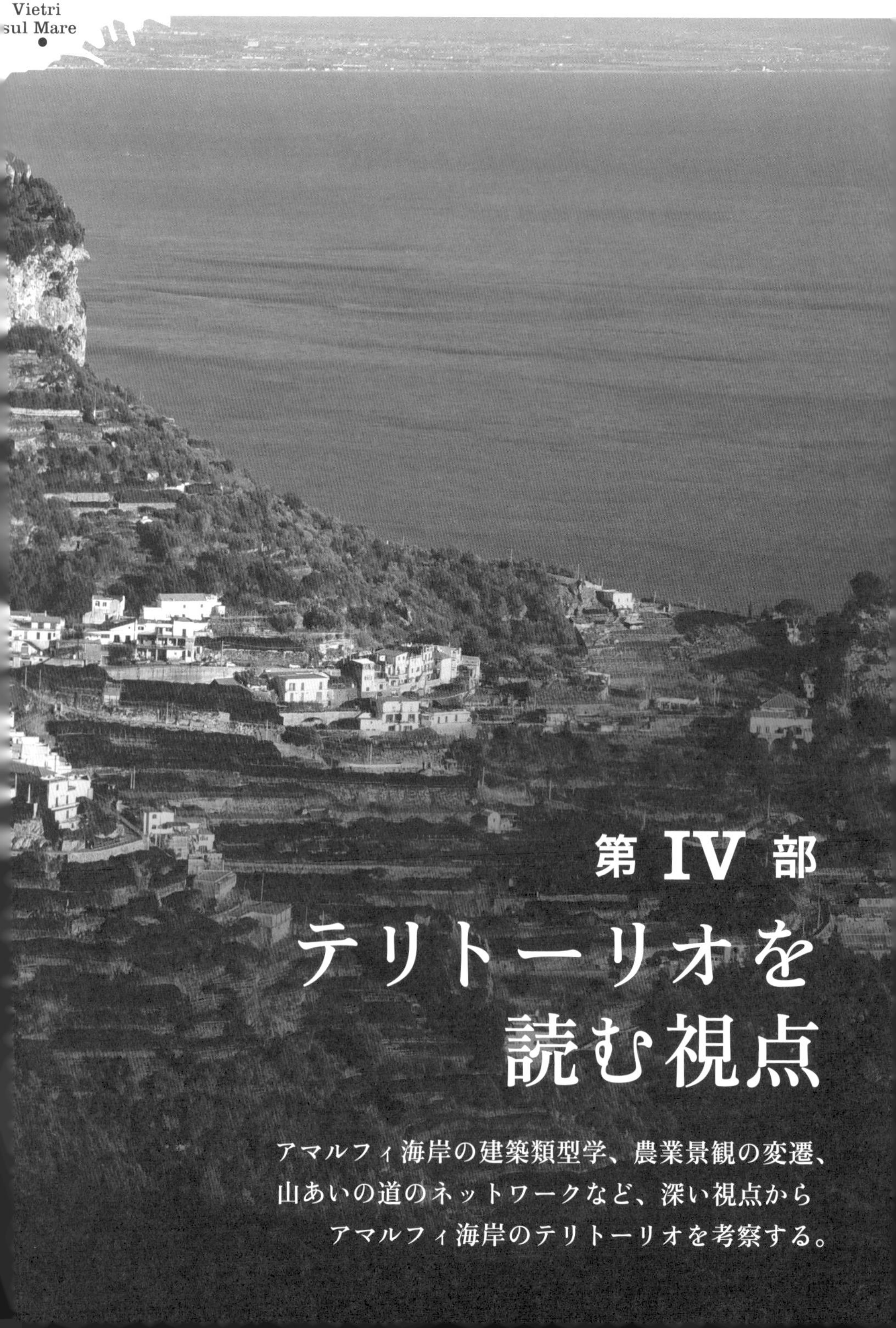

第 IV 部
テリトーリオを読む視点

アマルフィ海岸の建築類型学、農業景観の変遷、
山あいの道のネットワークなど、深い視点から
アマルフィ海岸のテリトーリオを考察する。

Prospettiva del territorio

第1章 アマルフィ海岸の建物類型

長年、アマルフィ海岸の都市を調査していると、同じような地形の上に形成されてきたようにみえた都市にも、様々な形態があることが次第に明らかになった。その背景には、それぞれの都市の地理的条件だけでなく、歴史的背景や生活を支えてきた主な生業なども関係していることが次第にわかってきた。ここでは、それらの都市を形づくる個々の建築について類型学的な視点から考察する。上流階級の邸宅（ドムス、パラッツォ）、一般の都市型住宅（一列型、複列型、コルティーレ（袋小路）型）、農家型住宅の３つの類型に分けて論ずる。

第1節 上流階級の邸宅

(1) ドムス

アマルフィ海岸では、11〜13世紀にかけて建設されたドムスと呼ばれる中庭型の住宅が建っている。現在は集合住宅化しているが、かつてからこのような形式で複数世帯が居住していたのかについては不明な点が多い。しかし、ひとつの建物のなかで、中庭や共用通

ビザンツ様式のアトリウムをもつドムスの入口

ビザンツ様式のアトリウム

路を介して住戸にアプローチしていることを考えると、親戚関係にある世帯による共同住宅であった可能性があると推察される。これらは比較的規模も大きく、改築・増築の跡がみられる。

　有力家の邸宅であったと考えられ、アマルフィ公国の中心都市であるアマルフィにはいくつも存在していた。V字谷地形のなかで比較的平坦な谷底や河口に近いところだけでなく、斜面地にも建てられており、いずれも垂直に階を重ねている。また、政治的な影響力をもっていたラヴェッロやスカーラにも有力家が居を構えており、中庭はアーチの立ち上がり部分が長い尖頭アーチで囲まれていて、ビザンツとアラブ文化の影響をみることができる。

❶ビザンツ様式のアトリウムをもつドムス（アマルフィ）

アマルフィの西側斜面地の奥まったところにあるこのドムスは、12世紀末の建設と考え

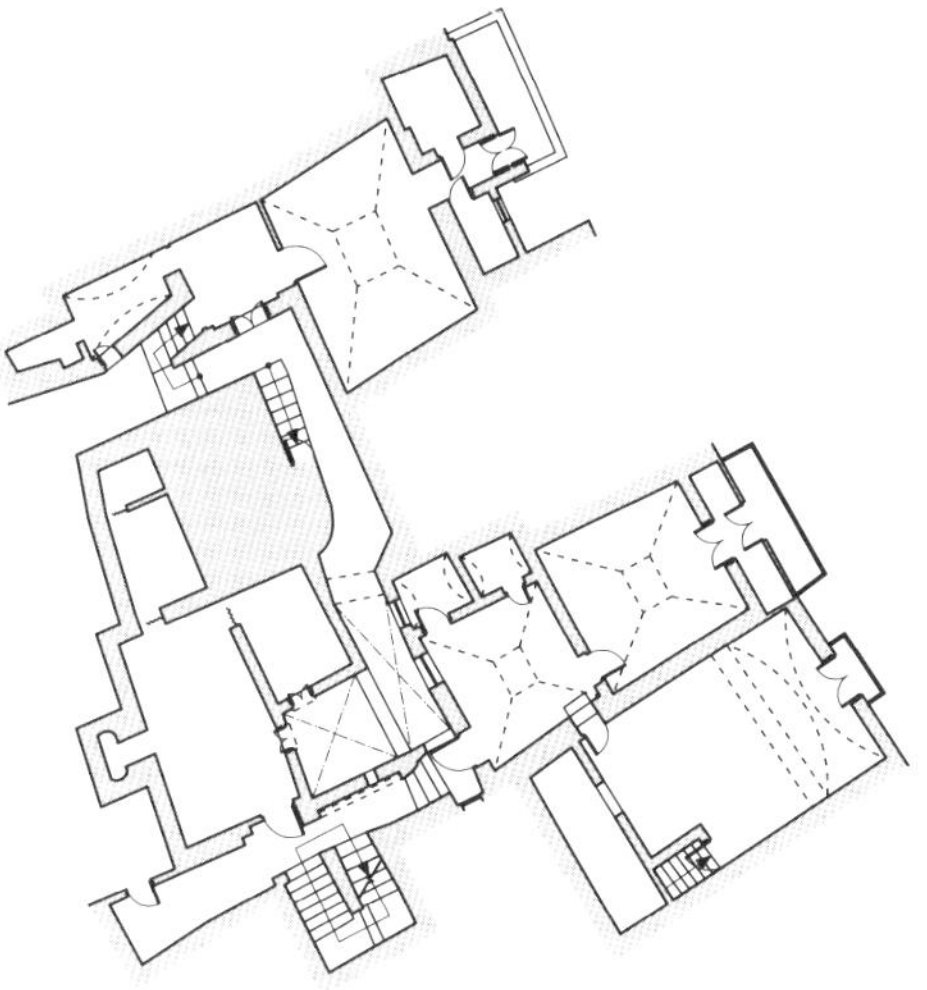

4階平面図

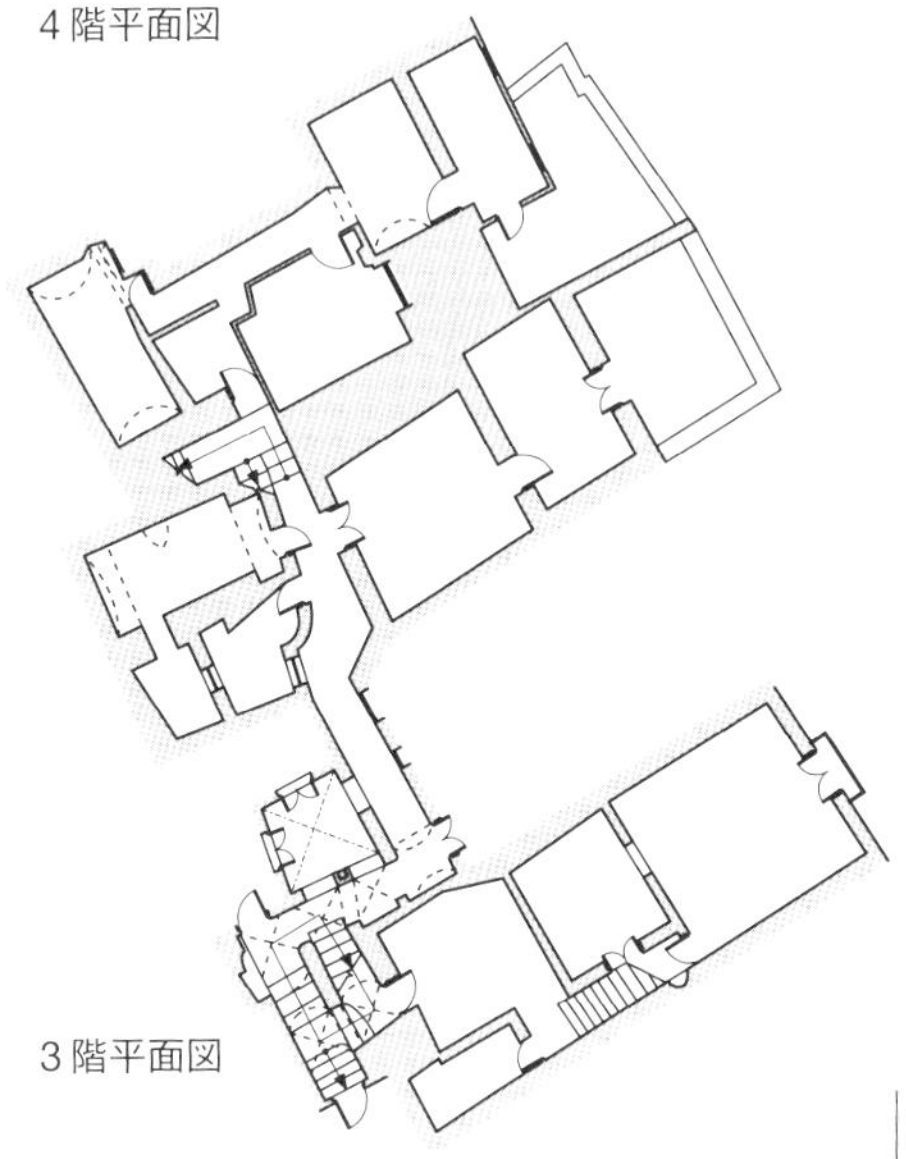

3階平面図

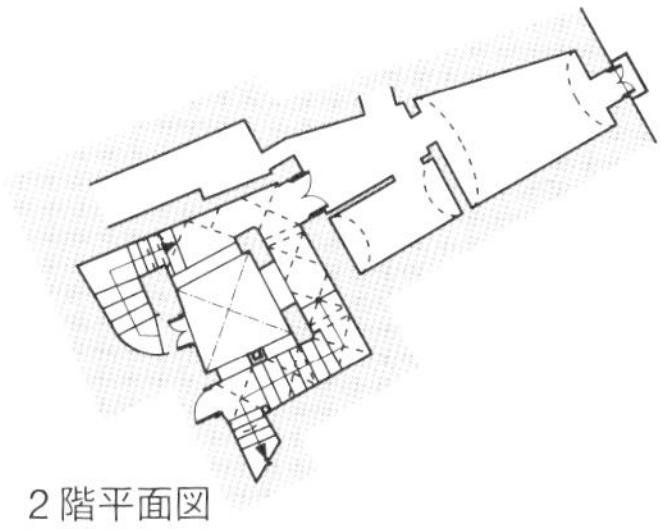

2階平面図

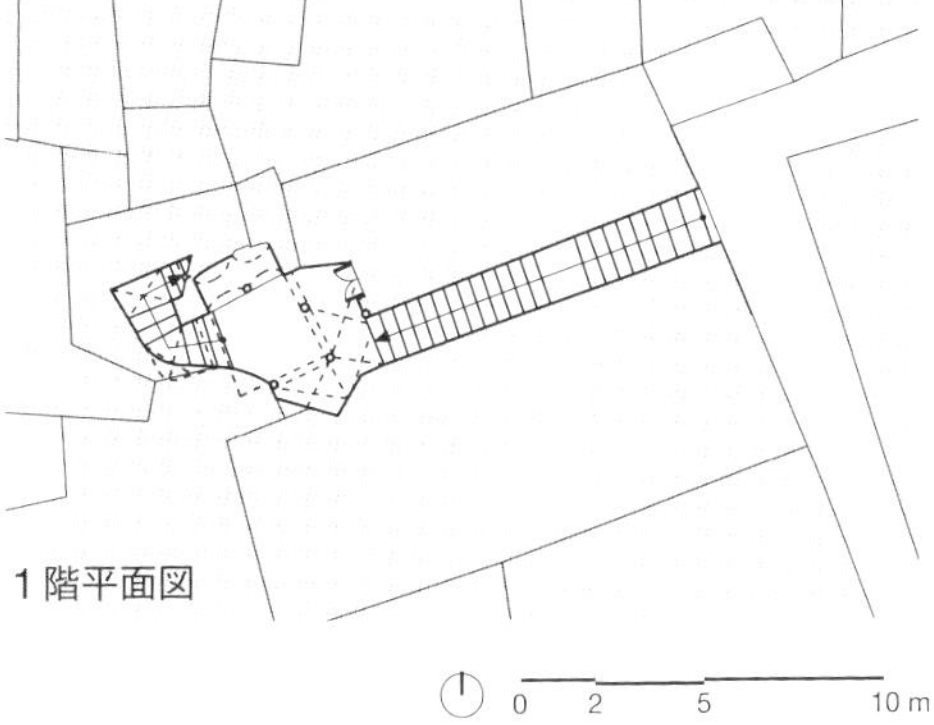

1階平面図

ビザンツ様式のアトリウムをもつドムス平面図

パラッツォ・マンシ・ダメリオ、中庭東側先頭アーチと
南側二連尖頭アーチ

ラヴェッロのパラッツォ・
コンフォローネ、かつての中庭

られている（本書95ページ参照、以下同）。街路から建物のなかに延びるトンネル状の階段があり、そこを抜けると小さなアトリウムに出る。アトリウムの一層目には立ち上がりの位置が高い二連アーチが巡り、漏斗状の柱頭をもつ一本石の円柱が支えている。さらにアトリウムを見上げると、2〜3層目にもビザンツの特徴的な柱頭をもつ細い柱がある。アトリウムのまわりの通路には1層目から3層目まで、交差ヴォールトが連続して残っていることから、3層目までは建設当時のままと考えられる。

このドムスは、アトリウムを介して複数の住戸が並ぶ構成が4層目まで続いている。周囲も建物が建て込んでいるなかに立地しているが、3層目以上の住戸では、谷側に向かって開いた窓からはアマルフィの高密な町並みが望める。

❷ パラッツォ・マンシ・ダメリオ
（スカーラ）

スカーラの台地の上に立地するトッリチェッラ通り沿いに建つパラッツォ・マンシ・ダメリオは、13世紀の貴族の館で、おそらくダフリット家のドムスであったと考えられている（265ページ）。19世紀にはパラッツォ・ダメリオ、それ以降はパラッツォ・マンシ・ダメリオと2つの有力家族の名前を冠している。

建物は何度か改造されていることが推測でき、ファサードは18世紀後半のものである。現在は4階建てだが、元は2階建てだったと思われる。繰形で縁取られた正円アーチの門をくぐると、天井を四隅の円柱で支えられた交差ヴォールトが架かるアンドローネ（入口の門と中庭との間の空間）に出る。そこを通り抜けると、南側に二連アーチの柱廊（ポルティコ）のある小さな中庭がある。アーチは迫元が高い位置にある尖頭アーチであり、イスラーム文化の影響とみることができる。

中世海洋都市国家時代のアマルフィ公国はアラブ地域との交易が盛んであったが、その建築文化の影響が海から離れた高台の町スカーラにも及んでいる点は注目に値する。トンネル・ヴォールトが架かる北側の部分が13世紀建造の部分で、その後、立派な邸宅に発展したときに中庭、壮麗な大広間、ワイン貯蔵庫や柱廊部分の馬小屋などが増築され、さらにかまどやトイレ、貯水槽などの設備が整えられたと推察される。

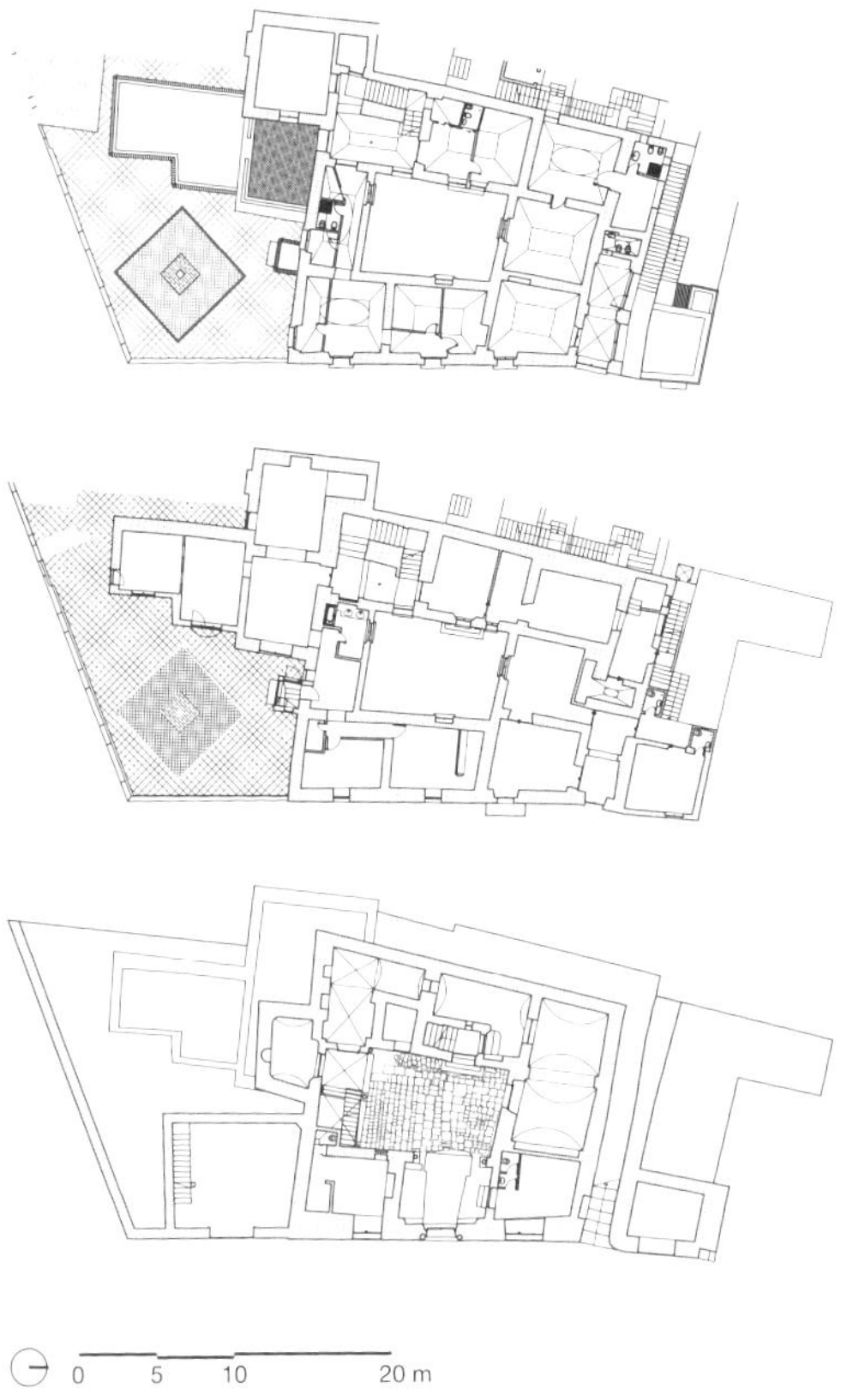

パラッツォ・マンシ・ダメリオ（スカーラ）、平面図
（提供：Arch. Cinzia Maniglia）

装飾的な門

(2) パラッツォ

13世紀に地中海交易の海洋都市として覇権を失って以降、アマルフィ海岸は大きな発展はみられなかったが、17世紀頃になるとレモンをはじめとする果樹栽培が盛んになり、輸出するまでになっていった。また、水車を用いて土を砕く窯業も発展していった。しかしそれらは、中世に港町として栄えて建物が密集している都市ではなく、かつては寒村だったところで新たな産業が興ったため、新興有力家の邸宅は新たな場所に建てられた。

ヴィエトリ・スル・マーレは風光明媚で、ナポリとサレルノを結ぶウンベルト1世通り、通称「王の道」に面しているという立地条件から、ナポリや内陸の都市の富裕層が17世紀以降、パラッツォやヴィッラを構えるようになった。立ち並ぶパラッツォの立派なファサードは、ヴィエトリ・スル・マーレの美しい都市景観を生み出している。

❸ パラッツォ・ガンバルデッラ（ミノーリ）

ミノーリも谷底の平地に有力家の邸宅が点在しており、谷の中央を通るメインストリート沿いに、16世紀頃建設されたパラッツォ・ガンバルデッラがある（204ページ）。大きな中庭を挟み、メインストリート側には大きく立派な表門を構え、裏側にも門がある。2〜3階は中庭を囲むように、黄色の漆喰で塗られた壁に白く縁取られたアーチの連続するギャラリーが設けられている。

3階のG邸は多くの居室をもっているが、構造壁に注目してみると4つの部屋が横一列に並んでいたのがわかる。それらが後の時代に薄い間仕切り壁で区切られ、中心に廊下が設けられた。その際に玄関の近くには応接間や居間を、玄関から離れている南側には寝室を配置したものと推測できる。１７００年の梁が露出している食堂は、かつて主人の祖父が書斎として使っていた部屋である。応接間の天井には曲率の低い帆状ヴォールトが架かっており、部屋の全面にフレスコ画が描かれている。頭上にはブドウ棚が、壁にはその周囲に広がる景色が表現された美しい部屋だ。

❹ アルセナーレ通りのパラッツォ
（マイオーリ）

海に面した通りから一本奥に入ったアルセナーレ通りに、このパラッツォは建っている

メインストリートから見たファサード

アーチで構成される壁に囲まれた中庭

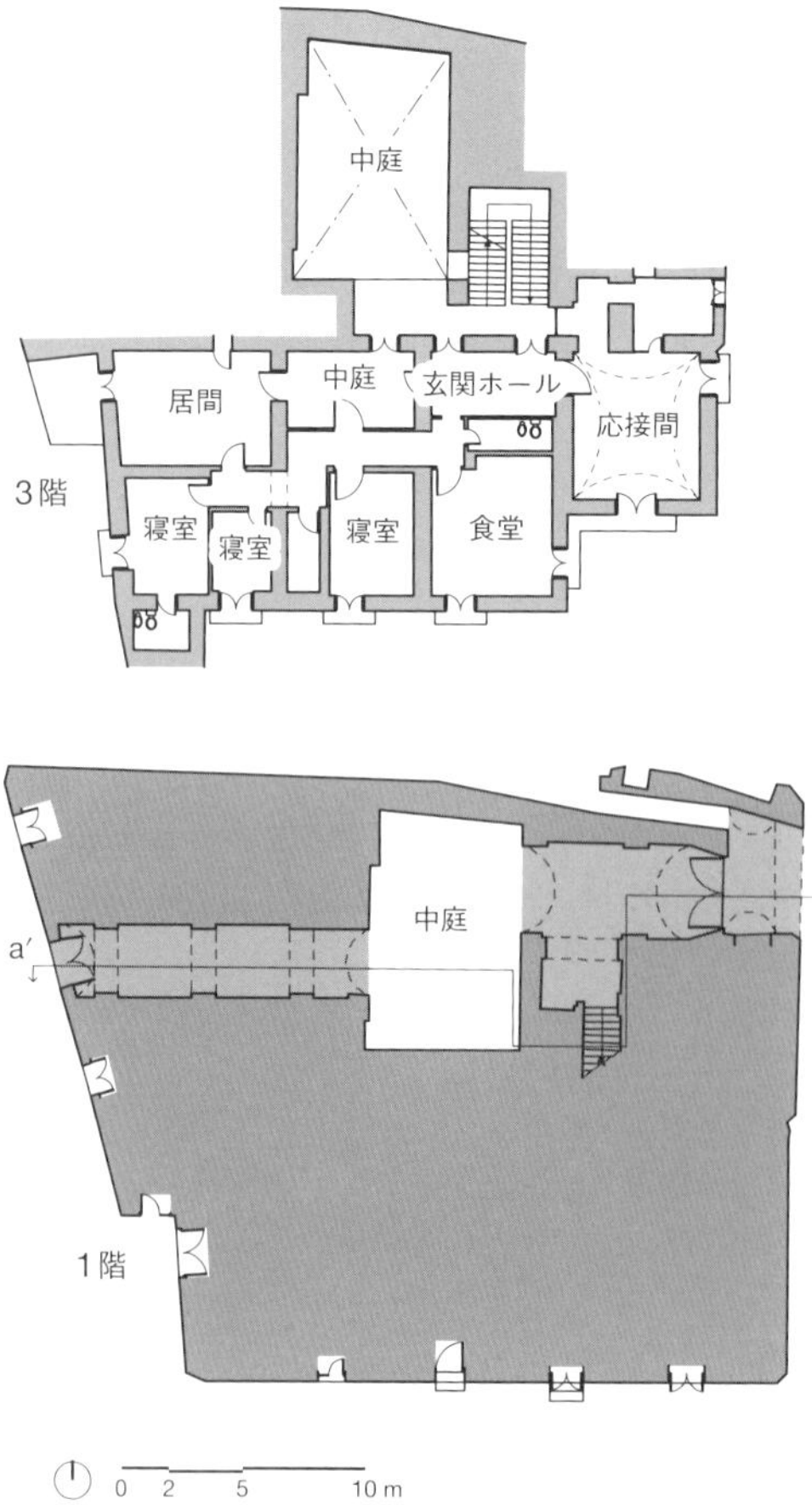

パラッツォ・ガンバルデッラ、平面図

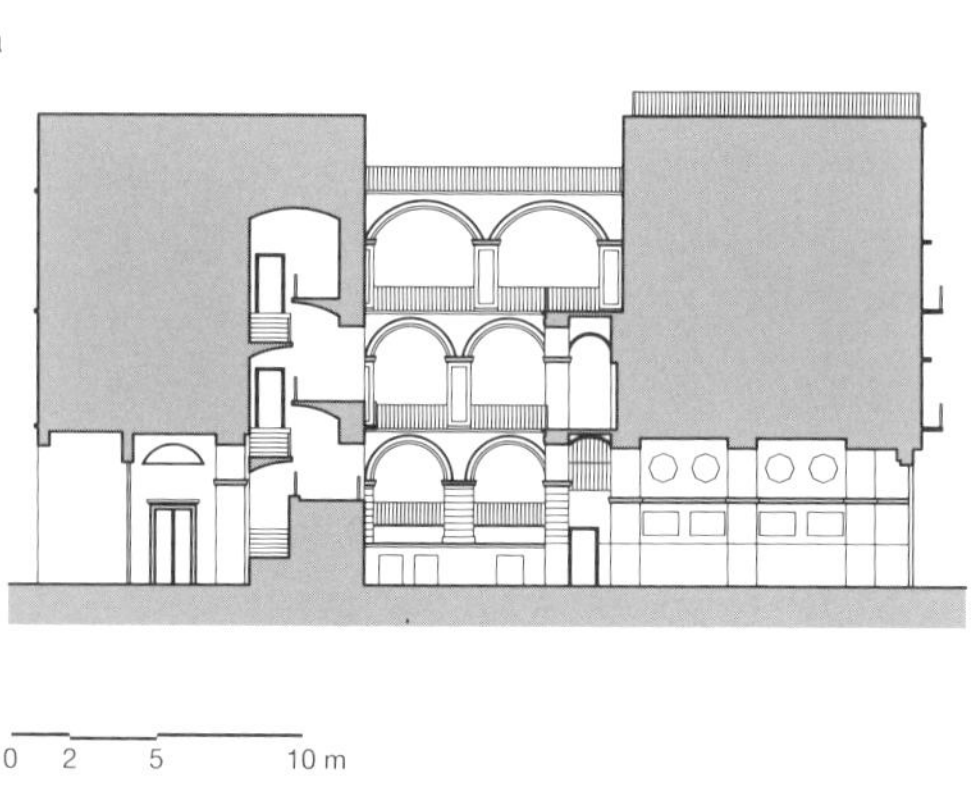

パラッツォ・ガンバルデッラ、a - a′ 断面図

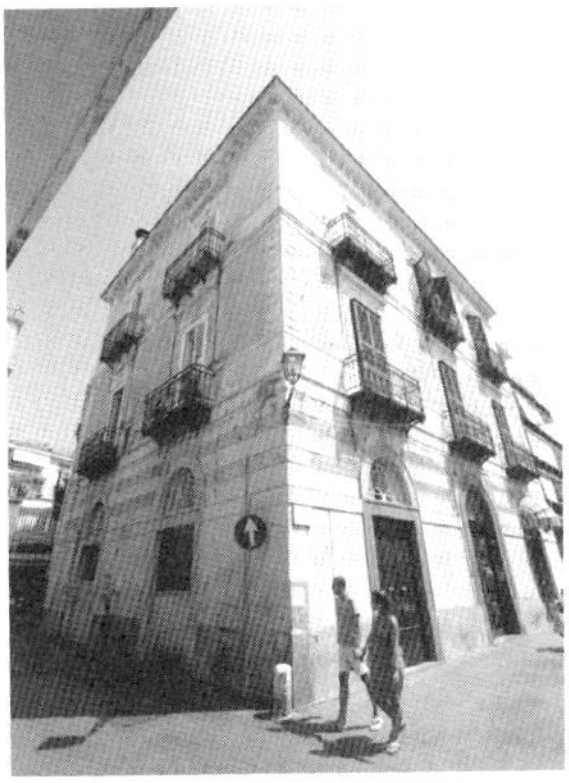

南西から見たパラッツォ

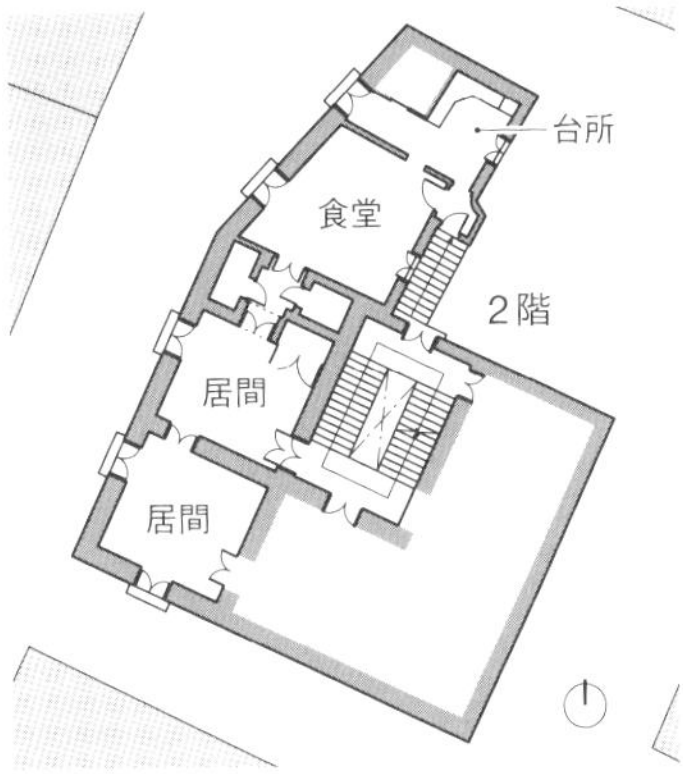

アルセナーレ通りのパラッツォ、平面図

（217ページ）。1860年代に建設されたこの建物も、イギリスへのレモン輸出で財を成した新興有力家の館である。この建物の左右に建つパラッツォも、ほぼ同時期に建てられたという。建設当時は一家族が建物全体を使用していたが、現在では兄弟で分割して使用し、一部は他の人の手に渡っている。門をくぐると大きな階段室に入り、そこから各住戸にアクセスをする。北側にある食堂と台所は、1920年代にもともとテラスだった場所に屋根をかけて室内化したものである。

❺ パラッツォ・カーメラ（ミノーリ）

1780年頃に建てられたパラッツォであり、メインストリートと海岸通りが接する場所に建っている（206ページ）。建物へは海岸通りの裏側の道からアクセスし、海に面した南側の2～3階の二連アーチのベランダが印象的である。各階の住戸は門を入ってすぐのところにある階段室に面している。外部にはすべての部屋を繋ぐようにL字形にテラスが設けられており、海を一望できるようになっている。

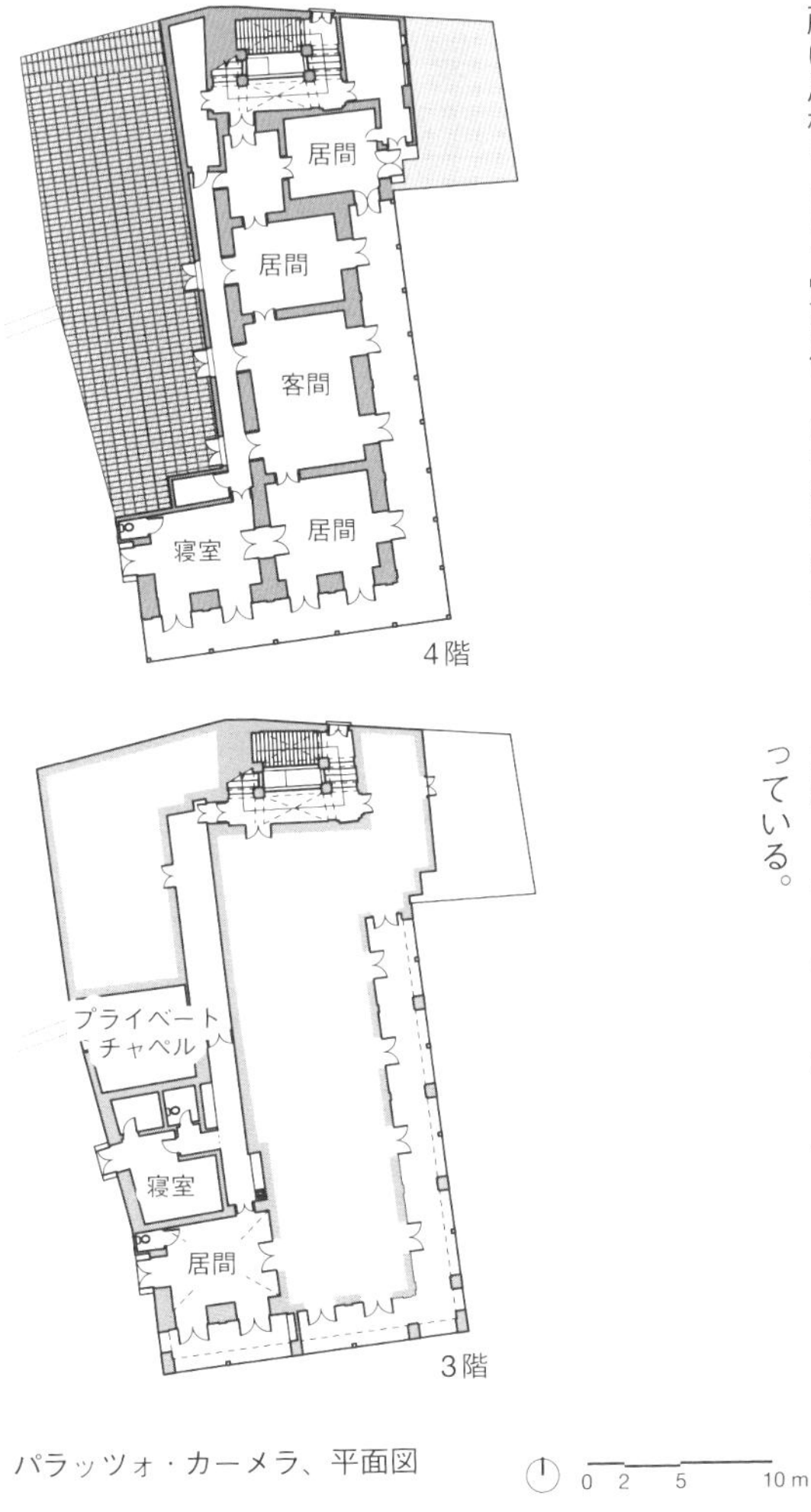

パラッツォ・カーメラ、平面図

第2節　一般の都市型住宅

（1）一列型

アマルフィ海岸のV字谷地形では平地の面積が限られているため、多くの都市は傾斜が比較的緩くなる河口近くの河床付近に市街地が形成されている。そこに建つ建物の住戸では、間口方向は狭く奥行き方向に長い間取りが特徴としてみられる。中世に起源をもつイタリアの高密な都市空間においては、このような間口が小さく奥へ伸びる住宅形式が広く発達した（一般に、スキエラ型住宅と呼ばれる）。

メインストリート沿いの積層する一列型住宅

❶ メインストリート沿いの積層住宅（アマルフィ）

13世紀後半には谷底を流れる川を暗渠とし、両岸に建物が建ち並んだアマルフィでは、それらの建物の1層目には1列1室型の商店が軒を連ね、2層目から上には間口1室で奥行き方向に2室や3室の居室が縦に並ぶ住居が多くみられる（76ページ）。しかし、これらの建物は各住戸は各階に積み重なっているだけで、ひとつの住戸が室内の階段によって上下階を繋げていることは少ない。そのため、ファサードは整っているが、各層の住宅へは階段状の狭い坂道からアプローチするようになっているのが特徴である。

（2）複列型

商店や工房なども並ぶ一層目は間口方向には1室のみのものが多いが、3〜4層目になると間口方向に複数の居室を並べた横長の住居が見られるようになる。また、谷底から斜面を上がったところにも、複数の居室が間口方向に並んでいる住居が多くみられるようになる。谷側に向かって開口部やテラスを設けた居室が並ぶことで、採光や通風が十分に確保でき、かつ目の前を建物によって遮られない眺望を獲得できている。

そのような眺望は、斜面に沿ってセットバックしながら住戸を重ね、前面にテラスを配置していくことで実現できる。アマルフィの西側斜面の高いところにある住宅群は複雑に重なり合っているが、そのなかで住宅の屋上が上階の住宅の前面テラスのような役割を果たしており、その各住戸は間口方向に2部屋並べる傾向がみられる。

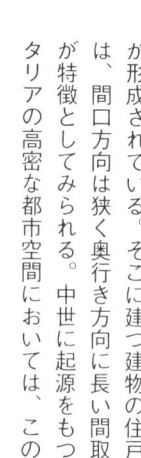

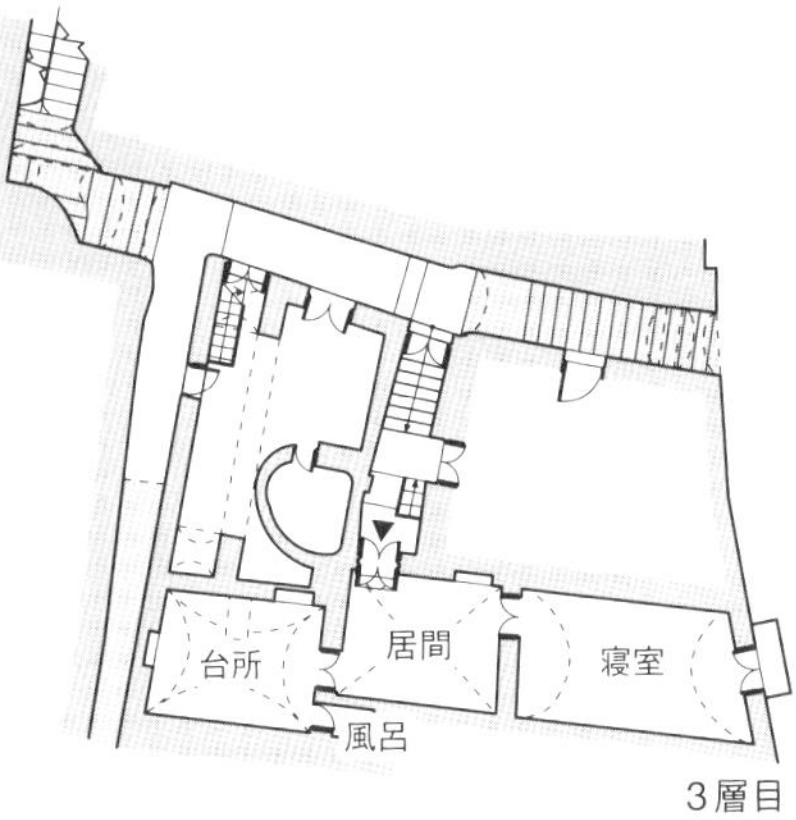

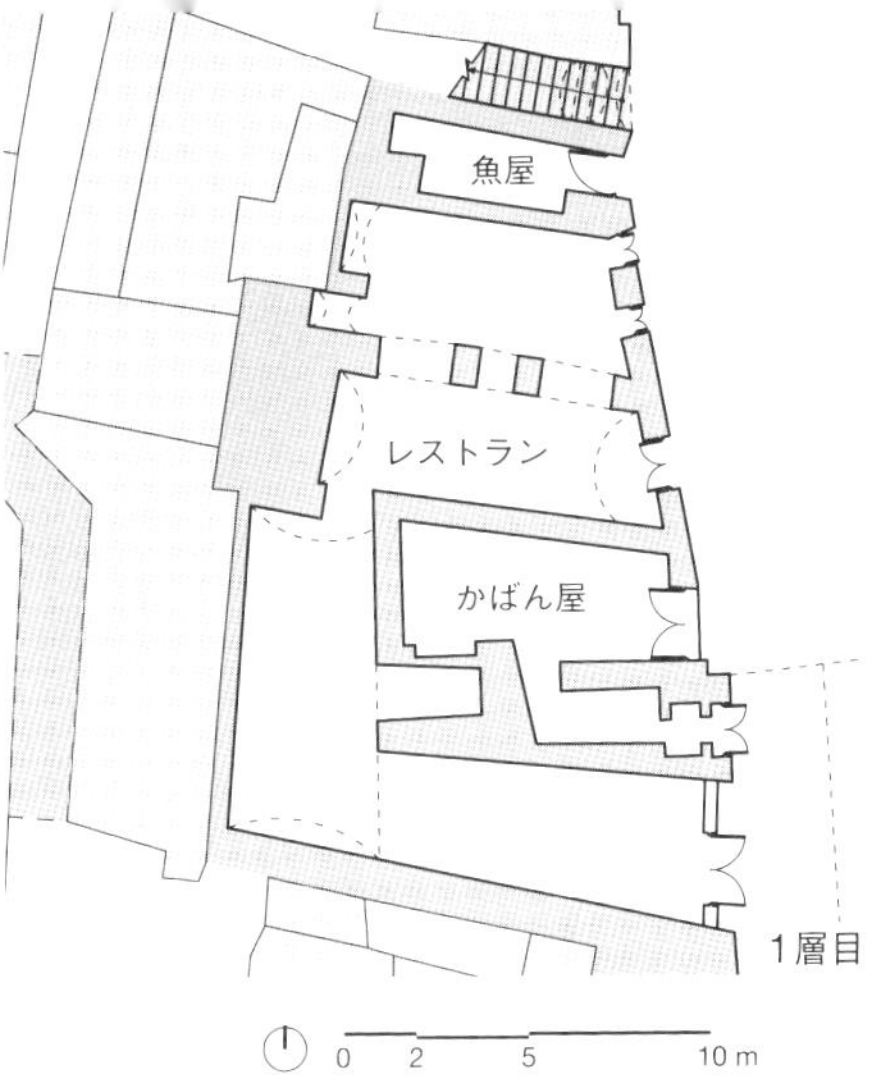

メインストリート沿いの積層する
一列型住宅、平面図

❷ 15代続く名門A家（アマルフィ）

アマルフィの東側斜面にあるこの住宅は、等高線上に沿って走るジーロ塔通りから斜面を真っ直ぐ階段で上がってアプローチする（155ページ）。1層目は倉庫として使われており、居住階は2～3層目である。

2層目には前面のテラスからアプローチする北側住戸と直線の階段状街路から直接入る南側住戸の2戸が並んでいる。北側は間口方向に2列、奥行き方向に2室の居室が配置されている。南側は玄関ホールやその奥に小さな台所があり少々変形ではあるが、間口方向には居室が2列並んでいる。

3層目にはもともと、山側にあるキッチン、パヴィリオン・ヴォールトの架かるリビング、

15代続く名門A家

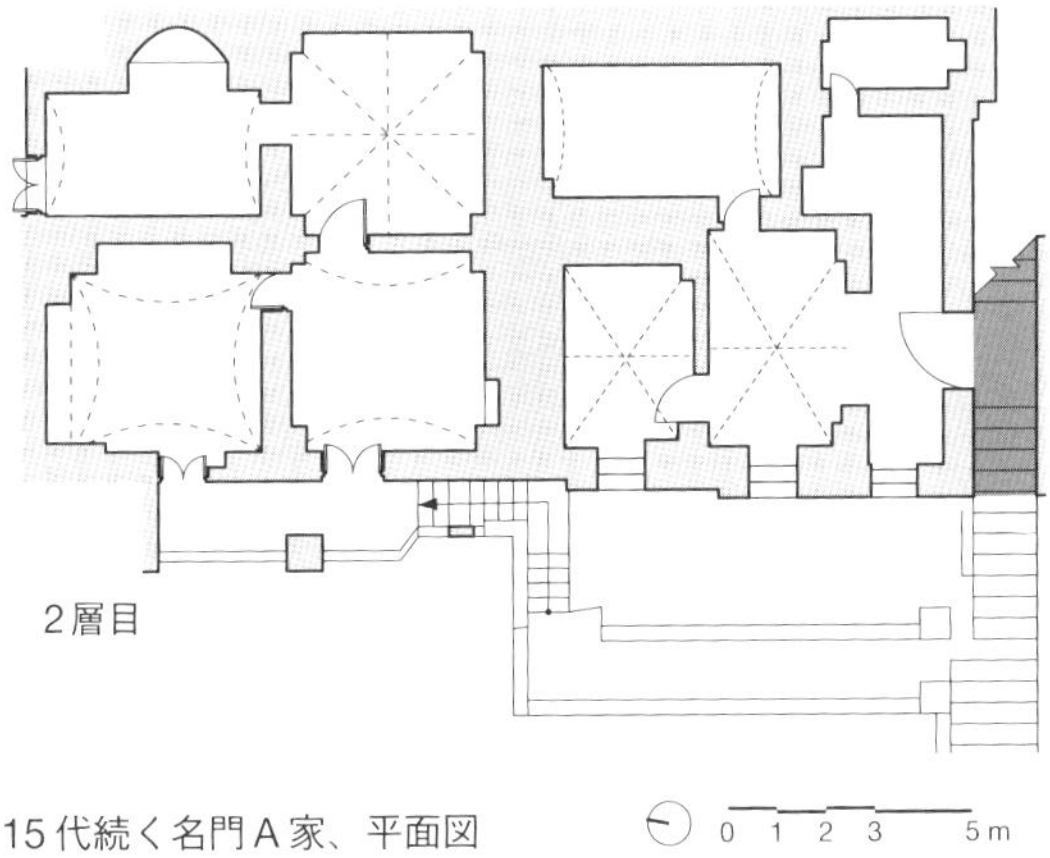

15代続く名門A家、平面図

ベッドルームの3室だけだったという。その後、谷側に三室を増築した。谷に向かって横に拡がり、各部屋からアマルフィの絶景を望むことができる。

(3) コルティーレ型

南イタリアの歴史的都市の多くは、狭い道が複雑に入り組み、迷宮空間のようになっている。その特徴のひとつといえるコルティーレは袋小路で、それを囲む形でひとつの住宅群が形成される。コルティーレは本来、中庭を指すことが多いが、共有の中庭のように使われる空間に対してもこの語を用いることもある。シチリアやプーリア地方の都市ほどではないにしても、こうしたコルティーレがアマルフィ海岸の都市にも随所に見出せる。コルティーレの入口にはしばしば街路との境界であり、公私の空間を分節する役割のアーチを設けて、居住者以外に対して心理的に侵入を妨げている。

シチリアやプーリア地方の都市では一般的にコルティーレの内側は自治体が管理する公道であるが、アマルフィ海岸の多くのコルティーレはそのまわりに住む人びとの共同所有であり、自分たちで維持管理に努める。コルティーレに面する住宅は、個々には専用の庭をもたないので、必然的に外部空間に人々の生活が溢れ出してくる。コルティーレに椅子を出してくつろいだり、子どもたちが遊び、洗濯物を干したりして、近隣住民の共用空間となっている。

❸ ハイビスカスの咲くコルティーレ（アマルフィ）

このコルティーレは、アマルフィの谷底を走るメインストリートから東側斜面を上がったところに位置している（136ページ）。街路からコルティーレに入るところにアーチが設けられ、まずここで空間を分節している。比較的小さなコルティーレだが、それを囲んで6世帯が住んでいる。地上階には3戸、階段を上った先に2戸の住宅があり、さらにもう1戸は枝分かれした外部階段によって玄関が街路を跨ぐようにして設けられている。

❹ カザーレ・デイ・チチェラーリ通り46番地の袋小路（マイオーリ）

カザーレ・デイ・チチェラーリ通り沿いにあるこのコルティーレは、入口をアーチで形

ハイビスカスの咲くコルティーレ、平面図

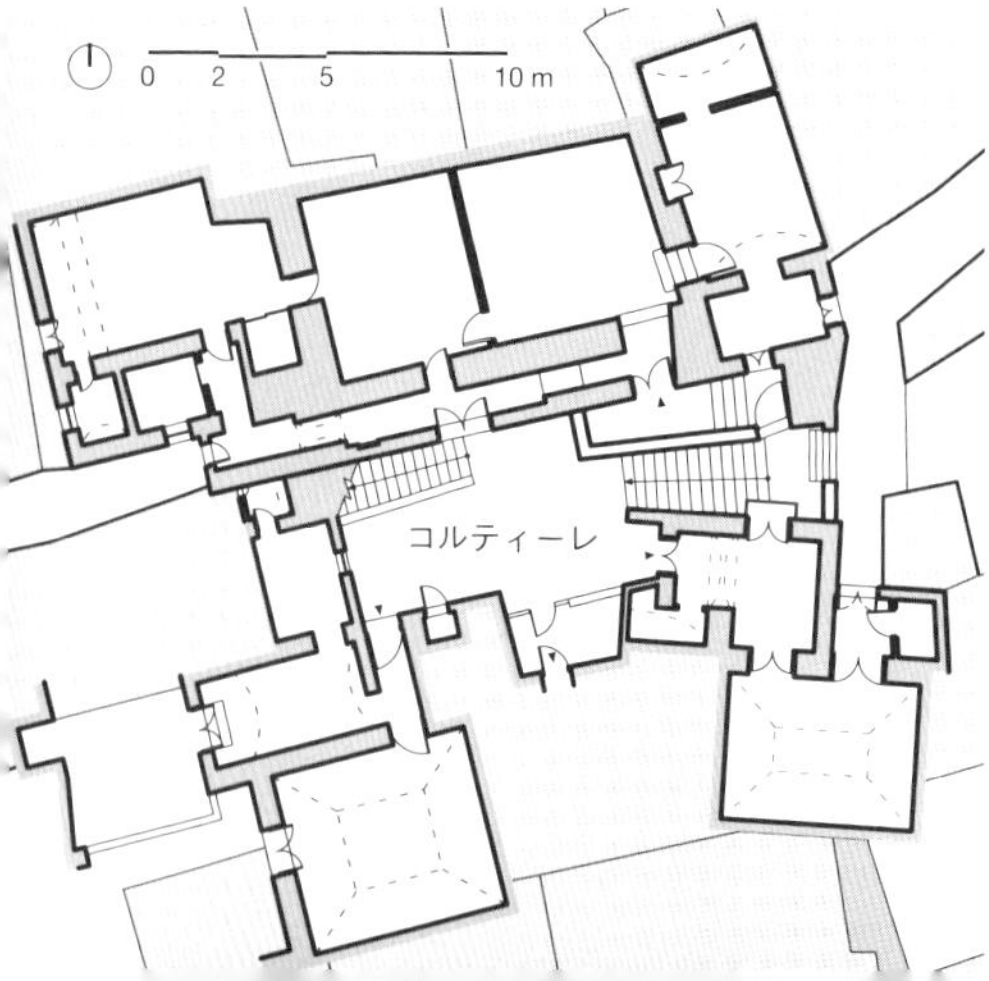

ハイビスカスの咲くコルティーレ 、断面図

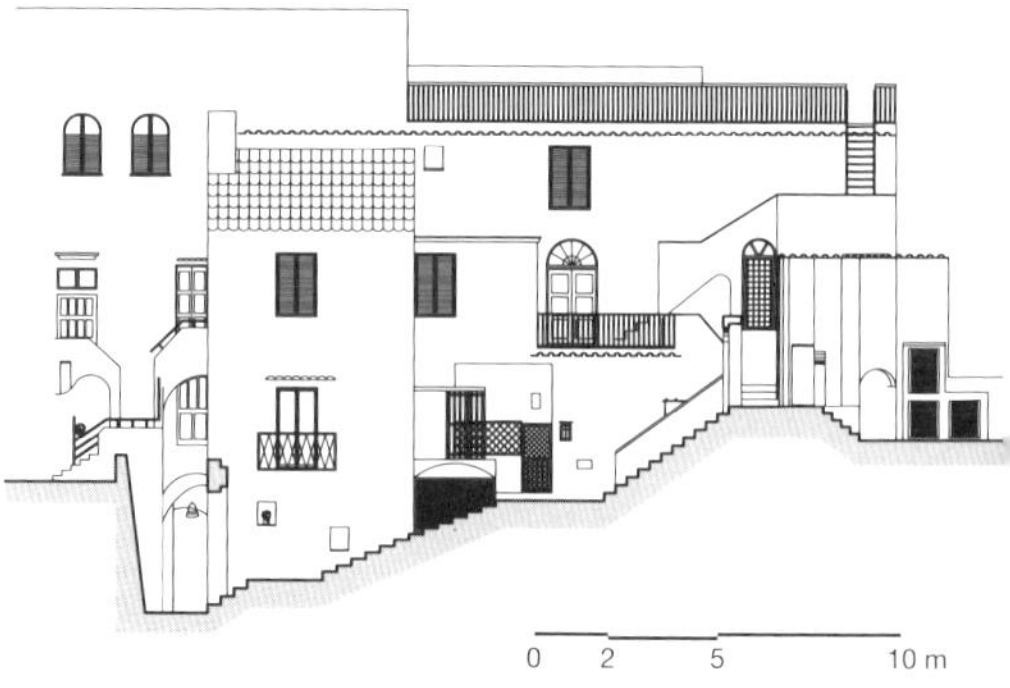

づくっている（220ページ）。トンネル部分にはきれいに飾られた聖母マリアの像があり、各家族は自宅の玄関前を掃除し、植木鉢などを置いており、コルティーレを共同管理している様子がみられる。コルティーレには、肥料として利用するために20世紀初めまでは使われていた共同の汚物溜めが残っている。このコルティーレを取り囲むように22戸の住宅があり、かつては住民たちで食事を持ち寄って、聖人の日の祭などを行っていたという。

開放的な袋小路

共同の門

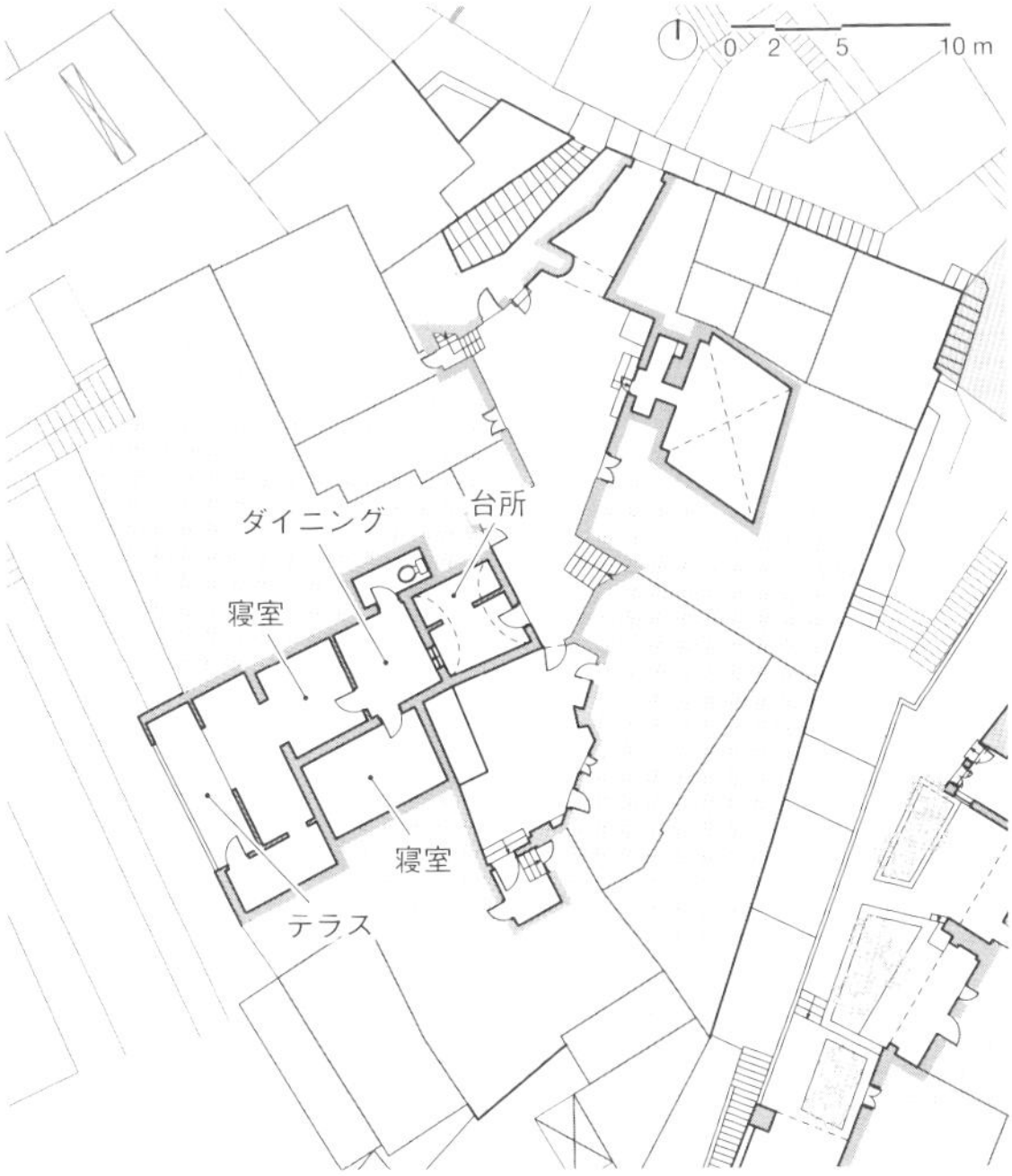

カザーレ・デイ・チチェラーリ通り
46番地の袋小路

ハイビスカスの咲く
コルティーレの入口

海岸沿いの都市では、居住可能な限られた場所に建物が壁を接しながら稠密な都市空間を形成している。上階を増築する際に、隣接する建物にもまたがるようにして住空間を増やすなどして複雑な住戸ができあがっており、密集型市街地では一軒の建物としての全体像を把握することは容易ではない。

一方、海岸から内陸に入った斜面地や台地上では、比較的まばらに点在する建物によって市街地が形成され、同じようないくつかのフラツィオーネによってコムーネのテリトーリオが構成されている。このような建物が疎らな集落型の市街地では、戸建て住宅どうしの間に耕作地や果樹園が混在している。そして、それらの住宅では、１階の大きな連続アーチによって支えられたベランダがよく見られる。

第３節　農家型住宅

❶ サンタントニオ通り１番の住宅（コンカ・デイ・マリーニ）

この住宅は、文化財環境省の資料によると、16世紀前半に建設された建物である。現在は廃屋となっているが、かつての居住者への聞き取りから部屋の用途を知ることができた。

住宅は斜面地に建っており、建物側面にある外部階段によって各階へアプローチすることができる。３連アーチの架かった1階は、貯水槽と農作業部屋、そしてパン焼き窯、食糧庫があった。一方、居室は2階にあり、前面に寝室と食堂が置かれ、後ろに台所と物置部屋があった。ベランダには、階下にある貯水槽から水を汲むための揚水口があり、生活用水として利用していた。ベランダの隅にある浴室は、水道が引かれた後に増築されたものである。

サンタントニオ通り１番の住宅

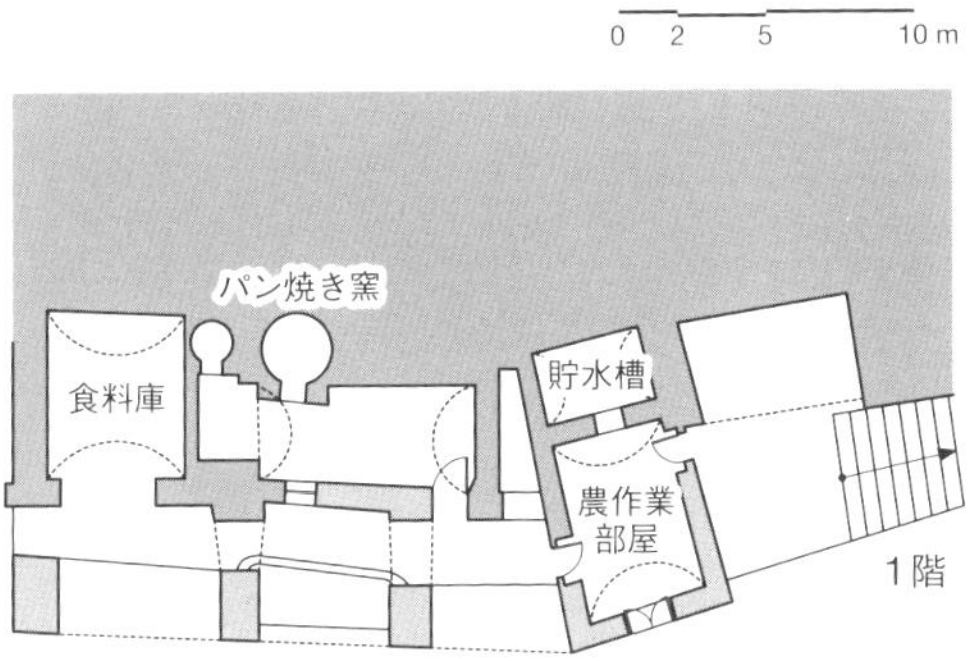

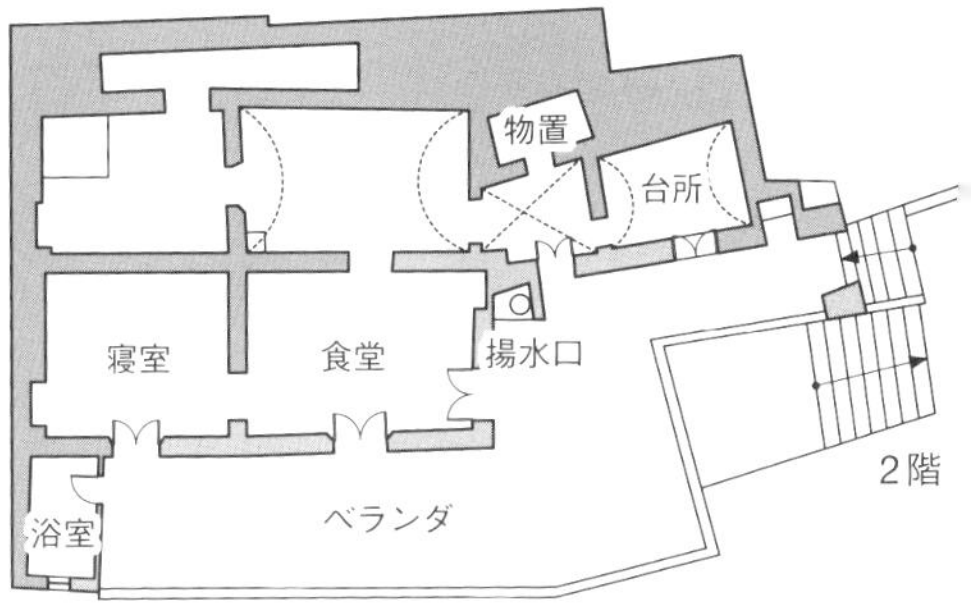

サンタントニオ通り１番の住宅、平面図

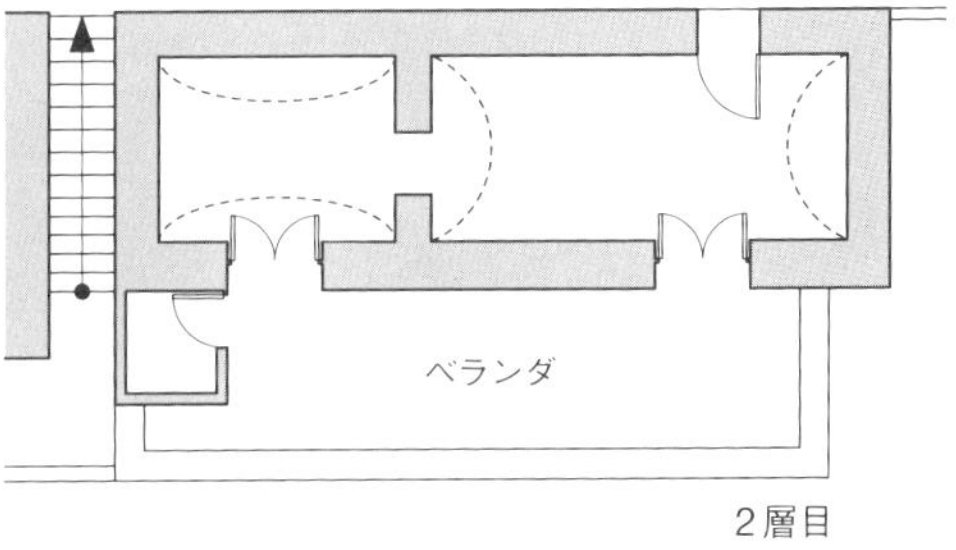

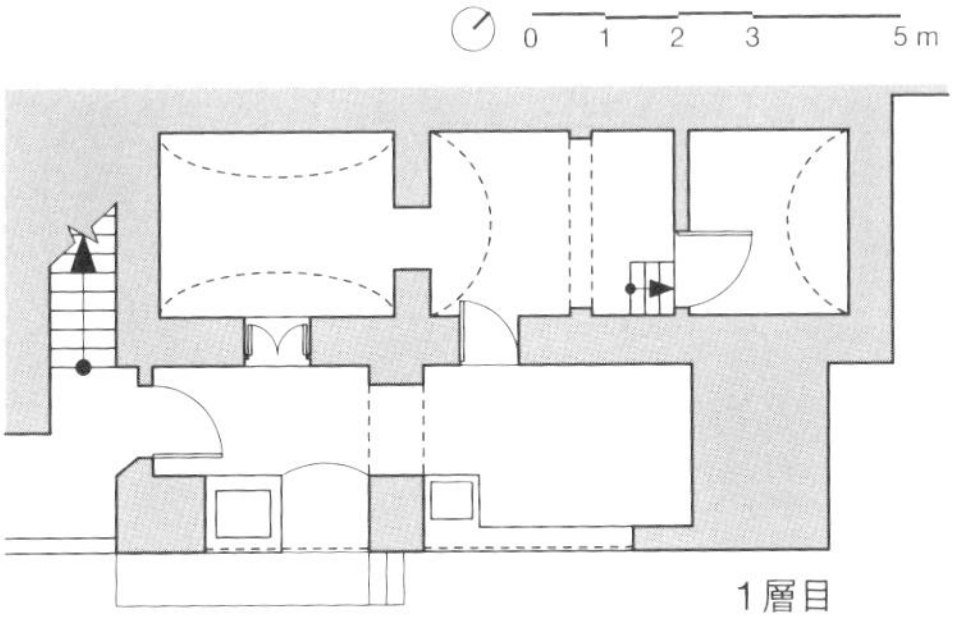

ジェンマの家、平面図

❷ ジェンマの家（コンカ・デイ・マリーニ）

二連アーチが架かるロッジア部分に貯水槽の揚水口や石造の洗濯槽などが置かれ、1階の室内も台所や食料庫として使われている（319ページ）。斜面地に建っているため、居間と寝室がある2階は山側の通りから直接入ることができる。前面のベランダは建物の全幅に広がっており、ここでもトイレが隅に増築されている。

ソルジェンティ通りの住宅

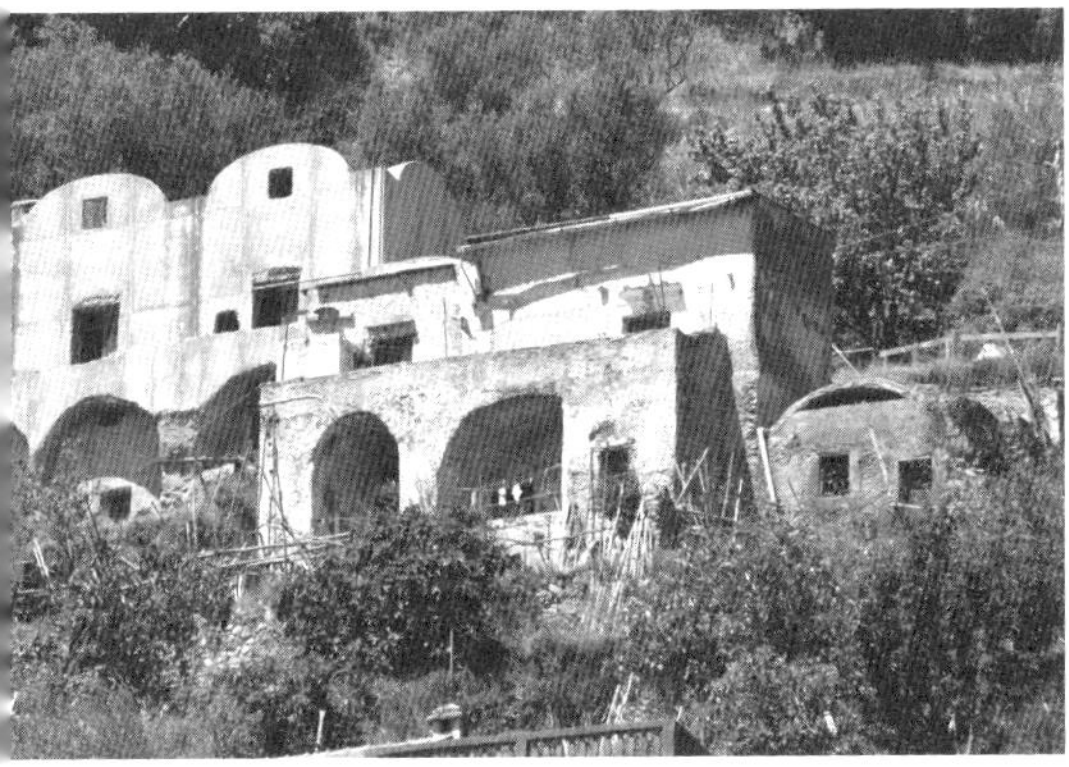

❸ アモデオ通り4番の住宅
（コンカ・デイ・マリーニ）

文化財環境省の資料によると、17世紀末に建設された有力家の邸宅である。もともとは2階建てであったが、19世紀に3階を増築している。4連アーチのロッジアがある1階には牛小屋と貯水槽、そして奥に食料庫があった。現在は、貯水槽の壁は取り除かれて居室として使われ、牛小屋も台所となっている。屋内階段を使って2階へ上がると、寝室がバルコニーに面して並び、後ろには書斎と家事室がある。建物の前面には庭、壁で仕切られた隣の区画には菜園と倉庫、かつては家畜小屋もあった。

アモデオ通り4番の住宅

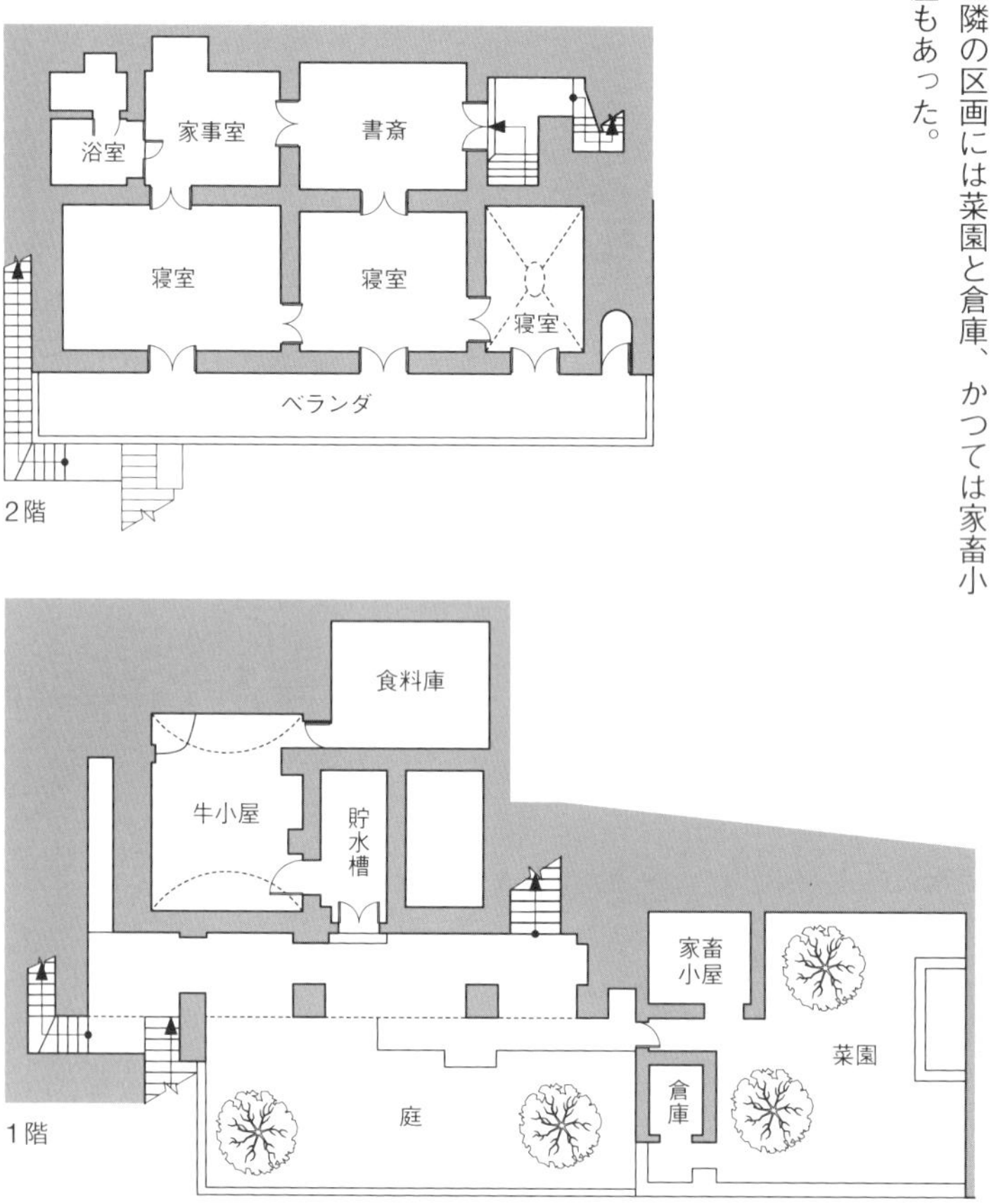

アモデオ通り4番の住宅、平面図（復元）

第2章　アマルフィ海岸の農業景観の変遷

アマルフィ海岸の景観は、まったく平地がなく山の多いその形状に強く影響を受けている。従って、住宅地であろうと耕作地であろうと、このような難しい地域での発展を可能にするためには、方法を工夫しながらこの地理的条件に適応しなければならなかった。段々畑は、最大限の土地利用を可能にするために求められた労働を、もっとも明確に表す証拠である。アマルフィ海岸は他のイタリアと異なり、そうした細分化された段々畑や、1ヘクタールにも満たない小さな地区のように、縮約された景観が特徴である。

農業景観の分析は、1876年の25000分の1「イタリア王国地図」（1876年から続いて改訂されている）、1956年の航空写真と25000分の1のIGM（Isutituto Geografico Militare 軍事地理院）の地形図、2010年のカンパーニア州発行デジタル化数値地図の3つの時期の地図を作成、および1815年からのミュラの土地台帳*からの統計を得ることで土地利用の変遷を把握して行った。

景観の変遷

対象はアマルフィ、マイオーリ、スカーラ、ラヴェッロの各コムーネの一部と、アトラーニとミノーリのテリトーリオ全体であり、総面積2450ヘクタール（24・5平方キロメー

アトラーニ市街地の上の段々畑

＊　おそらく最初の歴史的史料であるジョアシャン・ミュラ（ナポレオンの妹婿、後のナポリ王）の土地台帳（カタスト）は、フランス支配（1806〜1815年）時代に始まり、一筆ごとに分けられ、土地を面積で評価する他の不動産台帳と異なり、シンプルな土地台帳で、近代的な土地台帳をもたなかったナポリ王国の領地の不動産調査表により近い。自治体（コムーネ）をさらに細かく分割した区域で記録された調査票（人口、農地の詳細などが記載されていた）を基本に構成されていた。残念ながらサレルノ国立文書館にはその足跡が残されていないが、この調査票には、耕作地とその住民の豊富な記録と、より重要なもの、すなわち唯一の歴史的土地台帳の史料を表す耕作地の要約された概要が残っており、19世紀の土地利用の研究のために参照できる史料となっている

トル）に達する地域である。

１８７５～２０１０年の間、少なくとも機能の観点からは歴史的建造物や段々畑、丘上の少々の森などの限られた区域は不変のまま、分析した大半の地域に多くの変遷がみられた。残りの地域も異なる変化をとげた。森林のように復旧可能な場合もあるが、次に述べるように都市化が進んで復旧不可能な変化もある。

対象区域のなかで最も広い土地利用は森林である。この2世紀の間、様々な分析がなされたが、地図のデータからは１９５０年代に面積が大きく減少し、20世紀後半に3倍に増えたことが注意を引く。森林の分布は標高と農産物との関係に応じているようにみえる。すなわちブドウ畑とオリーブ畑が終わる場所が一般には森林の始まりであり、その地域全体に広がっている。19世紀と20世紀の間の明確な違いは、19世紀には草木が生える空間をもつ河床と扇状地がより広がっていたことにある。樹木の種類まで特定できるデータはないが、下にある段々畑のすべての栽培地に、木材と小枝を提供するために必要不可欠なクリの木が多いことは明らかである。特に山岳地帯はクリの木で埋め尽くされる。他の多くみられる樹木の種類としては、海岸に沿ってイナゴマメノキと野生のオリーブの木が、丘陵地帯にはハンノキがあげられる。

ミュラの土地台帳のデータも分析すると、森林の表面積の増減は自治体ごとの個別事情で対照的な結果が読み取れる。海側のアマルフィでは森林が減少し（１８１５年に37・4％、２０００年には27・6％）、陸の内部に位置するマイオーリとスカーラでは、森林の面積が2倍に増えている（スカーラでは１８１５年に46・1％、２０００年には82・1％）。

アマルフィ海岸のなかでコムーネを形づくる地域が、海岸沿いだけでなく、大半が山岳地帯である内陸にも広がっていることは強調すべきだ。大半の地域は過疎地のため人びとの関心を引かず、不均衡とも思える現実があり、土地利用の統計を集めるにも大きな負担がかかっている。こうした状況下で、統計のデータの評価のなかにこの現状の姿を組み込

土地利用に関する割合

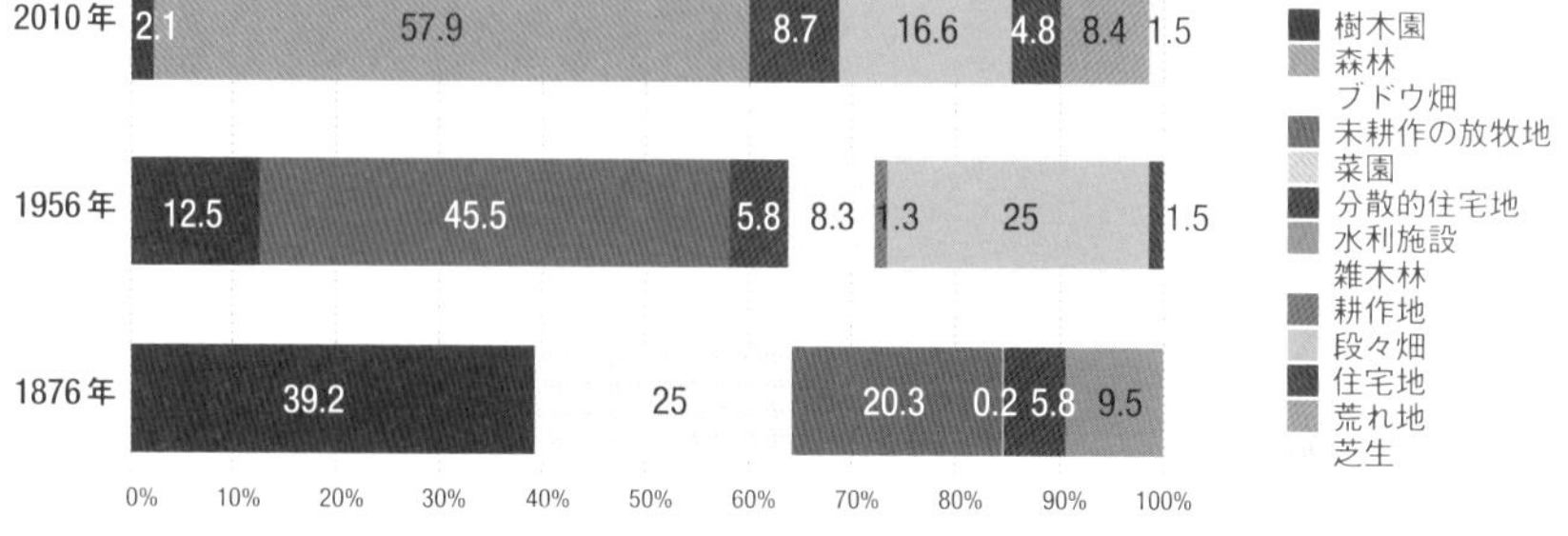

むことが必要である。

第二の土地利用は、データが少ないので詳細に分けて論じられないが、段々畑全体で行われている耕作に関するものである。レモン、柑橘類、ブドウ、オリーブの耕作がほぼ全体を占める。１８７６年の地図を基にすると、ブドウ畑は地域の25％を占め、それにレモンやオリーブのような植樹以外の樹木が５％加わっていた。木の植生に関し地域全体を無頓着にひとつとして扱う１８７６年の地図にはこのような区別がないが、海岸地区と住宅地の近くではおそらく果樹の栽培が行われていたと推定される。１９５６年にも耕作地の割合はあまり変化しなかった。25％が段々畑で、１・１％のみが段々畑ではない耕作地であった。山岳地帯の耕作地が少し減少し、南側の斜面と住宅地に隣接する地区に再び耕作地ができたことが注目される。

少し事情が違うのは、海岸側の自治体の間に際立つ差がある統計データである。アマルフィでは耕作地が多少減り（１８１５年には52％、２０００年には44％）、特に果樹が減少した。スカーラでは減少の程度が激しく（１８１５年に20・７％、２０００年には10・２％）、一方、マイオーリでは果樹の区域はほとんど変わりなく、種まきに適した土地についてはわずかな減少に過ぎない（１８１５年に12・６％、２０００年に10・１％）。

農作物の分布については、すべての耕作地が沿岸地域と渓谷の入口を可能な限り占有していることを考えると、一般的には標高に応じた農作物の作付の選択がなされている。レモンが最も低いところ、次いでオリーブ、そして19世紀には海抜６００メートルまでブドウ畑が広がっていた。最近では高度の高い場所での栽培は大きく減少し、部分的にはより低い場所に再配置されている。このようなピラミッド状の分布は、支柱や寒冷期に耕作物を保護する小枝など、パーゴラのために必要なすべての樹木（通常はクリの木）を供給する森林によって明らかに補われていた。

三番目に広がっていたのは耕作されない放牧地である。この場合もまたデータが不足し

1815 年の各市の土地利用に関する割合

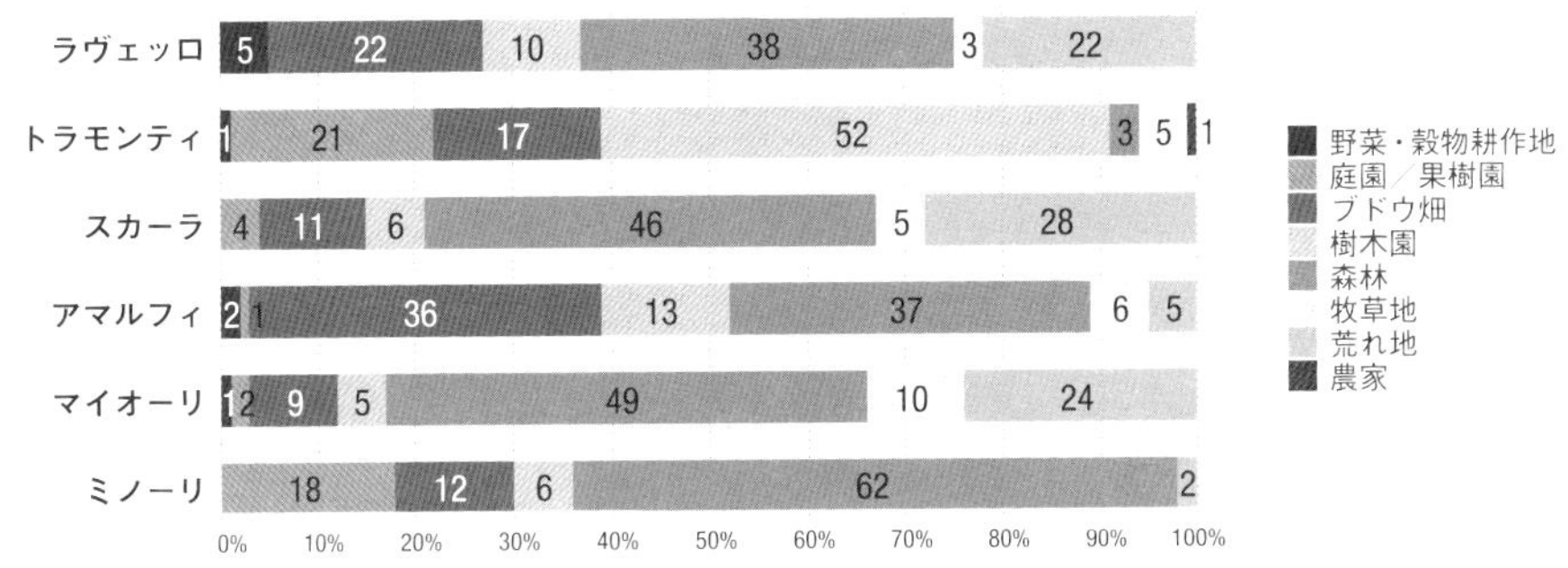

ているので、あまり似てはいない3つの種類の土地を束ねて論じることにした。19世紀の状況では20・3%を占め、これに多くは扇状地の不毛地域につくられている9・5%の「水の供給システム」を加えることができるだろう。1956年に未耕作の放牧地は著しく増加し、全体の45・9%にまで達した。この時期、山岳地帯の森林の大半は農業システム、特に当時の経済面の多大な変化を受け、消えていた。2010年には状況はついに逆転し、荒れ地と草木が少ない地域は8・4%にまで減少した。このことは、森林に変化したために未耕作の荒れ地が減少した、という意味ではなく、未耕作の下草となっているため、2010年では非常に広い森林面積にカウントされている(57・9%)。

このような変化の状況から放牧地は20世紀中頃まで重要だったと推測できる。よって森林地域は人口や生産活動の側からみれば大きな開発の対象である可能性が残っている。この2つの放牧地と荒れ地についてのより正確なデータはミュラの土地台帳からとることができる。1815年のアマルフィ市では荒れ地は4・8%で、牧草地が5・8%だった。2000年には放牧地が完全に消え、荒れ地は5倍に増えた(26・7%)。スカーラ市とマイオーリ市ではまったく別の様相を見せる。スカーラでは19世紀の初めに荒れ地は全地域の27・5%に上り、一方放牧地は5・4%しかなかった。2000年には荒れ地は2・7%まで落ち、放牧地は多少減少した(4・4%)。マイオーリでは荒れ地(24・1%)と放牧地(9・7%)は完全になくなり、2000年には地域の88・5%を占める森林に変わった。

当然、放牧地と荒れ地は、高い山岳地帯に放牧地、谷には荒れ地というように、あまり価値のない場所に分布している。事実、海岸地区ではこのような場所はみつけることができない。ただ19世紀の終わりに多少このような地があっただけである。現在では荒れ地と草木がない地域は、斜面と方位による日照不足のせいで樹木が育たない山岳地帯に限られている。

建築物が最後の考察対象である。19世紀にはまだこれら建物の占める割合は少なかった

アマルフィ北部の放牧地と荒地

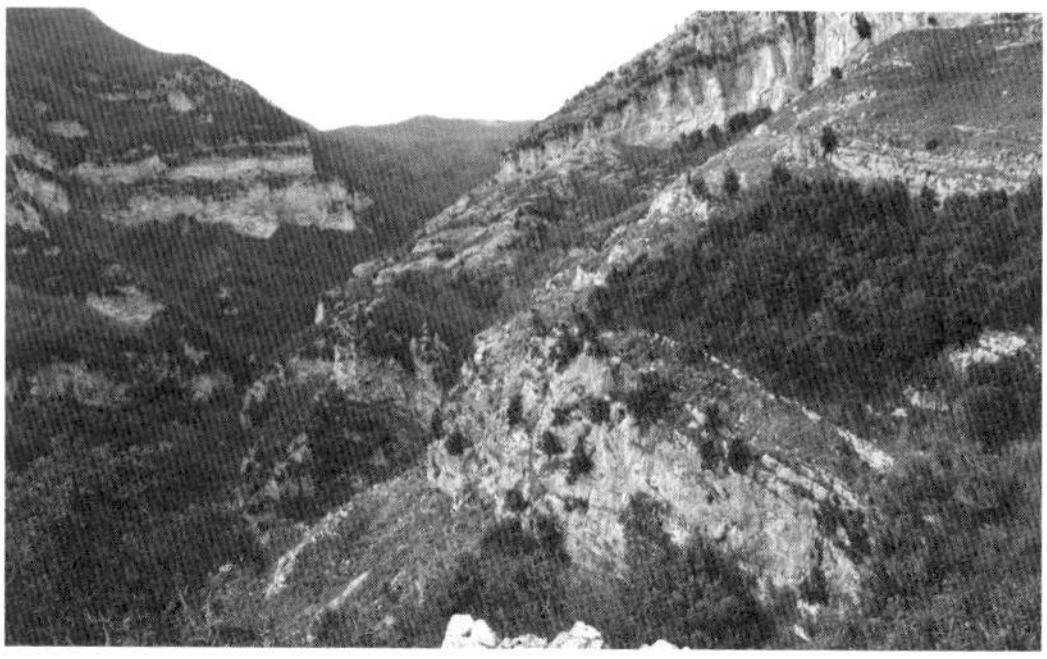

が、今日、テリトーリオにおける建設活動が拡散的に広がったために大変重要になった。単純に面積で言えば、1876年に5・8％だったものが、2010年に13・5％と2倍になったにすぎない。しかし違いはその分布の仕方である。19世紀には建物があるエリアはもっぱら住宅地に集中し、他のエリアには数少ない家が散らばるにすぎなかったが、今日、状況は逆になった。主な住宅地が飽和状態になった後、建築区域はテリトーリオに広く分散していき、海岸ゾーンが特に好まれた。どの時代に建設が進んだかＩＳＴＡＴの確実なデータによると、様々な自治体で建造物の半分が1919年以降に建設されたことが注目される（マイオーリ79％、ポジターノ65％、ラヴェッロ83％、スカーラ61％、トラモンティ73％）。土地がすでに飽和状態だった場合だけは新築件数は明らかに低かった（アマルフィ41％、アトラーニ3％）。

景観の独自性

史料を通して変遷を比較すると、アマルフィ海岸の景観がこの2世紀にどのような改変を受けたかよく理解できる。長い間持続し小さな変化しか受けなかったのは、段々畑と住宅地である。このふたつの場所は変更するのが難しい飽和状態のエリアである。土地利用の研究によって、大半が樹木で覆われた19世紀の景観から、20世紀の半ばに禿山になり、そして今日また大半が樹木で覆われた景観へとテリトーリオの一般的な姿がどのように変化したかを理解することができる。しかしこの樹木で覆われた状態は、内陸部に入り込むか、高所に行ったときだけ見ることができる。もっとも簡単に姿を知ることができるのは沿岸部、段々畑、住宅地である。最も効率よく、最大限耕作が可能な段々畑によって形づくられた景観があるのは、沿岸部である。

海岸沿いに点在する建物

段々畑

段々畑は本来農地に適さない地域を農地にすることを可能にした。段々畑の建設は古くから、おそらく11～12世紀には始まっていた。つねに海から相当な距離の場所につくられていたということは、海の側からの襲撃の危険性から防御する必要があったことを示している。この畑は長い世紀にわたって、人口の増加と、技術と多くの労働を要求する作業を実現するための経済力の増加に伴って、ゆっくり発展した。段々畑は実際、既存の岩を先ずはその場で砕くことに始まり、外側の石積みの擁壁、最大限の浸透性を得るための小石の基礎、耕作には向かない薄い土の層からなる構造全体をつくることによって実現された。

アマルフィ海岸の急斜面につくられた段々畑は、幅が数メートルで高さは一般的に2～3メートルに制限された。このような極端な条件に対応して農業はかなり特殊な方法で発達した。穀物や野菜畑にせずに、レモン、ブドウ、オリーブなどの特化した、収穫の多いものを栽培した。土地不足とこの地方の気候条件が、耕作面積を増やすために最適な工夫を生みだし、それぞれの作物の栽培のための最高の条件をつくり出すために、技術の改良をもたらした。悪天候から植物を守るために、パーゴラとその他の構築物の使用が広く普及したこともその工夫のひとつである。

パーゴラは大半がレモンの栽培のために用いられるが、ブドウ栽培のためにも使用される。ブドウは棚を使って栽培される。パーゴラはつねに場所に応じて建設され、決まった構造はないといえるが、日当たりの良い面積を最大限に確保し、冬の寒さや雹から植物を守るという2つの主な目的に答え、部分的に個々の条件に対応した一連のモデルがある。このような目的を追求するために、つねにクリの木の支柱、クリの小枝を組み合わせて、より様々な形のパーゴラがつくられた。パーゴラは従って中腹の耕作地と高地の栗の森を結びつける輪のようなものである。

ブドウを栽培するスカーラのパーゴラ付きの段々畑

クリの木を栽培するスカーラの段々畑

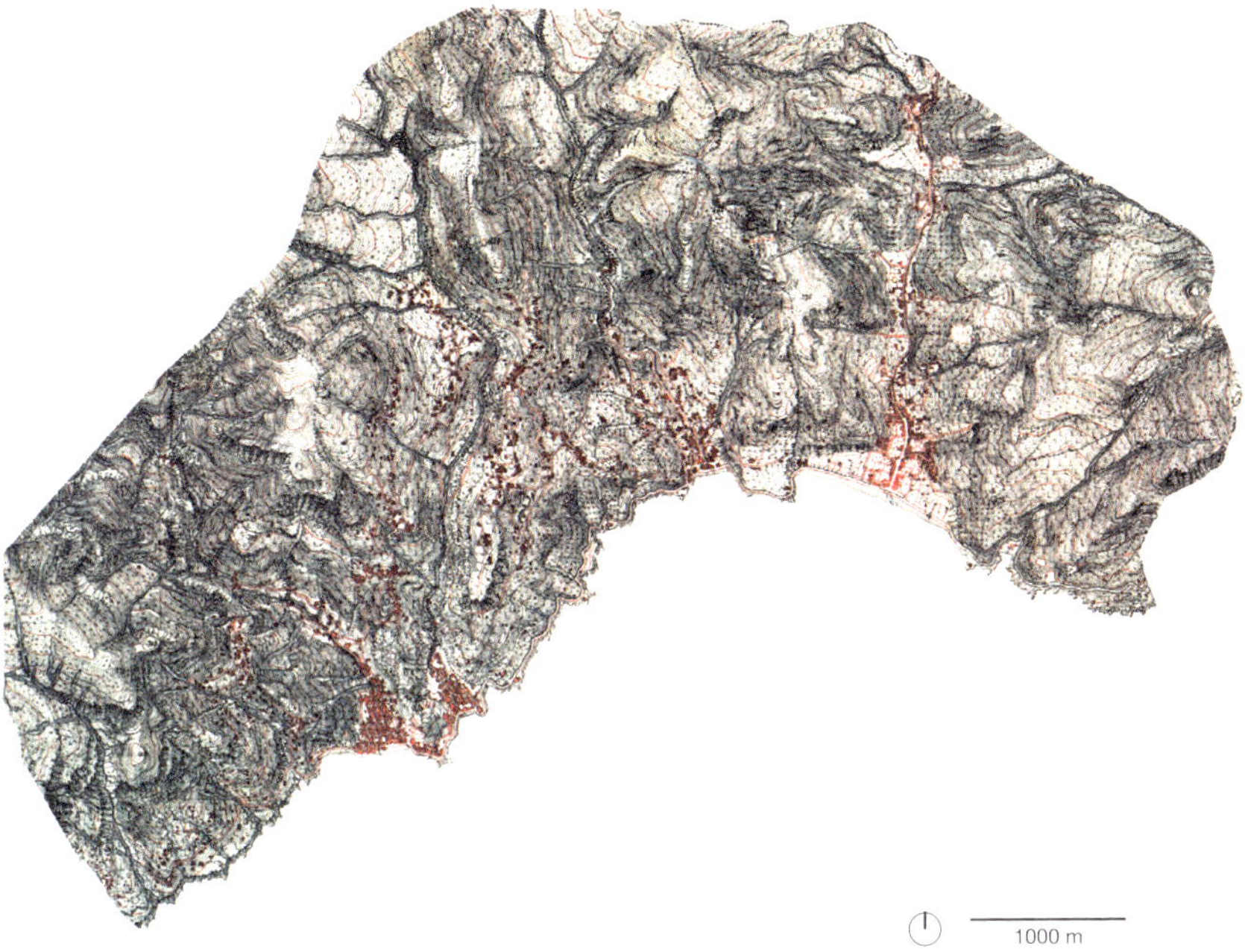

1876 年の「イタリア王国地図」

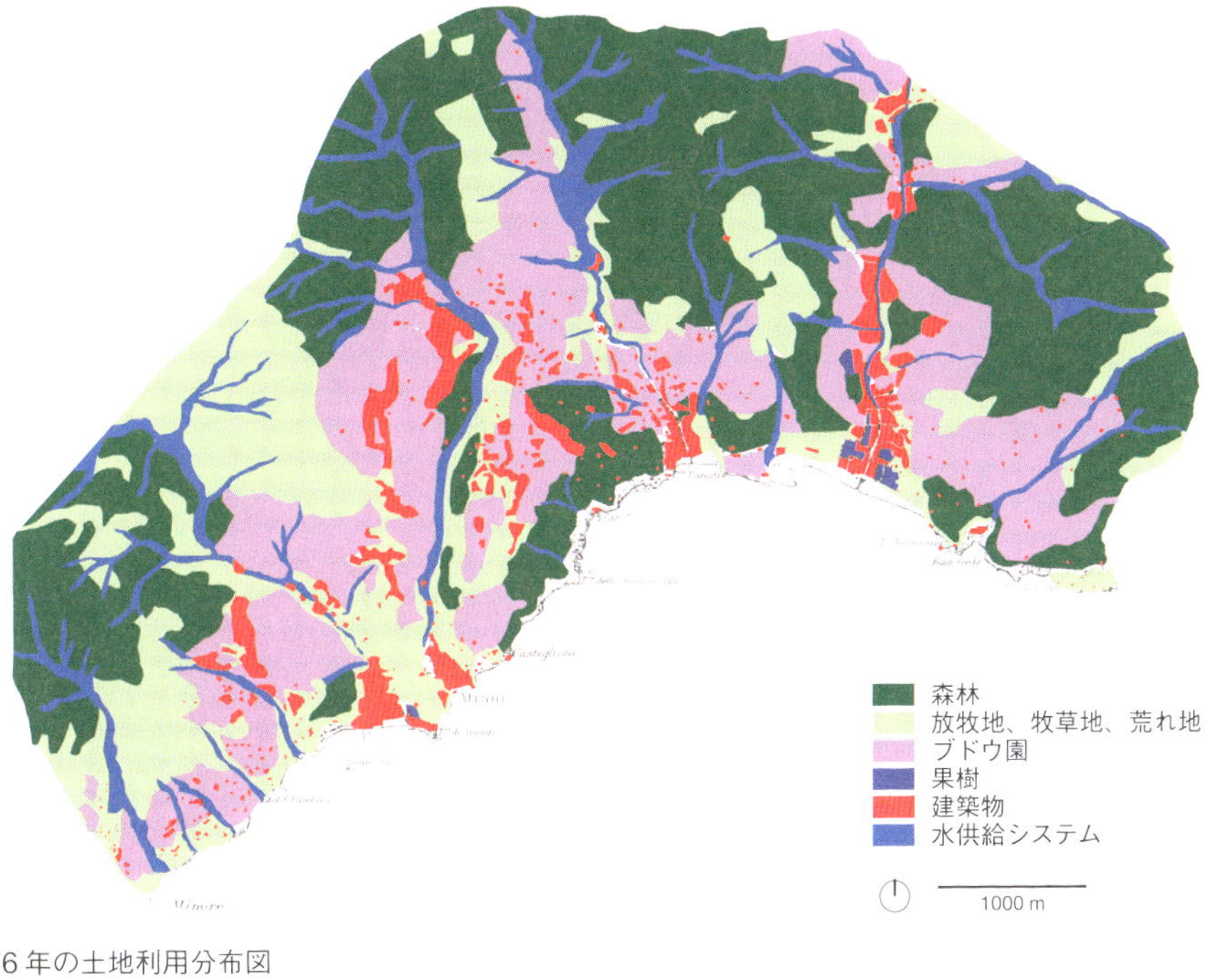

1876 年の土地利用分布図

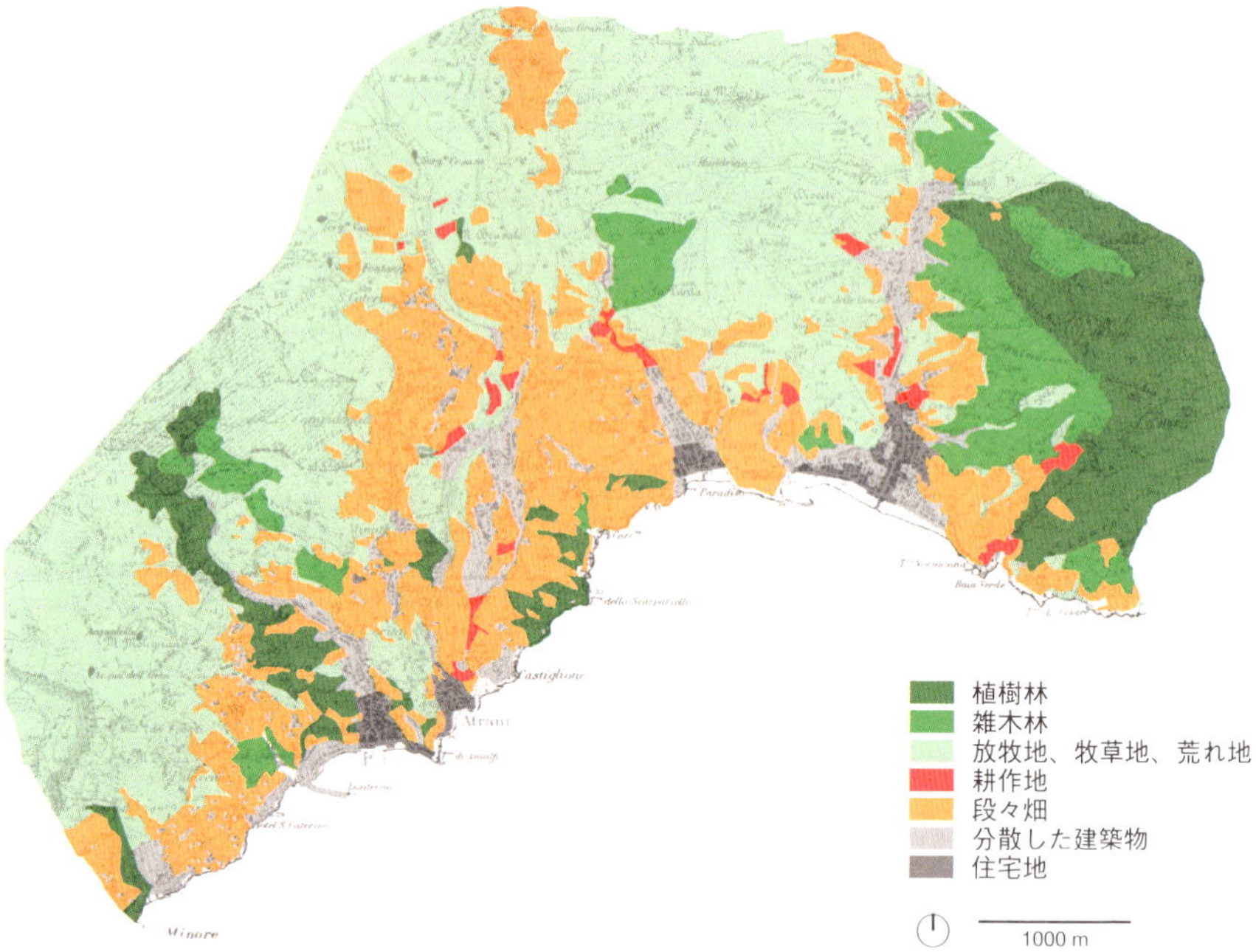

1956 年の土地利用分布図

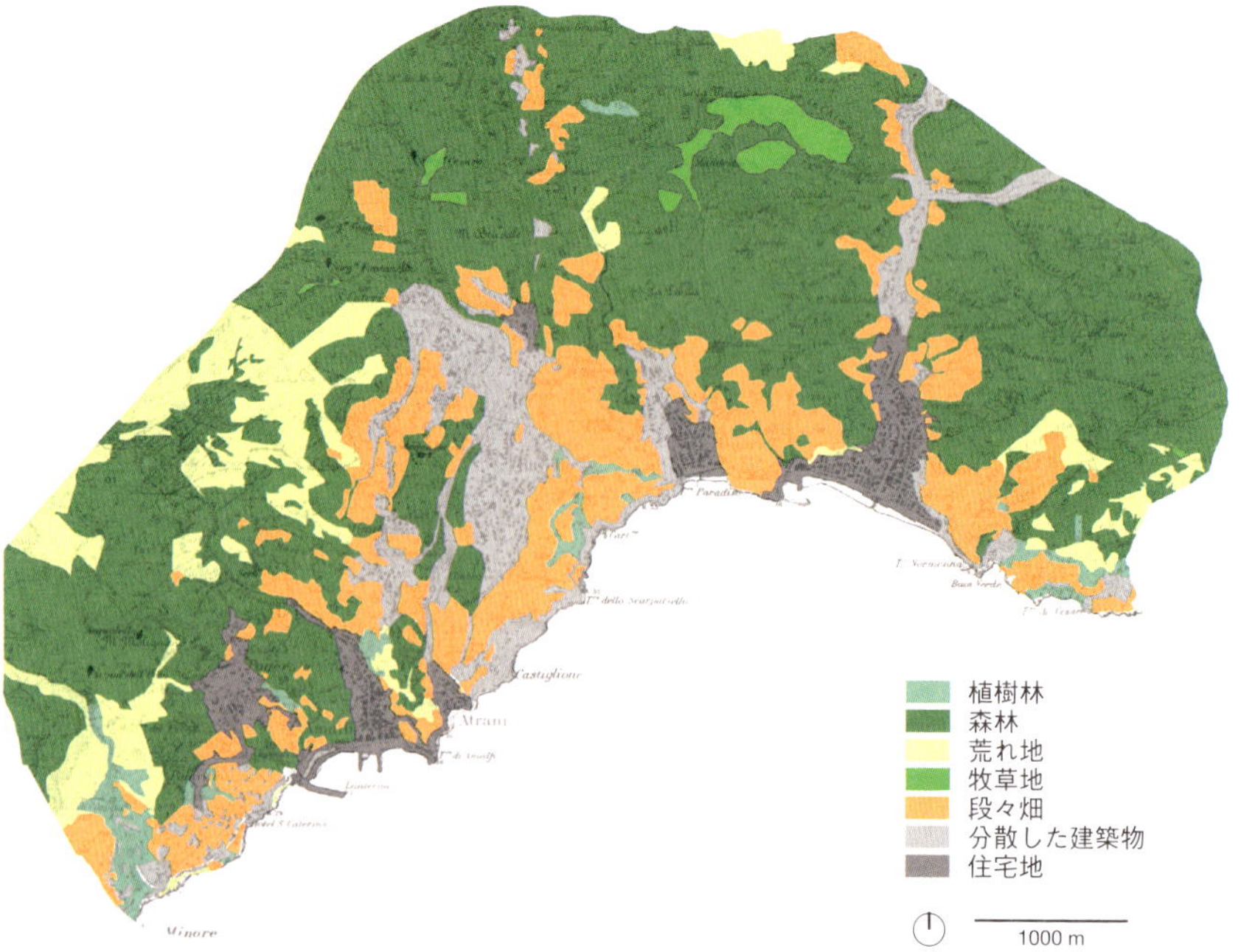

2010 年の土地利用分布図

水の供給網

夏季に雨が不足するアマルフィ海岸の風土のなかで、住宅地だけでなく特に地域に点在する多くの段々畑に水の供給を確保するために、住民は必死にならざるをえなかった。木材と同様、この場合にもやはり内陸部の地域が谷間に湧く泉の存在のおかげで海岸部へ水を供給している。農業のためにも泉だけではまかなえない量の水が必要だが、泉と気象条件を組み合わせて水を集めるシステムが発展した。このシステムは地域全体に広がる集水と導管を組み合わせた複合的な水の供給方法となっている。干ばつの時期に取水し、池に溜め、必要に応じて配給できるシステムである。貯水池は容易に見えるところにあり、一方導管のシステムは見ることが難しい。この水の供給システムにあてはまる測量図を見ると、システムの機能と集水量がより理解できる。

道路網

テリトーリオの形態を理解する上で、道路網に関する研究も重要である。19世紀の自動車道路開設によって強く影響を受けている現在の状態だけみていると、その構造は把握できない。だが、遡って19世紀以前の構造をみると、興味深い事実がわかる。テリトーリオに散在する様々な村や集落の間の道は、特に可能な限り等高線に沿って平坦な道路がつくられるか、あるいは、様々な高さの場所を通る〝水平な〟道と最も短い形でつなぐ、垂直に刻まれた階段状の道がつくられているという状況が浮かび上がるのである。同様に水平な道から坂が始まり、個人の所有地へ降りている。

これまで行ってきた主に土地利用に基づく分析は、段階的な変遷を理解するために有効

段々畑の貯水と灌漑のための養魚池

ポジェーローラの急な斜面地にある段々畑

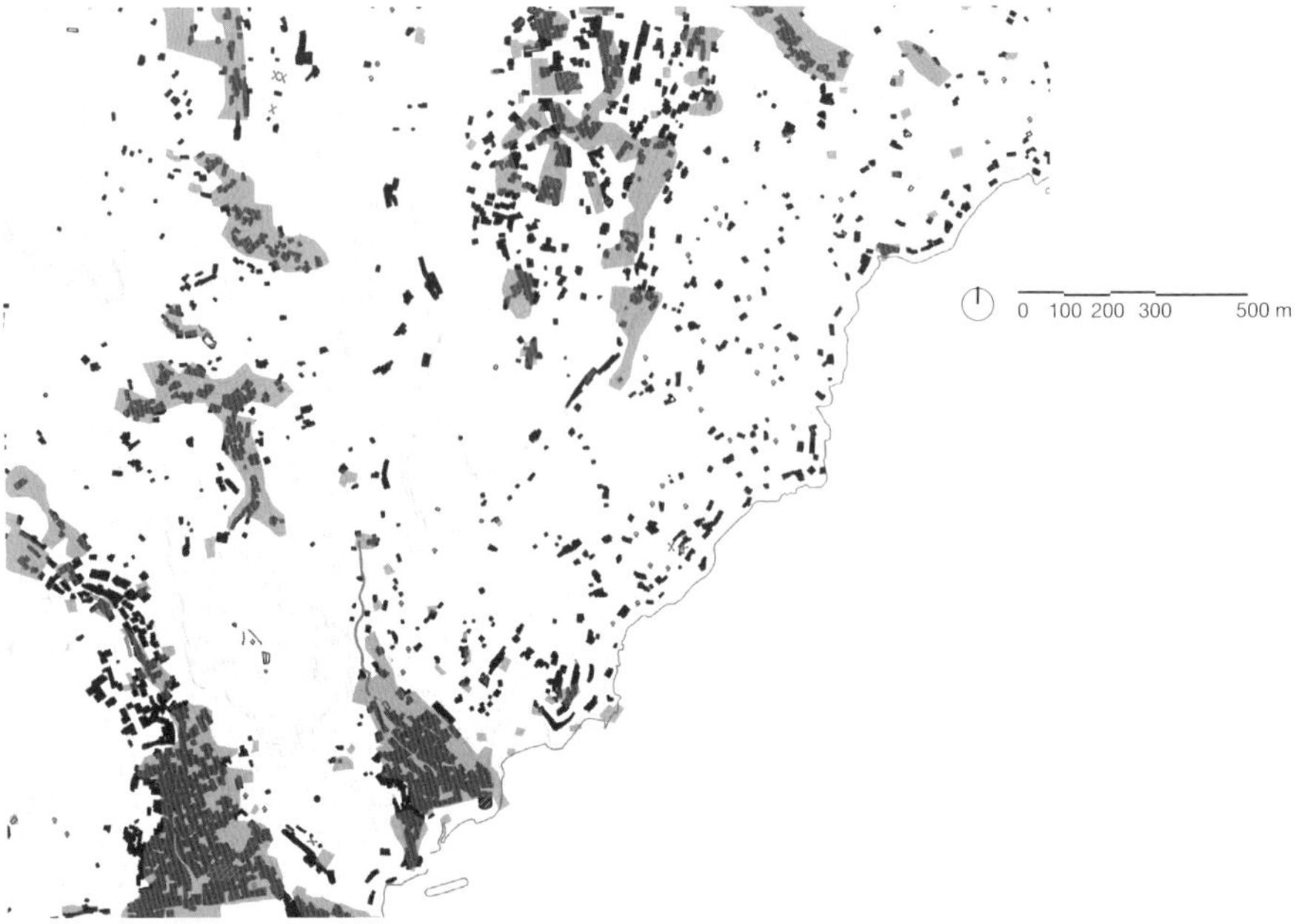

1800年代（グレー）と現在（黒）の建物分布。テリトーリオ全体に建物が拡散した

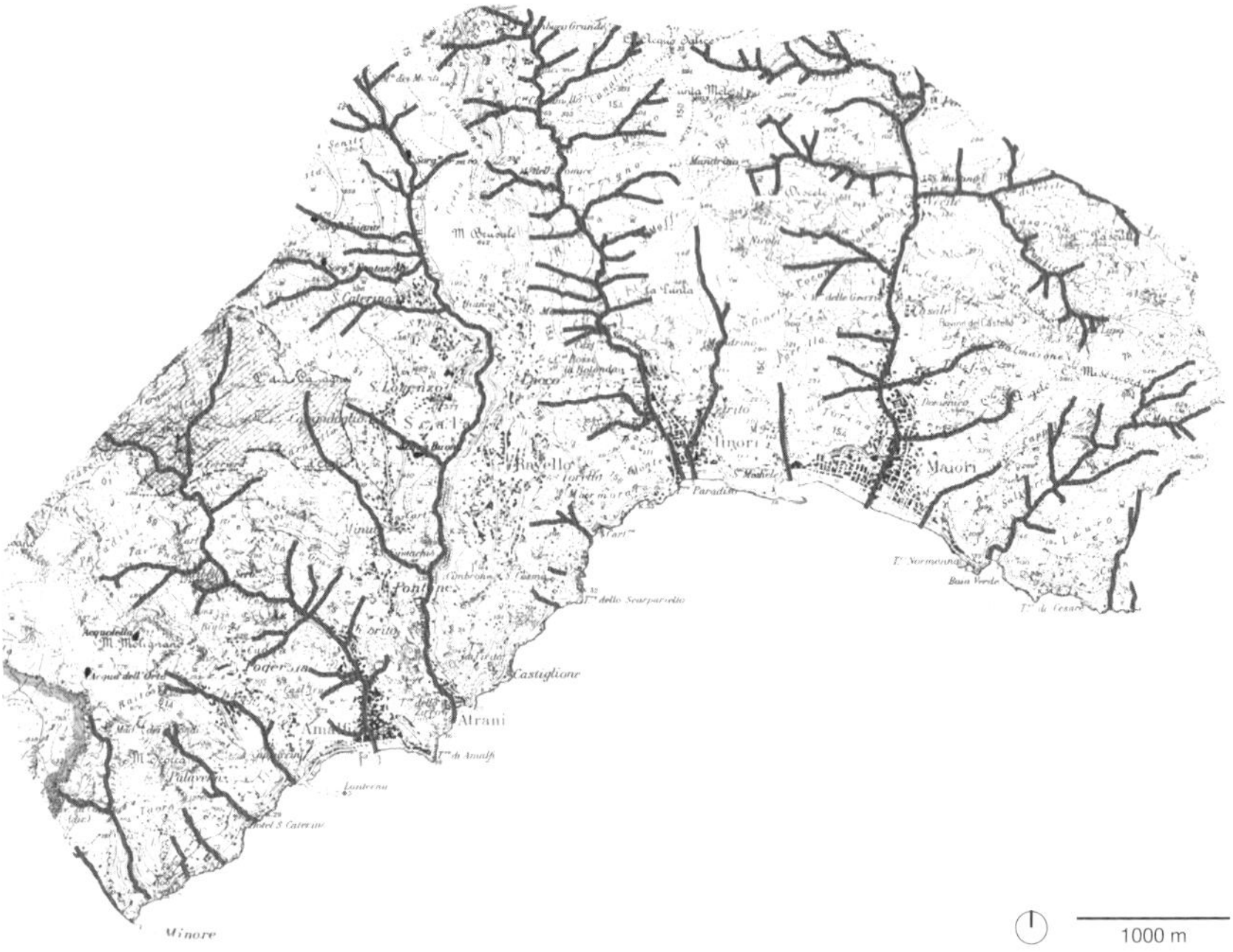

アマルフィ海岸の水路網。谷ごとに湧く泉の水を集め、水路網ができている

な地域の一般的な解読はできるが、アマルフィ海岸の複雑な農業景観に深く入り込むには不十分である。近代の建設活動の進展で歴史的な景観が損なわれた過程を記録できるのに加え、より深い分析を通して重要な景観が持続されていることも同時に明らかにできる。その目的にとって、土地所有の単位に注目し、それぞれ農村の建物に属する段々畑の広がりを把握することが、極めて重要である。すでに19世紀末から、住居の２つの型が明らかに見分けられていた。都市部のより目立つ高い建物と、地域に広がる２階建てで、一連の段々畑と耕作地が帰属している田園部の住宅である。他の特徴的な姿は、段々畑の耕作地を囲む塀である。それは耕作地への進入を妨げる2メートルを超える高い外壁に入口の扉がついている。田園の住居ではあるが、このような構造は、内部でまとまり、周囲の空間に開くことのないアラブ都市の構造を思い起こさせる。

これまでの分析からアマルフィ海岸の景観は、海からの距離に応じて非常に多様であることがわかる。半径数キロメートル以内で海岸、丘陵地帯、山岳地帯の景観が連続して現れる。従って様々な海沿いのコムーネ（自治体）の特徴や性質は、このような観点から分析・考察できると思われる。一方、内陸部に主に広がるコムーネは、より農業と山の特徴が目立つ。

特に海岸沿いに発展しているコムーネにとってのいくつかの懸念される材料は、農地、特に段々畑の面積の減少である。アマルフィ海岸の47％（ＩＳＴＡＴ、２０００）に建造物や土木的インフラが整備されているという事実は、このように特徴のある農業景観を脅かす傾向があることを示している。

アトラーニを取り囲む段々畑

雨水を分配するための水路

第3章 道のネットワーク
――ポントーネを事例に

アマルフィ海岸の居住地はふたつのグループに分けられる。海と直接関わりのある海岸沿いの居住地と、より高地にある居住地である。前者の生活の糧は海から得ている一方、後者は農業で経済が成り立っていたという特徴がある。自動車が登場する近代以前には、この両者を結んで、幾筋もの道が生まれ、人々の暮らしを支えてきた。こうした山中を行く小道は、近年、歴史資産として再評価の対象となっている。ここでは、アマルフィの内奥高台に位置するポントーネ（スカーラに属するフラッツィオーネ）を対象に、そこに集まり、また分岐するこれらの道について考察する。

研究の方法

詳細な歴史的な地図や文献はないので、すべての道の測量図や地図を通して研究を進める方法をとった。デジタル地図を基本に、道を加え、道と地域の関係（道の発展と区間、資材、土地利用、視点場）を読み解くのに有益なすべての要素に焦点を当てながら進めた。

道の発展に関するデータは、各道の高度測量の発展を知ることができるＧＰＳを通して得た。こうすることで傾斜度の平均値や部分的な傾斜度を計ることができた。

ポントーネの集落の眺望

ポントーネの集落全景

次にＧＩＳを通して得た道、資材と土地利用などの情報を地図に落とした、従来の測量地図も使用した。第三のデータとして写真があげられる。この視覚的に補完するデータによって各々の道について、道そのものを考察できるほか、行程の中の主要な視点場もわかる。

ＧＩＳを基本にほぼ正確な地図的資料やデジタル地図を用いながら、景観の変遷を分析するために土台となる地図を作成した。その上で１８７７年のイタリア王国地図のような正確さは劣る歴史的史料や、１９５６年の航空写真、１９５６年の地形図ＩＧＭ（２５０００分の１）を使用した。異なる時代をできるだけ比較するために、各地図史料をデジタル化した。

道のネットワークの構造

ポントーネに行くには、今日では多くはアマルフィから来る唯一の道路を使うが、過去には数えきれないほどの道がポントーネに通じていた。今も変わらず８本の主要な軸があり、様々な枝道も数えるなら14にも上る。

このように数多い道は、ひとつは水平のなだらかな道、もう一方は垂直の急勾配の道という2通りのタイプに分けられる。前者はアマルフィとポントーネ、またはポントーネと北の地域（スカーラ、高地の農業地域）を結び、後者は、逆に、ポントーネ周辺と北東部の耕作地への移動の必要性からできた。この道は高い場所、つまり海から比較的距離のある場所を通る場合、アマルフィ海岸を通るために特に最も確実な道であったといえる。

ポントーネの都市構造を考察すると、周縁部分の建物で囲まれている閉鎖的な特徴がみてとれる。建物の大部分は内側の道路に入口があり、町の外側の主要道路にはほとんど直接アクセスできない。真の意味での城壁をもっていたかは定かではないが、特に谷から入る場合、建物自体が一種の障壁をつくっている。城壁のようである証拠は、ポントーネの中心部に入るために通らなければならない入口の門と狭いアーチ状のトンネルにある。城壁のようにみえない唯一の例外は、アマルフィから来るときに通るサン・ジョヴァンニ・バッティスタ教会広場に通ずる入口である。中心部に入るための門やアーチ状トンネルがまったくない。

道路にかかるアーチは多かれ少なかれ、居住地の中心部へ近づくための入口の象徴的な要素に見える。入口のアーチがないところには、町の門の役目を果たしていたと推測される下の写真のようなトンネルがしばしばみられる。

ポントーネが城塞都市の構造をもっていたという事実に関して、定かでないとしても、ローマ時代の防御された居住地を起源とすると、G・パンサが18世紀に書き残している。「時代の衣装からわかるローマ時代の人々は、谷や海岸沿いの場所は安全ではないと考え、この海岸の最も高い部分、厳密にはPaesaniに由来するPontoneポントーネと呼ばれるこの場所を要塞化した。ポントーネは、敵の奇襲や攻撃を受けやすいあらゆる場所を防御する、攻略できない城塞に変貌した」（G. Pansa, *Istoria dell'antica repubblica d'Amalfi*, Napoli, 1729, p.18）。

総延長が16・6キロメートル以上にわたって伸びる道のネットワークを分析すると、これらの道は、海辺都市のアマルフィやアトラーニとの間をつなぐ道、そしてスカーラからフェッリエーレ谷に達しポジェーロラに続く長い山道をはじめ、14の道に分けられる。各道について、高度測量の発達のおかげでグラフを作成できた。このグラフの上に道路網の発達に応じてできた豊富な坂を示す第二のグラフが積み重なった。

このような作業の結果、各々の道の傾斜度については、自動車道路では5%、ポントーネの住宅地のなかの階段状の坂道では41%という非常に多様な表ができた。他の12の道の傾斜度の平均値は10%と20%の間を示している。様々な坂や道、路線を考えると、より急勾配の区間は近道でしかなく、遥かに長いが緩やかな坂が発展していることに注目することができる。緩い勾配は傾向としてポントーネを横切るか、または同じ高度の区域へできるだけ最小の労力で行ける道である。

坂に加えて、自然歩道と塀に囲まれた区間が興味深い。一般的に道路は塀によってわかるよ

公道を隔てる壁がある典型的な区域

公道と住宅街（サン・ジョヴァンニ通り）の境のよく使われる道のひとつ

うに区切られており、その塀の高さは居住地からの近さに直接比例する。実際に公共の道路と私有地の区分は明確になされる。斜面の地形が私有地から道を切り離すのに有利な場合、塀は最も低い谷のほうへ下がっている所有地に応じてある高さ、つまり最大に保つ可能性がある（前頁左下の写真）。住居の近くの庭の場合、しばしば壁は考えられないほど高くなり、２メートルを超えることもある。畑の入口の扉の役割は、侵入と作物の盗難を阻止することと推測される。住居の近くにあり、高い塀で外から隔絶されている庭は、アラブの都市の内向きの閉鎖的な形との類似性を呼び起こさせる。

材料

多くの道の坂を強固にするには、もっとも普及している材料である石の段をつくることが必要であった。従って、半ば平らな小さな区間、または小さな坂も石で舗装された。住宅地から最も遠い道、またはアトラーニ、ドラゴーネ谷、ポジェーロラ、フェッリエーレ谷からの中間の区間の道は、ほとんど舗装されていない踏み固められた道、または石や砂利の道のままであった。

アマルフィからポントーネへの14の道路

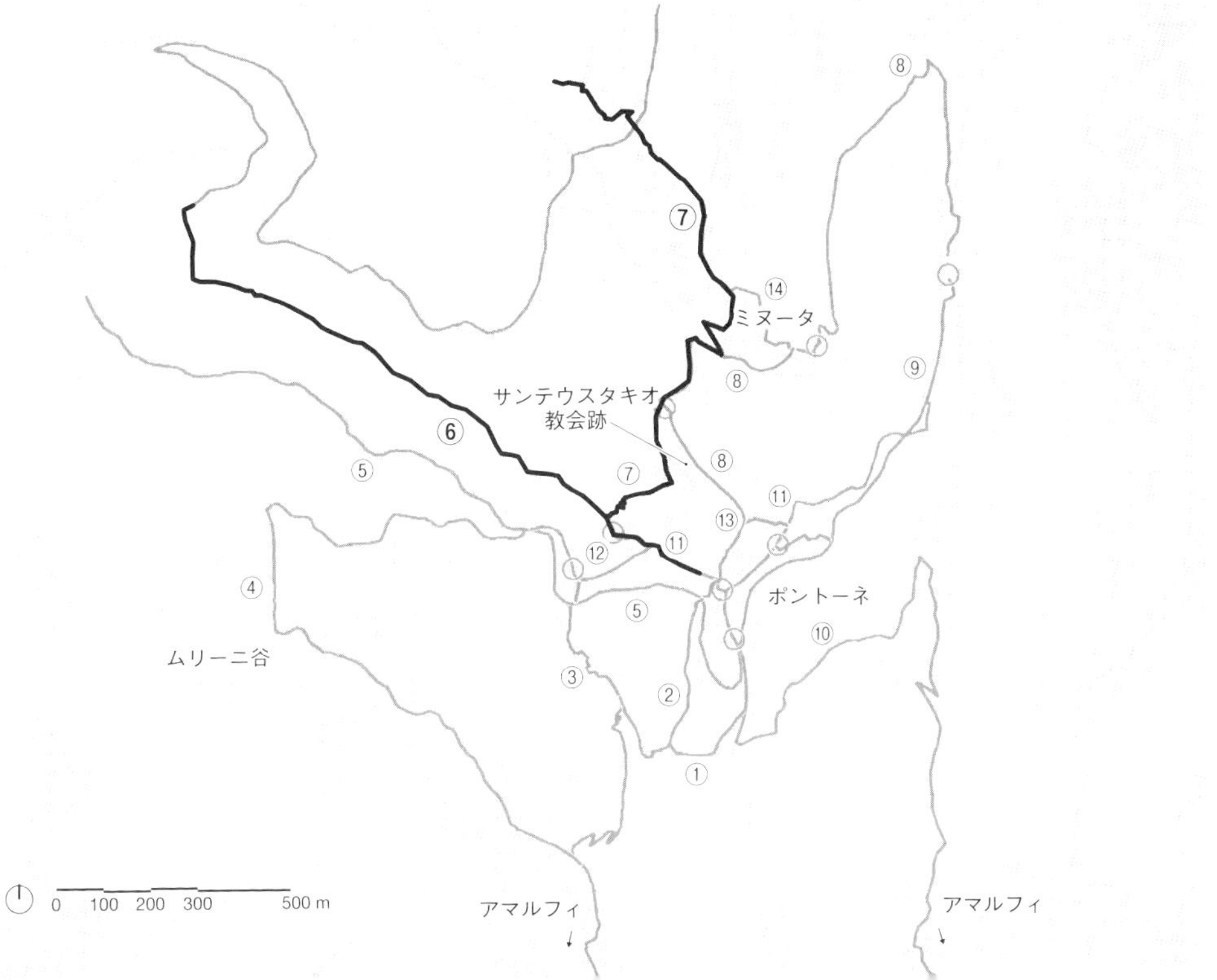

道と景観の関係

道のネットワークと景観の関係を考えると自然道と長い道とに分けられる。自然道は耕作地を通り、何ら人の手が加えられていない。長い道のほうは舗装され、塀が建てられるなど、より計画的にみえる道路区間がつくられ、人の手が最大限に介入している。後者の長い道の区間は、塀の高さのせいで実際には何も見えない道と、周囲の景色が見える開けた場所が並んでおり、壮観な眺めを見たときの感動が強まる（右の写真）。ポントーネは地域全体が坂であるので、地域を横切る高低差のある道は、しばしば谷に向けてよい景色が広がる。山側にそびえる塀は、公道と私有地を区切り、段々畑が崩れることを押さえるという二重の役目を負っている。耕作地全体が何世紀もかけてつくられた段々畑ということを忘れてはならない（左の写真）。

農作物という観点から、道と景観の関係は、住居への近さと耕作物のタイプに影響を与える高度がより関係する。道は一般的に、地域に広がる様々な住居を結ぶという主な目的がある。その結果、建物の密度に対応して道路の数も増える。

道のネットワークに応じた景観の変遷

主に土地利用に帰する景観の変遷については、グレヴォーネ谷とドラゴーネ谷の間と、より北部のプンタ・ダーリオを含む、およそ２２６ヘクタールの地域について考察した。

１８７６年のイタリア王国の地図（２５０００分の１）と航空写真、１９５６年の地形図ＩＧＭ（２５０００分の１）に基づいて考察すると、このふたつの年代の土地利用の構図がおおまかに再構築でき、その結果を比較することができる。

印象的なデータは、19世紀末には何もなく、１９５６年には様々な区域、低地でも高地でも少なかった森林地帯が想像以上にあることである。考えられるいちばんの原因は土地が放棄さ

ポントーネから見たアマルフィの市街地（住宅地）

道⑤から見たアマルフィとポントーネ

れたことである。最も森林が広がった区域は坂が多く水がある場所が目立つ。実際、最も高い放棄された区域でも水がなければ植物が多く育たない。

第二の重要な違いは、１８７６年にはトッレンテ・カンネート谷やドラゴーネ谷に沿った地域、ポントーネより高い地域を広く覆っていたブドウ畑が大きく減少したことである。すでに１９５６年にはかなり減少したように思えるが、今日ではさらにブドウ畑がほとんどなくなっている。１８７６年と１９５６年の違いは19世紀のデータの正確さにある疑いをもたせるほどである。ブドウ畑は現在、より適した場所は柑橘類の栽培に、あまり適してない場所は森林に当てられている。

別の土地の分布の変遷は、１９５６年には行われていたが今日ではまったくなくなった、標高５００メートル以上での耕作に関するものである。

土地の分布の最大の特徴は耕作の細分化である。住居に応じて、ひとつの区分のなかで栽培する農産物の種類が大きく増加したといえる。多くの場合にみられるが、おそらく個人用に、しばしば果樹、柑橘類、ブドウ、野菜類が一緒に栽培されている。残念ながらふたつの時代の正確なデータが欠けているため、どの形態が昔のものであるのか、現在であるのか、またどのように発展したのか定かではない。

道のネットワークに関しては、大きな変遷はないように思われる。唯一の変化は、ポントーネに革命的なアクセスをもたらした１９５６年以降に建設された道路である。２本の主要道路、アマルフィからの坂（道①〜③）と山道があると推測される。この山道は現在の自動車道路に重なるコースで最初につくられ、今では一部が消えているが、後に標高がより高い場所に現在のトンネルまで通じる道路が付け加えられ、２本のトンネルを通ってポントーネの入口まで続いている。少なくとも道幅が広いことを考えると、ある程度重要な第三の道は、ミヌータを通ってスカーラに直接通じる道である。

ポントーネに通じる坂道のひとつ

道の具体例

ここでは紙幅が限られているので、アマルフィ海岸の特徴をよく示すと思われるいくつかの道に絞って説明する。

道①〜③はアマルフィへの最も短いアクセスである。そのルートの半分は3本の道の共有部分であり、アマルフィの最も高い部分から出て標高190メートルまで伸びている長い階段で構成されている。続いて最初は標高190メートル、次いで235メートルの2か所に二叉路がある。最も東の道①は、町の核であるサンタ・マリア・デル・カルミネ教会まで導き、次いで自動車道を横切りポントーネの中心部まで達する。坂が少ない中央の道②は一連の段々畑を渡り、サン・ジョヴァンニ・バッティスタ教会の下に達する。第三の道③は、ほぼ平らな道を10メートルほど進み、突然現れる踏面の広い階段を上る。この階段は塔状住宅（365ページ上の写真）も通り、トンネル上の狭い階段を通り、ポントーネの最も内側に達する。

この3本の道の最も標高の低い共通部分は、高さが2〜3メートルある長い塀に区切られ、すべての部分が居住地に最も近い。少しずつ遠ざかるにつれ、地形が道と耕作地を隔てる境界をつくり、塀の高さもアマルフィの山を向いた最初の谷の景色が望める共通の柵ほど低くなる。そこからより進んだ道路も似たような状態で、2か所の二叉路を除いて、①、②の道に沿って大半の行程で、山道の防止柵を含む塀がゆうに2メートルを超している。さらにパノラマが開けるポイントはそれぞれの道路の行程の最後の部分である。

次に、最も自然な環境にある道⑥を見よう。この道はポントーネの最も西側から出て、平均傾斜度が14%の坂を上り、特別なインフラが整備されていない山道をプンタ・ダーリオの方向へ上る。標高500メートル以上の部分にだけは、ロバぐらいしか通れない山道がつくられた。この道のなかのポントーネに最も近い（1200メートル）の区分に関して考察する。前例のように、ポントーネに最も近い部分は耕作地を囲む塀が続き、この塀は完全に所有地や谷への眺望

アトラーニまで下る階段

住宅地近くの耕作地を特徴づける段々畑

を妨げている。ひとたび耕作地から遠ざかると、道路は完全に開放的になり、塀も舗装もなく、眼下の谷やアマルフィを眺めることができる。

道⑦は、スカーラへの2本の道の1本であるため、一定の重要性があった。ポントーネの最も高い場所を渡り、集落を抜けて、サンテウスタキオ教会跡を通る。ミヌータの郊外の村からこの道は急な坂に設けられた長い踏面の広い石段を上り、スカーラから来る水平の道に達し、プンタ・ダーリオの下を通って道⑥に再び繋がる。この道のなかで平均傾斜度が21%であるのはまさしくこの階段のことである。この道の場合は居住地の近くでは、2メートルの高さの塀に囲まれている。この道からは2つの興味深い点が読み取れる。塀の数が坂道の方向に関係し、道が等高線に平行に発展しているときは手すりのようなひとつの塀だけで、等高線に垂直な道のときは2つの塀がある。最初の場合では、道は所有地のなかで明確に区分化されている段々畑を完全に最大限に利用している。舗装の資材からみる限りでは、階段は初期の段階でつくられ、平らな道と緩やかな坂だけが次の時期に造られたと推定される。階段はすべて石造りである一方、サンテウスタキオ教会の少し上方の部分はコンクリートで造られている。この道に沿って浮かぶ興味深い要素は、常に道の50センチ上に設けられた雨水を導く専用の水路システム

ポントーネに通じる道③に沿って立つ塔状住宅

眺望が開けた道⑥

道⑥に沿った耕作地を囲む塀

に代表される。清潔な水を溜め、農業用に使おうと研究したのであろう。

この道の途中には様々な絶景ポイントがある。ひとつ目はアマルフィの上方、サンテウスタキオ教会の谷からすぐの場所である、2番目はポントーネとミヌータ間の造成されていない道に沿って、3番目のポイントはミヌータ山の階段がある海に面したいくつかの近道である。最後のケースはほぼ山登りのように思える急な坂と海と谷の対比が心に迫る景観を生んでいる。

道⑩は、アマルフィの東隣、アトラーニから来る道のなかで、ポントーネに通じる最後の山道である。この山道はサンタ・マリア・デル・カルミネ教会の郊外の最も南の地域から出て、2つのトンネルを越える。居住地の近くでは、狭い道が果樹と野菜畑がある地域に出るまで、両側の高い塀に沿って続く。より低い場所へ進み、ドラゴーネの急流に達するまでの森林地帯を越え、一度小さな橋を渡ると、山道はアトラーニまで降りる、より広い道に合流する。山側は、急勾配の（20％）のせいで、その区間にまったく建物がないぐらいに放置されている。事実山道は特にポントーネとドラゴーネ谷の区間が、浸食とメンテナンスの欠如で削られている。植物の繁殖により、山側も谷川も景色を見ることができない。

道の保存と再生

道路網の保存状態は一般的に道路のタイプとその使用状況によって異なる。自動車の通行を受け入れた道路については、多くの場合、その断面も材質も大きく変化している。自動車道路の増加は、低地域の普通の段々畑に対して、明らかに規格外の新たな工事である鉄筋コンクリートの高い塀の建設が要求されるので、かなりの影響を与えることになる。

他の道については舗装された歩行者専用道とそうでないものに分けられる。舗装された道路の大半は、利用されている状態、つまり保全がなされているおかげで状態が良い。保全に付随する問題は、伝統から逸脱する材料や方法の使用である。つまり簡便さを求めて石材での舗装

急な階段の道⑦

道⑦からの集落への入口

を止め、コンクリートを投入する方法は、この道の置かれた状況に適していない。道の舗装は常にしなければならないことであるが、所有地と横切る道を隔てる手すりや塀は必ずしも保全されているとはいえない。特にポントーネの中心（市街地）からより遠い地域においては、こうした塀の保存状態が良いとは言えない箇所がある。一部が陥没し、また浸食されて、堅牢さが損なわれている。舗装された道の一部では、急な坂に上りやすい踏面の広い石段を設けることや丁寧な工事するという、慎重なメンテナンスの必要性を強調すべきである。第三のグループは舗装されていない、以前は山道だった道である。これらは他のふたつのタイプの道路と比べて使用頻度が制限されている。

結論として、歴史ある道のネットワークを保存し再生するには、道路面の保全に加え、特に３つの要素を一体として修復することが求められる。それはこの地域の変化に富んだ山道を特徴づける手すり、石積みの塀、高台の町へ繋がる門という要素であり、これらが挿入される景観全体を有機的に捉える必要がある。こうして海沿いの居住地と高台の居住地の間にひっそり眠る重要な地域遺産としての古い道のネットワークが甦れば、アマルフィ海岸の魅力がまた一層高まることは間違いない。

高い塀で囲まれた道⑦

階段となだらかな道⑦の坂

集落の中を通る道⑦の階段

道⑦から眺める対比的な急な斜面の谷と海

おわりに

長年、法政大学陣内研究室として大勢の学生の参加を得て、アマルフィ海岸の都市とテリトーリオについて時間・歴史の縦軸と空間・地理の横軸から調べてきたその成果をこうして本書として集大成できたのを嬉しく思う。

アマルフィ海岸には、「アマルフィの人びとはひとつの足はブドウ畑に、もうひとつの足は船に置く」という素敵な表現がある。私たちもアマルフィを中心とする海沿いの都市群と、かつて同様にアマルフィ公国の傘下にあった内陸部に分布する小さな町、農村集落とが互いに結びついて、共通のアイデンティティを持つテリトーリオが形づくられたのを、長い時間をかけて描くことができた。そこでは、建築や都市・集落の形態からだけではなく、それぞれの都市での産業や経済システムによって築き上げられてきた都市構造への視線が不可欠であった。

ただ、近代化の過程で、海岸沿いの都市群ばかりが観光地として脚光を浴び、ときにオーバーツーリズムの状況を呈する一方で、内陸部の居住地は取り残されて過疎化し、衰退していた。海側と内陸側が相互に支え合うかつての関係が見えづらくなり、現在、その両者が具体的にどう繋がっているのかを理解するのがやや難しいと調査中に感じていた。

幸い、それを解消する絶好の機会が訪れた。私たちのアマルフィ海岸に関する一連の調査終了後、少し間をおいて、この同じテリトーリオを対象とする異なる視点からの面白い調査を2022年に実現できた。同じ法政大学の木村純子氏（経営学）と陣内が企画した「テリトーリオと〈食〉の関係」をテーマとする興味深い内容で、稲益も一緒に参加した。ラヴェッロに長く住む友人の竹沢由美さんにコーディネーターとして協力いただき、特に内陸の中山間部に広がるすでに調査済みのトラモンティ、そして新たな対象としてアマルフィからナポリに抜ける際に通るやはり内陸のアジェーロラを主な調査地として、ワイン、チーズ（牛乳から作られるフィオル・ディ・ラッテ）、ミニトマト、ビスコットパンなどの食の生産者に徹底的にインタビューし、その立地、自然条件、周辺環境、家族の歴史、技術の伝統と革新、販路、都市との関係などを、総合的に調べることができたのだ（木村純子・陣内秀信編『南イタリアの食とテリトーリオ　農業が社会を変える』白桃書房、２０２４年）。

80年代後半のイタリアにおけるスローフード運動の展開を背景に、近代化、グローバル化で希薄になっていた都市と農村の関係を取り戻す動き、同時に、伝統的な地元の食を再評価する動きが強まって、それまで家庭や地元でのみ消費されていたものが市場に出るようになり、アマルフィ海岸の都市、ナポリの市民から高い評価を得るようになった。当然、アマルフィ海岸を訪ねる観光客も地元の新鮮な食材を生かした個性的な食事を在来種のブドウでつくられた独自のワインで楽しむことを旅の目的とするようになったのだ。こうして一度、薄くなりかけていた内陸部の町や村とアマルフィ、ポジターノをはじめとする海岸沿いの人気の観光都市との間に密接な関係が甦ってきたのである。こうした新たな動きは、陣内研究室がアマルフィ調査を開始した１９９８年より後に生まれ、強まってきたといえる。遅れた産業と言われたレモン栽培がリモンチェッロの大成功で注目を浴びたのも、調査を継続している間の出来事だった。もちろん世界文化遺産への登録（１９９７年）も大きな効果をもたらしているに違いない。こうして今、アマルフィ海岸全体のテリトーリオとしての一体感が再び高まっているのは嬉しい。この〈食〉を通じたテリトーリオの重要性の再発見は、日本各地で地域の再生に取り組む方々にも、大きな示唆を与えてくれるに違いない。

本書は、これまで陣内研究室が刊行してきたアマルフィ旧市街、アマルフィ海岸に関する数多くの調査報告書をもとに、書籍の出版に相応しい内容にするため、編者である陣内と稲益が加筆し、大きく手を入れ構成し直す形で取りまとめられたものである。巻末に、年度ごとの調査参加者の一覧を掲載し、報告書作成への執筆協力者についても示している。調査に参加し貢献した多くの元ゼミ生の方々にまずはお礼を申し上げたい。同時に、後半のアマルフィ海岸の調査において、都市の周辺のランドスケープ、土地利用、特に農業景観の変遷を史料に基づいて研究した、本書の執筆者のひとり、マッテオ・ダリオ・パオルッチ氏（Matteo Dario Paolucci）の大きな貢献に感謝の意を表したい。

そして、私たちの調査を根本から支えて下さったアマルフィ文化歴史センターの方々、特に所長のジュゼッペ・コバルト（Giuseppe Cobalto）氏と歴史家で本書の執筆者のひとりであるジュゼッペ・ガルガーノ（Giuseppe Gargano）氏に心よりお礼申し上げる。彼らの協力、支援なくしては調査も本書も実現できなかった。

また、それぞれの町で様々な方々にお世話になった。特にヴィエトリ・スル・マーレのアニエッロ・テザウロ（Aniello Tesauro）氏とジュゼッペ・スキアヴォーネ（Giuseppe Schiavone）氏、コンカ・デイ・マリーニのパスクアーレ・ブオノコーレ（Pasquale Buonocore、現在は市長）氏とシモーネ・ソルマーニ（Simone Sormani）氏に感謝申し上げる。

最後に、本書の刊行を決断し刊行を楽しみにしてくださった前鹿島出版会社長の坪内文生氏、図版も多く複雑な内容の編集作業を辛抱強く丁寧に進めてくださった久保田昭子氏、デザインでそれを仕上げる仕事をされた石田秀樹氏に心よりお礼を述べたい。

２０２４年12月　陣内秀信・稲益祐太

執筆
陣内秀信…第Ⅰ部第１章
稲益祐太…第Ⅰ部第３章
マッテオ・ダリオ・パオルッチ…第Ⅳ部第２、３章
ジュゼッペ・ガルガーノ…第Ⅲ部第10章
そのほかは陣内・稲益の共同執筆による

本書に関する調査メンバー（○…報告書等への執筆協力）

● I 期　アマルフィ旧市街（1998～2003年）

・1998年
陣内秀信
坂田菜穂子　○
谷村正幸　○
服部真理　○
日出間隆　○
八ツ橋直美　○
富永明日香　○

・1999年
陣内秀信
中橋恵
服部真理　○
日出間隆　○
米田圭吾
小野ひとみ　○
杉野泰子
富永明日香
福井憲彦（ゲスト）

・2000年
陣内秀信
中橋恵
小田知彦　○
降屋守　○
宍戸克美
遠藤順　○
飴田蔵
井手敦子
小松紀明
半田恵子
鶴田佳子（ゲスト）
川村英和（ゲスト）

・2001年
陣内秀信
稲益祐太
中橋恵
道満紀子
降屋守
遠藤順
半田恵子
地崎佑子
古谷みほ
福井憲彦（ゲスト）

・2002年
陣内秀信
稲益祐太
中橋恵
半田恵子　○
石渡雄士
宇野允
北川真里　○
小杉山祐昌
反町真里香

・2003年
陣内秀信
稲益祐太
中橋恵
岸上剛士
小杉山祐昌　○
反町真里香　○
徳森大登　○

● II 期　アマルフィ海岸（2010～2017年）

・2010年
陣内秀信
稲益祐太
伊藤喜彦　○
永倉千恵美　○
藤田あゆみ
本多史弥　○
三橋慶侑

・2011年
陣内秀信
稲益祐太
マッテオ・ダリオ・パオルッチ
伊藤喜彦　○
永倉千恵美　○
小田夏美　○
村田麻利子　○
山村まい　○

・2012年
陣内秀信
稲益祐太
マッテオ・ダリオ・パオルッチ
永倉千恵美　○
古地友美　○
山口みなみ　○
八木沢味里
藪野健（ゲスト）

・2013年
稲益祐太
マッテオ・ダリオ・パオルッチ

・2015年
陣内秀信
稲益祐太
マッテオ・ダリオ・パオルッチ
鈴木あゆみ　○
片山京祐　○
春山祐樹　○

・2016年
陣内秀信
稲益祐太
マッテオ・ダリオ・パオルッチ
鈴木あゆみ　○
上堀祐真　○

・2017年
陣内秀信
稲益祐太
マッテオ・ダリオ・パオルッチ
鈴木あゆみ　○
吉田純子
中村優花　○
中島夢香
福地昂弥

参考文献

・アマルフィ

陣内秀信＋法政大学陣内研究室「アマルフィ 南イタリアの中世海洋都市」『造景』№21、１９９９年６月

ジョヴァンニ・ボッカッチョ著、河島英昭訳『デカメロン（上）』講談社、１９９９年

陣内秀信・服部真里・日出間隆「海洋都市アマルフィの空間構造 フィールド調査に基づく考察」『地中海学研究』23、２０００年

陣内秀信『南イタリアへ！』講談社、２０００年

陣内秀信＋法政大学陣内研究室「アマルフィ 南イタリアの中世海洋都市」『造景』№33、２００１年８月

栗田和彦『アマルフィ海法研究試論』関西大学出版部、２００３年

陣内秀信編『南イタリア都市の居住空間 アマルフィ、レッチェ、シャッカ、サルデーニャ』中央公論美術出版、２００５年

陣内秀信『イタリア海洋都市の精神（興亡の世界史08）』講談社、２００８年

木村純子・陣内秀信編『南イタリアの食とテリトーリオ 農業が社会を変える』白桃書房、２０２４年

H. Jinnai, M. Russo, *Amalfi: Caratteri dell'edilizia residenziale nel contesto urbanistico dei centri marittimi mediterranei*, Centro di cultura e storia amalfitana, Amalfi, 2011.

G. Pansa, *Istoria dell'antica repubblica d'Amalfi*, Napoli, 1729.

M. Camera, *La storia della città e costiera di Amalfi*, Napoli, 1836.

M. Camera, *Memorie storico-diplomatiche dell'antica città e ducato di Amalfi*, Salerno, 1871,（復刻版）Centro di cultura e storia amalfitana, Amalfi 1999.

P. Pirri, *Il Ducato di Amalfi e il Chiostro del Paradiso*, Roma1941,（復刻版）Amalfi 1999.

G. Lowry, "L'islam e l'occidente medieval: L'Italia meridionale nell'XI e XII secolo", *Rassegna del Centro di cultura e storia amalfitana,6*, Amalfi, 1983.

D. Richter, *Viaggiatori stranieri nel sud - L'immagine della Costa di Amalfi nella cultura europea tra mito e realtà*, Centro di cultura e storia amalfitana, Amalfi, 1985.

D. Richter ed., *Alla ricerca del sud - tre secoli di viaggi ad Amalfi nell'immaginario europeo*, La Nuova Italia, Scandicci, 1989.

G. Gargano, *La città davanti al mare - aree urbane e storie scaomparse di Amalfi nel medioevo*, Centro di cultura e storia amalfitana, Amalfi, 1992.

O. Gargano ed., *Amalfi - la città famosa, la città da scoprire*, Centro di cultura e storia amalfitana, Amalfi, 1995.

G. Fiengo et all, "La casa amalfitana e l'ambiente campano", *Rassegna del Centro di cultura e storia amalfitana,13*, Amalfi,

G. Gargano, "Un esempio di ricerca storica ed archeologica :L'analisi dell'area marittima di Amalfi", *Rassegna del Centro di cultura e storia amalfitana,14*, Amalfi, 1997.

G. Abbate, S. Carillo e M. DzAprile ed., *Luci e ombre della Costa di Amalfi - i beni cultrali ieri e oggi*, Centro di cultura e storia amalfitana, Amalfi, 2000.

・アマルフィ海岸全体

A. Sgrosso, *La struttura e l'immagine:i borghi marinari della Costiera amalfitana*, Società Editrice Napoletana, Napoli,1984.

G. Fiengo, G. Abbate, *Casa a volta della Costa di Alamfi*, Centro di cultura e storia amalfitana, Amalfi, 2001.

Ministero per i Beni e le Attività Culturali, *Residenze e Palazzi- il panorama costiero della nobilità medievale*, 2008.

R. Pellechia, *The 100 beaches of the Amalfi Coast: from Vietri sul Mare to Punta Campanella*, Officine Zephiro, Amalfi, 2016.

・アトラーニ

G. Gargano, "Atrani :la gemella di Amalfi – la forma urbana tra Medioevo e Rinascimento"（陣内秀信ほか『アマルフィ海岸のフィールド研究 住居、都市、そしてテリトーリオへ』法政大学エコ地域デザインセンター、２０１９年、108－133頁所収）

・ミノーリ

G. Sangermano, *Minori - Rheginna Minor: storia arte cultura*, De Luca Editore, Roma, 2000.

N. Franciosa ed., *La villa romana di Minori*, Pro Loco Minori, 2004.

・ポジターノ

G. Rispoli, *Positano "ieri e oggi"*, Cortella Industria Poligrafica Spa, Verona, 1982.

L. Giacomo, *Positano medievale*, De Luca Editore, Roma,1986.

R. Ercolino, *Positano- la città verticale*, Nicola Longobardi Editore,Castellammare di Stabia 2007.

・ラヴェッロ

G. Imperato ed., *Visioni di Ravello*, Antonia Jannone Disegni di Architettura,1976.

G. Gargano, "La forma urbana di Ravello tra Medioevo e Rinascimento"（陣内ほか『アマルフィ海岸のフィールド研究』150－172頁所収）

・スカーラ

Scala nel Medioevo, Atti del Convegno di Studi (Scala, 27-28 ottobre 1995) Comune di Scala e Centro di cultura e storia amalfitana,1996.

G. Gargano, *Scala medievale, insediamenti società istituzioni forme urbane*, Pro Loco Scala, Scala, 1997.

G. Gargano, "La forma urbana di Scala tra Medioevo e Rinascimento",（陣内ほか『アマルフィ海岸のフィールド研究』174－191頁所収）

・トラモンティ

G. Gargano, "La topografia di terra di Tramonti",（陣内

ほか『アマルフィ海岸のフィールド研究』192－207頁所収）

・ヴィエトリ・スル・マーレ

A. Tesauro, *Albori viaggio remoto*, Centro Sociale Ricercativo "Albori 2000", 2002.

A. Tesauro, *Storia e protagonisti nella Vietri dei secoli XIX e XX*.（展覧会図録）Vietri sul Mare, 2009.

A. Tesauro, *Breve note sull'alluvione del 25-26 ottobre 1954*. Comune di Vietri sul Mare in collaborazione con l'Assoziazione Nuova Marcina, 2014.

G. Gargano, "La topografia di Vietri nell'alto Medioevo",（陣内ほか『アマルフィ海岸のフィールド研究』208－219頁所収）

・コンカ・デイ・マリーニ

G. Gargano, "Conca dei Marini – notizie storico topografiche –",（陣内ほか『アマルフィ海岸のフィールド研究』134－138頁所収）

・製紙業・製粉業・鉱業

G. Imperato, *Amalfi: Il primato della carta*, Edizioni de Luca, Salerno, 1984.

A. De Iulis, G. Civile, *Un Molino della carta a Pucara*, L'Antica Cartiera Amalfitana s.r.l., Tramonti, 1987.

A. Tesauro, Introduzione della lavorazione delal carta in Vietri e suo sviluppo nel XVII secolo, *La Costa di Amalfi nel secolo XVII, Atti del Convegno di studi* (Amalfi, 1998), Amalfi, 2003.

Le Atti dell'Acqua e del Fuoco, le attività produttive protoinsutsiali della Costa di Amalfi, Economia e Società, n.1, Centro di cultura e storia amalfitana, 2004.

G. E. Rubino, Giannini Editore, Napoli, 2006.

・法政大学陣内研究室の報告書

『中世海洋都市アマルフィの空間構造 南イタリアのフィールド調査』２００２年

『地中海世界の歴史的な集合住宅に関する研究』財団法人第一住宅建設協会調査研究報告書、２００３年

『増補改訂版 中世海洋都市アマルフィの空間構造 南イタリアのフィールド調査 １９９８－２００３』２００４年

『アマルフィ海岸 海洋都市の形成と景観の変化に関するフィールド研究』２０１２年

『アマルフィ海岸の地域構造 海と山を結ぶテリトーリオの視点から』２０１５年

『アマルフィ海岸のヴィエトリ・スル・マーレ 都市と分散集落からなるテリトーリオ』２０１６年

『アマルフィ海岸のコンカ・デイ・マリーニ 離散型集落からなるテリトーリオの空間構造』２０１８年

陣内秀信、稲益祐太、M・ダリオ・パオルッチ、G・ガルガーノ『アマルフィ海岸のフィールド研究 住居、都市、そしてテリトーリオへ』法政大学エコ地域研究センター、２０１９年

図版出典（本文中＊で示したもの）

13左 Wikimedia Commons

19－21の地形図（除く21右） I.G.M., Foglio N.466, Sez.II-Amalfi, Carta Topografica d'Italia, scala 1:25 000, serie 25.

21右 I.G.M., Foglio N.466, Sez.III- Sorrento, Carta Topografica d'Italia, scala 1:25 000, serie 25.

54 L. Fino, *La Costa d'Amalfi nella Pittura dell'ottocento*, Grimaldi & C., 2001.

55 L. Fino, *La Costa d'Amalfi e il Golfo di Salerno*, Grimaldi & C., 2001.

56右 *mostra* 2001.8.

56左 *mostra* 2001.8.

57 D. Richter, *Alla ricerca del Sud. Tre secoli di viaggi ad Amalfi nell'immaginario europeo*, La Nuova Italia, Scandicc, 1989.

65右 M. Ricciardi, *La Costa d'Amalfi nella pittura dell'Ottocento*, De Luca Industria Grafica, 2002.8.

65左 *mostra* 2001.8.

68 D. Richter, *Alla ricerca del Sud. Tre secoli di viaggi ad Amalfi nell'immaginario europeo*, La Nuova Italia, D. Scandicc, 1989.

161上中 Photo by Nicola Gambardella

161中 G. Abbate, S. Carillo & M. D'Aprile, *Luci e ombre della costa di Amalfi, i beni cultrari ieri e oggi*, Centro di culture e storia amalfitana, Amalfi 2000.

163中右 D. Richter, *Alla ricerca del Sud. Tre Secoli di viaggi ad Amarfi nell'immaginario europeo*, La Nuova Italia, D. Scandicc, 1989.

183下 陣内秀信編『イタリアの水辺風景』プロセスアーキテクチュア、１９９３年

199左 N. Franciosa, *La villa romana di Minori*, Pro Loco Minori, 2004, pp.14-15.

206 V. Proto ed., *La Costa delle sirene : tra Vietri e Ravello, Amalfie e Positano, 1850-1950*, Napoli : Electac, 1992.

211 V. Proto ed., *La Costa delle sirene : tra Vietri e Ravello, Amalfie e Positano, 1850-1950*, Napoli : Electac, 1992.

268左 V. Sebastiano, "Rovine e Ruderi nel Borgo di Campoleone a Scala", *Rassegna del Centro di Cultura e Storia Amalfitana*, n.14, 1997.

276 M. Russo, "La Permanenza del Patrimonio Edilizio Residenziale Medioevale di Pontone", *Scala nel Medioevo, Atti del Convegno di Studi* (Scala, 27-28 otobre 1995), Comune di Scala e Centro di cultura e storia amalfitana, 1996.

280 G. B. Pachelli, *Il Regno di Napoli in prospettiva*, I, Napoli, 1702.

281左 *La costa delle siren. Tra Vietri e Ravello, Amalfi e Positano, 1850-1950*, a cura di V. Proto, 1992, p.73

288 G. B. Pachelli, *Il Regno di Napoli in prospettiva*, I, Napoli, 1702.

略歴

・編著者

陣内秀信　Hidenobu Jinnai

1947年福岡県生まれ。東京大学大学院工学系研究科博士課程修了。イタリア政府給費留学生としてヴェネツィア建築大学に留学、ユネスコのローマ・センターで研修。専門はイタリア建築史・都市史。現在、法政大学名誉教授・江戸東京研究センター特任教授、著書に『ヴェネツィア 都市のコンテクストを読む（SD選書200）』（鹿島出版会、1986年）、『イタリア海洋都市の精神』（講談社、2008年）ほか多数。主な受賞にサントリー学芸賞、地中海学会賞、イタリア共和国功労勲章（ウッフィチャーレ章）、ローマ大学名誉学士号、アマルフィ名誉市民、ANCSAアルガン賞、アマルフィ市マジステル称号、日本建築学会著作賞ほか。

稲益祐太　Yuta Inamasu

1978年東京都生まれ。法政大学大学院博士後期課程単位取得退学。博士（工学）。イタリア政府奨学金留学生としてバーリ工科大学に留学。専門はイタリア建築史・都市史。久留米工業大学特任講師を経て、現在、東海大学建築都市学部建築学科准教授。プーリア州を中心に南イタリアにおける都市とテリトーリオの空間史に関する研究を行う。著書に『南イタリア都市の空間史 プーリア州のテリトーリオ』（法政大学出版局）、『南イタリアの食とテリトーリオ 農業が社会を変える』（共著、白桃書房）、『建築フィールドワークの系譜』（共著、昭和堂）ほか。受賞に建築史学会賞、日本民俗建築学会奨励賞。

・執筆者

マッテオ・ダリオ・パオルッチ　Matteo Dario Paolucci

1971年ヴェネツィア生まれ。ヴェネツィア建築大学卒業。エディンバラ芸術大学で修復学を学んだ後、千葉大学大学院博士課程修了。博士（工学）。法政大学外国人招聘研究員として陣内研究室と共同研究を行う。専門は文化的景観及び修復学。元ヴェネツィア建築大学講師、現在、修復建築家、法政大学エコ地域デザイン研究所兼任研究員。主な著書・論文に、*Il restauro in Giappone: architetture, città, paesaggi* (Aliena editrice), “Rural landscape between conservation and restoration”, *Urbanistica*, No.120.『トスカーナ・オルチャ渓谷のテリトーリオ』（共編、古小烏舎、2022年）。受賞に日本建築学会著作賞。

ジュゼッペ・ガルガーノ　Giuseppe Gargano

1953年アマルフィ生まれ。中世史家。イタリア海洋共和国歴史レガッタ学術ディレクター。アマルフィ文化歴史センター名誉所長。サレルノ県の高校、サレルノ大学教授（現在は退官）。政治、社会、経済、生産活動、都市計画、水中考古学、食文化などの歴史研究の傍ら、若手研究者の育成に取り組む。日本のTV番組「世界遺産」出演、講演会・国際会議に招聘。著書に *La città davanti al mare. Aree urbane e storie sommerse di Amalfi nel Medioevo*, Amalfi 1992. *La Bussola e Flavio Gioia. Il mistero dell'invenzione che sconvolse le tecniche della navigazione*, Ravello 2006ほか多数。

アマルフィ海岸《かいがん》のテリトーリオ
大地《だいち》と結《むす》ばれた海洋《かいよう》都市《とし》群《ぐん》の空間《くうかん》構造《こうぞう》

二〇二五年一月三〇日　第一刷発行

編著者　陣内秀信・稲益祐太
発行者　新妻 充
発行所　鹿島出版会
〒一〇四—〇〇六一
東京都中央区銀座六—一七—一
銀座六丁目-SQUARE七階
電話　〇三—六二六四—二三〇一
振替　〇〇一六〇—二—一八〇八八三

印刷　三美印刷
製本　牧製本
装丁　石田秀樹（milligraph）

ISBN978-4-306-07366-1 C3052

URL: https://www.kajima-publishing.co.jp/
e-mail: info@kajima-publishing.co.jp